NOUVEAU COURS

AF343383

COMPLET

D'AGRICULTURE

THÉORIQUE ET PRATIQUE.

BOEU = CÉZ.

TOME TROISIÈME.

NOMS DES AUTEURS.

Composant la Section d'Agriculture de l'Institut Royal de France.

MESSIEURS :

THOUIN, Professeur d'Agriculture au Jardin du Roi.

TESSIER, Inspecteur général des Etablissemens ruraux appartenant au Gouvernement.

HUZARD, Inspecteur général des Ecoles Vétérinaires de France.

SILVESTRE, Secrétaire de la Société Royale et centrale d'Agriculture de Paris.

BOSC, Inspecteur général des Pépinières Royales et de celles
du Gouvernement.

YVART, Professeur d'Agriculture et d'Economie rurale à l'Ecole
royale d'Alfort.

CHASSIRON, de la Société d'Agriculture de Paris, Propriétaire-Cultivateur.

CHAPTAL, Membre de l'Institut, Propriétaire-Cultivateur, etc.

DE LACROIX, Membre de l'Institut et Propriétaire.

DE PERTHUIS, Membre de la Société d'Agriculture de Paris, Propriétaire-Cultivateur.

DÉCANDOLLE, Professeur de Botanique et Membre de la Société
d'Agriculture.

DU TOUR, Propriétaire-Cultivateur à Saint-Domingue.

DUCHESNE, Membre de la Société d'Agriculture de Versailles.

FÉBURIER, Membre de la même Société.

DE BRÉBISSON, Membre de la Société d'Agriculture et des Arts de
Caen.

Les articles signés (R.) sont de ROZIER.

IMPRIMERIE DE MADAME HUZARD
(NÉE VALLAT LA CHAPELLE).

CET OUVRAGE SE TROUVE AUSSI :

A Angers, chez FOURIER-MAME, Libraire.
A Lyon, chez MAIRE et BOHAIRE, Libraires.
Au Mans, chez PESCHE, Libraire.
A Toulouse, chez SÉNAC, Libraire.

NOUVEAU COURS

COMPLET

D'AGRICULTURE

THÉORIQUE ET PRATIQUE,

CONTENANT LA GRANDE ET LA PETITE CULTURE, L'ÉCONOMIE RURALE ET DOMESTIQUE, LA MÉDECINE VÉTÉRINAIRE, etc.,

OU

DICTIONNAIRE RAISONNÉ

ET UNIVERSEL

D'AGRICULTURE;

Ouvrage rédigé sur le plan de celui de feu l'abbé ROZIER, duquel on a conservé les articles dont la bonté a été prouvée par l'expérience ;

PAR LES MEMBRES DE LA SECTION D'AGRICULTURE DE L'INSTITUT DE FRANCE, etc.,

AVEC DES FIGURES EN TAILLE-DOUCE.

NOUVELLE ÉDITION,

REVUE, CORRIGÉE ET AUGMENTÉE.

A PARIS,

CHEZ DETERVILLE, LIBRAIRE ET ÉDITEUR,
RUE HAUTEFEUILLE, N°. 8.

M. DCCC. XXI.

NOUVEAU

COURS COMPLET

D'AGRICULTURE.

B OE U

Engraissement à l'étable seulement.

La manière d'engraisser seulement à l'étable (ou de pouture) ne diffère de la précédente que parce qu'on ne commence pas l'engrais au pâturage. Lorsque les ensemencemens des terres sont finis, c'est-à-dire à la Toussaint, alors on met les bœufs à l'engrais dans les etables, et on continue tout l'hiver, et jusqu'à la Saint-Jean. Cette méthode est employée dans les environs de Chollet en Anjou, d'où viennent à Paris de très-bons bœufs, et dans toute la partie du Bas-Poitou appelée *Boccage*. Les plantes dont on y fait usage sont le foin choisi, les choux à moelle et à mille têtes; les raves, connues dans le pays sous le nom de *rebbes*; les navets longs, le seigle, l'orge, l'avoine et la vesce en coupage, c'est-à-dire en vert, le raigrass, cultivé sur-tout aux environs de Chollet; enfin le son de seigle et de froment, l'avoine en grain grossièrement moulue, les glands même, et les châtaignes en quelques cantons.

On partage, comme en Limousin, la nourriture des bœufs en plusieurs repas, en ne donnant pas deux fois de suite ce même aliment. En Limousin ils ont trois fois du foin dans les vingt-quatre heures, en plaçant deux distributions de raves, ou de farine de seigle, ou de sarrasin, entre celles du foin; en Poitou, ils font six repas différens dans la matinée, et six dans l'après-midi. Chaque repas n'est que d'une petite quantité d'alimens, et toujours suivi d'un petit intervalle de repos. Dès quatre heures du matin, ils ont un peu de foin, ensuite

I

des choux, puis des raves, puis du foin, puis des navets et du
foin après ; quand ils l'ont mangé, on les fait boire, dans les
premiers temps, hors de l'étable, sur la fin, dans l'étable, afin
qu'ils ne sortent pas. Quelquefois, à cette dernière ration, on
substitue de l'avoine en grain, ou du son, ou des glands, ou
des châtaignes. Les bœufs ruminent ensuite pendant quelques
heures, et on recommence à leur donner, dans le même ordre,
les mêmes alimens sans les faire boire.

Dans le mois de novembre, ce sont les feuilles basses des
choux et les feuilles des raves que l'on fait manger ; aux premières gelées, on emploie les racines des raves, et les tiges des
choux à moelle, ou les feuilles des choux à mille têtes ; au
mois de mars, on a recours aux feuilles des navets tardifs que
l'on n'a point tirés de terre, et aux montans des choux, qui sont
d'un très-grand produit, sur-tout les choux à mille têtes. Aux
feuilles des raves et des choux succèdent le coupage, ou le seigle
et autres grains en herbe, et au coupage la vesce en vert. On
croit que pour engraisser complétement deux bœufs, il faut le
produit de 3 arpens de 900 toises, moitié en choux, moitié en
raves, trois quarts d'arpens de coupage, et autant de vesce ;
quelquefois les bœufs sont gras avant que le coupage soit mangé.
Il faut observer qu'on ne donne pas à boire du tout aux bœufs
d'engrais, quand on les nourrit seulement de vert, ce qu'on
fait quelquefois ; on ajoute toujours à leur boisson du son ou
de la farine.

Ce détail suppose une grande attention et une grande assi-
duité de la part de celui qui soigne les bœufs d'engrais ; aussi
y a-t-il un homme uniquement occupé de cet objet. C'est ordinairement le chef de la ferme, ou le plus intelligent de ses
enfans ou de ses domestiques.

L'extrême propreté est regardée comme essentielle ; la nourriture est déposée dans un endroit où rien ne la peut souiller ;
tous les jours, la crèche, le râtelier et le vase dans lequel on
fait boire les bœufs sont nettoyés ; la litière est renouvelée deux
fois par jour, le fumier enlevé tous les huit jours et même
plus souvent ; on étrille les bœufs chaque jour avec une carde
à laine ; cet instrument est celui qu'on emploie dans le Querci,
et dans d'autres provinces, pour le même usage ; en outre
on bouchonne plusieurs fois dans la journée les bœufs avec une
poignée de paille dure.

Quelques personnes sont si scrupuleusement attachées à la
propreté, qu'en entrant dans la grange où est déposée la nourriture, elles quittent les sabots qui leur ont servi dehors, pour
en prendre d'autres qu'elles laissent dans la grange.

Avec tous ces soins, il faut cinq ou six mois pour engraisser
complétement un bœuf. Le profit dédommage amplement de

la peine. Sur une métairie de 100 arpens de 900 toises, si on engraisse six ou huit bœufs, le profit ordinaire sur chaque bœuf peut être de 150 à 200 livres. Excepté le son et l'avoine, le reste ne coûte que la peine de le cultiver. On distingue les cantons où l'on se donne le plus à ce genre de commerce, par un air d'aisance qu'on ne voit pas ailleurs.

On engraisse aussi, de pouture seulement, dans d'autres provinces que le Poitou. Quelques cantons de la Normandie engraissent de cette manière avec du foin et 12 à 15 livres chaque jour d'un mélange de farine de seigle, d'orge, d'avoine, de pois, de vesce; mais ce n'est pas la manière ordinaire de la Normandie; l'engrais à l'herbe fraîche, dans les herbages, y est le plus employé. Il y a des pays où l'on fait avaler aux bœufs de graisse des boules de pâte. On verra plus loin l'état des pays qui engraissent, et la manière d'engraisser propre à chacun.

Pour connaître si un bœuf avance dans son engraissement, on lui tàte les dernières côtes : si ce que l'on touche est doux et détaché des côtes, c'est une marque que l'animal est plus qu'en chair. Le derrière des épaules dans un bœuf, et le nombril dans une vache, sont les parties qui indiquent qu'ils augmentent en suif.

Après avoir exposé ce qui concerne les différentes espèces de bêtes à cornes en particulier, je traiterai maintenant quelques objets qui appartiennent également au taureau, à la vache et au bœuf.

OBJETS COMMUNS A TOUTES LES BÊTES A CORNES.

1°. *Est-il plus avantageux de nourrir ses bêtes à cornes à l'étable, que de les envoyer dans les pâturages.*

La pratique de M. Tschiffeli, de Berne, imprimée dans les Mémoires de la Société économique de Berne, 1772, seconde partie, et rapportée par M. l'abbé Rozier au mot *bétail*, présente ici une question intéressante en économie rurale. M. Tschiffeli, secrétaire du conseil suprême, cultivateur très-instruit et très-bon observateur, étant dans l'usage de nourrir son troupeau de vaches à l'étable toute l'année, son exemple a été imité par d'autres cultivateurs du même pays, qui s'en applaudissent. L'Argow ou l'Ergovie est celui où elle a le plus de succès. Suivant M. l'abbé Rozier, un particulier des environs de Lyon l'a essayée avec le même avantage. M. l'abbé Rozier, après avoir écarté seulement de la question les positions où on élève des bœufs pour vendre ou pour les boucheries, lorsqu'on a la facilité de les envoyer sur les hautes montagnes, afin de profiter des avantages offerts par la nature, examine les motifs de M. Tschiffeli et les objections qu'on

peut lui faire et conclut : « Que le propriétaire qui entendra
bien ses intérêts conservera seulement le fourrage sec et nécessaire pour nourrir abondamment son bétail pendant l'hiver
et durant les pluies d'été, et que l'autre partie sera mangée
en vert à l'étable. »

Je crois devoir reprendre ici l'examen de cette question en
exposant les motifs de M. Tschiffeli, en les discutant et n'en
tirant que les conséquences qui me paraissent devoir en être
tirées.

Les bêtes qui ne quittent point les étables, selon M. Tschiffeli sont moins exposées aux épizooties contagieuses et redou-
tables, que celles qui paissent dans des pâturages communs
appelés *communes, communaux;* il n'est pas possible de multiplier et d'améliorer le bétail lorsqu'on ne peut empêcher
que des vaches de belle espèce soient couvertes par des taureaux qui ne sont pas de choix, ou que des génisses deviennent
pleines avant l'âge de deux ans et demi à trois ans. Le profit
qu'on peut espérer des bêtes à cornes dépendant de leur bonne
santé, cette bonne santé est plus assurée si on les nourrit
toujours à l'étable, où on leur donne des alimens bons,
suffisans, réglés, et des eaux salubres à boire, où on les
soigne, où elles se reposent et jouissent d'une douce température. Dans les pâturages communs, elles ne trouvent presque
rien à manger au commencement du printemps : elles sont
réduites à dévorer les haies et les buissons ; les gelées, les
pluies et les vents glacés les pénètrent, les ardeurs de l'été
développent en elles les germes des maladies que les intempéries du printemps font naître. En été, les insectes les tourmentent et les empêchent de paître. Souvent elles sont forcées
de boire des eaux bourbeuses et croupies. Elles broutent des
herbes couvertes quelquefois de *miellat,* ou pleines d'humidité, qui leur causent des maladies funestes. En automne,
elles piétinent et foulent les prairies ; elles y font des trous
où l'eau séjourne, de manière qu'au printemps suivant il n'y
pousse point d'herbe, ou il n'en pousse que de mauvaise
qualité : ce qui arrive sur-tout si c'est dans un pays où on
arrose les prés. On ne peut plus les faucher à raze de terre.
Les bœufs ne s'engraissent jamais si bien à ce pâturage qu'à
l'étable, lorsqu'on leur donne à manger à plusieurs reprises ;
les vaches n'y ont pas autant de lait. Enfin, un motif qui
n'est point dans M. l'abbé Rozier, et qui se trouve dans une
des lettres de M. Tschiffeli, imprimées dans le volume cité,
c'est que si on s'abstient de faire brouter les prairies en automne, l'herbe qui y reste n'est pas inutile ; cette herbe est
composée de plantes vivaces, qui se pourrissent et servent d'engrais ou se fanent. Or, dans le canton de la Suisse habité par

M. Tschiffeli, il survient quelquefois au printemps des gelées funestes : les plantes vivaces qui sont restées fortes quand la dernière herbe n'a pas été consommée en automne, font abri pour les graines annuelles qui commencent à germer.

Les motifs de M. Tschiffeli me font penser qu'on peut écarter de la question plus de positions que M. l'abbé Rozier n'en a écarté : car ses exceptions pour l'entretien total à l'étable ne regardent que les propriétaires de troupeaux de bœufs, qui les élèvent pour les vendre et pour les boucheries, et qui ont la facilité de les envoyer paître sur les hautes montagnes, telles que les Alpes de Provence et du Dauphiné, le mont Jura, le mont Pilat, les montagnes d'Auvergne, du Vivarais, du Languedoc, les Pyrénées, etc. , où l'on profite des avantages qui s'y trouvent. Indépendamment de ce qu'il fallait comprendre dans ces exceptions les propriétaires de vaches voisins des montagnes à fromages, dont l'herbe serait perdue si on ne la faisait pas paître, combien de pays seraient hors d'état de nourrir toute l'année des vaches, s'ils n'avaient pas la ressource des pacages qu'on ne peut faucher? Que deviendraient ces pacages s'ils n'étaient pas broutés? Il faudrait en France réduire le nombre des vaches à moitié, au grand détriment de l'agriculture et de la population. M. Tschiffeli l'a senti en prévenant qu'il ne parlait pas « des Alpes, dont une partie est si élevée, qu'il n'est possible d'en tirer de l'utilité qu'en les faisant servir de pâturage. » Ce qu'il dit des Alpes, on peut le dire des Pyrénées, des montagnes d'Auvergne, du Vivarais, etc. Les riverains des forêts y envoient presque toute l'année leurs vaches manger de l'herbe, qui est par touffes entre des rachées de bois. Il part des villages qui ne sont point éloignés des landes, de grands troupeaux, qui y trouvent, au milieu des fougères et des bruyères, une herbe qui n'est ni assez abondante ni assez haute pour qu'on puisse la couper; beaucoup de pays ont des prairies artificielles dont les regains ne montent qu'à 6 ou 8 pouces, et qu'il est impossible de récolter. Ces regains, mangés sur place, nourrissent un grand nombre de bêtes à cornes pendant trois ou quatre mois, et économisent les fourrages dans un temps où les embarras de la moisson ne permettraient pas d'en préparer.

La majeure partie des inconvéniens que M. Tschiffeli trouve à envoyer les bêtes à cornes au pâturage, est fondée sur ce qu'il faut les envoyer à des communes où se réunissent des bestiaux de toute taille, et plus ou moins sains, qui souvent n'ont que peu de chose à manger et de mauvaise eau à boire. On doit donc encore écarter de la question la position des propriétaires qui ont de bons pâturages, ou qui louent à des communes des pâturages où leurs seuls bestiaux vont paître et boivent de bonne eau.

Les bêtes à cornes ne souffrent pas autant qu'on croit de quelques intempéries de l'air. Si on ne les mène pas au pâturage par les brouillards, les grandes pluies, les frimas; si dans les grandes chaleurs on les retire au milieu du jour, aux heures où le soleil est ardent et où les insectes les incommodent, on n'a rien à craindre pour elles. Le pays de Bray, dans le Vexin normand, fait parquer ses vaches à lait depuis le mois de mai jusque dans le mois de novembre.

Toutes les prairies ne sont pas humides, ni dans un sol susceptible d'être endurci et de former des trous; on n'arrose pas les prés par-tout. Les bœufs qu'on engraisse dans les herbages de Normandie sont aussi beaux que ceux qu'on engraisse à l'étable ou de pouture. Les vaches qui passent une partie de la journée dans les prairies, si on prend les précautions convenables, donnent beaucoup de lait.

Le raisonnement de M. Tschiffeli sur les avantages de laisser en automne pousser un peu les herbes vivaces pour protéger au printemps les graines annuelles qui commencent à germer, peut être vrai; mais ces avantages sont locaux, et on n'envoie pas par-tout les troupeaux manger la troisième herbe : on peut ne pas faire de regain et cesser d'envoyer dans tous les prés les troupeaux de bêtes à cornes dès le mois d'octobre, dans les pays où l'hiver commence de bonne heure.

La question bien examinée se réduit donc à ce point : savoir si le propriétaire d'un troupeau de bêtes à cornes et d'excellentes prairies arrosables ayant droit à des pâtures communes, mauvaises, trouve plus de profit à ne point envoyer son troupeau à ces pâtures communes, qu'à le nourrir toute l'année à l'étable, en été de l'herbe cueillie dans ses prairies, et en hiver du foin de ces mêmes prairies. Cette position est celle de M. Tschiffeli et de plusieurs autres cultivateurs suisses. La question ainsi présentée est résolue à l'avantage de l'opinion de M. Tschiffeli. Quelque précieux qu'il fût pour ses vaches d'aller respirer pendant plusieurs mois un air pur et libre; quelque perfection qu'en acquît le laitage, meilleur lorsque les vaches sont à l'air; quelque dispendieux que soit le transport des herbes fraîches en été, il est certain que le risque des épizooties et des autres maladies; la détérioration de la race de son troupeau; le tort qu'il peut faire à ses belles et bonnes prairies, plus productives quand on les fauche que quand elles sont tondues par les vaches, et l'abondance des engrais qu'il se procure en les tenant toute l'année à l'étable, sont des motifs très-puissans qui l'emportent sur les autres. M. Tschiffeli a soin que ses étables soient bien aérées, spacieuses, commodes, saines, nettoyées tous les deux jours en été, et bien garnies de litière fraîche, et qu'on fasse boire son troupeau deux fois par jour, après avoir mangé; enfin il n'épargne rien pour qu'il souffre le moins possible d'un long séjour dans l'étable.

L'agriculture, comme le commerce, a ses calculs; il est vraisemblable que M. Tschiffeli a compté avec lui-même, et qu'il n'a adopté cette pratique que parce qu'elle lui a paru plus profitable. Les nourriciers ou propriétaires de vaches de la banlieue et de la ville de Paris les entretiennent de la même manière. Ils ont, ou ils louent, des prairies artificielles, dont ils coupent des parties pendant plusieurs mois de l'année, réservant le surplus pour le faner et former la nourriture de l'hiver. Ils achètent des vaches fraîchement vêlées. Le prix du lait et des veaux, qui ont de la valeur, sont des objets de profit excédant de beaucoup les frais.

Il faut seulement conclure de tout ceci qu'il y a des positions où la pratique de M. Tschiffeli est utile et peut-être nécessaire; mais il n'en faut pas faire une règle générale, ni même un peu étendue. On a raison de la faire connaître, parce qu'elle peut être accueillie par des cultivateurs auxquels elle convient et qui n'en auraient pas eu l'idée. Un agriculteur distingué (M. de Saint-Genis), que la mort a enlevé, fort de son expérience, est de l'avis de M. Tschiffeli, après avoir essayé l'une et l'autre méthode comparativement; cependant il observe aussi que la pâture sur place ne convient que dans le cas où l'herbe est trop courte pour pouvoir être fauchée, mais que par-tout où l'on a des prairies artificielles sans prairies naturelles, par-tout où on est maître de distribuer économiquement les coupes, la pâture ne mérite point la préférence.

Lorsqu'on nourrit les bêtes à cornes à l'étable avec de l'herbe verte, il y a quelques précautions à prendre. D'abord il faut ne les faire passer à l'herbe verte pour toute nourriture que par degrés. On la mêle avec de la paille; on donne un repas en herbe et un en paille; insensiblement on diminue la proportion de paille et on augmente celle d'herbe. Les bœufs de travail seraient trop relâchés, s'ils ne mangeaient que de l'herbe; on leur donne un peu d'avoine ou d'orge de temps en temps.

L'herbe trop jeune est trop aqueuse et pas assez substantielle. On doit attendre pour la faucher qu'elle soit en fleur ou prête à défleurir, si elle est naturellement humide; mais on peut couper dans les premiers momens de la floraison, une herbe qui contient peu d'humidité, telle que celle qui n'est formée que de graminées; on en a même fait manger de fraîchement fauchée aux bestiaux, sans inconvénient. On évite par la même raison de leur donner de l'herbe abreuvée par les pluies, elle leur gonflerait le ventre et les rendrait malades; il vaut mieux les jours de pluie les nourrir au sec, qu'elles n'aiment point une fois qu'elles ont goûté du vert.

Quand le soleil a séché l'herbe, on en coupe le matin pour le midi et pour le soir, et on en coupe le soir pour le lendemain matin : par ce moyen les animaux ne la mangent qu'un peu flétrie. Si on est forcé d'en faucher par le mauvais temps, on la met sous des hangars ou dans des granges; on l'éparpille, parce que, si elle était amoncelée, elle s'échaufferait; ce qui la rendrait désagréable; on attend pour la donner qu'elle soit essuyée, ou on l'essuie avec des linges en la pressant. Si, malgré ces attentions, une bête à cornes se trouve gonflée après avoir mangé de l'herbe verte, M. l'abbé Rozier propose, d'après la Société d'agriculture de Tours, de faire avaler à l'animal quatre livres de lait d'une vache saine, fraîchement traite, de conduire ensuite hors de l'étable la vache malade, et de lui faire faire quelques tours; de la laisser neuf heures sans manger, et de ne lui présenter que du foin sec à un ou deux repas.

Deux autres moyens lui ont également réussi : l'un, de faire courir la bête à coups de fouet, de la laisser reposer ensuite, et de la faire courir de nouveau jusqu'à ce que l'enflure soit dissipée; l'autre, de lui faire avaler en breuvage la dissolution d'une once de nitre purifié dans suffisante quantité d'eau, ou de la joindre à un verre d'eau-de-vie.

On ne conçoit pas trop la manière d'agir de remèdes aussi différens. Le grand repos, la diète sévère, et peut-être quelques toniques, me paraissent des moyens propres à arrêter les effets de l'enflure causée par de l'herbe humide, qui fermente dans le grand estomac.

Il en est encore un dont l'efficacité n'est pas douteuse. Il consiste à percer la panse avec un trocar ou tout autre instrument pour en dégager le gaz, qui la distend et qui suffoque l'animal.

2º. Boisson des bêtes à cornes.

Lorsqu'elles sont abandonnées à elles-mêmes dans des pâturages où il y a de l'eau, elles vont boire chaque fois que la soif les presse. Elles s'accoutument, dans les montagnes de l'Auvergne, à aller boire deux fois par jour après avoir mangé. Cette habitude est favorable à leur santé. Elle doit servir d'exemple dans la manière d'abreuver ces animaux lorsqu'ils habitent les étables. La meilleure eau est celle des fontaines, des ruisseaux et des rivières. On doit éviter de faire boire de l'eau trop fraîche aux bœufs qui ont très-chaud ; elle paraît aussi incommoder les vaches qui viennent de vêler. On attendra que les bœufs se soient refroidis, avant de leur faire boire de l'eau froide, et on fera chauffer la boisson de la vache qui vient de vêler. Les bœufs sauvages de la Camargue, dès qu'on les a détélés de la charrue, vont sans doute boire l'eau telle qu'ils la trouvent ; mais elle n'est jamais bien froide, parce que c'est le plus souvent de l'eau stagnante. D'ailleurs, endurcis par la vie sauvage, ces animaux sont moins susceptibles d'être incommodés que les bœufs domestiques.

Les vaches ne dédaignent pas l'eau des mares et même elles aiment celle où se rend le jus des fumiers ; et la raison en est simple, c'est que cette eau contient en dissolution beaucoup de sels produits par la décomposition des substances animales et végétales qui s'y putréfient. Depuis le bas prix du sel marin on peut satisfaire leur goût sans leur laisser boire d'autre eau qu'une eau salubre. L'eau des mares à fumier peut leur causer des maladies ; c'est une mauvaise boisson.

La quantité d'eau que boit une vache est proportionnée à sa taille et à la nourriture qu'elle prend. Si elle est nourrie au sec, elle boit plus que quand elle ne vit que d'herbe. L'herbe aqueuse l'altère moins que l'herbe substantielle. Une vache de quatre pieds de hauteur, nourrie au sec en hiver, boit par jour, en deux fois, 20 à 21 pintes d'eau ou 40 à 42 livres ; nourrie au vert en été, s'il ne fait pas chaud, elle boit moins ; mais s'il fait chaud, elle boit plus de 21 pintes d'eau.

J'ai remarqué que, dans les vingt-quatre heures en hiver, chacune des vaches suisses du troupeau du roi, ne vivant que de foin et de son, buvait jusqu'à cent livres d'eau. Ces animaux, comme je l'ai dit, ont au moins quatre pieds de hauteur sur une longueur et une grosseur proportionnées.

3°. *Du sel.*

Si l'on juge de l'utilité du sel pour les animaux par le plaisir qu'ils paraissent trouver lorsqu'ils peuvent en lécher, on n'hésitera pas à dire qu'il en faut donner aux bêtes à cornes. Cet instinct qui les porte à rechercher tout ce qui est salé, est-il seulement l'annonce d'un goût particulier ou le cri d'un besoin ? On voit, il est vrai, des animaux courir après des substances qui les empoisonnent ; mais l'instinct est le plus souvent un sûr guide ; quelquefois cependant il trompe. Il n'est pas difficile de démêler si, dans cette occasion, il sert bien les bêtes à cornes. De temps immémorial, on leur a donné du sel dans les pays qui n'étaient pas de *grande gabelle*. On observe que les animaux qui usent du sel ont le poil luisant, signe de bonne santé. Par l'habitude, les hommes qui soignent les bestiaux reconnaissent, en voyant un troupeau de bêtes à cornes, s'il est d'une étable où l'on donne du sel.

On est si fort persuadé, en Pensylvanie, des excellens effets du sel, que, pour éviter la dispersion des bœufs dans d'immenses forêts, le pâtre a soin de leur distribuer tous les trois jours du sel autour de leur habitation. Les troupeaux s'y rendent à heure marquée et retournent s'enfoncer dans les bois pour revenir ponctuellement trois jours après. Lorsque le pâtre, aux approches de la mauvaise saison, veut ramener le troupeau à l'habitation, il laisse jeûner de sel le bétail. Comme chaque troupeau a pour guide et pour chef de ligne un animal qui porte une sonnette au cou, et dont tous les autres suivent exactement la direction, le pâtre porte avec lui du sel, il en présente à ses bestiaux et sur-tout au porte-sonnette, que le troupeau suit, et c'est ainsi qu'il le ramène à l'habitation.

Les bestiaux élevés dans les prés à peu de distance de la Rochelle et ceux des îles de Ré et d'Oleron, où la haute mer monte, quoique mal nourris, sont forts et vigoureux.

Les propriétaires de vaches, en Suisse, sur-tout dans l'Argow ou Ergovie, canton de Fribourg, donnent tous les jours du sel à leurs vaches, même ceux dont les vaches ne sortent jamais de l'étable. Ils en donnent en été, quand elles sont nourries de vert; ils en donnent en hiver, quand on les nourrit de fourrage sec. Dans les montagnes de Gruyères, chaque fois qu'on trait les vaches, on leur présente une grosse poignée d'une pâte salée, qu'elles dévorent avec avidité. On ne manque pas de leur en donner aussi de temps en temps dans l'Emmenthal et l'Oberland, canton de Berne. Depuis l'entrée des vaches d'Auvergne dans leurs étables à la Toussaint jusqu'à ce qu'elles aient pris l'herbe au printemps, deux ou trois fois par semaine elles ont une dose de sel. On n'en fait manger aux élèves que vers le mois de décembre, c'est-à-dire lorsqu'on les met à la paille pour nourriture. Il paraît que, dans ce dernier pays, pendant la pâture à la montagne, on n'en donne aux vaches que dans quelques circonstances, par exemple, pour les mettre en chaleur et pour augmenter leur lait, sans doute en leur donnant plus d'appétit. La disette de fourrage force quelquefois à nourrir les vaches de bruyères, de genêt, de feuillage sec; à l'aide d'un peu de sel, elles mangent avec plaisir ces alimens. Dans les environs de Soleure, on fait un secret d'une espèce d'engrais pour les bœufs. Ce n'est autre chose que de la saumure de poisson. En Limousin et dans le Querci, on ne manque pas de donner chaque jour du sel aux vaches et aux bœufs d'engrais de pouture.

Les pays de gabelles, où le sel a été si exorbitamment cher avant l'année 1789, en demandant la diminution du prix de cette denrée, ont toujours allégué les avantages qu'elle procurerait aux bestiaux. Tous les auteurs d'économie rurale ont annoncé les mêmes motifs. On voit dans le premier discours de l'Encyclopédie méthodique, partie d'Agriculture, imprimée en 1788, les vœux que je formais pour cette diminution : depuis cette époque, le sel a bien diminué, on peut maintenant en donner au bétail.

Ces faits, que j'appuierais de beaucoup d'autres, s'il en était besoin, prouvent qu'on a reconnu généralement combien il est utile de donner du sel aux bêtes à cornes ; mais comme on peut abuser de tout, il est bon d'en prescrire la dose : car si on en donnait une trop grande quantité, on pourrait incommoder les animaux. Les Auvergnats me paraissent avoir saisi la juste proportion. Dans leurs étables, ils en donnent à chaque vache de moyenne grandeur une once deux ou trois fois par semaine, ce qui ferait deux ou trois gros par jour. En aussi petite quantité, le sel ne peut point faire de mal et doit être très-salutaire. Peut-être est-il bon de n'en pas donner tous les jours et d'examiner un peu dans quelles circonstances il faut s'en abstenir et dans quelles circonstances il faut en augmenter la dose. Je n'y vois aucun inconvénient; mais il serait possible qu'il y en eût que je n'eusse pas prévus. Il serait au moins prudent dans les pays où les bestiaux n'y sont pas accoutumés, de commencer par de plus petites doses et de n'en pas donner aussi souvent dans les premiers temps.

Il n'est pas difficile de trouver une manière de donner le sel aux bêtes à cornes qu'on tient, ou toujours, ou une partie de la journée, dans les étables; on peut le mêler à leurs alimens. Si ce sont des fourrages verts ou secs, on les en saupoudre, ou, ce qui est mieux encore, on fait dissoudre le sel dans l'eau et on arrose de cette eau le fourrage ; si ce sont des grains ou des balles de grains, ou du son, ou des racines coupées, le mélange est plus commode. On peut placer la dose de chaque bête sur une pierre, sur une planche, ou dans une feuille de choux ou de toute autre plante qu'elle aime, ou dans la mangeoire; on la lui présente dans la main. Lorsque les vaches qui paissent dans les montagnes viennent au parc ou au chalet pour se faire traire, on profitera de l'occasion pour mettre devant elles un peu de sel. Il y en a qui le suspendent au-dessus de la crèche en l'enfermant dans une poche ; les bêtes à cornes vont lécher la poche, et avec leur salive dissolvent un peu de sel. Cette méthode a un inconvénient : l'animal qui succède à l'autre lèche et avale avec le sel la salive du précédent et ainsi de suite; si l'un d'eux a un germe de maladie, les autres le gagnent. Dès qu'il est constaté que les animaux s'en trouvent bien, chacun saisira le moyen le plus commode de le leur faire prendre.

Maladies des bêtes à cornes.

Beaucoup d'espèces de maladies attaquent les bêtes à cornes; savoir, l'apoplexie, les barbillons, l'esquinancie ou étranguillons, la péripneumonie, la toux, la courbature, l'hydropisie de poitrine, les coliques, les tranchées, les indigestions, la dysenterie, le dévoiement, le pissement de sang, quelquefois occasionné par une pierre qu'on peut extraire, la rétention d'urine, la constipation, les vers, les égagropiles, le durillon, la fracture des cornes; l'enflure de la panse, des lèvres, du cou, de la tête; l'engorgement des glandes de la ganache, les aphthes, les chancres à la langue, le charbon, l'avant-cœur, l'emphysème, les loupes au coude, l'entorse et la bleime, la gale et la rogne, les dartres, les verrues, la fracture des côtes, l'effort des reins, l'œdème sous le ventre, la brûlure, l'effort des cuisses, l'éparvin, la tumeur au jarret, le clou de rue; les chicots de bois, qui leur donnent l'encloueure, et les ulcères. Il règne de temps en temps sur les bêtes à cornes une maladie pestilentielle, qui cause les plus grands ravages; on l'appelle seulement maladie des bestiaux. *Voyez* chacun de ces mots à son article.

Produits des bêtes à cornes.

Les produits des bêtes à cornes consistent dans la vente des veaux et celle des génisses d'élève, dans la vente des taureaux quand ils ne peuvent plus servir comme étalons, dans celle des vieilles vaches; dans le travail des bœufs, soit à la charrette, soit à la charrue; dans la vente de ces animaux, dans celle du lait ou des parties constituantes du lait, telles que la crême, le beurre, le fromage, le sel de lait; dans l'engrais que fournissent toutes les bêtes à cornes, et dans l'emploi de leur fiente ou bouse pour faire du feu.

Vente des veaux.

Le prix des veaux est relatif à leur grosseur, à la saison de l'année, à leur âge et à la facilité du débit. Les bouchers achètent la viande pour la vendre au poids; à l'inspection d'un veau et sur-tout en le maniant, ils jugent combien il doit peser; ils donnent plus d'argent du plus pesant. Je crois que quand ils sont obligés de fournir les personnes qui aiment la viande délicate et dont ils sont bien payés, ils achètent plus volontiers les veaux d'une étable, que ceux d'une autre, parce que les veaux de certaines étables sont meilleurs, soit à cause de la nourriture, soit à cause des soins qu'on prend. Les veaux

engraissés à la manière de Pontoise sont d'un prix beaucoup
au-dessus de celui des veaux ordinaires. Si les bouchers les
achètent beaucoup plus cher, ils en vendent aussi la viande
beaucoup plus cher.

Aux environs de Paris, jusqu'à la distance de 30 lieues de
rayon, les veaux sont plus rares depuis le mois de septembre
jusqu'à Pâques, parce que, dans cet intervalle, les vaches
vêlent moins.

On livre au boucher des veaux depuis un jour jusqu'à six
semaines ou deux mois. Je sais qu'en Auvergne, où on n'élève
que la moitié des veaux, on se défait de l'autre moitié dès le
jour de la naissance. Leur valeur doit être bien faible étant
vendus si jeunes ; la chair en est glaireuse et désagréable à
manger. Un veau nourri de lait par une bonne mère est
bon à un mois. A la distance de Paris, de 18 à 20 lieues,
il se vend 21 à 22 francs, prix moyen, s'il pèse de 50 à
60 livres.

Vente des génisses d'élève.

Dans les pays où il n'y a point de pâturages naturels, on
n'élève point de génisses, parce qu'elles coûteraient beaucoup,
ou si l'on en nourrit, ce n'est que pour renouveler l'espèce, et
entretenir le troupeau d'une manière plus avantageuse. On en
élève peu pour vendre, quoiqu'il fût à désirer qu'on pût en
acheter d'élevées en grande partie au sec. L'aliment naturel
des vaches étant l'herbe verte, il semble que quand on leur
fait manger du fourrage sec presque aussitôt qu'elles sont se-
vrées, elles en souffrent et ne prennent pas une bonne croissance. En pays d'élèves, une génisse de deux ans est vendue
au marchand envion 100 francs.

Vente des taureaux.

Les taureaux de réforme sont vendus, ou dans l'état de
taureaux, ou après avoir été bistournés. Dans l'un et l'autre
cas, on les nourrit bien pendant quelque temps pour les engraisser. Les bouchers font peu de cas de ces animaux, parce
que jamais la chair n'en est aussi bonne que celle des bœufs :
aussi les achètent-ils à bon marché. Un taureau de quatre à
cinq ans, du poids de 4 à 500 livres, se vend, à 20 lieues de
Paris, 150 francs.

Vente des vieilles vaches.

Une vache peut être regardée comme hors d'état de rendre
du profit dans un endroit où on la nourrit au sec, quoiqu'elle
puisse en rendre encore dans celui où on la nourrira de vert.
Elle est réformée dans l'un, et achetée pour donner du lait

dans l'autre. Les nourriciers de la banlieue de Paris se procurent des vaches fraîchement vêlées, dont les fermiers se défont. On leur vend une vache de taille au-dessus de la moyenne 150 à 200 francs. Ils la nourrissent bien et la vendent en bon état, lorsqu'elle commence à n'avoir que peu de lait, et en rachètent une autre.

Beaucoup de fermiers, lorsqu'ils ont une vache à réformer, la font tuer à l'approche de la moisson; ils la salent, et elle sert pour nourrir leurs moissonneurs.

Le plus souvent, c'est au boucher que les propriétaires de vaches vendent celles qu'ils réforment; ils les nourrissent un peu mieux que les autres pendant quelque temps. Le prix d'une vieille vache en bon état, si elle est d'une taille commune, peut aller à celui qu'elle a coûté étant génisse. En supposant qu'on s'en défasse à douze ans, elle peut avoir donné dix veaux à 21 francs. . . . . 210 fr.

   En neuf ans, 783 livres de beurre à 12 sous. . . 469
   Quatre-vingt-dix fromages à 10 sous. 45
   L'engrais de 15 arpens de terre à 30 francs l'arpent. . 450
—————————
1174 fr.

Le fermier ou propriétaire de la vache qui aurait été obligé de tout acheter pour la nourrir, d'après un état rigoureux de dépenses qui précède, n'aurait profité, en dix ans, que de 110 francs. Mais la nécessité de faire consommer ses fourrages, le besoin indispensable d'engrais, dont j'ai apprécié la valeur et qu'il ne trouverait pas à acheter; mais la nourriture étant prise sur le produit de la terre qu'il cultive, ou des pâturages naturels qu'il afferme ou qu'il a en propriété, tout rend avantageux pour lui l'entretien et la multiplication des vaches.

Du profit qu'on retire des bœufs par leur travail et en les vendant.

On fait ordinairement travailler les bœufs pendant sept ans; en Basse-Normandie, ils ne travaillent que quatre; ils commencent à trois : on les réforme donc à dix ans dans certaines provinces, et à sept dans d'autres pour les engraisser. Les uns les emploient uniquement à des charrois, d'autres s'en servent pour la charrue, et pour charier les engrais, les récoltes et les provisions de bois ou de pierres, et autres matériaux des métairies, domaines et fermes.

Lorsqu'ils ne sont occupés qu'à des charrois, ils durent moins long-temps; on est obligé de les réformer avant la dixième année, parce que la difficulté des chemins, la gêne et l'attention perpétuelle les fatiguent plus que la marche égale et uniforme du labour.

Dans l'Inde , dans le pays de Vaud , en Suisse , et peut-être dans quelques autres pays , les bœufs portent des fardeaux , et sont montés par des hommes. Je ne sais pas combien d'années on les fait servir.

Dans l'usage ordinaire, les cultivateurs français, propriétaires de bœufs , leur font labourer par jour environ un arpent de Paris de 900 toises carrées.

On vend un bœuf maigre au sortir de la charrue à un engraisseur 240 francs.

L'engraisseur de profession, ou le propriétaire qui engraisse, vend au marchand , pour conduire à Paris , un bœuf gras, du poids de sept cent livres , 360 francs.

On remarque que les bœufs trop vieux donnent plus de suif; mais ce suif a peu de consistance : la viande de ceux qui sont engraissés à l'étable se conserve plus long-temps , et le suif en est plus blanc.

J'examinerai, au mot LABOUR , la grande question de savoir s'il est plus avantageux de se servir des bœufs que des chevaux pour cette opération ; elle me paraît mieux convenir à cet article.

Vente du laitage.

On appelle laitage le lait récent et tout ce qui en fait partie. Dans le voisinage des villes , on a plus de profit à vendre le lait , qu'à le garder pour faire du beurre ou du fromage. A peine est-il trait qu'on le porte à la ville , ou même qu'on le vend à des marchands , qui l'enlèvent. Il n'exige aucun soin , aucun frais ; mais lorsqu'on s'éloigne des villes , il n'y a plus de moyens de faire consommer le lait en état de lait : il faut alors le convertir en beurre ou en fromage. Dans quelques cantons où il n'a pas assez de qualité pour faire du beurre ou du fromage , on le fait boire à des veaux qu'on engraisse et qu'on vend un bon prix. Il y a des pays où la nature des herbes rend le beurre excellent et abondant, et où on a la facilité de le débiter. Dans les montagnes, on ne fait du beurre que pour l'usage des personnes qui soignent les vaches ; on est trop loin des habitations pour en avoir le débit , si on en faisait davantage. On préfère la fabrication des fromages, qui se gardent et se perfectionnent pendant tout le séjour des vaches à la montagne : des commerçans viennent les y acheter.

Le lait pris chez les nourriciers de la banlieue ou chez les fermiers des environs de Paris, se paye communément 6 sous la pinte , qui contient 3 livres.

Le prix commun du beurre que les fermiers portent au marché pour l'approvisionnement de la capitale, est de 12 sous la livre.

Le prix des fromages varie selon leur grosseur, l'espèce de fromage et sa qualité. Le fromage de Brie, le plus estimé, se vend, par le fermier, de 40 à 50 sous. Il a 9 lignes d'épaisseur, et un diamètre de 10 pouces.

Dans les montagnes de Franche-Comté et de Lorraine, on vend le fromage fait à la manière de Gruyères, sur le pied de 6 sous la livre.

Le petit-lait et le baratté servent à nourrir des cochons. On estime en Suisse que le petit-lait de cinq vaches peut nourrir un gros cochon ou deux petits. On en tire un autre parti dans les montagnes de l'Emmenthal, de l'Entlibuch, canton de Lucerne, et dans les environs de la vallée d'Urseren, au pied du Saint-Gothard et autres endroits de la Suisse. Par un procédé particulier dont on fait un secret, les montagnards, en évaporant le petit-lait, font un sel ou sucre de lait, et même des tablettes fort estimées dans ce pays pour les maladies de poitrine. *Voyez* LAIT.

En indiquant ici les prix des différens produits qu'on retire des bêtes à cornes, je n'ai pas prétendu à une exactitude rigoureuse ni convenable à tous les pays; on sent bien qu'elle m'était impossible; mais j'ai voulu donner un aperçu des prix qui m'ont paru les plus communs, afin qu'on eût quelque chose d'un peu positif.

De l'engrais que fournissent les bêtes à cornes à l'étable et dans les prairies.

Les bêtes à cornes fournissent de l'engrais par le fumier qu'elles font à l'étable et par la fiente qu'elles répandent dans les prairies où elles séjournent.

Selon leur taille et les alimens dont elles sont nourries, les bêtes à cornes produisent un engrais plus ou moins abondant. Une vache nourrie au sec ne rend que des excrémens secs; celle qui mange beaucoup d'herbe fiente plus souvent, salit davantage sa litière, qu'il faut renouveler fréquemment. J'estime qu'une vache de haute taille peut fournir dans l'étable de quoi fumer 2 arpens de terre par an, l'arpent de 100 perches, à 22 pieds par perche; une vache de taille moyenne en fume un arpent et demi, et la plus petite espèce un arpent. Il arrive souvent qu'une bête de petite race fournit plus d'engrais que celle d'une race moyenne, ce qui dépend de sa constitution; plus elle se vide fréquemment, plus elle fait de fumier.

L'engrais que les bêtes à cornes répandent dans les prairies n'est avantageux qu'autant qu'elles y sont en grand nombre, relativement à l'étendue, ou que les prairies servent toute l'année de pâture à ces animaux, car autrement, quelques places seulement sont fumées, le reste ne l'est pas du tout; les communes en offrent la preuve.

Le séjour continuel des bœufs dans les herbages de Normandie, où on les renouvelle à mesure qu'on vend ceux qui sont gras, suffit pour fumer ces riches pâturages, parce qu'on a l'attention d'enlever leur fiente des endroits où il y en a trop, pour la répandre dans ceux où il n'y en a pas.

On est dans l'usage dans le pays de Bray, aux environs de Neufchâtel et de Gournay, de faire parquer la nuit les vaches, comme on fait parquer les moutons : c'est un moyen d'engraisser les prairies naturelles. Pendant la journée, ces bêtes sont errantes dans les pacages, où elles paissent; le soir, on les ramène au parc formé de claies, dans lequel elles restent enfermées. On donne à un parc pour dix vaches une étendue de 44 à 48 pieds de longueur et de largeur : ces dimensions varient selon que l'homme qui forme le parc croise plus ou moins les claies. Ce parc est changé de place de temps en temps; on juge qu'il doit l'être quand on voit que son enceinte est suffisamment fumée et que les vaches n'y pourraient plus séjourner davantage sans se salir. Lorsque la fiente est sèche, on charge un petit garçon de la répandre de manière que toute la prairie soit également engraissée, comme on fait dans les herbages à bœufs.

Cette manière d'engraisser les prairies naturelles a été imitée par le propriétaire d'une terre voisine du pays d'Auge, où on l'a introduite d'après des observations faites à Forges-les-Eaux. Là, dans les premiers jours de mai, les vaches commencent à coucher au parc, et continuent jusqu'au mois de novembre et quelquefois jusqu'à la Saint-Martin; si les premiers jours de mai étaient froids, on ne commencerait pas sitôt, comme on prolongerait au-delà de la Saint-Martin, si le temps se soutenait et si la prairie était abritée. Il est sage de ne pas choisir un mauvais temps pour commencer le parcage, et de ne pas exposer au froid des nuits les vaches fraîchement vêlées, plus susceptibles alors des impressions de l'air.

A quatre heures ou quatre heures et demie du matin, on fait sortir les vaches de leur parc, et on ne les y fait rentrer qu'à l'approche de la nuit, afin de les laisser manger le plus long-temps possible, sur-tout dans les grandes chaleurs, parce qu'alors elles ne mangent pas au milieu du jour. On croit que s'il s'agissait de les engraisser, il faudrait qu'elles entrassent le soir plus tard au parc, et qu'elles en sortissent plus matin; ce qui dépendrait de la quantité et de l'abondance d'herbe qu'elles trouveraient dans leurs pacages.

La personne dont je tiens cette méthode s'en trouve bien :

elle fait parquer ses vaches dans les parties les plus maigres de ses prairies. Je présume que ces bêtes ne doivent pas donner autant de lait que si elles couchaient toutes les nuits à l'étable; mais elles sont à cet égard comme les vaches de la Suisse, de l'Auvergne et d'autres parties montagneuses de l'Europe, qui passent l'été exposées aux injures de l'air; ce qu'elles perdent en quantité de laitage, elles le regagnent en qualité : car si les vaches suisses de la montagne, toujours dehors en été, donnent du lait propre à faire de meilleurs fromages que celles des plaines, qui rentrent dans les étables tous les soirs, il en est de même des vaches du pays de **Bray**, comparées avec celles des autres provinces, et même de la majeure partie de la Normandie, dont les vaches ne parquent pas. Les fromages excellens de Neufchâtel et le beurre de Gournay, un des meilleurs qu'on connaisse, sont des témoignages non équivoques de l'influence de cette pratique sur la qualité du laitage.

Il résulte de ce parcage une économie de transports d'engrais et une manière de fumer assez égale, moyennant la distribution de la fiente dans les endroits où il n'y en a pas, et les bons effets de la transpiration des vaches sur le sol des prairies qu'elles parquent : on ne peut apprécier ce dernier avantage.

Usage de toutes les parties des bœufs, des taureaux et des vaches.

Leur chair est, après le pain, un des alimens les plus employés pour la nourriture des hommes en Europe. Celle de la vache et du taureau ne sont pas estimées; mais la chair de bœuf engraissé soit à l'herbe, soit de pouture, fait la base des meilleurs potages et se sert sur les meilleures tables. En France généralement, on la mange bien cuite; en Angleterre, au plus à demi cuite, et chez certains peuples toute crue. On raconte que parmi ceux-ci il y en a qui ne prennent pas même la peine de tuer les animaux quand ils veulent en manger la chair. Quelle barbarie! Celle des veaux, moins succulente et moins substantielle, est très-agréable, sur-tout si ce sont des veaux engraissés; elle est regardée comme rafraîchissante, et et par cette raison on la préfère pour le bouillon des malades. On embarque des bœufs vivans sur les vaisseaux, afin de donner quelque temps de la viande fraîche à l'équipage. On embarque une plus grande quantité de bœuf salé.

En Irlande, en Angleterre, en Hollande, en Suisse et dans le nord de l'Europe, on sale et on enfume la chair de bœuf, soit pour l'usage de la marine, soit comme objet de commerce.

La peau du bœuf, de la vache et du veau sert à une

infinité de choses ; un grand nombre d'ouvriers la préparent, un grand nombre d'hommes en font usage pour leurs chaussures et pour différens arts.

Il y a en Angleterre une race de bœufs (de Craven) dont la peau est près du double plus épaisse que celle des races communes; son cuir est très-recherché : il se vend le tiers du prix des autres. On assure qu'il entre chaque année dans nos tanneries 750,000 peaux de bœufs, 250,000 de vaches, 400,000 de veaux, du cru de la France, outre ce que nous en tirons de l'étranger.

On emploie la graisse pour les chandelles, les pieds pour faire de l'huile, les cornes pour des peignes, des lanternes, des vitres, des boîtes; on fait une espèce de colle forte avec les cartilages, et avec les os et les nerfs des moules de boutons et de la gélatine. On a proposé de les employer comme engrais des terres : il y a en Angleterre des moulins qui les mettent dans l'état où ils doivent être pour cet usage ; mais cette sorte d'engrais, qui deviendrait cher, ne peut être que très-borné.

Le poil forme la bourre pour les colliers des chevaux, pour les plafonds, et les crépis dits crépis en blanc en bourre.

Les excrémens forment un engrais et se dessèchent dans l'Inde et en Europe pour brûler dans les pays où il n'y a point de bois; ils servent même d'onguent pour les blessures des arbres : on l'appelle *onguent de Saint-Fiacre*.

Le sang de bœuf sert encore de dépurant dans les raffineries de sucre, et pour donner de la solidité aux aires des granges. On sait que c'est avec cette substance que la chimie fait le bleu de Prusse.

On connaît l'usage et les avantages du lait; cet aliment si précieux, si doux, si analogue aux sucs de l'enfance, et dont on tire un si grand parti, soit pour nous nourrir, soit pour assaisonner nos mets, etc., etc. *Voyez* le mot LAIT.

Des lieux de France où il se fait le plus d'élèves de taureaux, de bœufs et de vaches, et d'où les principales villes du royaume en tirent pour leurs boucheries.

Le Traité de la police, du commissaire Lamarre, offre le tableau des pays de France où l'on élève des bêtes à cornes pour les besoins des provinces, et où on en engraisse pour l'approvisionnement des principales boucheries du royaume. J'en donnerai un précis qui ne me paraît pas déplacé ici.

Le Traité de la police a été imprimé en 1710. Il serait possible que quelques-unes des provinces n'élevassent pas maintenant autant de bêtes à cornes qu'avant cette époque, ou que d'autres provinces qui élevaient peu d'animaux alors, se fussent déterminées à en élever davantage. Les changemens, à cet égard, ne doivent pas être considérables, ni empêcher l'intérêt du tableau que je vais offrir.

La Brie.

Les grandes et belles prairies situées le long de la Seine et de la Marne, les communes de plusieus paroisses, et l'abondance des fourrages que produisent les terres labourables, donnent la facilité de nourrir des bestiaux, sur-tout aux environs de Meaux et de Melun : on n'y élève pas de bœufs, mais beaucoup de vaches. Paris tire de ces pays une grande quantité de veaux qui y sont estimés.

Aux environs de Montereau, petite ville limitrophe de la Brie, du Gâtinais et de la Bourgogne, il y a de bons pâturages le long des rivières de Seine et d'Yonne, où l'on fait des nourritures de gros bétail pour Paris.

La Beauce et le Pays Chartrain.

Il y a beaucoup de pâturages aux environs de Dreux : presque toutes les paroisses s'occupent d'élever des bestiaux. Il y en a aussi aux environs d'Estampes dans les paroisses d'Iteville, Maisse et de Bourray, qui ont des communes propres à cette éducation.

Les fermiers de presque toute la Beauce achètent, pour garnir leurs fermes, des vaches bretonnes, normandes ou percheronnes.

Le Perche.

On voit dans le Perche des terres incultes et en bruyères sur les hauteurs : on y fait des élèves en génisses, qui se vendent aux foires et marchés du pays.

Quelques paroisses engraissent des bœufs et des vaches, qui sont conduits aux marchés de Sceaux et de Poissy pour Paris.

Le Sénonois.

Il se fait des nourritures de gros bétail dans les paroisses de Jaulnes et de Villenaux, du côté de Bray-sur-Seine, et dans d'autres paroisses de pays montueux, ainsi que dans les prairies et pâturages qui sont le long de la rivière d'Yonne, aux environs de Joigny et de Saint-Florentin. Le commerce s'en fait pour Paris.

Champagne.

Outre la quantité de prairies qui sont dans l'étendue du bailliage de Troyes, sur la rivière de Seine, dont les foins sont conduits à Paris, il y a plusieurs villages qui ont des pâturages communs, où ils nourrissent des bêtes à cornes seulement pour les engrais des terres et pour les provisions du pays.

Les prairies des environs de Langres nourrissent aussi des bêtes à cornes, dont il vient quelques-unes à Paris.

On en nourrit beaucoup dans le Rhételois pour alimenter les villes voisines. Malgré la bonté et la quantité des pâturages des environs de Sainte-Menéhould, principalement le long des rivières de Meuse et d'Aisne, il s'y faisait autrefois peu de nourritures, soit par la négligence des habitans, soit à cause d'un droit de *tirage* que les seigneurs levaient sur les terres ou sur les pâturages. Ce droit étant ou supprimé ou déclaré rachetable, il y a lieu de croire que, si les habitans ont un peu d'énergie, ils augmenteront leurs bestiaux et profiteront de cette branche d'économie.

Lorraine.

Les montagnes des Vosges composent une grande partie de la Lorraine. Elles séparent cette province de la Franche-Comté, et s'étendent depuis la plaine d'Alsace jusqu'à l'extrémité de la Champagne. C'est un pays abondant en bêtes à cornes, qui y trouvent leur nourriture dans les montagnes pendant une grande partie de l'année. Ce sont particulièrement des vaches qu'on y entretient pour faire du beurre et des fromages. On y engraisse aussi quelques bœufs pour Strasbourg, Bâle, Nanci, Metz et Toul ; mais le plus grand commerce se fait avec les Allemands et les Suisses, qui viennent y acheter de jeunes bœufs pour le labourage, de jeunes taureaux et des vaches.

Comme la Lorraine produit beaucoup de foin, pour le consommer on élève et on entretient beaucoup de bétail dans des habitations nommées *marcareries*, espèces de fermes tenues par des Suisses ou des Allemands appelés *marcas*, qui rendent, pour prix du fermage, une certaine quantité de beurre, de fromage et de veaux, et quelquefois de l'argent.

L'Alsace.

Dans cette province, la plus riche et la plus fertile du royaume, on nourrit beaucoup de bestiaux, qui se consomment dans la province. En 1700, on y comptait cinquante-un mille bœufs et vaches.

Le Hainaut.

Les pâturages sont communément assez bons dans le Hainaut, parce qu'il est arrosé d'un grand nombre de ruisseaux. Les habitans y nourrissent beaucoup de bestiaux, et sur-tout des vaches. En 1697, il se trouva soixante et quinze mille vaches dans la partie du Hainaut qui tient à la prairie. Les bêtes à cornes du petit canton de Marville sont les seules qui sortent du pays par le commerce ; le reste n'en sort pas , mais fournit du lait et du fromage aux habitans.

La Flandre.

Il y avait aussi , en 1710, dans la dépendance de la ville de Lille cinquante mille vaches.

Les pâturages de la Flandre sont excellens. On ne s'en contente pas ; mais on donne en outre à manger aux bêtes à cornes dans les étables le marc du grain qui a servi à faire de la bière, et des tourteaux de marc de colza, de gros navets ronds et des féveroles ; on mène ces animaux dans les regains de trèfle.

On élève en Flandre des génisse. La partie occidentale de cette province est la plus fertile en pâturages. Tous les ans , indépendamment des bêtes à cornes du pays , on y amène des bœufs et des vaches maigres de l'Artois et de la Picardie , qui s'y engraissent facilement. Les vaches y donnent du lait en abondance , et particulièrement dans le Furvembak.

Il se levait, en Flandre, un droit de *vaclage* sur les bestiaux, qui sans doute est maintenant ou supprimé , ou déclaré rachetable. D'après les registres du vaclage de l'année 1698, il y avait en Flandre quatre-vingt-huit mille neuf cent quarante-six vaches.

Il y a tous les mois une foire pour les bestiaux à Bourbourg, un marché à Bergues tous les lundis, à Furnes tous les samedis , et à Ypres toutes les semaines.

Le Vexin.

On voit de très-bons pâturages dans le pays de Bray, où on nourrit beaucoup de vaches. Il vient de ce pays à Paris une grande quantité de veaux, de bon beurre et de bons fromages.

Tout le Vexin normand est également rempli de pâturages ; les bestiaux qui s'y nourrissent s'amènent à Paris.

La Normandie.

Plusieurs cantons de la Normandie sont abondans en pâturages , les meilleurs sont ceux du Cotentin et du pays d'Auge. On appelle *herbages* les pâturages d'engraissement. Les Normands achètent des vaches et des bœufs du pays pour les engraisser , et vont en outre acheter des bœufs maigres dans l'Angoumois, la Saintonge, le Poitou, le Quercy, la Marche, le Limousin, le Berri, la Bretagne, etc., qu'ils amènent dans les herbages au printemps, et qu'ils vendent gras au marché de Neubourg et à celui de Trévières.

Une partie des bestiaux engraissés en Normandie se dis-

tribue dans la province et en Picardie pour l'approvisionnement de quelques villes ; mais la plupart sont destinés pour la
capitale.

Le rendez-vous des bœufs normands pour Paris est le marché de Poissy, qui se tient tous les jeudis.

La Bretagne.

Plusieurs paroisses des environs de Rennes nourrissent une
grande quantité de vaches. Le plat pays du comté Nantais,
appelé *d'Outre-Loire*, est abondant en pâturages ; les habitans
y font deux sortes de commerce de bestiaux ; ils vendent
maigres des bêtes d'élève ou celles qui leur ont servi au labourage. Dans les îles de la Loire, depuis Nantes jusqu'à Paim-
bœuf, dans les paroisses qui sont le long de cette rivière et
dans celles du pays de Retz, on engraisse des animaux achetés
maigres dans les foires, et qu'on vend aux bouchers du pays,
ou à des marchands, qui les font conduire aux marchés de
Sceaux et de Poissy pour Paris.

L'évêché de Quimper et celui de Tréguier ont aussi de très-
bons pâturages propres à la nourriture des bêtes à cornes. Les
marchands normands viennent les y acheter, et les destinent
pour Paris.

Le Maine.

Les landes du Maine servent de pâturage à beaucoup de
bêtes à cornes ; on y en élève une grande quantité. La vente
de ces élèves et le beurre sont deux objets de commerce.

L'Anjou.

Une des richesses de l'Anjou est la quantité de bœufs et de
vaches qu'on y nourrit. Il s'en fait un grand commerce ; l'Anjou en fournit aux provinces voisines. Le pays de Cholet, où
on engraisse de pouture des bœufs, qui viennent à Paris, est
situé en Anjou : ce sont les meilleurs de tous.

Le Poitou.

Le pays de Rochechouart, les environs de la ville de Livray,
ceux de la ville de Lusignan et de Partenay, le canton de
Saint-Maixant et celui de Niort, près de Lamothe Sainte-
Héraye, sont abondans en pâturages, où l'on nourrit beaucoup de bestiaux. Dans le canton de Saint-Maixant, il s'en
fait un grand commerce avec les marchands d'Auvergne et de
Lyon ; il s'en tire aussi par les marchands de Beauce, qui en
destinent une partie pour Paris.

Les marais du canton de Niort, et ceux des sables d'Olonne,
dits *petits marais* ; les marais de la Lande, la Grenache, Sou-

lun, Saint-Gervais, dits *grands marais*, servent aussi à la nourriture des bestiaux. On vend, dans les marchés des environs, des bœufs maigres pour la Normandie, et des bœufs gras pour Paris.

Il y a plusieurs paroisses du Bas - Poitou où on engraisse uniquement à l'étable des bœufs, qui se consomment dans le pays, ou vont à Nantes ou à la Rochelle.

Pays d'Aunis.

Cette petite province a des endroits marécageux qui nourrissent beaucoup de bétail.

Berri.

Les bœufs de travail du Berri, ou sont vendus à des marchands qui les amènent en Normandie pour être engraissés, ou on les engraisse dans le pays. Les uns et les autres sont conduits, étant gras, dans les boucheries de Paris. Le Berri est arrosé par plusieurs rivières, dont les bords fournissent du foin et des pâturages. Il y a aussi dans le Berri des landes très-étendues, appelées *Brandes*, où les bêtes à cornes paissent une grande partie de l'année.

Le Nivernois.

Il se fait en Nivernois beaucoup de nourritures de bœufs, vaches et veaux.

La Bourgogne.

Plusieurs cantons de la Bourgogne élèvent et engraissent des bêtes à cornes; savoir, 1°. l'Authunois, où les marchands de Lyon, de Champagne, du comté de Bourgogne et de Lorraine viennent les chercher; 2°. le bailliage de Sémur en Brionnois; 3°. le Charolois, qui a une grande étendue de pacage dans des prés arrosés, et où les animaux passent une grande partie de l'année dans les bois; les bœufs gros du Charolois sont conduits à Paris et à Lyon; 4°. les environs de Vézelay, couverts de fougères et de genêts, et tout le Morvant, qui fournit aussi Paris.

La Franche-Comté.

Quoique les foins soient bons et abondans le long de la Saône, du Doubs et de l'Ouguon, on y élève peu de bétail; c'est dans la montagne où les pâturages sont les meilleurs. On remarque que les vaches, qui sont grandes et grasses dans la montagne, où l'herbe est courte et fine, dépérissent quand on les introduit dans le pays gras, où l'herbe est grande et forte; la bonté de l'herbe ne dépend pas de sa hauteur ni de sa grosseur, mais de sa finesse et d'une qualité qui la rend plus substantielle. Les vaches de la montagne donnent beaucoup de lait, qui sert à faire du beurre et des fromages analogues à ceux de Gruyères. C'est sur-tout aux environs de Pontarlier qu'on en fabrique de bonne qualité, comme je m'en suis assuré. Quand elles sont vieilles, on les engraisse et on les vend à des marchands de Suisse, de Lorraine et d'Alsace.

La plupart des veaux qui se consomment dans la ville de Besançon et aux environs se tirent aussi de la montagne.

Le Bourbonnais.

Il se fait un grand commerce de bestiaux, dont la plus grande partie, après la province fournie, est enlevée pour le Lyonnais. Il en vient aussi à Paris.

La Haute-Marche.

C'est un pays entrecoupé de montagnes; on y nourrit beaucoup de bœufs, de vaches et de veaux : on engraisse les bœufs avec des châtaignes et de grosses raves.

L'Angoumois.

Les seules châtellenies de Constans et de Chabanais, voisines du Limousin, dont le terrain est à-peu-près de même nature, nourrissent beaucoup de bestiaux.

Le Limousin.

Le commerce des bêtes à cornes fait le principal revenu du haut et du bas Limousin. Il s'y vend beaucoup de bœufs non-seulement pour les provinces circonvoisines, mais encore pour Paris. Une partie est engraissée dans le pays à l'herbe et au sec; la plupart sont vendus maigres pour aller s'engraisser dans les herbages de Normandie : tous ces animaux sont pour Paris. L'engrais au sec ou de pouture se fait en Limousin, avec des raves et des châtaignes en quelques endroits.

L'Auvergne.

On élève en Auvergue beaucoup de bœufs et de vaches : c'est un des principaux produits du pays. Après que la province en est fournie, le reste passe dans le Bourbonnais, le Nivernais, le Berri, une partie de la Guienne et du Languedoc, le Limousin même, la Marche et le Quercy.

Le Forez.

Les montagnes qui joignent celles d'Auvergne sont cultivées du côté du Forez; mais elles sont incultes et inhabitées en montant plus haut ; là , elles fournissent d'excellens pâturagès pour l'été. La plupart des bêtes à cornes qui y paissent sont des vaches : elles donnent beaucoup de lait, dont on fait les fromages connus sous le nom de *fromages de roches*.

La Bresse.

Il y a dans la Bresse beaucoup de pacages et de fourrages. Les bœufs engraissés sur les bords de la Saône sont beaux et bons ; mais ceux qu'on engraisse dans le plat pays sont de moindre prix. Les bouchers de Lyon achètent ces bœufs.

Le Mâconnais.

Indépendamment des pays de vignobles , le Mâconnais a des pays à pacages où on nourrit et où on engraisse des bœufs pour Lyon et pour les provinces voisines.

Le Languedoc.

Les montagnes du haut Languedoc offrent d'abondans pâturages. Toutes les bêtes à cornes qu'on y engraisse ne sont pas du pays , on en tire de l'Auvergne, du Limousin et du Rouergue.

Le Vivarais.

Le pays que l'on appelle la montagne et qui approche du Vélay, est le plus gras. On y nourrit une grande quantité de bêtes à cornes.

La Guienne et la Gascogne.

On n'élève point dans le Périgord : on y entretient seulement les bestiaux qui servent à la culture des terres ; quand ils ont servi le temps convenable, on les vend et on en achète d'autres pour les remplacer.

Les pays de Montauban, de Cahors, de Rodez, d'Armagnac, de Comminges et de Foix, abondans en pâturages, nourrissent plus de bestiaux qu'il n'en faut pour leur provision.

Les habitans des vallées de Bigorre vendent aux Espagnols, leurs voisins, les bœufs qu'ils engraissent. On en nourrit aussi dans la terre de Labour, qui fournissent les boucheries de la province de Guipuscoa en Espagne et de la Haute-Navarre.

La Provence.

Les îles de la Camargue, placées entre les bras du Rhône à son embouchure, nourrissent une grande quantité de bêtes à cornes, qui sont consommées dans la province.

Le Dauphiné.

Plusieurs montagnes du Dauphiné sont propres à nourrir des bêtes à cornes. Avec le lait des vaches on fait du beurre et des fromages, qui sont un objet de commerce. Les principales montagnes sont celles de Sassenage et de Doysans, du côté de Grenoble ; celles de Grasse et de Valdronne dans le Dyois ; celles de Vars et des Orres dans l'Embrunois, et celles de Gueyras et de Pragelas dans le Briançonnais.

Il entre tous les ans en Dauphiné beaucoup de bœufs et de taureaux qui viennent du Vivarais et du Vélay.

J'ai cru devoir employer ici les noms donnés autrefois à nos diverses provinces, parce que c'est par eux que le commerce désigne les pays qui nourrissent et fournissent des bœufs ; si la statistique particulière de tous les départemens était faite, on saurait en quoi chacun contribue à la multiplication de nos bestiaux. Jusqu'ici il paraît difficile de changer des dénominations qui sont dans la tête des marchands, des nourrisseurs et des cultivateurs, qui ne pourraient plus s'entendre.

Provinces qui fournissent des bœufs à Paris, et ordre des fournitures.

On concevra que je n'ai pu avoir des détails sur cet objet qu'en m'adressant à des maîtres bouchers de Paris ou à un entrepreneur de fourniture de viande. MM. Ancelle et Bequet, anciens bouchers de Paris, après m'avoir donné tous les renseignemens qui dépendaient d'eux, m'ont eux-mêmes indiqué M. Bayard, entrepreneur de fourniture de la viande des Invalides et des hôpitaux de Paris. M. Bayard ayant parcouru toutes les provinces à bœufs pour ses entreprises, il a été à portée de m'éclairer plus particulièrement. C'est d'après des conférences tenues avec ces trois personnes, très-instruites dans ces parties, que j'exposerai ce qui suit.

Les provinces de France d'où Paris tire ses bœufs, soit directement, soit indirectement, c'est-à-dire soit qu'ils en partent directement après y avoir été engraissés, soit que réunis maigres par des marchands dans quelques-unes d'elles, on les y engraisse pour en faire des envois à la capitale, ces provinces sont, la Normandie et sur-tout le Cotentin, la Bretagne, le Maine, la Sologne, la Touraine, l'Anjou, dont le pays de Cholet fait partie, le Poitou, où se trouvent les grands et petits marais et Lamothe-Sainte-Héraye, l'Angoumois, l'Aunis, la Saintonge, la Gascogne, le Périgord, le Quercy, le Limousin, le Berri, la Marche, la Combrailles, l'Auvergne, le Bourbonnais, le Nivernais, où est la vallée de Lurcy, la Bourgogne, le Morvant, le Charolais et le Brionnais, la Franche-Comté, la Lorraine, la Champagne, dans les environs de Langres et de l'Alsace. Les provinces de France ci-dessus dénommées ne suffisant pas pour approvisionner Paris de bœufs, on en tire encore de la Hollande, du pays de Liége, de la principauté de Porentrui, du comté de Neufchâtel, de la Souabe, du Palatinat, de la Franconie, du marquisat de Bade. Ce qu'on tire de la Sologne, des environs de Langres, de la Hollande et du pays de Liége est peu considérable.

Depuis la fin de juin ou le commencement de juillet jusqu'à la fin de février, la Normandie envoie des bœufs gras à Paris. Elle fournit pendant ces huit mois les trois quarts de la provision de la ville : l'autre quart est fourni pendant le même temps par le Charolais, le Morvant, le Nivernais, la Bourgogne, le Berri, les grands et petits marais du Poitou, la partie de la Franche-Comté qui est vers Jussey, sur les bords de la Saône, le comté de Bourgogne, la principauté de Porentrui, le comté de Neufchâtel, et la Hollande en très-petite quantité. Tous ces bœufs sont des bœufs d'herbe ou engraissés à l'herbe.

Il faut comprendre dans ce quart les bœufs engraissés à la rave et au foin, que la Marche et la Combrailles envoient en novembre, décembre, janvier et février. Les bœufs du comté de Bourgogne, de la Franche-Comté, de la principauté de Porentrui et du comté de Neufchâtel, arrivent en août, septembre et octobre, et ils cessent alors.

En mars, avril et mai, le Limousin contribue pour les deux tiers de l'approvisionnement de Paris. L'autre tiers est formé des bœufs de Cholet, de Lamothe-Sainte-Héraye en Poitou, du Bourbonnais, du Nivernais, de la Bourgogne, de la Franche-Comté, de la Franconie, du Palatinat, de l'Alsace ; tous bœufs engraissés au foin ou avec du grain, ou avec du foin et du grain concurremment. La majeure partie de ce dernier tiers est envoyée du pays de Cholet. En juin, il envoie encore des bœufs engraissés au foin et aux choux. Les grands marais du Poitou et le Charolais complètent la provision de ce mois en bœufs d'herbe, dont la quantité est moindre que celle des bœufs de Cholet.

A la fin de juin, ou dans les premiers jours de juillet, la Normandie recommence ses envois, et avec elle les autres provinces indiquées ci-dessus.

Les provinces de France ont suffi long-temps pour approvisionner Paris de bœufs. Plusieurs causes réunies ont forcé de recourir à l'étranger : 1°. l'épizootie désastreuse des provinces méridionales, qui a commencé en 1774; 2°. la sécheresse de 1785, et ce qui en a été la suite, la disette de fourrage; 3°. la permission donnée à tous les bouchers de tuer et d'étaler en carême, tandis que l'Hôtel-Dieu seul était dans l'usage de faire tuer des bœufs pendant six semaines. Alors la rareté de la viande et la difficulté de s'en procurer en diminuaient la consommation; 4°. enfin, l'affaiblissement successif de l'observance des règles de l'Eglise, qui défendait de manger de la viande en carême, les jours des quatre-temps et les vendredis et samedis. L'influence des deux dernières causes est si considérable, que la liberté de vendre dans toutes les boucheries de la viande en carême ayant eu lieu en 1775, la consommation, qui alors n'était que de 5800 bœufs pendant le carême, a été de 9000 bœufs, c'est-à-dire de 3200 de plus dans le carême de 1789. Au reste, on doit s'attendre que la dernière cause, qui s'est étendue des villes dans les campagnes, s'étendra encore davantage. On peut, pour l'avenir, y en ajouter une de plus, c'est la suppression des ordres monastiques, qui faisaient maigre toute l'année ou une partie de l'année. Les personnes que ces ordres auraient réunies, refluant dans la société, y accroîtront le nombre des consommateurs de viande, en sorte que l'état a le plus grand intérêt de s'occuper de la multiplication des bœufs et autres bestiaux, s'il ne veut pas que, pour cet objet, il passe à l'étranger une portion de notre numéraire, plus grande que celle qui y passe depuis 1774, époque où des entrepreneurs actifs sont allés chercher des bœufs en Allemagne, sur les bords du Rhin et en Franconie, pour approvisionner Paris.

On fait faire aux bœufs qui viennent à Paris plus ou moins de chemin par jour, selon qu'ils viennent de plus loin, selon la saison, les besoins et l'espèce plus au moins facile à se fatiguer. Communément ils font par jour 8 lieues dans les beaux temps. On les essaie dans quelques endroits avant de les mettre tout-à-fait en marche; ceux qui paraissent ne pouvoir pas résister ne sortent point du pays, on les vend aux bouchers des environs. Il paraît constant que le voyage des bœufs, pourvu qu'on ne les excède pas de fatigue, contribue à rendre la viande meilleure, en faisant passer la graisse entre les fibres charnues. C'est une des causes de l'excellence du bœuf à Paris. Car il faut observer aussi qu'on achète pour cette ville tout ce qu'il y a de meilleur par la certitude du débit; l'éloignement et l'entrée, d'ailleurs, rendent une partie des frais égale. On a soin de ferrer les bœufs qui ont un long voyage à faire, afin que leurs pieds ne se fendent et ne se blessent pas. Les bœufs d'Allemagne et de Suisse sont ferrés pour venir à Paris. Ceux de Franconie ont 160 à 170 lieues à faire.

En quoi diffèrent les bœufs des provinces qui fournissent Paris.

Les personnes accoutumées à acheter des bœufs, ou pour les tuer, ou pour les vendre à des bouchers, distinguent aisément s'ils ont été engraissés à l'herbe ou au sec, s'ils ont toujours vécu dehors, ou le plus souvent dans les étables, et dans quels pays ils sont nés.

Plusieurs signes extérieurs sont propres à faire distinguer les bœufs des différens pays, quoiqu'il n'y en ait qu'une seule espèce.

La forme plus ou moins ramassée, la taille du corps, la couleur, la longueur et la disposition des cornes, l'épaisseur du cuir; la couleur du poil, variable selon les pays, les habitans d'un canton voulant leurs bœufs noirs, ceux d'un autre les voulant bai-rouges, ou bruns, ou pies de blanc et de noir, etc. Je ne rapporterai pas tous les signes qui les distingent, mais seulement les principaux.

Les bœufs de race normande sont de haute taille, ils prennent aisément de la chair et de la graisse; ils pèsent jusqu'à 1200 livres, et quelquefois davantage; le poids le plus commun est de 600 à 800 livres; leurs cornes sont de moyenne grandeur. Les fermiers qui les élèvent ne sont pas attachés à une couleur; car on voit de ces bœufs pies de rouge et de blanc, on en voit qui sont pies de blanc et de noir, on en voit de noirs. Les habitans du Cotentin préfèrent les bœufs à poil truité, ce qu'on appelle dans le pays *bringé.* Le meilleur bœuf normand, pour la chair, est le bœuf du Cotentin; ce qui peut dépendre autant de la constitution de l'animal, que de la qualité de l'herbe avec laquelle on l'engraisse. Les bœufs normands travaillent peu.

Les bœufs bretons sont petits. C'est aux environs de Vannes et de Pontcarré qu'on engraisse le mieux à l'herbe et au foin. Ils pèsent 500 livres au plus; leurs cornes sont grandes; leur poil est en général blanc du côté de Vannes; dans le reste de la Bretagne, ils sont ou blancs et noirs, ou rouges et blancs.

Les bœufs manceaux sont ramassés, de moyenne taille, et du poids de 5 à 700 livres, ils s'engraissent bien à l'herbe. C'est une des races qui réussit le mieux dans les herbages de la Normandie. Leurs cornes sont courtes, et leur poil est ou blond, ou blanc et rouge.

Les bœufs de la Sologne sont petits, comme tout ce que produit cette malheureuse province. Ils ne pèsent que 4 à 450 livres au plus. Leur poil est le plus ordinairement rouge ou brun. On les engraisse dans les pâturages les moins mauvais.

Il en vient rarement à Paris, parce qu'ils sont de petite espèce et de mauvaise qualité.

Les bœufs de la Touraine sont de taille élevée ; ils n'engraissent pas beaucoup. Leur poids est de 500 à 550 livres. Ils sont ou de poil brun ou de poil blond. Les habitans du pays en vendent aux Bérichons et aux Normands.

Les bœufs d'Anjou sont bruns ou gris ; ils ont des cornes moyennes, dont le bout est noir. La race en est bonne pour être engraissée. Elle réussit bien dans herbages de Normandie et à l'engrais de Cholet, pays situé dans la province, et qui donne le nom aux bœufs dits *cholets*. Les bœufs d'Anjou peuvent peser de 5 à 800 livres. Les plus pesans sont ceux de Cholet.

Les bœufs du Poitou sont gros, sur-tout ceux qui sont élevés dans les marais de cette province ; on les appelle bœufs de grands et petits marais. Ceux du canton de Lamothe-Sainte-Héraye, et de celui de Vau-de-Bic, même province, où on les engraisse au foin, sont supérieurs en qualité aux bœufs des grands et petits marais ; on les connaît sous le nom de *bœufs mothoois*. Les bœufs de Lamothe ont le poil d'un rouge vif et les cornes grandes ; ils pèsent de 6 à 800 livres ; le pays les tire en partie d'Auvergne.

Les bœufs de l'Angoumois, de l'Aunis et de la Saintonge, provinces voisines, sont à-peu-près les mêmes. Leur taille est grande ; mais leur poids n'est pas en proportion de leur taille ; ce qui dépend de la texture lâche de leurs fibres : ils pèsent de 5 à 700 livres. Leurs cornes sont grandes et leur poil est rouge pâle ; on les engraisse au foin.

Les bœufs de Gascogne sont les plus grands de tous. Ils sont pour la plupart à poils blonds ; il y en a cependant de gris et de rouges. Leur poids varie de 6 à 800 et quelquefois ils pèsent 900 livres. La majeure partie pèse plus de 600 livres. Leurs cornes sont grandes.

Les bœufs du Périgord et du Quercy sont de haute taille, au-dessous de celle des précédens. Leur poil est d'un rouge blond ; ils pèsent de 6 à 800 livres. Leurs cornes sont grandes ; on les engraisse avec du foin.

La taille des bœufs du Limousin est aussi assez haute, ils sont tous d'un blond rouge. Leurs cornes sont courtes. Ils pèsent de 6 à 800 et même jusqu'à 900 livres. On engraisse en Limousin les bœufs en grande partie à l'étable, c'est-à-dire à la rave, au foin, à la farine de seigle et de sarrasin, et à la châtaigne, après avoir commencé à les engraisser dans les regains des prairies. Le bourg de Saint-Léonard, près de Limoges, engraisse quelques bœufs seulement à l'herbe.

Après la Normandie, le Limousin est la province de France

qui engraisse le plus de bœufs ; elle n'engraisse pas tous ceux du pays, puisqu'il en passe ailleurs, mais elle en engraisse un certain nombre, et en outre beaucoup de bœufs de Saintonge, du Périgord, du Quercy, de la Gascogne même. Il faut observer que les veaux mâles qui naissent en Limousin, pourvu que leur poil ne soit pas pie ou brun, y sont tous élevés ; une partie reste dans la province pour ses besoins, et le surplus est vendu à l'âge de dix-huit mois aux cultivateurs du Quercy et du Périgord ; on les y fait travailler jusqu'à l'âge de six ou sept ans : alors les Limousins les achètent pour les engraisser. Les bœufs véritables Limousins, qui n'ont pas sorti du pays, sont les meilleurs.

Les bœufs du Berri sont de moyenne race, leur poil est blond ; ils pèsent de 5 à 600 livres. Les Bérichons engraissent une partie des bœufs de la province, et en achètent en Touraine et en Limousin pour les engraisser à l'herbe en été, et en hiver au foin.

Les bœufs de la Marche ont les cornes courtes et le poil d'un blanc blond. On en engraisse quelques-uns dans le pays ; ils pèsent de 5 à 600 livres.

Ceux de Combrailles, pays qui dépend de la Marche, sont plus petits ; ils sont en général d'un rouge vif ; on en voit quelques-uns pies de rouge et de blanc. Ils pèsent de 450 à 550 livres, rarement 600 livres.

Les bœufs d'Auvergne sont gros ; ils ont des cornes moyennes. Ceux du Cantal forment deux races : la première est appelée de *haut cru*, dits *bourets*, ou *mottois*, dont la chair est excellente, et la deuxième n'a rien de remarquable. La croupe des bœufs du Cantal est grosse ; on croit qu'elle est due à ce que les vachers ont soin de mettre un anneau de paille à la queue des veaux mâles. Leur poil en général est d'un rouge vif ; il y en a cependant de blonds, de blancs, de noirs et de pies de blanc et de rouge. On en engraisse très-peu dans le pays ; ils passent jeunes dans les Cévennes, le Forest, le Bugey, le Poitou, le Limousin, le Berri et le Bourbonnais ; ils pèsent de 5 à 600 livres. C'est entre le mont Dore et le Cantal que sont les pâturages d'engraissement. Les bœufs de la partie du Bourbonnais située entre l'Allier et la Loire, appelée *petit Bourbonnais*, sont pies de blanc et de rouge ; ceux de l'autre partie du Bourbonnais, appelée *grand Bourbonnais*, sont blonds ; il y en a cependant quelques-uns de rouges et quelques-uns de noirs.

Outre les bœufs du pays, on engraisse dans le Bourbonnais, au foin et à l'avoine, des bœufs du Limousin et de l'Auvergne.

Les bœufs du Bourbonnais pèsent de 5 à 700 livres.

Les bœufs de Nivernois sont de moyenne taille. Dans cette province on n'est attaché à aucune couleur de poil : on engraisse à l'herbe en été, et au foin en hiver; ils pèsent de 5 à 700 livres.

Les bœufs de la Bourgogne et du Morvan, pays dépendant de la Bourgogne, sont petits; leur poil est pie de blanc et de rouge; ils pèsent de 4 à 500 livres; on les engraisse au foin.

Les bœufs du Charolais et du Brionnais sont blancs ou pies de blanc et rouge; leur taille est moyenne, ils sont ramassés et massifs; ils pèsent de 6 à 700 livres.

Indépendamment des bœufs du pays, on engraisse dans le Charolais et le Brionnais des bœufs amenés du Bourbonnais, d'Auvergne, du Beaujolais, de la Bourgogne, du Morvan et du Nivernais.

C'est, après la Normandie, le pays qui engraisse le plus de bœufs à l'herbe; il n'engraisse même qu'à l'herbe; la majeure partie de ces bœufs est pour Lyon, il en vient une partie à Paris.

On peut distinguer les bœufs de Franche-Comté en bœufs de vallées et en bœufs de montagnes. Ceux qui naissent sur les bords de la Saône sont de petite race; leur poil est rouge blond; leurs cornes sont grandes; on les engraisse l'été à l'herbe, et l'hiver au foin; ils pèsent de 4 à 500 livres. Ceux des montagnes sont plus gros, ce sont des bœufs achetés en Suisse; ils ont le poil rouge; il y en a quelques-uns pies de blanc et de rouge. On les engraisse en hiver à l'étable, et en été dans les pâturages des montagnes; ils pèsent de 600 à 800 livres.

Les bœufs de Lorraine ont les cornes courtes. Ils sont petits et de couleur rouge; quelques-uns sont noirs ou pies de blanc et de noir. Ils pèsent de 400 à 500 liv. C'est dans les Vosges qu'on les engraisse à l'étable.

Les bœufs de la partie de la Champagne où est située la ville de Langres sont petits; leur poil est rouge, leurs cornes sont courtes; ils pèsent de 500 à 600 livres; ils sont engraissés à l'étable. Il en vient peu à Paris.

Les bœufs d'Alsace ont la taille forte. Ce sont des bœufs achetés en Suisse; ils ont le poil rouge ou brun, quelques-uns sont pies de rouge et de blanc; on les engraisse à l'étable. Ils pèsent de 600 à 700 livres.

Les bœufs du Palatinat sont gris, ou bruns, ou rouges; il y en a de pies de rouge et de blanc; la plupart sont gris ou bruns. Ils ont les cornes grosses; ils pèsent depuis 500 jusqu'à 900 livres. On les engraisse aux carottes, aux betteraves, à la rave, au foin, à l'avoine et aux pommes de terre.

Il me reste à dire quelque chose sur les races des bœufs étrangers à la France, je puiserai en partie les renseignemens dont j'ai besoin dans le *Dictionnaire d'Histoire naturelle*: je pense que l'auteur de l'article a eu des données qui m'ont manqué.

Race hollandaise.

On a cherché plusieurs fois à importer en France des animaux de cette race qui a donné lieu à des améliorations dont il reste des traces. C'est sur-tout en Normandie qu'elle a eu du succès ; elle n'y a point dégénéré ; elle fournit des bœufs de mille à douze cents. L'importation la plus profitable qui en ait été faite, date de quatre-vingts ans. On la doit à un herbager du pays d'Auge.

Les bœufs hollandais sont ordinairement d'un rouge foncé ; ils ont le poil gros et la tête blanche ou variée de rouge et de blanc ; il y en a aussi de noirs et de bruns, et leur couleur a toujours plus ou moins de blanc ; leur conformation et leur taille sont dans de belles proportions ; la tête est courte et large ; les cornes grosses, courtes et rondes par le bout, et blanches ; la queue est enfoncée ; leur viande est excellente, la graisse un peu jaune, le suif et le cuir abondans. Les vaches donnent une grande quantité de lait ; elles font une partie des richesses de la Hollande, dont il sort tous les ans pour des sommes considérables de beurre et de fromage. J'ai vu dans ce royaume de beaux individus, dont quelques-uns ont été introduits dans l'établissement que j'avais formé à Ober-Emmel, près Trèves, particulièrement pour une bergerie nationale, lorsque ce pays appartenait à la France. Cette race ne se soutient que dans un pâturage gras. Je suis assuré que celle de Frise est très-abondante en lait, ayant eu occasion de le voir.

Race suisse.

On fait peu de bœufs en Suisse, j'en ai trouvé cependant un certain nombre à Hoffwil chez M. de Fellemberg, qui en engraisse habituellement pour les boucheries de Genève. Il y en a d'un mille pesant ; ils font peu de suif ; leur viande est compacte et de médiocre qualité ; ils donnent le plus gros cuir qu'on connaisse, car il y a des peaux du poids de 140 livres. Les vaches suisses sont renommées pour la taille et la quantité de lait qu'elles donnent. On a cru faire une chose avantageuse en tirant de cette contrée des vaches et taureaux, beaucoup d'économes y ont été trompés : ces animaux, amenés à grands frais, ont perdu de leur qualité en passant dans des lieux dont les pacages ne sont pas aussi frais et aussi substantiels que ceux de la Suisse. La vacherie formée par les ordres de Louis XVI à Rambouillet n'eut pas d'autres bêtes dans son origine ; peu-à-peu, voyant dépérir la race, nous l'avons abandonnée pour la remplacer entièrement par la race sans cornes. J'ai remarqué que le lait des vaches suisses, comparé avec celui des autres races, contenait, à choses égales, plus de parties caséeuses ; tandis que celui des vaches normandes, par exemple , donnait plus de beurre. Je rappellerai encore qu'une des vaches , race suisse , de cet établissement, était si belle, si bien faite et dans de telles proportions, que, bien qu'elle ne fournît plus de lait, on la conservait pour les artistes, qui venaient la dessiner : c'était un modèle.

Race franconienne.

On estime les bœufs de Franconie : leur nature est très-douce; ils n'ont pas une taille massive , car leurs cuisses sont minces et leurs membres menus. Ils sont d'un rouge très-vif, avec une marque blanche au front et les quatre pieds blancs. Il y en a quelques-uns de blonds et quelques bruns; les cornes sont fines , relevées et pointues ; le flanc est un peu descendu. Ils ont beaucoup de viande, peu de suif et de cuir; cette viande n'est ni pesante ni succulente On les nourrit au sec ; ils travaillent pendant qu'on les engraisse avec de l'avoine. Leur poids est 500 à 800 livres.

Race flamande.

Elle n'est ni d'une aussi belle proportion, ni d'une aussi bonne nature que nos bœufs de pays. Elle a de la taille , de la longueur et peu de ventre ; la tête est longue, les cornes sont noires et fort grandes; on ne garde pas les bœufs long-temps, et ils ne travaillent pas; le cuir est fort, la viande a peu de qualité : ils pèsent de 600 à 800 livres.

Race du Palatinat.

Les bœufs du Palatinat sont gris, ou bruns , ou rouges; il y en a de pies de rouge et de blanc. La plupart sont gris ou bruns. Ils ont les cornes grosses ; leur poids est de 500 à 900 livres. On les engraisse avec des carottes, des betteraves, des raves , du foin, de l'avoine et des pommes de terre.

Race anglaise.

Les races qu'on élève en Angleterre sont , 1°. celles des comtés de Devonshire et de Sussex , qui l'emportent sur les races de la côte méridionale; 2°. celle du district de Norfolck, petite de taille , il est vrai, mais la plus recherchée par les bouchers de Londres ; 3°. celle de Herefortshire et de Wiltshire, qui est de grande taille ainsi que celle de Suffolck ; on assure qu'il y a dix-huit ou vingt ans on tua un veau de quatre mois, qui pesait 447 livres, et quelques années auparavant l'on avait présenté au roi un bœuf dont les cornes n'avaient pas moins de 5 pieds de long, et qui pesait 3920 livres anglaises; 4°. celle sans cornes, qu'on dit originaire d'Ecosse, où elle vit presque sauvage dans les montagnes et les rochers ; en Irlande , il y a aussi des bœufs qui n'ont pas de cornes. Si cette race n'était pas petite , je croirais que celle qu'on avait introduite à Rambouillet venait d'Irlande , car les bêtes avaient été achetées en Angleterre. On prétend que les Indiens , pour empêcher les cornes de pousser , font sur la tête du jeune animal une incision à l'endroit où elles doivent pousser ; ils y appliquent le feu , et cette cautérisation , dit-on , les empêche de croître.

Race du Danemarck.

Les bœufs y sont très-grands. Les Hollandais ont souvent fait venir de ce pays des vaches maigres qui y prennent de l'embonpoint dans leurs prairies. Elles rendent communément par jour chacune 18 à 20 litres de lait ; il y a des vaches suisses qui en donnent autant , et des normandes qui en donnent davantage. On m'a certifié qu'une vache , dans le pays d'Auge , donnait en trois traites 50 bouteilles de lait (vache superbe et nourrie dans le meilleur herbage); mais ces exemples sont rares , tandis qu'en Danemarck c'est un produit ordinaire.

Races d'Ukraine, de Hongrie , de Norwege et de Russie.

Le bétail d'Ukraine surpasse en grandeur celui de toute l'Europe : on peut lui assimiler les bœufs de la Hongrie , de la Podolie, de la Russie et de la Tartarie, qu'habitent les Calmoucks ; on aurait pu juger de la taille de ceux de Hongrie par les parcs de bestiaux que les troupes étrangères ont amenés en France en 1814 , quand on n'aurait pas eu d'autres occasions d'en voir. Ceux de la Norwege sont petits.

L'Espagne et l'Italie nourrissent de fort beaux bœufs ; en quelques parties de l'Italie, ils sont souvent gris, à tête blanche et très-grands. Les bœufs, qui sont nombreux en Sicile, ont des cornes remarquables par la grandeur et la régularité de leur figure ; elles ont 3 pieds et quelquefois 3 pieds et demi de longueur.

À Malte, aux îles Lipari et en Sardaigne, le bétail est petit. Il était grand autrefois, à ce qu'il paraît, en Egypte ; mais il ne l'est pas autant maintenant : ils ont sur le garrot une grosseur moins élevée que sur le bœuf à bosse, ce qui semble le rapprocher de cette espèce. En Abyssinie, les bœufs ont le poil long ou ras, suivant le climat où ils paissent ; leurs cornes sont d'une grandeur démesurée, quoiqu'ils soient d'une taille assez petite. Les Cafres font prendre au fanon et aux cornes de leurs bœufs différentes formes. Barrow (*Voyage dans la partie méridionale de l'Afrique*) prétend qu'en général les bœufs du cap de Bonne-Espérance et de plusieurs autres parties de l'Afrique ont l'haleine infecte, ceux d'Europe l'ont fort douce; la race des bœufs de notre continent était inconnue en Amérique méridionale, avant la découverte qu'en firent les Européens. Ils s'y sont bien multipliés; beaucoup sont devenus sauvages : on leur fait la chasse pour avoir seulement le cuir et leur suif.

Remarque sur ce qui constitue le bon engraissement et la bonne qualité de la chair des bêtes à cornes, et sur ce qui s'en consomme.

L'état que je viens d'exposer prouve que les bœufs des différens pays qui fournissent Paris, ne sont pas du même poids, de la même taille, du même poil, et que la manière de les engraisser varie suivant les ressources et la saison. On remarque, dans les boucheries, que les bœufs qui ont été le mieux nourris, soit au pâturage, soit à l'étable, fournissent le plus de suif ; on en voit des exemples dans les bœufs de Normandie, du Cotentin, du Maine, de Cholet, du Limousin, du Bourbonnais, etc. Il y a des années où les bœufs d'un canton ont plus de suif que ceux du même canton dans une autre année ; ce qui dépend de la nature des herbes. Ceux des grands marais du Poitou ont plus de suif dans les années sèches, parce que l'herbe y ayant alors plus de qualité, ils profitent davantage ; dans les années humides, les herbages secs sont plus favorables à l'engraissement des bœufs que dans les années sèches.

Il y a différentes qualités de suif : on préfère celui des bœufs engraissés de pouture. Un bœuf de taille ordinaire a communément 100 livres de suif ; on en a vu qui n'étaient pas de la plus haute taille en donner jusqu'à 196 livres.

On reconnaît les bœufs qui ont long-temps travavaillé à la charrue ou au charroi à l'usé de leurs cornes s'ils ont tiré par leurs cornes, ou à des durillons sur le garrot s'ils ont porté des colliers pour tirer du poitrail. Dans plusieurs provinces, on coupe une corne à chaque bœuf : aux uns c'est celle d'un côté, et aux autres celle du côté opposé, selon la place qu'ils occupent. Deux bœufs attelés parallèlement et sous le joug ont la corne coupée du côté du timon : c'est l'usage en Gascogne, en Angoumois, en Saintonge, en Aunis, en Périgord, en Qurecy ; on coupe les cornes à quelques pouces de la tête. Il faut en laisser assez pour attacher les courroies du joug.

Les bœufs endurcis au travail, et âgés de dix à douze ans, sont moins propres à prendre graisse que les bœufs qui n'ont point travaillé, ou qui n'ont travaillé que quelques années et peu : la chair de ces derniers est meilleure. On remarque que les bœufs qui ont long-temps porté le joug ont la tête plus dure et sont plus difficiles à assommer : tels sont les bœufs limousins qu'on engraisse plus tard.

Il y a une différence entre la chair d'un bœuf qui a subi seulement l'opération du bistournage, et celle du bœuf auquel on a enlevé les testicules, méthode qu'on appelle *affranchissement* dans quelques pays (*Voyez* CASTRATION). Le bistournage ne détruit pas entièrement la communication des différens organes de la génération. Les bœufs de l'Allemagne, ceux de Suisse, de Lorraine, d'Alsace, de Franche-Comté, de Normandie, de Bretagne, du Maine, etc., qui ne travaillent pas ou travaillent très-peu, sont châtrés par l'enlèvement des testicules ; on voit qu'ils ont été châtrés de cette manière, ou dans un âge avancé ou jeunes, selon qu'ils conservent plus ou moins la forme de taureau, ou que la cicatrice est plus ou moins effacée. On ne châtre pas, mais on bistourne seulement les bœufs de Sologne, de Touraine, d'Anjou, d'Angoumois, de l'Aunis, de la Saintonge, du Périgord, du Quercy, du Limousin, du Berri, de la Marche et Combraille, de l'Auvergne, du Bourbonnais, de la Bourgogne et Morvan, du Charolais et Brionnais, etc., parce que ces animaux, étant destinés au travail, ils sont plus forts que si on ne leur conservait pas les testicules. Il y a des bœufs qui ont été bistournés de bonne heure ; on le reconnaît à la petitesse de leurs testicules : tels sont ceux de la Gascogne, du Berri, du Charrolais, etc. Dans certains pays, on fait servir les taureaux à la charrue pour les couper à cinq ou six ans et les engraisser ensuite. D'autres pays emploient leurs taureaux jeunes pour couvrir les vaches et les châtrent pour en faire des bœufs, après les avoir fait servir d'étalons pendant quelques années. Ces derniers bœufs n'ont jamais la chair bonne.

Pour que la viande d'un bœuf soit aussi bonne qu'il est possible, il faut qu'il ait été châtré de bonne heure, par l'enlèvement des testicules, qu'il ait peu ou point travaillé, qu'on l'engraisse à six ou sept ans, ou dans un herbage de bonne qualité, comme en Normandie, ou de pouture en lui donnant de temps en temps du grain.

La viande des bœufs engraissés en Normandie est la plus estimée ; mais elle n'est pas d'une qualité égale dans tous les bœufs qu'elle fait passer à Paris : la meilleure est celle des bœufs qui sont nés et engraissés en Normandie.

Les marchés de Poissy et de Sceaux, situés l'un à 5 lieues, l'autre à 2 lieues de la capitale, sont le rendez-vous des bêtes à cornes destinées pour ses boucheries et les environs. Les provinces envoient leurs bœufs à Poissy ou à Sceaux, selon que la route qu'ils prennent les conduit à l'un ou à l'autre endroit. La Normandie fournit chaque semaine à Poissy mille à douze cents bœufs, depuis la fin de juin jusqu'à la fin de février, en compensant les petites quantités qu'elle envoie d'abord et celles par lesquelles elle finit, avec les grandes quantités qu'elle envoie dans le fort de sa fourniture. La très-grande partie des bœufs engraissés dans les pays situés au-delà de la Loire, vient au marché de Sceaux.

Les bouchers remarquent que la viande des bœufs engraissés d'herbe ne se conserve pas aussi long-temps sans s'altérer, que celle des bœufs engraissés de grain. La chair des bœufs engraissés dans des pâturages peu substantiels, se gâte plutôt que celle des bœufs engraissés d'herbe fine et de bonne qualité : par exemple, on redoute moins les grandes chaleurs et les temps où la viande se corrompt facilement, pour les bœufs engraissés dans les herbages de Normandie, que pour ceux qui l'ont été dans les grands et les petits marais du Poitou.

Pendant la route jusqu'aux marchés, dans les marchés et dans les boucheries, on a plus de précautions à prendre contre les bœufs qui sont élevés et engraissés dans les pays où ils mènent une vie sauvage, loin de la fréquentation des hommes, que contre ceux qu'on élève et qu'on engraisse près des habitations et avec familiarité. Les uns sont sauvages, farouches, quelquefois dangereux, comme je l'ai dit à l'égard des bœufs de la Camargue ; les autres sont doux, faciles à traiter et à tuer. Les bœufs imparfaitement châtrés sont plus difficiles que les autres.

Le poids des bœufs de France engraissés varie depuis 400 livres jusqu'à 1200 livres ; je les suppose sans cuir, sans extrémités ni cornes, et pesés *gras dedans*, c'est-à-dire n'ayant point les entrailles, ni la graisse attachée aux entrailles ; il y en a de plus pesans en Hongrie, en Allemagne, en Suisse, en Angleterre, en Irlande ; on assure qu'il s'en trouve du poids de plus de 5000 livres. Il est difficile d'ajouter foi à cette assertion, parce qu'il y a un terme à tout ; mais on a vu promener dans les rues de Paris, en 1778, un bœuf suisse qui pesait vivant plus de 3000 livres, et en 1821 un bœuf du même poids. En déduisant les entrailles, le cuir, les extrémités, le sang, la partie de la graisse attachée aux entrailles, il peut avoir fourni 1500 livres de viande. Il y a communément en Angleterre des bœufs qui ont onze à douze cents livres de chair. M. Arthur Young, célèbre agriculteur anglais, a fait des expériences pour connaître les poids des bêtes à cornes mises à l'engraissement : ces expériences, envoyées à la Société d'agriculture, présentent un grand intérêt. M. Arthur Young a nourri de différens alimens des bœufs et des vaches plus ou moins âgés ; de temps en temps il les pesait vivans, pour

connaître leur accroissement, selon l'époque de l'engraissement et l'espèce de nourriture qu'il leur donnait. Il s'est assuré, autant qu'il l'a pu, du moment où il fallait se défaire
des bœufs mis à l'engraissement, parce qu'ils ne profitaient
plus et commençaient même à dépérir ; observation qui n'é-
chappe point aux herbagers ni aux engraisseurs de pouture.
Il a vu, par des comparaisons utiles, quels alimens étaient les
plus propres à engraisser, et s'est convaincu d'une vérité reconnue de tous les propriétaires ou locataires d'herbages, qu'il
y des bœufs plus susceptibles d'engraisser les uns que les
autres. La suite que M. Young a dû donner à ces recherches
précieuses l'a mis à portée de tirer des conséquences instruc-
tives pour les savans et pour les agriculteurs. Le poids des
bœufs dépend de plusieurs causes combinées ; savoir, de la
taille des animaux, de la texture de leurs fibres, de la manière
dont ils sont engraissés et de la qualité de leur nourriture.
Quoique de deux animaux, dont l'un soit de haute taille et
l'autre de petite taille, celui-ci puisse être plus pesant que
celui-là, s'il a les fibres plus fortes, ou s'il engraisse davantage, en général les grands bœufs ont plus de disposition à
devenir plus pesans ; la taille leur donne du poids et de l'avance
sur les petits bœufs. Des fibres musculaires serrées et abondantes ont plus de poids que des fibres lâches et rares. Un animal engraissé de grain acquiert plus de pesanteur que celui qui
est engraissé à l'herbe ; enfin, parmi les grains et les herbes,
il y en a qui contiennent plus de parties nutritives, et sont par
conséquent plus propres à rendre un animal pesant. Si la haute
taille, si des fibres musculaires serrées et des alimens substantiels se trouvent réunis, les bœufs doivent avoir autant de
poids qu'il est possible.

Les bouchers font beaucoup de cas des bœufs qui ont une
grande quantité de suif, parce que cette denrée a de la valeur,
et qu'ils sont moins trompés dans leurs achats. Tous les bœufs
n'ont pas également du suif à proportion de ce qu'ils ont de
la chair. La quantité relative de la chair n'est pas la même
dans les parties musculaires des différens bœufs ; les uns ont
le devant du corps plus pesant et plus charnu à proportion que
le train de derrière : tels sont les bœufs suisses. Certains bœufs
ont les cuisses d'une pesanteur au-dessus de celles des autres,
quoique d'une égale taille et nourris de même : j'aurais pu
questionner MM. Ancelle et Becquet, et sur-tout M. Bayard,
sur beaucoup d'autres particularités ; mais elles étaient inutiles
à mon objet et ne pouvaient concerner que le commerce des
bœufs et des boucheries.

D'après un relevé de la vente des marchés de Poissy et de
Sceaux pendant dix ans, y compris 1788, on y achetait pour

Paris, année commune, quatre-vingt-treize mille cinq cent cinquante bêtes à cornes, dont un cinquième en vaches. Ce nombre comprend la fourniture des hôpitaux. Suivant un ouvrage qui paraît maintenant de M. Benoiston de Châteauneuf, l'octroi de Paris indiquait, en 1817, l'entrée de soixante-onze mille quatre cents bœufs, non compris les vaches. La cause de la différence vient de la moindre conformation.

Les vaches qui arrivent à Paris viennent particulièrement du Limousin, de l'Auvergne, de la Normandie et de l'Anjou, etc., où elles ont été engraissées soit à l'herbe, soit au foin ou au grain, chaque pays employant pour engraisser les vaches la méthode dont il se sert pour les bœufs; la plupart viennent de Normandie. En France, les campagnes consomment la majeure partie des vaches qui se tuent. Le plus souvent on les mange sans être engraissées; il suffit qu'elles soient en chair. La viande du bœuf, valant davantage, sert de nourriture aux habitans plus fortunés des villes.

On sait qu'en général la viande de ces animaux n'est pas aussi bonne que celle des bœufs. Les fibres des vaches sont d'une texture lâche; on ne les engraisse que quand elles ne donnent plus de lait, toujours après douze ans, quelquefois à 18 ou à 20 ans. Cependant il y a des vaches, sur-tout celles engraissées en Normandie, qui sont d'une aussi bonne qualité et préférables même à certains bœufs.

On rendrait encore meilleure la viande des bêtes à cornes femelles, si on les châtrait, étant jeunes, comme quelques personnes l'ont pratiqué; mais il vaut mieux les destiner à la propagation de l'espèce, et ne manger leur viande que quand elles ne peuvent plus donner de veaux ni de lait.

Année commune, avant 1788, d'après des données que je m'étais procurées alors, il entrait dans Paris environ quatorze mille vaches vivantes, et la valeur de mille vaches en viande morte, comprenant la fourniture des hôpitaux. M. Benoiston de Châteauneuf porte la consommation de Paris, d'après les registres de l'octroi, à huit mille quatre cents vaches seulement. Je crois devoir observer, à cette occasion, que la viande morte qui entre dans Paris est le plus souvent de la viande suspecte, quelquefois dangereuse; car c'est le produit des bêtes mortes de maladie, ou tuées étant malades, dans les environs de Paris, ou de chevaux et autres animaux pris même dans des fosses vétérinaires. Les hommes qui apportent cette viande l'achètent à bon compte et la vendraient au peuple à meilleur marché que celle de boucherie, si une sage police ne prévenait pas ce mal en la faisant examiner scrupuleusement lorsqu'elle entre dans Paris.

La Flandre, l'Artois, la Picardie, la Brie, la Beauce, le

Gâtinois, le Vexin sont les pays d'où on amène des veaux à Paris. Il en vient une plus grande quantité depuis Pâques jusqu'à la Saint-Martin que dans le reste de l'année, parce que la plupart des vaches, prenant le taureau en été, vêlent au printemps.

On tue à Paris des veaux depuis l'âge d'un mois jusqu'à l'âge de trois mois. Ceux qu'on nourrit de lait en leur en faisant boire autant qu'ils en veulent, sont blancs, tendres et d'un goût excellent : on les nourrit, ou plutôt on les engraisse de cette manière aux environs de Pontoise et de Meulan. On les appelle *veaux de Pontoise* ou *veaux de rivière*, parce qu'on en élève et on en engraisse beaucoup près de cette ville et sur les bords de l'Oise et de la Seine. J'ai donné ci-dessus la manière de les engraisser. Il n'en vient qu'une petite quantité ; c'est plutôt en hiver.

Les autres veaux tètent leurs mères plus ou moins de temps. Parmi ceux-ci on fait plus de cas des veaux du Gâtinais, dont la bonté dépend sans doute de la qualité du lait.

On nourrit aux environs de Gournay, dans le pays de Bray, des veaux au son et au lait écrémé, ou on les laisse brouter de bonne heure. Ces veaux arrivent à Paris à l'âge de trois à six mois. Ils sont peu estimés, parce que la viande n'en est pas ordinairement bonne. A âge égal, ces veaux sont plus grands et plus forts que les autres.

Le meilleur âge pour les bons veaux est l'âge de deux mois, parce que la chair est un peu plus faite que s'ils étaient plus jeunes. Dans les mois de mai, juin et juillet, saison où les herbes sont plus abondantes et plus substantielles, les veaux sont d'un goût plus délicat.

Le poids des veaux varie depuis 50 livres jusqu'à 150 livres. Ceux de Pontoise pèsent communément 150 livres à trois mois.

Il entrait dans Paris, année commune, avant 1788, environ cent mille veaux, en y comprenant la fourniture des hôpitaux. Suivant M. Benoiston de Châteauneuf, c'est-à-dire, suivant le relevé de l'octroi de Paris, en 1817, il n'en entrait que soixante-seize mille cinq cents. Ce n'est pas ici le lieu d'examiner d'où vient la différence entre la consommation de Paris en bœufs, vaches et veaux, dans les années qui précèdent 1788 et l'année 1817.

En indiquant ici le nombre des bœufs, vaches et veaux qui entrent annuellement dans Paris, pour sa consommation, je n'ai pas prétendu le donner avec précision : on ne doit compter que sur ce qui est possible. Le relevé de la vente de Poissy et de Sceaux, et celui des barrières m'ont paru le moyen le plus sûr pour approcher de la vérité. C'est d'après ces relevés que j'ai

parlé Sans doute quelque attention qu'on ait eue avant l'année
1789, il entrait toujours beaucoup de ces animaux en contre-
bande ; on ne peut en déterminer la quantité : je n'ai eu l'intention que de présenter un aperçu.

S'il était permis de raisonner d'après cet aperçu, je dirais
que puisque Paris consomme en une année soixante-et-quinze
mille bœufs, quinze mille vaches, et cent mille veaux, le nombre
de ses habitans étant de six cent quinze mille, c'est-à-dire formant environ la quarantième partie du royaume, il faudrait
trois millions vingt-deux mille bœufs, six cent mille vaches
et quatre millions de veaux, pour les vingt-six millions
d'habitans de la France, en supposant que les provinces
fussent en état d'en consommer autant que la capitale, si
chaque homme pouvait se procurer de ces viandes. Qu'il serait
heureux ce moment où l'amélioration des terres et l'industrie
agricole offriraient ces avantages ! Mais si c'est une chimère
de l'espérer, c'est au moins un sentiment bien doux qui le fait
désirer. (Tes.)

BOGUETTE. Nom du SARRASIN dans quelques cantons.

BOGUIN. On donne vulgairement ce nom, dans quelques
endroits, aux MOUTONS qui vivent dans les bois.

BOIRS. On donne ce nom, dans la partie inférieure du cours
de la Loire, aux anfractuosités, ou mieux aux petits golfes
que forme cette rivière. Dans ces lieux, les eaux sont presque
stagnantes et nourrissent une grande quantité de plantes aquatiques, principalement de MACRES, et les poissons y trouvent
un abri favorable pendant les chaleurs de l'été ; ce qui fait que
la pêche y est avantageuse. (B.)

BOIS. (*Administration des*) (ART DU FORESTIER.) Le mot
bois a deux significations dans notre langue : par la première,
on entend ce qui constitue la substance dure, ligneuse et compacte d'un arbre ; et sous la seconde, on parle d'un lieu planté
d'arbres propres à la construction des édifices, à la charpente,
à la menuiserie, au charronnage, au chauffage, etc.

Lorsqu'un bois a une grande étendue, on l'appelle une
FORÈT, et quand il n'a qu'une très-petite superficie, on le
nomme BOQUETEAU, BOSQUET, BUISSON OU GARENNE. Sous ce
mot général, nous ne parlerons point de la culture des bois,
on en trouvera les détails à l'article FORÈTS. Il ne sera ici question que de notions générales sur l'administration des bois.

Section Ire. *Principales dispositions des ordonnances et des
lois relatives aux bois des particuliers.* Avant la révolution,
les bois des particuliers étaient soumis à un régime établi par
l'ordonnance de 1669. Les propriétaires ne pouvaient couper
leurs taillis qu'à l'âge de neuf ou dix ans ; ils étaient obligés
d'y réserver seize baliveaux de l'âge par arpent, et ils ne pou-

vaient faire abattre ces réserves qu'après une révolution de quarante ans, et avec la permission du grand-maître des eaux et forêts de leur arrondissement. Pendant la révolution, et aux termes de l'article 6 du titre Ier. du décret de 1791, « chaque propriétaire est libre d'administrer ses bois et d'en disposer à l'avenir comme bon lui semblera. » Mais l'abus que l'on a fait de cette liberté illimitée a motivé les restrictions suivantes, qui sont extraites textuellement de la loi du 9 floréal an 11.

« Titre Ire. *Du régime auquel seront soumis les bois des particuliers.*

» Section Ire. *Des défrichemens.* Article Ier. Pendant vingt-cinq ans, à compter de la promulgation de la présente loi, aucun bois ne pourra être arraché et défriché que six mois après la déclaration qui en aura été faite par le propriétaire devant le conservateur forestier de l'arrondissement où le bois est situé.

» II. L'administration forestière pourra, dans ce délai, faire mettre opposition au défrichement du bois, à la charge d'en référer, avant l'expiration de six mois, au ministre des finances, sur le rapport duquel le gouvernement statuera définitivement dans le même délai.

» III. En cas de contravention à l'article précédent, le propriétaire sera condamné par le tribunal compétent, sur la réquisition du conservateur de l'arrondisement, et à la diligence du procureur du Roi, 1°. à remettre une égale quantité de terrain en nature de bois; 2°. à une amende, qui ne pourra être au-dessous du cinquantième, et au-dessus du vingtième de la valeur du bois arraché.

» IV. Faute par le propriétaire d'effectuer la plantation ou le semis dans le délai qui lui sera fixé après le jugement par le conservateur, il y sera pourvu à ses frais par l'administration forestière.

» V. Sont exceptés des dispositions ci-dessus les bois non clos, d'une étendue moindre de deux hectares, lorsqu'ils ne seront pas situés sur le sommet ou la pente d'une montagne, et les parcs ou jardins clos de murs, de haies ou fossés, attenant à l'habitation principale.

» VI. Les semis ou plantations des bois des particuliers ne seront soumis qu'après vingt ans aux dispositions portées en l'article Ier. et suivans.

» Section II. *Du martelage pour le service de la marine dans les bois des particuliers.*

» VII. Le martelage pour le service de la marine aura lieu dans les bois des particuliers, taillis, futaies, avenues, lisières, parcs, et sur les arbres épars. La coupe des arbres marqués aura lieu comme pour les bois nationaux.

» VIII. Le paiement s'effectuera avant l'enlèvement, qui ne pourra être retardé plus d'un an après la coupe, faute de quoi le propriétaire sera libre de disposer de ses bois.

» IX. En conséquence des dispositions des articles précédens, tout propriétaire de futaies sera tenu, hors le cas d'une urgente nécessité, de faire, six mois d'avance, devant le conservateur forestier de l'arrondissement, la déclaration des coupes qu'il est dans l'intention de faire, et des lieux où sont situés les bois.

» Le conservateur en préviendra le préfet maritime dans l'arrondissement duquel sa conservation sera située, pour qu'il fasse procéder à la marque en la forme accoutumée.

» Titre II. Section II. *Des gardes des bois des particuliers.*

» XV. Les gardes des bois des particuliers ne pourront exercer leurs fonctions qu'après avoir été agréés par le conservateur forestier de l'arrondissement, et après avoir prêté serment devant le tribunal de première instance.

» XVI. En cas de refus par le conservateur d'agréer lesdits gardes, celui qui les aura présentés pourra se pourvoir devant le préfet du département, qui statuera. »

Voilà toutes les formalités que les propriétaires de bois aient à remplir pour pouvoir en jouir comme bon leur semblera.

Section II. *Conservation des bois et forêts.* La conservation des bois est un objet d'une bien grande importance pour les propriétaires ; et c'est en vain qu'ils adopteraient dans leurs localités respectives les aménagemens les plus avantageux, leurs bois se dégraderaient bientôt si la surveillance la plus exacte, la police la plus sévère et l'administration la plus intelligente n'en assuraient pas la durée.

C'est à la nature presque seule que la France doit l'étendue des bois qu'elle possède, et si rien ne dérangeait sa marche ordinaire, elle saurait les entretenir par les graines des étalons, et même en agrandir la superficie par la voie des accrus.

Suivant les anciens cosmographes, les Gaules étaient couvertes de forêts, et les six millions d'hectares environ que l'on compte encore en France ne sont que les restes de peut-être plus de quarante millions d'hectares qu'elle possédait il y a deux mille ans. Le surplus a été détruit successivement par différentes causes qu'il est nécessaire d'indiquer, afin d'en pouvoir paralyser les effets par une bonne administration. Les causes de la destruction des bois peuvent être réduites à six principales ; savoir, 1°. les besoins de la culture ; 2°. le pâturage des bestiaux ; 3°. les différens droits d'usage et les jouissances indivises ; 4°. le défaut de bornage et les anticipations ; 5°. les mauvais aménagemens ; 6°. une mauvaise exploitation.

§ Ier. *Besoins primitifs de la culture.* Vivre est le premier et le pl s impérieux de tous les besoins ; pour le satisfaire, nos ancêtres ont dû brûler d'abord les bois qui entouraient leurs habitations, afin de pouvoir en consacrer le terrain à la culture. Cette conduite est conforme à celle que tiennent les nouvelles colonies dans les commencemens de leur établissement, et elles détruisent ensuite les bois à mesure que leur population augmente.

Mais comme le bois est aussi un objet de première nécessité, sa destruction a dû avoir pour limites naturelles celles de l'augmentation de la population. Maintenant, si l'on réfléchit sur la grande étendue de friches communales et de terrains incultes que l'on voit encore en France, et qui, dans l'origine, étaient en plus grande partie couvertes de bois, et que, malgré son immense population, les disettes réelles y deviennent de plus en plus rares, on est forcé de convenir que la destruction de ces bois n'est point due entièrement aux besoins de la culture, et qu'elle tient à des causes encore plus actives. Aujourd'hui, cette première cause de destruction n'existe plus ; le défrichement des bois est défendu pendant vingt-cinq ans.

§ II. *Pâturage des bestiaux*. La fréquentation habituelle des bestiaux dans les bois est la cause la plus active de leur destruction; ils les ruinent en plus ou moins de temps, suivant l'âge plus ou moins avancé auquel on les livre à leur pâturage.

Pour donner une idée juste de la rapidité avec laquelle les animaux broutans détruisent les bois, nous en citerons deux exemples authentiques.

Premier exemple. *Forêt d'Orléans*. Par un procès-verbal de réformation des bois de cette forêt, fait en 1671, elle contenait, tant en bois du domaine qu'en bois tenus en gruerie, etc., 121,000 arpens (ou à-peu-près 60,500 hectares); et par un autre procès-verbal de réformation de 1721, on ne lui a plus trouvé que 87,727 arpens, ou environ 43,900 hectares. Ainsi, en cinquante ans, cette forêt avait déjà perdu près du tiers de sa superficie. L'ingénieur Flinguet, qui a donné ces détails dans son *Traité sur la réformation et l'aménagement des forêts* (Orléans, 1789), attribue cette perte à six causes, dont la principale est *l'exercice du droit qu'ont quarante-huit communes de mener paître leurs bestiaux dans cette forêt*. Il observe ensuite que ces pertes successives n'ont été éprouvées que sur les contours de la forêt, *comme étant plus exposés au broutement journalier des bestiaux*, et qu'il n'y a point compris les vides nombreux de l'intérieur, et qui se trouvaient très-agrandis par la même cause en 1721.

Deuxième exemple. *Bois et forêts du pays de Foix, du Coursans et du Mirepoix*. Suivant un procès-verbal de réformation des bois de ces pays, fait en 1667 par M. de Froidure, ces bois alimentaient quarante-quatre forges et huit martinets roulans; et aujourd'hui, dit M. le baron de Dietrich dans sa *Descrip-tion des mines et minerais des Pyrénées*, publiée en 1786, le plus grand nombre de ces usines ne marche plus, *à cause de la destruction des bois opérée par le pâturage des bestiaux.*

On doit donc regarder la suppression de ce droit comme étant le principe fondamental d'une bonne conservation des bois.

Un autre avantage qui en résulterait serait de préserver les bois des incendies, dont le plus grand nombre doit être attribué à la négligence des gardiens des bestiaux.

§ III. *Différens droits d'usage et de jouissances indivises.* Il existe encore différens droits dans les bois, ou des jouissances indivises, qui sont des germes de leur destrnction, et dont la suppression est également nécessaire.

Le premier de ces droits est celui d'*essartage* ou d'*écobuage*, qu'exercent certaines communes usagères dans les coupes ordi-naires des bois qui les environnent. *Voyez* le mot ESSARTAGE.

Cet usage fait périr beaucoup de souches et une grande quantité de glands; il éclaircit les bois et diminue progressi-vement leurs produits.

Le second est connu sous le nom d'*affectations* pour le ser-vice des usines.

Les maîtres de forges ne voient dans l'usage des bois qui leur sont affectés que la faculté de se procurer presque gratuite-ment la quantité de charbon nécessaire à la consommation annuelle de leurs usines. Ces bois sont généralement mal ex-ploités, parce que l'on néglige tout ce qui n'est pas susceptible d'être converti en charbon; ils sont d'ailleurs aménagés à des âges trop peu avancés, ce qui en diminue les produits; et si ces bois sont d'ailleurs grevés de droit d'usage et de pâturage au profit des communautés environnantes, ils sont bientôt dé-truits par le concours des abus des charbonniers, des maîtres de forges et de ces communautés. (Le baron de Dietrich, ou-vrage déjà cité.) Il en est de même de l'exercice d'autres droits connus sous le nom d'*usages* et de *chauffages*, ainsi que des jouissances indivises, telles que les bois tenus en *gruerie*, *grairie*, *tiers* et *dangers*, etc. : tous présentent de grands abus de jouissances, et sont de véritables causes de la destruction des bois.

Tous ces droits devraient donc être supprimés, en indem-nisant cependant d'une manière convenable les particuliers ou les communautés qui en jouissent à un titre légitime.

Il ne serait pas aussi difficile que l'on pourrait le croire, de concilier ces différens droits de propriété avec la nécessité impérieuse de restaurer les bois de la France.

§ IV. *Défaut de bornage.* Les anticipations de la culture sont aussi une cause de la destruction des bois. Leur bornage extérieur doit donc être établi de la manière la plus invariable; on ne doit pas même négliger le bornage intérieur, afin d'éviter les procès.

Pour l'exécution de ces opérations, *voyez* l'art. Forêt.

§ V. *Mauvais aménagement.* A proprement parler, il n'y a que les aménagemens trop longs, relativement aux essences et à la qualité du sol, qui soient une cause de destruction des bois, et les particuliers se rendent bien rarement coupables de ce délit; ils péchent le plus souvent par des aménagemens trop rapprochés. Par cette conduite, ils font tort à leur bourse et à la consommation générale; mais cet abus ne nuit pas à la reproduction du bois.

§ VI. *Mauvaise exploitation.* La manière dont on coupe les bois influe plus que l'on ne pense sur leur reproduction; et c'est dans cette opinion que les rédacteurs de l'ordonnance de 1669 ont établi, pour l'exploitation des bois, des règles que les propriétaires doivent adopter, parce que l'expérience en a constaté la bonté.

Ces règles salutaires devraient donc être insérées dans les cahiers des charges des différentes ventes de bois que les parculiers sont dans le cas de faire. Ces ventes sont de cinq espèces, dont l'exploitation est soumise à des règles particulières; savoir, 1°. vente de bois taillis; 2°. vente de baliveaux sur taillis; 3°. vente par pieds d'arbres ou d'arbres épars; 4°. vente par éclaircissement; 5°. vente de récepages.

Vente de bois taillis. 1°. Ces bois doivent être vendus tant pleins que vides, y compris même la superficie des fossés de limites, et sous la condition d'y conserver les arbres de réserve qui seront marqués, et dont le nombre sera déterminé, afin que chaque procès-verbal d'adjudication devienne un titre nouveau de la propriété.

2°. Les adjudicataires ne pourront les *embûcher* ou commencer leur coupe qu'après la chute des feuilles. Ils auront *temps de coupe* jusqu'au 15 avril suivant, et pour *vider* jusqu'en octobre ou novembre de la même année, afin d'avoir le temps de rafraîchir les fossés de limites avant le commencement de la végétation de leur seconde *feuille.*

3°. Les taillis seront coupés à la cognée et non autrement, à fleur de terre et en bec de flûte, sans en *écuiser* ni éclater les souches, en sorte que les brins des cépées n'excèdent pas la superficie de la terre, s'il est possible, et que tous les anciens nœuds recouverts et causés par les précédentes coupes ne paraissent aucunement.

4°. Les adjudicataires ne pourront essoucher aucun bois, sous peine de toutes pertes et indemnités.

5°. Ils ne pourront faire paître les bestiaux servant à la vidange ni dans les ventes, ni sur aucune des propriétés du vendeur, et même, pour éviter que les bestiaux ne puissent brouter le recru en traversant la vente, les adjudicataires sont tenus de les faire museler.

6°. Le vendeur ne s'oblige en aucune manière de fournir aux adjudicataires, pour la vidange, d'autres chemins que ceux d'usage; et si, pour l'opérer, ils étaient obligés de traverser des champs, ils seront tenus d'en payer le dommage.

7°. Les adjudicataires sont encore tenus de faire couper, réceper et ravaler le plus près de terre que faire se pourra toutes les souches et estocs de bois pillés et rabougris étant dans les ventes, sous les peines de droit.

8°. Les temps de coupe des bois et de leur vidange étant expirés, s'il se trouve dans les ventes des bois sur pied ou abattus, ils seront confisqués au profit du propriétaire.

9°. Les adjudicataires sont tenus de faire exécuter à leurs frais, ou de rafraîchir les fossés de limites, dans les dimensions qui leur seront prescrites.

10°. Ils demeurent responsables, pendant tout le temps de leur exploitation, des délits qui pourraient se commettre au son et à l'ouïe de la cognée, tant dans la vente en *usance* que dans les *triages* qui l'avoisinent.

Nous ne parlons point ici de la clause facultative de faire de l'écorce dans les taillis, on en trouvera la discussion et les dispositions à l'art. ECORCE.

En tenant rigoureusement à l'exécution de ces mesures, les taillis repousseront avec d'autant plus de vigueur, que les brins en auront été coupés plus bas.

D'ailleurs, la coupe entre deux terres des souches et estocs anciennement abattus trop haut, nous paraît absolument nécessaire pour en restaurer la végétation.

2°. *Vente de baliveaux sur taillis.* Cette vente doit être faite dans le même temps que celle du taillis, et les arbres en seront abattus immédiatement après la coupe du taillis, afin que leur exploitation ne nuise point à son recru.

Clauses de cette vente. 1°. Les arbres seront coupés le plus bas qu'il sera possible, et les arbres seront abattus de manière qu'ils tombent dans la vente sans endommager les réserves, à peine contre l'adjudicataire de tous dommages et intérêts.

2°. S'il arrivait que ces arbres fussent *encroués*, il ne pourra faire abattre l'arbre sur lequel celui qui sera tombé se trouvera encroué sans la permission du vendeur, et après être convenu de l'indemnité qui doit en résulter à son profit.

3o. Si pendant l'usance de la vente, aucuns des arbres réservés et marqués étaient arrachés ou abattus par les vents et orages, ou par autre accident, l'adjudicataire les laissera sur place, et en donnera avis au propriétaire, afin de les remplacer parmi les arbres abandonnés qui ne seraient point encore abattus.

4°. L'adjudicataire est tenu de laisser sur pied tous les baliveaux et autres arbres marqués pour réserves, à peine d'une amende au profit du propriétaire, qui sera localement proportionnée à la valeur du bois, par chaque pied d'arbre de réserve qui se trouverait de moins lors du récolement. L'amende ne pourra être moindre du double de la valeur du délit.

3°. *Article commun à ces deux premières ventes.* Le récolement des baliveaux et arbres de réserve aura lieu dans le cours du mois d'octobre de l'année d'usance ; et dans le cas où les adjudicataires voudraient faire réarpenter le taillis, ils seront obligés de se servir de l'arpenteur du vendeur, et à leurs frais.

Les souches des baliveaux et des modernes repoussent toujours de belles cépées ; mais celles des arbres anciens périssent presque toutes. Pour prévenir cet inconvénient, qui établit souvent de grands vides dans les bois, nous avons adopté avec assez de succès l'usage de recouvrir les vieilles souches d'environ un décimètre d'épaisseur de terre, immédiatement après l'abattage des arbres.

Un de nos voisins vient de nous assurer que, lorsque les vieilles souches ne sont point tout-à-fait gâtées, elles repoussent des cépées, si l'on a attention d'en couper les arbres en sève, mais cependant avant le développement des feuilles. Si ce fait particulier était constaté par l'expérience sur un grand nombre de vieux arbres, et sur-tout sur les souches des futaies pleines, il ne serait plus nécessaire de les replanter en totalité, comme on est obligé de le faire aujourd'hui après leur coupe, et il suffirait d'en repeupler les vides. Cet avantage considérable doit attirer l'attention des forestiers sur le fait en lui-même, et les engager à le vérifier.

3°. *Vente par pieds d'arbres.* Les clauses de ces ventes sont les mêmes que celles de la vente des baliveaux sur taillis. Seulement, si les arbres sont en avenues, on y joint la faculté de l'arrachement des souches et le remplissage des trous, parce qu'on ne peut pas replanter dans les mêmes places. Quelquefois aussi on charge l'adjudicataire de replanter à ses frais ces avenues, sous les conditions et avec les précautions qui seront indiquées pour la plantation des avenues. *Voyez* le mot FORÊTS.

4°. *Vente par éclaircissement ou par expurgade*. On connaît les bons effets que les éclaircissemens produisent sur la végétation des taillis trop fourrés, lorsqu'ils ont atteint l'âge de huit à dix ans.

Les propriétaires intelligens les font exécuter sous leurs yeux avec sagesse et mesure : ils en retirent des liens, des rouettes, des fagots, des bourrées, dont la vente les indemnise amplement des frais de cette exploitation, et ils y trouvent ensuite un très-grand avantage, lorsque le taillis est arrivé à son âge d'aménagement.

Mais autant cette opération favorise le grossissement des taillis lorsqu'elle est bien faite, autant elle leur fait de tort lorsqu'on en abuse. C'est pourquoi les éclaircissemens des taillis ne devraient jamais être l'objet d'une vente par adjudication, et qu'ils sont défendus dans les forêts royales.

5°. *Vente de récepages*. On ne peut se dispenser de réceper les bois incendiés, pillés, et abroutis par le bétail, ainsi que ceux qui ont été très-endommagés par la gelée ou par la grêle. Dans ces cas, l'adjudication de ces récepages se fait dans les mêmes termes que celles des ventes de bois taillis.

Ces adjudications n'ont aucun inconvénient lorsque les récepages se font en masse; mais s'ils ne doivent avoir lieu que par parties séparées, ils deviennent de véritables éclaircissemens, et alors il n'est pas prudent de les mettre en adjudication.

Une clause qu'il faut rendre commune à toutes les ventes de bois, c'est de réserver au propriétaire la faculté de ne point adjuger définitivement, si le dernier enchérisseur n'en porte pas la valeur au taux de l'estimation, afin de prévenir les coalitions entre les marchands.

Nous terminerons cet article en observant que, pour compléter ces différens moyens de conserver les bois, il faut se procurer des gardes intelligens, capables de suivre les exploitations, de faire exécuter les clauses des adjudications, de surveiller exactement tous ceux qui fréquentent les bois, et d'empêcher les chercheurs de bois morts de se servir d'aucun instrument tranchant. (DE PER.)

BOIS. Économie rurale et domestique. L'acception sous laquelle mon savant collaborateur a traité l'article précédent n'est pas la seule, comme il le dit au commencement, que le mot BOIS ait dans notre langue. On appelle aussi de ce nom la substance des arbres, substance qui est d'un si grand emploi dans l'économie domestique, dans les constructions des bâtimens et des vaisseaux, dans les manufactures, les arts, etc. Je dois donc présenter aussi des considérations générales sur le bois pris sous ce point de vue, renvoyant les détails aux articles de chaque espèce.

Le bois est cette partie du tronc qui est placée sous le liber, qui paraît composé de fibres ou de vaisseaux, qui renferme pendant la vie de l'arbre la sève et les sucs propres. Dans certains arbres, on distingue le bois proprement dit de l'AUBIER qui l'entoure. *Voyez* ce dernier mot.

Je renvoie pour l'anatomie du bois aux mots FIBRE, COUCHE LIGNEUSE, VAISSEAU, TRACHÉE, PARENCHYME, SÈVE, SUC PROPRE, etc.

L'analyse du bois au moyen du feu a été faite par un grand nombre de chimistes anciens et modernes; mais leurs résultats sont très-différens. C'est toujours une eau plus ou moins odorante, des huiles plus ou moins épaisses, une quantité plus ou moins considérable de gaz acide carbonique, de gaz hydrogène et azote, avec quelques acides, sur-tout l'acéteux, un peu d'alcali, de terre calcaire, magnésienne, siliceuse, quelques atomes de fer, d'or, et beaucoup de charbon. C'est à une analyse par la voie humide qu'il conviendrait de soumettre les bois. Tentée par divers savans, elle n'a été complétée par aucun d'eux. Je ne crois pas devoir m'étendre plus longuement sur cet objet, qui n'intéresse que fort légèrement les cultivateurs. J'ajouterai cependant que les bois mélangés, comme chêne, charme, hêtre, etc., à quinze ans d'âge et après quinze mois de coupe, pèsent, d'après N.-J.-B. Mollerat, 325 à 350 kilogrammes le mètre cube; et cette quantité donne, par la distillation, dans un fourneau de son invention, de 95 à 100 kilogrammes de charbon (*voyez* au mot CHARBON), environ cent litres d'acide pyroligneux, et 25 à 30 kilogrammes d'huile épaisse. Avec l'acide, M. Mollerat forme de l'acide acéteux parfaitement pur et limpide, analogue au vinaigre radical, lequel sert aux manufactures de toiles peintes, aux ateliers de teinture, etc., et au moyen duquel on peut composer, en l'affaiblissant et l'aromatisant, des vinaigres de table qui jouissent de l'avantage de ne jamais s'altérer.

L'huile sert à brûler, à peindre, et, mêlée avec vingt pour cent de résine, forme un goudron excellent pour caréner les vaisseaux.

On range les bois, relativement aux services qu'ils peuvent rendre, en neuf classes principales; savoir, le chauffage, la charpente, le charronnage, la menuiserie, la fente, la cerclerie, le tour, l'ébénisterie et la sculpture, classes que je vais successivement passer rapidement en revue.

Tous les hommes ont besoin de feu, au moins pour la cuisson de leurs alimens. Sans le feu, la moitié des jouissances de la société serait anéantie, et la moitié de l'univers serait inhabitable. L'emploi des bois qu'on fait en France, soit pour le chauffage, soit pour la cuisson des alimens, soit pour les ma-

nufactures à feu, telles que forges, verreries, faïancerie, etc.,
peut être évalué aux sept dixièmes de la consommation totale.
Aujourd'hui que la production du bois n'est plus en proportion avec les besoins, que son prix augmente au-delà de toute
mesure, il est du devoir de tout bon citoyen de chercher les
moyens d'en restreindre l'emploi et d'en multiplier la plantation. Dans tout le cours de cet ouvrage, je n'ai pas manqué
une occasion d'indiquer ces moyens. Ici, de nouveau j'invite
le lecteur, père de famille et propriétaire, à diriger sérieu-
sement son attention vers cet important objet.

De tout temps, on a su que chaque espèce de bois donnait
au feu une chaleur différente, se consumait plus ou moins
promptement, et que les arbres très-jeunes ou très-vieux étaient
moins bons à brûler que ceux d'un âge moyen (*voyez* au mot
EXPLOITATION DES BOIS); mais nos connaissances sur ces objets
étaient vagues, nous avions même adopté des erreurs. Par
exemple, nous croyions que l'intensité de la chaleur produite
par les différentes espèces de bois parfaitement sèches était
proportionnelle à leur densité : il était réservé à M. Hartig de
nous éclairer à cet égard. Son petit ouvrage, intitulé *Expe-
rience physique sur les rapports de combustibilité des bois
entre eux*, est rempli de faits nouveaux d'une grande importance pour la science de l'économie. Je ne puis trop en recommander la lecture à tous ceux qui font une grande consommation de bois. Dans l'impossibilité de le copier, je me
contenterai de donner le tableau ci-après, qui en est le résumé,
tableau qu'on doit à M. Baudrillard, son traducteur. Il est à
regretter que M. Hartig n'ait pas poussé plus loin ses expériences, qu'il ne les ait pas étendues aux bois de dix à quinze
ans, qui sont ceux qu'on emploie en plus grande quantité
pour le chauffage, avec lesquels on fait ordinairement le charbon, même à ceux d'un an ou deux.

Bois d'un accroissement parfait.

	fr.	c.
Sycomore de 100 ans.	17	57
Pin commun de 125 ans.	15	67
Frêne de 100 ans.	15	5r
Hêtre de 120 ans.	15	40
Charme de 90 ans.	14	86
Alizier de 90 ans.	14	38
Chêne rouvre de 200 ans (1).	13	14

(1) Il résulte d'expériences multipliées et faites en grand que le bois
sec de chêne évapore, terme moyen, sur un fourneau et dans une chaudière convenablement disposés, environ huit fois son poids d'eau, ce
qu'il est important de connaître dans un grand nombre de cas; mais
auquel des deux chênes communs s'appliquent ces expériences ?
(*Note de M. Bosc.*)

	fr.	c.
Mélèze de 100 ans..............................	12	71
Orme de 100 ans...............................	12	59
Chêne pédonculé de 190 ans...................	12	32
Epicea de 100 ans.............................	12	32
Bouleau de 60 ans.............................	11	90
Sapin commun de 100 ans......................	10	99
Saule marceau de 60 ans.......................	10	81
Faux acacia de 34 ans.........................	10	31
Tilleul de 80 ans..............................	9	64
Tremble de 60 ans.............................	8	91
Aune de 70 ans................................	8	13
Peuplier noir de 60 ans........................	7	23
Saule blanc de 50 ans..........................	7	8
Peuplier d'Italie de 20 ans.....................	6	84

Bois d'un accroissement moyen.

	fr.	c.
Sycomore de 40 ans............................	13	13
Charme de 30 ans..............................	12	27
Pin commun de 50 ans..........................	11	97
Frêne de 30 ans................................	11	70
Hêtre de 40 ans................................	11	58
Chêne pédonculé de 40 ans.....................	11	21
Alizier de 30 ans...............................	11	14
Acacia de 8 ans................................	9	75
Orme de 30 ans................................	9	55
Saule marceau de 20 ans........................	9	53
Bouleau de 25 ans..............................	8	39
Tremble de 20 ans.............................	8	30
Epicea de 40 ans...............................	7	65
Aune de 20 ans................................	7	57
Saule blanc de 10 ans..........................	7	47
Tilleul de 30 ans...............................	7	24
Mélèze de 25 ans..............................	7	3
Sapin commun de 40 ans........................	6	97
Peuplier noir de 20 ans........................	5	76
Peuplier d'Italie de 10 ans.....................	5	7

La difficulté d'une rigueur mathématique dans ces expériences peut être facilement sentie, aussi ne sont-ce réellement que des approximations que donne M. Hartig ; mais elles suffisent pour l'objet qui nous occupe.

Voici la manière dont M. Hartig opère.

Il fait sceller une chaudière de cuivre sur un fourneau circulaire, y met la même quantité d'eau, et dans cette eau un thermomètre. Il allume, avec la même quantité de paille, la même masse de bois parfaitement sec, c'est-à-dire 200 pouces cubes seulement, pour que l'eau n'arrive pas à ébullition. Ensuite il observe le plus haut degré du thermomètre, le temps qu'emploie le bois à se réduire en charbon, le moment où les charbons sont consumés, la quantité d'eau perdue par l'évaporation, la quantité de cendre, s'il brûle vivement ou long-temps, s'il produit beaucoup de fumée, s'il pétille, etc. Voici un exemple de rédaction. *Orme.* Il donna en trente-cinq minutes 55 degrés de chaleur. En trois heures vingt-huit minutes, les charbons étaient éteints et le thermomètre descendit à 38 degrés. En douze heures, la perte de l'eau par l'évaporation fut de 3 livres 12 onces 4 gros. Il resta 7 gros de charbons et 3 gros et demi de cendres.

Le bois brûla assez bien sans craqueter ni donner beaucoup de fumée; cependant ce feu tendait à s'éteindre quand il n'était pas fortement entretenu. Les charbons isolés à l'air n'y restaient pas long-temps embrasés, d'où il résulte que ce bois convient mieux à un feu considérable, dans un espace clos, qu'au feu d'un foyer.

On voit par les tableaux, dont la valeur comparative a été établie en francs, comme plus facile à sentir par les marchands, que l'ordre est interverti dans les deux âges, pour quelques espèces, comme le pin, le mélèze, l'acacia, mais qu'il est en général concordant; que le chêne, qu'on est habitué à regarder comme le meilleur bois à brûler, cède sous ce rapport à six ou huit autres; quels avantages ne peuvent donc pas trouver les propriétaires à semer du pin commun, qui croît si rapidement, qui se contente des sables les plus arides, qui ne demande presque aucun frais de culture! (*Voyez* au mot PIN.) Pourquoi ne remplaceraient-ils pas les forêts épuisées par les chênes, au moyen des sycomores qui viennent également très-vite? *Voyez* au mot ÉRABLE.

M. Hartig, dans le cours de ses expériences, parle, comme on l'a vu dans l'exemple ci-dessus, de la FLAMME, de la FUMÉE, du CHARBON et de la CENDRE; mais il n'offre à leur égard que des résultats extrêmement vagues. Plusieurs personnes ont fait sur ces sujets des expériences plus positives, mais ayant pour objet des recherches purement scientifiques; ce qu'ils nous ont appris n'est pas dans le cas d'être rapporté ici. J'en dirai cependant un mot aux articles que je viens de citer.

On sait, à Paris, que le bois flotté est bien moins avantageux pour le chauffage que le bois qui ne l'a pas été, et que dans cette ville on appelle *bois neuf.* Il est donc certain que l'eau, en dissolvant la partie muqueuse laissée par la sève, lui ôte une partie de sa qualité comme combustible. Le flottage endommage beaucoup plus les bois blancs que les bois durs, parce que l'eau les pénètre plus facilement. Les bois flottés brûlent plus vite, donnent moins de chaleur, et leurs cendres ne contiennent presque pas de potasse.

Il est des bois qui, comme le FRÊNE (*voyez* ce mot) brûlent aussi bien verts que secs.

Le chêne est presque le seul arbre qu'on emploie dans la grande charpente, parce que c'est celui qui joint à la plus grande force la plus grande durée, et qu'il est très-peu sujet, lorsqu'il est dépouillé de son aubier, à être rongé par les vers, ou à être altéré par la décomposition spontanée. Dans les pays de montagnes, on emploie aussi avec avantage le châtaigner, le mélèze, le sapin, l'épicea et le pin commun pour la même sorte de charpente. Toute espèce de bois est employée dans la charpente des chaumières et autres constructions rurales de peu d'importance. *Voyez* MÉRULE DÉTRUISANT, CARIE SÈCHE et COURONNEMENT.

Le pilotage fait partie de la charpente : on devrait n'y employer que le CHÊNE, comme ayant le plus de force et pourrissant le plus difficilement dans l'eau ou dans la terre; mais on lui substitue fréquemment l'ORME comme coûtant moins. L'aune, qui a le même avantage, est aussi employé pour faire des pieux dans des terrains marécageux. Son branchage sert à combler les fossés que l'on creuse dans ces lieux lorsqu'on veut les dessécher, et qu'on n'a pas assez de pente pour donner de l'écoulement aux eaux, branchages qu'on recouvre ensuite de terre.

Duhamel, dans son important ouvrage, intitulé *Du transport, de la force et de la conservation des bois,* ouvrage qui doit être entre les mains de toutes les personnes qui sont dans le cas de vendre ou d'acheter des bois, a prouvé combien il était utile de connaître la pesanteur de chaque espèce de bois, soit en vert, soit en sec, en combien de temps il se desséchait, combien il perdait de volume par la dessiccation, qu'elle était leur force relative, etc.; et il a fait beaucoup d'expériences propres à nous donner des idés positives sur ces objets. Depuis lui, Buffon et Varennes de Fenille ont repris ces expériences. Le dernier leur a donné plus d'étendue, et il en est résulté les tables ci-dessous, qui, si elles offrent des nombres différens de ceux trouvés par les deux premiers, c'est que le climat, la nature du sol, l'exposition, l'âge, etc., influent sur les qualités du bois; ensuite, relativement au chêne, c'est qu'on ne savait pas alors distinguer ses diverses espèces. *Voyez* mon mémoire inséré parmi ceux de l'Institut, année 1807.

De plus, Duhamel a observé, par suite de nombreuses expériences, 1°. que le cœur de l'arbre était toujours moins fort que la circonférence (l'aubier enlevé), ce qui est contraire à l'opinion généralement reçue parmi les ouvriers qui emploient le bois; 2°. et que les bois trop desséchés étaient plus faibles que ceux qui l'étaient moins.

La forme a aussi une action puissante dans ce cas; car Duhamel a encore acquis la preuve que les bois carrés résitaient moins que les ronds ; résultat qui semble contraire à la constitution même du bois, et que ce savant physicien explique par la disposition des fibres, qui sont, les unes en dilatation, les autres en contraction, lorsqu'on soumet une solive et un rondin à des expériences comparatives pour mesurer leur force de résistance.

Mais avant je dois encore observer que, 1°. Buffon s'est assuré que le bois des arbres était plus pesant dans la partie inférieure du tronc, et que, lorsqu'ils avaient été écorcés sur pied, le phénomène contraire s'offrait constamment ; 2°. que la pesanteur spécifique du bois d'un arbre abattu en hiver est plus grande que celle d'un abre de même espèce et de même âge, coupé en été, dans son voisinage ; ce qui est dû à la sève qui s'est fixée dans ses vaisseaux au moment de la chute des feuilles.

Nom des arbres.	Le pied cube sec.			Le pied cube vert.			Volume perdu par le dessèchement d'un pied cube.	Force comparée.
	liv.	o.	gr.	liv.	o.	gr.		
Sorbier cultivé, n°. 1,	72	1	1					
Lilas,	70	11	»					
Cornouillier,	69	9	5					
Chêne vert,	69	9	»	84	11	»	$\frac{1}{12}$	
Olivier,	69	7	4					
Buis d'Espagne,	68	12	5					
Buis de France,	68	12	2	80	7	»		
Pommier court-pendu,	66	3	3	80	6	»	$\frac{1}{8}$	
Sorbier cultivé, n°. 2,	63	11	5	80	7	4	$\frac{1}{12} \mid \frac{1}{96}$	
Mahaleb,	62	2	6					
Chêne de Provence,	62	2	4				$\frac{1}{24} \mid \frac{1}{90}$	
If,	61	7	2	80	9	»	$\frac{1}{48} \mid \frac{1}{128}$	
Chêne blanc (pédonculé), n°. 4,	60	2	2	80	3	»	$\frac{1}{12}$	180
Chêne mâle (rouvre),	59	7	4	79	10	»	$\frac{1}{16} \mid \frac{1}{192}$	
Prunier, n°. 1,	59	1	7				$\frac{1}{16} \mid \frac{1}{96}$	
Oranger,	57	14	»					
Chêne blanc, n°. 2,	57	11	3					
Le même, immergé,	57	11	2	80	11	»	$\frac{1}{16} \mid \frac{1}{192}$	
Aubépine,	57	5	6	68	11	4	$\frac{1}{8}$	
Acacia,	55	15	7	58	11	»		
Néflier,	55	11	1					
Prunier, n°. 2,	55	7	5				$\frac{1}{16} \mid \frac{1}{96}$	
Alouchier,	55	6	6					
Chêne mâle, n°. 2,	54	7	»					
Merisier, n°. 1,	54	15	»	61	13	»	$\frac{1}{16} \mid \frac{1}{64}$	

Noms des arbres.	Le pied cube sec.			Le pied cube vert.			Volume perdu par le desséchement d'un pied cube.		Force comparées.
	liv.	o.	gr.	liv.	o.	gr.			
Hêtre,	54	8	3	63	4	»	$\frac{1}{4}$	$\frac{1}{328}$	162
Nerprun,	54	4	»						
Chêne mâle immergé,	53	2	2	79	5	»	$\frac{1}{12}$		
Poirier sauvage,	53	2	»	79	5	4	$\frac{1}{2}$		
Chêne cerris,	52	13	»						
Pommier sauvage,	52	12	»						
Cytise des Alpes,	52	11	6						
Érable duret,	52	11	1						
Mélèze,	52	8	2						
Pêcher,	52	6	6						
Chêne à pédoncul. en fouet,	51	12	»	76	5	»	$\frac{1}{16}$	$\frac{1}{192}$	
Alizier,	51	11	7				$\frac{1}{12}$	$\frac{1}{48}$	
Prunelier,	51	10	5						
Charme,	51	9	»	61	3	»	$\frac{1}{4}$	$\frac{1}{48}$	228
Reinette franche,	51	9	»						
Platane,	51	8	7	74	11	4	$\frac{1}{6}$	$\frac{1}{24}$	
Sycomore,	51	7	3	60	15	3	$\frac{1}{12}$	$\frac{1}{32}$	127
Prunier, n°. 3,	51	3	4						
Petit érable,	51	1	3	61	9	1			
Frêne,	50	12	1	62	8	»	$\frac{1}{12}$		189
Orme,	50	10	4	82	12	»	$\frac{1}{16}$	$\frac{1}{64}$	
Broussin de frêne,	49	12	8						
Abricotier,	49	12	7						
Gleditzia,	49	2	4						
Noisetier,	49	1	»						
Chêne mâle, n°. 3,	48	12	1	75	10	»	$\frac{1}{35}$	$\frac{1}{192}$	
Pommier sauvage, n°. 2,	48	7	2				$\frac{1}{12}$		
Bouleau,	48	2	5						190
Tilleul,	48	2	1	52	1	»	$\frac{2}{4}$		
Chêne mâle immergé,	48	»	2	76	14	»	$\frac{1}{12}$		
Arbre de Judée,	47	15	4						
Cerisier, n°. 2,	47	11	7						
Houx,	47	7	2						
Sorbier des oiseleurs,	46	2	2						
Pommier cultivé,	45	12	2						
Chêne, n°. 4,	44	7	2						
Noyer,	44	1	»	60	4	»	$\frac{1}{24}$	$\frac{1}{46}$	
Mûrier blanc,	43	13	3	81	10	3	$\frac{1}{10}$	$\frac{1}{40}$	
Érable plane,	43	4	4						
Sureau,	42	3	6						
Érable des Alpes,	42	3	3						
Mûrier noir,	41	14	7						

Noms des arbres.	Le pied cube sec.			Le pied cube vert.			Volume perdu par le dessèchement d'un pied cube.	Force comparée.
	liv.	o.	gr.	liv.	o.	gr.		
Marceau,	41	6	6	69	9	»	$\frac{1}{12}$	
Châtaignier.	41	2	7	68	9	»	$\frac{1}{24}$ | $\frac{1}{64}$	
Genevrier,	41	2	»					
Chêne rouge, n°. 5,	41	1	»	80	4	4	$\frac{1}{16}$ | $\frac{1}{96}$	
Mûrier de la Chine,	40	2	1					
Érable de Hollande,	39	9	6					
Lierre,	39	9	5					
Hyppreau,	38	14	2	54	3	4	$\frac{1}{4}$ | $\frac{1}{96}$	
Pin de Genève,	38	12	2	74	10	»	$\frac{1}{12}$	127
Peuplier blanc,	38	7	7	58	3	4	$\frac{1}{4}$ | $\frac{1}{96}$	147
Tremble,	37	10	2	52	13	»	$\frac{1}{6}$ | $\frac{1}{24}$	132
Aune,	35	10	1	61	1	»	$\frac{1}{12}$	135
Marronnier d'Inde,	35	7	1	60	4	4	$\frac{1}{16}$ | $\frac{1}{128}$	116
Peuplier gris,								
Peuplier noir,								144
Peuplier de Caroline,	34	7	»					
Tulipier,	34	5	3					
Catalpa,	32	10	5					
Sapin,	32	6	6	48	8	5		
Maronnier d'Inde, écorcé,	31	1	3	57	9	»	$\frac{1}{14}$	
Peuplier noir,	39	1	»					
Saule,	27	6	7					
Peuplier d'Italie,	25	2	7	63	8	4		93

L'écorcement des arbres sur pied transforme leur aubier en bois parfait, et augmente par conséquent la grosseur de leur échantillon, mais ne concourt que fort peu à leur force, ainsi que l'a fait voir Varennes de Fenille par sept expériences comparatives, dont le détail peut se lire dans le recueil de ses mémoires, mémoires qui ne peuvent être trop médités par les agriculteurs. Cependant d'autres expériences, faites par M. Malus, annoncent que cette circonstance influe beaucoup sur cet effet. *Voyez* l'intéressant mémoire de ce dernier, tome 10 des *Annales d'Agriculture*. *Voyez* aussi le mot AUBIER.

Varennes de Fenille plaçait les solives qui avaient 7 pieds 8 pouces de long dans un trou de même grandeur, creusé dans une pierre de taille d'une muraille, de sorte qu'il ne lui fallait que la moitié du poids employé par Duhamel, Buffon, Lislet Geoffroy, Malus, etc. Si on veut rendre ses expériences comparatives avec les leurs, il faut donc doubler le nombre de livres sous lesquelles ont rompu les solives.

J'aurais pu, en faisant le relevé des expériences de plusieurs autres physiciens, compléter davantage le tableau ci-dessus; mais ces derniers ayant employé, comme je viens de le dire, des procédés différens, ayant agi sur des échantillons d'autres dimensions, soit en longueur, soit en largeur, les résultats n'eussent pu être comparables.

Duhamel, dans l'ouvrage cité plus haut, a donné la pesanteur et la force relative de quelques bois de l'Ile de France et de l'Inde. Je crois devoir, à son imitation, publier le tableau des expériences faites par M. Lislet Geoffroy, extrait du Voyage de M. de Peron aux terres australes. Ce tableau n'est pas en parfaite concordance avec celui de Duhamel, mais il s'en raproche suffisamment pour qu'on doive lui accorder toute confiance.

Noms vulgaires.	*Noms botaniques.*	*Poids du pied cube.*		*Force relative*
		liv.	onces.	
Bois de fer noir.	Stadmania.	87	12	3872
puant.	Fœtidia.	75	2	3141
de natte à petite feuille.	Imbricaria.	74	1	3100
d'olive blanc.	Olea.	63	2	2917
de teck tackamaca rouge.	Tectona grandis.	53	2	2720
de natte à grande feuille.	Imbricaria.	72	1	2660
de fer rouge.		84	10	2367
de cannelle blanc.	Laurus.	56	8	2317
de cannelle noir.	Eleococarpus.	41	14	2290
d'olive rouge.	Rubentia.	56	6	2037
de colophane rouge.	Colophonia.	59	2	2087
de pomme blanc.	Eugenia.	61	4	2015
de benjoin.	Terminalia benjoin.	57	4	2005
de natte pomme de singe.	Syderoxylon.	58	4	1900
de cannelle marbré.	Eleococarpus.	38	14	1880
de fer blanc.	Syderoxylon.	58	4	1783
de pomme rouge.	Eugenia.	60	»	1750
de lousteau.	Antirrhœa.	56	8	1750
de chêne.	Quercus robur.	56	1	1702
de sapin tackamaca rouge.	Calophyllum calaba.	52	5	1618
de bigaignon.	Eugenia.	64	3	1500
de ballin.	Blackwellia.	47	11	1500
de colophane blanc.	Moringia.	49	3	1350

M. Lislet plaçait, comme Buffon, ses solives sur deux points d'appui, et appliquait des poids dans leur milieu pour connaître la force relative; mais on ne dit point quelle était la longueur et la grosseur des échantillons employés; ce qui ne permet pas de comparer, ainsi que je l'ai déjà remarqué plus haut, les expériences importantes dont il vient d'être question à celles du même genre, faites en France par Varennes de Fenille. On en tire seulement la conclusion que bien des bois croissant entre les tropiques sont supérieurs à notre chêne si vanté.

Je trouve dans Duhamel des séries d'expériences de plusieurs autres natures, des résultats desquelles je pourrais enrichir cet article; mais comme elles ont principalement leur application dans les constructions navales, je préfère renvoyer à l'ouvrage même de cet estimable savant ceux qui voudraient les connaître. Je passe en conséquence à d'autres objets.

Les poutres qui sont de bois vert offrent plusieurs inconvéniens graves: 1°. elles plient plus facilement sous la charge et ne se relèvent pas en séchant; 2°. elles pourrissent très-rapidement en totalité lorsqu'elles sont recouvertes de plâtre, ou par leurs extrémités lorsqu'elles sont enchâssées dans un mur; il en est de même des mortaises, des planches peintes, etc.; 3°. les insectes destructeurs des bois secs, c'est-à-dire les VRILLETTES, les PLILINS, les attaquent avec plus de succès.

C'est à l'ombre et à l'abri de la pluie qu'il est bon de faire dessécher les bois destinés au service des constructions civiles et navales, de la menuiserie, du charronnage, du tour, etc.; et il faut un nombre d'années souvent considérable. Duhamel a trouvé qu'une poutre n'était pas encore sèche à son centre au bout de quinze ans d'exposition à l'air libre. Il n'est pas possible de fixer l'époque où ce desséchement est complet, puisqu'outre la grosseur de la pièce, il faut encore considérer l'espèce d'arbre, son âge, l'époque où il a été coupé, le climat et le terrain où il a cru, etc. *Voyez* les intéressantes expériences de Duhamel sur ce sujet, dans l'ouvrage ci-dessus cité; expériences que j'aurais rapportées en détail si je n'eusse pas craint trop allonger cet article Je dirai seulement que leur résultat est que les bois verts perdent, en se desséchant, entre le tiers et les deux cinquièmes de leur poids.

Les bois desséchés en plein air se fendillent et s'altèrent davantage à leur surface que ceux placés sous des hangars. C'est donc là qu'il faut les déposer; et lorsqu'on ne le peut pas, ce qui arrive souvent, on les empile en écartant chaque pièce de ses voisines, et on couvre la masse de planches pour la garantir de la pluie.

Dans un four chaud, ou dans une étuve, l'humidité du bois, comme on le pense bien, se dissipe plus promptement et plus

complétement. On emploie dans les boulangeries et autres
lieux où on peut disposer d'une chaleur inutile, ce moyen
de dessiccation pour du bois à brûler ou de petites pièces
propres au tour ou à la charpente; mais je ne sache pas qu'on
fasse usage nulle part des étuves imaginées par Duhamel et
autres.

Le bois employé dans les arts n'est jamais trop sec. Généralement l'exigence des besoins fait qu'on le met en œuvre avant
qu'il le soit assez, par exemple seulement après deux ans de
coupe et d'exposition à l'air libre : aussi combien peu durent
aujourd'hui les charpentes, les menuiseries, etc. ! C'est un sujet
général de plaintes.

On a de tout temps désiré pouvoir en peu de mois, en peu
de jours, en peu d'heures même, dessécher les bois de service. Les moyens qui ont le mieux réussi, ont été de les
mettre dans l'eau douce ou salée, ou de les faire bouillir dans
l'eau. Ces procédés remplissent leur objet ; mais en enlevant
la partie muqueuse de la sève, ils diminuent la cohésion des
fibres ligneuses, et les rendent plus faibles et plus susceptibles de pourriture. On ne doit donc les employer que dans
des cas rares.

Les effets les plus avantageux de la mise à l'eau des pièces
de bois nouvellement abattues, c'est de les empêcher de se
fendre et de se tourmenter, c'est de les rendre plus légères
et moins susceptibles d'être attaquées par les vers. Ces faits
résultent positivement des expériences de Duhamel.

L'eau courante agit plus promptement sur les bois que l'eau
dormante, l'eau douce que l'eau salée.

Les bois se fendillent d'autant plus qu'ils sont plus verts et
se dessèchent plus rapidement. Toutes choses égales, ce sont
les meilleurs bois qui se fendillent davantage : il ne faut donc
jamais laisser au soleil, ni même dans des hangars trop aérés,
les belles grumes de chêne qu'on veut conserver dans toute
leur perfection.

Les bois desséchés font hygromètre, c'est-à-dire qu'ils se
chargent non-seulement de l'eau des pluies, mais encore de
l'humidité de l'air, et les bois durs plus que les bois tendres.
C'est ce qui fait qu'ils pèsent davantage et sont plus gonflés,
moins fendus dans certains temps que dans d'autres.

On croit communément que l'époque de l'année où on abat
des arbres a de l'influence sur la conservation des bois; mais
le résultat des expériences de Duhamel prouve que c'est une
erreur. Je ne veux pas pour cela qu'on abandonne l'usage de
ne les couper que pendant l'hiver, car c'est la saison où cette
opération est la moins nuisible à la reproduction, la plus
facile et la moins coûteuse.

Je ne crois pas nécessaire de prouver l'absurdité de l'opinion qui veut qu'on coupe les bois pendant le décours de la lune pour assurer leur conservation.

Les bois qui commencent à s'altérer par suite de leur vieillesse ou de quelque autre cause achèvent de se décomposer par une action insensible, lorsqu'ils sont employés. Souvent une poutre qui paraît saine au moment où on la met en place, est réduite en poudre au bout de quarante à cinquante ans sans qu'on puisse en deviner la cause et le mode. On appelle *bois échauffés* ces sortes de bois. Les yeux exercés jugent assez sûrement de cette disposition du bois par sa contexture plus tendre, et par sa couleur plus blanche. Cette singulière maladie commence le plus souvent par le centre et par le bas de l'arbre, quelquefois par tout autre point. Toujours elle se développe en cône plus ou moins allongé, souvent elle a lieu dans une poutre sans qu'on puisse le préjuger par l'inspection de ses deux bouts et de ses surfaces. On peut la regarder comme une sorte de CARIE. (*Voyez* ce mot.) Mais comment la carie se continue-t-elle dans un arbre mort? L'amputation ou le feu peuvent seuls arrêter ses effets.

Un excellent procédé pour assurer la durée des bois serait de les faire bouillir dans une huile chargée d'oxide de plomb ou de fer ; mais la dépense de cette opération ne permet de le faire que pour de petites pièces. La peinture à l'huile, qu'on emploie si souvent, comme je l'ai dit, est déjà trop coûteuse dans un grand nombre de cas.

On a très-souvent préconisé des moyens propres à empêcher les bois de brûler. Le plus certain est de les faire tremper dans une dissolution d'alun (sulfate d'alumine), à raison de la propriété qu'a ce sel de se boursouffler en perdant son eau de cristallisation par l'action du feu , et par conséquent d'ôter toute communication du bois avec l'air et le feu, communication sans laquelle il n'y a pas de combustion.

On est généralement dans l'usage de charbonner l'extérieur des bois, sur-tout des pieux qu'on met dans la terre, parce qu'on croit que cette opération les garantit de la pourriture. Duhamel , à qui nous devons des expériences positives à cet égard , a reconnu que la durée des pieux carbonisés surpassait de si peu celle des pieux non carbonisés , que cet avantage ne dédommageait pas des dépenses et des embarras de la carbonisation. Ce qui a induit en erreur, c'est que les pieux qui ont été carbonisés paraissent plus sains à l'extérieur, à raison de la lenteur de la décomposition du charbon ; mais on voit, en enlevant le charbon, que l'humidité a pu pénétrer à travers ses fentes ou ses pores et attaquer la fibre. Cependant il est quelques espèces de bois, le hêtre, par exemple, qu'il est très-avantageux d'exposer au feu , non pour les carboniser , mais pour les durcir par une sorte de fusion. Le bois du chêne aquatique d'Amérique , qui a tant de rapport de contexture avec celui du hêtre , offre le même phénomène à un degré encore plus éminent; ma hache pouvait très-difficilement entamer une bûche verte que j'avais fait brûler en partie , et j'ai cependant le bras vigoureux. Les sauvages , comme on sait , chauffent leurs casse-têtes , leurs flèches , etc. , pour les durcir. Les manches de couteaux de bois , faits avec du hêtre , fondus par leur compression entre deux moules de fer presque rouge , sont trois à quatre fois plus durs et plus denses qu'un morceau du même hêtre qu'on n'a pas soumis à cette opération.

La chaleur, avant de durcir le bois , l'attendrit , le rend susceptible d'être courbé sans se rompre. Cette précieuse propriété , sur laquelle Duhamel a fait un grand nombre d'expériences , est mise à profit dans plusieurs arts , entre autres dans les constructions navales , dans la fabrication des tonneaux , des cercles , etc. , lorsqu'on veut faire des HARTS (*voyez* ce mot) avec des bois susceptibles de se casser : en effet, il suffit d'exposer quelques instans ces harts au feu pour pouvoir les plier dans tous les sens.

Mais la chaleur sèche n'est pas indispensable , comme quelques personnes l'ont cru , car les bois chauffés dans l'eau se plient comme ceux chauffés sur des barres de fer et dans du sable brûlant.

L'expérience journalière des constructeurs de navires , des tonneliers et des fabricans de cercles , prouve que les bois courbés artificiellement par le moyen du feu ne se redressent pas lorsqu'on leur rend la liberté de le faire. Ils étaient donc de mauvaise foi ou ignorans ces écrivains qui ont jeté des doutes sur l'utilité de cette pratique.

En France , le charronnage emploie un assez grand nombre d'espèces de bois; mais peu y sont réellement propres. La ténacité et la légèreté sont les qualités qu'on demande aux pièces les plus importantes ou les plus nombreuses ; la dureté et la flexibilité sont très-secondaires dans ce cas.

Dans tout le nord de la France , l'orme , je crois , et surtout sa variété appelée tortillard , est seul employé dans la construction des moyeux et des jantes des roues. Dans les pays de montagnes , on lui substitue le hêtre pour ces objets. Presque toujours les moyeux sont durcis par l'action du feu. Dans le plus grand nombre des lieux, le chêne est préféré pour faire les raies, comme ayant la fibre plus roide qu'aucun autre bois. Toutes les parties devant être assemblées avec la plus grande exactitude pour assurer la durée de leur service , il faut que le bois dont on les fait, soit aussi sec que possible avant d'être mis en œuvre. C'est de l'oubli de cette précaution que résulte le peu de durée de la plupart des voitures qu'on construit en ce moment.

Le frêne, le charme et le chêne conviennent pour la fabrication des essieux. Aux environs de Paris, l'orme est encore employé de préférence pour les autres parties des charrettes; mais dans le reste de la France on se sert indifféremment du frêne, du chêne et autres bois communs, même du pin et du sapin, qui joignent la force à la légèreté, les deux conditions les plus importantes et les plus difficiles à réunir dans ce cas.

Le frêne et le micocoulier, à raison de leur force et de leur élasticité, sont les seuls convenables aux brancards des cabriolets, qui doivent avoir éminemment ces deux propriétés.

Les charrues, selon les pays, se construisent avec les mêmes bois que les charrettes.

La menuiserie ne rebute que les bois qui ne sont pas susceptibles d'être rabotés, ceux qu'on appelle *rebours*; mais cependant elle préfère, quand elle peut choisir, le chêne, le hêtre, le châtaigner, le merisier, le noyer, le sycomore, le mélèze, le sapin, le pin, les peupliers et le tilleul. Ces derniers se débitent ordinairement en voliges, c'est-à-dire en planches minces, propres à être employées dans l'intérieur. Parmi eux, le plus léger est le peuplier d'Italie, et par conséquent le plus propre à la fabrication des caisses destinées à l'emballage des objets qu'on veut envoyer au loin.

Les bois pour la menuiserie sont débités en planches ou en solives, le plus souvent dans les forêts mêmes. Ils ne peuvent être trop secs lorsqu'on les emploie en assemblage. La plupart se *déjettent*, c'est-à-dire se courbent, se contournent quand ils ont été mis en œuvre avant leur dessiccation complète. Ceux fournis par les peupliers, les saules, les tilleuls, ont l'inconvénient, quelque secs qu'ils soient, lorsqu'on les met en œuvre, d'augmenter et de diminuer de volume selon qu'il fait humide ou sec.

Les articles de fente se réduisent presque au merrain pour faire les tonneaux, aux bardeaux propres à couvrir les maisons, aux lattes et aux échalas. Le chêne pédonculé ou chêne blanc, le châtaignier, le sapin et le pin sont presque les seuls qu'on puisse employer aux trois premiers objets Quant au quatrième, outre les quatre espèces ci-dessus, qui doivent toujours être préférées à raison de leur force et de leur durée, on peut encore se servir du frêne, du saule, du peuplier, etc.

Ce sont les jeunes arbres, depuis six ans jusqu'à vingt-cinq, qui sont les meilleurs pour la cerclerie. Voici leurs noms dans l'ordre de leur importance. Le chêne, le châtaignier, le frêne, le bouleau, le merisier, le saule marceau, le coudrier. On travaille ces bois en vert. On leur donne la forme circulaire dans les forêts mêmes, lorsqu'on en veut faire des cercles, ou on les redresse, en les liant en faisceaux lorsqu'on les destine à faire du treillage.

Les bois à grains fins sont les meilleurs pour le tour; en conséquence le buis, le merisier, le noyer, l'alizier, le poirier, le pommier, le prunier, le frêne, le chêne sont les plus recherchés; cependant le hêtre, le sycomore, le charme sont souvent employés. On fabrique beaucoup de chaises communes en tilleul, en aune, en bouleau et autres bois blancs, à raison de leur légèreté et de leur bas prix.

Jusqu'à présent l'ébenisterie a fort peu su tirer parti des bois indigènes; cependant Varennes de Fenille a prouvé que nous pouvions faire avec eux des meubles de la plus grande beauté sans en employer d'étrangers. Ceux dont elle fait usage le plus ordinairement sont le noyer, l'alizier, le merisier, le poirier, le prunier, le pêcher, l'if. Les brouzins de buis, de sycomore, d'orme même, fournissent des planches de placage fort précieuses. *Voyez* BROUZIN.

On teint le bois en diverses couleurs pour l'usage de l'ébénisterie; en rouge, après l'avoir aluné avec le bois de Brésil; en bleu, par l'indigo dissous dans l'acide sulfurique, en le faisant ensuite bouillir dans une eau légèrement alcalisée; en jaune, avec la gomme gutte; en noir, en le faisant bouillir avec du sulfate de fer et le plongeant ensuite dans une dissolution de noix de gale; en brun, on le faisant bouillir avec du brout de noix. Chaque espèce de bois a une capacité différente pour prendre la couleur.

On fait aujourd'hui peu de statues de bois, mais on le sculpte beaucoup pour ornement de boiseries, de meubles, de cadres de tableaux, pour planches de gravures, planches d'impression des étoffes et des papiers, etc. Le chêne, le hêtre, le noyer sont préférés pour les deux premiers de ces objets; le tilleul, le marronnier, les peupliers, pour le troisième; le poirier, le pommier, l'alizier, le prunier pour le dernier.

Il est encore beaucoup d'objets pour lesquels certains bois sont préférables à d'autres : ainsi on fabrique des sabots solides avec le noyer et le hêtre, des sabots légers avec les peupliers, le bouleau, l'aune, le tilleul; le pin et l'aune sont meilleurs pour forer des corps de pompe, parce qu'ils ne pourrissent que fort lentement dans la terre; le frêne, le micocoulier, les chênes, le cytise des Alpes, sur-tout les chênes verts valent mieux pour des manches d'outils, parce qu'ils cassent très-difficilement; les articles de boisselerie, c'est-à-dire les petites planches avec lesquelles on fabrique les mesures à grains, les seaux légers, les cercles de cribles, de tamis, les moules à fromages, les copeaux des gaîniers, etc., sont le plus souvent en hêtre, et quelquefois en sapin ou tremble; les ételles des colliers des chevaux, les charpentes de selles, les jougs de bœufs sont meilleurs en hêtre qu'en tout autre bois; on fabrique encore de préférence en hêtre ou en buis les égrugeoirs à sel, les écuelles, les plats, les cuillers, etc., etc.

J'allongerais encore beaucoup cet article si je voulais rapporter tous les services que l'homme retire ou peut retirer seulement des bois qui croissent naturellement en France : que serait-ce donc si j'entreprenais de détailler les usages de tous ceux qui y ont été ou peuvent y être naturalisés ! Il faut cependant m'arrêter. Le lecteur trouvera à chaque nom d'arbre ce qu'il peut désirer pour compléter ce qui manque au rapide exposé que je viens de mettre sous ses yeux. (**B.**)

BOIS. (*Maladie de bois, mal du bois, mal de brout.*) Maladie qu'éprouvent souvent au printemps les bestiaux qu'on mène pâturer dans les bois.

Cette maladie, sur laquelle M. Chabert a publié un mémoire en 1787 dans les trimestres de la Société d'agriculture de Paris, est produite par l'avidité avec laquelle les bestiaux mangent les jeunes pousses du chêne et par la qualité astringente de cette nourriture. Ces deux circonstances amènent la suppression de toutes les évacuations, puis la fièvre, ensuite l'inflammation de l'estomac et des intestins, suivie de la gangrène et de la mort.

Dans les commencemens, il est facile d'arrêter ces symptômes, après avoir retiré les animaux des bois, par les lavemens et des boissons rafraîchissantes et émollientes, par une diète sévère ; quand l'inflammation est parvenue à un certain degré, on ne peut se flatter de sauver l'animal, et autant vaut le tuer, car il n'y a aucun inconvénieut à en manger la chair.

Au reste c'est toujours ou presque toujours la faute des propriétaires s'ils perdent des animaux par cette cause, puisqu'ils connaissent le danger du pâturage dans les bois à cette époque de l'année. (**B.**)

BOIS POURRI. Altération qu'éprouve le bois exposé à l'humidité : il y a lieu de croire qu'elle se produit par la dissipation du carbone. Son résultat est du terreau qui serait pur s'il ne contenait pas beaucoup de sels, entre autres du sulfate de soude et de potasse. On manque encore de données suffisantes pour expliquer le mode et la cause de cette altération, qui commence par affaiblir l'union des fibres ligneuses, et qui finit par l'anéantir complétement.

Le bois entièrement pourri n'est plus bon qu'à servir d'engrais aux terres sablonneuses et calcaires qui manquent d'Humus. *Voyez* ce mot et Carie, Terreau. (B.)

BOIS D'ARC. *Voyez* Cytise des Alpes.

BOIS BALAI. C'est le Bouleau.

BOIS BLANC. Dans le langage forestier, on donne ce nom aux arbres dont le bois est mou, et ne peut servir à la grosse charpente, aux constructions navales et autres objets de ce genre. Les saules, les peupliers, les tilleuls sont des bois blancs. *Voyez* Forêt. (B.)

BOIS A BOUTON. Nom vulgaire du céphalanthe.

BOIS CARRÉ. On appelle ainsi, dans quelques cantons, le fusain commun.

BOIS A FAUCILLON. On appelle ainsi les bois qu'on peut couper avec une grosse serpette, qu'ils soient de bonne essence ou mort-bois. (B.)

BOIS GENTIL. Nom spécifique d'une lauréole.

BOIS GRAS, BOIS TENDRE. Le chêne cru dans les terrains humides a le bois plus mou et moins propre à la charpente et autres services analogues, que celui cru dans les terrains secs. Il s'emploie dans la menuiserie et au chauffage. (B.)

BOIS DE HOLLANDE. *Voyez* Peuplier blanc.

BOIS JAUNE. On donne ce nom au sumac fustet.

BOIS JEAN. C'est l'ajonc aux environs de Cherbourg. (B.)

BOIS A LARDOIRE. C'est le fusain.

BOIS DE MAI. Nom vulgaire de l'aubépine. (B.)

BOIS POUILLEUX. Synonyme de bois échauffé. *Voyez* Carie sèche. (B.)

BOIS PUANT. *Voyez* Anagyre.

BOIS PUNAIS. Le cornouiller sanguin porte ce nom à cause de sa mauvaise odeur.

BOIS ROUGE, BOIS ROUX. Synonyme de Bois échauffé. Les chênes qui sont sur le retour offrent un bois de cette couleur. Comme les bois rouges et roux sont plus cassans que les autres, et presque toujours attaqués de la carie sèche, ils se vendent moins bien que les autres. (B.)

BOIS ROULÉ. *Voyez* Roulure.

BOIS TRANCHÉ. C'est celui dont les fibres longitudinales s'éloignent de la perpendiculaire. Il est d'un mauvais emploi dans presque tous les arts, parce qu'il se casse, ne peut se fendre et ne se rabotte pas bien. *Voyez* Tortillard. (B.)

BOISQUETEAU. Petit bois isolé. *Voyez* Bois.

BOISSEAU. Ancienne mesure de capacité qui servait principalement pour les grains, et dont la contenance variait considérablement. *Voyez* au mot Mesure. (B.)

BOISSELÉE. Mesure de terre autrefois usitée dans quelques parties de la France, et qui désignait un terrain susceptible d'être ensemencé avec un boisseau de froment. *Voyez* Mesure. (B.)

BOISSELON. Espèce de petite bêche ou de houlette avec laquelle on sarcle les blés dans quelques cantons.

BOISSON. Tout liquide que l'homme ou les animaux boivent ou peuvent boire pour apaiser leur soif, doit être appelé une boisson ; mais dans quelques cantons on applique spécialement ce nom à de l'eau qu'on a jetée sur le marc de raisin ou de pomme, et qui s'est chargée des restes de vin ou de cidre qui s'y trouvaient encore. Dans d'autres, on appelle boisson l'eau blanche qu'on donne aux chevaux et aux vaches-à lait pour les rafraîchir. Je crois devoir entretenir un moment le lecteur de toutes les sortes de boissons en usage en France.

L'eau est la boisson donnée par la nature, celle qui est la plus généralement employée, qui a le moins d'inconvéniens, qui sert exclusivement aux animaux sauvages : toutes les autres l'ont pour base principale. Pour être bonne, elle doit être pure, ni trop fraîche ni trop chaude. *Voyez* Eau.

Les eaux contiennent quelquefois en dissolution des sels et des substances terreuses, telles que la chaux carbonatée et la sélénite, qui les rendent malsaines et impropres à cuire les légumes, dissoudre le savon, etc. ; mais comme dans ce cas elles perdent rarement leur limpidité, on ne les appelle pas impures, mais *crues*, parce qu'elles sont indigestes. Ce nom d'impure est réservé pour celles qui tiennent en suspension de la terre ordinaire, ou des substances animales ou végétales, séparément ou ensemble. Ces dernières doivent toujours être épurées, au moins jusqu'à un certain point, pour servir de boisson aux hommes et aux animaux. Le simple repos suffit pour rendre potable l'eau la plus chargée de terre ; mais les agens chimiques les plus habilement employés ne peuvent souvent pas améliorer les autres. Le moyen qui réussit le mieux est de la faire passer à travers de la poussière de charbon avec le plus de lenteur possible. *Voyez* Charbon.

Comme toutes les eaux impures sont désagréables au goût et nuisibles à la santé, les cultivateurs doivent éviter d'en abreuver eux, leur famille et leurs bestiaux. Combien de mortalités appelées du nom impropre d'épizootie ont eu pour cause de mauvaises eaux ! Il faut donc ne point épargner les dépenses quand il s'agit de cet objet. Malheureusement tous les pays ne sont pas également favorisés de la nature à cet égard. Il en est où il n'y a pas de sources, où on ne peut creuser de puits, bâtir de citernes, où il faut enfin se contenter de l'eau des pluies amassées dans des étangs ou même de celle de mares infectes. De toutes les eaux les meilleures sont celles du ciel ; mais il est difficile de les avoir exemptes de mauvais goût, ainsi que je l'ai remarqué par-tout où l'on fait usage des citernes ; après elles, viennent celles des grandes rivières, prises au milieu de leur cours et reposées ; puis celles des fontaines, des puits, des étangs, etc. Il y a de si grandes différences dans ces sortes d'eaux, selon les localités et les temps, qu'il est impossible d'en trouver deux parfaitement semblables ; mais ce n'est pas avec une rigueur minutieuse qu'il faut juger de leur salubrité : la vue d'abord, l'odorat ensuite, puis le goût en décideront toujours suffisamment bien.

Comme les animaux ne sont pas, dans l'état de domesticité, toujours libres d'aller chercher leur boisson, il faut en mettre de la bonne à leur portée. Toujours l'eau, lorsqu'elle provient d'une source ou d'un puits, doit être amenée à une température à-peu-près égale à celle de l'atmosphère ; car un cheval et un bœuf qui, échauffés, boivent de l'eau trop froide, sont saisis d'une crispation générale, qui suspend toutes les excrétions, raidit leurs muscles au point de ne pouvoir plus remuer, leur cause des douleurs de ventre aiguës, l'inflammation des poumons (pleurésie), et enfin la mort.

En général les animaux domestiques ne boivent qu'autant qu'ils en ont besoin, mais un d'entre eux, le MOUTON fait exception ; aussi a-t-on remarqué que même dans les terrains les plus arides et les années les plus sèches, une boisson trop abondante, principalement dans les jours chauds de l'été, peut lui donner la POURRITURE (voyez ce mot). Un berger, attentif aux intérêts de son maître, doit donc empêcher son troupeau de boire plus de deux fois par jour, le matin et le soir, et d'autant moins chaque fois, qu'il fait plus chaud.

Les boissons artificielles dont on fait le plus fréquemment usage en France, sont le VIN, la BIÈRE, le CIDRE, le POIRÉ, il faut y ajouter le VINAIGRE et l'EAU-DE-VIE. *Voyez* tous ces mots.

Ces boissons sont utiles à l'homme en ce qu'elles donnent à son estomac, et par suite à tous ses organes, un principe surabondant d'activité vitale qui lui fait digérer mieux et plus rapidement, et qui lui permet de supporter une plus grande somme de fatigues de corps et d'esprit. Aussi tous les hommes sans exception, qui ont éprouvé les bons effets des liqueurs fermentées, ne peuvent-ils plus s'en passer ; aussi les vieillards en ont-ils plus besoin que les jeunes gens, les hommes de peine que les désœuvrés.

Mais s'il y a de la variété dans les eaux, il y en a bien davantage dans les boissons artificielles. Il semble qu'il ne s'agit que de savoir choisir les meilleures ; mais comme tout le monde les recherche également, elles appartiennent nécessairement à

celui qui peut les payer au plus haut prix, c'est-à-dire au plus
riche. Le simple cultivateur est donc obligé de se restreindre
aux qualités inférieures.

Presque par-tout la misère d'une partie des habitans des
campagnes, ou la nécessité d'une économie sans laquelle il
n'est pas de véritable agriculture, force les cultivateurs à renoncer même à la dernière qualité des boissons fermentées.
Ainsi dans les pays de vignoble, l'homme qui a fait naître, à la
sueur de son front, le vin le plus restaurant, est obligé de se
contenter de celui du marc dont il a été exprimé. Il le met dans
un tonneau avec trois ou quatre fois son volume d'eau ; et cette
eau, qui extrait encore quelques parcelles de matières muqueuses et sucrées de ce résidu, lui sert de boisson : heureux
encore s'il en a pendant toute l'année ! Il en est de même
dans les pays à cidre et à bière. Dans d'autres cantons encore
moins favorisés, on fait une *boisson* en mettant dans un
tonneau des pommes et des poires sauvages, des prunelles,
des sorbes, des cornes et autres fruits ou baies des bois, et
en le remplissant d'eau, qu'on renouvelle à mesure qu'on la
boit. Ce tonneau est pendant une année entière une perpétuelle fabrique de boisson. *Voyez* PIQUETTE.

Ces boissons sont rarement agréables, parce qu'elles sont rarement bien faites ; mais elles sont toujours saines et préférables
certainement à ces vins empoisonnés avec lesquels on s'enivre
dans les cabarets des grandes villes et des villages qui les avoisinent. On ne fait plus attention à leur astriction lorsqu'on y
est une fois accoutumé. Elles remplissent en partie l'objet des
liqueurs fermentées, c'est-à-dire donnent du ton aux fibres,
picotent la bouche et rafraîchissent beaucoup dans les chaleurs.
Il est vrai qu'à cette époque de l'année presque toutes se
changent en VINAIGRE.

Ce vinaigre, ainsi que celui de vin, de cidre et de bière,
mêlé avec de l'eau, forme une boisson, sinon fortifiante, au
moins fort utile aux habitans des campagnes pendant les
grandes chaleurs de l'été, et dont ils ne font pas généralement
assez usage. Bien des maladies putrides, des maladies inflammatoires, c'est-à-dire la moitié de celles auxquelles ils sont
sujets, seraient évitées par son moyen. Je ne puis trop le recommander aux propriétaires et aux fermiers jaloux de la
santé de leurs domestiques. La dépense est si peu considérable,
qu'en vérité il ne faut pas la mettre en ligne de compte.

Je ne parlerai pas ici des effets des liqueurs fermentées bues
en trop grande quantité. Il n'est personne qui n'ait un grand
nombre d'exemples des suites de l'ivrognerie, soit qu'elle soit
circonstantielle ou habituelle. C'est des chefs de famille que
dépend principalement la répression de cette malheureuse ha-

bitude ; car celui qui a été bien dirigé dans sa jeunesse est bien plus rarement dans le cas de la prendre, que celui qui a été abandonné à lui-même dans de mauvaises sociétés dès l'époque de son adolescence.

Quant à l'eau-de-vie, malgré les propriétés qu'on lui attribue, je crois qu'il faut en restreindre l'usage aux cas extraordinaires. Rien n'use plus la machine que l'habitude d'en boire, comme le prouve l'exemple des hommes de peine des grandes villes. C'est un poison lent qui, s'il semble un moment relever les forces vitales, finit toujours par les anéantir. Heureusement que son abus n'est pas aussi répandu en France dans les campagnes, que dans celles des états situés plus au nord. J'en félicite mon pays.

La boisson qu'outre l'eau on donne quelquefois aux bestiaux, est l'eau blanche, qui les rafraîchit et les nourrit. C'est simplement du son éparpillé dans l'eau et dont la farine se sépare.

Un peu de sel, quelques gouttes de vinaigre mises dans l'eau destinée à la boisson des bestiaux, produisent souvent de bons effets, et encore plus souvent que quand c'est de l'eau blanche ; car cette dernière tend beaucoup à la putridité, pour peu qu'on la garde dans les chaleurs.

Je pourrais m'étendre encore beaucoup sur cette matière ; mais je craindrais de répéter ce qu'on trouve dans les articles qui ont trait à la matière ici en question. J'y renvoie donc le lecteur. (B.)

BOLS. (MÉDECINE VÉTÉRINAIRE.) Il y a des substances médicamenteuses solides qu'on ne peut pas administrer dans des liquides, et par conséquent qu'on ne peut pas faire boire aux animaux : il faut donc les leur faire avaler forcément. Pour cela on les mêle avec d'autres substances qui servent de récipient sans altérer leurs propriétés ; le miel, la farine un peu humectée, etc., sont ceux qu'on emploie de préférence quand ils ne peuvent pas nuire. On fait le mélange de manière à lui donner la consistance d'une pâte ferme, et on en fait des boules assez petites pour que l'animal puisse facilement les avaler : ce sont ces boules qu'on appelle des *bols*. Il sera bon, je pense, d'indiquer la manière de les faire prendre aux chevaux et aux bœufs, qui sont les animaux auxquels on les donne plus particulièrement.

On prend une spatule de bois, longue, mais mince et bien lisse, et on met le bol sur l'extrémité aplatie ; cette première disposition faite, on saisit la langue de l'animal de la main gauche et on la tire hors de la bouche : alors de la main droite on prend la spatule et on introduit le bol au fond de la bouche, en glissant la spatule sur la langue. Quand on pré-

sume qu'il est arrivé dans le fond de la bouche, on tourne
la spatule pour verser le bol sur la langue, on lâche en
même temps cet organe ; il rentre, et le bol est avalé sans le
moindre effort et sans le plus petit danger pour l'animal.
Quand celui-ci est patient, un homme suffit pour lui faire
prendre des bols ; quand il est moins tranquille, il en faut
un second pour l'aider.

Cette opération n'est guère pratiquée que pour le cheval.
Pour le bœuf et la vache on emploie de préférence les médicamens qui se donnent sous forme liquide, parce qu'ils se
rendent immédiatement dans la caillette, où ils agissent très-
promptement et efficacement ; tandis que les médicamens
solides, en tombant dans le rumen, s'y mêlent avec les alimens, et perdent souvent par ce mélange leurs propriétés et
toujours une partie de leur activité. (Huz. fils.)

BOITELÉE. Mesure de terre à Landrecies. *Voyez* Mesure.

BOITER, BOITERIE. *Voyez* Claudication.

BOITURE. Synonyme de rejeton ou accru, dans quelques
cantons. (B.)

BOL, *terre sigillée*. Morceaux d'argile sur lesquels on a
empreint un cachet, et qui autrefois étaient regardés comme
possédant de grandes vertus. Il en venait de tous les pays et il
y en avait de toutes les couleurs ; aujourd'hui on n'en fait plus
aucun cas en Europe, mais ils jouissent encore d'une grande
réputation en Asie. *Voyez* au mot Argile.

BOLASSE. Nom d'une sorte de terre dans le département
de l'Ain. Elle tient le milieu entre les terres fortes et les terres
légères. Toutes espèces de productions y croissent ; mais ces
productions sont d'une médiocre beauté. *Voyez* Terre. (B.)

BOLE. Nom générique des joncs et autres plantes marécageuses à l'embouchure du Rhône. On les emploie à fumer la
vigne.

BOLET, *Boletus*. Genre de champignons dont le caractère
consiste à avoir la surface inférieure du chapeau percée de
trous, ou composée de tubes réunis les uns aux autres.

Ce genre, qui était appelé agaric par les anciens botanistes,
renferme un grand nombre d'espèces (plus de cent) qui se divisent en bolets à substance molle, et en bolets à substance subéreuse ou presque ligneuse. Parmi les uns et les autres, il
s'en trouve qui intéressent l'homme, ou comme dangereux,
ou comme propres à être mangés, ou comme propres à être
employés dans l'économie domestique, la médecine, les arts.

Il est difficile de fixer les caractères qui distinguent les bolets bons à manger de ceux qui sont dangereux. La couleur
bleue ou verdâtre que prennent quelques-uns lorsqu'on les
entame, qu'on a indiquée comme propre à cet objet, n'est pas

suffisante, puisque celui qui est pourvu de cette propriété au plus haut degré n'est pas un poison. Le mieux, dans l'embarras, serait de ne point manger de bolets; car, malgré les analyses faites dans ces derniers temps, qui semblent indiquer que les champignons contiennent beaucoup de gélatine animale, je suis persuadé qu'ils ne fournissent point de substance nutritive, et qu'en conséquence il faut les regarder comme une superfluité: mais comment se refuser un mets dont des cantons entiers font leur principale nourriture pendant une partie de l'été? Au reste, les bolets dangereux sont en petit nombre; Bulliard prétend même que tous ceux à chair tendre peuvent être mangés sans autres inconvéniens que ceux résultant de l'excès; les vomitifs, suivis du vinaigre en lavage, sont les moyens à employer pour sauver ceux qui auraient été empoisonnés par eux.

Les espèces à substance molle les plus généralement employées comme alimens sont :

Le Bolet comestible. Il a le pédicule fort gros, le chapeau large, très-voûté, la couleur d'un brun roux. Ses tubes sont jaunâtres dans leur vieillesse. On le trouve pendant presque tout l'été dans les bois, les pâturages, sous les arbres des lieux en friche. Il est extrêmement commun dans les lieux qui lui sont propres, et se mange sous les noms de ceps, giroule, bruguet; son goût et son odeur sont fort agréables. Il fait, dans certains cantons, le fonds de la nourriture des habitans de la campagne pendant deux mois de l'année. Il a souvent plus d'un demi-pied de diamètre et entre 2 et 3 pouces d'épaisseur. On préfère les individus dont le chapeau est foncé en couleur, et les jeunes, parce que leur chair est plus ferme et d'un meilleur goût. On le mange cru et cuit. On le fait sécher pour le conserver pendant l'hiver. Pour cela, après avoir séparé le pédicule, avoir ôté ses tubes et sa peau, on le coupe en tranches, qu'on enfile et qu'on suspend au plancher d'un appartement.

Le Bolet orangé. Il a un pédicule fort gros et hérissé, un chapeau rouge brun en dessus et blanc en dessous. Il se trouve avec le précédent, auquel il ressemble beaucoup pour la couleur, les qualités et les dimensions. Il est plus rare. On le mange sous les noms de *roussile* et de *girole rouge*.

Le Bolet bronzé. Il a un pédicule exactement cylindrique, un chapeau d'un brun noirâtre en dessus et jaune en dessous. On le mange, dans quelques endroits, sous le nom de *ceps noir*, et on le regarde comme plus délicat que le ceps commun.

Le Bolet poivré a la chair très-piquante au goût, et le Bolet chicotin l'a fort amère; ils ne sont cependant dangereux ni l'un ni l'autre. Il en est de même du Bolet indigotier, dont la chair devient subitement toute bleue lorsqu'on le casse.

Les espèces à substance subéreuse les plus importantes à connaître, sont :

Le Bolet du noyer. Il a un pédicule latéral très-court, un chapeau écailleux d'un jaune roux, des tubes courts et larges. Il croît sur le noyer et sur quelques autres arbres. Son odeur est très-pénétrante, et porte à la tête lorsqu'il se trouve dans un endroit renfermé. Sa chair est compacte, paraît d'abord salée et ensuite mielleuse lorsqu'on la met dans la bouche. On le mange, dans quelques endroits, sous les noms de *miélin*, *langou*, *oreille d'ours*; mais il semble devoir être fort indigeste.

Le Bolet du mélèze, *Boletus laricis*, est sessile, ne présente jamais qu'une moitié blanche, conique, et circulairement frangée en dessous. Il croît sur le mélèze. Son goût paraît d'abord douceâtre, et finit par être amer. On l'emploie comme émétique, et sous le nom d'*agaric blanc*, pour déterger les ulcères. On en faisait beaucoup plus d'usage autrefois qu'aujourd'hui à Paris; mais, dans les montagnes, les habitans l'emploient encore pour se purger.

Le Bolet odorant est sessile, ne présente jamais qu'une moitié, blanche dans sa jeunesse et brune dans sa vieillesse. Il croît sur le saule et exhale, dans la chaleur, une odeur très-suave, qu'il conserve en partie lorsqu'il est desséché. Il vit un grand nombre d'années. Les femmes laponnes, au rapport de Linnæus, en portent toujours sur elles comme parfum : j'en ai souvent fait usage sous le même rapport. On l'a préconisé comme utile dans la phthisie.

Le Bolet ongulé est coriace, sessile, et ne présente qu'une moitié noire, luisante et très-dure lorsqu'il est vieux. Sa chair est d'un brun fauve, d'abord filandreuse, mollasse et ensuite ligneuse. On le trouve sur un grand nombre d'arbres, principalement sur le hêtre, le frêne, le peuplier et les arbres fruitiers à noyau. Il vit un grand nombre d'années. Il varie beaucoup dans sa forme, mais représente le plus souvent le sabot d'un cheval. Il parvient quelquefois à une grosseur considérable, plus d'un pied de diamètre, par exemple.

Cette espèce a été confondue par la plupart des auteurs, et entre autres par Linnæus, avec le Bolet amadouvier, *Boletus igniarius*, et avec le Bolet faux amadouvier, qui lui ressemblent beaucoup en effet, mais qui en diffèrent, le premier par sa chair constamment subéreuse, et le second par sa chair friable. C'est avec lui et avec lui seul, ainsi que l'a constaté Bulliard, que l'on fait l'*agaric chirurgical*, qu'on emploie pour arrêter les hémorrhagies, et l'*amadou à feu*, dont tout le monde connaît l'usage.

Comme ces deux objets sont d'une grande importance pour les cultivateurs, je vais emprunter de Bulliard même l'exposé des préparations qu'on fait subir au BOLET ONGULÉ, appelé *agaric*, ou simplement *champignon* dans le commerce, pour le rendre propre à les remplir.

« Pour faire l'agaric chirurgical on choisit parmi les plus jeunes individus ceux qui présentent le plus de surface; on en ôte l'écorce et les tubes pendant qu'ils sont encore frais, ou après les avoir fait tremper dans l'eau. On coupe ensuite la chair par tranches. On la bat avec un maillet; on la détire de droite et de gauche. On la mouille de temps en temps; on la fait ensuite sécher, puis on la bat encore, mais à sec. On la frotte entre les mains jusqu'à ce qu'elle soit bien douce, bien moelleuse. Plus elle est molle, et mieux elle absorbe le sang, le fait cailler promptement, et par là remplit son objet, qui est d'arrêter la sortie de ce sang. »

Rien ne peut remplacer complétement l'*agaric* dans les cas de blessures, d'hémorrhagies naturelles; en conséquence, on ne peut trop recommander aux cultivateurs d'en avoir toujours une provision chez eux. Comme il se vend à bon marché, et se conserve toujours également bon, pour peu qu'il soit à l'abri de la poussière et de l'humidité, ils n'ont point d'excuses pour être dispensés de s'en précautionner.

« Lorsqu'on veut faire de l'amadou avec le BOLET ONGULÉ, il ne suffit pas de le préparer comme il vient d'être dit, car il ne prendrait pas l'étincelle, ou s'il la prenait, il ne la conserverait pas. Il faut, après l'avoir coupé par tranches, et l'avoir bien battu et détiré, le faire tremper dans une eau salpêtrée, ou une eau dans laquelle on aurait fait dissoudre de la poudre à canon. On le manie et travaille un grand nombre de fois, soit à la main, soit avec un instrument qu'on appelle *fouloir*, ayant soin de le toujours faire sécher dans l'intervalle. Il est des manufacturiers qui emploient d'abord une lessive alcaline pour faire tremper les tranches de bolet, et il est à croire que cette pratique est bonne. »

La fabrication de l'amadou est un état particulier auquel se livrent un petit nombre d'hommes, parce qu'il est possible d'en fabriquer beaucoup en un jour, et que la consommation en est lente. Ces manufacturiers tirent les bolets qu'ils emploient des grandes forêts des pays de montagnes : par exemple, ceux de Paris, du pays de Liége, de la Suisse, de l'Allemagne. Quoique communs en France, ils n'y sont pas assez gros pour être employés avec avantage. C'est dans les pays froids et humides qu'ils se développent avec le plus de force et de rapidité.

L'amadou fauve est celui qui est préparé avec du salpêtre; l'amadou noir, celui dans la fabrication duquel on a fait entrer de la poudre à canon : ils ont chacun leurs avantages et leurs inconvéniens. Tous deux demandent à être renfermés dans des lieux secs, et même dans des boîtes bien fermées, pour se conserver long-temps en état de service ; car ils attirent l'humidité de l'air (sur-tout le noir), s'éventent, comme disent les ménagères, et alors ne prennent plus l'étincelle. Un amadou ainsi altéré peut être facilement rétabli, puisqu'il ne s'agit que de le laver dans de l'eau fraîche, le froisser quelque temps dans les mains, le mettre dans une eau chargée de salpêtre ou de poudre, et le faire sécher ; c'est-à-dire qu'il faut lui faire de nouveau subir les dernières opérations de sa fabrication.

Ce n'est qu'imparfaitement qu'on supplée l'amadou par d'autres matières. Les Espagnols emploient les poils d'une plante de la famille des chardons, qui m'a été indiquée par eux pendant que j'étais dans leur pays, mais dont le nom est sorti de ma mémoire ; j'ai lieu de croire cependant que c'est l'ONOPORDE. Les Italiens se servent de linge brûlé à moitié ; mais ces deux peuples préfèrent l'amadou, dont ils n'ont pas de fabriques, parce que le bolet ongulé est rare et presque entièrement ligneux dans les pays chauds. Dans les autres parties du monde on se sert de diverses autres substances propres au climat, mais dont aucune, je le répète, n'est ni aussi commode, ni aussi sûre que l'amadou ; aussi en porte-t-on par-tout. (B.)

BOLTONE, *Boltonia*. Genre de plantes de la syngénesie superflue. et de la famille des corymbifères, qui renferme deux espèces fort ressemblantes à des ASTÈRES, et qui commencent à devenir communes dans les jardins, qu'elles ornent pendant l'automne par leur beau feuillage et leurs nombreuses fleurs, et où elles passent l'hiver en pleine terre.

La BOLTONE GLASTIFEUILLE a les feuilles inférieures dentées, et s'élève de cinq à six pieds.

La BOLTONE ASTÉROÏDE, *Matricaria asteroïdes*. Lin., a toutes les feuilles entières, et s'élève au plus à deux pieds.

Toutes deux viennent de l'Amérique septentrionale, sont vivaces, ont les fleurs jaunes au centre, bleues à la circonférence, et disposées en vaste corymbe à l'extrémité des tiges. Elles se multiplient de graines et par déchirement des racines des vieux pieds. Comme le premier de ces moyens est très-lent, et le second très-rapide, on préfère ce dernier. Il suffit donc d'enlever, en automne ou au printemps, à un vieux pied autant de rejets qu'on le juge à propos, et de les planter séparément, pour avoir autant de jeunes pieds qui, l'année suivante, seront assez forts pour être mis en place. La facile croissance de ces plantes permet même de se dispenser de les mettre en pépinière ; car en coupant avec le fer de la bêche un vieux pied en plusieurs morceaux, on peut les planter sur-le-champ à demeure, avec l'assurance, pour peu que le terrain soit léger et frais, qu'ils donneront des fleurs la même année, et pourront être de nouveau divisés en automne. (B.)

BOMBARDE. Nom vulgaire du salsifis sauvage. (B).

BOMBER. On dit qu'un champ, qu'une plate-bande de jardin est bombée, lorsque la terre est plus élevée au milieu que sur les bords. *Voyez* Labour, Billon, Ados.

On bombe, soit à la charrue, soit à la bèche. Le premier moyen est imparfait, le second dispendieux. Ce dernier l'est encore moins cependant que celui de rapporter des terres avec des brouettes, des tombereaux ou autrement.

Le plus général et le plus important motif de cette opération est de donner de l'écoulement aux eaux pluviales dans les terres qui reposent immédiatement sur l'argile. Il est beaucoup de cantons où on n'obtiendrait que de faibles récoltes, ou des récoltes fort incertaines, si on ne garantissait pas, par son moyen, les céréales des eaux, qui les feraient avorter et même pourrir.

Outre le même motif, il a aussi pour objet, dans les jardins, de former des abris et des étagemens favorables à la croissance et à la beauté du coup d'œil des fleurs qu'on y cultive.

Ce que je viens de dire annonce que le bombement des champs arides et sablonneux est nuisible, et que les plates-bandes des jardins, placées dans un sol de cette nature, demandent des arrosemens plus fréquens lorsqu'elles sont bombées que quand elles ne le sont pas. (Th.)

BOMBICE, bombix. Genre d'insectes de l'ordre des lépidoptères, parmi les nombreuses espèces duquel les cultivateurs trouvent un grand moyen de richesse et de dangereux ennemis lorsqu'elles sont sous la forme de larves ou de chenilles, et qu'il doit par conséquent étudier pour apprendre à connaître les moyens de tirer le meilleur parti possible d'une d'elles (le ver a soie), et de détruire facilement toutes les autres.

Les caractères généraux des lépidoptères sont d'avoir quatre ailes couvertes de petites écailles pulvériformes, qui s'enlèvent facilement en les touchant. Ceux particuliers aux bombices, plus connus sous les noms de *papillons de nuit* ou *phalènes*, noms qui appartiennent aussi à d'autres genres, sont d'avoir les ailes courtes relativement à leur corps, qui est presque toujours gros et lourd, sur-tout dans les femelles ; les antennes pectinées ou au moins ciliées, principalement dans les mâles ; les antennules, au nombre de deux seulement, petites et très-velues ; une trompe très-courte ou nulle. Leurs larves, vulgairement appelées chenilles, ont le corps allongé ; la plupart sont velues et pourvues de seize pattes ; d'autres n'ont point de poils et seulement quatorze ou douze pattes. Toutes ont deux fortes mâchoires cornées, propres à couper les feuilles

dont elles se nourrissent, et plus bas un trou, appelé filière,
d'où sort la soie avec laquelle elles forment l'enveloppe dans
laquelle elles se métamorphosent en nymphes, et d'où l'insecte parfait sort au bout d'un temps plus ou moins long.

Ce que je viens de dire indique déjà que les bombices ne
sont point dangereux pour les cultivateurs sous l'état d'insectes
parfaits : en effet, ils n'ont aucun moyen de nuire. Cachés
pendant le jour sous les branches ou les feuilles des arbres,
ils ne volent que la nuit pour chercher à s'accoupler. La plupart ne vivent que deux ou trois jours, pendant lesquels ils ne
prennent aucune sorte de nourriture, n'ayant point véritablement les organes disposés pour cette fonction, si générale parmi
les êtres animés. Le mâle meurt dès qu'il a rempli le vœu de
la nature, et la femelle aussitôt qu'elle s'est débarrassée de
ses œufs. Encore un très-grand nombre d'individus n'arrivent-
ils pas naturellement au terme de leur carrière, parce qu'ils
sont très-recherchés par les oiseaux, les autres insectes, quelques quadrupèdes et les poissons, et qu'ils sont sujets à des
accidens très-variés et à des maladies générales ou particulières très-graves.

La manière dont les bombices déposent leurs œufs varie
selon les espèces ; mais toujours elle est accompagnée de circonstances propres à faire admirer le soin que prend la nature
d'assurer la reproduction de l'espèce. C'est sur la plante, ou
à proximité de la plante aux dépens de laquelle doivent vivre
les larves ou chenilles qui en sortiront, qu'ils sont placés. Quelquefois ils sont recouverts d'un duvet propre à les garantir de
la pluie, souvent d'un enduit gommeux qui remplit le même
objet. La plupart les cachent sous les feuilles, dans les crevasses de l'écorce, et dans les autres endroits où ils seront
défendus des accidens et de leurs ennemis.

La plupart des chenilles des bombices vivent solitaires et
éclosent au printemps ; mais il en est plusieurs qui se réunissent
en société, et éclosent en automne. Parmi les unes et les autres,
il en est qui ne filent qu'une fois en leur vie ; il en est qui filent sans
discontinuer, c'est-à-dire qui ne marchent pas sans avoir un
fil tout prêt pour les soutenir en l'air s'il leur arrivait de tomber, et pour remonter sur l'arbre par son moyen. Elles vivent
plus ou moins de temps sous cette forme, c'est-à-dire les unes,
celles qui passent l'hiver, six mois, et les autres deux ou trois
mois. Pendant cet intervalle, elles changent trois ou quatre
fois de peau.

Les ennemis des chenilles sont nombreux. Il est beaucoup
d'oiseaux qui les mangent, et quelques-uns qui ne nourrissent
leurs petits qu'avec ces insectes. Les lézards, les grenouilles les
mangent. Un grand nombre d'insectes les recherchent pour

le même objet. Parmi ces derniers, ceux qui en font une plus grande destruction sont les ICHNEUMONS, qui déposent leurs œufs dans leur corps, dont les larves se nourrissent de leur substance même, sans pour cela quelles cessent de croître, jusqu'à l'époque où ces larves, ayant pris toute leur grosseur, percent leur peau pour aller se transformer ailleurs en insectes parfaits. Il est aussi des mouches qui agissent de même.

Plusieurs maladies attaquent aussi les chenilles, et parmi elles il en est une qui semble endémique, et qui fait quelquefois mourir, en un jour ou deux, toutes celles d'un canton. C'est une espèce de dysenterie qui m'a paru provenir de l'excès de l'humidité de l'air, car je l'ai souvent observée à la suite des pluies froides du printemps, et les chenilles que, pour avoir leur insecte parfait, je renfermais trop exactement dans des boîtes, avec les feuilles dont elles se nourrissaient, en étaient très-frequemment attaquées.

Les lieux où les chenilles se retirent pour se métamorphoser en nymphes varient beaucoup. Tantôt c'est la terre, tantôt une crevasse de l'écorce des arbres, le trou d'un mur, le dessous d'une branche, etc. Quelques-unes lient ensemble des feuilles, au milieu desquelles elles se cachent. La forme et la composition de leur *cocon* (on donne ce nom à l'enveloppe de soie dont elles s'entourent) sont également fort différentes. Souvent il est ovale, mais cet ovale n'est jamais le même dans des espèces différentes. Beaucoup n'y font entrer que de la soie et une gomme propre à la fortifier ; mais beaucoup aussi y réunissent leurs poils, de la terre, des fragmens de bois, de feuilles, etc.

Les nymphes restent plus ou moins long-temps dans leur cocon, selon les espèces et la chaleur de l'atmosphère. Il en est à qui huit ou quinze jours suffisent pour se modifier, d'autres à qui il faut six à huit mois. On peut toujours avancer ce terme en les mettant dans une serre chaude, et le reculer en les plaçant dans une glacière. Les grandes espèces sont même quelquefois deux et trois ans en cet état par le seul effet du peu de chaleur de l'été.

L'opération par laquelle une chenille devient un papillon a de tout temps excité l'étonnement des hommes. Il faut en effet la voir pour y croire, parce que nous sommes accoutumés à ne juger que par comparaison, et que nous nous regardons comme le chef-d'œuvre de la nature. Il n'est point dans le but de cet ouvrage de développer les causes de la métamorphose qui s'opère dans ce cas ; en conséquence je renvoie aux ouvrages d'histoire naturelle ceux qui désireraient en avoir l'explication.

Comme toutes les espèces de chenilles, les bombices ont des

caractères et des mœurs différentes, qu'elles exigent par conséquent des moyens différens de conservation ou de destruction, je n'étendrai pas plus ces généralités, et j'entre dans le détail des espèces qu'il est le plus important au cultivateur de connaître sous le rapport de son intérêt, ou qui, par leur singularité, sont propres à le frapper.

1°. Chenilles rases, qui ont un tubercule pointu sur la partie postérieure et supérieure du corps.

Le Bombice du murier. Elle est blanchâtre et longue de plus de 2 pouces. C'est le *ver à soie proprement dit*. Elle vit sur le mûrier blanc, et est originaire de la Chine. L'insecte parfait est également blanchâtre, avec trois raies peu remarquables de couleur brune. *Voyez* au mot Ver a soie, où on trouvera tous les détails désirables sur cet insecte précieux ; sur la manière de l'élever, etc., etc.

2°. Chenilles rases, verticillées par des tubercules garnis de quelques poils.

Le Bombice grand paon. Elle est verte, avec les tubercules rouges, bleus et jaunes. Sa longueur est de plus de 3 pouces. Elle vit sur les arbres fruitiers, sur l'orme et quelques autres arbres. Quelque considérable que soit la consommation de feuilles qu'elle fait, ses dégâts ne sont pas bien dangereux, parce qu'elle n'est jamais très-commune. Elle file un cocon brun, ovoïde, contre un arbre, un mur, ou autre endroit abrité de la pluie, au petit bout duquel elle a réservé, en le tissant, une sortie en forme de nasse ; sa soie est extrêmement grosse, mais cassante. On a essayé sans succès d'en tirer un parti utile. L'insecte parfait est cendré, varié de brun, avec des lignes et des zigzags de diverses nuances, une bordure presque blanche, et sur chaque aile une tache noire entourée de cercles d'autres couleurs imitant un œil de paon. C'est le plus grand lépidoptère d'Europe, ayant généralement plus de 4 pouces de large. Il jette quelquefois l'épouvante dans les lieux où il vole et où on ne le connaît pas. Il paraît au mois de mai.

3°. Chenilles noueuses, c'est-à-dire qui ont des tubercules chargés de faisceaux de poils, et l'intervalle ras.

Le Bombice du saule. Elle est noire, avec une série de taches blanches, accompagnée de deux rangées de taches fauves sur le dos. Les faisceaux de poils sont également fauves. Elle est longue d'un pouce et demi. Elle vit sur le saule et sur le peuplier, et est quelquefois si abondante, qu'elle les dépouille entièrement de leurs feuilles. Elle se change en nymphe au milieu de l'été dans un cocon fort peu garni de soie, mais fortifié par des feuilles qu'elle courbe et réunit. L'insecte parfait est tout blanc, comme argenté ; il est extrêmement bon pour la pêche à la ligne des gros poissons de rivière, sur-tout des barbeaux, ainsi que je l'ai souvent expérimenté; il est très-lourd et facile à tuer, quoique, contre l'usage de ses congénères, il vole le jour comme la nuit : aussi est-ce en l'empêchant de se propager qu'on peut le plus utilement arrêter les ravages de ses chenilles.

Le Bombice commun, *Bombix chrysorhoea*, Fab. Elle est noirâtre, avec deux lignes longitudinales rouges sur le dos, et des taches latérales blanches sur les côtés. Ses faisceaux de poils sont fauves. Quelques-uns de ses poils sont courts, se détachent aisément, et en s'insinuant dans la peau de la main ou du visage, causent des démangeaisons souvent suivies d'inflammation. De là vient la réputation de venimeuse dont elle jouit, et dont on a étendu l'effet à toutes les chenilles, même à celles qui sont totalement rases. Elle est longue de plus d'un pouce, vit sur presque tous les arbres, principalement les fruitiers, l'épine, l'orme, etc.; se transforme au commencement de l'été dans une coque très-lâche, fortifiée par ses poils, et fixée dans les crevasses des arbres, dans les trous des murs, etc. C'est elle qui, dès sa naissance, c'est-à-dire à la fin de l'automne, file des espèces de tentes de soie blanche qu'on voit si fréquemment l'hiver à l'extrémité des rameaux des arbres, et qu'on appelle communément *nids de chenilles*, tentes où elle se retire pendant les froids et lorsqu'il pleut. Ces tentes sont l'ouvrage commun de toute une nichée, souvent composée de plus de cent individus, et s'augmente à mesure que les chenilles grossissent, jusqu'à ce qu'au mois d'avril ou de mai l'état de vigueur où elles se trouvent, et la douce température de l'atmosphère, ne les rendent plus nécessaires.

Cette chenille est appelée la *commune*, parce qu'en effet c'est celle qui est la plus constamment abondante, soit parce que sa manière de vivre la met plus à l'abri des malignes influences des variations de l'atmosphère et des attaques de ses ennemis, soit parce qu'elle est réellement plus robuste. J'ai remarqué qu'à l'époque même où elle a quitté sa tente, elle est rarement mangée par les oiseaux, probablement à cause des poils dont elle est couverte, et qu'il est très-rare qu'elle soit piquée des ichneumons. C'est véritablement le fléau de l'agriculture, sur-tout aux environs des villes et des villages, où elle dépouille quelquefois tous les arbres de leurs feuilles, et les empêche par là non-seulement de porter du fruit pendant deux ans, mais même de croître, puisque les végétaux vivent autant par leurs feuilles que par leurs racines. Les arbres isolés, sur-tout ceux plantés le long des routes, y sont bien plus sujets que ceux disposés en massifs. J'ai cherché à reconnaître la cause de ce fait, et je crois qu'il est possible de l'attribuer à l'humidité constante dont sont enveloppés ces derniers, aux vapeurs fraîches qui s'élèvent chaque jour du sol des forêts. C'est aux pluies froides qui arrivent quelquefois après qu'elles ont abandonné leur tente, que sont dues les grandes mortalités, qui en réduisent de temps en temps le nombre avec une telle rapidité, que du jour au lendemain l'arbre le plus chargé n'en présente plus une seule. Une autre cause naturelle de leur destruction est leur abondance même, parce qu'elles consomment toutes les feuilles avant que leur accroissement soit arrivé au dernier terme, et elles meurent de faim. Cependant, comme l'homme sage ne doit pas établir la conservation de ses récoltes sur des espérances éventuelles, lorsqu'il peut l'assurer par des moyens dépendans de lui et certains, il faut qu'il enlève les nids au moment où toutes les chenilles sont dedans, c'est-à-dire pendant les gelées, et qu'il les brûle. Cette opération s'appelle l'*échenillage*, et est par-tout l'objet de réglemens généraux de police; car on sent bien que lorsqu'un cultivateur détruit les chenilles dans son jardin, il faut que son voisin en fasse autant, sans quoi il aura travaillé en pure perte et pour lui et pour la société.

On *échenille*, soit avec une serpette, soit avec un croissant, soit avec une espèce de ciseaux dont une des branches est fixée à une perche, et l'autre, naturellement tenue ouverte par son propre poids, se ferme instantanément au moyen d'une ficelle qui roule sur une poulie, et qui suit la direction de la perche. Avec de l'habitude on expédie beaucoup de besogne en un jour au moyen de cet instrument. Il faut non-seulement détruire la masse des chenilles nées, et qui, au printemps suivant exerceraient leurs ravages, mais encore tenter de détruire même les générations futures, en ne laissant pas le plus petit nid. Mais je sais que ce n'est pas la pratique de certains échenilleurs banaux, qui veulent se réserver du travail pour les années suivantes. J'ai remarqué qu'en général on faisait l'échenillage trop tard aux environs de Paris, c'est-à-dire lorsque l'orme entrait en fleur : or, à cette époque beaucoup de chenilles sortent déjà pour aller entamer l'écorce des jeunes bourgeons.

L'insecte parfait de la chenille commune est tout blanc, avec les antennes et l'extrémité du ventre fauve; il paraît au commencement de l'été, et on peut lui faire une chasse utile, car il est lourd, et vole rarement le jour : on le trouve contre le tronc des arbres où ont vécu les chenilles, etc. La femelle, en déposant ses œufs en larges tas sur les mêmes arbres, les recouvre des poils roux dont l'extrémité de son ventre est garnie, de sorte qu'on les voit de loin, et qu'on peut souvent les détruire en les raclant avec un couteau.

6 *

Le **Bombice dispar**. Elle est brune, avec trois lignes longitudinales blanchâtres, et, dans leurs intervalles, des taches dont les antérieures sont bleues et les postérieures rouges. Ses faisceaux de poils sont noirs et fort longs; les deux faisceaux latéraux les plus près de la tête sont plus grands que les autres, ce qui lui a valu le nom de *chenilles à oreilles*, que lui a donné Réaumur. Sa longueur est d'environ 2 pouces. On la trouve sur tous les arbres fruitiers, les ormes, les chênes, etc. C'est une des plus dévastatrices et des plus difficiles à détruire, parce qu'elle vit solitaire et sait se cacher; mais c'est aussi celle sur laquelle les influences atmosphériques agissent le plus. Il est très-rare de la voir en grande abondance deux ou trois années de suite; cependant ses retours ne sont que trop fréquens pour les cultivateurs. J'ai déjà vu cinq à six fois les bois de Boulogne et de Vincennes, près Paris, être entièrement dépouillés par elle de leurs feuilles. Le plus dangereux ennemi qu'elle ait est le *carabe sycophante*, qui en mange des quantités considérables, et qui semble se multiplier exprès dans les années où elle est abondante. Elle est aussi bien plus fréquemment attaquée d'ichneumons que la précédente. On ne peut la détruire qu'en la tuant une par une; mais elle semble se prêter à ce moyen lorsqu'elle est arrivée à une certaine grosseur, en se réfugiant tous les jours, lorsqu'elle est rassasiée, sous les grosses branches ou dans les crevasses de l'écorce des arbres sur lesquels elle vit. C'est à la fin de mai qu'elle se file, dans les mêmes endroits, un cocon de soie peu serré, et dans lequel elle fait entrer ses poils, pour s'y transformer en nymphe et ensuite en insecte parfait. On peut encore détruire assez facilement ces cocons au moyen d'un bâton à crochet, en tournant autour des arbres.

L'insecte parfait a cela de remarquable, que le mâle ne ressemble en aucune manière à la femelle. Le premier est petit, léger, brun de diverses nuances, avec des lignes transversales en zigzags encore plus brunes, et a les antennes très-pectinées. Il vole avec la plus grande facilité, même le jour. La seconde est grosse, blanchâtre, avec des lignes brunes en zigzags, et a les antennes filiformes. Elle peut à peine se remuer, et se laisse plutôt tuer à coups d'épingles que de s'envoler; aussi attend-elle patiemment le mâle, reçoit ses caresses et dépose ses œufs sur le tronc de l'arbre, peu loin de l'endroit où elle s'est métamorphosée. Ses œufs sont bleus et recouverts avec le poil de son ventre. Ils forment des plaques souvent de plus d'un pouce de diamètre. Ces circonstances indiquent encore deux moyens de destruction; savoir, de tuer les femelles avant leur ponte, et de racler les œufs pour les brûler, ainsi on peut espérer, avec des soins et de la constance, pouvoir diminuer suffisamment cet insecte dévastateur, pour n'avoir plus à se plaindre de ses ravages.

4°. Chenilles hérissonnes, c'est-à-dire qui ont des touffes de poils, mais point situées sur les tubercules.

Le Bombice caja. Elle est noire, avec trois tubercules bleus et nus sur chaque anneau, les poils très-longs et fauves, ceux de la partie supérieure du dos du côté de la queue noirs; sa longueur est de plus de 2 pouces. On la trouve presque toute l'année courant à terre dans les jardins, dans les bois, et vivant d'un grand nombre de plantes, principalement de laitue. Elle est rarement assez commune pour causer des dommages sensibles, et je ne la cite que parce qu'on la rencontre souvent, et qu'elle est remarquable par sa grandeur et la propriété qu'elle a de se mettre en boule lorsqu'on la touche, positivement comme les hérissons. C'est l'*écaille martre* de Geoffroy. Elle fait un gros cocon dans lequel entrent ses poils, qu'elle applique dans les crevasses d'un mur, sous la saillie d'une pierre, etc.

L'insecte parfait a les ailes supérieures brunes avec de larges bandes irrégulières blanches; les ailes inférieures et le corps d'un rouge de vermillon fort vif avec quelques taches noires. C'est un très-bel insecte, mais fort lourd, quoiqu'il vole assez bien.

Le Bombice du plantain. Elle est noire, avec le milieu du dos fauve; sa longueur est d'un pouce. Elle vit en société sous des toiles qu'elle établit dans les prairies sèches, dans les pâturages où il y a beaucoup de plantain, aux dépens duquel elle vit. J'ai vu, dans des pays de montagnes, ces toiles si multipliées qu'elles empêchaient les bestiaux de paître. C'est sous ce seul rapport qu'elle peut être mise au rang des chenilles nuisibles, car le plantain dont elle se nourrit n'est presque d'aucun avantage pour l'homme.

L'insecte parfait est noir avec des taches allongées irrégulières, blanches ou jaunâtres aux ailes supérieures, une grande tache rouge et deux points noirs aux ailes inférieures, et le bord du ventre rouge. Il se montre au milieu de l'été.

5°. Chenilles à brosses, c'est-à-dire qui ont des faisceaux de poids semblables à ceux qui composent une vergette.

Le Bombice étoilé, *Bombix antiqua*, Fab. Elle est brune, avec la moitié antérieure du dos noire, et la moitié postérieure rougeâtre; quatre longs faisceaux de poils aux deux côtés de la tête, autant à la queue, un très-grand au-dessus de l'anus, deux sur les côtés, tous de couleur brune et étagés, quatre blancs et coupés net sur la tache noire du dos. Elle a un peu plus d'un pouce de long, vit solitaire sur plusieurs arbres, entre autres sur le prunier, qu'elle dévaste quelquefois par son abondance ; cependant elle est ordinairement rare. Elle se transforme en nymphe dans une coque légère , à la construction de laquelle ses poils sont employés , et paraît sous la forme d'insecte parfait au milieu de l'été.

Le mâle et la femelle de cet insecte parfait sont fort différens ; le premier a des ailes rougeâtres, avec un croissant blanc aux antérieures, et le corps svelte : il vole aisément, même le jour. La seconde a le corps très-gros, est lourde, grise et sans ailes. On les trouve au milieu de l'été. La femelle dépose des œufs gris, très-nombreux, en petits tas dans les crevasses des arbres.

6°. Chenilles à colliers, c'est-à-dire qui ont au-dessus du cou des bandes qui ressemblent à des colliers.

Le BOMBICE FEUILLE MORTE, *Bombix quercifolia,* Fab. Elle est velue , avec des faisceaux de poils au-dessus de toutes les pattes, et sur-tout des écailleuses ; offre une corne sur la partie postérieure de son dos ; sa couleur est grise ou bège , avec deux taches transversales ovales et bleues sur le cou. Sa longueur est de 4 pouces. Elle vit sur le poirier, le pommier, le prunier et autres arbres frutiers, et y fait quelquefois de grands dégâts, moins par son abondance que par sa grosseur. Elle s'applique sur les grosses branches , dont elle a la couleur, et y reste immobile tout le jour , de manière qu'il est fort difficile de la distinguer des lichens qui couvrent ordinairement ces branches. Elle passe l'hiver sans manger, ou du moins en ne vivant que de l'écorce du jeune bois. Elle se file, à la fin du printemps, une grosse coque, dans la composition de laquelle elle fait entrer une espèce de bave et ses poils.

L'insecte parfait, qui se montre au milieu de l'été, est très-gros et très-lourd, sur-tout la femelle. Il reste fixé pendant le jour sur l'écorce des arbres, et ressemble réellement à un paquet de feuilles sèches. Ses ailes sont très-dentées, et, dans l'état de repos, relevées, ou mieux abaissées en toit. Leur couleur est d'un roux plus ou moins brun avec trois lignes noires transversales en zigzags plus foncées. Ses antennes et ses pattes antérieures sont noires.

On ne peut détruire la chenille du bombice feuille morte qu'en la recherchant une à une. On est assuré de sa présence lorsqu'on voit des branches entières dépouillées de toutes leurs feuilles du jour au lendemain, et que d'autres chenilles ne peuvent pas être accusées de ce dégât. D'abord on perd beaucoup de temps avant de la trouver, mais lorsqu'on en a pris l'habitude, c'est l'affaire d'un instant.

7°. Chenilles velues ou couvertes de poils longs sur tout leur corps sans aucune marque particulière.

Le Bombice de la ronce. Elle est noire en dessous, fauve, avec des cercles noirs en dessus. Sa longueur est de 3 pouces. Elle vit des feuilles sèches d'un grand nombre de plantes, principalement de ronces, et ne monte jamais sur elles, mais court toujours sur l'herbe. Elle passe l'hiver dans la terre, et ne se change en nymphe qu'au printemps. C'est la *chenille des gazons* de Réaumur.

Elle ne cause aucun dommage aux plantes utiles à l'homme; mais elle est quelquefois si abondante à la fin de l'automne, dans les bois situés en terrain sec, dans les pâturages des montagnes, que les bestiaux sont exposés à la manger, et comme ses poils sont très-irritans, elle leur cause des toux nerveuses rebelles, dont les suites sont quelquefois la mort. Le seul moyen d'en débarrasser les pâturages est de les parcourir plusieurs jours de suite en nombre, et d'écraser toutes celles qui se montrent.

L'insecte parfait est gris-brun de diverses nuances, avec deux lignes transversales blanches aux ailes supérieures. Le mâle vole très-rapidement le soir. La femelle est très-lourde.

Le Bombice livrée, *Bombix neustria,* Fab. Elle est d'un gris bleuâtre, avec une ligne blanche longitudinale sur le dos, et trois lignes rouges parallèles sur les côtés. Ses poils sont de deux sortes, les uns longs et rares, les autres courts et serrés. Sa longueur est de 2 pouces; elle vit sur tous les arbres fruitiers et sur la plupart des arbres forestiers; souvent les dommages qu'elle cause sont très-considérables, et il est difficile de les prévenir. Quoique solitaire, elle aime à se réunir avec celles de son espèce dans les crevasses des arbres, sous les grosses branches, et là seulement on peut en tuer, les jours froids et pluvieux sur-tout, plusieurs à la fois. Elle est fort exposée à ressentir les impressions de l'atmosphère, et souvent à la suite des temps brumeux on les voit presque toutes périr par la dysenterie. Les ichneumons l'attaquent si fréquemment, que quelquefois je n'obtenais pas un insecte parfait sur dix lorsque je l'élevais pour l'étudier. Ce sont principalement ces deux causes qui font qu'elle ne devient dangereuse que par époque. Rarement on a à s'en plaindre plus de deux années de suite. Vers la fin du printemps elle file, entre deux feuilles, un tissu peu serré, fortifié par ses poils et par une espèce de bave; elle paraît sous la forme d'insecte parfait une vingtaine de jours après.

Cet insecte parfait est d'un blanc jaunâtre, avec deux lignes transversales parallèles et fauves sur les ailes supérieures. Il reste le jour appliqué contre le tronc des arbres, et peut être facilement tué avant ou pendant l'accouplement. Ses œufs sont disposés en anneau autour des petites branches des arbres, et réunis par une gomme extrêmement tenace. Les jardiniers qui, en taillant leurs arbres, les rencontrent, ne doivent point les ménager. Ils appellent ces anneaux des *bagues*.

Le Bombice processionnaire. Elle est de couleur grise avec le dos noirâtre et chargé de tubercules jaunes. Sa longueur est d'un pouce. Elle a deux sortes de poils, les uns longs et fixes, les autres très-courts et susceptibles d'être enlevés au moindre attouchement, et même d'être lancés à la volonté de l'animal. Ces derniers sont sur les tubercules. On la trouve sur le chêne, contre le tronc duquel elle bâtit un nid commun où elle se retire pendant le jour, et d'où elle sort le soir et le matin pour aller manger les feuilles du sommet de l'arbre. C'est l'ordre qu'elle suit en y allant qui lui a fait donner le nom qu'elle porte; en effet, une ouvre la marche, deux la suivent, puis trois, quatre, etc., toujours rigoureusement de front. Elle se transforme en nymphe dans le nid au milieu de l'été. Les ravages de cette espèce, quoique quelquefois considérables, ne s'exerçant que sur un arbre des forêts, sont peu inquiétans; aussi n'est-ce pas sous ce rapport que j'en fais mention, c'est pour mettre en garde contre ses poils, qui sont si irritans, que quand on en touche une, et encore plus quand on déchire un nid, on est assuré d'en être tourmenté pendant plusieurs jours, et même, s'il y en a beaucoup, d'avoir une inflammation fort douloureuse au visage ou aux mains. L'huile est le seul remède qui m'ait réussi dans ce cas.

L'insecte parfait est d'un gris-brun avec trois lignes transversales plus obscures.

Il y a une autre espèce qui vit sur le pin, *Bombix pithyocampa*, qui diffère fort peu de celle-ci, et qui a positivement les mêmes mœurs et présente les mêmes inconvéniens.

Je pourrais encore beaucoup augmenter la liste des bombices qui peuvent nuire aux récoltes, car Fabricius, dans son *Entomologia systematica*, en mentionne plus de cent espèces en Europe, et j'en possède quatre-vingt-dix des environs de Paris seulement dans ma collection, qui toutes vivent aux dépens des plantes; mais il faut s'arrêter à celles qui viennent d'être mentionnées. On verra, au mot Chenille, quelques nouvelles considérations générales à leur égard, et qui compléteront ce qu'il convient de savoir pour apporter le plus d'obstacles possible à leurs ravages. (B.)

BON-CHRÉTIEN. Variété de poire.

BONDON. On nomme ainsi tout ce qui sert à boucher les tonneaux, barriques, etc.

L'ouverture des tonneaux étant faite avec une tarière conique qui forme son trou circulairement, le *bondon* doit avoir exactement la même forme, être un cône tronqué. En vain s'il était irrégulier, on envelopperait le bondon de filasse ; celle-ci, ne faisant que remplir d'une manière lâche les cavités, deviendrait insuffisante.

L'expédient le plus court est de travailler les bondons au tour ; le bois doit en être dur et très-sec, leur hauteur doit tout au plus égaler celle des cerceaux les plus rapprochés du trou ; autrement, la barrique court risque d'être débouchée au moindre obstacle.

On enveloppe ordinairement leur partie inférieure avec un linge. (R.)

BONDRÉ. Synonyme de CARIÉ, en tant que le FROMENT en est l'objet. (B.)

BONDUC, *Guilandina*. Nom générique de quelques arbres épineux qui croissent naturellement dans les deux Indes, et qui appartiennent à la décandrie monogynie, et à la famille des légumineuses. Leurs feuilles sont deux fois ailées, et leurs fleurs disposées en grappes ou en panicules. Chaque fleur a un calice divisé en cinq parties, cinq pétales concaves, dix étamines, et un style à stygmate simple. Le fruit est une gousse à-peu-près rhomboïdale, et a une seule loge. Il renferme des semences dures, osseuses et un peu comprimées. On en distingue principalement deux espèces ; savoir, le BONDUC ORDINAIRE, G. *Bonduc*, appelé vulgairement *queniquier*, dont la tige croît d'abord érigée et demande ensuite un appui, et le BONDUC SARMENTEUX, G. *Bonducella*, dont la tige se roule autour de tous les corps voisins. Celui-ci a deux épines sur le pétiole de ses feuilles, et l'autre n'en a qu'une. Leurs tiges et leurs rameaux sont aussi armés d'une grande quantité d'épines ou aiguillons qui rendent ces arbres très-propres à faire des clôtures défensives. En Europe, on ne peut les avoir qu'en serre chaude. Comme leurs graines sont fort dures, il faut, avant de les semer, les faire tremper dans l'eau pendant trois ou quatre jours. Elles sont très-sensibles au froid et à l'humidité ; par cette raison on doit les arroser peu en hiver.

Le bonduc des jardiniers est le CHICOT. (D.)

BONHENRY. Nom d'une ANSERINE. *Voyez* ce mot. (B.)

BONHOMME. On donne quelquefois ce nom à la MOLÈNE.

BONIER. Mesure de terre autrefois en usage dans la ci-devant Flandre. *Voyez* au mot MESURE.

BONIFIER UN CHAMP. C'est la même chose que l'AMENDER. *Voyez* ce mot et le mot ENGRAIS.

On peut cependant encore bonifier un champ en le défendant des bestiaux et des voleurs par des FOSSÉS, des HAIES, en le garantissant des mauvais vents par des plantations d'arbres, en faisant écouler ses eaux par des rigoles, etc., etc.

Bonifier doit être l'objet constant de l'agriculteur, car rien n'est stationnaire dans la nature, et dès qu'un champ cesse d'être bonifié il se détériore. (B.)

BONLOUFO. C'est la GLUME OU BALLE DES GRAMINÉES dans le midi de la France. (B.)

BONNE-DAME. *Voyez* ARROCHE DES JARDINS.

BONNE DE SOULERS. Variété de POIRE.

BONNE VILAINE. *Voyez* POIRE.

BONNET D'ELECTEUR. Espèce de COURGE. *Voyez* PÉPON.

BONNET DE PRÊTRE. C'est le FUSAIN, et une espèce de COURGE. *Voyez* PÉPON.

BONTÉ. Tous les animaux, ou produits d'animaux domestiques, ont un plus ou moins grand degré de bonté relativement à l'objet pour lequel on les a acquis. Les végétaux, ou partie de végétaux, ou produits des végétaux cultivés, sont dans le même cas.

Le but d'une parfaite agriculture devant être de chercher la perfection en tout, il faut qu'un cultivateur éclairé se distingue par la bonté de ses chevaux, de ses bœufs, de ses vaches, de ses cochons, comme par la bonté de ses blés, de ses fruits, de ses légumes, etc.

Tous les articles de ce Dictionnaire tendent à donner les moyens de parvenir à ce but. Il devient donc superflu d'allonger davantage celui-ci, en conséquence je me contenterai d'observer que la beauté est presque toujours la compagne de la bonté, et que la bonté morale s'unit souvent dans les animaux avec la bonté des services qu'on en attend, peut-être même avec celle de leur chair, s'il m'est permis d'étendre jusque-là les considérations dont je m'occupe. (B.)

BOQUETTIER. On donne ce nom, dans le Boulonnais, au POMMIER SAUVAGE. (B.)

BORDAGE. On appelle ainsi, dans les départemens du sud-ouest de la France, les fermes louées à moitié fruit : un bordier est ainsi une espèce de FERMIER. Ce mot est celtique ; aussi considérablement de fermes s'appellent les bordes, la borde, etc. *Voyez* BAIL. (B.)

BORDER. On borde un champ d'arbres, une allée de charmille, une PLATE-BANDE de buis ; on borde une couche en mettant du long fumier autour pour empêcher que le TERREAU ne s'éboule. (B.)

BORDIER. *Voyez* BORDAGE.

BORDURE. Semis ou plantation d'une petite largeur qu'on forme avec des plantes annuelles ou vivaces, ou avec des arbustes nains, autour d'une PLATE-BANDE ou d'un carré de JARDIN.

Les plantes qu'on emploie le plus généralement pour border

dans les jardins d'agrément sont, le gazon, les petits œillets, le statice, les violettes, les pensées, la giroflée de Mahon, la petite cynoglosse, le buis, le thym, la sariette vivace, la sauge à petites feuilles, la lavande, l'hysope, etc.; et, dans les jardins potagers, l'oseille, le persil, le cerfeuil, la ciboulette, la chicorée sauvage, la pimprenelle, etc., etc.

Il est avantageux, d'après les principes des assolemens, à la beauté des bordures de ne pas les semer deux années de suite avec des graines de la même espèce, si elles sont en plantes annuelles, et de changer de place, tous les trois ou quatre ans, celles qui le sont en plantes vivaces.

Les bordures de BUIS, si estimées de nos pères, ne sont plus de mode aujourd'hui; mais elles n'en ont pas moins des avantages qu'on chercherait vainement dans les autres plantes. Je n'entreprendrai point un plaidoyer en leur faveur, parce que je fais profession d'aimer la variété dans les jardins; mais je ne puis me dispenser d'observer que les reproches qu'on leur fait d'épuiser le terrain et de donner retraite à des insectes leur est commun avec toutes les plantes.

On borde aussi les plates-bandes et les carrés des jardins d'agrément avec des DALLES de pierre ou des planches de chêne peintes en vert ou autrement. (B.)

BORGNOS. Nom que porte, dans le midi de la France, le CHARBON DU MAÏS. (B.)

BORNAIS. Sorte de TERRAIN argilo-sablonneux sur un fonds calcaire, qu'on trouve dans le département d'Indre-et-Loire. Il est d'un fort médiocre rapport dans les années très-sèches, comme dans les années très-humides. (B.)

BORNER. Opération par laquelle on fixe les limites d'une propriété. Ordinairement elle est accompagnée de formalités judiciaires, telles que arpentage de terrain, rédaction de procès-verbal, signature de témoins, etc., etc.

Les bornes, chez les Romains, avaient été déifiées sous le nom de dieux Termes; dans l'Europe moderne, elles sont consacrées. L'intérêt de la société veut que par-tout elles soient respectées, et elles le sont, excepté de ces hommes éhontés, pour qui l'estime publique n'est d'aucune valeur, et qui sont toujours prêts à la sacrifier à la plus petite augmentation de fortune.

On borne généralement avec de grosses pierres qu'on enterre en partie, et sous lesquelles on en place d'autres plus petites qu'on appelle des *témoins*, et qu'on recherche en fouillant lorsque le temps ou de mauvaises intentions ont fait disparaître la grosse. Les lois sur le déplacement et l'enlèvement des bornes doivent être et sont en effet très-sévères.

On borne aussi par des plantations d'arbres, et cette manière, quoique moins durable, est peut-être plus certaine, parce qu'on ne peut pas abattre une suite d'arbres sans qu'on s'en aperçoive et sans qu'on ne puisse, par conséquent, à l'instant même réclamer ses droits. Il est des arbres qui sont plus propres que d'autres à remplir ce but : ce sont ceux qui ne meurent jamais, c'est-à-dire qui repoussent toujours de leurs racines, quelque événement qui arrive à leur tronc, et parmi eux on doit placer au premier rang l'OLIVIER et le CORNOUILLER MALE. Le premier de ces arbres ne croît que dans les parties méridionales de l'Europe ; mais le second est de tous les climats et de tous les sols : aussi nos pères l'ont-il fréquemment employé pour borner les héritages, sur-tout les bois ; aussi en voit-on qu'on peut supposer avoir plusieurs siècles : tel est celui qui séparait la propriété du prieuré de Radegonde, forêt de Montmorency, de celle des ducs de Montmorency ; cornouiller qui existe encore, et que les titres font croire avoir mille ans, ce que son aspect ne dément pas.

Dans le Jura on accompagne les bornes qui sont enterrées profondément, d'un pied de sureau, dont les pousses sont récepées tous les hivers, ce qui les empêche de nuire aux productions voisines. Cette pratique est bonne à imiter. Les racines du sureau s'accroissent lentement, durent des siècles et ne permettent pas qu'on lève nuitamment la borne sans qu'on s'en aperçoive, comme on le fait dans tant de lieux.

Souvent ce sont des fontaines, des ruisseaux, des rivières, des étangs, des bois, des chemins, des montagnes, des rochers, etc., etc., qui servent de bornes aux héritages ; et quoique plusieurs de ces objets soient dans le cas de changer par le laps du temps, on est habitué à les regarder comme plus certains que les bornes de pierre ou de bois.

La première opération qu'un père de famille honnête et sage doit faire quand il entre en possession d'un domaine, c'est d'en faire vérifier le bornage par autorité judiciaire, en appelant tous les propriétaires attenans, ou de le faire faire s'il n'existe pas. Combien de procès il évitera par ce moyen !

Je renvoie au Code rural ceux qui désirent connaître les lois relatives au bornage. (B.)

BORRAGINÉES. Famille de plantes à fleurs monopétales, régulières, à quatre semences nues renfermées dans le calice, qui persiste ; à feuilles alternes, le plus souvent rudes au toucher ; qui comprend un assez grand nombre de genres, et dont les espèces se plaisent généralement dans les terrains secs et sablonneux.

La grande agriculture ne tire aucun parti des plantes de cette famille, que les bestiaux repoussent, et qui ne fournissent rien à la nourriture de l'homme ; mais quelques-unes des espèces qui lui appartiennent, telles que l'HÉLIOTROPE DU PÉROU, le GREMIL DES MARAIS, la CYNOGLOSSE BLANCHE, se cultivent pour l'agrément, et un grand nombre d'autres, comme la BOURRACHE, la BUGLOSE, la CONSOUDE, la VIPÉRINE, la CYNO-GLOSSE, etc., s'emploient en médecine. (B.)

BORYE, *Borya*. Genre de plantes de la dioécie décandrie, et de la famille des jasminées, qui renferme cinq arbres ou arbustes de l'Amérique septentrionale ; à feuilles opposées ou presque opposées; à fleurs petites, réunies en tête dans les aisselles des feuilles, dont on cultive trois ou quatre dans quelques jardins de Paris. Il avait été confondu avec les ADÉLIES par Michaux.

La BORYE PORULEUSE a les feuilles sessiles, ovales, lancéolées, obtuses, repliées en leurs bords, et percées en dessous de petits trous.

La BORYE LIGUSTRINE a les feuilles légèrement pétiolées, oblongues, très-entières, et le fruit ovale et court.

La BORYE A FEUILLES POINTUES, *Adelia acuminata*, Michaux, a les feuilles rhomboïdales, lancéolées, pointues ; le fruit oblong et recourbé.

Cette dernière espèce, qui est figurée, pl. 48 de la Flore de l'Amérique, par Michaux, a été cultivée par moi en Caroline : c'est un arbre d'une vingtaine de pieds de haut, qui ressemble infiniment au cornouiller mâle. Ses jeunes rameaux paraissent toujours terminés par une épine; ses fleurs sont jaunes et se développent avant les feuilles ; ses fruits sont violets dans leur maturité. Il ne craint point les hivers du climat de Paris. On en voit des pieds à la pépinière de Trianon et chez Cels, etc. Un jour peut-être il sera partie des arbres d'agrément de nos jardins; mais comme il ne porte pas encore de graines, qu'il ne se multiplie que de marcottes, il est encore fort rare.

La BORYE CELSIANE, Bosc, a les feuilles pétiolées, ovales, oblongues, obtusément dentées, et longues d'un pouce et demi. Elle est cultivé chez Cels en pleine terre. Michaux, qui en a envoyé les graines, n'en fait pas mention. Elle ressemble beaucoup à la précédente.

La BORYE A FEUILLES ONDULÉES, Bosc, a les feuilles ovales, aiguës, dentées, luisantes, ondulées en leurs bords, et accompagnées de stipules subulées. Cels la cultive en pleine terre de graines envoyées par Michaux, qui ne l'a pas non plus décrite dans sa Flore. C'est un fort joli arbuste. (B.)

BOSQUET. Massif d'arbres et d'arbustes exotiques disposés pour l'agrément dans un jardin.

Un bosquet diffère d'un BOCAGE en ce que ce dernier est extérieur au jardin et composé d'arbres du pays.

La formation d'un bosquet demande des connaissances de

botanique et de culture assez étendues pour pouvoir reconnaître les espèces qui y entrent, ainsi que les effets du contraste de leur feuillage, l'époque de leur floraison, la couleur et la disposition de leurs fleurs, de leurs fruits, etc., la nature du terrain qui leur convient, les soins qu'elles exigent à toutes les époques de l'année, etc. Il demande aussi un goût sûr, afin de donner à l'ensemble l'ordonnance la plus agréable pour la localité, et à chaque partie la concordance la plus convenable relativement à leur position.

Plusieurs auteurs ont donné des principes sur la formation des bosquets; mais je n'en connais point dans les environs de Paris, le canton sans doute où il y en a le plus qui soient plantés d'après ces principes. La cause en est qu'ils ont été dessinés et plantés par des architectes qui n'étaient ni botanistes ni cultivateurs, ou plantés par des jardiniers, ou même par des entrepreneurs de terrasserie, qui n'avaient aucun goût ni aucune idée de l'importance du placement d'un arbre dans un lieu plutôt que dans un autre. L'unique objet de ces derniers est de garnir le terrain pour satisfaire aux ordres du maître. Ils prétendent tous que ce dernier doit être content lorsqu'ils ont entassé des arbres à côté les uns des autres, quelque contraire à la raison et au goût que soit leur disposition respective. Les uns mettent tous les pieds de la même espèce ensemble; d'autres les divisent de manière à ne former jamais de groupes; la plupart ne font pas même attention à la nature des arbres, et placent sur le devant les plus grands et les moins agréables. Que de fois j'ai gémi en voyant procéder ainsi!

Il y a quelque temps qu'il était convenu qu'il devait y avoir dans un jardin des bosquets de printemps, d'été, d'automne et d'hiver. Cette classification, qui sacrifiait les effets à une convenance le plus souvent illusoire ou au moins passagère, est heureusement abandonnée, parce qu'on s'est aperçu qu'elle ne remplissait pas l'objet désiré, et que les trois quarts du local étaient rendus inutiles à l'agrément sans véritables raisons. Les arbres verts se marient si bien avec les autres, même pendant l'hiver, que je ne conçois pas comment on a pu croire qu'il fût bon de les réunir en un seul point. Ce sont les groupes et les contrastes qui font le charme des bosquets; c'est donc à créer de ces contrastes que doivent tendre tous les compositeurs. Leurs bords, dans les jardins paysagers, doivent être très-anguleux, et toujours garnis d'arbustes très-bas et remarquables par la beauté de leurs fleurs ou par quelque singularité. Par ce moyen, on a toutes les expositions et on trouve des gazons ombragés, et cependant secs, pendant la plus grande partie de l'année et de la journée.

Tout arbre ou arbuste qui peut passer l'hiver en pleine terre a droit d'entrer dans la composition d'un bosquet; mais il ne faut pas vouloir les entasser dans un espace trop circonscrit.

La grandeur d'un bosquet doit toujours être proportionnée à celle du jardin; il vaut beaucoup mieux en faire un grand que plusieurs petits. Ces derniers ne sont tolérables que lorsqu'ils sont destinés à cacher un mur, à faire valoir une fabrique. Lorsqu'ils sont réduits à une ou deux toises de diamètre, ils prennent le nom de BOUQUET.

Un défaut qui se remarque généralement dans les bosquets plantés dans ces derniers temps, c'est la multitude des allées ou sentiers dont ils sont coupés; car il faut un but réel ou apparent à toutes choses. Cela gâte souvent l'ordonnance du bosquet le mieux dessiné; mais cela a au moins l'avantage de donner un peu d'air aux arbres et aux arbustes qui le composent, et qui, comme je l'ai observé plus haut, sont presque toujours plantés beaucoup trop près les uns des autres.

Je n'offrirai ici des détails ni sur la forme à donner à un bosquet, forme qui peut varier à l'infini, et qui est presque toujours subordonnée essentiellement à la localité, ni sur les effets que produisent en chaque saison les arbres et les arbustes qui peuvent entrer dans leur composition. Chaque article particulier remplira ce second objet, et le bon goût des propriétaires ou des compositeurs satisfera au premier.

On doit préparer cinq à six mois à l'avance le terrain destiné à être planté en bosquet, c'est-à-dire qu'on doit le défoncer de quinze à vingt pouces au moins, et même de trente, si le sol est très-mauvais, au commencement de l'automne, pour le planter à la fin de l'hiver. La forme qu'il doit avoir sera indiquée par des piquets ou jalons, et ses allées tracées ou par le même moyen ou avec la pioche. La plantation effectuée, il faudra donner deux ou trois binages la première année, et un seul pendant l'hiver des suivantes. Les arbres et les arbustes seront débarrassés de leur bois mort et élagués à la serpette lorsque cela deviendra indispensable, mais non taillés au croissant. Les amateurs doivent être convaincus que jamais la nature n'est plus belle que lorsqu'elle est abandonnée à elle-même. Les pieds manquans doivent être remplacés lorsqu'on juge que cela peut se faire avec succès. Cette dernière remarque est fondée sur ce que les plantations sont ordinairement si serrées, que ces remplacemens deviennent inutiles et souvent impossibles. Je connais des jardins où, depuis un grand nombre d'années, on sacrifie chaque hiver un grand nombre de jeunes arbres et arbustes à des remplacemens de cette nature. (TH.)

BOSSE. Synonyme de SOIE, maladie des COCHONS. *Voyez* ces deux mots.

BOSSE. On donne ce nom, dans quelques cantons, à la maladie du blé plus généralement connue sous le nom de CHARBON. *Voyez* ce mot.

BOTANIQUE. La botanique, prise dans l'acception la plus générale de ce mot, désigne cette partie des sciences naturelles qui traite de l'histoire des végétaux; mais comme les plantes peuvent être considérées sous divers points de vue, on distingue, 1°. l'étude des végétaux considérés comme *êtres vivans*, où l'on observe la forme de leurs organes et leur manière de se nourrir et de se multiplier : cette branche de la science porte le nom de *physique* et de *physiologie végétale;* 2°. l'examen des végétaux considérés comme *êtres distincts* les uns des autres, ce qui comprend l'étude de leurs ressemblances, de leurs différences, de leur classification, de leur nomenclature : on a coutume de donner plus spécialement à cette étude le nom de botanique; 3°. l'histoire des végétaux considérés *dans leurs rapports avec le globe terrestre;* savoir, leurs relations avec les climats, les pays, les terrains, la connaissance de leur patrie, de leur habitation, etc. : cette branche de l'histoire des végétaux porte le nom particulier de *géographie botanique;* 4°. la connaissance des végétaux considérés *dans leurs rapports avec les besoins de l'homme et des animaux,* ou la *botanique appliquée,* qui renferme l'étude des propriétés médicales, économiques ou industrielles des végétaux, et les moyens que l'homme emploie pour se procurer les plantes dont il a besoin, soit en les cherchant dans la nature, soit en les cultivant autour de lui.

On voit, par cet exposé des parties dont se compose l'histoire des végétaux, que l'agriculture elle-même n'est qu'une fraction de cet immense ensemble; mais cette partie est tellement vaste, tellement importante, qu'elle a mérité d'être étudiée et exposée séparément. En la rapportant ainsi à la place qu'elle occupe dans l'ensemble des connaissances, on voit plus facilement combien l'étude de la botanique doit être utile pour éclairer l'agriculture. C'est ce que je me propose d'exposer avec un peu plus de détails dans cet article, après avoir rappelé brièvement l'histoire de chacune des parties de la science botanique.

En tous pays, on peut reconnaître la bonne ou la mauvaise nature de la terre au moyen de l'inspection des plantes qu'elle nourrit spontanément : ainsi, sous ce rapport, la botanique est une science utile à celui qui veut acheter ou louer des terres qu'il ne connaît pas. Ainsi l'YÈBLE et l'ARISTOLOCHE annoncent toujours une bonne terre profonde; l'ALKEKENGE et le TUSSILAGE une terre argileuse; la petite *oseille* et les *filages* une terre sablonneuse, etc. En sachant le nom de six

plantes prises dans une prairie ou dans les bois, je puis dire
quelle est la qualité des herbes ou les espèces des arbres qui
y croissent, avantage qui a son application dans un grand
nombre de cas.

La physique végétale, quoique la première dans l'ordre méthodique, est loin d'avoir ce rang en suivant l'ordre des époques. Pour qu'elle ait pu être cultivée avec quelque soin, il a
fallu que les autres branches de la botanique et d'autres sciences
qui lui fournissent des documens importans, telles que la physique, la chimie et la zoologie, fussent elles-mêmes très-per-
fectionnées. Parmi les anciens, le seul écrivain qui donne
quelques idées précises sur la vie végétale est Théophraste;
on y trouve déjà quelques connaissances du sexe des plantes,
de leur nutrition par la surface inférieure de leurs feuilles, de
la distinction de l'épiderme et de l'écorce, et de quelques maladies des arbres. Chez les Romains, le sexe des plantes paraît
avoir été généralement reconnu, puisque les poëtes mêmes,
tels que Claudien, Pontanus, etc., en font mention; mais
d'ailleurs leurs naturalistes ne nous ont rien transmis sur la
végétation qui mérite d'être relaté. A l'époque de la renaissance des lettres et de la botanique en particulier, on s'occupa
beaucoup plus des autres branches de la science que de la physique végétale; le perfectionnement du microscope donna naissance aux premières recherches régulières sur la structure des
plantes : en 1661, Henshaw découvrit leurs trachées; mais
peu après Grew et Malpighi, travaillant chacun de leur côté,
et publiant leurs observations presque en même temps, dévoi-
lèrent la structure intime des végétaux d'une manière si lu-
mineuse, que pendant plus d'un siècle on n'a rien ajouté à
leurs découvertes. Lorsque, par les travaux de ces deux célèbres observateurs, la structure des parties fut connue, on s'occupa à déterminer leur usage : de là les discussions de Dodart,
de Mariotte, de Perraut sur la marche des sucs; de là le renouvellement des idées antiques sur le sexe des plantes. Bur-
ckard, dans une lettre à Leibnitz en 1701, proposa le premier
cette théorie, depuis confirmée par Knaut en 1616, par Vaillant en 1718, popularisée et appuyée d'expériences par Linnée
en 1730. A-peu-près à la même époque, Hales, en publiant la
statique des végétaux, ouvrit un nouveau champ aux naturalistes, leur apprit l'art de mettre de l'exactitude dans les expériences sur les corps vivans, et dévoila plusieurs lois importantes sur la marche de la sève : Bonnet, dans ses Recherches
sur l'usage des feuilles (1754), éclaira encore cet important
sujet. Linnée, dont le génie embrassait la nature entière, fit
connaître plusieurs phénomènes curieux de la vie végétale,
tels que le sommeil des fleurs et des feuilles. Duhamel accrut

les connaissances physiologiques d'un grand nombre de faits nouveaux, et en publiant sa physique des arbres (1758), il a eu la gloire d'avoir le premier coordonné en un corps de science tous les faits connus jusqu'alors sur la végétation. Depuis cette époque, la science, régularisée et aidée par les progrès étonnans de la chimie, a fait des pas sûrs et rapides; Priestley découvre que les plantes mises sous l'eau au soleil dégagent du gaz oxigène; Sennebier fait de cette observation la base de la chimie végétale, en prouvant la décomposition de l'acide carbonique par les plantes, et en étudiant avec soin tous les effets de la lumière sur elles. Théod. de Saussure, portant dans des recherches analogues toute la précision de la chimie la plus délicate, prouve que l'eau entre pour une grande part dans le tissu solide des plantes, et montre l'origine et le sort de la plupart des matières qui composent les végétaux. Pendant le cours de ces travaux chimiques, Hedwig étendait aux mousses la théorie du sexe des plantes, et tendait à éclaircir les points les plus délicats de l'anatomie végétale, l'origine des fibres et la forme des vaisseaux; Mirbel, Link, Treviranus et Rudolphi, quoique souvent d'avis contraires, font, par la masse de leurs découvertes, entrevoir l'époque prochaine où l'anatomie des parties intimes du végétal sera tout-à-fait éclaircie; dans cette même époque, Gœrtner, par un ouvrage également utile à la botanique et à la physique végétale, fait connaître la structure des fruits et des graines; Desfontaines, en observant les différences de la structure intérieure des plantes monocotylédones et dicotylédones, lie la physique végétale à la botanique, et pose les fondemens de l'anatomie comparée des végétaux.

Aucune partie des connaissances humaines n'est aussi importante pour l'agriculture que la physique végétale : ce sont les lois de cette science qui régissent toutes les opérations agricoles relatives aux végétaux. Si une pratique aveugle suffit pour diriger les opérations mécaniques d'un laboureur; il n'en est pas de même de ceux qui sont à la tête d'une exploitation considérable, de ceux qui, transportés dans un climat ou un terrain nouveau, ne peuvent suivre une routine établie, de ceux qui tentent d'améliorer la culture de leurs champs, de ceux enfin qui, placés au-dessus du commun des hommes, doivent dicter à l'agriculture des lois ou des réglemens. Toutes ces classes d'hommes ont besoin d'être guidées par la théorie, qui n'est autre chose que l'ensemble raisonné des expériences et des observations faites avant nous. Tous ceux qui lisent ce livre sont déjà convaincus de cette vérité; et s'il était nécessaire d'en donner les preuves détaillées, je demanderais si toutes les opérations des semis, par exemple, ne sont pas fondées sur la connaissance de la germination, ou bien s'il est possible d'avoir une idée de l'action et de l'emploi des divers engrais sans connaître la nutrition des plantes. L'utilité de la physique végétale dans l'agriculture est trop évidente pour m'arrêter à la développer : je passe à l'histoire de la botanique proprement dite.

Pour mettre quelque ordre dans cet exposé, il convient d'observer que la botanique, dans le sens le plus restreint de ce mot, se compose encore de trois ordres de connaissances ; savoir, la connaissance individuelle des plantes, l'art de les nommer, et l'étude de leur classification.

Les anciens ne connaissaient qu'un petit nombre de végétaux. Ils ne s'occupaient que de ceux de leur propre pays, et encore ils confondaient sous des noms communs tous ceux dont les différences sont peu apparentes : on trouve à peine quatre cents plantes indiquées dans Théophraste, et six cents dans Dioscoride. A la renaissance des lettres, on s'occupa d'abord plus à commenter Dioscoride qu'à observer la nature ; mais bientôt les travaux successifs de Brunfels, Tragus, Fuchs, Dodoens, Mathiole, Pona, Lobel, Clusius, Camerarius, Dalechamp, Tabernamontanus, Columna, Taube et Gaspar Bauhin firent connaître presque toutes les plantes indigènes de l'Europe. Cependant la route des Indes était ouverte par Vasco de Gama, et le Nouveau-Monde découvert par Colomb, la fondation du jardin botanique de Pise en fit créer de semblables dans plusieurs villes, et donna le moyen de conserver les richesses acquises. L'Amérique commença à être explorée par Ovildus de Valdès et Monardes, l'Orient par Belon et Prosper Alpin, l'Inde par Garcias de Orto. Gaspar Bauhin eut le premier l'idée importante de réunir en un seul corps d'ouvrage toutes les plantes, et publia en 1623 son *Pinax*, qui contient l'indication d'environ six mille plantes. Cet ouvrage donna une nouvelle impulsion à l'étude de la botanique. Des voyages lointains furent entrepris et augmentèrent beaucoup le nombre des végétaux connus ; parmi ces voyages utiles à la botanique, on doit sur-tout distinguer ceux d'Hernandez, de Pison, de Marcgraf et de Sloane dans l'Amérique ; celui de Dampier dans la mer du Sud ; ceux de Bontius, de Clayer, et surtout de van Rheed et de Rhumph (1) dans les Indes. Les botanistes restés en Europe ne contribuèrent pas moins à augmenter le nombre des végétaux, soit en décrivant les plantes cultivées dans les jardins, comme Herman, Jean et Gaspar Commelyn, soit en visitant les provinces européennes,

---

(1) Il appartient à cette époque, quoique la liste n'ait été publiée qu'en 1740.

7 *

comme Magnol, Boccone et Barrelier ; soit en étudiant les échantillons mêmes desséchés des plantes exotiques, comme Plukenet et Pétiver ; soit en réunissant en de grands corps d'ouvrages les plantes connues, comme Morison, Ray et Tournefort. Ce dernier publia en 1719 ses *Institutiones rei herbariæ*, qui, quoique beaucoup moins complètes pour leur temps que le *Pinax* de Bauhin ne l'était pour le sien, contient déjà dix mille plantes.

Cependant Knaut, Vaillant, Bradley, Dillenius, Scheuzer, Micheli, etc., décrivaient tous les jours de nouvelles plantes ; les voyages de Plumier, Feuillée et Catesby en Amérique ; de Buxbaum et de Gmelin dans l'Orient ; de Kæmpfer dans la Chine, etc., avaient encore ajouté un grand nombre de végétaux à ceux qui étaient déjà publiés ; mais la confusion régnait dans la botanique : toutes ces descriptions incomplètes, incohérentes, souvent inexactes, confondues dans la masse des livres, ne pouvaient être que d'un faible secours.

Linnée parut, et avec lui l'ordre s'introduisit dans la science ; il établit que l'on ne devait regarder comme espèces distinctes que les plantes dont les caractères se conservent sans altération sensible dans la multiplication par le moyen des graines, et par cette loi il raya du catalogue des végétaux toutes les variétés qui y avaient été consignées avant lui ; il se décida de plus à n'y admettre que les espèces qu'il connaîtrait suffisamment pour pouvoir en tracer les caractères avec précision, et par suite de cette circonspection il regarda comme non avenues toutes les indications succinctes et les descriptions vagues des auteurs. Aussi voit-on que, quoique le nombre des plantes décrites se fût beaucoup accru depuis Tournefort, le catalogue en fut réduit par Linnée à sept mille espèces.

La précision et la lucidité de l'ouvrage de Linnée le firent cependant admettre avec enthousiasme comme livre classique, et presque tous les ouvrages se publièrent d'après la méthode linnéenne. Dès lors les descriptions devinrent exactes et comparatives, et on put intercaler sans difficulté dans le catalogue des êtres tous ceux qu'on découvrait journellement ; on retrouva et on décrivit avec plus de soin les plantes déjà connues des anciens ; on en distingua plusieurs qui étaient confondues sous des noms communs ; on scruta avec ardeur toutes les parties de l'Europe, et on y décrivit jusqu'aux végétaux microscopiques ; on parcourut toutes les parties du globe pour en étudier les plantes ; on institua une foule de jardins de botanique ; on recueillit dans de volumineux herbiers des échantillons desséchés de toutes les plantes ; on perfectionna l'art de représenter par le dessin les objets naturels. Grâce à la réunion de tous ces moyens, et aux travaux d'une foule de botanistes qu'il serait trop long d'énumérer, le nombre des plantes connues s'accrut dans une progression étonnante ; on en compte plus de vingt mille dans le dernier catalogue général qui en a été publié par Person ; et si l'on réunissait toutes les descriptions éparses dans les livres et toutes les plantes qui existent dans nos collections, on en porterait le nombre à près de trente mille.

Sans doute ce nombre immense de végétaux en renferme une multitude d'inutiles aux besoins de l'homme ; mais peut-on dire pour cela qu'il est inutile de les connaître ? Quand nous n'y apprendrions que l'art de distinguer avec précision ceux qui nous servent, de manière à ne point les confondre avec d'autres ; quand nous n'y chercherions que l'indication détaillée des plantes que nous pouvons substituer à d'autres, ou dont nous pouvons tenter l'usage ; quand enfin nous n'y trouverions qu'un tableau propre à faire concevoir l'immen-sité de la nature, serait-il inutile à l'homme d'avoir tracé ce long catalogue ? Les agriculteurs, naturellement sédentaires, ne doivent-ils pas voir avec intérêt, et encourager par tous les moyens possibles, des hommes qui, animés par une véri-table passion (car la botanique en devient une), vont parcourir le monde entier, s'exposer à toutes les fatigues, à tous les dan-gers, pour rapporter quelques végétaux inconnus, qui puis-sent augmenter la masse de nos richesses territoriales, ou du moins embellir nos demeures ?

Toutes les plantes communes ou utiles dans certains pays y ont été désignées par des noms particuliers ; les premiers botanistes ont simplement conservé ces dénominations dans leurs ouvrages. C'est ainsi que les noms employés par Théo-phraste et Dioscoride pour les plantes d'Europe, par Hernan-dez et Pison pour celles d'Amérique, par Rheed et Kæmpfer pour celles d'Asie, sont simples et d'un seul mot. Bientôt on trouva certaines espèces trop voisines des premières pour oser leur donner un nom différent, et on leur conserva le même en y ajoutant une épithète ; c'est ainsi que les noms de *ver-bena fœmina, sambucus sylvestris, phu germanicum, sym-phytum petræum,* etc., se trouvent dans les botanistes du sei-zième siècle, tels que Brunfels, Tragus, Fuchs, Mathiole, etc. A mesure que le nombre des espèces augmenta, on se crut obligé d'allonger ces sortes de noms et d'y accumuler plu-sieurs épithètes et plusieurs caractères pour faire reconnaître la plante. Au commencement du dix-huitième siècle, on arriva au point que le nom d'une plante était une phrase tout en-tière : ainsi, par exemple, la tubéreuse se nommait, du temps de Bauhin, *hyacinthus indicus tuberosus flore hyacinthi orien-talis.* Il serait facile de choisir telle plante dont le nom occu-

pait trois lignes d'écriture ; les livres devenaient d'une longueur effrayante ; aucune mémoire humaine ne pouvait suffire à retenir le nom des plantes, et ces noms si embarrassans ne pouvaient point se populariser. Linnée proposa, et son système a été depuis universellement suivi, de rejeter tous les caractères dans des phrases qu'on ne devrait ni citer, ni savoir par cœur, et de réduire les noms de toutes les plantes à deux termes : l'un, toujours substantif, qui indique le genre ; l'autre, ordinairement adjectif, qui désigne l'espèce : par exemple, *hordeum distichum* et *hordeum hexastichum.* Au moyen de ce système de nomenclature, dont on sent tous les jours la supériorité, l'étude de la botanique est devenue plus facile et plus applicable. L'agriculture tire de la nomenclature botanique plusieurs avantages précieux : tandis que chaque plante reçoit dans chaque langue, dans chaque patois, dans chaque village un nom particulier, qui n'est pas connu dans le pays voisin ; les noms botaniques, reçus par l'universalité des gens instruits, offrent un moyen sûr et facile de communication entre les différens pays ; ils nous mettent aussi en rapport avec les temps antérieurs aux nôtres, puisque par leur moyen et par le soin qu'ont les botanistes de citer dans leurs livres la nomenclature ancienne, on peut en un instant connaître tous les noms qu'une plante a reçus, et lire tout ce que les auteurs en ont écrit. Pour parvenir plus complétement à cet heureux résultat, la facilité et la certitude de la connaissance et de la communication des idées agricoles, il est à désirer, et la marche des sciences le fait espérer, que les communications se multiplient entre les botanistes et les agriculteurs ; que les premiers ne négligent pas autant qu'ils l'ont fait d'indiquer dans leur synonymie les noms vulgaires des plantes, et d'étendre le système heureux de leur nomenclature aux variétés cultivées, tandis que de leur côté les agriculteurs instruits emploieront constamment, ou du moins citeront toujours en marge les noms botaniques des plantes dont ils auront à parler.

Les anciens botanistes ne songèrent point d'abord à mettre de l'ordre dans leurs ouvrages. Théophraste, Dioscoride, Pline, et parmi les modernes Brunfels, Tragus et plusieurs autres, ont placé les plantes comme au hasard dans leurs livres. Conrad Gesner paraît être le premier qui, dans le milieu du seizième siécle, a pensé à l'utilité d'une classification et à l'avantage de l'établir d'après les parties de la fructification des plantes. Dodoens, Lobel, Clusius, les Bauhins, ne firent autre chose que de grouper, en un certain nombre de livres, les plantes qui se ressemblaient le plus entre elles. Cœsalpin, devançant de beaucoup son siècle, distingua le premier les plantes d'après le nombre de leurs cotylédons ; Morison et

Ray se contentèrent encore de grouper les plantes d'après leur port en sections assez naturelles, au moins pour les plantes d'Europe. Rivin présenta quelques classes fondées sur des caractères positifs, tirés de sa fleur ; Magnol, auteur d'un ouvrage peu apprécié dans son temps, proposa une classification assez philosophique, et désigna ses groupes sous le nom de familles naturelles. Tournefort domina la science, pendant la première moitié du dix-huitième siècle, par sa classification, qui présente des classes généralement naturelles, distinguées par des caractères faciles, précis et comparatifs : entre autres services dont la science lui est redevable, il a le premier établi les genres d'après des caractères positifs et bien exprimés ; il a su les subordonner aux ordres, et ceux-ci aux classes générales. Pour rendre ses caractères comparatifs, Tournefort les avait presque tous tirés d'un seul organe, la corolle : alors une foule de botanistes crurent avancer la science en imaginant une multitude de méthodes tirées de chaque organe des plantes. Il est facile de concevoir que deux plantes peuvent avoir les feuilles ou les étamines semblables, et différer beaucoup par le reste de leur structure : de là vint que tous ces systèmes, fondés sur un seul organe, et où l'on ne pense qu'à ranger les êtres dans un ordre facile à retrouver, réunissaient les plantes les plus hétérogènes et séparaient les plus semblables. On les désigna sous le nom de systèmes artificiels : parmi ceux-ci, le plus célèbre de tous fut le système sexuel de Linnée, non pas peut-être qu'il soit ni le plus facile ni le plus sûr, mais c'est qu'il était séduisant par sa régularité, par la facilité de retenir le nom et le caracrère des classes, parce qu'il était lié avec l'heureuse innovation des noms spécifiques, avec l'introduction d'une nouvelle langue botanique, avec la description d'un nombre immense de plantes nouvelles. Toutes ces causes réunies firent admettre le système sexuel, et il est encore admis universellement dans la plus grande partie de l'Europe par les botanistes qui se disent linnéens. Linnée était loin cependant d'avoir pour les systèmes artificiels l'estime exclusive que ses disciples ont conçue : il croyait qu'à l'époque où il écrivait on avait essentiellement besoin de préciser les descriptions, d'augmenter le nombre des plantes connues, et d'en trouver facilement le nom, avantages qui se trouvent dans les systèmes artificiels ; mais il a dit à plusieurs reprises que la méthode naturelle était le véritable but du botaniste ; il a tenté de distribuer les plantes en groupes naturels ; et tandis qu'il donnait ses leçons publiques d'après le système artificiel, il enseignait à ses élèves choisis la méthode naturelle. Sous ce mot on désigne la méthode qui tend à distribuer les végétaux de manière à grouper toujours ceux qui se ressemblent par la plus grande masse de leurs rapports. Les anciens, et Linnée lui-même, ont cru que ces rappochemens ne pouvaient s'établir sur aucune règle; chacun suivait à cet égard une es-pèce de tact, et se guidait principalement d'après le port des plantes. Haller, entraîné par l'analogie avec le règne animal, tenta de classer les plantes d'après le degré de complication de leurs organes; et quoique l'ensemble de son système soit sujet à une foule d'objections, on ne peut nier qu'il y a consigné plusieurs rapprochemens ingénieux. Adanson pensa que les plantes qui devaient être voisines dans l'ordre naturel devaient être celles qui se ressemblaient par le plus grand nombre de leurs organes; en conséquence il fit, d'après chaque organe des végétaux, une classification artificielle, puis réunissant ces soixante-douze systèmes, il en déduisit ses familles des plantes. Cette idée, qui est grande et qui paraît exacte, est cependant soumise à de graves objections; elle suppose que tous les organes des végétaux sont connus, ce qui n'est point; mais sur-tout elle suppose que tous ont le même degré d'im-portance dans la structure de la plante : or, il est bien évident que les parties des êtres organisés sont plus ou moins impor-tantes, selon que leur fonction est plus ou moins indispen-sable, que leur présence est plus ou moins constante; c'est dans ce principe que Bernard de Jussieu, véritable fondateur de la classification naturelle, en a trouvé la base. Il a pensé que rien dans un végétal ne devait être aussi important que l'embryon, puisqu'il est à-la-fois et le but de la végétation et le gage de la reproduction. Il a donc établi ses premières divisions d'après la forme de l'embryon; il a cherché les divi-sions secondaires dans les organes de la graine du fruit et de la fleur, dont l'importance lui paraissait la plus grande. A force de recherches et de méditations, il est parvenu à établir un certain nombre de familles d'après des caractères inva-riables. Son neveu, Antoine-Laurent de Jussieu, a publié, en 1789, les pensées de son oncle, auxquelles il a lui-même ajouté plusieus observations importantes. A mesure que cette structure des plantes est mieux connue, à mesure que de nouveaux végétaux sont découverts, on ajoute à la base éta-blie par Bernard de Jussieu et on en perfectionne quelques détails.

La méthode naturelle, beaucoup plus avantageuse et plus commode que toute autre pour les botanistes, offre quelques difficultés pour les commençans, étant fondée sur les carac-tères les plus importans et les plus intimes; devant toujours sacrifier la facilité à la vérité, elle est nécessairement plus difficile qu'un ordre artificiel : de là vient que, dans la troi-sième édition de la Flore française, on a tenté de réunir les avantages de ces deux méthodes ; les plantes y sont rangées d'après l'ordre naturel ; mais l'ouvrage est précédé par une espèce de clef artificielle, au moyen de laquelle on est conduit au nom de la plante d'après les caractères les plus faciles.

Les deux méthodes de classification dont je viens de tracer l'histoire offrent en effet des avantages précieux, soit au botaniste, soit aux hommes qui, comme les agriculteurs, s'occupent des végétaux sous un rapport quelconque. Dans la méthode artificielle, on a l'avantage de trouver avec facilité le nom de la plante qu'on a sous les yeux, et de se mettre ainsi en rapport avec les autres hommes ; dans la méthode naturelle, l'agriculture puise des renseignemens importans. Tout porte à admettre que les plantes qui se ressemblent le plus par leurs formes extérieures se ressembleront aussi par la structure interne, par le mode de végétation et par les propriétés : aussi l'étude bien entendue des rapports naturels fournit des indices utiles sur les plantes qu'on peut substituer les unes aux autres dans les usages médicaux ou économiques, sur les moyens de préjuger, sans de trop graves erreurs, les propriétés des plantes inconnues, sur les végétaux qu'on peut, avec probabilité de succès, greffer les uns sur les autres, et même sur l'importante théorie des Assolemens. *Voyez* ce mot.

Mais l'étude des classifications botaniques mériterait encore l'examen de tous les hommes sous un autre point de vue ; savoir, comme une véritable étude de logique : ces classifications sont tellement nécessaires et parfaites, que leur examen doit habituer l'esprit à classer avec ordre, et c'est sur-tout sous ce rapport que l'histoire naturelle devrait s'introduire dans l'éducation. Pour ne point sortir du sujet qui nous occupe, je crois que l'étude des variétés cultivées, si importante pour l'agriculture, ne sera jamais bien faite que d'après les principes de la classification botanique, et par des hommes qui aient habitué leur esprit à ce genre d'analyse.

La géographie botanique, c'est-à-dire la connaissance des lieux dans lesquels les plantes croissent, et des causes qui influent sur cette distribution des plantes, a été tout-à-fait négligée par les anciens. Avant le dix-huitième siècle, Clusius est le seul qu'on puisse remarquer pour le soin avec lequel il indique la patrie de ses plantes. C. Bauhin et Tournefort négligeaient même le plus souvent d'en faire mention. Linnée est le premier qui ait eu l'idée heureuse d'indiquer la patrie des plantes dans les ouvrages généraux de botanique, par la perfection avec laquelle il a rédigé les Flores de Suède et de Laponie ; il a donné l'idée et fourni le modèle d'une classe d'ouvrages très-précieux pour la géographie botanique ; savoir, des flores locales ; enfin il est encore le premier qui ait tenté de donner quelques vues générales sur les stations et les habitations des plantes. Depuis Linnée, il a paru un grand nombre d'excellentes flores, parmi lesquelles je distinguerai celles de Haller, de Desfontaines, de Smith, pour les descriptions et la synonymie; celles de Pollich et de Michaux, pour la manière d'indiquer les localités des plantes; celles du Danemarck et de l'Angleterre, pour le nombre et la perfection des figures. Malgré ces divers travaux, on n'avait point encore tenté de réunir en un corps de doctrine ce qui est relatif à l'habitation des plantes. M. Hoffmann Bang l'a tenté le premier, en publiant le programme d'un ouvrage important, qui malheureusement n'a point encore paru. M. de Humboldt a donné, sur la géographie des plantes, un Essai riche de faits, et rempli des vues piquantes et ingénieuses qui se trouvent dans toutes les productions de ce savant; il a entre autres le premier examiné avec attention l'influence de la hauteur du sol sur la végétation. J'ai moi-même présenté quelques vues relatives à la géographie des plantes de France, dans la troisième édition de la Flore française. On trouvera les principaux résultats de ces travaux à l'article Géograhie botanique. Cette branche de la science est très-importante pour l'agriculture, car sans elle toutes les naturalisations seraient presque impossibles, ou se feraient du moins sans méthode et comme à tâtons.

Pour compléter le plan que nous nous sommes prescrit, il nous resterait à parler de la botanique appliquée; mais son histoire se compose de trop de petits faits minutieux, et dont l'origine est souvent trop obscure, pour qu'il soit possible d'en tracer un tableau rapide; son utilité est trop évidente pour qu'il soit nécessaire de la prouver, et d'ailleurs tout l'ensemble de ce Dictionnaire est un développement de cette utile partie de l'histoire des végétaux. *Voyez* en particulier les mots Agriculture, Économie domestique, etc., etc.

Dans tous les articles de ce Dictionnaire relatifs à la botanique, les plantes seront rapportées aux deux classifications les plus généralement admises, celle de Linnée et celle de Jussieu. Nous croyons en conséquence devoir terminer cet article général par l'exposé de ces deux méthodes:

Linnée a donné à sa classification le nom de système sexuel; en ne considérant que la fonction de la fécondation, il a tiré ses divisions primitives ou ses classes des organes mâles, c'est-à-dire des étamines, et ses divisions secondaires des organes femelles, c'est-à-dire des pistils. Son système renferme vingt-quatre classes: les vingt-trois premières sont composées des plantes où les parties sexuelles sont visibles; la vingt-quatrième, qu'il a nommée *cryptogamie*, comprend celles où les parties sexuelles ne sont pas visibles; parmi les plantes *phanérogames* ou à fructification apparente, il distingue celles qui ont les fleurs mâles et femelles dans la même fleur, et celles qui les ont dans des fleurs différentes; il donne aux premières le nom de *monoclines*, et aux secondes celui de *diclines*; parmi les monoclines, il distingue encore les plantes où les organes sexuels n'ont entre eux aucune adhérence, et celles où les organes mâles adhèrent, soit entre eux, soit avec les pistils; dans ceux qui n'ont aucune adhérence, il observe enfin si tous les organes mâles sont sensiblement égaux, ou si quelques-uns sont régulièrement plus grands que les autres. Dans ces différentes divisions sont rangées les classes, presque toutes déterminées d'après le nombre des parties. Pour plus de clarté, je les présenterai en un seul tableau.

PLANTES considérées d'après leurs organes sexuels.

Fructification apparente.

Organes mâles et femelles dans la même fleur.

Étamines n'adhérant ni entre elles ni avec le pistil.

Étamines égales entre elles ou ne gardant aucunes proportions relatives déterminées.

1 étamine. . . . . *Monandrie.*
2 étamines. . . . . *Diandrie.*
3 étamines. . . . . *Triandrie.*
4 étamines. . . . . *Tétrandrie.*
5 étamines. . . . . *Pentandrie.*
6 étamines. . . . . *Hexandrie.*
7 étamines. . . . . *Heptandrie.*
8 étamines. . . . . *Octandrie.*
9 étamines. . . . . *Ennéandrie.*
10 étamines. . . . . *Décandrie.*
De 11 à 20 étamines. . . . . *Dodécandrie.*

20 étamines ou plus :
— attachées au calice. . . . *Icosandrie.*
— attachées au réceptacle. *Polyandrie.*

Quelques étamines régulièrement plus grandes que les autres.

4 étamines dont 2 plus longues. . *Didynamie.*
6 étamines dont 4 plus longues. . *Tétradynamie.*

Étamines adhérant entre elles ou avec le pistil.

Entre elles par les filets :
Toutes en un seul faisceau. . . . *Monadelphie.*
En deux faisceaux. . . . . *Diadelphie.*
En plusieurs faisceaux. . . . . . . *Polyadelphie.*

par les anthères. . . . . *Syngénésie.*

Insérées sur le pistil. . . . . *Gynandrie.*

Organes mâles et femelles dans des fleurs différentes.

Fleurs mâles et fleurs femelles portées sur la même plante. . . . *Monoécie.*
Fleurs mâles et fleurs femelles sur des plantes différentes. . . . *Dioécie.*
Feurs mâles, femelles et hermaphrodites dans la même espèce. . . . *Polygamie.*

Organes sexuels non apparens. *Cryptogamie.*

Les ordres ou les divisions secondaires sont déduits des organes femelles et principalement de leur nombre : ainsi, dans les classes de monandrie, diandrie, triandrie, tétrandrie, pentandrie, hexandrie, heptandrie, octandrie, ennéandrie, décandrie, dodécandrie, icosandrie, polyandrie, les ordres déduits uniquement du nombre des pistils portent les noms de *monogynie* lorsqu'il y a un pistil ; *digynie*, deux pistils ; *trigynie*, trois pistils ; *tétragynie*, quatre pistils ; *pentagynie*, cinq pistils ; *hexagynie*, six pistils ; *heptagynie*, sept pistils ; *octogynie*, huit pistils ; *ennéagynie*, neuf pistils ; *décagynie*, dix pistils ; *polygynie*, plusieurs pistils.

Dans la didynamie il y a deux ordres : la *gymnospermie*, qui comprend les plantes didynames à graines nues ; l'*angiospermie*, qui renferme les plantes didynames dont les graines sont renfermées dans un péricarpe.

Dans la tétradynamie, les ordres, au nombre de deux, sont déduits de la longueur du fruit : les *siliqueuses* ont le fruit quatre fois au moins plus long que large ; les *siliculeuses* ont le fruit qui n'est jamais quatre fois plus long que large.

Dans la monadelphie, la diadelphie, la polyadelphie, la gynandrie, la monoécie et la dioécie, les ordres sont tirés du nombre des étamines, et portent par conséquent les noms de *monandrie, diandrie,* etc.

Les ordres de la syngénésie sont très-compliqués et au nombre de six : la *polygamie égale* comprend les plantes syngénèses dont tous les fleurons d'une tête sont hermaphrodites ; la *polygamie superflue*, celles dont les fleurons centraux sont hermaphrodites, et ceux du bord, femelles et fertiles ; la *polygamie frustranée*, celles dont les fleurons centraux sont hermaphrodites, et ceux du bord dépourvus d'organes sexuels et par conséquent stériles ; la *polygamie nécessaire*, celles où les fleurons du centre sont mâles et ceux du bord femelles ; la *polygamie ségrégée*, où les fleurons réunis dans un involucre ou calice commun sont chacun munis d'un calice particulier ; enfin la *monogamie*, qui comprend les plantes syngénèses, dont les fleurs ne sont pas réunies dans un calice commun.

Dans la *polygamie*, Linnée distingue la *polygamie monoécie*, où le même individu porte des fleurs hermaphrodites et unisexuelles ; la *polygamie dioécie*, où les fleurs hermaphrodites sont sur un individu, tandis que les fleurs unisexuelles sont sur un autre ; la *polygamie trioécie*, où les fleurs hermaphrodites, mâles et femelles, sont sur trois individus différens.

Les ordres de la cryptogamie sont au nombre de quatre : les *fougères*, les *mousses*, les *algues* et les *champignons*, qu'on reconnaît d'après le port, et que Linnée indique sans caractères distinctifs.

La méthode de Jussieu a pour objet de ranger les végétaux d'après leur plus ou moins grand degré de ressemblance, et d'établir les divisions premières d'après les caractères les plus importans. La division primitive est déduite de l'absence ou de la présence des cotylédons : les plantes dépourvues de cotylédons y portent le nom d'*acotylédones* ; elles correspondent aux cryptogames de Linnée. Les plantes munies de cotylédons en ont un ou deux : les premières se nomment *monocotylédones* ; les secondes, *dicotélydones* : on réunit aux dicotylédones le petit nombre de plantes qui ont plusieurs cotylédons, parce qu'on les considère comme les lobes de deux cotylédons primitifs. Les monocotylédones sont divisées en trois classes, selon qu'elles ont les étamines insérées sous le pistil, au réceptacle, ou *hypogynes*, autour du pistil, sur l'enveloppe florale, ou *périgynes*, sur le pistil même ou *épigynes*. Les dicotylédones plus nombreuses ont été soumises à un plus grand nombre de divisions : Jussieu a séparé celles qui sont essentiellement diclines ou unisexelles de celles qui sont hermaphrodites, ou qui ne deviennent unisexuelles que par avortement. Parmi celles-ci il distingue celles qui n'ont qu'une seule enveloppe florale, laquelle, selon lui, est toujours un calice ; celles qui ont un calice et une corolle monopétale ; celles enfin qui ont un calice et une corolle polypétale : chacune de ces trois divisions est elle-même divisée en trois classes, selon que les étamines sont hypogynes, périgynes ou épigynes. Pour plus de clarté je présenterai ces divisions en tableau.

			Classes.
Plantes	Acotylédones..		1
	Monocotylédones...............	Etamines hypogynes.....	2
		—— périgynes......	3
		—— épigynes.......	4
	Dicotylédones — sans pétales.	Etamines épigynes........	5
		—— périgynes.......	6
		—— hypogynes......	7
	monopétales.	Corolle hypogyne........	8
		—— périgyne.........	9
		—— épigyne — Anthères soudées	10
		— libres	11
	polypétales.	Etamines épigynes.......	12
		—— hypogynes.....	13
		—— périgynes......	14
	Diclines irrégulières..................		15

Les classes n'ont reçu aucun nom, sans doute parce que l'auteur les a jugées lui-même trop artificielles pour les consacrer par un nom quelconque ; mais chacune de ces classes comprend un certain nombre d'ordres ou familles naturelles : c'est dans la perfection avec laquelle les plantes sont groupées dans ces familles, et ces familles groupées entre elles que gît le mérite de cette méthode. Nous allons parcourir rapidement chaque classe, pour indiquer les familles qui s'y rapportent ; mais dans cet exposé nous suivrons non l'ouvrage primitif de Jussieu, que les progrès de la science ont déjà fait vieillir, mais le tableau des genres qu'il vient d'insérer dans les Annales du Muséum d'histoire naturelle, et qui comprend la plupart des perfectionnemens faits par divers auteurs, et par M. de Jussieu même, à sa classification primitive.

L'ouvrage nouveau, annoncé par M. de Jussieu, n'ayant pas encore paru, je renvoie au mot Plante la suite de cet article. (Déc.).

BOTTE. C'est le nom de tous les produits de l'agriculture réunis en masse et attachés par le moyen d'un lien circulaire : on dit une botte de paille, de foin, d'oignons, etc. *V.* Fagot.

Presque par-tout la contenance de la botte est arbitraire, mais cependant se rapproche d'un certain taux par l'habitude ou l'usage. Dans quelques cantons cependant, elle est fixée pour la plupart des objets par des réglemens de police. A Paris, par exemple, la botte de paille et de foin doit peser 10 livres.

En général, les bottes diminuent de grosseur à mesure que la denrée devient rare, parce qu'il est toujours difficile, jusqu'à un certain point, au vendeur de forcer l'acquéreur à payer le prix commun ou habituel. Les premières bottes de petites raves sont de moitié plus petites que celles qui sont apportées au marché quinze jours plus tard.

La disposition en botte favorise la fraude. On trouve souvent du foin pourri ou de mauvaise nature au centre d'une botte de foin, des asperges très-petites au milieu d'une botte dont celles du tour sont fort belles. Il faut donc, lorsqu'on est prudent, et qu'on ne connaît pas le vendeur, visiter les objets qu'on achète en botte. (B.)

BOTTE. C'est en quelques endroits le ver du Charançon du blé.

BOTTE. On appelle ainsi à Aix et pays voisins les grandes barriques d'huile de la contenance de 11 à 1200 livres.

Ces espèces de tonneaux imbibés d'huile ne sont plus propres à conserver des liqueurs et se vendent en conséquence bon marché. Les maraîchers de Paris les achètent, les défoncent par les deux bouts et les adaptent à la suite les uns des autres pour soutenir les terres des puits qu'ils creusent dans leurs jardins. Ils durent dix à douze ans sans avoir besoin de réparation, et sont alors presque aussi propres à être brûlés qu'ils l'étaient à leur sortie de chez l'épicier. Ce moyen peu dispendieux de revêtir les puits devrait être plus généralement employé ; les tonneaux à vin peuvent y être également employés ; mais comme ils ne sont pas imbibés d'une matière conservatrice comme l'huile, ils durent moitié moins. (B.)

BOTTELAGE. Action de faire des bottes de FOIN et de PAILLE.

M. Gilbert, dans la *Feuille du cultivateur*, du 14 avril 1792, s'élève beaucoup contre l'usage de botteler dans les prés. Ses raisons sont les dangers des pluies qu'un jour de retard peut amener, le plus grand espace que les bottes occupent dans les greniers, la meilleure conservation du foin, etc. Il pense que c'est quelques jours seulement avant la consommation ou la vente qu'on doit faire cette opération. Ses raisons sont plausibles et méritent d'être prises en considération.

Cependant le foin serré en botte est moins sujet à s'échauffer, à raison des interstices que les bottes laissent entre elles, et qui favorisent la circulation de l'air ; cependant c'est le seul moyen de se rendre compte, et du produit de ses prés, et de la consommation de ses foins. *Voyez* l'article suivant. (B.)

BOTTELEUR. Homme qui met en botte le FOIN et la PAILLE dans les grandes exploitations rurales.

Il semble que rien n'est plus facile que de réunir une certaine quantité de ces denrées, et de les lier avec une branche de bois appelée HART, ou avec une corde de paille ; mais cependant peu de personnes peuvent le faire convenablement, au moins d'abord. Dans cette opération, comme dans toutes les autres, là pratique est nécessaire pour remplir bien et vite toutes les données convenables. Il faut qu'un botteleur sache prendre juste la quantité de foin ou de paille nécessaire pour composer une botte, afin qu'elles soient toutes égales, qu'il dispose ses parties de manière qu'il n'y en ait pas plus d'un côté que de l'autre, qu'il la lie de manière à ne pas craindre qu'elle se défasse en route, qu'il en passe, c'est-à-dire en unisse la surface, etc., etc. On voit, au premier aspect d'une voiture de foin, si les bottes qu'elle contient ont été faites par un botteleur habile. Il y a un avantage dans la vente pour le foin le mieux botté ; aussi un agriculteur soigneux doit-il veiller à cet objet ; aussi dans les environs de Paris les fermiers ont-ils toujours un botteleur en titre. (B.)

BOUC. Mâle de la CHÈVRE. *Voyez* ce mot.

BOUCACE, *Pimpinella*. Genre de plantes de la pentandrie digynie et de la famille des ombellifères, qu'il est de l'intérêt des cultivateurs de connaître, parce que les bestiaux en mangent la plupart des espèces, et que l'une d'elles, dont les graines ont une odeur très-suave, est l'objet d'une culture de quelque importance pour le midi de l'Europe.

Les espèces les plus communes sont :

Le BOUCAGE A FEUILLES DE PIMPRENELLE, *Pimpinella saxifraga*. Lin., qui a la racine vivace, les feuilles alternes, pinnées, à folioles des inférieures rondes et dentées, à folioles des supérieures presque linéaires; la tige haute d'un pied et les fleurs blanchâtres. Elle se trouve sur les montagnes, le long des chemins, dans des pâturages secs. Elle fleurit à la fin du printemps et souvent en automne. Tous les bestiaux et surtout les moutons la mangent avec plaisir. Elle est quelquefois si abondante sur les sols calcaires les plus arides, que je suis surpris qu'on n'ait pas encore cherché à l'utiliser pour en faire des prairies artificielles propres à cette nature de terrain, où il est si difficile de faire croître des productions utiles. Il est vrai que son fourrage est très-peu abondant, mais il se reproduit aisément, mais sa racine est vivace, mais enfin on n'a rien de mieux à mettre à sa place. J'ai toujours désiré être à portée de faire des essais à cet égard sur les collines brûlées de la ci-devant Champagne, où un très-petit nombre de moutons étiques trouvent à peine à vivre pendant quelques jours du printemps et de l'automne, et où cette plante croît cependant naturellement. Il serait digne du zèle de la Société d'agriculture de Châlons de sacrifier quelque argent à cet important objet, et je lui en soumets la proposition.

On regarde en médecine le boucage à feuilles de pimprenelle comme apéritif, détersif, sudorifique et vulnéraire. On en fait assez fréquemment usage. Ses feuilles, ses graines et sur-tout ses racines ont une odeur et une saveur forte qui n'est pas désagréable. On m'a dit qu'on mangeait ces dernières dans quelques endroits.

Le BOUCAGE A FEUILLES D'ANGÉLIQUE, *AEgopodium podagraria*, Lin., a la racine vivace, les feuilles inférieures pétiolées, pinnées ou deux fois ternées; celles du sommet simplement ternées; les folioles ovales, grandes et dentées; la tige haute de deux pieds et les fleurs blanchâtres. Il croît dans les bois argileux et humides, et couvre quelquefois des espaces très-considérables. Tous les bestiaux le mangent quand il est jeune et sa fane est très-abondante. Il jouit des mêmes propriétés, et a les mêmes qualités que le précédent.

Le BOUCAGE A FRUITS ODORANS, *Pimpinella anisum*, Lin., a la racine annuelle, les feuilles inférieures trifides, la tige haute de 2 à 3 pieds et les fleurs blanches. Il est originaire d'Afrique. On le cultive dans plusieurs endroits des parties méridionales de la France pour son fruit, qui, sous le nom d'ANIS, est très-employé dans les arts du médecin, du parfumeur et du confiseur. J'en ai traité au mot ANIS, j'y renvoie le lecteur. (B.)

BOUCAUT. Moyen tonneau ou vaisseau de bois qui sert à renfermer diverses sortes de marchandises. On se sert également du boucaut pour le vin et autres liqueurs. Quelquefois ce mot est pris pour la chose contenue, et on dit un boucaut de vin, de girofle, de morue. (R.)

BOUCHON. On donne généralemens ce nom à tout ce qui sert à fermer une petite ouverture, particulièrement les bouteilles à vin et autres.

Il y a des bouchons de bois, de LIÉGE et de verre, etc.

Lorsqu'un bouchon de bois sert à fermer la bonde d'un tonneau, on l'appelle BONDON ; lorsque c'est un trou plus petit, il se nomme FAUSSET.

Les bouchons de LIÉGE sont ceux dont l'emploi est le plus général, auxquels s'applique spécialement ce nom lorsqu'on ne l'accompagne pas d'une épithète.

La raison pour laquelle cette matière est préférée, c'est qu'elle est en même temps extrêmement légère, extrêmement durable, se prête à une certaine compression, et ne laisse point passer de liquide.

La France ne fournit qu'une très-petite partie du liége qui est nécessaire à sa consommation, l'Espagne et la côte d'Afrique fournissent le reste.

Le meilleur liége pour faire les bouchons est celui qui n'est, ni trop dur, ni trop mou, ni trop serré, ni trop poreux ; un bouchon trop dur ou trop mou faissant craindre qu'il ne s'enfonce pas facilement ou qu'il se casse ; un bouchon trop serré ne se prètant pas à la forme du goulot, et un bouchon trop poreux laissant passer le vin.

C'est sur des parallélipipèdes coupés dans l'épaisseur des planches de liége, qu'on taille les bouchons avec une espèce de couteau qui coupe extrêmement, et qu'on aiguise à chaque instant, en le faisant tourner autour du parallélipipède appuyé sur une table, de manière qu'un des bouts soit plus petit que l'autre ; ensuite on coupe net les deux extrémités.

Cette fabrication est fort rapide lorsqu'elle est exécutée par des mains exercées ; mais elle donne souvent lieu à des accidens et à des pertes de matières.

Une machine a été inventée il y a quelques années pour les faire d'un seul coup et pour éviter ces accidens. Je ne l'ai pas vue, mais j'en connais les produits, qui m'ont paru ne rien laisser à désirer.

On donne ordinairement un pouce et demi de longueur aux bouchons ; mais on en fait principalement à Bordeaux du double de cette longueur : alors on les taille dans la longueur des planches. Leur grosseur varie sans fin , principalement dans les limites de 16 à 8 lignes , qui sont celles des goulots des bouteilles à vin. Il en est qui ont jusqu'à 8 pouces de diamètre pour boucher les bouteilles à huile , à tabac , etc.

Les bouchons neufs doivent être préférés pour les vins fins et les vins blancs , parce que les vieux sont dans le cas de prendre un goût de moisi qu'ils communiquent au vin , et qu'on appelle *goût de bouchon*. Quelques personnes en battent ou mâchonnent le petit bout pour faciliter son entrée dans le goulot.

Les bouchons vieux se conservent au grenier après avoir bouilli pendant une demi-heure à grande eau ; tous ceux qui ont une mauvaise odeur, qui ont été traversés de part en part par un TIRE-BOUCHON , tous ceux qui sont ébréchés et mauvais , doivent être rejetés.

Les mauvais bouchons peuvent être employés à plusieurs usages , et doivent être conservés pour le besoin.

Les bouchons de verre se placent aux bouteilles qui contiennent des acides ou des matières susceptibles de s'évaporer : ce sont les apothicaires qui en font le plus grand emploi.

Pour empêcher les bouchons de liége de donner issue aux vins mousseux ou aux vins de liqueur , on les plonge dans de la résine fondue.

Au moment de l'emploi des bouchons neufs ou vieux , on les trempe dans le vin, à l'effet de les rendre plus faciles à enfoncer dans le goulot par l'effet de la percussion, ou de la peaume de la main, ou d'une petite planche à ce destinée. (B.)

BOUCHON. La toile sous laquelle la chenille du BOMBICE COMMUN se retire pendant l'hiver, porte ce nom dans quelques cantons. (B.)

BOUCHON. HYGIÈNE DES ANIMAUX. Poignée de paille ou de foin qu'on tortille et qu'on emploie pour frotter les chevaux, les mulets, les ânes et les bœufs, lorsqu'ils sont mouillés par la pluie ou par la sueur. Cette opération est très-avantageuse à la santé de ces animaux, 1°. en ce qu'elle les débarrasse d'une humidité qui pourrait arrêter leur transpiration et leur occasionner de graves maladies; 2°. en ce qu'elle cause sur la peau une irritation qui en ouvre les pores et qui favorise cette transpiration. On ne peut donc trop la recommander aux cultivateurs. *Voyez* PANSEMENT. (B.)

BOUCLE. PIOCHE à large fer et à court manche, dont on se sert dans l'est de la France. Elle diffère fort peu de la MARRE.(B.)

BOUCLE. Nom du CHANCRE dans quelques cantons.

BOUCLE. Maladie des cochons, qui est caractérisée par un bubon qui se développe dans l'intérieur de la bouche et qui y porte la gangrène. Elle est de même nature que le POIL et se combat par les mêmes moyens. *Voyez* ce mot et celui COCHON. (B.)

BOUCLER. On donne ce nom à l'opération par laquelle on ferme, au moyen d'un fil de laiton ou d'un anneau de cuivre, la vulve des JUMENS pour empêcher les approches du mâle.

Ce moyen est peu employé à cause de ses suites, qui sont presque toujours la mort. Il est bien plus simple lorsqu'on ne veut pas qu'une jument produise, de veiller sur elle et de ne pas la laisser sortir de l'écurie pendant qu'elle est en chaleur. (B.)

BOUDRIÈRE. Nom de la CARIE de froment dans quelques cantons.

BOUDIN. Mets fabriqué avec du sang assaisonné de graisse, d'oignons, de sel, de poivre, d'aromates, etc., et mis dans un boyau.

Il y a aussi des boudins blancs, dont la base est de la mie de pain et du lait.

C'est généralement avec du sang de cochon qu'on fait les boudins en France, mais à Paris et autres grandes villes on y substitue celui de veau, qui est moins oxigéné et qui les rend plus délicats.

Par un ancien usage moral extrêmement désirable de voir se conserver, moitié des boudins faits dans les campagnes par chaque ménage est distribuée entre les parens, les voisins, les amis, qui en agissent de même à leur tour : de sorte qu'au lieu d'en manger seulement une fois dans l'année, on en mange trois, quatre, cinq, six et plus.

Un cochon de moyenne taille fournit ordinairement quatre livres de sang. Le mélange de la graisse et autres ingrédiens doublent ce poids, de sorte que cette partie de la dépouille d'un cochon n'est pas sans importance dans la masse générale des subsistances. (B.)

BOUE. On donne principalement ce nom à la TERRE délayée dans une certaine quantité d'EAU; mais on l'applique aussi quelquefois aux immondices des villes, parce qu'avec une grande variété de substances animales ou végétales, il s'y trouve beaucoup de boue. *Voyez* CURAGE DES FOSSÉS.

Comme terre très-divisée, la boue est toujours un bon amendement. On pourra bien porter de la boue argileuse sur des terres sablonneuses, et des boues sablonneuses sur des terres argileuses; mais on ne trouve véritablement de l'avantage à utiliser la boue que lorsqu'elle peut servir comme engrais. Ainsi un cultivateur attentif à ses intérêts fera ramasser la boue de la grande route, qui est mêlée des débris du crottin des chevaux, de la fiente des bœufs, etc., qui ont passé dessus, celle des rues de son village, de la cour de sa maison, qui est encore plus chargée des mêmes ingrédiens. Il fera plus, s'il lui est possible, il dirigera les eaux pluviales qui lavent ces rues vers une vaste fosse qu'il établira sur sa propriété, et tous les ans il la videra des boues qui s'y seront accumulées. Ces boues seront un excellent engrais lorsque sur-tout elles auront passé un an exposées à l'air, et qu'elles auront été remuées une ou deux fois dans cet intervalle pour faciliter l'absorption des gaz atmosphériques et par suite la mise en état dissoluble de l'humus qu'elles contiennent. *Voyez* COMPOST.

Les boues des grandes villes, comme Paris, Lyon, etc., outre les substances animales et végétales qui leur sont mêlées, contiennent encore une grande quantité de fer à l'état métallique, qui, en se décomposant, dégage de l'hydrogène sulfuré et phosphoré d'une nature particulière; ce qui est cause de l'odeur infecte qu'elles répandent. Des réglemens de police défendent à Paris d'employer ces boues dans les jardins légumiers (les marais), dans la crainte qu'elles ne communiquent un mauvais goût, une qualité malfaisante aux légumes. Il n'y a pas de doute pour moi qu'employées fraîches elles ne produisent le premier de ces effets, et l'exemple des cultivateurs et des vignerons des environs, qui apportent leurs productions au marché, le prouve. J'ai plusieurs fois mangé des pommes de terre, des petits pois, des raves qui en avaient évidemment le goût. J'ai vu le foin d'un trèfle qui avait été semé sur un sol très-fumé par ce moyen, être refusé par les chevaux et les vaches. Il est généralement reconnu à Argenteuil, à Surène et ailleurs, que le vin des vignes qui ont reçu trop de cet engrais se reconnaît facilement à l'odeur seule, et à plus forte raison à la dégustation. Il n'en est plus de même lorsqu'elles ont passé un an à l'air, et sur-tout qu'elles ont été stratifiées avec de la terre et des substances végétales. La manière dont on les dispose dans les voiries, où on les transporte à grands frais, ne remplit que fort imparfaitement ce but; mais la nécessité de calculer, dans les opérations agricoles, est un obstacle aux améliorations désirables à cet égard. Il est fort remarquable qu'à Paris l'enlèvement des boues est d'une dépense immense; qu'à Lyon il ne coûte presque rien, les habitans des campagnes voisines se chargeant, pour leur utilité, d'en enlever la plus grande partie; et qu'à Genève il est une ferme qui rapporte beaucoup à la commune. Il en est de même dans la plupart des villes de la ci-devant Flandre.

Les boues de Paris passent pour un engrais très-chaud, et en effet la grande quantité de substances animales qui s'y trouvent doit fournir prodigieusement de carbone. Il est même quelques-unes de ces substances, comme les cheveux, les laines, les cornes, les os spongieux, etc., etc., qui se décomposent avec tant de lenteur, qu'ils agissent encore après dix à douze ans de séjour dans la terre.

Cultivateurs, ne négligez donc pas de ramasser les boues, mais ne les employez que le plus tard possible ; et si vous avez des journées d'hommes sans emploi pendant les temps doux de l'hiver, faites-les mélanger avec de la terre et remuer le plus exactement possible.

On donne fréquemment le nom de boue aux curures des rivières, des étangs, des fossés, etc. ; mais il est bon de le réserver aux objets dont il vient d'être traité. *Voyez* au mot Curure. (B).

BOUFFER. Les jardiniers appliquent quelquefois ce mot, qui est synonyme de gonfler, aux fruits qui prennent d'un côté une amplitude plus considérable qu'à l'ordinaire. Quelques fruits à noyaux, tels que les abricots, les pêches, les prunes et les cerises, dont l'accroissement de l'amande est plus rapide que celui de la chair, sont principalement sujets à bouffer. (B.)

BOUFFISURE. Médecine vétérinaire. Symptôme de plusieurs maladies des animaux : c'est une tuméfaction des tégumens par des fluides aériformes, et qui se reconnaît à un petit crépitement qu'on entend dans la tumeur lorsqu'on la presse. Cette tuméfaction, cette tumeur est due, ou à l'introduction de l'air sous la peau, ou à la formation de gaz dans le tissu cellulaire qui lie ces organes ; ces gaz se dégagent, boursoufflent le tissu cellulaire et soulèvent la peau.

A la suite d'une blessure pénétrante, l'air extérieur s'introduit sous la peau, dans le tissu cellulaire entre les muscles. Déplacé par les mouvemens divers de l'animal, il gagne de proche en proche, et s'infiltre ainsi dans des parties considérables du corps, dont il soulève la peau. Cet accident n'est dangereux qu'autant qu'on la néglige : il faut d'abord tenir l'animal au repos, ensuite priver la plaie du contact de l'air pour empêcher ce fluide d'y pénétrer de nouveau, et enfin pratiquer des scarifications sur les tuméfactions, pour en faire sortir l'air : on opère cette sortie en pressant sur les tumeurs autour des scarifications, de manière à diriger l'air.

La bouffissure, symptôme d'une maladie interne, ne se fait voir que dans les ruminans, et dans le gros bétail spécialement. Elle est toujours d'un mauvais augure : en effet elle n'arrive que par une espèce de décomposition commençante des tissus, et cette décomposition ne peut avoir lieu que quand les agens conservateurs de la vie ont perdu de leur force et de leur influence. Ce n'est donc que dans les maladies les plus graves, et quand elles ont déjà duré quelque temps , qu'on remarque ce symptôme. Telles sont les dyssenteries , les fièvres de mauvais caractère , les fièvres charbonneuses , la peste du gros bétail. Comme symptôme , la bouffisure ne mérite que peu d'attention , c'est la maladie principale qu'il faut traiter. *Voyez* DYSSENTERIE , PESTE CHARBONNEUSE , PESTE DU GROS BÉTAIL , ÉPIZOOTIE.

On confond quelquefois avec la bouffissure des tumeurs ou œdémateuses, ou phlegmoneuses, ou charbonneuses. On distinguera facilement ces dernières en ce qu'elles ne feront pas entendre le crépitement qui caractérise les autres lorsqu'on les presse. (Huz. fils.)

BOUGE. Partie la plus bombée du TONNEAU, celle où est percé le trou par lequel on le remplit , lequel doit toujours être rigoureusement au milieu.

La saillie du bouge varie dans chaque pays : elle est plus considérable dans le midi , où les tonneaux sont généralement plus gros que dans le nord.

Un bouge très-saillant fait que la surface du vin en vidange est moins étendue, et qu'on peut le rouler plus facilement , ce qui offre deux avantages réels; cependant , pour le former il a fallu beaucoup affaiblir le milieu des douves , ce qui a des inconvéniens graves. Il me semble qu'au moins dans l'est et dans le centre de la France , on devrait se contenter d'un bouge de 10 lignes , qui est celui usité dans le vignoble d'Orléans. (B.)

BOUGE. Petite cuve le plus souvent ovale , qui sert à transporter le raisin de la vigne au pressoir. Souvent , sur-tout pour les vins blans, qui ne doivent pas fermenter dans la cuve, on exécute le foulage à mesure que le raisin se verse dans la bouge. (B.)

BOUILLE. HOTTE de sapin que les vignerons du Jura emploient au transport de leur VENDANGE. (B.)

BOUILLIE. Après le PAIN, la forme sous laquelle on mange plus communément les farineux , c'est la bouillie; il y a même des pays qui ne se nourrissent que de ces deux alimens dans des proportions relatives, et leurs habitans ne s'en lassent jamais.

On peut établir comme une règle générale que le grain le plus propre à la boulangerie est celui qui fournira constamment la bouillie la plus lourde et la plus visqueuse : ainsi, le FROMENT, avec lequel on prépare le meilleur pain, donne la bouillie la moins saine; le SARRASIN et le MAÏS au contraire, dont le pain est le plus compacte, fournissent des bouillies délicates.

C'est donc absolument contre le vœu de la nature que l'on

s'obstine à vouloir faire subir à tous les farineux indistinctement le même genre de préparation ; attachons-nous à chercher celle qui leur convient le mieux, tâchons ensuite de la perfectionner. Ainsi, toutes les fois que les farineux n'offriront pas les avantages du pain, qu'ils ne seront ni collans, ni visqueux, il faudra préférer de les réduire sous forme de bouillie.

Un moyen de rendre la bouillie de froment moins lourde et plus digestible, c'est de la tenir sur le feu jusqu'à ce qu'elle n'exhale plus l'odeur de colle de farine, d'y ajouter des assaisonnemens et de la tenir un peu claire ; mais il vaudrait mieux renoncer à son usage, sur-tout pour les enfans, dont les organes sont si faibles et si délicats, et y substituer celle préparée avec la farine de sarrasin, d'orge, de riz, de fécule de pommes de terre, avec tous les farineux, en un mot, dont l'on ne pourra obtenir que de très-mauvais pain.

Mais la bouillie la plus généralement usitée en Europe est celle qu'on prépare avec le maïs ; elle porte différens noms. On l'appelle *pollenta* au midi de l'Europe ; *miliasse* et *cruchade* dans nos départemens de l'ouest, et *gaude* dans la ci-devant Franche-Comté et Bourgogne. A la vérité, c'est toujours la farine de ce grain grillée ou non, plus ou moins moulue, délayée et cuite avec de l'eau ou du lait, relevée par différens assaisonnemens, d'où résulte une bouillie plus ou moins épaisse, que l'on mange chaude ou refroidie, grillée ou frite, mélangée ou non.

Pollenta. Elle forme l'aliment de la campagne des différentes contrées du midi de la France, de l'Italie, de l'Espagne, etc. On met de l'eau dans un chaudron, et dès qu'elle bout, on prend la farine de maïs qu'on verse peu-à-peu, et qu'on remue sans discontinuer. Lorsque la totalité est employée, elle ne tarde pas à prendre de la consistance et à adhérer au fond : alors il faut l'agiter dans tous les sens. Quinze à vingt minutes après, on verse cette bouillie sur une table couverte d'une nappe, autour de laquelle toute la famille se rassemble pour manger de la pollenta ; cette manière simple de la préparer est celle du peuple : on la voit étalée dans les boutiques sur des tables, et on la vend par livre.

Les gens riches ont trouvé le moyen de faire avec la pollenta des mets de luxe et de fantaisie ; ils y emploient souvent pour excipient de l'ail, du lait d'amandes ; et pour assaisonnement du sucre, de l'eau de fleurs d'orange, des écorces de citron et de bigarade. Quand la bouillie est préparée, on la coupe encore par tranches très-minces de l'épaisseur de deux lignes ; on les étend dans une casserole, en mettant du beurre et du fromage de Parmesan à chaque couche, et par-dessus du poivre, du girofle et de la cannelle en poudre.

Miliasse ou Cruchade. La préparation de cette bouillie est à-peu près la même que celle usitée pour la *pollenta*, avec cette différence qu'elle paraît avoir un peu moins de consistance, que par conséquent il faut la servir dans des assiettes et la manger à la cuiller. La miliasse qu'on a intention de garder est mise dans des corbeilles garnies de toile et saupoudrée de farine ; le lendemain, on la coupe par tranches plus ou moins épaisses ; on les mange ainsi, ou bien on les fait chauffer sur un gril, ce qui leur donne une espèce de croûte et augmente leur saveur.

Gaude. C'est ainsi que dans la ci-devant Bourgogne et Franche-Comté on nomme la bouillie préparée avec le maïs ; mais ce grain a toujours passé au four avant d'être converti en farine, et cette torréfaction préalable est un des moyens les plus certains de perfectionner la préparation dont il s'agit. Moins de temps il y a qu'il est moulu, et meilleure est la bouillie. Les gaudes sont en si grand honneur parmi les domestiques, qu'une de leurs conditions, avant de s'engager, c'est qu'on leur donnera des gaudes à déjeuner.

On met dans un chaudron trois livres environ de farine de maïs qu'on délaye peu-à-peu dans une pinte et demie de lait ; on fait bouillir le tout légèrement pendant une demi-heure, en remuant sans discontinuer, en ajoutant vers la fin une once de sel commun et quelquefois un peu de beurre.

Les gaudes sont devenues également un mets très-recherché des riches, et il n'y a point de petites maîtresses qui n'échangent quelquefois leur café à la crème contre la bouillie de maïs. Elle paraît sur les meilleures tables, et depuis la femme du plus grand ton jusqu'à la ménagère la plus obscure, toutes mangent des gaudes, les unes, il est vrai, avec un apprêt que la fortune des autres ne leur permet en aucun temps.

Bouillie de sarrasin. On la prépare avec la farine de ce grain obtenue par le moyen d'un moulin à bouquette très-connu dans la Belgique et dans la Hollande, qui en sépare complétement le son, avec le lait doux, le lait caillé, ou le cidre. Cette farine donne une nourriture très-substantielle, dont se régalent à la campagne et à la ville les personnes même les plus aisées. Elle se mange chaude et froide, frite et grillée, coupée par tranches mises à la poêle comme le poisson. C'est toujours sous la forme de galette ou de bouillie qu'il faut consommer ce grain, vu qu'il n'a pas été destiné par la nature à être panifié.

Il en est de même du millet et du sorgho, avec lesquels on fait une bouillie fort délicate, et qui ne produiraient que de mauvais pain.

Les farineux qui ne peuvent pas également subir la fermentation panaire exigent d'autres formes : les uns sont mangés entiers comme le riz, l'orge mondé et perlé; les autres prescrivent une mouture particulière pour être grossièrement divisés : ce sont précisément les GRUAUX. Nous en parlerons à cet article. (PAR.)

BOUILLIE. Boisson aigrelette, faite aux environs de Calais avec de la farine, et dont la consommation est considérable. Voici sa recette ordinaire : délayez un boisseau de farine de seigle dans une cinquantaine de bouteilles d'eau, et faites bouillir le tout. Quand le mélange est presque froid, délayez-y une livre de levain, et mettez le tout dans un baril : au bout de quinze jours, la boisson est potable.

Il est à désirer que cette boisson si peu coûteuse et si saine se substitue par-tout à ces vins grossiers, à ces cidres de poirés si ennemis de l'estomac, à ces piquettes de prunelles, de cormes, etc., si astringentes, même à ces bierres si nauséeuses dont on fait usage dans tant de lieux. (B.)

BOUILLON. Eau dans laquelle on a fait bouillir de la viande, et qui par conséquent contient de la GÉLATINE, de la GRAISSE, etc. *Voyez* ces mots.

Par suite on a appelé bouillon toute eau chargée de graisse, d'huile ou de beurre, et de quelque principe des végétaux. *Voyez* au mot SOUPE. (B.)

BOUILLON. JARDINAGE. Roger Schabol, qui a introduit dans le jardinage la plupart des dénominations usitées dans la médecine et la chirurgie, appelle ainsi de l'eau de fumier simple, ou celle faite avec du crottin de cheval et de la bouse de vache, avec laquelle il veut qu'on arrose les arbres souffrans, pour les fortifier, comme un bouillon de viande fortifie les hommes affaiblis par la maladie.

Ce moyen est quelquefois avantageux; mais il demande à être employé avec prudence, les expériences de Th. de Saussure prouvant qu'il peut devenir dangereux dans un grand nombre de cas. *Voyez* ARROSEMENT. (B.)

BOUILLON BLANC, *Verbascum.* Genre de plantes de la pentandrie monogynie et de la famille des solanées, qui renferme une vingtaine d'espèces tellement rémarquables par leur grandeur et quelquefois par leur abondance, qu'il n'est personne qui ne les connaisse, et que je suis d'autant plus fondé à en faire mention, qu'on en fait fréquemment usage en médecine, et que l'agriculteur intelligent peut en tirer parti, etc. On les appelle aussi *molène, bonhomme.* Les plus communes sont :

Le BOUILLON BLANC OFFICINAL, *Verbascum thapsus,* Lin., qui a la racine pivotante, bisannuelle; la tige droite, cylindrique, presque ligneuse, haute de 4 à 5 pieds; les feuilles alternes, sessiles, même décurrentes, ovales, aiguës, dentées, blanches, fortement velues des deux côtés, souvent longues de près d'un pied ; les fleurs jaunes, larges de près d'un pouce, disposées en épis presque toujours simple à l'extrémité des tiges, et accompagnées de longues bractées lancéolées. Il se trouve dans les champs en friche, autour des maisons, le long des haies, dans tous les endroits où la terre a été remuée. Les sols secs et sablonneux lui conviennent sur-tout beaucoup ; et il s'y voit quelquefois en si grande abondance, qu'il semble qu'on l'a semé exprès. Les bestiaux ne le mangent pas. On regarde toutes ses parties, et sur-tout ses fleurs, comme émollientes, adoucissantes, antispasmodiques, béchiques, vulnéraires et détersives, qualités qu'il est possible qu'elles doivent au principe narcotique propre à toutes les plantes de sa famille. L'usage qu'on en fait en médecine est très-fréquent. Il est employé en Carniole, au rapport de Scopoli, contre une maladie de poitrine des bêtes à cornes. Sa racine cuite peut être mangée et servir à nourrir les bestiaux et les volailles. Ses graines servent, dit-on, dans quelques endroits pour enivrer le poisson. Un cultivateur actif ne doit point laisser perdre les pieds de cette plante qui croissent sur sa propriété, sur-tout lorsqu'elle y est en certaine abondance ; car elle est très-propre à augmenter la masse de ses fumiers, et à être brûlée pour chauffer le four ou en tirer de la potasse. Le moment le plus avantageux pour la faire couper est celui où elle est à moitié en fleur. Je la regarde comme si digne de considération, que je n'hésite pas à conseiller de la semer exprès dans ces sables arides qu'on est dans l'usage de laisser en jachères plusieurs années de suite, soit pour en tirer parti sous les rapports ci-dessus, soit pour l'enterrer à la charrue au bout de la première année. Ses racines épaisses et charnues, ses feuilles nombreuses et aqueuses, ne pourraient, dans ce dernier cas, que porter un principe fertilisant dans le sol au moins pour deux ou trois ans.

Cette plante a assez d'élégance et de beauté pour faire décoration dans les jardins paysagers, où on la place quelquefois en petits groupes à une certaine distance des massifs. La couleur blanche de toutes ses parties contraste avec le feuillage noir des arbres et des arbustes.

Le BOUILLON BLANC LYCHNITE, et le BOUILLON BLANC NOIR, dont le premier a les feuilles ovales, lancéolées, peu velues, et le second les a ovales, pétiolées et encore moins velues, et qui tous deux ont les fleurs blanches, disposées en panicules, croissent exclusivement dans les terrains les plus arides et les plus secs. Ils méritent encore plus, par conséquent, d'être cultivés que le précédent ; mais ils viennent moins hauts, et leurs feuilles sont moins grandes. Les abeilles trouvent sur leurs fleurs d'abondantes récoltes.

Le Bouillon blanc blattaire a les feuilles amplexicaules, oblongues, ridées, glabres, et les fleurs jaunes disposées en épis, le plus souvent solitaires à l'extrémité des tiges. Il est bisannuel et croît dans les bois, le long des haies, dans les sols argileux et ombragés. On en fait usage en médecine comme des précédens. Il s'élève souvent à plus de 2 pieds, mais ne présente pas une masse végétale aussi considérable ; par contre, il est plus svelte dans son ensemble, et peut, par conséquent, convenir mieux dans quelques cas pour la décoration des jardins paysagers. (B.)

BOUILLON D'EAU. Jet d'eau qui s'élève à une très-petite hauteur et qui a une certaine largeur. Il imite assez bien une source vive. *Voyez* Jet d'eau. (B.)

BOUILLOT. On donne ce nom à la Camomille puante. *Voyez* ce mot.

BOUILLOTS. Nom qu'on donne aux ruches dans quelques parties de la France.

BOUIS. *Voyez* Buis.

BOUISSEL. C'est, dans le département de la Haute-Garonne, la trente-deuxième partie d'un arpent. *Voyez* Mesure.

BOUJEAU. Ce nom est donné, dans quelques cantons, à l'assemblage de deux bottes de lin placées en sens contraire, afin de tenir moins d'espace au rouissoire. (B.)

BOULA. C'est le bolel ongulé. (B.)

BOULADO. Nom des réservoirs qui, dans les Cévennes, sont en même temps destinées, et à faire aller un moulin, et à arroser les terres. (B.)

BOULAISE (terre). Sorte de terre forte ou argileuse du département du Cher. Elle est fort difficile à labourer et est peu productive dans les années très-sèches et dans les années très-pluvieuses.

BOULBÈNE. Nom qui s'applique, dans le sud-est de la France, aux terres légères, plus ou moins fertiles. Il est synonyme de terre a seigle.

Ces terres se subdivisent en *boulbène forte,* où l'argile est en quantité notable, et en *boulbène douce,* où l'argile est en moindre abondance. Le calcaire et l'humus s'y remarquent à peine ; aussi la disposition en billons larges et élevés est le premier et le plus puissant des moyens propres à les améliorer, ensuite viennent la marne et les engrais. On en peut tirer de très-bons produits en froment lorsque les années sont humides. (B.)

BOULE. Nos pères permettaient rarement aux arbres et arbustes de leurs jardins de développer leurs formes natu-

relles. Ils croyaient qu'il était mieux de les tailler en boule,
en cône, en pyramide, etc., etc.

Les arbres en boule se taillaient deux fois par an et toujours
le plus près possible du vieux bois : il en résultait que ces arbres
ne portaient ni fleurs ni fruits, et qu'ils restaient faibles toute
leur vie. J'ai vu dans un jardin des tilleuls taillés en boule et
qui étaient âgés de soixante ans n'avoir que 3 à 4 pouces
de diamètre, tandis que d'autres tilleuls du même âge, qui
n'en étaient séparés que par un mur, mais qui, étant plantés
dans le parc, avaient été laissés à eux-mêmes, offraient un
diamètre de 15 à 18 pouces. Les faits de ce genre sont très-
communs. Ils tiennent à ce que les arbres vivent autant par
leurs feuilles que par leurs racines, et qu'en coupant les
branches on diminue le nombre des premières. *Voyez* TAILLE,
ÉLAGAGE, FEUILLES, RACINE.

Heureusement pour l'honneur du bon goût que la mode des
arbres taillés en boule est passée, et que ceux qui se trouvent
encore dans les jardins possédés par des personnes âgées sont
proscrits d'avance par leurs héritiers. Je ne m'étendrai pas, en
conséquence, plus longuement sur ce qui les concerne : je dois
cependant citer un fait rapporté par Tournefort dans un mémoire sur les maladies des plantes, inséré dans ceux de l'Académie des sciences, année 1705. « Dans les pays chauds, dit-
il, les extrémités des arbres taillés en boule se chargent de
TUMEURS qui se carient très-facilement et donnent lieu petit
à petit à la mort de l'arbre. » Je suppose que ces tumeurs
sont analogues à celles qu'on remarque assez fréquemment
sur les quenouilles de poiriers et de pommiers de nos jardins. (B.)

BOULE. *Voyez* POURRITURE DES MOUTONS. (B.)

BOULE DE NEIGE. On donne ce nom à la VIORNE OBIER
dégénérée par la culture. *Voyez* OBIER STÉRILE.

BOULEAU, *Betula*. Genre de plante de la monoécie tétrandrie, et de la famille des amentacées, très-rapproché de
celui de l'AUNE (*voyez* ce mot), lequel renferme huit à dix
arbres d'un grand intérêt, dont l'un est le plus précieux de
l'Europe, à raison du grand nombre d'avantages qu'il réunit.

Le BOULEAU COMMUN, *Betula alba*, Lin., s'élève de 40 à
50 pieds, a le tronc droit, couvert dans sa jeunesse d'un
épiderme blanc, et dans sa vieillesse d'une écorce rude et
crevassée. Il a les branches nombreuses et blanches, les rameaux très-flexibles et grisâtres, les feuilles alternes, pétiolées, deltoïdes, aiguës, inégalement dentées, glabres, et de
moins de 2 pouces de long sur 15 lignes de large. Ses chatons
de fleurs sont solitaires ou géminés, sur des pédoncules
glabres, très-courts et axillaires.

C'est principalement dans les terres où les autres arbres ne profitent pas que croît naturellement le bouleau. Tantôt on le trouve dans les sables les plus arides, où tout ce qui végète est brûlé par le soleil; tantôt il semble disputer la possession des marais les plus fangeux à l'aune et au saule. Rarement on le voit dans les bois situés en bon sol, à moins qu'il n'y ait été planté. Il ne refuse pas de croître dans des craies, où il trouve à peine 6 pouces de terre perméable à ses racines, ni dans les fentes des rochers qui n'ont pas un pouce d'écartement. Il est le dernier arbre qu'on rencontre en avançant vers le pôle et en montant sur le sommet des Hautes-Alpes; il fait par conséquent l'unique ressource de plusieurs peuples pour le chauffage, la bâtisse, etc. Il est d'un beau vert, d'un beau port, d'une branchure élégante, d'un feuillage agréable; aussi produit-il, même l'hiver, des effets propres à être sentis par les hommes les moins exercés. Une de ses variétés, dont les rameaux sont pendans, a, sur-tout pendant cette saison, des avantages marqués sur tous les autres arbres de pleine terre. Il fleurit au commencement du printemps, avant le développement complet de ses feuilles, et ses graines ne sont mûres qu'à la fin de l'été.

L'épiderme du bouleau ne devient blanc qu'à trois ans et ne se lève qu'à cinq; il est fort mince, mais très-fort. On l'a souvent employé pour écrire, avant l'invention du papier, auquel il ressemble beaucoup. Son écorce est épaisse, rougeâtre, solide, presque incorruptible (1), et donne considérablement de chaleur dans son incinération. Les habitans du Nord en tirent un grand parti; ils en couvrent leurs maisons, en font des corbeilles, des vases à contenir des liquides, même propres à faire cuire du poisson dans l'eau, des souliers, des cordes, des torches pour s'éclairer. On en obtient, 1°. par l'infusion, une couleur rougeâtre propre à teindre des filets et autres articles de cette nature; 2°. par la combustion, une huile empyreumatique qui sert à corroyer les cuirs; 3°. par la perforation, une eau légèrement acide, agréable au goût, qui se change en vin, en vinaigre, et dont on fait de l'eau-de-vie. Il sera parlé plus bas en détail de ces deux derniers objets. Enfin on la mange et on l'emploie en médecine pour guérir la gravelle. Sa saveur est aromatique et agréable, mais elle est peu nourrissante, et ce n'est qu'à défaut d'autres alimens, ou pour corriger les mauvais effets du régime de poisson pourri, auquel ils sont presque exclusivement condamnés, que les La-

---

(1) Au rapport de Pline, les Gaulois connaissaient la qualité résineuse du bouleau : *Bitumum ex eâ (betula) Galliæ excoquunt.* Plin. lib. 16, cap. 18.

pons, les Groënlandois, les Kamtchakales et autres peuples de l'extrême nord en font usage. Pour la faire entrer dans leurs mets, ils la réduisent en poudre grossière.

Le bois du rouleau est blanc, tendre, léger. Son grain n'est ni fin ni grossier; il est assez solide. Sec, il pèse 48 livres 2 onces 5 gros par pied cube. Lorsqu'il est vert il se travaille aisément; mais quand il est sec il se mâche sous l'outil. Il brûle bien et dure peu au feu. Son charbon, quoique léger, peut s'employer dans les forges et dans les usines. On en fait de la poudre à canon. Ce bois s'emploie au charronnage et à la bâtisse quand on n'en a pas d'autre. On en fait des ustensiles de ménage de toutes espèces, tels qu'assiettes, gobelets, et autres, des sabots qui sont passablement bons, mais qui prennent l'eau à la longue. Il est sujet à des loupes dont l'intérieur est marbré, et qui sont plus propres que le bois à cet usage. Les jeunes tiges sont excellentes pour faire des cercles pour les tonneaux et les cuves. Ces dernières sur-tout, qui sont plus mûres, si je puis employer ce terme, résistent très-long-temps à l'humidité, sur-tout si on leur a laissé leur écorce, comme on le doit toujours. Avec les brindilles de ses branches on fait les meilleurs balais de ménage qu'on connaisse en Europe, et, sous ce rapport seul, quelque petit qu'il paraisse, le bouleau est d'une grande importance.

On fait aussi des paniers et autres ustensiles analogues avec les mêmes brindilles.

Enfin, les feuilles de bouleau, qui ont une odeur agréable, sont du goût de tous les bestiaux, soit fraîches, soit sèches; aussi peut-on utilement le cultiver, seulement pour la nourriture des moutons. On en tire une couleur jaune propre à la peinture en détrempe et à la teinture des laines, mais dont l'usage est peu étendu.

Tous ces avantages, je le répète, rendent le bouleau un arbre extrêmement utile pour tous les pays où il croît, et extrêmement précieux pour ceux où il croît exclusivement. Il est vrai que dans ces derniers pays ce n'est plus cet arbre très-gros, très-élevé, d'une rapide végétation, qu'on trouve en France; il est tordu, rabougri, au plus de la grosseur du bras, ne croît que de quelques lignes par siècle; mais enfin c'est toujours un bouleau; et tel qu'il est, il satisfait au petit nombre de besoins des habitans; il remplit complétement tous les genres de services auxquels il est propre.

J'ai déjà dit que le bouleau produisait des effets fort agréables dans les jardins dits anglais, par sa forme, sa couleur, la précocité de son feuillage, etc.; c'est sur-tout quand il est isolé et qu'on le regarde de loin, qu'il frappe le plus les amis de la belle nature et les artistes. Souvent je me suis arrêté dans les forêts de Montmorency, de Fontainebleau et autres des environs de Paris, à admirer certains pieds qui marquaient plus que les autres, et dont les brindilles retombaient avec une grâce qu'on ne retrouve pas dans le saule de Babylone et autres arbres à rameaux pendans. On le place ordinairement au troisième rang des massifs; mais il est bon d'en planter quelques-uns au milieu des gazons, soit isolés, soit en petits groupes. Il fait également bien en buisson, que l'on coupe tous les deux ou trois ans.

On multiplie le bouleau de semence, de marcottes, de rejetons et même de boutures, quoiqu'il arrive fréquemment qu'il ne réussisse pas, soit parce qu'on en enterre trop la graine, soit parce qu'elle est desséchée par la hâle.

Lorsqu'on veut faire un semis de bouleau dans un jardin, il faut, au moment même où on vient de cueillir la graine, la répandre sur le sol sans l'enterrer et la recouvrir de mousse ou de paille. L'exposition au nord doit être choisie de préférence. Les plants peuvent être levés dès l'année suivante pour être repiqués à un pied ou un pied et demi de distance, selon la bonté du sol, ou rester deux ans sur la planche, selon qu'on a du terrain, ou selon la destination qu'on veut leur donner. Ils ne demandent que les soins généraux des pépinières.

Par la raison ci-dessus, lorsqu'on veut faire un semis en grand de bouleau, il faut au préalable donner de l'ombrage au terrain, soit par des plantations d'arbres, soit par des plantations de grandes plantes vivaces. (*Voyez* au mot TOPINAMBOUR.) Après quoi on fait passer la herse de fer dessus, et on répand la semence.

Si le terrain destiné à être semé en graine de bouleau ne pouvait se herser, à raison des buissons, des bruyères et des gazons qui s'y trouvent, on l'assujettirait, comme on le pratique depuis nombre d'années, à un léger écobuage; opération qui, dans ce cas, produit toujours des effets fort avantageux.

En général, plutôt que de faire un semis qui, je le répète, manque souvent, on fait arracher du plant de deux ou trois ans dans les forêts où il se trouve abondamment; il reprend assez facilement, et lorsqu'il donne des graines susceptibles de garnir le terrain, ce plant est déjà assez fort pour ombrager.

De tous les regarnis d'arbres dans les forêts celui du bouleau est le plus facile. Il suffit de gratter la surface du sol avec un râteau à dents de fer pour déraciner une partie de la mousse qui le couvre, et d'y jeter la graine à la volée, pour réussir.

Une plantation de bouleau dans un mauvais sol est toujours

une opération très-fructueuse pour le propriétaire. On l'effectue soit en faisant des trous pour chaque plant, soit en creusant des rigoles de 6 à 8 pouces de large et d'autant de profondeur, sans labourer la terre. Si le sol est sec, l'automne devra être préféré; s'il est humide, le printemps sera plus convenable. Le plant sera espacé de 4 à 6 pieds, c'est-à-dire plus rapproché dans les mauvais terrains, et plus écarté dans les bons.

Ainsi faite avec des plants de deux ou trois ans, qui n'ont point été étêtés, et dont les racines n'ont point été raccourcies, une plantation de bouleau n'a plus besoin de soins; mais il faut en éloigner les bestiaux avec la plus grande rigueur. Elle peut être coupée à dix ou douze ans, pour faire des cercles, du bois pour chauffer le four, du charbon, alimenter les verreries, etc. Lorsqu'on emploie du plant de quatre à cinq ans ou plus, il est toujours avantageux de le récéper l'année suivante, pour donner de la force aux racines et leur faire pousser du nouveau bois; et alors, ou l'année suivante, on coupe tous les jets faibles pour n'en laisser qu'un ou deux, ou on abandonne à la nature le soin de faire mourir ceux qui sont de trop, ce qui n'est pas le plus avantageux.

Le bouleau se coupe généralement entre deux terres, parce que chacune des racines isolées, poussant de nouveaux rejets, forme autant de pieds distincts, de sorte que la perte est souvent réparée au décuple. Il n'en est pas de même des vieux pieds; ils se coupent rez terre, parce que leurs racines meurent toujours, ou ne donnent naissance qu'à de faibles rejets qui ne subsistent pas long-temps.

La végétation du bouleau est en général très-rapide, comme je l'ai déjà observé; mais c'est principalement dans sa jeunesse que son accélération se remarque le plus. Il est telle cépée qui s'élève de 8 à 10 pieds la première année. Aussi, dans les mauvais terrains est-il beaucoup plus fructueux de couper ces arbres tous les cinq ou six ans pour en faire du fagotage propre à la fabrication des balais, à chauffer le four, à cuire la chaux, etc., que de les laisser venir en taillis, et encore moins en futaie; cependant, dans ce cas même, il faut toujours conserver des baliveaux de réserve pour la reproduction.

Dans quelques lieux du centre de la France, on tient les bouleaux en têtards, pour pouvoir en couper les branches tous les deux ans, afin de les employer à la fabrication des balais. Cette méthode devrait être plus généralisée; car, sans contredit, les balais de bouleaux sont préférables à tous les autres.

Miller dit avoir vu des terrains dont la location n'était pas d'un schelling (24 sous) par acre et par an, produire 10 à 12 livres sterling chaque douzième année (9 à 10 louis). Je n'ai point eu occasion de pouvoir faire des calculs de ce genre;

mais j'ai vu des terrains d'une si mauvaise nature rapporter des produits avantageux à leurs propriétaires, parce qu'ils étaient plantés en bouleaux, que je ne puis trop engager à en planter ou à en semer.

Je dois prévenir que les bouleaux épuisent plus rapidement la terre que plusieurs des autres arbres; c'est-à-dire qu'ils viennent mal et meurent jeunes dans les lieux où il y en a depuis un grand nombre d'années, ou lorsqu'ils sont trop près les uns des autres; en conséquence il est bon de ne pas les planter seuls. Il faut donc les entremêler de saules marceaux, de cerisiers mahaleb et autres arbres qui se plaisent dans les terres analogues à celles qui lui conviennent.

Je possède en herbier un échantillon d'une variété de bouleau qui se trouve dans la Dalécarlie, en Suède, et dont les feuilles sont découpées comme celles du chanvre. Cette variété doit produire un bien singulier effet.

Cet article sur le bouleau commun ne peut pas être mieux terminé que par les notes suivantes, que Lasteyrie a eu occasion de prendre pendant son voyage dans le nord de l'Europe.

« Les familles de Lapons nomades que nous avons vues en Norwege, à l'est de Drontheim, construisent leurs cabanes avec les tiges du bouleau; ses branches, répandues sur le sol et recouvertes de peaux de rennes, leur servent de siége durant le jour, et de lit pendant la nuit. Ils emploient indistinctement le sapin ou le bouleau pour faire les vases dans lesquels ils conservent le lait, le beurre, l'eau, ou ceux qui leur servent au tannage des peaux. Ils font encore avec le bois de bouleau des brosses, des gobelets, des cuillers, des assiettes, des coffres et autres meubles à leur usage. Ils enlèvent l'écorce de l'arbre et ils en forment des provisions, soit pour allumer journellement le feu, soit pour faire des ceintures ornées avec des plaques de métal; des souliers, des paniers, des nattes, des cordes et des boîtes, dont ils réunissent les différentes pièces avec du fil d'étain. Tous ces produits du loisir et de la patience sont ordinairement exécutés avec plus d'adresse que de goût.

» L'art que les Lapons possèdent le mieux, et celui qu'ils ont porté à sa perfection, est l'art de tanner les peaux. Comme le chêne et les autres arbres qui nous donnent une écorce propre au tannage ne croissent pas dans le nord, les Lapons emploient l'écorce du bouleau au même usage; ils la coupent par petits morceaux, et ils la mettent dans un chaudron avec de l'eau; lorsqu'ils peuvent avoir du sel, ils en ajoutent une poignée par chaque peau de renne qu'ils se proposent de tanner. Après avoir laissé macérer ces substances durant quarante-huit heures, ils les font bouillir pendant une demi-heure, et ils

versent une partie de l'infusion qu'ils ont obtenue sur les peaux
en les frottant avec force; ils les plongent ensuite dans l'infusion, qui doit être tiède, et ils les laissent dans cet état pendant deux ou trois jours; après quoi ils font tiédir de nouveau
la liqueur, et ils y laissent les peaux le même espace de temps.
Ils les font ensuite sécher au grand air, ou auprès du feu dans
leurs cabanes.

» La peau de renne ainsi préparée a une couleur roussâtre;
elle est très-souple, dure long-temps, et se laisse difficilement
pénétrer par l'eau. Les paysans de la Norwege, qui préparent
eux-mêmes le cuir dont ils se servent pour les usages domestiques, emploient également l'écorce du bouleau pour cette
préparation; ils en font aussi une décoction, avec laquelle ils
teignent en brun leurs filets, ce qui leur donne plus de consistance et une plus longue durée.

» Les feuilles et les jeunes branches du bouleau offrent une
nourriture abondante aux troupeaux des Lapons; ceux-ci ne
font aucune provision de fourrages pour la mauvaise saison,
soit par imprévoyance, ou plutôt à cause que leur vie errante
s'oppose à tout soin de ce genre; tandis que les cultivateurs
norwégiens ou suédois ramassent les branches du bouleau
pour affourager pendant l'hiver leurs vaches et leurs moutons.

» On nourrit aussi la volaille dans quelques parties du Nord
avec les jeunes feuilles du bouleau; on les conserve, après les
avoir fait sécher dans des fours ou dans des étuves; et on les
donne aux poules, aux oies et aux canards, en les mélangeant
avec d'autres nourritures. Il nous serait aussi facile qu'avantageux d'employer au même usage une grande quantité de
plantes que nous laissons perdre habituellement.

» Les Finlandais récoltent les feuilles de bouleau pour faire
une infusion, qu'ils prennent à défaut de thé. Les paysans suédois et norwégiens font des paniers avec ses racines, et des
torches avec des bandes d'écorce qu'ils roulent les unes sur les
autres; leurs femmes savent extraire de cette même écorce une
substance insoluble dans l'eau, dont elles se servent pour
enduire les fentes des pots de terre. Elles torréfient légèrement
l'écorce, et elles en obtiennent la substance par la mastica-
tion. Cette écorce, presque incorruptible, imperméable à l'eau
et même à l'humidité, est employée avec avantage pour différens usages économiques. On s'en sert pour couvrir les maisons dans la Norwege; et dans le nord de la Suède on forme
les toits en planches, sur lesquels on pose des écorces de bouleau, qu'on recouvre avec des gazons très-épais. Ces toits
durent long-temps; ils rendent les habitations saines et pitto-
resques.

9 *

» Lorsqu'on pose en terre des pièces de bois pour la construction des maisons, ou qu'on enfonce des pieux pour former un enclos, on entoure avec l'écorce du bouleau la partie du bois qui doit rester en terre; cette enveloppe la garantit de l'humidité, et sert aussi à prolonger la durée de ces sortes de constructions.

» L'écorce de bouleau, mince et flexible, offre aux habitans des campagnes une matière très-propre à faire des semelles de souliers; aussi l'usage en est-il général dans quelques parties de la Suède et de la Norwege. On coud plusieurs plaques d'écorce entre deux semelles de cuir, et l'on a ainsi des souliers moins coûteux, plus chauds et moins sujets à l'humidité que les souliers ordinaires.

» Un voyageur rapporte que certains peuples du Nord, et sur-tout les habitans du Kamtschatka, se servent de l'écorce du bouleau comme d'une substance alimentaire. Ces peuples, moins délicats que les nations civilisées de l'Europe, coupent cette écorce en petits morceaux, et ils la mangent après l'avoir mêlée avec des œufs de poissons. L'écorce de sapin, triturée et mêlée avec la farine d'avoine, sert également à apaiser la faim des paysans norwégiens lorsque la récolte ne peut suffire à leurs besoins journaliers.

» Les habitans des campagnes, en Suède et en Norwege, qui sont industrieux, et qui d'ailleurs peuvent difficilement se procurer les objets nécessaires à leur consommation, exercent dans leurs ménages différentes espèces d'arts. Les femmes emploient l'écorce de bouleau pour donner à la toile une teinte roussâtre, et elles se servent des feuilles pour teindre la laine en jaune.

» Le bois de bouleau, qui croît promptement et qui acquiert une plus grande dureté dans les pays du Nord que dans ceux du Midi, est propre à plusieurs ouvrages, et s'emploie dans différens arts, tels que ceux du tourneur, du tabletier, du menuisier, du charron et du tonnelier; on en fait toutes sortes d'instrumens aratoires, des cercles de roue d'une seule pièce, des échelles, des balais, et des cerceaux qui résistent mieux à l'humidité que ceux de bois de châtaignier.

» Ce bois est très-propre au chauffage, et il est sur-tout employé pour les fours et pour les poêles suédois, où il faut une combustion vive et un brasier durable. Il produit une assez grande quantité de potasse, et son charbon sert à faire une poudre à canon de bonne qualité; enfin il remplace le chêne dans les pays où ce dernier arbre ne peut croître. Gilibert dit, dans ses *Démonstrations élémentaires de botanique*, que les feuilles du bouleau sont la base de la couleur rouge que donne la garance, et qu'en les faisant bouillir avec l'alun on obtient une pâte couleur de safran. Le même auteur ajoute qu'on retire des chatons une espèce de cire et un noir de fumée pour les imprimeurs.

» Je terminerai cet article en parlant des usages auxquels on emploie la sève du bouleau. Les Russes s'en servent pour faire la bière, en place de la liqueur qu'on obtient après avoir fait infuser la drèche dans l'eau chaude ; ils y ajoutent du houblon, de la levure, et lui font subir les manipulations qu'on donne ordinairement à la bière.

» On a fait en Suède, avec cette sève, un sirop qui sucre moins que celui de l'érable, mais qui peut cependant remplacer le sucre dans plusieurs usages domestiques. On a obtenu 6 livres de sirop sur quatre-vingts cannes, ou 240 bouteilles de sève.

» Les habitans du Nord, cherchant à suppléer au vin que la nature leur a refusé, ont appris à composer des liqueurs spiritueuses avec le suc de certaines plantes, de certains fruits indigènes. Ils font, avec la sève du bouleau, un vin blanc et mousseux qui a à-peu-près le même goût que nos vins de Champagne, et qui est réputé très-salubre. On met ordinairement au fond du verre un morceau de sucre, sur lequel on verse la liqueur, afin de produire une plus grande quantité de mousse, ou afin de donner au vin une saveur plus douce et plus agréable.

» On emploie plusieurs méthodes pour obtenir la sève du bouleau. Celle qui est la plus usitée consiste à perforer le tronc de l'arbre à la profondeur d'un ou 2 pouces, et un peu obliquement, de bas en haut. Le trou doit être fait à peu de distance du sol et à l'exposition du midi. Un seul trou suffit, quoiqu'on puisse en faire un plus grand nombre ; mais, dans tous les cas, on doit craindre d'épuiser l'arbre par une soustraction trop abondante de la sève. On ajuste dans chaque trou un tube de bois ou un tuyau de plume, qui sert à conduire la liqueur dans des vases qu'on place au-dessous.

» Quelques personnes coupent l'extrémité des branches de l'arbre, et laissent couler la sève dans des vases destinés à la recevoir. Lorsqu'on a obtenu une quantité suffisante de sève, on bouche les trous avec des chevilles de bois, ou bien on enduit l'extrémité des branches avec de la poix.

» Cette opération se pratique toujours au commencement du printemps, et l'on obtient d'autant plus de sève que l'hiver a été plus rigoureux. Les arbres de moyen âge et ceux qui croissent dans les lieux élevés produisent une plus grande quantité de sève. C'est vers l'heure de midi que cette sève coule en plus grande abondance.

» Si l'on veut conserver l'arbre dans toute sa vigueur, et en retirer chaque année une récolte, il faut arrêter l'écoulement lorsqu'on a obtenu cinq ou six bouteilles de liqueur ; une plus grande extraction épuiserait l'arbre, et pourrait même le faire périr.

» Lorsqu'on a rassemblé une assez grande quantité de sève, on en fait du vin avec une addition de sucre, de levure de bière et d'aromates ; on met sur cinquante bouteilles de sève 6 ou 8 livres de cassonnade ; on fait bouillir ce mélange à un feu également soutenu, jusqu'à ce qu'il soit réduit aux trois quarts, ayant soin d'enlever l'écume qui se forme à la surface ; on passe la liqueur à travers une flanelle ; on la met dans un tonneau ; on y ajoute, lorsqu'elle est encore tiède, de six ou sept bouteilles de vin blanc, et deux cuillerées à bouche de levure de bière ; on jette dans le tonneau six citrons coupés par tranches, et dont on a ôté les pepins. On peut aromatiser cette liqueur avec de la cannelle, de la muscade, des clous de girofle, etc. Quelques personnes y mettent, au lieu de sucre, du miel ou des raisins secs. On laisse fermenter la liqueur pendant vingt-quatre heures, après quoi on la verse dans un tonneau qui a contenu du vin. Ce tonneau étant bien fermé est déposé dans une cave où on le laisse pendant trois ou quatre semaines ; le vin ayant alors fini son travail, on le soutire et on le met dans des bouteilles dont les bouchons doivent être goudronnés.

» Si le règne végétal offre des plantes dont les usages économiques soient d'une importance plus grande que ceux du bouleau, il n'en existe aucune qui puisse lui être comparée par la multitude et la variété de ses usages. »

Pour obtenir l'huile empyreumatique avec laquelle les Russes préparent les cuirs appelés *cuirs de Russie*, et dont on fait un si grand commerce, on brûle très-lentement le bouleau, lorsqu'il est en sève, dans des espèces de fourneaux. L'huile ou plutôt la résine qui abonde dans toutes ses parties, et surtout dans son écorce, coule avec la partie aqueuse et l'acide pyroligneux, par des conduits ménagés à cet effet dans des réservoirs pratiqués autour du fourneau. C'est dans ce mélange que l'on met les peaux. L'odeur forte de cette huile se conserve long-temps dans les cuirs qu'on a préparés par son moyen.

Outre le bouleau commun dont il vient d'être question, les botanistes en connaissent encore huit autres espèces, dont plusieurs sont des arbres beaucoup plus grands. On cultive dans les jardins de Paris les espèces suivantes :

Le Bouleau noir, qui a les feuilles coriaces, en cœur, rhomboïdales, doublement et largement dentées, au moins longues de 3 pouces et larges de 2, légèrement velues sur leur pétiole, et en dessous sur leur nervure ; l'écorce de ses rameaux est glabre, noire, ponctuée de blanc. C'est un des plus grands

arbres de l'Amérique septentrionale. Son port est fort différent de celui du bouleau commun, ses branches formant un
angle aigu avec le tronc, et ses feuilles étant toujours relevées.
On le multiplie de semences fournies par des pieds que j'ai
réservés dans les pépinières de Versailles. On le multiplie
aussi par marcottes et par greffes en écusson à œil dormant,
qui réussissent fort bien.

Il existe dans les jardins de Versailles un bouleau à qui la
description du bouleau noir, telle qu'elle a été donnée par
Linnæus, convient assez, mais qui est une espèce fort différente. Il a les feuilles de moitié plus petites, bien moins
aiguës, bien plus velues sur leur pétiole et leurs nervures inférieures. Le bois des jeunes rameaux est brun, sans taches et
très-velu. Je l'appellerai BOULEAU BRUN, *betula fusca*. Ses
chatons sont allongés; j'ignore s'il s'élève beaucoup. Il vient
d'Amérique et fructifie abondamment.

C'est le bouleau noir, qui est principalement connu sous le
nom de *bouleau à canots*, parce qu'on emploie son écorce au
Canada pour fabriquer les bateaux de ce nom. Cette écorce
passe pour incorruptible. On fait un grand usage de son bois
dans la construction des maisons, des vaisseaux, etc.

Le BOULEAU LANUGINEUX a les feuilles en cœur allongé,
doublement dentées, même presque lobées, velues, ou mieux
lanugineuses en dessus et en dessous, longues de près de 3
pouces sur 2 de large. Les pétioles et les jeunes rameaux sont
encore plus velus que les feuilles; il est originaire de l'Amérique septentrionale, et n'est cultivé, à ma connaissance, que
chez Cels. Ce bouleau paraît devoir être un fort grand et bel
arbre, très-distinct de tous les autres, et sur-tout du suivant,
sous le nom duquel ses graines ont été envoyées.

Le BOULEAU A PAPIER a les feuilles ovales, aiguës, presque
également dentées, très-légèrement velues sur leurs nervures
et leurs pétioles; son bois est brun et légèrement velu; il a
beaucoup de rapports avec le bouleau commun, et donne
comme lui du papier par l'exfoliation de son liber. J'ai un
morceau de ce papier, de près d'un pied de long sur 3 à 4 pouces
de large sans aucun trou, qui m'a été donné par Michaux.
C'est principalement de lui, dit-on, que les habitans de l'A-
mérique septentrionale tirent une liqueur bien plus abondante
et bien plus sucrée que celle qu'on obtient dans le nord de
l'Europe du bouleau commun, qui sert de boisson, soit
fraîche, soit fermentée, et qui, par la simple évaporation,
fournit un sucre d'assez bonne qualité. J'ai lieu de croire
qu'on l'appelle dans quelques cantons de son pays natal *bouleau à canot*, parce qu'on en fait le même usage que du pré-

cédent: en effet, c'est un grand arbre dont le bois est propre à une infinité d'usages.

Le Bouleau a feuilles de peuplier a les feuilles en cœur, très-allongées ou acuminées, doublement et inégalement dentées, longues de plus de 3 pouces sur plus de 2 de large ; leurs pétioles et leurs nervures sont sans poils, mais parsemés de glandes jaunâtres; leur couleur est d'un vert très-clair ; ses jeunes rameaux sont fauves, avec des tubercules blancs ; il est originaire de l'Amérique septentrionale. Son aspect le rapproche si fort du bouleau commun, qu'il faut être prévenu ou les voir l'un à côté de l'autre pour les distinguer. On doit croire qu'il donne du papier comme le précédent, peut-être même est-il le véritable *bouleau à papier* des Américains, et un des bouleaux à canots. On cultive beaucoup de pieds de ce bouleau dans les pépinières à Versailles, et il y donne des graines abondamment.

Le Bouleau a feuilles de merisier, *Betula lenta*, Lin. ; *Betula carpinifolia*, Michaux, a les feuilles en cœur, oblongues, dentées, longues de plus de 2 pouces sur un de large ; leurs pétioles et leurs nervures sont légèrement velus et pourvus de glandes. C'est un arbre de l'Amérique septentrionale, dont on fait un grand usage pour la charpente et pour la menuiserie. J'en ai vu de très-beaux pieds en Caroline. Lorsqu'on mâche ses jeunes bourgeons, on leur trouve une saveur et une odeur fort agréable, qu'on ne peut comparer à aucune autre. On m'a dit qu'on en faisait une très-bonne liqueur de table; mais je n'ai pas réussi à imprégner de cette saveur et de cette odeur l'eau-de-vie dans laquelle j'en avais fait infuser des morceaux. Malesherbes dit que cette espèce ne peut se greffer sur le bouleau commun ; et cela est facile à croire. Tous les pieds que je connais, et ils sont en grand nombre, viennent de graines.

Le Bouleau très-élevé a les feuilles ovales, aiguës, dentées; les lobes latéraux des écailles des chatons arrondis; les pétioles pubescens plus courts que les pédoncules; il parvient à une très-grande hauteur dans l'Amérique septentrionale, dont il est originaire : je n'en ai vu que de jeunes pieds. Ses feuilles sont presque toujours contournées; leur longueur est d'environ 3 pouces sur un et demi de large ; elles se rapprochent de celles du charme.

Le Bouleau a feuilles de marceau, *Betula pumila*, Lin., a les feuilles presque ovales, crénelées, pourvues de quelques poils en dessus, très-velues en dessous, longues de 15 lignes et larges de 10; leurs pétioles et leurs nervures sont très-garnis de poils, ainsi que les jeunes rameaux. Il est originaire de l'Amérique septentrionale, s'élève à 12 ou 15 pieds, et ne se cultive que dans les jardins de botanique.

Le BOULEAU NAIN a les feuilles orbiculaires, crénelées, très-glabres, et au plus de 6 à 8 lignes de diamètre. C'est un petit arbrisseau des marais du nord de l'Europe et de l'Amérique septentrionale, qui ne s'élève qu'à quelques pieds, et dont les branches sont toujours couchées : on s'en sert pour brûler ; on ne le cultive que dans les jardins de botanique.

Je possède dans mon herbier des échantillons du *betula frutescens* de Pallas : un seul pied est cultivé dans le jardin du Muséum d'histoire naturelle ; il diffère peu du précédent, ses feuilles sont seulement un peu en cœur et presque entièrement glabres.

J'ai rapporté de Caroline le BOULEAU LANULEUX de Michaux, dont les feuilles sont ovales, deltoïdes, un peu aiguës, doublement dentelées, longues de 18 lignes sur 10 de large ; dont les pétioles et les nervures inférieures sont très-velues ; ses chatons sont ovales et très-velus ; c'est un très-grand et très-bel arbre qui vient dans les endroits humides, et du bois duquel on tire un bon parti : ses graines n'ont pas levé en France. (B.)

BOULECH. Nom de la CAMOMILLE DES CHAMPS aux environs de Toulouse. Cette plante est la peste des moissons dans une partie des départemens méridionaux. (B.)

BOULERAIS. C'est un terrain planté en BOULEAUX.

BOULET. VÉTÉRINAIRE. Articulation inférieure du canon avec le paturon. On appelle *fanon* la touffe de poils qui se remarque à la partie postérieure du boulet, et au milieu de laquelle on trouve dans les chevaux fins une production cornée. Cette production manque ordinairement dans les chevaux communs. Un boulet dans un cheval fin doit être net, c'est-à-dire point engorgé, ou doit avoir sous la peau la trace des ligamens internes qui l'assujettissent, et le fanon ne doit présenter qu'une touffe de poils peu abondante. Dans tout cheval bien fait, une ligne perpendiculaire qui passerait à la face antérieure du boulet, doit tomber à-peu-près sur les talons du pied ; si elle tombe vers la partie antérieure du biseau de la couronne, le cheval est dit *droit sur ses boulets*, et mieux *droit sur ses membres* : ce défaut annonce qu'il est déjà ruiné et ôte considérablement de sa valeur ; si le pied est encore plus dévié en arrière on dit que le cheval est *bouté* ou *bouleté*, défaut qui le rend impropre à presque tous les services, et de nulle valeur.

Les animaux qui ont le paturon court sont plus exposés que les autres à être droits sur leurs membres, et ce n'est pas chez eux un aussi grand défaut ; seulement ils sont moins agréables pour le service de la selle. Ceux qui au contraire ont le paturon long ont le boulet placé plus en arrière ; ils sont plus doux dans leurs réactions, mais aussi ils se fatiguent plus vite, et ont besoin d'être plus ménagés : c'est donc un autre défaut, et quand ces animaux viennent à être droits sur leurs membres, ils sont tout-à-fait impropres au service de la selle : ce seraient de vrais casse-cous

Quelquefois la face antérieure du boulet est un peu tournée en dehors ou en dedans : ce sont deux autres défauts qui tiennent à une mauvaise conformation des extrémités ; le pied participe encore plus de ces dispositions vicieuses. Quand ce sont les extrémités antérieures qui sont ainsi conformées, on dit, dans le premier cas, que le cheval est *cagneux*, dans le second, qu'il est *panard*. Rarement les pieds de derrière sont tournés en dedans ; c'est presque toujours en dehors qu'ils le sont, et l'on dit que l'animal est *clos du derrière* : c'est un très-léger défaut. Si au contraire un pied ou les deux sont tournés en dedans, c'est un défaut capital qui indique une conformation tout-à-fait vicieuse et qui doit faire rejeter l'animal de tout service un peu fatigant.

A la face interne des boulets, soit antérieurs, soit postérieurs, le poil est quelquefois coupé, usé, sans que la peau soit attaquée ; quelquefois aussi elle est entamée : cela provient de ce qu'en marchant le cheval s'attrape avec le pied opposé et se blesse avec le fer ; on dit alors que le cheval *s'entretaille, se coupe* : c'est un défaut qui indique toujours ou un manque d'aplomb dans les extrémités, ou une faiblesse dans les reins ou dans les extrémités antérieures et qui doit le faire rejeter du service de la selle.

On voit encore dans certains chevaux des blessures à la face postérieure des boulets antérieurs ; c'est quand l'animal s'attrape avec les pieds postérieurs : ces blessures sont celles qu'on appelle des ATTEINTES. *Voyez* ce mot.

Le boulet est sujet à des luxations, à des efforts ou entorses : ces accidens le rendent douloureux, empâté ; et, quand ils n'ont pas été bien soignés, font quelquefois boiter l'animal après un exercice ou un travail un peu fort ; ils donnent lieu alors aux BOITERIES dites de vieux mal : pour la manière de les traiter. *Voyez* les mots qui les indiquent. (Huz. fils.)

BOULETÉ ou BOUTÉ (cheval). Se dit d'un cheval dont le boulet dépasse la couronne et même quelquefois la pince. Ce vice dépend de beaucoup de circonstances, ou plutôt d'un concours de circonstances défavorables, comme, par exemple, d'une entorse, d'une mauvaise ferrure qui aura fait boiter

l'animal, d'une maladie du pied qui l'aura tenu long-temps à
l'écurie ; il rend le cheval ainsi conformé de nulle valeur, en
le mettant hors d'état de rendre des services. *Voyez* le mot
Boulet.

Le cheval bouleté doit être ferré d'une manière particulière.
Voyez au mot Ferrure. (Huz. fils.)

BOULIN On appelle ainsi dans quelques cantons les trous
qu'on pratique dans les colombiers pour que les pigeons y
pondent et y élèvent leurs petits. *Voyez* Colombier. (B.)

BOULINGRIN. Mot emprunté de l'anglais et francisé, pour
désigner un terrain semé avec de l'herbe fine très-serrée que
l'on coupe plusieurs fois dans l'année, et sur laquelle on fait
aussitôt après passer un rouleau de pierre afin de tenir le terrain aplati, et même quelquefois sur l'herbe ; en un mot, tout
tapis vert forme le boulingrin, sur-tout s'il est arrondi, pour
répondre à la signification du mot anglais, composé de deux
mots ; savoir, de *bowling*, qui veut dire *rond*, et *green*, qui
signifie *pré*, *verdure*.

En France, le mot boulingrin a une signification différente :
on nomme ainsi certains renfoncemens et glacis couverts de
gazon. La forme de ces renfoncemens et des glacis qui les
accompagnent varie suivant la main qui les trace. Souvent
la superficie de ces renfoncemens est coupée par de petits sentiers sablés de différentes couleurs, et forment des compartimens. Ce genre de décoration suppose un pays où les chaleurs sont peu fortes, les pluies ou l'humidité assez abondantes, et il est presque impossible d'en former dans les
provinces méridionales du royaume.

Les boulingrins sont simples ou composés. Les simples sont
en gazon ; les composés sont garnis de sentiers, de plates-
bandes, et les plates-bandes enrichies de fleurs, d'arbustes.
Leur véritable place est dans les bosquets, au milieu d'une
forêt, dans un parc, près des parterres, ou mêlés avec le parterre : alors l'émail des fleurs contraste à merveille avec leur
agréable verdure. (R.)

BOULOIR. Perche terminée par un renflement de la grosseur du poing, avec laquelle les pêcheurs chassent le poisson
de ses retraites pour le forcer à se jeter dans leurs filets.
Voyez Pêche. (B).

BOULURE. Dans la ci-devant Champagne, c'est le nom des
rejets ou accrus qui poussent sur les racines des arbres. (B.)

BOUQUET. Petite branche chargée de fleurs ou de fruits,
ou réunion artificielle de plusieurs fleurs.

Il fut un temps où l'on coupait les fleurs aussitôt leur épanouissement pour les porter sur soi, ou les mettre dans des
vases pleins d'eau : ainsi elles se fanaient et se desséchaient

en peu de minutes, en peu d'heures, en peu de jours, et ne remplissaient qu'instantanément le but qui les faisait cultiver.

Aujourd'hui cet usage est beaucoup tombé de mode. Les hommes ne portent plus de bouquets, et les belles fort rarement. On préfère avoir dans son appartement des plantes en pots, qui y restent pendant toute la durée de leur floraison, à des fleurs coupées et tenues dans l'eau, qu'on est obligé de changer presque tous les jours, et qui y perdent la plus grande partie de leur aspect et de leur odeur agréable. Grâce soit rendue à la mode, puisqu'elle est, dans cette circonstance, conforme à la raison.

Je ne prétends pas cependant blâmer ceux, encore moins celles qui cueillent des fleurs pour jouir de leur odeur ou de leur beauté hors du lieu où elles végétaient, car je me condamnerais moi-même. L'excès seul est un mal dans ce cas comme dans tant d'autres. (B.)

BOUQUET ou **NOIR MUSEAU**. Médecine vétérinaire. Cette maladie reçoit un nom différent dans chaque province. Ici elle est connue sous la dénomination de *bouquin*, de *biquet*, de *barbouquet*, de *faux museau*, de *charbon*, de *faux nez*, de *poëre* : là, sous celle de *verveine*, de *feu sacré*, etc. C'est une espèce de gale qui affecte ordinairement le tour des lèvres, le nez ou le museau des brebis, et qui s'étend quelquefois jusqu'aux yeux et aux oreilles. Quand cette maladie est récente, elle se guérit en frottant seulement une fois par jour la partie affectée avec un onguent de soufre et d'huile d'olive ; si au contraire elle est invétérée, elle est plus rebelle au traitement ; il faut pour lors frotter l'endroit malade avec un mélange d'huile, de soufre et de poudre d'ellébore noir et d'euphorbe.

Ce mal survient aussi aux lèvres et quelquefois dans l'intérieur de la bouche des agneaux et des chevreaux. Il est souvent mortel pour ceux qui tetent. On ignore encore la cause de cette affection ; elle est bien souvent enzootique et paraît alors provenir d'un état particulier des pâturages où sont conduits les animaux.

Cette maladie paraît se communiquer. Les bêtes qui en sont attaquées sentent continuellement une vive démangeaison, qui les oblige à se frotter contre les râteliers, les mangeoires, les murs, etc. ; elles y laissent des croûtes et une espèce d'humeur séreuse qui suinte des parties malades ; les autres bêtes en cherchant à manger au râtelier touchent de leurs lèvres la matière qui les couvre, s'en imprègnent, et en quelques jours une grande partie du troupeau est affectée. Dès qu'on s'aperçoit de la maladie, il faut séparer les bêtes malades et interdire toute communication avec les bêtes saines.

Quand la maladie est ancienne, il paraît que toute substance irritante appliquée sur les endroits malades change la
nature de la maladie, produit une inflammation pure et
simple qui se termine par suppuration ou résolution ; il est
donc bon de frotter le museau de l'animal avec du vinaigre,
avec de l'eau fortement salée, avec un mélange d'ail pilé et
de poivre. (Huz. fils.)

BOUQUET PARFAIT. C'est l'œillet de poëte. *Voyez*
OEILLET.

BOUQUETIN. *Voyez* Bouc.

BOUQUETTE. C'est le sarrasin dans les parties septentrionales de la France. *Voyez* SARRASIN.

BOUQUIN. Vieux bouc et vieux lièvre. *Voyez* CHÈVRE et
LIÈVRE.

BOURACHE. *Voyez* BOURRACHE.

BOURAIS. On donne ce nom, dans le département d'Indre-
et-Loire, aux terres argileuses, compactes, profondes, qui
reposent sur une argile ferrugineuse. (B.)

BOURBILLON. Flocon fibreux qui se forme dans les javarts,
les furoncles, les clous, etc., et qu'on a pris souvent pour un
animal du genre FILAIRE. *Voyez* JAVART. (B.)

BOURBONNAISE. Variété double et rouge de la LYCHNIDE
DIOIQUE.

BOURDAINE. *Voyez* BOURGÈNE.

BOURDE. Mélange de sel marin et de soude qu'on emploie
dans la fabrication du savon et du verre à bouteille.

La soude fabriquée avec la VAREC est une bourde naturelle.

La potasse retirée des cendres des foyers où l'on fait évaporer
l'eau des fontaines salées, en est aussi. (B.)

BOURDELAIS. Variété de RAISIN. *Voyez* VIGNE.

BOURDINE. *Voyez* PÊCHE.

BOURDON, *Bombus*. On donne vulgairement ce nom à
des insectes de l'ordre des hyménoptères, que Linnæus avait
confondus avec les ABEILLES, mais que Latreille en a séparés
pour en faire un genre particulier, auquel il a conservé la
même dénomination.

On l'applique également, dans les ouvrages d'agriculture,
aux mâles des abeilles domestiques, parce qu'ils sont plus
gros, et font plus de bruit en volant que les ouvrières.

Je ne parlerai ici des bourdons proprement dits que parce
qu'ils sont généralement connus dans les campagnes, et que
pour rappeler que presque tous les insectes de leur famille
rendent de grands services à l'agriculture, en facilitant la
fécondation des plantes par leur perpétuelle affluence sur les
fleurs ; car, quoique presque tous fassent de la cire et du miel,

leurs sociétés sont trop peu nombreuses, et leurs retraites trop difficiles à découvrir, pour pouvoir être de quelque utilité.

Ces insectes offrent trois sortes d'individus dans leurs sociétés, comme les abeilles domestiques; savoir, des mâles plus petits et sans aiguillons, des femelles très-grosses et des mulets moyens; mais il y a quelques différences dans leur manière d'être respective. Ici la société est peu nombreuse, composée, dans la mieux partagée à cet égard, de cent ou deux cents individus, et souvent de moins d'une douzaine; et elle est dissoute par l'hiver, c'est-à-dire que les femelles seules survivent à cette saison pour pouvoir propager l'espèce l'année suivante. Pour cela il a fallu que cette femelle fût fécondée avant la mort des mâles, et que les mâles et les femelles ne fussent créés qu'à la fin de l'automne pour avoir moins de chances de destruction à craindre. Voilà comme les choses se passent.

Les femelles abandonnent le nid où elles ont pris naissance, ou mieux n'y retournent plus dès qu'elles en sont sorties pour se faire féconder (car cette opération se passe dans l'air, ainsi que je l'ai plusieurs fois observé), et se cachent pendant les froids dans les trous de mur, dans les fentes des arbres et autres lieux, où elles sont à l'abri de la pluie et des vents. Elles ne mangent point alors; mais dès que la température est un peu douce, que le soleil se montre, elles sortent pour aller butiner sur les fleurs de la saison, et commencent à fabriquer un nid, à construire des alvéoles ovales, semblables à un dé à coudre, et irrégulièrement placées à côté les unes des autres, où elles pondent successivement des œufs destinés à fournir des mulets de grande et de petite taille, dont elles nourrissent les larves jusqu'à ce que le développement de ces mulets leur donne des aides et les dispense enfin de ce soin. C'est pourquoi au printemps on ne trouve que des femelles dans les campagnes, et qu'en été on ne voit que des mulets. A la fin de l'été, la mère bourdon cesse sa ponte d'ouvrières, qu'elle remplace par des œufs de mâle, et les ouvrières fabriquent de grandes alvéoles, où elle ne tarde pas à pondre des œufs de femelles. Les époques de ces opérations varient selon le climat ou selon la chaleur circonstancielle de la saison. Ce qu'on a vu dans l'histoire des abeilles domestiques s'applique avec assez d'exactitude aux bourdons pour qu'il soit superflu de le répéter.

Les espèces de bourdons les plus communes sont :

Le Bourdon terrestre, qui est noir, avec une bande jaune transversale sur le corcelet et sur la partie antérieure du ventre, et qui a l'extrémité du ventre blanc. La femelle a quelquefois un pouce de long. Il fait son nid sur la terre, et le couvre de mousse. Réaumur a donné son histoire dans le sixième volume de ses Mémoires. On voit rarement plus de cinquante à soixante individus dans ces nids. Les faucheurs, qui en trouvent fréquemment, savent qu'il y a toujours quelques alvéoles pleines de miel, et ne manquent pas d'en faire leur profit : les enfans tuent fréquemment cette espèce pour avoir la vésicule de miel qui est dans son ventre, vésicule qui, quand elle est pleine, a près de 2 lignes de diamètre.

Le Bourdon cavoseux a le corcelet jaune, avec une bande transversale noire, et le ventre noir, avec la partie antérieure jaune et l'extrémité blanche. Il vit dans la terre et les trous des murs et des rochers. On le trouve rarement aux environs de Paris, mais très-fréquemment dans les parties méridionales de la France. Il diffère fort peu du bourdon ruderate de Fab. ; mais si l'insecte que j'ai sous ce dernier nom est lui, il forme certainement une espèce distincte, quoique encore inconnue des naturalistes. La longueur du mulet, seule sorte que je possède, est de 6 à 7 lignes.

Cette espèce offre des sociétés plus nombreuses qu'aucune des autres que je connaisse. Elles sont quelquefois de plus de deux cents, et font des provisions de miel d'une demi-livre de poids, d'une saveur particulière, mais agréable. Plusieurs fois j'ai démoli, dans ma jeunesse, des portions de mur pour les récolter. Elle pourrait suppléer en partie l'abeille domestique; mais comme, ainsi que chez les autres bourdons, il n'y a que les femelles qui se conservent l'hiver, il est presque impossible de les rendre domestiques.

Le Bourdon des pierres, qui est noir, avec l'extrémité du ventre fauve. Il fait son nid sous les pierres.

Le bourdon des mousses, qui est fauve, avec le ventre moins coloré. Il fait son nid dans la mousse. (B.)

BOURDON MUSQUÉ. Variété de poire.

BOURDON DE SAINT-JACQUES. *Voyez* Alcée.

BOUREGS. C'est la même chose qu'un antenois. *Voyez* Brebis.

BOURET. Boeuf à poil rouge et blanc, qu'on préfère dans le département des Deux-Sèvres.

BOURRET. Nom d'une race de boeufs du Cantal, qui donne peu de suif, mais dont la chair est excellente. (B.)

BOURETTE. Nom des génisses de deux ans dans la ci-devant Auvergne. *Voyez* Vache.

BOURGÈNE. Arbuste du genre des nerpruns, qui croît fréquemment dans les lieux humides et dont le bois fournit le charbon le plus léger de tous les bois indigènes. On l'appelle aussi bourdaine et aune noir, *Rhamnus frangula*, Lin. *Voy.* au mot Nerprun.

Le tronc de la bourgène a quelquefois 8 à 10 pieds de haut

et la grosseur du bras. Son écorce est brune et unie; ses rameaux alternes, grêles et peu nombreux; ses feuilles sont alternes, pétiolées, ovales, aiguës, dentées, glabres, longues de 2 pouces sur un de large; ses fleurs, petites, verdâtres, naissent solitaires, ou deux ou trois ensemble, de l'aisselle des feuilles supérieures, et s'épanouissent à la fin du printemps; ses fruits sont des baies d'abord vertes, ensuite rouges et enfin noires, d'environ 2 lignes de diamètre.

L'écorce inférieure de la bourgène est jaune, un peu gluante, d'une odeur désagréable et d'une saveur amère. Fraîche, elle est détersive et émétique. Desséchée, elle est apéritive et purgative. Dans les deux cas son emploi est dangereux et doit être guidé par des mains exercées. On en obtient, par la décoction, une mauvaise couleur jaune. Avec son fruit, qui partage les propriétés de l'écorce, on fait un *vert de vessie*; mais il est moins bon que celui fabriqué avec les baies des *nerpruns cathartique* et *puant*, et en conséquence on l'emploie peu.

La bourgène a le bois blanc, tendre et cassant. Il ne sert guère qu'à brûler; cependant on en fait, dans quelques lieux, en les fendant en lanières, des paniers fort légers et fort propres à contenir des bourriches. On en fait aussi des ALLUMETTES d'excellente qualité. Son charbon, comme je l'ai déjà dit, est le plus léger des indigènes, aussi est-ce lui qu'on préfère pour la fabrication de la poudre à canon; ce qui fait qu'on la met souvent en réquisition pour le service du gouvernement.

La fabrication de ce charbon diffère de la manière commune. On creuse une fosse de 6 pieds de profondeur sur autant de longueur, au fond de laquelle on allume quelques fagots, et lorsqu'ils sont bien en feu on y jette successivement la bourgène coupée en bâtons de 3 à 4 pieds de long. Il faut ordinairement trente-six heures pour remplir la fosse de charbon, et pendant ce temps on ne doit pas discontinuer un instant de la charger. Lorsque la bourgène est sèche, il faut moins de temps, mais il y a plus de perte. En général on l'emploie à demi sèche. La fosse pleine, on la recouvre exactement de gazon ou simplement de terre, et deux ou trois jours après on enlève le charbon. J'observe de plus que quand le charbon a été mouillé il perd beaucoup de sa qualité, qu'en conséquence il faut d'autant plus le charger de couverture que le temps est plus disposé à la pluie. Dans les manufactures de poudre, cette opération se fait toujours à l'abri, dans des fosses revêtues de briques, et on ne perd rien; mais les frais de transport obligent souvent de la faire sur le lieu même, et alors il faut abandonner ce qui est sali par la terre et ce qui est réduit en poussière. Il y a, ainsi que je l'ai observé, près d'un tiers de perte. Cent livres de bois ne fournissent que 12 livres de charbon dans la meilleure fabrication. Ce charbon est intermédiaire entre celui fabriqué pour les forges et entre la BRAISE. *Voyez* ce mot.

La bourgène, étant peu garnie de branches et de feuilles, produit de maigres effets dans les jardins d'agrément, en conséquence on l'y emploie rarement ; cependant comme elle a l'avantage de croître à l'ombre des autres arbres, et qu'elle aime les terrains humides, il est quelquefois utile d'y en placer. On la multiplie ordinairement de graines, qu'on sème, à leur chute de l'arbre, dans un endroit frais et dans une terre légère. Souvent, malgré ces précautions, elle ne lève que la seconde année. Le plant se repique à sa seconde année, et n'est propre à être mis en place qu'à sa quatrième ou cinquième. On peut aussi la reproduire de marcottes et, dit-on, de boutures ; mais on emploie rarement ces moyens.

La bourgène est plus ou moins abondante dans les bois, sur-tout dans les montagnes des parties moyennes de la France ; mais je ne l'ai jamais vue y dominer, et encore moins par conséquent former seule un bois. Elle est réputée *mort-bois* dans l'administration forestière, et est abandonnée aux usagers dans les pays où elle n'est pas employée par le gouvernement. Le feu qu'elle donne a peu de chaleur et de durée.

La BOURGÈNE DES ALPES est un arbuste de 5 à 6 pieds de haut et peu branchu, dont les feuilles sont alternes, pétiolées, ovales, dentées, glabres, coriaces, et les fleurs petites, ramassées en bouquets dans les aisselles des feuilles supérieures. Elle croît sur les montagnes élevées de l'Europe. Les touffes d'un beau vert et bien garnies qu'elle forme la rendent très-propre à orner les jardins paysagers, où elle se place sur le second rang des massifs. Toute terre lui convient, pourvu qu'elle ne soit pas marécageuse.

La BOURGÈNE DE BOURGOGNE a les feuilles plus grandes, plus rondes, plus plissées que celles de la précédente. Elle croît sur les montagnes des environs de Dijon. On la cultive, comme la précédente, dans les pépinières des environs de Paris.

La BOURGÈNE NAINE, *Rhamnus pumilus*, Lin., s'élève de 2 à 3 pieds, est très-rameuse ; ses feuilles sont alternes, pétiolées, ovales, dentées, un peu velues ; ses fleurs, verdâtres et ses fruits noirs. Elle croît sur les montagnes élevées de l'Europe. Son aspect est moins beau que celui des deux dernières, aussi la voit-on plus rarement dans les jardins.

La BOURGÈNE GLANDULEUSE s'élève à 8 ou 10 pieds, a les feuiles alternes, pétiolées, ovales, obtusément dentées, glabres, luisantes, d'un vert foncé, avec deux glandes à leur base. Elle est originaire des Canaries, et se cultive dans les jardins des environs de Paris, sous le nom de *bourgène toujours verte*, parce qu'elle conserve ses feuilles la plus grande partie de l'hiver. C'est un très-agréable arbuste, qui mérite d'être recherché pour l'ornement des jardins paysagers, où il se place au second rang des massifs, ou isolé au milieu des gazons. Toute terre paraît lui convenir, mais il profite davantage dans celle qui est substantielle et fraîche sans être humide. Il ne craint point les hivers ordinaires du climat de Paris. On le multiplie très-facilement de marcottes, qui prennent racines en peu de mois, et qui sont dans le cas d'être transplantées à demeure dès l'hiver suivant. Si, comme je le présume, les bestiaux mangent ses feuilles, il augmentera le nombre des arbustes utiles à multiplier dans les mauvaises terres pour servir en même temps de fourrage et de chauffage, car il en fournit immensément, et il croit avec une grande rapidité. Tous les pieds que j'ai vus étaient mâles, quoique Aiton dise qu'il est hermaphrodite ; cependant il est très-probable que l'espèce dont il est ici question est la sienne. (B.)

BOURGEON. Bien des auteurs, voulant désigner ces petits corps que l'on remarque entre la branche et le pédicule des feuilles, emploient indifféremment les trois mots *œil*, *bouton* et *bourgeon*. De là naît une espèce de confusion qui nous rend incertains sur ce qu'ils veulent dire. Pour éviter ce reproche, nous y mettrons cette distinction que la nature a si bien su leur donner.

L'*œil* est ce petit filet verdâtre, pointu, et qui n'est, pour ainsi dire, que le germe du bouton. *Voyez* le mot OEIL.

Le *bouton* est ce même germe développé, porté déjà sur une tige ligneuse, encore tendre, et qui, par sa forme, annonce si l'on peut fonder sur lui ses espérances. *Voyez* BOUTON.

Le *bourgeon* enfin est ce même bouton beaucoup plus développé, plus avancé, dont la tige a acquis de l'accroissement tant en grosseur qu'en longueur. C'est une jeune pousse, une branche naissante non encore ligneuse ; en un mot c'est la pousse d'une année, qui a eu pour mère une branche, pour père un bouton, et pour nourrice une feuille.

Trois saisons bien distinctes sont nécessaires à l'entier développement du bourgeon. Le commencement de l'été voit naître l'œil ; il croît, acquiert de la force, et devient bouton en automne. Enfin, vers la fin de l'hiver, lorsque la chaleur développe tout, le bouton grossit, se développe et devient bourgeon.

D'après cette distinction exacte, nous renvoyons au mot BOUTON tous les détails qui le concernent : nous nous contenterons d'exposer, d'après Grew, comment les bourgeons se forment et croissent. *Voyez* ACCROISSEMENT, PLANTE, ARBRE.

Pour mieux s'entendre et avoir des idées claires, le mot bourgeon est ordinairement accompagné d'une épithète qui désigne la manière dont il est placé sur la branche. Ainsi on l'appelle *bourgeon vertical* ou *bourgeon direct* lorsqu'il est perpendiculaire à la branche, et cette espèce de bourgeon fait ce qu'on nomme *gourmand, bois gourmand,* qui emporte l'arbre, absorbe une si grande quantité de sève, qu'il appauvrit et exténue les autres branches. Il est absolument nécessaire de ne pas les conserver; les cas d'exceptions sont infiniment rares. Les *bourgeons latéraux* sont ceux qui croissent de droite et de gauche et qui demandent à être conservés. Il y a encore les *bourgeons antérieurs* et *postérieurs :* les uns et les autres doivent être supprimés.

Dès que les bourgeons commencent à prendre une certaine consistance, ils demandent à être palissés. *Voyez* au mot Palissage, vous y trouverez tout ce qui concerne cette opération.

Si le bourgeon part du bas de la tige, il est appelé Surgeon, et Drageon s'il sort des racines. *Voyez* ces mots.

On accélère la maturité (*lignification*) des bourgeons en arrêtant leur croissance en longueur, c'est-à-dire en cassant ou en coupant leur extrémité. Cette opération est fréquemment employée dans les pépinières lorsqu'on a besoin de greffes ou de boutures d'une telle espèce d'arbre avant l'époque indiquée par la nature pour cette espèce. *Voyez* aux mots Aouier, Greffe et Bouture.

De même dans les plantes à racines ou simplement à tiges annuelles, dans les arbres qui portent leurs fruits sur les bourgeons, comme la Vigne (*voyez* ce mot), on augmente la quantité des fruits, leur grosseur, et on accélère leur maturité en coupant l'extrémité des bourgeons. *Voyez* Pincement, Ebourgeonnement, Arrêter, Pois, Fève et Melon. (B.)

BOURGEIN. On appelle ainsi le claveau dans certains cantons. (B.)

BOURGOGNE. Nom vulgaire du sainfoin dans quelques départemens. (B.)

BOURGUINOTE. Nom que l'on donne en Bourgogne, en Beaujolais, et dans quelques provinces voisines, aux tonneaux qui renferment le vin. Elles sont garnies de neuf cerceaux ou cercles de chaque côté, c'est-à-dire, trois vers le bondon, trois vers l'extrémité, et trois dans le milieu. Leur défaut est de ne pas avoir assez de Bouge (*voyez* ce mot), d'être d'un bois trop mince, et d'être cerclées trop légèrement. (R.)

BOURLET. *Voyez* Bourrelet.

BOURNAI. Nom de la ruche dans le département des Deux-Sèvres. (B.)

BOURNAIS. Nom d'une sorte de TERRE dans la ci-devant Touraine; je crois que c'est celle des plateaux. (B.)

BOURNEAU. C'est dans quelques cantons une conduite d'eau recouverte, destinée à dessécher les MARAIS ou les champs trop humides. *Voyez* DESSÉCHEMENT, PIERRÉE, etc. (B.)

BOURRACHE. *Borago.* Genre de plante de la pentandrie monogynie et de la famille des boraginées, qui renferme sept à huit espèces annuelles ou vivaces, dont une est indispensable à connaître, à cause du grand usage qu'on en fait en médecine.

La BOURRACHE COMMUNE, *borago officinalis*, Lin., est originaire de l'Orient, et s'est naturalisée depuis long-temps dans nos jardins. Sa racine est annuelle, pivotante et pourvue de fort peu de fibrilles; sa tige est cylindrique, fistuleuse, velue, branchue, haute de 2 pieds; ses feuilles sont alternes, ovales, oblongues, velues, ridées, et rudes au toucher. Les inférieures sont pétiolées; ses fleurs sont bleues, quelquefois rouges ou blanches, et disposées en corymbes à l'extrémité des tiges et des rameaux, sur des pédoncules recourbés. Elles sont larges de plus d'un pouce, et se développent pendant presque toute l'année.

Dans les parties méridionales de l'Europe, en Turquie et sur la côte d'Afrique, on mange la bourrache comme les épinards, et on la met dans les potages comme le chou. En France, on n'emploie que ses fleurs en aliment, et encore est-ce comme ornement. On les met sur la salade avec celles de la capucine, et leurs couleurs, qui tranchent sur le vert des feuilles de laitue, produisent un effet agréable. Les Anglais, dit Miller, la pilent, et en tirent une boisson rafraîchissante dont ils font usage dans les chaleurs de l'été.

L'usage le plus général de la bourrache est, comme je l'ai déjà dit, pour la médecine. Toutes ses parties sont visqueuses, fades, et passent pour être éminemment rafraîchissantes, diurétiques, expectorantes et béchiques. On l'emploie en conséquence dans les pleurésies, les inflammations des viscères; on en prépare un sirop, une conserve, etc.; cependant ces propriétés sont contestées, et les bons praticiens ne l'ordonnent plus que lorsqu'il est utile de faire croire aux malades qu'ils prennent des remèdes.

La culture de la bourrache est extrêmement facile, attendu qu'elle se sème d'elle-même, et qu'il ne s'agit que de la débarrasser des herbes qui l'étouffent. Ordinairement on se contente en effet de laisser dans les jardins quelques-uns des pieds qui ont ainsi crû spontanément, et qui suffisent aux besoins de la maison; mais autour des villes où il se consomme une plus grande quantité de bourrache, où elle est l'objet d'un petit commerce, on la sème exprès. Celle qui l'est en automne lève avant l'hiver, et commence à fleurir au mois de mai; celle qui l'est au printemps fleurit au milieu de l'été. On sarcle, éclaircit et arrose le plant dans le besoin; mais il n'est pas bon de le transplanter, attendu qu'il languit toujours à la suite de cette opération.

Toute espèce de terre convient à la bourrache; cependant elle vient incomparablement mieux dans les terres substantielles et humides, et dans les lieux ombragés qu'autre part.

Quoiqu'on ne cultive jamais la bourrache comme plante d'ornement, elle n'est pas sans agrément lorsqu'elle est garnie de fleurs, et qu'on la regarde de loin.

Il semble que cette plante est du nombre de celles qu'on devrait semer dans les terres à blé, pour l'enterrer lorsqu'elle entre en fleur, et augmenter ainsi la masse d'humus de cette terre, suppléer aux fumiers et autres engrais. *Voyez* Récolte enterrée. (B.)

BOURRE. On donne ce nom aux poils courts des bœufs et des chevaux qu'on a enlevés de leur peau par le moyen de la chaux, dans l'opération du tannage ou du corroyage, ou autrement, et qu'on emploie pour garnir les coussins des fauteuils, les selles, les colliers des chevaux, pour fortifier les torchis d'argile, de chaux, de plâtre, etc.

Le grand usage qu'on fait de la bourre la rend un objet important pour le cultivateur; il ne doit donc pas laisser perdre, comme il le fait souvent, celle qui entre dans ses meubles ou dans les harnois de ses animaux; il doit donc rassembler avec soin toute celle qu'il peut tirer des peaux qu'il prépare chez lui, et même celle qui reste à l'étrille lorsqu'il panse ses chevaux et ses bœufs. C'est peu de chose chaque fois, mais au bout de l'année cela fait une masse qui a de la valeur, et ce n'est que par de petites économies de ce genre qu'on parvient à s'assurer du bénéfice là où d'autres trouvent leur ruine.

La bourre blanche est le jars des moutons joint à la laine qui s'est brisée dans l'opération du cardage; elle est peu estimée.

La bourre de la chèvre est cette espèce de duvet qui croît pour l'hiver sous le grand poil de cet animal, et avec laquelle se tissent les schalls dits Cachemirs.

La bourre de soie est la partie du cocon qui a été filée la première par la chenille, et qu'il n'est pas possible de dévider. On la carde pour en faire du fil, ou pour l'employer à d'autres usages.

On appelle encore de ce nom les poils de quelques plantes, les bourgeons de quelques arbres, la graine d'anémone, les capsules du lin après le battage, les balles des graminées qui composent le foin, etc., etc., à cause de leur ressemblance avec la bourre des animaux.

La canne, ou le canard femelle, se nomme *bourre*, et ses petits *bourrets*, dans les environs de Rouen. (B).

BOURREAU DES ARBRES. *Voyez* Célastre grimpant. (B.)

BOURRECH ou BOURRET. On appelle ainsi, dans les parties méridionales de la France, l'agneau de plusieurs mois.

BOURRÉE. On donne ce nom à la litière dans le département des Deux-Sèvres.

BOURRÉES. Nom des fagots qui sont faits avec les plus petites branches des arbres ou avec des arbustes épineux, tels que l'aube-épine, la ronce, l'ajonc, etc. Elles se distinguent des fagots proprement dits, parce qu'il entre dans ces derniers des morceaux de bois d'une certaine grosseur et d'une longueur égale. On les emploie à chauffer le four, à cuire la chaux, le plâtre, à faire des haies sèches, et autres objets.

On met ordinairement une couche de bourrée de chêne sous le tan qui sert à enterrer les pots des plantes dans les serres chaudes.

C'est d'aune que doivent être faites les bourrées qu'on enterre dans un sol marécageux pour le dessécher.

L'emploi des bourrées est extrêmement fréquent dans les campagnes. On en fait beaucoup avec les pousses de l'année des arbres; mais c'est un mal, car elles brûlent vite, ne donnent presque point de chaleur, et privent les cultivateurs des fagots de bonne nature que leur eussent donnés ces mêmes pousses deux ou trois ans plus tard. Le besoin pressant nous y oblige, diront par-tout les ménagères. C'est ainsi que la misère force toujours les hommes à faire tout ce qu'il faut pour devenir encore plus misérables. (B.)

BOURREYRE. Une vache stérile porte ce nom dans le département du Cantal. (B.)

BOURRELET. Toutes les fois que la circulation est gênée dans une partie quelconque d'une plante de la classe des dicotylédons, principalement dans un arbre ou un arbrisseau, il se forme au - dessus et au-dessous de cette partie, par la stagnation de la sève, un renflement qu'on appelle Bourrelet.

Toutes les fois qu'on enlève une portion de l'écorce d'un arbre, de manière à mettre à nu le corps ligneux, il se forme autour de la plaie une extravasation qui finit par la remplir entièrement si elle n'est pas trop considérable, et cette extravasation s'appelle aussi, dans ses commencemens, un bourrelet.

M. Duhamel, à qui on doit d'excellentes observations sur les bourrelets, s'est assuré que, dans la seconde sorte de bourrelets, l'extravasation se faisait entre le bois et l'écorce; qu'elle était d'abord molle, se solidifiait petit-à-petit, prenait un renflement au-dessus de son bord, s'appliquait exactement sur le bois sans y adhérer, et finissait par rétablir complétement l'écorce. *Voyez* ARBRE, ÉCORCE, BOIS, PLAIE, INCISION ANNULAIRE.

Mais la progression de l'accroissement de cette extravasation n'est pas la même dans toutes les parties de la même plaie. Elle sort d'abord, pendant peu de temps, par les côtés, ensuite par la partie supérieure, et en dernier lieu, souvent même d'une manière à peine sensible, par la partie inférieure : de sorte que l'extravasation de la partie supérieure paraît, en définitif, être celle qui concourt presque exclusivement à la guérison de la blessure.

Cette circonstance a naturellement dû conduire et a conduit en effet Duhamel à regarder la sève descendante comme opérant seule la reproduction de l'écorce, et cette opinion est aujourd'hui presque généralement adoptée des cultivateurs.

M. Lancry, qui s'est utilement occupé de rechercher, après Duhamel, les circonstances qui accompagnent la formation des bourrelets, a observé que la substance qui, dans ce cas, sort la première, est du tissu cellulaire tout pur, ensuite il se produit de la substance fibreuse, ligneuse et corticale ; mais que la sorte d'écorce qui paraît être le résultat de ce travail de la nature n'a ni trachées, ainsi qu'on peut s'en convaincre sur la vigne, où ces vaisseaux sont si amples, ni vaisseaux propres, comme on peut le voir sur l'amandier, l'abricotier, le pêcher, le cerisier et autres arbres à gomme. Sa surface paraît grenue, sans stries longitudinales, et son intérieur sans fibres longitudinales. Ce n'est que lorsque le bourrelet a rempli la capacité entière de la plaie, que la circulation s'est rétablie dans sa direction naturelle, que cette écorce prend et l'aspect extérieur et tous les caractères intérieurs de son espèce.

On a nié que le bourrelet supérieur fût le résultat des efforts de la sève descendante, parce que très-souvent, comme je l'ai dit, ce sont les parties latérales qui développent ses premiers élémens. A cela, M. Lancry répond, 1°. que la sève tend toujours à augmenter le diamètre de l'arbre, et que par conséquent les vaisseaux sont disposés à l'élargir toutes les fois que la résistance que leur oppose l'écorce cesse. Or, cette résistance est évidemment moindre dans le cercle où se trouve la plaie, et il y a toujours quelques vaisseaux rompus sur les bords latéraux de cette plaie ; 2°. qu'il ne sort certainement que du tissu cellulaire des côtés de la plaie, ainsi qu'il s'en est assuré par l'observation.

Toute protubérance ou cavité qui se trouve dans une plaie retarde toujours considérablement, si elle n'empêche pas complètement, sa guérison, parce que la sève descendante a fort peu de disposition à s'écarter de sa marche naturelle, qui est la perpendiculaire. J'ai cru remarquer que, dans ce cas, une blessure faite au bord supérieur du bourrelet supérieur, en déterminant une seconde extravasation de la sève, facilitait la continuation de son action. Je suis au moins certain que, dans ceux où cette circonstance n'existait pas, l'enlèvement de l'épiderme de leur extrémité accélérait singulièrement leur croissance.

La présence de l'humidité et la privation du contact de l'air produisent ce dernier effet d'une manière bien plus marquante encore, probablement par la même cause, c'est-à-dire en diminuant la résistance que l'épiderme du bourrelet oppose à la descente de la sève : de là vient l'utilité des BANDAGES, de l'ONGUENT DE SAINT-FIACRE, et des ENGLUEMENS de toutes espèces dont l'agriculture fait usage.

Un autre avantage de l'emploi de ces moyens, c'est qu'ils déterminent souvent, pour ne pas dire toujours, la sortie des pores du bois d'un réseau cellulaire qui fait partie de sa substance, et qui s'incorpore avec l'écorce nouvellement formée, de manière que, dans ce cas, il n'y a pas solution de continuité dans ce bois, solution qui se remarque pendant toute la vie de l'arbre lorsque cette circonstance n'a pas lieu, ainsi qu'il sera dit aux mots LIBER, AUBIER et ÉCORCE.

Presque toujours, dans les jeunes arbres, il se fait un renflement de l'écorce qui est immédiatement au-dessus de la plaie, de sorte qu'on y voit réunies les deux sortes de bourrelets.

Le résultat de la ligature d'une branche avec une ficelle ou autre chose est la formation de deux bourrelets semblables, un en dessus, plus gros, et un en dessous. Ces circonstances peuvent être assimilées à celles qui se remarquent dans les plaies et les ligatures chez les animaux. Comme chez ces derniers, l'enflure disparaît sans laisser de traces, soit avec sa cause, soit par suite de la mort; ce qui prouve qu'elle est due à la présence d'un fluide dans un tissu cellulaire. *Voyez* LIGATURE.

Les suites de la stagnation de la sève sont, comme il sera dit ailleurs, d'accélérer la floraison des arbres, d'assurer la fécondation des fleurs, d'augmenter la grosseur des fruits pendant la première année, et ensuite pendant les suivantes de faire languir, et enfin mourir les arbres.

Le bourrelet supérieur d'une plaie, quelle que soit la cause qui détermine son existence, est toujours d'autant plus gros, que le côté de l'arbre ou de la branche sur lequel il se trouve, est plus garni de feuilles, et que l'écorce est moins épaisse et moins ligneuse.

L'écorce des racines étant moins dure que celle des branches, et ces racines étant nourries par toutes les feuilles de l'arbre, il s'y forme, par les mêmes causes, de bien plus gros bourrelets. Duhamel a observé qu'un arbre planté dans un petit pot, et conservé sans renouvellement de terre jusqu'à sa mort naturelle, avait l'extrémité de la plupart de ses racines terminée par un tubercule qui n'était autre qu'un bourrelet produit par la stagnation de la sève.

Il est assez fréquent de voir le bord inférieur d'une plaie faite à certains arbres, aux ormes, par exemple, pousser, au lieu d'un bourrelet, de petits BOURGEONS. Il en est de même du bord du tronc des arbres coupés; mais ces productions sont toujours faibles.

Lorsqu'on fait une bouture, il se forme constamment à son extrémité inférieure un bourrelet, d'où sortent des mamelons et ensuite des racines; cependant je dois faire remarquer que çe n'est pas de ce bourrelet que partent celles qui, dans les arbres, doivent devenir les plus grosses; c'est de tumeurs supérieures, principalement de la base des boutons, qui, dans ce cas, s'oblitèrent toujours.

Puisqu'il se forme toujours un bourrelet à l'extrémité des branches qu'on met en terre dans l'intention de leur faire pousser des racines, il est naturel de penser que lorsqu'on force ces branches encore sur l'arbre à en produire, les boutures qu'elles fourniront reprendront plus promptement et plus sûrement. Aussi ce moyen est-il fréquemment employé dans les pépinières bien conduites pour les arbres rares et d'une multiplication difficile. *Voyez* PÉPINIÈRE.

Il en est de même des marcottes. Lorsqu'on enlève une portion annulaire d'écorce, même qu'on fait une simple plaie à la partie qui est en terre, ou lorsqu'on comprime dans ce lieu cette écorce avec un lien de fil de laiton ou autre matière, il se forme un bourrelet, qui fait toujours gagner du temps, et sans lequel souvent il n'y aurait pas production de racines. *Voyez* MARCOTTE.

La formation des bourrelets est donc d'un intérêt majeur pour l'art agricole.

Mais à quoi est due la formation des bourrelets? A la sève, sur-tout à la sève descendante, c'est-à-dire à celle qui s'est organisée en passant par les feuilles. Cela est prouvé d'une manière indubitable par une multitude de faits qui seront développés au mot SÈVE. Ici je me contenterai d'observer que toutes les parties d'une branche au-dessus d'une plaie annulaire, augmentent en grosseur et en nombre dans une protion bien plus considérable que celle d'une branche semblable qui n'a pas été mise dans la même situation ; ce qui indique que des principes nutritifs s'y sont accumulés.

Le temps de la formation des bourrelets varie à raison de la nature des arbres, du sol et de la saison. Il suit les mêmes règles que celles de l'accroissement en hauteur et en grosseur, c'est-à-dire qu'une plaie annulaire se comble plus vite dans les arbres qui poussent rapidement, qui sont dans un bon fonds, et pendant un printemps humide et chaud. Ainsi, quand on veut user de ce moyen pour amener des arbres à porter des fruits, il faut proportionner la largeur de la plaie à la vigueur de ces arbres, de manière qu'elle puisse se remplir dans l'année ; car sans cela la branche serait exposée à périr. *Voyez* INCISION ANNULAIRE.

Les protubérances qu'on remarque souvent au-dessus ou au-dessous du point d'insertion d'une greffe sont aussi des sortes de bourrelets. Lorsque la greffe appartient à un arbre plus vigoureux que le sujet, la protubérance est au-dessus ; lorsque le sujet est au contraire mieux constitué que l'arbre qui a fourni la greffe, elle est au-dessous. Les poiriers greffés sur cognassier ou sur épine offrent souvent des exemples des premiers, et on en voit fréquemment des seconds dans les pépinières d'arbres d'agrément.

On peut conclure de là que tous les arbres et même les plantes qui ont des tiges articulées comme la vigne, la clématite, la belle-de-nuit, etc., ne sont si cassantes à leurs articulations que parce que le renflement qui les forme est encore une sorte de bourrelet, par suite que le renflement qui se voit à la base de chaque feuille, principalement des arbres qui se dépouillent tous les ans, en est encore une nouvelle sorte. *Voyez* ARTICULATION. (B.)

BOURRET. C'est dans quelques endroits le nom du VEAU âgé d'un an. *Voyez* VACHE.

BOURRIER. Nom de la BALLE de blé, ou MENUE PAILLE, dans quelques cantons.

BOURRIOL. Galette faite de farine de SARRASIN, dont se nourrissent les pauvres cultivateurs de certains cantons.

BOURRIQUE. Nom vulgaire de la femelle de l'ANE dans quelque cantons de la France.

BOURROU. Synonyme de BOURGEON dans le midi de la France. (B.)

BOURRU (Vin). C'est le vin blanc peu après qu'il est sorti du pressoir. *Voyez* aux mots MOUT et VIN.

BOURSE. On appelle ainsi les capsules des ANTHÈRES et l'enveloppe dans laquelle sont d'abord renfermés les CHAMPIGNONS. *Voyez* ces mots.

C'est aussi le nom des BOURGEONS courts et coniques des POMMIERS, des POIRIERS et autres arbres dont il ne sort que des boutons à fleurs. Quelquefois ces arbres, les pommiers sur-tout, n'ont que de ces sortes de bourgeons, et donnent par conséquent une immense quantité de fruits, ce qui réjouit le propriétaire, mais ce qui est presque toujours l'annonce de la mort de l'arbre, qui s'épuise et ne pousse plus de nouvelles branches. Dans ce cas, il n'y a d'autre parti à prendre que de le RAJEUNIR, c'est-à-dire de couper ses branches à peu de distance du tronc pour lui faire donner du nouveau bois. *Voyez* aux mots ARBRE et RAPPROCHEMENT.

Quelquefois cependant une bourse pousse naturellement une branche à bois. Il faut qu'elle soit taillée à plusieurs yeux, si on veut conserver la bourse, et à un seul œil quand on veut la supprimer. D'autres fois elle pousse une LAMBOURDE (*voyez* ce mot), qui demande à être taillée positivement dans le sens contraire.

L'art peut aussi faire naître une branche à bois en place d'une bourse, en coupant cette dernière à un œil ; mais cela ne réussit pas toujours si on ne s'y prend pas de loin. C'est une des parties les plus savantes de la taille, que de changer ainsi une branche à fruit en branche à bois, et une branche à bois en branche à fruit. *Voyez* au mot TAILLE. (B.)

BOURSE A PASTEUR, *Thlaspi bursa pastoris*, Lin. Plante du genre des THLASPIS, extrêmement commune dans les jardins, les champs, le long des haies, des chemins, et en général dans tous les lieux cultivés, et que par conséquent les cultivateurs doivent connaître.

Le caractère de cette plante s'éloigne assez de celui des autres thlaspis, pour que Jussien en ait fait un genre sous le nom de CAPSELLE. Elle a une racine annuelle, pivotante; une tige rameuse variant en hauteur selon le terrain et l'exposition, depuis 2 pouces jusqu'à 2 pieds; des feuilles radicales, ordinairement pinnatifides et un peu pétiolées; des feuilles caulinaires, presque amplexicaules et le plus souvent entières; des fleurs blanches, petites, disposées en épis à l'extrémité des tiges et des rameaux.

On trouve la bourse à pasteur dans toutes sortes de terrains, excepté ceux qui sont trop marécageux, et elle y varie par-tout de manière à n'être pas reconnaissable. Plus le terrain est gras, plus elle est grande et a les feuilles entières; plus il est maigre, plus elle est petite et a les feuilles divisées. Elle fleurit pendant toute l'année, même pour ainsi dire sous la neige. Souvent elle est un fléau pour les cultivateurs, qui ne peuvent la détruire. Ses graines jouissent plus que d'autres de la propriété de se conserver un grand nombre d'années dans la terre sans germer et sans perdre leur faculté végétative. J'ai vu celle enfouie sous un mur de jardin renversé depuis trente ans, pousser deux ou trois jours après qu'il fut relevé, comme si on l'avait semée exprès dans le lieu qu'il recouvrait. Ce n'est qu'en la sarclant exactement avant que ses graines soient arrivées à maturité qu'on peut parvenir, encore après plusieurs années, à en débarrasser un jardin. Pour les champs, il faut nécessairement employer les cultures étouffantes, comme les pois, les gesses, les vesces, ou celles qui demandent de fréquens binages, telles que les pommes de terre, les fèves, le maïs, etc. Son abondance dans quelques jardins et dans quelques champs fait qu'on peut l'enterrer avec utilité lorsqu'elle est en fleur, pour en améliorer le fonds. Tous les bestiaux la mangent sans beaucoup la rechercher. Elle est un peu amère, et passe en médecine pour astringente et antiscorbutique. On la connaît dans quelques cantons sous les noms de *tabouret, malette*, etc. (B.)

BOURSE. Médecine vétérinaire. Les deux sacs membraneux qui renferment les testicules, dans les animaux, ont reçu le nom de bourses. Ces deux sacs sont formés de deux membranes, dont la plus externe n'est qu'un prolongement de la peau qui forme un sac commun pour les deux testicules, et qu'on appelle *scrotum*. La membrane interne, composée de fibres blanches et d'un tissu cellulaire assez résistant, forme une seconde enveloppe qui renferme les testicules, mais en les isolant; on l'appelle le *dartos*.

Les bourses sont exposées à plusieurs engorgemens.

1°. L'Hématocèle en est un, avec épanchement de sang dans le tissu cellulaire des bourses. Il est la suite de quelques coups. Quand le testicule n'est point affecté et qu'il n'y a pas une forte inflammation, quelques cataplasmes astringens, et même quelques scarifications peu profondes, suffisent pour procurer l'absorption ou la sortie du sang épanché, et amener la guérison. Dans le cas d'inflammation un peu forte des bourses, et sur-tout quand les testicules ont été froissés, c'est le régime antiphlogistique qu'il faut employer. *Voyez* le mot Testicule.

2°. L'Hydrocèle. *Voyez* ce mot.

3°. A la suite de l'inflammation des bourses, et sur-tout de l'hématocèle, les parties restent quelquefois dures et d'un volume beaucoup plus considérable : c'est une terminaison par induration; la ciguë pulvérisée et en cataplasme est presque la seule substance à employer comme médicament. La castration, en amenant la suppuration de toutes les parties engorgées, fait tout disparaître et rend l'animal à ses travaux. On ne rencontre guère cette affection que dans le cheval. Elle a été souvent prise pour un squirrhe ou un cancer des testicules; elle en diffère cependant beaucoup, puisque les testicules, au lieu de grossir, diminuent souvent de volume, s'atrophient même et deviennent, comme dans l'autre cas, impropres à remplir leurs fonctions.

4°. Les bourses sont sujettes à devenir œdémateuses, mais cet accident est presque toujours symptomatique; et c'est la maladie principale qu'il faut traiter.

5°. Enfin, des portions d'intestin, en tombant dans la gaîne vaginale, donnent lieu à des tumeurs des bourses et forment les HERNIES, qu'il faut bien se garder de confondre avec toute autre affection. *Voyez* ce mot. (HUZ. fils.)

BOURU. On donne ce nom, dans quelques cantons, aux menues pailles (balles) qui sont séparées du grain par l'opération du VANNAGE. *Voyez* ce mot.

BOUSE ou BOUZE. On appelle ainsi les excrémens des BÊTES A CORNES, excrémens toujours à demi liquides, qui couvrent quelquefois jusqu'à un pied de diamètre de terrain et ont 2 à 3 pouces d'épaisseur.

Ces excrémens forment un engrais qu'on appelle froid, par comparaison avec ceux que fournissent les autres animaux, mais qui n'en convient pas moins à toutes espèces de terre. Il ne s'agit que de les dessécher et de les mélanger avec de la paille ou d'autres détritus de végétaux, pour les faire jouir de tous les avantages qu'ils offrent à l'agriculture. En effet, il n'est personne qui n'ait remarqué que les bouses tombées dans une prairie dessèchent d'abord l'herbe, la BRULENT, pour me servir de l'expression vulgaire, mais qu'ensuite elles la font pousser avec plus de vigueur qu'auparavant. Ce phénomène est dû à la privation de l'air qu'éprouve cette herbe, ensuite à l'excès d'engrais qui se produit. Il n'aurait pas lieu ou aurait lieu d'une manière moins prononcée, si ces bouses étaient moins épaisses. Aussi, dans les pâturages bien réglés, les bergers sont-ils obligés de les diviser, pour les répandre également sur le sol; aussi, dans les pays encore plus jaloux d'en faire un bon emploi, a-t-on soin de les ramasser chaque jour pour les réunir auprès de la prairie ou les apporter sur les fumiers.

Des BOUSIERS, des ESCARBOTS, des SPHÉRIDIES, des STAPHYLINS, des MOUCHES, des TIPULES et d'autres insectes, vivent dans les bouses, accélèrent leur décomposition, et les rendent plus tôt propres à servir d'engrais.

On emploie la bouse de vache desséchée comme combustible dans les pays où le bois est rare. Là elle fait l'objet d'un commerce d'une certaine importance. En France on l'utilise encore, en la mélangeant avec moitié de terre franche, pour recrépir les MURS, former l'AIRE des granges, enduire les RUCHES, recouvrir les plaies des arbres : dans ce dernier cas, on l'appelle l'ONGUENT DE SAINT-FIACRE. Délayée avec de l'eau en forme de mortier, elle est très-propre à garantir les racines des arbres délicats, et sur-tout des arbres résineux qu'on vient d'arracher et qu'on désire envoyer au loin. Il suffit de tremper deux à trois fois, à différentes reprises, les racines de ces arbres dans ce mortier, et il s'y en attache suffisamment pour qu'elles conservent l'humidité qui leur est nécessaire. On en couvre quelquefois aussi les caisses ou les pots de la terre desquels on craint le trop prompt dessé- chement.

Plusieurs arts, entre autres celui du fabricant d'indienne, font usage de la bouse pour différens objets.

Lorsqu'on la mêle avec de la chaux vive, on accélère son activité comme engrais : voilà pourquoi on en répand sur les fumiers, en grande partie formés de bouse dans quelques cantons où l'agriculture est éclairée. En général la chaux fait bien avec toute espèce d'engrais, mais il faut qu'elle soit em- ployée avec modération.

La bouse de vache desséchée exhale souvent une odeur musquée. On a imaginé de s'emparer de cette odeur par l'in- fusion de la bouse dans l'eau-de-vie, et d'en faire après dis- tillation une liqueur de table fort agréable au goût, ainsi que j'en ai l'expérience, puisqu'elle est analogue à la vanille. (B.)

BOUSER. C'est former l'aire d'une grange avec un mélange de bouse de vache et de terre franche. Cette manière de cons- truire les aires, lorsqu'elle est bien pratiquée et qu'on répare à mesure de la dégradation, est très-durable. On l'emploie dans beaucoup de parties de la France. (B.)

BOUSIER, *Copis*. Genre d'insecte de l'ordre des coléop- tères, qui faisaient autrefois partie des SCARABÉES, et que les cultivateurs doivent désirer connaître, parce que les espèces qui le composent, ainsi que leurs larves, vivent aux dépens des excrémens des animaux, sur-tout des BOUSES des bêtes à cornes, et les rendent plus tôt propres, en les décomposant, à servir d'engrais aux terres.

On en connaît près de deux cents espèces, qu'on divise en deux sections, d'après la présence ou l'absence de l'écusson.

Les bousiers de la première section sont presque cylindriques et déposent leurs œufs dans la terre sous les bouses. Leurs espèces les plus communes sont :

Le BOUSIER LUNAIRE, qui a le corcelet armé de trois cornes dont celle du milieu est obtuse et bifide, la tête armée d'une seule corne droite, le chaperon émarginé. On le trouve dans les bouses dès le milieu du printemps.

Le Bousier émarginé ne diffère presque du précédent que parce que la corne de sa tête est courte et émarginée. Il se trouve avec lui.

Le Bousier phalangiste, *Copris typhœus*, a trois cornes au corcelet, dont l'intermédiaire est la plus courte, et la tête sans cornes. Il se trouve au printemps dans les bouses.

Le Bousier stercoraire n'a point de cornes; son chaperon est recourbé et un peu saillant postérieurement. Il se trouve pendant une partie de l'année dans les bouses et autres excrémens. Il est très-commun.

Ces quatre espèces sont noires, de 6 à 8 lignes de long, et striées sur leurs élytres.

Le Bousier vernal n'a point de corne; son chaperon est rhomboïde et un peu saillant postérieurement; ses élytres sont très-unis. Il est noir, quelquefois doré, et un peu plus petit que les précédens. Il est très-commun au printemps et à l'automne dans les bouses.

Le Bousier fossoyeur a le corcelet tronqué; trois tubercules sur la tête, dont l'intermédiaire plus long. Il est noir, a les élytres striés et une longueur de 4 à 5 lignes. Il se trouve dans les bouses pendant une partie de l'année. Il n'est pas rare.

Le Bousier fimetaire a des tubercules sur la tête, le corps noir, les élytres rouges et striés. Sa longueur est de 2 lignes. C'est le *bedeau* de Geoffroy. Il se trouve très-abondamment dans les bouses pendant presque toute l'année.

Le Bousier souterrain est noir, a trois tubercules sur la tête, et ses élytres sont crénelés. Il se trouve dans les bouses pendant toute l'année. Sa grandeur est presque la même que celle du précédent.

Le Bousier sale, *Copis conspurcatus*, est noir, a trois tubercules sur la tête, les bords du corcelet pâles, les élytres striés, gris, avec des points noirs oblongs. Il se trouve pendant toute l'année dans les bouses, et quelquefois en immense quantité à la fois. Sa grandeur est la même que celle des précédens.

Le Bousier sordide est noir, avec trois tubercules sur la tête, les bords du corcelet, les élytres et les pattes d'un gris sale. Il est également souvent très-commun dans les bouses.

Il y a huit à dix espèces qui ressemblent beaucoup à ces derniers et qu'on peut confondre avec elles. Je ne les mentionnerai pas, comme plus rares et n'offrant point de différences marquées par leurs mœurs.

Les bousiers de la seconde section sont plus ou moins aplatis et arrondis, et déposent leurs œufs dans des boules de bouse qu'ils enterrent ensuite. On peut entre autres y remarquer :

Le Bousier sacré. Il est noir, avec le chaperon à six dents et les élytres unis ; on le trouve dans les parties méridionales de l'Europe, en Asie et en Afrique, dans les bouses. Les services qu'il rendait à l'agriculture égyptienne l'avaient fait placer au rang des animaux sacrés. On voit très-fréquemment sa figure sur les monumens antiques de ce pays.

Le Bousier large-cou. Il ne diffère du précédent que parce qu'il a les élytres striés ; il était confondu avec lui par les Égyptiens.

Le Bousier pilulaire est noir, lisse, avec le chaperon échancré, le corcelet grand, relevé, et un point enfoncé de chaque côté. On le trouve au printemps et en automne dans les bouses. Sa longueur est de 4 lignes.

Le Bousier de Scheffer est noir, a le chaperon bidenté, le corcelet grand, relevé, les pattes postérieures longues et dentées. On le trouve avec le précédent : il est un peu plus petit.

Le Bousier de Schreber est noir, luisant, avec deux taches rouges sur les élytres. Sa longueur n'est que de 2 lignes ; il se trouve très-communément dans les bouses, sur-tout dans les terrains sablonneux.

Le Bousier nuchicorne est bronzé, a les élytres testacés, la tête avec une corne postérieure élevée et déprimée à sa base. Il se trouve très-fréquemment dans les bouses en été. Sa longueur est de 5 lignes.

Le Bousier taureau est noir et a sa tête armée de deux longues cornes arquées ou recourbées. Il est de même forme et grandeur que le précédent, avec lequel on le trouve.

Quatre ou cinq autres bousiers sont si peu différens de ces deux derniers qu'ils peuvent être confondus avec eux.

Le Bousier fourchu est noir avec la tête armée de deux cornes droites. Il se trouve avec les précédens, mais est deux fois plus petit.

Dès qu'un bœuf ou une vache a rendu ses excrémens, on voit les bousiers arriver de toutes parts, attirés par l'odeur, et s'en emparer ; ils se glissent dessous et y déposent leurs œufs. Souvent au bout de peu de jours cette bouse, si homogène, si mollasse qu'elle soit, est perforée de milliers de trous, est à moitié desséchée, et plus tard n'est plus qu'un amas de poussière que les vents peuvent disperser facilement.

Dire si les bousiers, en pompant la partie dont ils se nourrissent, n'affaiblissent pas la faculté engraissante des excrémens, est chose que je ne me permettrai pas ; mais il est certain que cette faculté n'est pas détruite et qu'elle agit plus promptement et sur une plus grande étendue de terrain que si les bousiers n'eussent pas existé. Il serait important sans doute de tenter quelques expériences sur cet objet, et je les propose aux agronomes zélés qui liront cet article.

C'est une chose fort remarquable que la rapidité avec laquelle tous les bousiers creusent la terre avec leurs pattes antérieures, pour entrer sous les bouses ou enterrer leurs œufs. J'ai vu des individus des grandes espèces se cacher à mes yeux en moins de deux minutes dans les terres sablonneuses, terres qu'ils préfèrent, ou du moins dans lesquelles on les rencontre en plus grande quantité.

Cependant il est encore bien plus remarquable de voir les espèces qui font des pilules rouler ces globules, souvent deux fois plus grosses qu'elles, pour les arrondir et les transporter dans leur trou quelquefois fort éloigné de la bouse où elles en ont pris la matière. Je me suis souvent amusé à suivre leurs manœuvres. Tantôt un seul bousier travaille, tantôt c'est le mâle avec la femelle; mais toujours, s'il fait chaud, l'activité est au premier degré. (B.)

BOUSIGUE. Synonyme de TERRE inculte dans le département de Lot-et-Garonne et autres voisins. (B.)

BOUSIN ou BOUZIN. Espèce de pierre calcaire, le plus communément produite par la décomposition des autres, et nouvellement déposée par les eaux à une petite profondeur ou même à la surface de la terre; elle diffère peu ou point du TUF, c'est-à-dire qu'elle est poreuse, tendre et légère. *Voyez* MARNE.

Souvent le bousin est si tendre que les gelées d'un seul hiver suffisent pour le rendre propre à servir d'amendement; souvent aussi il durcit à l'air de manière à devenir à jamais impropre à cet objet; dans ce cas, il peut être avantageusement employé à la bâtisse. Quelquefois il est si superficiel, que la charrue peut l'atteindre et en détacher des fragmens, qui se mêlent avec la terre.

Le bousin est infertile par lui-même lorsqu'il est pur, et rend souvent infertiles les terres qui lui sont superposées, en absorbant trop rapidement l'eau des pluies; souvent aussi il est naturellement une sorte de marne, ou le devient par la calcination, et produit des effets étonnans lorsqu'on le mêle avec la terre végétale. *Voyez* au mot CALCAIRE. (B.)

BOUSSEROLE. Espèce d'ARBOUSIER. *Voyez* ce mot.

BOUSSOLE. Décrire la boussole, indiquer la manière de la construire serait ici superflu, attendu qu'en en montrant une on la fait mieux connaître que par un long discours, et qu'il n'est pas économique que les cultivateurs tentent d'en construire eux-mêmes; mais je crois utile de les engager à s'en pourvoir, ne fût-ce que pour lever le plan de leurs propriétés. La dépense est peu considérable, et une boussole en cuivre peut durer des siècles, aussi bonne que le premier jour. *Voyez* Aimant.

BOUTE. Grande outre faite avec la peau d'un bœuf. C'est aussi une grande futaille, dans laquelle on met l'eau douce destinée à la boisson de l'équipage des navires. (B.)

BOUTE. Mot qu'emploient les cultivateurs de la Beauce pour indiquer les blés cariés, parce qu'un des bouts de chaque grain est plus noir que l'autre. *Voyez* Carie. (B.)

BOUTÉ EN TRAIN. On appelle ainsi le cheval qu'on présente à une jument, dans certains haras, avant de lui amener l'étalon, pour s'assurer si elle est en chaleur. Cette ridicule pratique est aujourd'hui inusitée. (B.)

BOUTEILLE. On donne généralement ce nom à des vases de verre, de terre, ou de cuir, plus ou moins cylindriques, coniques, ou sphériques, ou ovoïdes, ou bombés, qui se terminent par un col long et étroit, vase dans lesquels se conservent des liquides.

Il y a des bouteilles de toutes grandeurs et de toutes formes; cependant lorsqu'elles sont de plus d'un pied de diamètre, et que leur ventre se rapproche de la forme sphérique, on les appelle des dames-jeanne.

Les bouteilles de verre dans lesquelles on conserve le vin sont généralement de verre noir, c'est-à-dire de verre composé de cendres, mélangé de grès non purifié, et d'une ligne d'épaisseur, terme moyen. Leur contenance était autrefois fixée à une pinte de Paris, c'est-à-dire 2 livres d'eau; aujourd'hui elles sont un peu plus petites. A Paris et dans les vignobles de la Champagne et de la Bourgogne, il est d'usage de faire rentrer leur base dans leur intérieur.

La forme des bouteilles à vin varie selon les pays : en Angleterre, elle offre un cylindre terminé par un long col également cylindrique. A Bordeaux, elles se rapprochent d'un cône fort allongé : celles dont on fait le plus d'usage à Paris sont intermédiaires.

On a plusieurs fois proposé de tarifer la contenance des bouteilles; mais les difficultés d'une fabrication rigoureusement conforme y a mis des obstacles insurmontables. J'en parle avec connaissance de cause ayant passé mon enfance dans des fabriques appartenant à mon père.

L'important pour les cultivateurs, c'est d'avoir des bouteilles bien régulières, de verre bien recuit et non susceptibles d'altérer le vin.

Lorsque les bouteilles sont irrégulières, elles tiennent moins bien sur leur cul, et sont dans le cas de se casser plus facilement, soit par l'effet de l'action du gaz acide carbonique qui se dégage du vin et qui agit sur leurs parties faibles, soit par celui de l'inégalité de la dilatation produite par la chaleur.

Lorsqu'elles ne sont pas bien recuites, elles sont exposées à casser, même étant vides, par la cause précedente.

Il est des bouteilles, celles dans la composition desquelles on a introduit trop de cendres ou de craie, qui sont susceptibles d'être décomposées par l'acide du vin, et qui ou gâtent le vin ou se percent pour ensuite le laisser perdre. Ce dernier fait, très-remarquable en ce qu'il a lieu par des trous coniques fort réguliers, je l'ai vu pendant plusieurs années consécutives dans une cave de Paris. De l'eau fortement chargée d'acide sulfurique produit le même résultat en quelques jours, et c'est en conséquence le moyen qu'il faut employer pour reconnaître ce vice de fabrication.

On fait aussi des bouteilles de verre vert, c'est-à-dire avec la même composition que celle des verres à vitres communs, composition dans laquelle il n'entre pas de cendres; généralement elles sont un peu plus petites et plus minces que les bouteilles à vin : on les emploie pour mettre des liqueurs, des médicamens, etc.

Lorsque ces bouteilles sont très-étroites, très-longues, et à court goulot, on les appelle des ROULEAUX; quand elles sont courtes et de verre blanc, elles portent le nom de FLACON; lorsqu'elles sont presque globuleuses, on les nomme FIOLES.

La forme et la grandeur des bouteilles en terre cuite varient autant que celles de verre. Il y en a aussi de deux sortes principales : celles dites *en grès* dominent de beaucoup. Leur prix est à-peu-près le même dans les petits modules, mais il est de beaucoup inférieur dans les grands. Elles sont moins sujettes à se casser spontanément lorsqu'elles contiennent des liqueurs mousseuses, principalement la bière, le cidre et le vin blanc. Il serait beaucoup à désirer, pour l'économie particulière et générale, que les cultivateurs et autres en eussent tous un certain nombre de grandes, contenant, par exemple, 15 à 20 bouteilles ordinaires, pour y mettre le vin de leur consommation habituelle, vin qui s'affaiblit toujours, se gâte souvent, comme cela a généralement lieu dans les campagnes lorsqu'on le tire directement du tonneau, alors toujours en VIDANGE. *Voyez* ce mot.

Le plus grand inconvénient de ces bouteilles, c'est que le bouchon ne glissant pas dans leur goulot, constamment garni d'aspérités, il faut presque toujours le casser en plusieurs morceaux pour les déboucher.

Toute bouteille neuve ou vieille doit être rincée avant son emploi, mais ces dernières principalement. Une petite chaîne de fer, du plomb à gibier ne sont souvent pas suffisans pour enlever la lie qui s'est fixée sur ses parois. Dans ce dernier cas, l'eau tiède devient indispensable, car cette lie est souvent la cause de l'altération du vin qu'on doit mettre dans la bouteille. Il serait bon de suivre par-tout la méthode qui a lieu chez quelques cultivateurs, qui rincent leurs bouteilles peu après qu'elles ont été vidées, parce que la lie s'enlève alors très-facilement.

Les lessives alcalines sont plus souvent nécessaires pour rendre de service les bouteilles dans lesquelles on a mis des essences, des huiles, des résines, etc.

Il arrive fréquemment que, par défaut de soin, les cultivateurs perdent dans leurs chambres et dans leurs caves beaucoup de bouteilles vides ou pleines, qui se cassent. Ils doivent donc faire mettre en sûreté les premières, dès qu'ils n'en ont plus besoin, ou mieux les renvoyer à la cave, où elles seront disposées comme les pleines, couchées contre un mur les unes au-dessus des autres, en rangs, dont le bouchon est alternativement devant et derrière, et qui sont tenues parallèles au moyen de deux lattes qui soutiennent les goulots à la même hauteur.

Quelques CAVES (*voyez* ce mot) ont des divisions en maçonnerie ou en planches pour assurer et caser les bouteilles ainsi rangées, et on ne peut qu'applaudir à ce moyen de sûreté et d'ordre; mais quand on a vu celles de M. Moëte à Epernay, lesquelles n'ont point de ces divisions et contiennent cependant des milliers de bouteilles, on juge que cette précaution est superflue.

Comme le verre des bouteilles cassées peut être remis dans le creuset, les cultivateurs ne doivent point le perdre, attendu que, mis en tas dans un coin, il peut attendre une occasion aussi long-temps qu'il est nécessaire, pour le renvoyer à bon compte à la fabrique.

Ce verre s'emploie aussi avec utilité pour garnir le chaperon des murs de jardins, dont il rend l'escalade plus difficile pendant la nuit, par la crainte qu'il inspire aux voleurs dont il couperait immanquablement les pieds et les mains.

Les culs de bouteilles retournés servent dans quelques cantons, et devraient servir par-tout, de pivot au montant des portes légères et des barrières, à raison de leur forme conique et de leur poli. (B.)

BOUTEILLE. Nom qu'on donne aux environs du Puy au grain affecté de CHARBON ou de CARIE. (B.)

BOUTEILLE. C'est un synonyme de POURRITURE des MOUTONS. (B.)

BOUTEILLIER. Nom du chef qui soigne une vacherie sur les montagnes élevées du centre de la France. *Voyez* FROMAGE.

BOUTET. Nom vulgaire du CUCUBALE BÉHEN et de la NA-
VETTE DES CHAMPS. (B.)

BOUTIERS. C'est le nom des gardiens de BŒUFS dans quelques lieux. *Voyez* BOUVIER. (B.)

BOUTOIR. C'est le museau du COCHON. *Voyez* ce mot.

BOUTON. Saillie le plus souvent ovale, ordinairement entourée d'écailles, qui renferme ou des feuilles plissées de différentes manières, ou des embryons de fleurs, et qu'on remarque à l'aisselle de la plupart des feuilles des arbres et arbustes
et de quelques plantes vivaces.

Le bouton naît le plus généralement avec la feuille, ou aussitôt que la feuille a achevé de se développer; il grossit d'abord
lentement au moyen des sucs que lui fournit la feuille; c'est-
à-dire qu'il n'est qu'un tubercule qu'on appelle ŒIL; mais à
la chute de la feuille, en automne, on reconnaît déjà s'il contient ou une branche ou des feuilles ou des fleurs. Pendant
l'hiver il continue de croître lorsqu'il fait doux; enfin il
s'ouvre au printemps, et pousse avec rapidité la branche, la
(ou les) feuilles, la (ou les) fleurs. Toujours il est implanté
sur un petit BOURRELET. *Voyez* ce mot.

Pendant toute la durée de la première sève, les feuilles sont
si nécessaires aux boutons, que celui auquel on enlève la sienne
s'oblitère, ou au moins avorte immanquablement. Pendant la
seconde sève cet effet est moins sensible; cependant presque
toujours il y a, dans le même cas, affaiblissement de vigueur
dans le bouton. Que penser donc de ces jardiniers qui effeuil-
lent les arbres fruitiers à toutes les époques de l'année? En
vérité, si la nature n'avait pas de ressources, il y a long-temps
que l'homme, par le fait de son ignorance ou de son irréflexion,
aurait anéanti tout ce qui sert à sa nourriture, à son habille-
ment, à ses jouissances de toutes sortes! *Voyez* FEUILLE.

Ceux des boutons qui sont les plus exposés à l'action de la
chaleur solaire, ou les mieux abrités du vent froid, sont ceux
qui poussent les premiers, aussi les espaliers développent leurs
feuilles et leurs fleurs avant les plein-vents, et les boutons
placés sur le devant des branches de ces espaliers s'ouvrent les
premiers. C'est de cette dernière considération que l'ÉBOU-
TONNEMENT, qui est depuis long-temps en usage à Montreuil
et que M. Sieul a si fort préconisé dans ces dernières années,
tire ses plus grands avantages.

Il est fort remarquable que les boutons à fruits sont, dans
le plus grand nombre des arbres, ceux qui se développent les
premiers; ce fait n'est pas encore expliqué.

Ce sont assez généralement les boutons les plus élevés des
rameaux qui sont les plus gros, parce que ce sont ceux qui
ont eu le moins d'efforts à faire pour percer, et que la sève,

qui tend à monter, s'y porte en plus grande abondance. On ralentit cet effet par la courbure du rameau.

Il est des arbres, les poiriers et les pommiers, par exemple, dans lesquels les boutons à fleurs sont trois ans à se former. La première année ils portent trois feuilles inégales; la seconde, quatre à cinq; la troisième, huit à dix. C'est alors qu'ils sont complets. *Voyez* aux mots Fleur et Bourse.

Des observations constatent que les boutons à fruits sont moins nombreux et plus faibles dans les années où la sève d'avril a manqué.

Les boutons de chaque arbre ont une évolution qui leur est propre. Linnæus d'abord, ensuite Grew, Duhamel, Bonnet, ont commencé des observations dans le but d'en faire connaître le mode. Deramatuel les avait continués avec ardeur pendant dix ans, et ce que j'ai vu de son travail m'en avait donné la meilleure idée; mais ce botaniste est mort, et j'ignore si son manuscrit sera publié. Quelque intéressant que soit cet objet, il est peu utile aux cultivateurs, en conséquence je ne m'étendrai pas sur ce qui le concerne.

Les écailles des boutons servent à défendre des rigueurs de l'hiver les organes qu'ils contiennent; aussi sont-elles d'une nature particulière, et tombent-elles dès qu'elles n'ont plus cette fonction à remplir. Il a été reconnu qu'elles étaient des feuilles avortées. Les plantes annuelles et les arbres des pays chauds, qui n'ont pas à craindre les gelées, n'offrent point d'écailles à leurs boutons, même n'ont pas proprement de boutons, ou mieux leurs boutons ne subsistent que quelques instans, et deviennent Bourgeons. *Voyez* ce mot.

Dans la taille des arbres, et sur-tout de ceux sur qui cette opération se pratique au printemps, lorsque la foliation, et même la floraison est commencée, le pêcher, par exemple, on risque beaucoup de perdre le dernier bouton, si on fait la section trop près de lui, parce que la sève destinée à l'alimenter s'échappant par la plaie, son objet n'a plus lieu. J'ai vu une vigne taillée ainsi sur deux yeux par un homme d'ailleurs instruit, perdre le plus élevé par cette cause, et ne donner par conséquent que la moitié de la récolte qu'on avait droit d'en attendre, puisque la vigne donne son fruit sur les jeunes bourgeons, peut-être même moins que la moitié; car le bouton inférieur est constamment le plus faible de tous. Par sa viscosité, et quelquefois par son âcreté, la sève extravasée d'une plaie est dans le cas de faire périr les boutons qui en sont constamment imbibés; aussi doit-on, dans la taille des arbres fruitiers, et principalement dans celle de la vigne, commencer la coupe à l'opposite du dernier. *Voyez* Taille et Vigne.

Tous les boutons du même arbre ne se développent pas en même temps. Généralement ce sont ceux qui sont à l'extrémité des rameaux qui s'ouvrent les premiers ; ceux qui sont les plus faibles, les plus garantis des rayons du soleil, s'ouvrent les derniers ; cependant le bouton terminal, c'est-à-dire celui qui doit allonger le rameau, principalement celui qui doit prolonger la tige, est souvent le plus lent à se développer : cela se remarque sur-tout dans les arbres résineux. Admirable précaution de la nature, qui a voulu que le bourgeon le plus essentiel fût le moins exposé aux gelées, qu'il parcourût son évolution avec plus de rapidité par l'effet d'une plus grande chaleur !

Les boutons varient, comme les feuilles et les branches, relativement à leur disposition. Les uns sont petits, les autres gros ; les uns très-pointus, les autres très-obtus ; les uns cylindriques, les autres anguleux ; les uns velus, les autres gommeux, résineux, etc. Tantôt ils s'appliquent contre les branches, tantôt ils leur sont presque perpendiculaires ; souvent ils sont solitaires, géminés, ternés, ou réunis en plus grand nombre. Il y en a qui ne donnent que des branches, d'autres que des feuilles, d'autres que des fleurs, d'autres de tout cela, deux par deux, ou ensemble. Enfin ils varient tant sous tous les rapports, qu'il est possible de reconnaître les arbres d'après la seule considération des caractères qu'ils présentent.

Il est beaucoup d'arbres qui ont des boutons surnuméraires ou adventices, qui sont destinés à remplacer ceux qui périssent par quelque accident. Ces boutons, dans leur état naturel, ne donnent ordinairement qu'une feuille ; cependant il en est de cette sorte qui percent souvent l'écorce sur les grosses branches, et qui donnent naissance à des Gourmands. *Voyez* ce mot.

Une branche privée de tous ses boutons latéraux s'en regarnit de deux manières : ou il en pousse, sur sa longueur, de la nature de ceux dont il vient d'être question, ou le terminal végète hors de saison, et forme une nouvelle branche. Les arbres à fruits dont les feuilles ont été mangées par les chenilles, au printemps, les mûriers effeuillés à la même époque, etc., et dont par conséquent les boutons ont péri, se regarnissent principalement par ce dernier moyen. Les Plançons (*voyez* ce mot) emploient le premier.

Les agriculteurs doivent étudier avec soin la forme des boutons des arbres à fruits, pour savoir distinguer, pendant tout le temps de leur évolution, ceux qui doivent fournir des branches, ceux qui doivent fournir des feuilles seulement, et ceux qui doivent donner des fleurs, soit seules, soit accompagnées de feuilles, et même de branches. Il est de ces arbres qui, comme le pêcher, ont des boutons de ces trois sortes, fréquemment réunis à l'aisselle de la même feuille, et leur réunion est indispensable pour la réussite du fruit. *Voyez* Pêcher.

On distingue facilement, à la fin de l'hiver, dans les arbres fruitiers les boutons à fleurs des boutons à bois et à feuilles. Ils sont beaucoup plus courts, plus gros, plus arrondis. Les derniers se distingent entre eux par la grosseur et la longueur, moindre dans les boutons destinés à donner des feuilles.

C'est d'après la connaissance des boutons que se dirige la Taille. *Voyez* ce mot.

La greffe en écusson n'est autre chose que l'insertion d'un bouton entièrement formé, sous l'écorce d'un arbre de son espèce, de son genre ou de sa famille. Lorsque ce bouton n'est pas assez avancé (*aoûté*, comme disent les jardiniers) pour être employé, on accélère son grossissement en coupant l'extrémité de la branche qui le porte, ce qui y fait affluer la sève. Quand au contraire il avance trop pour la greffe à laquelle on le destine, on le retarde en privant l'arbre qui le porte de l'aspect du soleil, en l'arrosant avec excès, en coupant d'avance la branche pour la mettre en terre. *Voyez* Greffe.

Lorsqu'un arbre étêté sans réflexion ne repousse point de bourgeons, un moyen assuré de l'empêcher de mourir, c'est de le greffer en fente, au printemps, après l'avoir rabattu sur le vif. Ce moyen a été employé avec un grand succès sur des poiriers de six à dix ans arrachés dans les bois, et que j'avais fait transplanter dans un jardin. *Voyez* Plantation.

L'art transforme un bouton à fleurs en bouton à bois, en réduisant le plus possible la longueur de la branche où il se trouve, c'est-à-dire en le laissant, s'il se peut, seul sur cette branche. *Voyez* au mot Taille. De même il peut faire devenir branche à fruit des branches chargées de boutons à bois, en les Courbant, en les Incisant, en les Ligaturant, etc. Dans le premier cas, on augmente l'activité de la sève, et dans le second on la ralentit. *Voyez* ces mots et Sève.

Il est des boutons à fleurs qui ne se développent que sur les bourgeons de l'année, ceux de la vigne, par exemple ; dans ce cas, l'art ne peut influer sur la production du fruit qu'en accumulant la sève dans les racines, par la courbure des branches avant qu'elle se développe.

Que de considérations présentent encore les boutons ! Mais il faut m'arrêter. (B.)

BOUTON D'ARGENT. C'est la renoncule a feuilles d'aconit, et l'achillée sternutatoire, l'une et l'autre doublées par la culture.

BOUTON DE BACHELIER. Lychnide visqueuse.

BOUTON DE CULOTTE. Variété de radis.

BOUTON DE FEU. Brûlure profonde et de quelques lignes

de diamètre, qu'on applique, au moyen d'un morceau de fer rouge, terminé en cône obtus, aux chevaux farcineux pour détruire leurs pustules, et quelquefois pour détourner une humeur. *Voyez* Cautérisation. (B.)

BOUTON D'OR. Variété double de la renoncule acre, de la renoncule rampante et autres à fleurs jaunes.

BOUTON ROUGE. *Voyez* Gainier.

BOUTONNIER. On dit qu'un arbre boutonne lorsque ses boutons à bois ou à fruits commencent à se gonfler, que leurs écailles s'écartent et laissent voir l'origine des feuilles ou des fleurs sous une couleur bleuâtre, verdâtre ou rougeâtre. (B.)

BOUTONS. Médecine vétérinaire. Elévations peu considérables, mais quelquefois très-nombreuses, qui se développent sur toutes les parties visibles des animaux, qui reconnaissent un grand nombre de causes, et qui par conséquent exigent des traitemens fort variés.

La plupart des sortes de boutons portent des noms particuliers. Ainsi on trouvera aux mots Ampoule, Echauboulure, Farcin, OEstre, Aphthe, Vaccine, Claveau, Gale, Dartre, Poireau, Verrue, la description des maladies que leur sortie caractérise, et le traitement qui leur convient. (B.)

BOUTURE. Branche d'une plante, ou le plus souvent d'un arbre ou d'un arbuste, qu'on sépare du tronc et qu'on met en terre dans l'intention d'en faire un nouvel individu. *Voyez* au mot Marcotte.

Tous les animaux, aux polypes près, qui se rapprochent infiniment des plantes, ont un centre unique de vie et des fonctions organiques essentielles. Il n'en est pas de même des végétaux, puisque la tige de la plupart peut être coupée sans que les racines en souffrent, et que, dans l'opération dont il est ici question, une tige, ou portion de tige, peut être séparée de ses racines sans qu'elle meure. Ces phénomènes prouvent la merveilleuse fécondité de la nature, qui, non contente de prodiguer aux plantes les graines et les autres moyens ordinaires de propagation, les a de plus pourvues de la faculté de ne jamais mourir, en leur donnant celle de se reproduire de boutures.

Il ne paraît pas que les plantes, et sur-tout les arbres et arbustes, soient souvent dans le cas de se reproduire par boutures dans les forêts, excepté peut-être, du moins en Europe, le saule cassant (*salix fragilis*, Lin.). On peut croire en conséquence que l'homme en fait plus que la nature, et que c'est principalement pour son avantage que cette sorte de multiplication existe.

La théorie des boutures est fondée sur la capacité dont jouit la sève existant dans les vaisseaux d'une branche, de faire pousser, au moyen de la chaleur et de l'humidité, des racines à la portion de cette branche qui est en terre, et des feuilles à celle qui est hors de terre. Il faut donc, 1°. qu'il y ait assez de sève ; 2°. que cette sève ne soit pas susceptible de s'écouler ou de s'évaporer trop promptement ; 3°. qu'elle soit chargée d'une assez grande quantité des matériaux de la partie solide des végétaux pour fournir à la nutrition des racines et des feuilles dans les premiers momens de leur existence, c'est-à-dire jusqu'à ce que ces deux sortes d'organes soient suffisamment développés pour en puiser de nouveaux dans la terre et dans l'air. C'est la privation de quelques-unes de ces circonstances qui empêche beaucoup d'espèces de plantes de pouvoir être multipliées par bouture, quoique organisées convenablement pour cela. Je dis quoique organisées, parce que toutes les plantes qui n'ont point de tige, et le nombre en est considérable, par cela seul ne sont pas susceptibles d'en fournir. C'est principalement dans les divisions des acotylédons et des monocotylédons que se trouvent le plus grand nombre de ces plantes. On peut même dire qu'il n'y a que celles de ces plantes qui sont pourvues d'articulations, qui ne se rangent pas dans la série des non bouturales.

Columelle, le premier, a établi en principe que la multiplication par boutures donnait des produits d'une vigueur inférieure et d'une durée moindre que celle par graines, et l'expérience des siècles semble l'appuyer. *Voyez* Graine.

L'observation a prouvé que toutes les fois qu'il y avait production de racines dans une bouture, il y avait eu auparavant formation d'un Bourrelet à sa partie inférieure. *Voyez* ce mot, qui sert de complément à l'article actuel.

Il n'en est pas de même de la production des feuilles. Elle peut avoir lieu sans formation de bourrelet ; mais, dans ce cas, cette production n'est que le dernier effort de la nature ; aussi ces feuilles n'atteignent-elles jamais leur complet développement, et la bouture meurt-elle bientôt. Les jardiniers, qui en connaissent la cause, appellent ces feuilles *poussées de la sève*, et ne regardent la bouture véritablement reprise que lorsqu'elle a développé des bourgeons. Il n'est personne qui n'ait vu des peupliers, des saules et autres arbres abattus et couchés sur le sol, donner ainsi, au printemps, des poussées de sève.

La pratique de la confection des boutures consiste, dit Thouin, à choisir avec discernement les époques de l'année et la sorte de rameaux la plus propre à la réussite de cette sorte de multiplication, relativement à la nature des végétaux et à la densité de leur bois ; à leur donner l'air, l'humidité et la chaleur propres à exciter le mouvement de leur sève, et à modérer ou activer ces agens suivant l'exigence des cas.

Les époques pour faire des boutures varient en raison des climats et des années plus ou moins hâtives. On peut dire en général que la fin de l'hiver convient le mieux pour les arbres et arbustes de pleine terre, le printemps pour les végétaux d'orangerie, et la fin de l'automne pour quelques arbres résineux.

On laisse quelques boutures telles qu'on les cueille sur l'arbre, on coupe les feuilles aux autres et on les étête pour la plupart.

Leur plantation est sujette à varier à raison de leur grosseur, de leur longueur et de l'état de leur bois. On les enfonce de 3 pieds, de 6 à 10 pouces, de 2 à 5 pouces ; on les place verticalement ou horizontalement, ou dans toutes les positions intermédiaires, tantôt en plein champ, tantôt en planches, en costières, sur couche, sous cloches, sous châssis, etc., suivant leur nature et le climat d'où elles viennent.

On leur donne une terre composée de telle manière, des arrosemens plus ou moins nombreux, de l'air, de la lumière et de la chaleur, conformément aux mêmes données.

On compte dix espèces de boutures propres aux arbres et arbustes.

« 1°. La simple, c'est-à-dire faite avec une jeune branche de la dernière pousse. Elle est propre à la multiplication d'une grande quantité d'arbres et d'arbustes d'orangerie de serre chaude, et de quelques-uns de pleine terre. On la place sur couche et sous cloche, et on l'entretient dans une douce chaleur humide et à l'abri du soleil.

» 2°. *A bois de deux ans*, c'est-à-dire faite avec une jeune branche, sur laquelle se trouve une portion de bois de deux ans et de l'année précédente ; on l'emploie à la multiplication des arbres et des arbustes au printemps, et on la place en rigole en pleine terre et au nord.

» 3°. *A talon*, c'est-à-dire faite avec une jeune branche de l'année précédente, et avec la nodosité qui la joignait à sa tige. Elle est propre à la multiplication des bois durs soit de pleine terre ou de serre au printemps ; on la met en pleine terre à l'ombre ou sur une couche et sous cloche.

» 4°. *En plançon*. C'est une branche de 8 à 10 pieds de haut en forme de pieu, propre à la multiplication des arbres aquatiques, tels que le saule, le peuplier : on la fiche en terre dans un trou fait avec un grand pieu.

» 5°. *En rameau*. C'est une jeune branche ramifiée, enterrée dans toute sa longueur, excepté le gros bout, qui saille hors terre de 2 pouces ; elle est favorable pour multiplier certaines espèces d'arbres qui se dépouillent, le grenadier, le groseillier et beaucoup d'arbres et arbustes de pleine terre. On doit la mettre au printemps en terre franche et en exposition chaude; et pour les plantes d'orangerie, sur couche sourde.

» 6º. *En ramée.* Grande branche avec tous ses rameaux, propre à fournir des pépinières d'oliviers, à garnir des berges de rivières, de marais, à affermir et exhausser le terrain. Les oliviers, les saules, les peupliers, le tamaris, le chalef, l'aune etc., sont propres à cet usage; on les plante horizontalement à la fin de l'hiver, à 4 ou 5 pouces de profondeur, en ayant soin de laisser sortir l'extrémité des rameaux de 3 à 4 pouces.

» 7º. *En fascines.* Ce sont de jeunes branches de la dernière ou de l'avant-dernière pousse, réunies en fagots de 2 pieds de long et ployées sur elles-mêmes. On s'en sert lorsqu'on veut retenir des berges sur le point d'être enlevées par les eaux. On enterre ces fascines de manière à n'en laisser sortir que l'épaisseur de 4 pouces, et on les assujettit avec un pieu passé au travers : ce sont les osiers ou les saules qu'on plante ainsi.

» 8º. *Avec bourrelet par étranglement.* C'est une branche sur laquelle on a déterminé la formation d'un bourrelet, par une ligature faite dans la saison précédente : on l'emploie pour les arbres durs, soit indigènes, soit étrangers, les fruitiers particulièrement.

» 9º. *Avec bourrelet par incision.* C'est le même que la précédente, avec la modification de l'incision : on l'emploie pour les espèces à bois plus dur, ou à la possession desquelles on attache plus de prix.

» 10º. *A crossette.* Elles ont la forme de petites crosses; elles sont formées du bois de la dernière et de l'avant-dernière sève. Le bois le plus ancien ne doit former que le quart de la longueur de celui de l'année précédente, et la longueur totale de la crossette ne doit pas passer 15 pouces. Un certain nombre d'arbres et d'arbrisseaux se multiplient par la voie des crossettes, principalement ceux dont la consistance du bois est aussi éloignée de l'extrême dureté que de la mollesse : on se procure des crossettes pendant l'hiver, lors de la taille des arbres. On choisit autant que possible des rameaux crus sur des branches vigoureuses, et on les coupe le plus près qu'il est possible de la tige, de manière à emporter avec elles le bourrelet qui les unit ensemble : on nomme le bourrelet le *talon* de la bouture. Il est tout disposé à produire des racines, et par conséquent infiniment utile à la reprise de la bouture. Les crossettes se lient par bottes et se gardent dans une cave jusqu'à ce que les gelées soient passées, époque où on les met en terre. »

Il faut aussi mettre au nombre des boutures les arbres gref-

fés, plantés de manière que des racines sortent au-dessus de
la greffe et le rendent *franc de pied*, comme disent les jardiniers. On emploie généralement ce moyen pour les oliviers
dans le midi de la France et on s'en trouve fort bien.

Ces généralités sur les boutures ne sont susceptibles ni de
modification ni d'extrait, tant elles sont exactes et précises.
Je les ai copiées, pour rendre témoignage à l'excellent esprit
de leur estimable auteur, qui vient de donner un travail complet sur le même objet, dans le LIX.e volume des *Annales du
Muséum*, travail auquel je renvoie le lecteur qui désirerait des
détails plus étendus.

Une terre humide, meuble, chaude, et bien pourvue de
principes nutritifs, sont les trois conditions qui assurent le
mieux la reprise des boutures; il faut, autant que possible, les
réunir naturellement ou artificiellement quand on veut arriver
certainement au but. Le soleil est presque toujours contraire
à celles qui sont délicates, parce qu'il dessèche la partie qui
est hors de terre, et que sa mort entraîne ordinairement celle
de l'autre. Aussi toutes celles qui sont dans ce cas, et qui se
contentent de la pleine terre, se placent-elles au nord, et celles
qui exigent la chaleur de la couche ou du châssis se couvrent-
elles, pendant que le soleil brille, avec des paillassons, ou
mieux avec des toiles claires.

Cette même considération de l'inconvénient de la dessiccation des tiges doit faire employer tous les moyens de l'empêcher; en conséquence on coupera toutes les feuilles, comme
favorisant trop l'évaporation, on tiendra le plus court possible
la partie hors de terre et on arrosera fréquemment mais faiblement, car l'excès d'humidité fait également périr les boutures en pourrissant leur écorce. Il est cependant beaucoup
d'arbres et d'arbustes qui craignent d'avoir la tête coupée, et
sur-tout ceux qui ont une flèche, comme les frênes, les érables,
les cornouillers arborescens, etc.

La manière de placer les boutures dans la terre n'est rien
moins qu'indifférente : la position oblique, et même un peu
courbée, est la plus favorable à leur reprise. Comme, ainsi
que je l'ai observé plus haut, la terre la plus meuble leur convient le mieux, on doit autan tque possible éviter, ce qu'on
fait rarement, d'employer le plantoir, même dans les terres
les mieux labourées, à plus forte raison dans les lieux en
friche. Combien de millions de plantards de saule périssent
chaque année pour avoir été placés dans des trous dont la
terre, déjà si compacte, a été encore davantage tassée par
l'effet du pieu de fer employé à faire le trou. Je préfère à toute
autre méthode, lorsque ces boutures doivent être très-rapprochées, celle de creuser une tranchée longitudinale de 6 à

& pouces de profondeur sur une largeur de moitié, pour, après les y avoir placées, les recouvrir avec la terre de la tranchée suivante ; et lorsqu'elles doivent être écartées d'un pied ou plus, de faire faire, avec une pioche à fer étroit, des trous de la profondeur indiquée, d'y placer la bouture, et de la recouvrir avec la terre tirée du trou.

Il est des boutures qui gagnent à être exposées quelque temps à l'air, à éprouver un commencement de dessiccation pour reprendre promptement ; la plupart veulent être tenues dans un lieu très-frais, être enterrées en paquets, en attendant l'époque de l'être isolément, et quelques-unes exigent d'être mises sur-le-champ en état de végéter.

Ces dernières, qui s'appellent *boutures forcées*, se font sur une couche à châssis, dans des pots remplis de terre de bruyère mêlée avec un peu de terre franche et de terreau. On les recouvre avec des entonnoirs de verre, de manière qu'elles sont dans une atmosphère extrêmement chaude et humide, c'est-à-dire dans la position la plus favorable pour pousser rapidement : l'air leur vient, mais en très-petite quantité à-la-fois par le goulot de l'entonnoir. Tous les jours, cependant, même souvent deux à trois fois, on leur en donne de nouveau en levant l'entonnoir et le remplaçant sur-le-champ : ce sont les plantes des pays chauds, celles qui demandent la serre ou au moins l'orangerie qu'on traite ainsi. La difficulté est de saisir le vrai point de chaleur et d'humidité, et de donner l'air à propos : aussi ne réussit-on pas toujours à arriver au but. L'incertitude du résultat fait qu'on met ordinairement une grande quantité de boutures dans le même pot, d'où on les ôte dès qu'elles ont assez de racines pour pouvoir être regardées comme assurées.

Les boutures à bourrelets qui, après celles dont il vient d'être question, exigent le plus de soins, ne se pratiquent guère que dans des circonstances particulières, quoiqu'elles soient très-avantageuses, parce qu'on préfère de marcotter les arbres ou arbustes pour lesquels elles sont nécessaires.

Pour les faire, on interrompt six mois, quelquefois même une année d'avance, la circulation de la sève dans une branche d'un à deux ans au plus, soit par une ligature avec de la ficelle, du fil de laiton, etc., soit par une section annulaire de l'écorce de 2 à 3 lignes de large ; au printemps de l'année suivante, on coupe cette branche au-dessous de la ligature ou de la section, et on la met en terre, soit à l'air libre, soit sous châssis. On verra au mot BOURRELET la théorie de cette méthode de multiplication.

Celles des boutures qu'on appelle à *crossette* ou à *talon*, et en général toutes celles qui sont faites avec des branches où il y a du bois de deux pousses, peuvent être considérées comme ayant des bourrelets, parce que la sève qui est dans cette bouture est moins disposée à s'épancher, forme plus promptement et plus sûrement des racines. On doit donc profiter de cette circonstance toutes les fois qu'on le peut, et c'est ce qu'on ne fait pas assez généralement, uniquement pour épargner un peu de travail. Sans doute il est bon d'éviter une peine inutile ; mais dans un grand nombre de circonstances on n'est pas bon juge à cet égard. Ainsi je ne conseillerai pas de couper en talon les boutures de peuplier d'Italie, de saule de Babylone, etc., mais bien des boutures dont la reprise est un peu plus incertaine, telles que celles de platane, de poirier, COIGNASSIER, etc.

L'évaporation de la sève étant, comme je l'ai déjà dit plusieurs fois, la circonstance la plus défavorable à la reprise des boutures, il semble que la multiplication par ramée devrait être la plus employée, et cependant elle ne l'est presque jamais dans les pépinières des environs de Paris : c'est dans celles de la ci-devant Belgique et de la Hollande qu'il faut aller pour juger de ses grands avantages. Je dois ici la conseiller à tous les propriétaires qui veulent regarnir leurs bois, ou avoir en peu de temps de petits bouquets de bois.

Comme la jeune écorce est plus susceptible de former des bourrelets que la vieille, il est beaucoup d'espèces d'arbres et d'arbustes dont on ne peut faire de bouture qu'avec des branches de l'année précédente, ou de deux ans au plus. Quelques-uns cependant, dont le bois est mou et l'écorce d'une facile distension, tels que le saule, le peuplier noir, etc., sont susceptibles d'être employés à un âge plus avancé : ce sont ces sortes de boutures qu'on appelle *plançons*. On en fait un fréquent usage, parce qu'on croit gagner du temps ; mais des expériences comparatives ont prouvé qu'il y avait réellement de l'avantage d'employer les boutures d'un à deux ans, et de les tenir en pépinières jusqu'à ce qu'elles fussent défensables. L'augmentation de dépense qu'elles occasionnent est bien compensée par la beauté et la durée des arbres qui en résultent. Il est contre la raison de planter des boutures de la grosseur du bras et plus dans des terres qui n'ont peut-être jamais été labourées, et où les faibles racines qu'elles doivent pousser ne pourront pénétrer qu'à grande peine. Un autre motif qui doit faire rejeter les plançons, et sur-tout les plançons à tête coupée, c'est que les boutons qui sortent latéralement et à travers une écorce très-épaisse, ont beaucoup plus de peine à se développer que ceux des boutures d'un à deux ans ; aussi ces plançons restent-ils quelquefois plusieurs mois, même une année, avant de donner des signes de végétation. Les entailles que dans quelques lieux on fait à leur partie inférieure, loin de favoriser leur reprise, la retardent en auga mentant les moyens de déperdition de leur sève.

Si je voulais entrer dans toutes les considérations qui favorisent le succès de la reprise des boutures, cet article deviendrait un volume : je renvoie donc aux articles de chacune de ces espèces d'arbres et d'arbustes pour ce qui les concerne, en observant que ce n'est véritablement que par la pratique qu'on apprend à bien faire dans ce cas, comme dans bien d'autres. Ces petits procédés, ces tours de main, qui assurent la réussite, peuvent bien s'indiquer dans un livre ; mais le lecteur n'y attache jamais la même importance que celui qui agit, parce qu'il n'en sent pas l'utilité : par exemple, les peupliers reprennent tous de boutures ; mais cependant celui qui voudrait les multiplier de la même manière par ce moyen, ne réussirait certainement pas aussi bien que celui qui sait que le peuplier de Canada demande à être très-enfoncé en terre, le peuplier d'Italie à n'avoir pas la tête coupée, le peuplier baumier à être muni d'un talon, le peuplier blanc à être en ramée, le peuplier de Caroline à être pourvu d'un bourrelet, le peuplier argenté à être placé sur couche et sous châssis, etc.

Je finis par quelques observations que je n'ai pas eu occasion de placer plus haut.

Les boutures sont plus sujettes à la gelée que les rameaux qui tiennent encore à l'arbre ; il périt par cette cause des quantités de boutures de saule de Babylone ; perte qu'on pourrait éviter si on les faisait en ramée, parce que le bois couché en terre pousserait des rejetons après la mort des extrémités saillantes.

Lorsque les boutures sont placées dans un lieu exposé à l'action des vents, il est utile de les en garantir pendant les premiers jours par des paillassons, des fagots ou autres moyens ; car ces vents sont quelquefois plus desséchans que le plus ardent soleil. On le fait rarement ; mais il est souvent nécessaire de mettre de la cire, du suif, de l'argile ou autre engluement sur la plaie supérieure des boutures dont on a coupé la tête, afin d'empêcher la déperdition de sève qui se fait toujours par cette plaie. Faire la même chose sur la plaie inférieure, ou la brûler, produit également de bons effets, ainsi que j'en ai l'expérience.

C'est parce que la quantité de sève qui se trouve dans une bouture est presque toujours insuffisante pour nourrir la tige et les feuilles, lorsque la première est trop longue et les secondes trop abondantes, et supporter en même temps la déperdition qui a lieu par l'évaporation , qu'il faut, dans les cas les plus ordinaires, couper, à deux ou trois yeux au plus, la tête de toutes les boutures qui peuvent souffrir cette opération sans inconvéniens ; qu'il faut retrancher toutes les feuilles de celles qui en ont lorsqu'on les met en terre.

Cependant si on pouvait empêcher cette évaporation de la sève par les feuilles et par l'écorce, il serait très-avantageux de faire les boutures pendant la plus grande force de la végétation et avec les branches les plus garnies de rameaux et de feuilles, parce qu'il est prouvé que la grosseur du bourrelet qui se forme, ainsi que le nombre et la grosseur des racines qui en sortent, sont toujours proportionnels à la quantité de ces rameaux et de ces feuilles. *Voyez* au mot BOURRELET.

C'est pendant ce temps seul que se font et même peuvent se faire les boutures des plantes herbacées à racines vivaces, et même des plantes bisannuelles et annuelles, telles que les campanules , les giroflées, les juliennes, etc. , ainsi qu'il sera dit aux articles de chacune de ces plantes.

Les boutures faites avant la sève d'août avec des ramilles effeuillées, ayant une écorce tendre et trouvant une terre chaude, poussent des racines et des feuilles beaucoup plus fortes et plus abondantes que celles faites au printemps, pour peu que la sécheresse ne les contrarie pas. Bien entendu qu'elles appartiennent à des espèces qui ne craignent pas les gelées de nos climats, parce que poussant tard elles en seraient immanquablement frappées. On ne pratique pas assez souvent ces sortes de boutures dans les pépinières, quoiqu'elles soient très-usitées pour les arbres et arbustes d'orangerie, sur-tout pour multiplier les plantes du cap de Bonne-Espérance et de la Nouvelle-Hollande, qui entrent en végétation à cette époque.

Les jardiniers anglais, qui ont beaucoup perfectionné la multiplication par boutures, en font souvent des plantes délicates, comme les BRUYÈRES, 1°. dans du sable pur qu'ils tassent fortement et qu'ils entretiennent dans un état d'humidité constant; 2°. dans de la terre recouverte d'un pouce d'épaisseur de sable; 3°. en renfermant moitié ou les deux tiers de leur partie intermédiaire dans un engluement composé de bouse de vache et de terre franche, ou de toute autre matière susceptible d'être facilement brisée. *Voyez* ENGLUEMENT.

La théorie de cette dernière méthode est facile à concevoir d'après ce que j'ai dit plus haut. En effet la bouture ainsi emmaillottée conserve mieux sa sève que celle dont la plus grande partie de la longueur est exposée à l'air libre ; il suffit qu'il y ait un pouce en bas pour le développement des racines et un pouce en haut pour le développement des bourgeons. J'ai vu des boutures du LAURIER CAMPHRIER, si difficiles à faire reprendre, ne pas manquer par ce moyen.

Lorsque les boutures sont dépourvues de feuilles, comme celles qui se font en pleine terre en hiver, les feuilles poussent avant les racines; mais lorsqu'elles ont des feuilles comme celles qui se font en été sous châssis, il pousse toujours des racines avant le développement de nouvelles feuilles : ces circonstances sont importantes à considérer sous le rapport physiologique.

La physiologie végétale relativement aux boutures est loin d'être complète, et de nombreuses expériences restent encore à faire pour pouvoir l'appuyer sur de solides bases. On ne sait pas encore avec certitude, par exemple, si les boutures, avant la sortie de leurs racines, tirent ou non quelque nourriture de la terre. J'ai rédigé cet article dans le système de la négative, parce que beaucoup de boutures réussissent fort bien dans l'eau distillée et même quelques-unes simplement dans l'air.

Il est indifférent pour le succès d'une bouture que son extrémité inférieure soit coupée net, ou en biseau, ou en pointe. Cette dernière forme cependant convient lorsqu'on veut employer la mauvaise méthode qu'on suit pour les plantards, mais uniquement à raison de la facilité qu'elle donne pour les enfoncer plus profondément en terre.

Les morceaux de racines de beaucoup de plantes et sur-tout d'arbres et arbustes, poussant des fibrilles et des tiges, quoique dépourvues de collet et de bourgeons, peuvent être considérés comme de véritables boutures : il en est de même des écailles de lis et autres bulbes.

Les feuilles de presque toutes les plantes grasses mises en terre, poussant également des racines, peuvent l'être de même. (B.)

BOUTURE. Ou donne ce nom aux REJETONS OU ACCRUS dans certains lieux, même à ceux des ARTICHAUTS et du MAÏS. (B.)

BOUTURER. Mot employé par les jardiniers pour indiquer qu'un arbre ou arbuste pousse des DRAGEONS. (B.)

BOUVERIN. ETABLE A BŒUF. *Voyez* ce mot.

BOUVIER. Celui qui conduit les BŒUFS, les garde et en prend soin dans l'étable. Cet homme doit être fort, vigoureux, adroit, patient et doux. S'il brusque ses bœufs, s'il les maltraite, s'il les bat, il aigrit leur caractère, les rend méchans, intraitables, et souvent dangereux pour ceux qui les approchent. *Voyez* BŒUF et VACHE.

Les devoirs d'un bouvier sont, 1°. chaque matin d'ÉTRILLER ses bœufs, de les BOUCHONNER, de leur laver les yeux. Ces petits soins sont indispensables, et contribuent autant à leur santé qu'à celle du cheval.

2°. De se lever de grand matin pour leur donner à manger, de cribler l'avoine avant de la leur présenter.

3°. De les conduire à l'abreuvoir avant de les mener aux champs.

4°. De voir, au moins une fois par semaine, si les jougs, les courroies, les paillassons sur lesquels portent les jougs contre la tête de l'animal, sont suffisamment rembourrés.

5°. Dans les pays où l'on ferre les bœufs, d'examiner si les pieds sont en état.

6°. Au retour des champs, après le travail du matin, de leur donner une nourriture suffisante pour un repas, et de les mener boire. Ce n'est point assez de les faire boire deux fois par jour, même en hiver, quoique le temps ne leur permette pas de sortir de l'étable, et à plus forte raison pendant l'été. A l'approche des chaleurs, et sur-tout pendant l'été, il leur donnera, de temps à autre, des seaux remplis d'eau rendue légèrement acidule par le vinaigre, et quelquefois de l'eau nitrée. C'est le moyen le plus sûr de prévenir les maladies putrides, et putrides inflammatoires, auxquelles ils sont sujets plus que les autres animaux. L'eau rendue blanche par l'addition du son leur est encore très-utile.

7°. S'ils reviennent des champs le matin ou le soir couverts de poussière et de sueur, il doit les bouchonner jusqu'à ce que la sueur soit dissipée, et pendant ce temps ne point les tenir exposés à un courant d'air frais.

8°. Chaque soir il doit remplir les râteliers, afin que l'animal ait suffisamment de quoi se nourrir pendant la nuit.

9°. Leur faire une litière avec de la paille fraîche et propre.

10°. Deux fois par semaine faire enlever la vieille litière, la porter au tas de fumier, et ce serait encore mieux si chaque jour il la sortait de l'écurie, pour lui en substituer une toute fraîche. C'est le plus grand des abus que celui de laisser accumuler la litière, ou plutôt le fumier sous l'animal. Il s'en élève une chaleur qui lui est très-nuisible, et ce fumier lui ramollit la corne. Il est presque toujours la cause des maladies qui se jettent sur ses jambes.

11°. Tous les bouviers, en général, s'imaginent que les bêtes confiées à leurs soins doivent, pendant l'hiver, être renfermées dans une espèce d'étuve. Presque toujours les étables ne prennent du jour que par des larmiers si étroits, qu'il est impossible que l'air s'y renouvelle. J'en ai vu où le thermomètre montait à 24 degrés de chaleur, tandis qu'à l'extérieur le froid était de 8 à 10 degrés. Si l'animal sort de son étable, il éprouve donc un changement de température de 32 à 34 degrés ; et après cela comment veut-on que l'animal n'éprouve pas des suppressions de transpiration, etc. etc. ?

Au mot ÉTABLE, nous donnerons les proportions qui lui conviennent.

12°. Dès que les bœufs sortent pour aller aux champs, ou pour travailler, le bouvier doit ouvrir les portes et les fenêtres, afin de renouveler l'air, et lorsque l'animal est rentré, laisser une fenêtre ou deux ouvertes, suivant leur grandeur, à moins que la rigueur du froid ne soit excessive.

13°. En été, suivant la chaleur du pays, il convient de laisser entrer le moins de clarté qu'il sera possible, l'étable en sera plus fraîche, et les animaux ne seront pas abîmés et persécutés par les mouches.

14°. Il convient, dans cette saison, sur-tout dans les provinces méridionales, que les animaux passent la nuit dans les pâturages, et que le bouvier, logé dans sa cabane près d'eux, ne les quitte pas un instant. La chaleur et les mouches sont les deux plus grands fléaux de ces animaux. Les mouches les fatiguent souvent au point qu'ils refusent de manger ; la chaleur les accable, et l'un et l'autre réunis sont la cause de leur maigreur dans cette saison.

15°. Quoique les ARAIGNÉES (*voyez* ce mot) ne soient pas venimeuses, un bouvier qui aime la propreté aura soin, au moins une fois par mois, de passer le balai sur tous les murs, et sous tous les planchers.

16°. C'est encore au bouvier à veiller sur le fourrage distribué chaque jour. Il examinera sa qualité, fixera sa quantité ; il verra s'il n'est pas mêlé avec des chardons et autres plantes épineuses, capables de piquer la bouche et le palais de l'animal.

17°. Si on est dans la louable coutume de donner du sel, c'est à lui à régler la quantité, suivant la nature de l'animal, et sur-tout suivant la saison. Dans les temps humides et pluvieux, lorsque l'herbe des pâturages est trop imbibée d'eau, le sel diminue ou détruit sa qualité trop relâchante. Au contraire, dans les chaleurs, il faut en user avec modération.

18°. Un bouvier doit savoir saigner, donner un lavement ; cependant méfiez-vous de ces hommes qui ont cinq ou six recettes de médicamens, et qu'ils donnent le plus souvent sans connaissance de cause. Une légère indisposition devient souvent une maladie grave par le remède donné ou à contre-temps ou à contre-sens.

19°. Il serait fort à désirer que le bouvier eût une connaissance exacte des symptômes des maladies, de leur marche, de leur terminaison, etc. Un pareil bouvier serait un trésor pour une grande métairie. (R.)

BOUVREUIL. Oiseau du genre des Gros becs (*voyez* ce mot), qui se fait remarquer des cultivateurs, non-seulement par la beauté de son plumage, mais encore par les dégâts qu'il cause dans leurs vergers, en mangeant au printemps les boutons des arbres qui y sont plantés.

On reconnaît le bouvreuil à sa grosseur à peine supérieure à celle d'un moineau, à son bec presque rond et noir, à sa tête, à sa queue et à l'extrémité de ses ailes noires, à son dos et à la base de ses ailes gris ardoise, à sa gorge et à son ventre d'un rouge vif dans le mâle, et d'un gris vineux dans la femelle, à son croupion blanc, etc.

Dans cette espèce, le mâle est très-attaché à sa femelle, ne la quitte jamais, et l'aide dans tous les soins de l'incubation et de la nourriture des petits ; c'est sur des arbres peu élevés qu'ils construisent leur nid : ils vivent exclusivement de graines et de boutons.

Comme les bouvreuils se tiennent dans les grands bois pendant presque toute l'année, que ce n'est qu'au moment où les boutons des arbres fruitiers commencent à se développer qu'ils viennent autour des habitations, les cultivateurs n'ont à s'en plaindre qu'à cette époque ; et il suffit qu'ils en tuent de temps en temps quelques-uns à coup de fusil pour les écarter tous : leur chair ne vaut rien. On les prend aussi avec assez de facilité, à la même époque, avec toutes sortes de trébuchets, amorcés de graine de chenevis qu'ils aiment avec passion. Il m'a paru que c'était sur les pruniers qu'ils se jetaient de préférence. J'ai vu quelquefois la terre jonchée des débris des boutons de cet arbre, car pour en manger un les bouvreuils en coupent dix.

On apprend à parler et à siffler toutes sortes d'airs de flageolet aux bouvreuils mâles et femelles, ce qui fait qu'on en élève souvent dans les volières. (B.)

BOUVREUX. On appelle ainsi les grappes de fleurs qui se développent en septembre sur toutes les vignes, et principalement sur celles de la montagne de Reims.

BOUZARD. Nom d'une pierre calcaire argileuse renfermant des coquilles pélasgiennes, et formée en couches minces, qui sert de base au sol du vignoble de Beaune. Elle est recouverte d'un bol rouge. Les parties les plus superficielles et les plus minces de cette pierre sont appelées laves, et s'emploient à couvrir les maisons rurales. (B.)

BOUZE DE VACHE. *Voyez* Bouse.

BOYAU. Nom vulgaire des intestins des animaux.

Presque par-tout on laisse perdre les boyaux des boeufs et des moutons ; cependant on en peut tirer un parti avantageux. On mange sous le nom d'andouilles ceux des cochons, on s'en sert pour faire des boudins, pourquoi n'emploie-t-on pas de même dans les campagnes ceux des animaux dont je viens de parler et encore plus ceux du veau ? Pourquoi n'en fait-on pas de la colle forte, par exemple ? Lavés et grattés, ils peuvent servir à plusieurs usages domestiques. En Espagne, on y conserve le beurre, le saindoux; de sorte que dans ce pays on vend véritablement ces denrées à l'aune. A Paris, les gros boyaux de bœufs sont recherchés par les batteurs d'or, ceux de moutons pour faire des cordes à violon; il y a même un métier qui ne s'exerce que sur eux, et qui prend leur nom, celui des *boyaudiers*. (B.)

BOZA. Espèce de bière épaisse qu'on fabrique en Grèce avec de la farine d'orge fermentée et de l'ivraie. La consommation qui s'en fait est très-considérable et donne lieu à beaucoup d'accidens. (B.)

BOZAN. On donne ce nom, aux environs de Bourg, au blé rachitique.

BRACTÉE. Sorte de feuille souvent différente des autres en forme, en consistance et en couleur, qui accompagne certaines fleurs, et de l'aisselle de laquelle sort ordinairement le pédoncule.

Il est des bractées qui subsistent aussi long-temps que les feuilles, d'autres qui tombent au moment de l'épanouissement de la fleur. Leur usage paraît ne pas beaucoup différer de celui des feuilles; cependant celles qui sont d'une autre couleur que la verte émettent moins d'oxigène qu'elles. On les mentionne toujours dans les descriptions des plantes, parce qu'elles fournissent de bons caractères.

Les collerettes des ombellifères, et les calices communs des composées, des scabieuses et de quelques autres plantes, sont de véritables bractées auxquelles on est convenu de donner un autre nom.

Les stipules qui accompagnent si souvent les feuilles diffèrent très-peu des bractées.

Certaines bractées sont très-remarquables. Celles des sauges, des mélampyres, des amaranthes, etc., sont, dans certaines espèces, vivement colorées et plus ornantes que les fleurs mêmes. (B.)

BRAI GRAS. C'est la poix liquide que l'on retire du pin par la combustion. Brai sec, c'est la résine du pin, dont on a ôté l'huile essentielle par la distillation. *Voyez* Pin, Sapin, Goudron, Poix, Galipot. (B.)

BRAILLE. C'est dans quelques cantons la balle du blé séparée du grain.

BRAISE. Résultat de la combustion du bois à l'air libre.

Le charbon ne diffère de la braise que parce que sa combustion ayant été ralentie, il n'a pas autant perdu de ses principes composans. Il en résulte que la braise est beaucoup plus légère et qu'elle prend feu plus rapidement, mais qu'elle donne moins de chaleur et se consume plus vite.

On ne met guère dans le commerce, et encore seulement dans les grandes villes, que la braise provenant des fours de boulangerie.

Il serait le plus souvent possible aux cultivateurs d'économiser une partie de la braise de leur foyer, pour, en l'accumulant dans un étouffoir, trouver en elle un remplacement du charbon pour la préparation de leurs alimens; mais je n'ai vu nulle part employer habituellement ce moyen si simple et si facile.

La différence entre la braise et le charbon pour la conservation des viandes et pour la purification de l'eau, est tout à l'avantage de la première. Les dangers de sa combustion dans un lieu clos, pour la vie des hommes et des animaux, est moindre; mais malgré cela il ne faut pas s'y fier. *Voyez* Asphyxie. (B.)

BRAN. C'est le son dans divers départemens.

BRANCE. Variété de blé qu'on cultive aux environs de Grenoble. Tessier soupçonne que c'est la touzelle des départemens méridionaux.

BRANCHAGE. Nom collectif qui indique toutes les petites branches d'un arbre.

BRANCHÈRE. On donne ce nom à toutes les espèces de vesces dans certains cantons; dans d'autres on le restreint à celle qui est cultivée, et dans d'autres à celle qui croît naturellement dans les blés, et qui communique de l'amertume au pain, c'est-à-dire à la vesce a fleurs nombreuses. (B.)

BRANCHES. Parties latérales d'un arbre ou d'une plante, et qui ne sont que des subdivisions du tronc.

La différence des branches et des rameaux n'est pas bien établie; cependant on appelle assez généralement de ce dernier nom les subdivisions des branches.

L'organisation des branches ne semble pas différer de celle du tronc; cependant, comme les vaisseaux séveux et autres qui les fournissent s'écartent plus ou moins de la perpendiculaire, les sucs y affluent en moins grande quantité, proportion gardée, et sur-tout y circulent avec plus de lenteur. Ce dernier fait est prouvé par des milliers d'observations qu'il serait superflu de citer ici. *Voyez* au mot Plante.

Chaque branche est donc un arbre implanté sur un autre, qui lui fournit la nourriture provenant de la terre, et à qui elle rend celle qu'elle prend dans l'air au moyen de ses feuilles. Sa forme est toujours conique ou pyramidale.

Les branches de la plus grande partie des arbres, lorsqu'elles sont jeunes et qu'on les met en terre avec certaines précautions, poussent des racines et reproduisent le même arbre. Celles qu'on destine à cette opération s'appellent des Boutures. *Voyez* ce mot.

Le plus souvent les branches sortent successivement des boutons qui se développent sur les pousses de l'année précédente, mais aussi quelquefois du vieux bois. Dans ce dernier cas, on les appelle branches de *faux bois*. Pour leur donner passage, les fibres du vieux bois sont forcées de s'écarter. C'est cette déviation qui cause ce que les menuisiers nomment *bois rebours*. *Voyez* Bouton et Bourgeon.

M. Duhamel a cherché quel était le rapport entre le volume du tronc d'un arbre et celui de ses branches. Il a trouvé, 1°. sur un mûrier dont le tronc se partageait en deux branches, que l'épaisseur ou l'aire du tronc était à la somme des deux branches comme 5 est à 6; 2°. sur un cerisier, dont le tronc portait trois branches, que le rapport de l'épaisseur du tronc était moindre que la somme de l'épaisseur des trois branches de presque d'un quart; 3°. sur un coignassier qui portait six branches, que le rapport de l'épaisseur du tronc était aux épaisseurs des branches à-peu-près comme 4 est à 5. Ainsi, la somme des branches qui sortent immédiatement du tronc excède le tronc d'environ un cinquième.

Poussant plus loin ses expériences, le même savant a trouvé que les branches du second ordre, c'est-à-dire celles qui sortent des branches dont il vient d'être question, avaient la somme de leurs diamètres non-seulement moindre que celle des branches mères, mais même que celle du tronc. Cette espèce d'anomalie s'explique', selon lui, par la mort de quantité de menues branches qui auraient dû entrer dans les élémens du calcul. Je pense qu'il serait bon de recommencer ces expériences, en faisant attention à cette circonstance, et de les varier sur un plus grand nombre d'espèces d'arbres, et sur des arbres crus dans des sols et à des expositions différentes.

La tendance générale des branches vers le ciel et la faculté qu'ont cependant quelques-unes de prendre une direction contraire, sont dignes d'exercer les méditations des scrutateurs de la nature. Jusqu'à présent on n'a rien écrit de parfaitement satisfaisant sur cet objet.

Les branches sont le plus souvent cylindriques; mais il y en a beaucoup qui présentent des angles soit irréguliers, soit réguliers, angles qui s'oblitèrent ordinairement par l'effet de l'âge.

Relativement à leur position ou direction, on distingue les branches en alternes, en opposées et en verticillées; en droites, en pendantes, en ramassées, en écartées ou divergentes, en dichotomes, etc.

Comme les arbres fruitiers intéressent plus particulièrement les cultivateurs que les autres, on a donné des noms propres à toutes celles de leurs branches qui se distinguent par quelque chose de particulier. Je suivrai la nomenclature employée à Montreuil près Paris, village qu'on est toujours dans le cas de citer avec éloge lorsqu'il s'agit de la culture de ces sortes d'arbres.

BRANCHE A BOIS. C'est en général celle qui ne produit pas de fruit; mais à Montreuil c'est particulièrement celle qui naît du dernier œil de la branche taillée, et qui doit allonger l'arbre. Elle est destinée uniquement à porter d'autres branches.

BRANCHE GOURMANDE. Elle est grosse, longue, fort épatée à sa base, couverte de boutons écartés. C'est principalement sur les arbres assujettis à la taille qu'elle se développe, quoique les arbres en plein vent et même ceux des forêts en montrent quelquefois. Elle absorbe la nourriture des branches voisines par la vigueur avec laquelle elle pousse, et ne tarde pas à les faire périr, si on ne l'arrête pas en coupant, ou mieux en tordant son extrémité dès qu'on s'aperçoit de son existence. Lorsqu'on la coupe à sa base, comme le font ceux qui n'ont pas de connaissance dans la théorie ou la pratique du jardinage, on occasionne ou une grande extravasation de sève, ou la production d'un grand nombre d'autres branches gourmandes. Quelquefois les branches gourmandes sont réservées pour renouveler l'espalier qui dépérit. Lorsqu'on coupe la tête d'un arbre pour le rajeunir, on détermine la pousse de beaucoup de gourmands, ou mieux des bourgeons qui leur ressemblent.

BRANCHES MÈRES. C'est ainsi qu'on appelle à Montreuil les deux branches qui forment le V, et qui servent de base à toutes celles qui constituent un espalier. On les nomme aussi *branches tirantes*.

BRANCHE DESCENDANTE ET ASCENDANTE. On donne cette épithète aux branches qui sortent des branches mères en dessous et en dessus. On les distingue aussi par le nom de *membres*.

BRANCHE DE RÉSERVE. On indique par cette dénomination une branche à bois qu'on réserve entre deux branches à fruit, pour qu'elle en fournisse d'autres l'année suivante. On la taille ordinairement très-courte.

BRANCHE A FRUIT. Son écorce est vive; ses yeux gros et peu écartés; son empatement est garni d'anneaux ou rides circulaires. La petite *branche à fruit ou bouquet* est propre aux arbres à noyau. Elle est courte et terminée par un groupe de fleurs, au centre duquel se trouve un paquet de feuilles. Lorsque ces feuilles ne se développent pas les fruits avortent. Sa durée n'est que de quelques années. Elle naît sur une branche de l'année précédente.

Les feuilles se développent plutôt sur les branches à fruit que sur les autres, parce que les germes ont plus ou moins besoin de leur présence pour exécuter leur évolution.

BRANCHE LAMBOURDE ou simplement LAMBOURDE. Ressemble à la petite branche à fruit; mais elle naît sur le gros bois. Les poiriers et les pommiers en offrent très-fréquemment.

BRANCHE BOURSE ou simplement BOURSE. Ne diffère de la précédente que parce qu'elle naît sur du jeune bois, et qu'elle est plus courte et plus grosse. Elle produit abondamment et long-temps du fruit sans donner de nouveau bois. Quelques vieux pommiers n'offrent plus que des bourses lorsqu'ils sont près de mourir.

BRANCHE BRINDILLE. Petite branche mince et longue, qui fournit de très-beaux fruits, et des fruits qui manquent rarement, principalement sur le pêcher.

BRANCHE CHIFFONNE. Branche à fruit, qui ressemble à la précédente, mais qui est si faible, qu'elle ne peut nourrir son fruit. On la coupe ordinairement; mais quelquefois lorsqu'on a besoin d'une nouvelle branche à bois, on la taille à un ou deux yeux. On l'appelle aussi *branche folle*.

BRANCHES A CROCHETS. Ce sont les branches latérales aux branches mères des espaliers, branches qu'on rabat à la taille à deux ou trois yeux, qui sont destinées à donner des branches à bois tertiaires et des branches à fruit. *Voyez* TAILLE, ESPALIER et PÊCHER. (B.)

BRANCURSINE. *Voyez* ACANTHE.

BRANDES. Altération du mot LANDES, qu'on emploie dans quelques cantons.

BRANDES. Plateau du sommet des montagnes dans le département de l'Indre. Les terres en sont très-peu fertiles. Peut-être étaient-elles autrefois des LANDES. (B.)

BRANDEVIN. C'est la même chose qu'EAU-DE-VIE.

BRANDONS. C'est le nom qu'on donne aux branches d'arbres ou bouchons de paille fixés au sommet d'un bâton, et qu'on place çà et là dans les champs pour indiquer que le chaume est réservé par le propriétaire, ou que les bestiaux ne doivent pas y entrer pour paître. (B.)

BRANÉE, BRENÉE. BOISSON dans laquelle entre le SON comme partie nécessaire. On la donne aux COCHONS.

BRAS. Quelques jardiniers donnent ce nom aux BRANCHES DES MELONS.

BRASSALS. Ce sont, dans le midi de la France, les ÉPIS cassés, mais non dépouillés de leurs grains par l'opération du dépiquage. (B.)

BRASSE. Mesure de terre anciennement employée dans le midi de la France. *Voyez* au mot MESURE.

BRASSICOURT. On donne ce nom aux chevaux Arqués de naissance (*voyez* ce mot). Ils rendent quelquefois d'aussi bons services que ceux qui n'ont pas cette vicieuse conformation, mais leur valeur est fort inférieure. (B.)

BRASSIER. On donne ce nom, dans le midi de la France, à du pain de maïs ou de millet, qu'on fait cuire sous la cendre. Ce mot est une altération de braisier, et non dérivé de brassica, comme le dit le Grand d'Aussy. (B).

BRAY ou BROYE. Nom de l'instrument qui sert à séparer la filasse du chanvre de sa tige en brisant cette dernière. On l'appelle mache dans quelques endroits, parce qu'en effet il semble mâcher. C'est la réunion de deux ou trois léviers de l'épaisseur de 6 ou 8 lignes, qui se meuvent en même temps, et qui entrent dans l'intervalle de trois ou quatre planches de même épaisseur. (B.)

BREBIS. C'est la femelle du bélier. Quoiqu'elle ait moins d'influence sur les résultats de l'accouplement, cependant elle mérite plus d'attention et de soins, à cause de la faiblesse de sa constitution, et parce qu'elle conçoit, met bas et allaite; je placerai donc à cet article la plupart des détails que j'ai à donner sur les bêtes à laine. Beaucoup d'auteurs les ont placés au mot Mouton; mais celui-ci n'étant utile que pour sa toison, l'engrais et la chair, et ne servant point à la reproduction, ne doit pas à cet égard avoir la préférence sur la brebis.

Avant de parler de l'accouplement et de la naissance des agneaux, objets les plus importans, je dirai quelque chose des grands troupeaux en Espagne et en Angleterre, et je traiterai de l'introduction des mérinos en France, des moyens d'en tirer le meilleur parti pour l'amélioration, et du régime qu'il convient de leur faire suivre. Ce régime est applicable à toutes les autres races qu'on voudrait multiplier.

Il y a en Espagne trois variétés de bêtes à laine, les mérinos ou moutons *voyageurs* ou transhumans, les *estantes* ou moutons sédentaires et les *charras*. Parmi les premiers, ceux qui fournissent les laines léonaises et ségoviennes jouissent de la plus grande renommée; après les races léonaises viennent celles de Soria, etc. Dans les estantes sont les troupeaux recrutés parmi les réformes des moutons voyageurs. Les *charras* sont une race dégradée et à laine grossière. En Espagne tous les troupeaux ne sont pas à laine fine.

Les races léonaises hivernent dans l'Estramadure. Elles arrivent dans le mois de mai aux environs de Ségovie, pour y être dépouillées de leurs toisons. Après une station de quelques jours, elles reprennent leur marche et se rendent à leurs pâturages d'été, dans les montagnes septentrionales de la Vieille-Castille et du royaume de Léon. Quelques divisions de ces troupeaux restent jusqu'en automne cantonnées dans la Sierra, montagne qui sépare les deux Castilles.

Les races sorianes passent aussi l'hiver en Estramadure. Au printemps, elles se dirigent par Madrid vers la province de Soria. Après la tonte, qui n'a lieu que vers le mois de juin, une partie se disperse dans les montagnes qui bordent la rive droite de l'Èbre, et l'autre traverse ce fleuve pour gagner la Navarre et les pâturages des Pyrénées.

Les troupeaux estantes les plus estimés se rencontrent sur les deux revers, dans les gorges de la Guadarama, de Sommo-Sierra, et sur-tout aux environs des *esquileos* (maisons de tonte), près de Ségovie.

Quoique les races léonaises l'emportent sur toutes les autres par la beauté des formes, la finesse et l'abondance de la laine, il existe cependant entre les différentes *cvagnes* (troupeaux particuliers) de cette race des nuances de perfection qui assurent à quelques-unes une supériorité bien reconnue sur les autres. Je citerai seulement celles autrefois dites du prince de la Paix et de Negrette, remarquables par l'élévation de la taille, l'extrême finesse et le nerf de la laine; celle de Montarco, dont les animaux se distinguent par des collets à plis redoublés et à fanons tombans; celles de Peralès, de Turbietta, de Fernand-Nunez, de l'Infantado et autres, qui participent plus ou moins des qualités qui brillent dans les premiers. Peut-être dans ce moment-ci ces cavagnes ont-elles changé de nom, et appartiennent-elles à d'autres propriétaires.

La différence qui existe entre les variétés est plus sensible dans cette race et la race soriane, quoique les troupeaux qui composent celle-ci soient soumis au même régime que les autres, qu'ils passent l'hiver dans le midi et l'été dans le nord de l'Espagne, et que les bergers aient souvent l'attention de remplacer leurs étalons par des béliers qu'ils se procurent en Estramadure, dans les cavagnes léonaises; cependant ils n'ont pu jusqu'ici atteindre la beauté de la race, ni balancer sa réputation. Le prix des laines sorianes est un tiers ou un quart au-dessous des laines léonaises. Celles dites burgalèses sont encore moins estimées.

Ces détails exacts et ces distinctions m'ont été fournis par M. Poyferé de Cère, propriétaire dans le département des Landes, et auquel nous devons une des plus belles importations de mérinos qui aient été faites. C'est avec les animaux de cette importation que j'avais formé, pour le gouvernement français, deux bergeries dans la Belgique.

En Espagne les bêtes à laine sont toujours à l'air, excepté pendant quinze jours, où on les tient enfermées aux esquileos, avant la tonte. Celles qui voyagent font quatre à cinq lieues par jour. La distance qu'elles parcourent, tant en allant qu'en revenant, est de plus de cent cinquante lieues. Les motifs de ces voyages ne sont pas, comme quelques écrivains l'ont annoncé, pour entretenir la santé des animaux, qui cependant s'en trouvent bien, parce qu'ils sont toujours dans la même température, celle des montagnes ne différant point en été de la température des lieux où ils vivent en Espagne pendant l'hiver ; ce n'est pas non plus pour le perfectionnement de la laine, car celle des estantes pourrait être aussi belle. Les mérinos ne changent ainsi de lieu que pour trouver dans toutes les saisons de la nourriture, comme font certaines espèces d'oiseaux. En été il n'y a rien dans les plaines, tout y est grillé ; en hiver les montagnes sont inaccessibles et couvertes de neige. Il faut donc, pour que ces animaux vivent, qu'ils passent l'hiver dans les plaines et l'été dans les montagnes.

Les propriétaires des troupeaux de ce royaume ont le plus grand soin de se procurer les plus beaux béliers, et de les accoupler avec les plus belles brebis. Ni les béliers ni les brebis ne servent à la reproduction avant trois ans et après huit. Un bélier ne couvre jamais que quinze à vingt brebis. On laisse teter les agneaux autant qu'ils veulent, et on tue quelquefois un petit mâle pour donner double ration à un autre du même âge qu'on veut fortifier.

On divise la masse des troupeaux en troupes de mille à douze cents chacune, auxquelles on attache cinq gardiens, subordonnés les uns aux autres, et ayant un chef commun, nommé *mayoral*, qui dépend du propriétaire d'un troupeau particulier, et en outre répond à son tour au gardien général de tous les mérinos d'Espagne, place très-importante et très-lucrative, à laquelle le roi nomme.

Les troupeaux ambulans ou transhumans appartiennent à de grands propriétaires. Il s'est formé, sous le nom de la *mesta*, une société de riches monastères, de grands d'Espagne, d'opulens particuliers, auxquels le gouvernement a accordé des priviléges et des prérogatives relativement à leurs troupeaux.

Cette association a trouvé pour contradicteurs tous ceux qui n'en faisaient pas partie ; mais elle a été utile pour la conservation de la race pure. Il serait à désirer qu'il y en eût une semblable en France. Depuis trois ans, le troupeau d'une bergerie royale transhume de la Provence dans les montagnes, et revient passer l'hiver dans l'établissement auquel il appartient.

C'est dans les pâturages d'hiver que les brebis mettent bas. A cette époque, on ralentit la marche des troupeaux pour donner aux agneaux le temps de se fortifier.

En général, trois toisons de béliers pèsent 25 livres (environ 12 kilogrammes). Il en faut quatre de moutons coupés et cinq de brebis les plus belles pour le même poids.

On croit que chaque tête de bête à laine rapporte au moment actuel à son propriétaire, l'impôt payé et tous frais faits, environ 3 francs par an ; ce qui n'est dans le pays un bon produit, vu sa modicité, que par la quantité d'animaux dont sont composés les troupeaux.

Cette méthode de diriger de nombreux bestiaux oblige de laisser presque complétement sans culture une grande étendue de pays. Elle ne pourrait pas s'introduire telle qu'elle y est dans les autres états de l'Europe, où l'on veut faire marcher de front toutes les branches de l'agriculture.

Les Anglais tirèrent anciennement, à différentes reprises, des béliers et des brebis d'Espagne ; mais Henri VIII et Elisabeth sa fille doivent être regardés comme les principaux fondateurs du système qui régit encore à cet égard l'Angleterre, puisque ce sont eux qui firent venir le plus de moutons, donnèrent des réglemens et les instructions les plus sages relativement à leur conduite, et commencèrent à promulguer la série de lois prohibitives qui tendent à assurer à ce pays la possession exclusive des moutons perfectionnés et la fabrication également exclusive de leur laine.

Le système agricole de l'Angleterre ne permettant pas de faire voyager les moutons en grands troupeaux sur toutes sortes de terres, on a été forcé de se contenter de les faire constamment parquer en été comme en hiver, chacun sur sa propriété ou sur celles affermées à prix débattu. La différence du climat, des pâturages, et peut-être du régime, a altéré la laine des moutons importés d'Espagne : mais si cette laine a perdu quelque chose en finesse, elle a beaucoup gagné en longueur ; ce qui fait une sorte de compensation. Quoi qu'il en soit, les Anglais sont persuadés, et non sans quelque raison peut-être, que c'est aux soins qu'ils se donnent depuis trois siècles pour perfectionner leurs races, qu'ils doivent l'opulence et la puissance qu'ils ont acquises.

Leurs laines, après celle des mérinos, sont des plus belles de l'Europe, et ont l'avantage d'être également propres à la carde et au peigne ; ce qui ne se peut dire des laines d'Espagne, généralement trop courtes pour faire des étoffes rases.

Au reste, il y a en Angleterre des races de bêtes à laine de tous les degrés de croisement, et même encore des races pures indigènes ; de sorte que quand on veut parler exactement des laines anglaises, il faut indiquer le canton d'où elles proviennent, et même les caractériser par leurs qualités. Ainsi, les laines du Lincolnshire et de Kent sont les plus longues, mais non les plus fines ; celle des troupeaux qui paissent dans les montagnes de Levées et de Bouzae, à l'ouest du Sussex, est plus fine et plus courte ; celle des moutons des environs de Cantorbéry tient le milieu, et sert également à la carde et au peigne. C'est par le croisement des races, le choix toujours sévère des plus beaux béliers et des plus belles brebis pour la multiplication, et en faisant venir de temps à autre de nouveaux béliers des côtes d'Afrique, que les Anglais soutiennent la supériorité de leurs laines, dont celles des Hollandais seules approchent pour la longueur. Ces derniers ont, à-peu-près dans le même temps, relevé leur race indigène par des croisemens avec des béliers de l'Inde.

La France, comme l'Espagne, a aussi des troupeaux transhumans, qui habitent les prairies en hiver et les montagnes en été. Pour ne pas manquer de laitage dans les fermes ou métairies pendant que les troupeaux sont absens, on y garde un certain nombre de femelles. Leur marche est également régulière. C'est le régime de ceux des ci-devant Provence, Roussillon, Landes, etc. Les premiers vont jusque dans les montagnes de la Savoie. Il y en a qui font aussi plus de 150 lieues. Les troupeaux qui vivent de cette manière, quelque nombreux qu'ils soient, ne sont que la moindre partie de ce que la France en entretient ; les autres sont disséminés, et ne quittent pas les pays qu'habitent les particuliers qui en sont propriétaires.

Nous possédons de temps immémorial des races de *moutons* qui donnent des laines d'une assez grande finesse ou d'une longueur remarquable, telles que celles du Roussillon et du Berri, pour les premières, et de la Flandre, pour les secondes. Nous fournissions même autrefois exclusivement tous les draps fins qui se consommaient chez les peuples qui nous entourent ; mais les Anglais et les Hollandais, en perfectionnant de plus en plus leurs races, sont parvenus à entrer en partage avec nous à cet égard.

Le mode de conduite auquel on assujettissait par-tout en France les *bêtes à laine* était si contraire à leur nature, qu'il n'a pas peu contribué à les abâtardir sous tous les rapports ; aussi est-il constaté que nos laines, au lieu de s'améliorer, se détérioraient graduellement, et seraient peut-être arrivées à un degré d'infériorité absolue, si, vers le milieu du siècle dernier, quelques hommes éclairés n'avaient jeté les yeux sur les vices de notre pratique, publié de bons écrits, et engagé le gouvernement à s'occuper particulièrement de cet important objet.

On fit à différentes époques des essais pour perfectionner nos *bêtes à laine* ; mais les premiers ne furent pas suivis avec la constance nécessaire : ce ne fut réellement qu'en 1750 qu'on commença à faire, aux frais du gouvernement, des expériences comparatives sur des troupeaux tenus selon la méthode ordinaire, c'est-à-dire enfermés tous les soirs, et de jour même pendant l'hiver dans des écuries basses, infectes, et sur des troupeaux qu'on tint une grande partie de l'année en plein air. Le résultat fut tout-à-fait à l'avantage de cette dernière méthode, et en conséquence quelques propriétaires riches l'adoptèrent; mais la masse des cultivateurs resta attachée, comme elle l'est encore, à son ancienne routine. Cependant les écrits se multiplièrent, et avec eux le nombre des partisans de la bonne pratique : et si ces derniers ne perfectionnèrent pas leurs laines, ils améliorèrent au moins la santé de leurs animaux, et jouirent de tous les avantages qui en sont la suite.

Douze ou quinze ans après, Daubenton commença, sous les auspices de Trudaine, à s'occuper des moyens d'améliorer cette branche de l'agriculture. Ses profondes connaissances en physiologie et en histoire naturelle ne lui permettaient pas de s'égarer. Il croisa d'abord des femelles de la race commune de l'Auxois avec des béliers du Roussillon, et ensuite des brebis du Roussillon et d'autres provinces de France avec des béliers espagnols.

Le résultat des efforts de Daubenton a été, 1°. un petit troupeau de bêtes à laine fine qui, pendant plus de vingt ans, a fourni des *béliers* et des *brebis* à tous ceux qui ont voulu améliorer les leurs; 2°. un plus grand troupeau de bêtes déjà croisées avec les races françaises, et dont l'emploi annuel était le même; 3°. plusieurs mémoires sur les objets qu'il importe de bien connaître pour guider dans la conduite d'une bergerie, tels qu'un sur la rumination et le tempérament des bêtes à laine; d'autres sur les bêtes à laine parquées toute l'année; sur les remèdes les plus nécessaires aux troupeaux, et sur le régime qui leur convient le mieux; sur les laines de France comparées aux laines étrangères; 4°. enfin une bonne instruction par demandes et par réponses pour les bergers et les propriétaires de troupeaux.

Daubenton eut la satisfaction de voir avant sa mort une partie de ses principes adoptée par tous les hommes éclairés, le nombre des troupeaux particuliers de race pure et de race métisse s'augmenter chaque année en progression rapidement croissante, et le gouvernement entrer dans ses vues, et employer des moyens dont lui seul est capable pour accélérer la régénération des moutons en France. Il a pu jouir de l'établissement d'un superbe troupeau de race pure d'Espagne à Rambouillet, et des brillans succès qui en ont été la suite. Il est bon d'en tracer ici l'histoire exacte, qui souvent a été dénaturée.

En 1785, Louis XVI ayant acheté de M. de Penthièvre la

terre de Rambouillet, M. le comte d'Angivillers, qu'il en
avait nommé gouverneur, lui inspira le désir de bâtir une
ferme dans le parc, et d'y faire faire des cultures expérimen-
tales pour l'utilité publique. J'y fus appelé pour cet objet,
et je conseillai de meubler cette ferme de bestiaux de choix
et de prix, et particulièrement d'un troupeau de mérinos
qu'on tirerait d'Espagne. M. le comte d'Angivillers, doué d'un
très-bon esprit, saisit promptement cette idée, et à sa demande
le roi de France écrivit au roi d'Espagne pour permettre que
ce troupeau fût acheté dans les plus belles cavagnes de son
royaume. M. de la Vauguyon, alors notre ambassadeur, fit
remplir parfaitement les intentions de Louis XVI. On acheta
un troupeau de trois cent quatre-vingts bêtes les plus belles
qu'on pût trouver; quatorze moururent en chemin, et il en
arriva trois cent soixante-six à Rambouillet, où je les ai reçues et surveillées jusqu'à la révolution. Par un concours de
circonstances heureuses, malgré les orages qui tombaient sur
tout ce qui pouvait être avantageux à la nation, l'établissement de Rambouillet et le troupeau furent épargnés. La commission d'agriculture qu'on chargea de le faire soigner ne né-
gligea rien pour conserver et augmenter un trésor aussi
précieux. Les ministres de l'intérieur qui succédèrent à cette
commission s'en rapportèrent à des membres de leurs conseils
pour entretenir une source pure qui devait féconder toute
l'agriculture française. Je me bornerai à dire ici que ces
membres de la commission, qui depuis l'ont été des conseils
du ministre, étaient d'abord MM. Cels, Dubois, Gilbert,
Huzard, Parmentier, Rougier - la - Bergerie et Vilmorin.
M. Parmentier ayant donné sa démission pendant que la
commission existait, je le remplaçai, et je me vis chargé,
avec deux de mes collègues, d'inspecter de temps en temps
la ferme de Rambouillet et le troupeau qui en était l'ornement
et la richesse. On n'aura pas de peine à croire que je fus aussi
surpris que charmé de retrouver dans le meilleur état possible
un troupeau à l'importation duquel j'avais beaucoup contribué; on en a dû en partie la conservation à M. Bourgeois,
économe de l'établissement.

Ces animaux étaient arrivés au mois d'octobre 1786 : partis
en mai de la Vieille-Castille, ils avaient pris du repos en sé-
journant quelque temps dans les landes de Bordeaux, et avaient
été amenés par quatre bergers et un mayoral espagnols, qui
restèrent à Rambouillet jusqu'au mois d'avril suivant. Peu-
à-peu on les accoutuma à la pâture du pays, et à la nourriture à la bergerie. Ce troupeau a servi pour un grand nombre
d'observations et d'expériences, qui ont éclairé sur la valeur
des mérinos, sur le régime qui leur convient et sur les avantages que devait procurer leur multiplication.

Les individus du troupeau du roi étaient d'une beauté extraordinaire et inconnue jusqu'alors dans tous ceux de la même race qu'on avait précédemment tirés d'Espagne à différentes époques ; je n'en excepte pas même l'importation, belle cependant, qui avait été faite en 1776 par M. de Trudaine, et dont une partie fut envoyée dans ses terres, une autre donnée à Daubenton, et une autre cédée à M. de Barbançois, capitaine aux gardes-françaises.

Les personnes qui ont tenté d'introduire en France des mérinos antérieurement à ces époques, sont sans doute très-estimables, et on leur doit bien de la reconnaissance, ne fût-ce que pour en avoir eu la pensée ; mais on ne peut dater la véritable amélioration qu'à compter du temps où l'établissement de Rambouillet a été formé et en pleine activité.

Par un des articles (secrets d'abord) du traité fait à Bâle entre la France et l'Espagne, M. Barthélemy, maintenant pair de France, stipulant pour nous, l'Espagne consentit à ce que nous tirassions de chez elle quatre mille brebis et mille béliers mérinos, dans un espace de 5 ans. Les circonstances ne permirent pas d'user de cet avantage les trois ou quatre premières années ; ce ne fut que vers la dernière qu'on commença une extraction au nom du gouvernement par les soins de Gilbert, membre de la commission et du conseil d'agriculture. D'autres furent faites ensuite, sous la même autorisation, par des particuliers ; on plaça la majeure partie de l'importation de Gilbert à Perpignan, où elle a servi pour un établissement national ; elle a si bien réussi, que le troupeau de cette bergerie est un des plus beaux de France.

Par-tout les commencemens sont difficiles ; on repousse toujours les innovations ; la défiance oppose de grands obstacles ; le cultivateur est celui qui craint le plus de risquer ; il a été trompé tant de fois, qu'il n'ose croire qu'on lui propose quelque chose pour ses propres intérêts. Il est résulté de là que l'utilité des mérinos a été méconnue pendant plusieurs années, que des hommes à préjugés l'ont combattue, et qu'on a même calomnié ou tourné en ridicule ceux qui s'attachaient à les faire apprécier à leur valeur. Mais l'examen des toisons, la connaissance de leur poids, celle du prix auquel on les achète ; les *ventes annuelles et publiques de Rambouillet* et des autres établissemens ; de la patience et des publications répétées sont venues à bout de faire triompher la vérité, à la grande satisfaction des propriétaires qui ont donné l'exemple. Plusieurs écrits intéressans sur cet objet ont paru depuis ceux de Daubenton, et particulièrement une instruction, publiée par la commission d'agriculture, et rédigée par Gilbert, qui, par ce travail, par un zèle ardent, et par son voyage en Es-

pagne, où il est mort, a fait des sacrifices qui lui ont mérité
l'estime et la reconnaissance des amis de l'agriculture. Les
Annales de l'Agriculture française sont remplies d'observations, de réflexions et d'expériences qui tendent toutes à
l'amélioration des laines et des troupeaux, et aux moyens les
plus sûrs de l'opérer. La France devra à ces causes la plus
belle industrie et la plus riche amélioration qu'on ait pu lui
procurer. Il est bien certain qu'en France les mérinos se sont
perfectionnés. En voici la preuve : en Espagne, suivant ce
qui a été dit, les béliers ne donnent guère au-delà de 8 à
9 livres de laine en suin; en France, le poids commun est de
10 livres, et le poids extrême de 15 à 20 livres. Nos laines
sont plus longues que celles d'Espagne ; la finesse, le nerf
et la douceur n'ont pas changé ; j'en atteste les échantillons
des laines de Rambouillet, que je rassemble chaque année,
depuis 1786 sans interruption, et l'emploi qu'en font les meilleurs fabricans, qui maintenant les recherchent. L'animal lui-
même, en conservant ses formes, devient plus gros, et fourni-
rait à la boucherie plus de viande et plus de suif.

Les animaux issus du troupeau de Rambouillet ne le cè-
dent point à leurs pères et mères sous aucun rapport. Les
manufacturiers qui se rendent à Rambouillet pour acheter le
produit de la tonte de ce troupeau conviennent unanimement
de la beauté de la laine, qui a de plus l'avantage de contenir
moins de jarre (*poil*) que la laine achetée en Espagne. Aussi
les ventes qui se faisaient dans la ferme royale de Rambouillet,
de *béliers* et de *brebis*, acquéraient-elles chaque jour plus de
faveur.

Dans les premières années, on donna gratuitement les animaux et ils furent négligés ; quelque temps après, on les vendit
environ 50 fr. pièce. Les troubles politiques firent suspendre
ces ventes, qui se faisaient de gré à gré. En 1797 (an 5), on
commença à les vendre à l'encan ; et voici les prix moyens des
mâles et des femelles depuis cette année.

En l'an 1797 (an 5 de la république), les béliers ont été
vendus, *prix moyen*, 72 fr., et les brebis, 107 fr.

En 1798 (an 6), les béliers, 64 fr., et les brebis, 80 fr.
En 1799 (an 7), les béliers, 60 fr., et les brebis, 78 fr.
En 1800 (an 8), les béliers, 80 fr., et les brebis, 68 fr.
En 1801 (an 9), les béliers, 537 fr., et les brebis, 209 fr.
En 1802 (an 10), les béliers 412 fr., et les brebis, 236 fr.
En 1803 (an 11), les béliers, 243 fr., et les brebis, 348 fr.
En 1804 (an 12), les béliers, 369 fr., et les brebis, 259 fr.
En 1805 (an 13), les béliers, 479 fr., et les brebis, 413 fr.
En 1806 (an 14), les béliers, 394 fr., et les brebis, 272 fr.
1807, les béliers, 444 fr., et les brebis, 305 fr.

En 1808, les béliers, 605 fr., et les brebis, 286 fr.

Pour ne pas entrer dans plus de détails, je dirai seulement que les ventes se sont successivement élevées au point, qu'en 1818 il y eut des béliers vendus jusqu'à 2390, et des brebis jusqu'à 1542 f.

Ces prix paraissent considérables, et ils le sont en effet, et nullement proportionnés à la valeur intrinsèque des animaux.

Loin de s'épouvanter de ce haut prix, on doit s'en féliciter. Il prouve que les cultivateurs, sentant l'importance d'améliorer leurs races, savent calculer les avantages qu'ils doivent tirer des animaux pour lesquels ils le donnent. D'ailleurs, la toison d'un *bélier* paye en partie l'intérêt de la mise dehors ; et au bout de peu d'années, le prix des animaux qu'il a produits le rembourse et même au delà. C'est donc une véritable économie dans ce cas, comme dans bien d'autres, que de payer plus cher. Les Anglais, à qui une longue expérience donne quelque avantage sur nous à cet égard, payent souvent, par une plus grosse somme, un seul saut de certains *béliers* réputés par leur beauté et la finesse de leur laine. Ces insulaires ne connaissent pas de parcimonie lorsqu'il s'agit d'améliorer leurs *moutons* et leurs *chevaux*.

M. Blakwel, si connu en Angleterre par ses succès relatifs au perfectionnement des animaux domestiques, sur-tout des bêtes à laine, a retiré une année 1200 guinées du loyer d'un de ses béliers, nommé *tow ponder*.

Dans l'intention de hâter la métisation en France, et pour empêcher qu'on ne châtrât des béliers, dont le nombre excédait les demandes, le gouvernement fit placer dans divers points des dépôts de béliers achetés dans les bergeries pures ; on les distribuait, comme des étalons, gratuitement chez les possesseurs de troupeaux indigènes, pour le temps de la monte ; ils revenaient ensuite aux dépôts. Ces établissemens ne durèrent pas long-temps ; les béliers étant mal soignés, périrent pour la plupart : les dépôts furent supprimés.

Le gouvernement français avait aussi formé un troupeau destiné à répandre des lumières sur le plus ou moins de facilité qu'on aurait, et le plus ou moins de temps qu'il faudrait pour perfectionner telle ou telle race, en la croisant par le moyen de béliers espagnols. Le troupeau, établi d'abord au Raincy, puis à Sceaux, puis à la ci-devant ménagerie de Versailles, sous la surveillance de la commission et du conseil d'agriculture, a été ensuite transféré à l'Ecole vétérinaire d'Alfort, où les expériences se sont suivies. Malheureusement les résultats en ont été perdus.

Les moyens de se procurer des *béliers* et des *brebis* de pure race espagnole ont été augmentés par l'établissement de troupeaux nationaux, dont un à Perpignan (Pyrénées-Orientales); un près d'Arles (Bouches-du-Rhône); un près le Mont-de-Marsan (Landes); un près de Clermont (Puy-de-Dôme); un près de Nantes (Loire - Inférieure); un près de Lyon (Rhône); un près de Trèves, alors du département de la Sarre, et un près d'Aix-la-Chapelle, du département de la Roër. Depuis, celui du département des Landes a été supprimé; ceux de la Sarre et de la Roër sont tombés entre les mains des Prussiens.

Beaucoup de particuliers maintenant ont des troupeaux de race pure qu'ils soignent très-bien, et qui rivalisent ceux du gouvernement: je suis du nombre de ces particuliers. Si l'avidité, qui gâte tout, ne parvient pas à substituer des béliers métis à des béliers de race pure, et si en France le zèle qui se manifeste se soutient, il est à croire qu'on ne tardera pas à y être mieux fourni en moutons à laine fine qu'en Angleterre; il est certain que nous possédons plus de *mérinos* que n'en possède cette nation.

La suite des faits qui intéressaient l'établissement des troupeaux de *mérinos* en France n'a pas permis de parler encore des soins que s'est donnés M. Delporte pour introduire en France les moutons anglais perfectionnés. C'est près de Boulogne-sur-Mer que le troupeau tiré d'Angleterre par ce cultivateur a été placé; là, il s'est trouvé sous le même climat, et on l'a mis sous le même régime auquel il était accoutumé. M. Delporte a répandu quelques *béliers* et quelques *brebis* dans ses environs; mais il ne paraît pas qu'il ait produit tous les effets d'amélioration qu'on en attendait. L'expérience était bonne à faire; elle n'a pas réussi, parce qu'en général les animaux perdent étant importés du nord au midi, et gagnent étant importés du midi au nord.

Les états du nord de l'Europe ont aussi pris des moyens propres à perfectionner leurs bêtes à laine, et y sont plus ou moins parvenus. On trouvera dans un ouvrage de M. Lasteyrie, rédigé dans la vue de faire valoir les avantages que présente l'introduction des *mérinos* dans les pays froids, quelle est la position dans laquelle se trouvent, à cet égard, ces divers états.

On voit, par ce qu'on vient de lire, qu'il existe sur le territoire de la France plusieurs grands troupeaux, et un très-grand nombre de petits de race pure d'Espagne; que nos cultivateurs ont enfin reconnu de quelle importance il était pour eux de substituer à leurs races avilies, misérables, dégradées, couvertes d'une laine peu abondante et grossière, une race forte, vivace, robuste, bien constituée et revêtue d'une toison épaisse, fine, pesant plus ou moins, suivant le sexe et la taille, et se vendant trois ou quatre fois autant que la laine commune.

Le développement de ces germes précieux nous présage le prochain affranchissement de l'énorme tribut que nos manufactures ont trop long-temps payé à l'étranger, et les avantages qui en seront la suite.

Le résultat de tableaux que j'ai faits, en 1805, de la régénération en France des bêtes à laine de races communes, et de la propagation de la race pure *mérinos*, par le moyen des seuls béliers et de brebis provenant de l'établissement rural de Rambouillet, depuis 1787 jusqu'à la naissance des agneaux de l'année 1805, porte le nombre des mérinos alors existans à 66,000, et celui des métis à 3,000,000. Ces résultats sont consignés dans les Annales de l'agriculture française. Les calculs qui ont servi de base à ces tableaux sont d'autant moins attaquables, que les pertes y sont forcées et les produits diminués. En supposant que cette quantité ne fût alors que la moitié de ce qu'ont produit tous les animaux de pure race de cinq autres importations, on voit à quel point on en était déjà à cette époque. D'autres plus ou moins belles, plus ou moins pures, mais considérables, ont eu lieu depuis 1805. Les productions des premières se sont accrues en même temps avec une grande rapidité. Quand la France n'aurait plus la possibilité d'en tirer encore d'Espagne, elle serait donc assurée de l'amélioration générale et de pouvoir multiplier de beaux troupeaux dans des pays qui n'en nourrissaient que de chétifs ou de peu de valeur, et jamais assez pour y utiliser tous les pâturages.

Dire ce qu'il convient de faire pour se procurer et pour diriger le plus avantageusement possible des troupeaux de cette race, c'est remplir toutes les données, satisfaire à toutes les vues. Ainsi on va traiter cet article comme si tous les propriétaires voulaient posséder ou possédaient déjà des *mérinos*.

On a proposé un assez grand nombre de voies d'amélioration; mais il n'y en a réellement que deux entre lesquelles on puisse fixer son choix.

La première consiste à se procurer des *béliers* et des *brebis* de pure race d'Espagne bien choisis; à les placer convenablement; à les multiplier entre eux, en écartant soigneusement du troupeau les mâles d'une race moins parfaite; à leur donner enfin des soins dont on sera amplement dédommagé par les bénéfices qu'on ne tardera pas à en retirer.

La seconde se réduit à acquérir des *béliers espagnols* et à les allier à *des brebis* du pays : cette dernière méthode, à laquelle on peut donner le nom de *métisage* ou *croisement*, arrive plus lentement à une amélioration; mais elle y arrive et

elle offre l'avantage d'agir à la fois sur un très-grand nombre
d'individus ; en sorte que le temps et la valeur des produits
se trouvent compensés par le nombre. Elle exige à-peu-près les
mêmes soins que la première. On sent aisément que l'amélioration sera d'autant plus rapide, que les *brebis* communes dont
on aura fait choix seront plus parfaites dans leur race. Si la
race commune est grande et couverte d'une laine longue,
grosse et épaisse, l'amélioration sera plus tardive ; mais elle
le sera moins si on se procure dans cette race des individus
qui aient de la force, de la taille et le plus possible de finesse.
Si l'on commence avec une race petite, dont la laine ait déjà
de la finesse, mais soit très-rare, telles que sont les races du
Berri, de la Sologne et quelques autres, on arrivera bien plus
tôt à des croisés, dont la laine sera égale en beauté à celle du
père ; mais il faudra beaucoup plus de temps pour obtenir sa
taille et sa conformation.

On peut au reste donner comme règle générale qu'avec les
brebis les plus grossières, alliées de génération en génération
à des béliers espagnols purs, on arrive à la perfection de la
laine à la quatrième génération ou au plus tard à la cinquième.

Il n'est pas rare que dès la première on ait des productions
égales en beauté à leur père, non-seulement par la finesse de
la laine, mais même encore par les formes ; ce n'est là qu'un
jeu de la nature, qu'une exception qui ne détruit pas la règle
qu'on vient d'établir : il serait dangereux de se laisser tromper
par ces apparences séduisantes, et d'employer à la reproduction dans son troupeau des béliers métis, quelle que puisse être
leur beauté ; les productions tenant tout aussi souvent, et plus
souvent même peut-être, de leurs ascendans que de leurs pères,
il pourrait en résulter, et il en résulterait même très-probable-
ment, une dégénération prompte. Tous les mâles métis seront
ou coupés, ou écartés soigneusement du troupeau avant qu'ils
soient en état de se reproduire, et les femelles seront toujours
alliées à des béliers de race pure. Sans cette attention on fera
rétrograder l'amélioration.

Des motifs très-puissans doivent déterminer les cultivateurs
à faire marcher de front l'une et l'autre méthode, c'est-à-dire
à multiplier la race pure sans aucun mélange, et à travailler
à se procurer un grand nombre de belles femelles par le croisement des béliers purs avec des brebis communes. C'est par
ce procédé qu'ils seront toujours pourvus de superbes béliers,
qu'ils ne seront plus obligés de recourir aux troupeaux où l'on
conserve la race dans toute sa pureté, et qu'ils auront même
à vendre, pendant quelque temps, un certain nombre de béliers
issus de leurs mâles et femelles de race pure, très-propres à

servir à de nouvelles améliorations, si les souches dont ils seront descendus sont douées des qualités requises.

M. Morel de Vindé, auquel nous devons un excellent mémoire sur l'exacte parité des laines mérinos de France et des laines mérinos d'Espagne, et sur la vraie valeur que devraient avoir dans le commerce les laines mérinos françaises, en a fait un second non moins intéressant que le premier, pour donner la manière de généraliser les troupeaux purs dans toutes les grandes propriétés, sans occasionner l'emploi de capitaux plus forts, ni plus de temps qu'il n'en faudrait pour former un troupeau métis parvenu à la cinquième génération. Ce dernier mémoire est accompagné de tableaux qui démontrent les assertions de l'auteur. Ses vues annoncent jusqu'à quel point on est avancé dans la connaissance de ce genre d'amélioration.

Ce ne sont point les caractères d'un beau bélier ou d'une belle brebis qu'on se propose d'indiquer ici, ces caractères étant aussi variés que les races disséminées sur tous les points du globe, et tenant infiniment plus aux caprices, aux fantaisies, aux habitudes des hommes, qu'à des idées réfléchies, qu'à des règles certaines sur le vrai beau. Dans les premiers temps, et même encore dans beaucoup de pays, les fermiers, les métayers et bergers préféraient la forme des bêtes communes à celle des mérinos. L'œil éclairé par les avantages s'est tellement accoutumé à les voir, que ceux qui se sont familiarisés avec eux dédaignent tout ce qui appartient aux races communes.

Si on compare un troupeau arrivé récemment d'Espagne avec un troupeau mérinos acclimaté et perfectionné depuis un certain nombre d'années, on trouvera que la hauteur des béliers mérinos varie de 24 pouces à 30; la longueur, de 36 à 48; et la grosseur, de 40 à 50 : la hauteur étant prise au garrot; la longueur, du sommet de la tête à la naissance de la queue; et la grosseur, dans la plus grande rondeur du ventre, le matin à jeun. Les dimensions les plus fortes sont celles de bêtes anciennement importées. J'ai fait cet examen sur des béliers nés à Rambouillet et à Perpignan, dont l'importation ne datait que de quelques années, car les mérinos qui arrivent d'Espagne sont en général petits. Le poids moyen des béliers de Rambouillet était de 117 livres, et celui des béliers de Perpignan de 107 livres. On peut porter plus haut ce poids, si les animaux sont nourris dans des pâturages de première qualité. A quelques lieues de Dieppe, un bélier antenois, race mérinos, dont j'avais vendu le père et la mère, pesait 145 livres; enfin, ayant comparé en l'an 1802 des béliers et des brebis venant d'Espagne avec des béliers et des brebis de Rambouillet, perfectionnés

depuis quatorze ans, les rapports de ces derniers avec les animaux nouvellement importés étaient, pour le poids des béliers, comme de 65 à 51 ; pour celui des brebis, comme 48 à
35 ; pour la hauteur des béliers, comme 72 à 64 ; pour celle des
brebis, comme 64 à 61 ; pour la longueur des béliers, comme
132 à 119 ; pour celle des brebis, comme 130 à 118 ; pour la
grosseur des béliers, comme 108 à 104, et pour celle des
brebis, comme 110 à 96. Les mesures ont été prises sur les
trois plus beaux béliers et les trois plus belles brebis de chaque
importation. On doit chercher les petites bêtes dans tous les
lieux où les pâturages sont maigres et le sol aride. Il est de fait
que sur des terrains de cette nature, deux cents bêtes à laine
de petite taille trouvent leur nourriture où cinquante de grande
taille ne pourraient pas vivre.

Le beau *bélier espagnol* de race pure a l'œil extrêmement
vif et tous les mouvemens prompts ; sa marche est libre et
cadencée, observation qui, à ce que je pense, n'a pas été faite,
et qui est commune au cheval de cette contrée, et peut-être
même à toutes les autres espèces. Sa tête est large, aplatie,
carrée ; son front, au lieu d'être busqué et tranchant, comme
dans toutes nos races françaises, est en ligne droite, arrondi
sur les côtés et très-évasé. Ses oreilles sont très-courtes, ses
cornes très-épaisses, très-longues, très-rugueuses et contournées en spirale redoublée. Son chignon est large et épais ; son
cou est court, ses épaules rondes, son dos cylindrique, son
poitrail large, son fanon descendant très-bas, sa croupe large
et arrondie, tous ses membres gros et courts.

Son corps trapu et couvert d'une laine très-fine, courte,
serrée, tassée, imprégnée d'un suint beaucoup plus abondant que dans les autres races ; elle s'étend sur toutes les
parties du corps, depuis les yeux jusqu'aux ongles ; elle
réfléchit extérieurement une couleur grisâtre et quelquefois
même noirâtre, due à la poussière et autres corps étrangers,
qui, s'attachant au suint dont la toison est remplie, forment
une sorte de croûte rembrunie ; divisée avec la main, elle laisse
apercevoir une laine blanche, frisée, dont les brins sont d'autant plus serrés qu'elle est plus fine ; la peau sous la laine est
presque couleur de rose.

Il arrive quelquefois que si l'on examine avec soin les joues
des béliers ou des brebis, on aperçoit un grand nombre de petits
poils assez gros, de couleur gris perlé, très-brillante : c'est ce
qu'on appelle *jarre* ou *poil de chien*. Ces poils font peu de tort
à la toison ; mais il n'est pas rare de voir des béliers et des brebis dans lesquels ils se trouvent donner des productions dont
la laine est jarreuse. L'homogénéité de la laine, si je puis m'exprimer ainsi, est, à finesse égale, tout ce qu'on peut désirer de
plus dans les individus qu'on accouple.

Une remarque qui ne nous a pas échappé, c'est qu'il y a plus de jarre dans les bêtes qu'on importe d'Espagne que dans celles qu'on nourrit en France depuis quelque temps. La raison en est simple, les Espagnols perfectionnent moins que nous. Les propriétaires des beaux troupeaux de mérinos en France ont grand soin d'en écarter les individus sur lesquels ils voient de ce poil au front, aux joues et aux cuisses sur-tout. Il ne faut pas confondre le jarre avec ce poil follet dont sont couverts en naissant la plupart des agneaux que donnent des brebis nouvellement importées d'Espagne, et qui trompent les personnes qui n'ont pas l'habitude des mérinos. Ce poil tombe un mois ou deux après la naissance, et ce sont souvent les plus fins qui en avaient le plus.

Dans les béliers de race bien pure, les testicules sont très-gros, très-pendans, et séparés par une ligne d'intersection parfaitement bien marquée.

On doit éviter que le bélier n'ait sur la peau la plus légère tache noire, l'expérience ayant démontré que ces taches s'étendaient dans ses productions, et que quelquefois même il en provenait des agneaux tout noirs. On porte le scrupule jusqu'à rejeter les béliers qui ont des taches noires sur la langue, ce qui n'est pas très-rare ; mais quelque ancienne que soit l'opinion où l'on est qu'il en résulte des agneaux noirs ou bigarrés, je ne la crois pas moins une erreur. Il est d'expérience que des béliers qui avaient quelques taches noires dans la bouche n'ont donné que des agneaux très-blancs.

La hauteur de la brebis mérinos comme celle du bélier varie de 22 pouces à 26 ; la longueur, de 38 pouces à 44, et la grosseur, de 42 à 46 ; le poids moyen de celles de Rambouillet est de 94 livres, et de celles de Perpignan, de 68 livres, toisons comprises.

Pour qu'une brebis soit en état de donner un bel agneau, il faut qu'elle ait le corps grand, la croupe arrondie, le dos large, les mamelles amples, les tetines longues, les jambes menues et courtes, la queue épaisse, la laine fine.

Les brebis âgées sont celles qui donnent les plus beaux agneaux et qui les nourrissent le mieux.

On doit, pour le mâle comme pour la femelle, s'attacher sur-tout à la vigueur. Outre les signes généraux qui l'indiquent dans toute l'habitude du corps, il est facile de s'en assurer en saisissant l'animal par une des jambes de derrière ; s'il la retire avec force, que ses saccades soient brusques, promptes et long-temps continuées, on peut se dispenser de tout examen ultérieur ; si au contraire il ne retire point sa jambe, ou s'il ne la retire que faiblement, il importe beaucoup alors de l'examiner avec plus d'attention.

On met l'animal entre ses jambes ; on lui ouvre l'œil, que

l'on comprime très-légèrement du côté du grand angle pour
l'obliger à le renverser : si le blanc de l'œil est parsemé de vaisseaux sanguins bien marqués et d'un rouge vif, l'animal est
sain pour l'ordinaire ; si au contraire les vaisseaux sont effacés,
et que l'œil ait une couleur terne, blafarde ou bleuâtre, on
peut assurer que l'animal porte le principe de la *cachexie*,
connue sous le nom très-impropre de *pourriture*. On l'en soupçonne attaqué avec beaucoup de raison si, lorsqu'on appuie
fortement la main sur sa croupe, il faiblit facilement.

Avec quelques soins que j'indiquerai tout à l'heure, on
acclimate la race d'Espagne par-tout, et à quelque âge qu'on
transporte les individus.

L'humidité étant en général le fléau des bêtes à laine, on
doit les écarter, autant qu'il est possible, des terrains mouillés :
ce n'est pas que ces sortes de terrains ne puissent nourrir des
bêtes à laine ; mais comme elles y engraissent promptement et
qu'elles sont ensuite attaquées de la *pourriture*, on y tient ordinairement des moutons sous le rapport de l'engrais, et on
les change tous les ans.

On est bien assuré de réussir en faisant des élèves sur des
terrains biens sains : ceux qui présentent des pentes conviennent le mieux ; l'herbe, à la vérité, y est courte, rare ; mais
elle est substantielle et propre à la constitution molle et lâche
de la bête à laine. En général on doit préférer pour les troupeaux des sols sablonneux, crayeux, et tous ceux qui laissent
échapper ou filtrer les eaux, et qui se couvrent de chiendent,
fétuque, ovine ou coquiole, pimprenelle, etc.

Voilà la règle, qui n'empêche pas qu'avec des soins on ne
puisse réussir à élever la race espagnole, même sur des terrains
un peu frais. Le parc de Rambouillet en offre l'exemple : depuis que le troupeau espagnol y est établi, il n'y a pas con-
tracté la pourriture, ce qui est dû à l'attention sévère qu'on a
dans la conduite et la nourriture de ce troupeau. L'usage des
pâturages est tellement subordonné à la saison, à la température, à l'heure du jour, aux alimens que les bêtes trouvent à
l'étable, et à plusieurs autres circonstances, qu'on prévient
tous les dangers qu'entraînerait nécessairement une administra-
tration imprévoyante et peu éclairée. Il est telle pièce de terre
que le troupeau ne parcourt jamais en sortant de la bergerie ;
telle autre où il ne fait que passer légèrement ; dans l'une,
il n'est conduit que pendant les jours humides ; dans l'autre,
que dans les grandes sécheresses : tel champ peut être pâturé
le matin, tel autre ne peut l'être que l'après midi. Pour peu que
les propriétaires veuillent bien se donner la peine de réfléchir
sur les effets de l'humidité sur la bête à laine, et d'éclairer leurs
bergers, ils seront assurés du succès, même sur des terrains

qui ne réunissent pas les circonstantes les plus désirables. J'en ai un exemple, que je puis citer, c'est l'état où est le troupeau que je possède : quoique mon terrain soit en général frais et humide, mes animaux n'y contractent pas la pourriture ; quand j'en ai perdu, ça plutôt été de la maladie du sang.

Il est vrai de dire qu'il est souvent possible d'accommoder le terrain de manière qu'il puisse nourrir les bêtes à laine sans leur nuire. Quelques fossés, des puisards, des saignées, une retenue d'eau, des changemens dans la culture, l'introduction des plantes fourrageuses, suffisent pour opérer un heureux changement. Au reste, quelle que soit la nature de l'emplacement, quelque favorable qu'il puisse être au genre de spéculation auquel on s'est arrêté, on doit s'attendre à échouer si on le charge d'un plus grand nombre d'animaux qu'il n'en peut nourrir, à moins d'avoir des moyens d'y suppléer. Il y a bien moins d'inconvénient à rester au-dessous du nombre qu'à le porter au-dessus.

Le mérinos se nourrit de toutes les plantes qui conviennent aux races communes; je crois même avoir remarqué, et les bergers de Rambouillet m'ont confirmé cette observation, que les bêtes de race d'Espagne mangeaient plusieurs sortes de plantes que dédaignent les bêtes à laine du pays. Il ne saurait entrer dans le cadre de cet article d'indiquer toutes les substances qui peuvent servir à la nourriture des moutons, il suffit de dire que la luzerne, le sainfoin, les bons foins de prés hauts, les pois, les vesces, les gesses, les lupins, la pimprenelle, la lupuline, etc. ; mais avant tout, les regains de luzerne et de trèfle bien récoltés, conviennent à merveille aux bêtes à laine de race. On peut y joindre des racines, telles que pommes de terre, carottes, navets, topinambours, betteraves, et même des herbes potagères. On regarde en Angleterre les navets dits *turneps* comme le moyen le plus sûr et le plus économique pour hiverner les agneaux; on cite des expériences de plus de cinquante ans sur les races et dans toutes les circonstances. Cependant je conseille de ne point donner de ces racines de suite aux bêtes à laine, mais de les alterner avec des fourrages ou des grains, tous les deux ou trois jours, par exemple. J'ai observé que plus on variait la nourriture, même dans la journée, mieux les animaux s'en trouvent.

Quelques personnes croient devoir donner aux béliers un peu d'avoine vers le temps de la monte et avant la monte, cela n'est pas nécessaire s'ils trouvent de quoi vivre abondamment aux champs.

Un mois avant le part, il convient de donner aux *brebis* un peu d'avoine, ou de pois de *brebis*, ou de féveroles concas-

sées, ou de toute autre espèce de graines, soit seules, soit
mêlées ; on y joint aussi du son gras, c'est-à-dire du son qui
n'est pas entièrement privé de farine ; car le son bien dépouillé, comme il l'est par la mouture économique, n'est bon
à rien ; il est peut-être plus nuisible qu'utile. On les tiendra à
ce régime suivant le besoin. Lorsque les agneaux sont en état
de manger, on leur donne aussi de cette même provende.

Quand on nourrit entièrement à la bergerie, la dose de
chaque bête est 2 livres à 2 livres et demie de fourrage par jour,
ce qui suffit pour les béliers et les moutons : on en donnerait
moins dans les pays où les fourrages contiennent plus de
parties nutritives ; mais on ajoute pour les brebis pregnantes
ou allaitantes, environ une livre de mélange de grains en
diverses proportions. L'agneau ne doit avoir que la moitié de
ce qu'on donne à la mère.

On observera qu'à l'époque où l'on commence à remplacer
pour les animaux en nourriture sèche ce qu'ils trouvent de
moins en herbe aux champs, il ne leur faut d'abord qu'une
petite partie de cette ration, que l'on l'augmente à mesure
que la saison avance et que la terre se dépouille, pour la diminuer graduellement en approchant du printemps. Ainsi, la
consommation de fourrages et de graines est relative au temps
et au pays. Les racines des plantes tubéreuses, les feuilles des
arbres, etc., doivent être comptées pour la moitié d'un poids
égal de luzerne, trèfle, sainfoin, lupuline, etc.

On ne doit point être effrayé de la dépense, on en est amplement dédommagé par la beauté et le prix des élèves. Au
reste, ces supplémens en son gras, en avoine et autres grains,
doivent être relatifs à la quantité et à la qualité des fourrages ;
s'il sont abondans et substantiels, les supplémens sont peu
nécessaires ; dans le cas contraire, ils sont indispensables.

L'usage du sel, si recommandé pour les bêtes à laine, ne me
paraît pas d'une nécessité absolue ; car on n'en donne jamais
à Rambouillet, où le troupeau est cependant toujours en bonne
santé. Si on croit devoir en donner, il faut que ce soit rarement et à petite dose, quelques gros seulement par individu ;
de plus fortes doses les purgeraient. Une manière de l'employer, qui a quelque inconvénient, est d'en remplir des nouets
de linge, qu'on suspend dans les bergeries à la portée des animaux, qui ne manquent pas d'aller les lécher.

Dans un grand nombre de cantons, on n'abreuve jamais les
bêtes à laine : il est difficile d'imaginer une pratique plus désastreuse ; les troupeaux doivent être abreuvés tous les jours,
et s'ils sont bien conduits aux abreuvoirs sans y être tourmentés par les bergers ni par les chiens, on ne doit pas craindre
qu'ils boivent avec excès.

Les eaux claires, légères, courantes, sont celles que l'on doit préférer ; mais on se sert de celles qu'on a ; il faut seulement observer que s'il n'y en avait que de corrompues ou chargées de jus de fumier, il vaudrait mieux donner au troupeau de l'eau de puits dans des auges ou des baquets : on en tient dans les bergeries pendant tout le temps que ces animaux y sont retenus par l'intempérie de l'atmosphère.

D'après l'opinion erronnée de Daubenton, on a cru qu'il ne fallait pas donner un abri aux bêtes à laine, par la raison qu'on veut toujours généraliser des méthodes qui doivent varier suivant les circonstances locales ; cependant les longues pluies étant infiniment contraires à ces animaux, on a reconnu la nécessité de les mettre à couvert. Des hangars peuvent certainement suffire pour certaines classes de bêtes, telles que celles des béliers, des moutons, et des femelles qui ne portent pas ; mais pour les brebis pregnantes et allaitantes, et pour les agneaux pendant leur jeunesse, je n'hésite point à leur préférer des bergeries assez spacieuses pour que les bêtes à laine n'y soient jamais serrées, assez élevées pour que l'air n'en puisse être altéré, assez bien percées pour qu'elles puissent être traversées dans tous les sens par des courans d'air. Si des bergeries ainsi construites sont placées sur un terrain bien sec ; si elles sont attenantes à une cour close, un peu vaste, dans laquelle les animaux aient la faculté de sortir toutes les fois que leur instinct les y porte ; si elles sont soigneusement nettoyées, si on en renouvelle souvent la litière, on ne peut douter qu'elles n'offrent l'abri le plus sûr, le plus commode, le plus sain qu'on puisse procurer et dans tous les lieux et pour toutes les saisons.

On n'est guère plus d'accord sur les avantages du parcage que sur ceux des bergeries. On peut parquer sans inconvénient et même avec beaucoup de bénéfice toutes les terres parfaitement saines, pourvu qu'on ne commence à parquer qu'après le temps des froids et des pluies, qu'on laisse les bêtes à laine à la bergerie pendant les premières nuits qui suivent la tonte, et qu'on les y fasse rentrer toutes les fois qu'on est menacé de quelque orage, ou seulement d'une pluie un peu forte.

Au moyen de ces précautions, on préviendra les rhumes auxquels ces animaux sont si sujets pendant le temps du parc, le flux opiniâtre qui a lieu par les narines, et plusieurs autres accidens qui sont l'effet de l'arrêt de la transpiration, auxquels le parcage expose si souvent les animaux. Le PARCAGE est une des pratiques agricoles qui méritent beaucoup d'attention. *Voyez* ce mot.

Que le troupeau ait passé la nuit dans une bergerie, ou

qu'il l'ait passée dans l'enceinte d'un parc, il est en général
de la plus grande importance de ne le faire jamais sortir avant
que la rosée ne soit entièrement dissipée. Peu de bergers ont
cette attention : dans la crainte que leur troupeau ne souffre
de la faim, ils le font sortir de bonne heure, et le perdent.
On a souvent observé que les moutons laissés libres dans les
pacages ne pâturent jamais l'herbe mouillée ; mais il n'en est
pas ainsi de ceux qu'on a enfermés pendant la nuit : pressés
par la faim, ils dévorent avec avidité les plantes chargées de
rosée ; cette nourriture, en relâchant les fibres, accélère
l'embonpoint du mouton, mais cet engraissement factice est
bientôt suivi de la *pourriture*. C'est donc sur-tout relativement
aux troupeaux d'*élèves*, qu'est indispensable la conduite qui
vient d'être prescrite. Il est aisé d'imaginer que l'humidité dont
les plantes seraient chargées, quelle qu'en puisse être la cause,
doit produire plus ou moins le même effet que la rosée. Cependant cette règle générale souffre pour exception le cas où
la grande sécheresse des herbes devenant nuisible au troupeau,
il vaut mieux qu'il la broute le matin que dans le milieu du
jour, parce qu'alors humectée par la rosée, elle n'est pas si
dure et se digère mieux.

Lorsqu'on est forcé de faire sortir le troupeau par des temps
humides, on doit toujours le mener sur les terrains les plus
élevés, dans les genêts, les bruyères, sur les coteaux les
mieux exposés, et autant qu'il sera possible ne les conduire
au pâturage qu'après avoir apaisé la grande faim avec de la
paille ou des fourrages donnés au râtelier.

Les terrains bas et humides ; ceux qui couverts d'eau l'hiver se dessèchent l'été, doivent être interdits sévèrement
aux moutons. Si l'on est forcé de s'en servir, on ne doit les
faire pâturer que vers le milieu du jour, lorsqu'ils sont parfaitement secs, encore doit-on avoir la précaution de n'y
laisser, chaque fois, le troupeau que pendant un temps très-
court.

Dans les grandes chaleurs, il est nécessaire de retirer le
troupeau du pâturage pendant les heures les plus ardentes de
la journée, et de lui procurer un abri, soit celui des arbres,
soit celui d'une bergerie, dont on ne laisse ouvertes, dans ce
cas, que les fenêtres qui sont opposées au soleil.

On peut établir au reste comme règle générale que la température la plus modérée est celle qui convient le mieux au
mouton, tant relativement à sa santé qu'à la beauté et à la
bonté de sa laine. Un berger bien pénétré de ce principe
trouve bientôt, pour peu qu'il soit intelligent, la conduite la
plus propre à assurer la conservation de son troupeau.

Les pâturages les plus riches, les plus abondans en herbe

sont toujours ceux dont il faut se défier le plus ; il est sur-tout extrêmement dangereux de faire paître les troupeaux sur les prairies artificielles : la luzerne, et le trèfle encore plus, occasionnent aux bêtes à laine des gonflemens qui les font périr en très-peu d'heures, pour peu que ces plantes soient mouillées. On ne peut donc les en écarter avec trop de soin, et si on est forcé de les y conduire, on doit seulement les y faire passer, sauf à y revenir plusieurs fois, et toujours pour peu d'instans seulement.

Comme il est à craindre que les productions provenant d'un *bélier* trop jeune ne tendent vers la dégénération, il est important de n'employer les *béliers* que lorsqu'ils sont à-peu-près arrivés au dernier degré de leur accroissement, c'est-à-dire lorsqu'ils touchent à la fin de leur deuxième année ; ils sont plus long-temps en état de féconder des brebis ; on peut s'en servir pour la monte jusqu'à l'âge de huit et dix ans même ; suivant les individus, on leur donne de trente à cinquante femelles : ils en féconderaient bien davantage si on ne voulait pas les ménager. L'attention d'attendre l'âge adulte est peut-être plus nécessaire encore pour les *brebis* : elles conçoivent à dix ou onze mois, mais leurs productions sont d'autant plus belles, qu'on attend jusqu'à trois ans ; cependant dès la deuxième année de leur vie, elles sont capables de donner de beaux agneaux quand elles sont vigoureuses et bien nourries. Si quelques-unes de celles qui prennent le mâle étant trop jeunes se trouvaient pleines, il faut leur ôter leurs *agneaux* immédiatement après le part, et les donner à d'autres brebis, sauf même à les nourrir avec du lait de vache ou de chèvre, dans le cas où l'on n'aurait pas de *brebis* disponibles. L'expérience a appris que la gestation fatigue infiniment moins que l'allaitement, et que les jeunes brebis qui sont fécondées étant trop jeunes n'éprouvaient aucune altération dans leur accroissement lorsqu'on leur retirait ainsi leurs agneaux. On peut donc, lorsqu'on veut faire marcher rapidement son amélioration, et qu'on est jaloux en même temps d'arriver au plus haut point de perfection, employer à la reproduction les *antenoises* de dix-huit mois, pourvu qu'on ait le soin de se procurer en même temps de bonnes nourrices de race commune, dont on livre les propres productions à la boucherie, à moins que l'on n'aime mieux les élever avec du lait de vache ou de chèvre. J'ai vu, dans le troupeau de M. Chanonier à Croissy, une brebis de race de mérinos donner un agneau à dix-neuf ans ; une autre dans celui de Valançay, au dire de M. Deschartres (Moniteur rural), a vécu vingt-deux ans, accouchant chaque année, sans y manquer, de deux petits à-la-fois : elle avait tous les caractères de la décrépitude. Ses agneaux ne diffèrent

en rien de ceux des autres brebis ; enfin j'ai appris qu'une avait
existé vingt-trois ans, mais ce cas est rare. Communément
cette race donne des agneaux jusqu'à douze à quinze ans; les
races françaises vieillissent beaucoup plus tôt : on ne garde les
brebis de celles-ci que jusqu'à sept et huit ans.

Si on abandonnait les choses à la nature, il y aurait de
temps en temps des brebis en chaleur dans tous les troupeaux,
parce que la présence des béliers l'exciterait; dans ce cas, il y
aurait des agneaux toute l'année, comme cela a lieu dans
quelques troupeaux en France, en Espagne, en Russie, etc.
Mais en général les propriétaires des troupeaux ont intérêt à
faire naître les agneaux tous à-peu-près dans la même saison ;
on tient les béliers séparés, ou on les empêche de saillir les
brebis jusqu'à une certaine époque, qui varie selon le climat,
l'état où sont les brebis et les moyens que l'on a de les bien
nourrir. Du midi au nord de la France, le temps de la chaleur naturelle est du mois de mai au mois d'octobre. Les brebis bien portantes et vigoureuses commencent les premières,
les autres sont plus tardives. On doit, pour faire faire la monte,
se régler sur les ressources qu'on a pour bien nourrir, soit
aux champs, soit à la bergerie, les brebis quand elles sont à
la fin de la gestation et quand elles allaitent.

Il ne faut pas mettre un trop grand nombre de béliers avec
les brebis qu'on désire faire couvrir; ils se battent entre eux
vigoureusement, et souvent ils s'épuisent inutilement; un
bélier en renverse un autre au moment de l'accouplement.
Quand on a un troupeau considérable de brebis on n'y introduit pendant quelques jours que quelques béliers, qu'on retire ensuite pour les remplacer par d'autres, qui le sont à leur
tour par les premiers.

Si les bergers s'aperçoivent que toutes les brebis n'aient pas
pris le bélier après un mois de cohabitation, ils en laissent un
seul pendant quelque temps pour couvrir celles qui tardent
à entrer en chaleur.

Pendant la gestation des brebis, on doit veiller plus particulièrement sur elles pour empêcher qu'elles n'avortent. Indépendamment des causes naturelles de l'avortement, qui
dépendent de la constitution, ou trop sanguine, ou trop molle
de la femelle, il y en a d'accidentelles qu'on peut éviter: telles
sont une marche forcée ou accélérée, une nourriture trop
abondante ou insuffisante, un temps défavorable, des coups
donnés sur le ventre, sur les flancs, sur les reins, des herbes
de la classe des emménagogues, la frayeur, une bergerie trop
en pente, des portes étroites, etc.

On a toujours pensé que les brebis portaient cinq mois. J'ai
fait une suite d'observations pour savoir si ce terme est de ri-

gueur, et s'il n'y a pas des cas où la durée de la gestation se prolonge au-delà. Sur neuf cent douze brebis soumises à un examen exact, il y en a cinq qui n'ont fait leurs petits qu'au cent cinquante-septième jour : le terme moyen de ce grand nombre a été cent cinquante-un jours et demi. *Voyez* Gestation.

Lorsque le temps de l'agnèlement approche, il est bon de séparer, si on le peut, les bêtes qui ne sont pas pleines, et de faire paître dans de bons pâturages celles qui le sont. On s'assure de la plénitude par l'état du ventre et celui du pis.

Ordinairement l'agnèlement se fait sans difficulté ; quelquefois, soit à cause de la disposition ou du volume du fœtus ou de l'état de la mère, il est très-laborieux et exige des secours, qui varient suivant la cause ; un berger instruit s'en aperçoit et sait les donner convenablement ; si le part est absolument impossible, il ne balance pas à extraire l'agneau par morceaux, et il sauve la mère ; mais il faut s'y prendre adroitement pour ne pas blesser la matrice, etc. *Voyez* le mot Berger.

Il ne suffit pas d'avoir bien nourri les mères pendant leur gestation, il faut encore les bien nourrir quand elles ont mis bas, afin de leur procurer plus de lait et de donner par là aux agneaux les moyens de prendre un plus grand et un plus prompt accroissement.

Dans la plupart des races, une brebis n'a communément qu'un agneau à la fois ; cependant quelques-unes en ont deux. Il y a des races, telles que la *flandrine*, etc., qui le plus souvent donnent deux agneaux et même trois ; on assure que d'autres, qui portent deux fois par an, mettent bas deux et trois agneaux à chaque fois : en sorte que cinq brebis en un an donneraient vingt-cinq agneaux.

Dans les pays méridionaux il est d'usage de traire les brebis pour faire des fromages. Si on ne les trait qu'après le temps où les agneaux, n'ayant plus besoin de lait, peuvent être sevrés, il n'y a pas d'inconvénient ; mais il y en a un grand pour l'accroissement des agneaux quand on trait les mères qui allaitent.

On sèvre les agneaux à deux mois quand on les fait naître tard, c'est-à-dire près de la saison où il y a de l'herbe aux champs : si on les fait naître de bonne heure, par exemple en janvier, on doit retarder le sevrage. On les laisse teter quelquefois jusqu'à quatre et cinq mois ; quand on les sépare de leurs mères, ils ont alors l'habitude de manger à la bergerie et de paître aux champs ; car on les nourrit de très-bonne heure pendant qu'ils tetent, de manière qu'ils ne souffrent pas du sevrage.

On sait que pour sevrer les animaux, il suffit de les écarter pendant quelque temps de leurs mères; ils s'oublient les uns les autres, et le lait se tarit peu-à-peu.

Il faut séparer les jeunes béliers de leurs mères et des agnelles, à quatre ou cinq mois, pour qu'ils ne les couvrent pas; ils s'énerveraient, fatigueraient les agnelles ou ne donneraient que de faibles productions. Les mâles inutiles pour la reproduction sont châtrés, ou par l'enlèvement des testicules, ou en bistournant ces organes, c'est-à-dire en les tordant fortement, ou en liant d'une manière très-serrée les cordons spermatiques, en sorte que les testicules et les bourses tombent en gangrène et se séparent du corps. On pratique cette opération, ou sur des mâles encore agneaux, ou sur des béliers qui ont plusieurs années. (*Voyez* le mot CASTRATION.) On sait qu'un des résultats de la castration des mâles est de rendre leur chair plus agréable et de les disposer à engraisser. Leur chair est meilleure, s'ils sont châtrés jeunes, que quand ils le sont étant âgés ou après avoir servi à la monte. Il y a des pays où l'on châtre aussi les brebis : les béliers châtrés s'appellent MOUTONS, et les brebis châtrées, MOUTONNES. *Voyez* ces mots.

Plusieurs motifs doivent déterminer à couper la queue aux agneaux : opération qu'on leur fait vers l'âge de deux mois. Dans beaucoup de pays et en certaines saisons, les bêtes à laine qui vivent d'herbe tendre contractent des diarrhées qui saliraient leur queue, et celle-ci salirait la laine des cuisses et d'autres parties du corps : un inconvénient semblable aurait lieu lorsque ces animaux vont aux champs, quand la terre molle peut s'attacher à leur queue. Les brebis qui ont la queue coupée reçoivent plus facilement le mâle, agnèlent sans que le cordon ombilical s'embarrasse; ce qui ne cause point de difficultés au berger, obligé de leur donner quelquefois du secours.

Pour couper la queue, le berger prend l'animal entre ses jambes, et se sert d'un couteau; après la section, il le lâche, sans rien appliquer sur la plaie, qui saigne un peu et se sèche bientôt. On la doit couper à quatre doigts de sa naissance.

Les cornes que la nature a données au bélier pour se défendre lui deviennent non-seulement inutiles, mais encore incommodes et nuisibles dans l'état de domesticité; elles l'empêchent d'enfoncer sa tête entre les fuseaux du râtelier pour prendre le fourrage et sur-tout les épis et les fleurs des plantes; elles blessent très-fréquemment les brebis dans le passage des portes, et il n'est pas rare qu'elles deviennent funestes aux béliers dans les combats qu'ils se livrent entre eux; il y en a qui périssent sur-le-champ.

On a deux manières d'amputer les cornes : on se sert de la scie ou du ciseau. Dans le premier cas, on emploie une *scie à main très-friande* ; les scies anglaises à poignée sont les plus commodes pour cette opération. Un homme tient ferme la tête du bélier, un second fait l'amputation, qui ne demande qu'un instant très-court lorsque l'opérateur sait se servir de la scie. Une corde que l'on contourne sur la corne et que l'on tire rapidement produit le même effet.

L'amputation par le ciseau, dont se servent les Espagnols, est moins simple. On creuse une fosse de la longueur et de la largeur de la bête à laine ; on lui donne 5 à 6 pouces de profondeur. On en creuse une seconde moins large à l'un des bouts de la première, avec laquelle elle forme une croix. On place dans cette dernière fosse, qui est peu profonde, un madrier, qui doit servir de point d'appui pour soutenir la tête du bélier, qu'on renverse sur le dos dans la fosse qui forme l'arbre de la croix. Un homme appuie fortement la tête de l'animal sur le madrier, tandis qu'un autre tient un long et large ciseau, pesant 4 ou 5 livres, qu'il fixe successivement sur les cornes, et sur lequel un troisième frappe un ou deux coups de maillet de bois, ce qui suffit pour emporter très-net la partie de la corne qu'on a dessein de retrancher. L'appareil qu'exige cette méthode doit lui faire préférer celle de la scie.

C'est à un an que se fait ordinairement cette opération : il n'est pas rare que les cornes en repoussant ne viennent à toucher quelques parties de la tête, qu'elles gênent beaucoup, dans lesquelles même elles finiraient par s'enfoncer, si l'on n'avait l'attention de faire une seconde amputation.

Pour éviter la confusion dans les troupeaux, ou pour distinguer les animaux qui appartiennent à différens propriétaires, on fait des remarques particulières sur quelques parties du corps, à l'oreille, au chanfrain, sur le dos, la croupe, le flanc, la tête. Les uns font des coupures ou des trous à l'oreille avec un emporte-pièce ; les autres appliquent un fer chaud sur le chanfrain ; d'autres emploient des couleurs ou du goudron, pour mettre soit des chiffres soit les lettres initiales de leur nom sur les animaux. Les Espagnols marquent leurs bêtes à laine au feu sur le chanfrain et au goudron sur un des flancs. La marque à feu sur la face est la plus durable, ne gâte pas la la laine, et ne s'efface jamais quand elle est bien faite et sur des parties sans laine. Les lois du pays punissaient sévèrement celui qui prenait la marque d'un autre. Il serait à désirer parmi nous qu'on adoptât cet usage, et que chacun des propriétaires de troupeaux purs fût autorisé par le gouvernement à se servir d'une marque qu'on ne pourrait contrefaire sans être coupable. Ce serait un préservatif contre les fraudes et les friponneries.

Le but principal qu'on se propose dans l'entretien des

troupeaux est de profiter de leur dépouille, c'est-à-dire de leurs toisons. Daubenton et beaucoup d'autres avant lui ont cru que la nature indiquait la nécessité de tondre les bêtes à laine, parce que ces animaux, comme les oiseaux, éprouvaient chaque année une sorte de mue. Ils se sont fondés sur ce qu'en effet beaucoup d'individus perdent, si on tarde de les tondre, des portions de leurs toisons qui semblent être repoussées par la nouvelle laine. Mais, d'après les expériences que nous avons faites, cette perte n'est qu'accidentelle et n'appartient qu'à quelques individus malades ou mal nourris. Ce qu'il y a de certain, c'est que des mérinos ont conservé trois ans leurs toisons, sans qu'on eût trouvé de diminution dans le produit en laine; c'est-à-dire qu'ils ont donné 3o livres de laine en une seule coupe faite à la troisième année, quantité égale à celle qu'ils auraient donnée en trois coupes annuelles. Si on ne peut les laisser plus long-temps sans les tondre, c'est moins parce que la nouvelle laine chasse l'ancienne, qu'à cause de la gêne qu'éprouvent les animaux chargés d'un poids trop pesant. En faisant cette expérience, nous espérions que la laine longue et fine pourrait être utile à certains genres de fabrication; quelques manufacturiers en ont fait usage et n'ont pas rendu compte de l'effet. Ce que je puis assurer, c'est que les animaux, quand ils ont été tondus, n'ont pas souffert d'avoir supporté un surcroît de laine.

Une expérience qu'il ne sera pas inutile de consigner ici, est la suivante : le directeur de la manufacture des Gobelins s'était plaint à moi de ce qu'en mettant à la teinture des écheveaux de laine destinés à la fabrication des belles tapisseries, ils ne prenaient pas la couleur avec la même intensité dans toutes leurs parties; je supposai que cette différence venait de l'état où était la laine dont on les avait formés. Ayant fourni à ce directeur (M. Roard) de la laine de bêtes tondues après la mort, de bêtes malades et de bêtes vivantes et saines, il en fit faire des écheveaux séparés, et en teignit un en bleu, un en vert et un en jaune : celui de la laine de bêtes vivantes avait pris la couleur la plus vive, celui de la laine de bêtes malades était plus faible, et celui de la laine de bêtes mortes plus faible encore. D'où il est aisé de conclure qu'un manufacturier qui veut faire des étoffes de couleur par-tout égale, ne doit acheter que des laines de moutons tondus vivans et en santé.

Cette expérience a donné lieu à une autre. Pour savoir ce qui résulterait si on couvrait des moutons pendant quelque temps, à l'imitation des anciens, nous avons tenu des mérinos vêtus une année entière; leur toison s'est trouvée d'une blancheur éclatante, bien serrée et longée; rien n'égalait sa finesse : tout, jusqu'à la laine des jambes, ordinairement grosse, avait acquis de la qualité : on a fait avec ces toisons des schalls de la plus grande beauté.

Cette facilité de conserver long-temps la laine sans la perdre n'est pas particulière aux mérinos. J'ai vu dans le cimetière des Juifs de Metz un bélier qu'ils y entretenaient par une pratique de leur religion, jusqu'à ce qu'il mourût naturellement, sans qu'il fût permis de le tondre. Sa laine tombait jusqu'à terre et s'usait même par l'extrémité ; la toison était forte, et comme feutrée ; c'était un animal de race du pays ; on le nourrissait bien ; excepté dans les très-mauvais temps, il restait dehors et vivait en grande partie de l'herbe abondante que produisait le cimetière.

Le moment le plus avantageux pour la tonte varie selon le climat et l'âge des animaux. Dans les pays chauds, on tond plus tôt que dans les pays tempérés et froids. Les bêtes adultes doivent être tondues les premières. On attend pour les agneaux trois semaines de plus pour qu'ils soient plus forts, qu'il fasse plus chaud, et que leur laine ait acquis plus de longueur. Il y a cependant des pays, par exemple en Brie, où l'on tond les agneaux de bonne heure, même plus tôt que les mères, afin que leur laine soit bien repoussée au moment du parc. *Voyez*, pour la manière de tondre, le mot Tonte ; pour tout ce qui a rapport aux laines le mot Laine.

Les trop grandes chaleurs, les pluies froides sont funestes aux bêtes à laine pendant la première huitaine qui suit la tonte, pour celles qui sont accoutumées à vivre dans des étables bien closes ; et pour celles qui parquent avant de les y exposer, il faut donc que leur laine commence à repousser un peu.

Dans les bêtes à laine, comme dans les chevaux, et dans les bêtes bovines, l'âge est indiqué par l'état des dents. Ces animaux n'en ont qu'à la mâchoire inférieure ; un bourrelet cartilagineux en tient lieu à la mâchoire supérieure.

La première année, les huit dents de devant paraissent ; l'animal porte alors le nom d'*agneau mâle* ou *femelle* ; ces dents ont peu de largeur et sont pointues ; la deuxième année, les deux du milieu tombent et sont remplacées par deux nouvelles, plus larges que les six autres qui restent ; durant cette année l'animal est appelé *antenois* ou *antenoise*, c'est-à-dire né l'année d'avant ; la troisième année, les deux dents qui étaient à côté de celles du milieu, tombent à leur tour, et il leur en succède deux larges : en sorte qu'il y a alors quatre dents larges et quatre pointues. La quatrième année, deux autres dents pointues éprouvent le même sort, et disparaissent pour faire place à deux larges. Enfin, la cinquième année, les deux pointues qui restent, et qui étaient les plus écartées du milieu, ne subsistent plus, et les huit dents sont toutes des dents larges. Dans cet ordre général de la nature, il y a exception pour la race espagnole, sur-tout quand elle est bien nourrie. La chute des deux dents pointues du milieu, dans cette race, devance de quelque mois la chute de ces dents dans nos races indigènes; il en est de même de celle des six autres et de leur remplacement. Après la cinquième année, on n'a pour reconnaître l'âge que le plus ou moins d'usure des dents mâchelières. On croit qu'il est possible de tirer quelques renseignemens du nombre des cercles qu'on observe sur les cornes des béliers qui en ont; mais ce signe, qui ne pourrait servir que pour certaines races, ou pour les seuls mâles, est fort équivoque.

Les bêtes à laine sont sujettes à plusieurs maladies. Les plus considérables sont le claveau, ou clavelée, ou picote, la pourriture, maladies dont on assure qu'en Russie elles sont exemptes. Elles sont aussi sujettes à la *falère*, effet d'un gaz, qui les tue subitement, au charbon, et au tournis ou tournoiement; quelquefois elles deviennent boiteuses, ou par fatigue, ou parce qu'elles ont les ongles trop ramollis, ou la goutte, ou des panaris. Il se forme souvent des abcès ou clous sur diverses parties de leur corps. Elles éprouvent des diarrhées, des constipations, des rhumes, des affections de poitrine, des gonflemens subits, ou météorisations du ventre, des engorgemens du pis, des paralysies, la gale et quelques autres éruptions à la peau, sans parler des blessures, luxations et fractures; différentes espèces d'insectes les attaquent au dehors ou naissent dans l'intérieur. Ces différentes maladies seront traitées à leurs articles.

La chair de l'agneau est un mets délicat qu'on sert aux gens riches; elle est blanche, s'il n'a vécu que de lait; s'il a brouté, elle ne l'est plus. Pour qu'il soit bon, il doit être gras. Toutes les issues en sont fort recherchées pour des ragoûts. Il y a des fermiers qui n'élèvent des agneaux que pour les vendre avant qu'ils soient sevrés. Si leurs mères ont bien du lait, elles suffisent à leur engraissement; si elles en ont peu, pour y suppléer on fait teter encore celles qui ont perdu ou dont on a vendu les agneaux; on tient la bergerie propre. Comme ils sont sujets à avoir des acides dans la panse, qui les incommoderaient et leur donneraient du dévoiement, on met à leur portée une pierre de craie qu'ils lèchent, et dont ils se trouvent bien. On mange dans le midi la plupart des agneaux mâles.

A quinze jours, on châtre les mâles, dont la chair devient aussi bonne que celle des femelles; ils sont moins gros que s'ils n'étaient pas châtrés, mais meilleurs.

Dix-huit jours ou quinze jours après leur naissance, ils sont en état de prendre une autre nourriture. Alors on leur donne de la provende, et plus particulièrement des pois tendres ou de l'orge bouillie, du foin le plus fin, des gerbées d'avoine. Les meilleurs agneaux gras sont ceux des brebis de trois à six ans ; on reconnaît qu'ils sont bons quand ils ont le haut de la queue large et moelleux. A l'âge de trois mois, un agneau pèse de 18 à 20 livres. J'ai calculé, d'après un relevé des barrières de Paris de 1787, de 1788 et 1789, qu'année commune on consommait dans cette ville 7400 agneaux de lait, sans compter ce que la fraude en introduisait. Je doute que maintenant on en tue autant, depuis que la race des mérinos s'est multipliée dans les environs de Paris. La peau de l'agneau se passe en chamoi et en blanc pour faire des gants, des bas, etc. Sa toison, suivant la race, est du poids d'une livre à trois, en suint. Elle est employée par des hommes qui préparent les ouates, par les chapeliers pour des chapeaux, et par d'autres ouvriers pour des serges. Je présume que les fabricans de drap la font aussi entrer dans leurs étoffes, en la mêlant avec des laines d'adultes.

Il faut observer que, dans ce qui précède, je n'ai pas eu en vue uniquement les mérinos, presque tout est applicable à chaque race. On sent bien que les mérinos, ayant plus de valeur, méritent des attentions particulières, qu'on n'aurait pas pour des moutons communs. Je crois que les propriétaires de ceux-ci et des métis calculent mal quand ils épargnent des soins et de la nourriture. Ils en retrouveraient bien la dépense dans la plus-value des bêtes et l'abondance et la qualité de la laine. On estime que pour les pays où le lait de brebis et la chair d'agneau sont recherchés, ce qui a lieu dans le midi, il n'est pas rare que ces objets, joints à la laine des brebis, donne 12 francs par an, produit avantageux.

La brebis qui n'est plus en état de produire sert à la nourriture de l'homme, quoique sa chair soit bien inférieure à celle du mouton ; elle ne peut entrer que dans la basse boucherie. La brebis avancée en âge n'est pas susceptible d'engraisser ; le peu de suif qu'elle donne est mou. Sa peau se travaille pour différens objets de mégisserie ; sa laine est plus fine que celle des mâles et des jeunes femelles de sa race. On fait des cordes à boyau de ses intestins. Le lait de brebis qu'on ne laisse pas boire aux agneaux est employé pour faire du fromage dans les pays où les vaches sont rares, parce que les herbes des pâturages y sont courtes et ne peuvent être pincées que par la brebis ou la chèvre. Chaque brebis peut donner le matin un gobelet de lait et un le soir ; enfin sa fiente est un très-bon engrais. Le parcage des brebis est préférable à celui des moutons. (Tes.)

BRECHAIAIQUES. On donne ce nom aux JUMENS qui ont des crochets. (B.)

BRÈCHES. Ce sont, dans le Jura, les flocons blancs qui se montrent lorsqu'on brasse le petit-lait sorti des FROMAGES cuits, pour en retirer le SÉRAI OU CÉRET, au moyen de l'AZI. *Voyez* ces mots et le mot FROMAGE. (B.)

BRÈDES. On appelle ainsi, dans l'Inde, toutes les plantes dont on mange les feuilles en guise d'épinards, telles que les AMARANTHES, les ARROCHES, les BASELLES, et sur-tout la MORELLE A FRUITS NOIRS. *Voyez* ces différens mots. (B.)

BRÈGE. Nom de la JACHÈRE aux environs de Riom. (B.)

BREGUA. VENDANGE dans le département de Lot-et-Garonne. (B.)

BRÉGUO. Synonyme de MARC DE RAISIN dans le midi de la France. (B.)

BRELIN. Synonyme de troupeau de MOUTONS dans le département des Deux-Sèvres. (B.)

BRÊME. Poisson du genre des CYPRINS (*Cyprinus brama*), qui est du petit nombre de ceux que les propriétaires d'étangs doivent le plus chercher à multiplier, attendu qu'il se plaît beaucoup dans les eaux stagnantes, et que sa fécondité est prodigieuse.

On reconnaît la brême à son corps très-large et très-aplati, à une tache noire en croissant au-dessus des yeux, et à ses nageoires de même couleur, dont celle de l'anus a vingt-neuf rayons. Sa longueur surpasse rarement un pied.

C'est dans les étangs et les lacs du nord de l'Europe que les brêmes semblent avoir fixé leur séjour de prédilection. Elles y sont si abondantes, qu'on cite un coup de filet qui en a amené jusqu'à cinquante mille. En France, on les prend tout au plus par douzaines dans les étangs ou les rivières qui en sont les mieux peuplées. Pourquoi cela? Je l'ignore; mais je sais que nous ne pouvons pas nous vanter de connaître la vraie manière de tirer parti de nos étangs. Certainement ce poisson, quoique inférieur à la carpe en grosseur et en bonté, mérite qu'on fasse plus d'attention à lui qu'on ne le fait communément. On peut le transporter facilement d'un étang à un autre, on peut encore plus aisément faire voyager son frai.

Pendant la plus grande partie de l'année les brêmes se tiennent au fond de l'eau cachées entre les herbes, dans la vase, etc.; mais au printemps elles s'approchent des rivages pour pondre, et c'est alors qu'on les pêche en grande quantité. On a compté cent trente-sept mille œufs dans une femelle pesant 6 livres.

Des vers, des larves d'insectes, de petits poissons, et probablement des substances végétales, servent de nourriture aux brêmes. Leur accroissement est presque aussi rapide que celui des carpes. Leur chaire est blanche, délicate, mais a besoin d'être relevée par des assaisonnemens. Cette chair varie, au reste, en saveur selon les lieux où elles ont vécu et selon les saisons où elles ont été prises. Celles de certains étangs vaseux sont très-désagréables au goût et même à l'odorat.

Les jeunes brèmes s'appellent *éperlans bâtards*, et les plus âgées *brèmes gardonnées*, parmi les pêcheurs de la Seine, rivière où cette espèce n'est pas rare.

Tous les filets et autres engins en usage pour prendre la carpe peuvent servir et servent en effet à la pêche de la brème ; ainsi, je renverrai au mot CARPE ceux qui désireront les connaître. J'observerai seulement qu'elle craint beaucoup le bruit et qu'il faut n'en point faire lorsqu'on veut en prendre à l'épervier, à la ligne volante, etc. ; qu'au contraire, il faut en faire beaucoup lorsqu'on veut la chasser dans une seine. En Allemagne, il est des villages sur des lacs, où il est défendu de sonner les cloches pendant le temps du frai, afin de ne pas les éloigner des rivages voisins.

Pendant l'hiver on prend autant de brèmes que l'on veut, dans les étangs ou lacs qui en sont bien garnis, en faisant un trou dans la glace, trou par lequel elles viennent respirer le bon air. (B.)

BREN. Synonyme de son dans le midi de France. *Voyez* FARINE. (B.)

BRENADE. Son mêlé avec des herbes qu'on donne aux COCHONS, aux OIES et aux POULES dans le département de Lot-et-Garonne.

BRENÉE. Nourriture des COCHONS et des volailles dans le département des Deux-Sèvres. Elle est composée de son, de légumes ou de fruits détrempés dans la lavure chaude de la cuisine. (B.)

BRESINE. C'est le ZINNIA ROUGE.

BRESLINGUE. Nom d'une race de FRAISIER.

BRETON. Nom d'une sorte de disposition des arbres en ESPALIERS. Il ne ne s'emploie plus. C'est la même chose que bâtardeau.

BREUIL. Ancien mot qui indique un TAILLIS clos et propre à donner retraite au gibier. (B.)

BREUVAGE. Eau chargée de matières médicamenteuses que l'on donne de force aux bestiaux malades.

Ordinairement on fait prendre les breuvages aux animaux avec le secours d'une bouteille, d'un entonnoir, d'une corne, etc., et en leur faisant lever la tête ; mais ces moyens sont sujets à plusieurs inconvéniens, ce qui a fait imaginer, pour le cheval, un mors creux, auquel aboutit un ENTONNOIR. *Voyez* ce dernier mot.

Quel que soit le vase avec lequel ou dans lequel on verse le breuvage dans la bouche des animaux, il faut procéder de manière à ce qu'il n'en n'entre pas la plus petite partie dans la trachée-artère, c'est-à-dire opérer lentement et à diverses reprises. Quelques expériences en apprennent plus à cet égard que des volumes. (B.)

BREZY. Nom de la chair de VACHE salée et fumée, qui entre dans l'approvisionnement d'hiver de tous les ménages du Jura. (B.)

BRI. Nom de l'ARGILE bleuâtre sur laquelle repose la couche de terre végétale dans les marais de la Vendée. (B.)

BRICELLE. *Voyez* PRUNE.

BRICETTE. Variété de *prune*. *Voyez* PRUNIER.

BRICOLE. Partie du HARNOIS du CHEVAL de trait, qui est placée à côté du timonnier. C'est une large lanière de cuir qui passe autour du poitrail, et aux extrémités de laquelle sont attachés les traits. Elle est tenue à la hauteur convenable par des courroies plus faibles, qui passent par-dessus le cou et les épaules. Cette partie est la plus importante du harnachement et doit être bien conditionnée.

On donne aussi ce nom à une bande de cuir large de 2 pouces, qui entoure l'encolure des chevaux, près le poitrail, et à laquelle sont fixés quatre anneaux à son bord postérieur vers le bas des épaules. Elle sert à ASSUJETTIR (*voyez* ce mot) ceux de ces animaux qui sont méchans ou ombrageux lorsqu'on les fait saillir, ou lorsqu'on veut leur faire quelque opération. Pour cela, il suffit d'attacher des cordes aux ENTRAVES (*voyez* ce mot), fixées aux paturons des pieds postérieurs, et de les faire passer séparément par les anneaux de la bricole, en les tendant suffisamment.

Il est une sorte de bricole qui sert à entraver les bestiaux mis à la pâture.

On appelle encore de ce nom des lanières de cuir ou des sangles de chanvre qui forment un cercle, et se prolongent d'un à 2 pieds. A l'extrémité de ce prolongement est un anneau ou un crochet. Elle sert aux terrassiers à s'atteler à des tombereaux pour traîner la terre des jardins d'un endroit à un autre. (B.)

BRICOLIER. On appelle ainsi, dans le langage des postes, le CHEVAL qui est attelé de côté aux voitures à deux roues, celui qui porte la bricole. C'est sur le bricolier que monte le postillon : ce cheval doit donc être en même temps tireur et porteur. On met à cet emploi de doubles bidets ou des chevaux de moyenne taille, mais forts et vifs. (B.)

BRIDA. On donne ce nom dans le département des Deux-Sèvres à l'ORGE semée pour être mangée en vert.

BRIDE, BRIDON. C'est la partie du harnois de la tête

d'un CHEVAL qui sert à le conduire. Elle est composée de la têtière, du MORS et des rênes.

On dit qu'un cheval boit la *bride* ou le *mors* quand le mors remonte trop haut, et se déplace de dessus les barres où est son appui.

Un cheval *hoche avec la bride* lorsqu'il joue avec elle en secouant le mors par un petit mouvement de tête, sur-tout lorsqu'il est arrêté. Je désirerais que l'on supprimât de toute espèce de bride, ou plutôt de toute espèce de mors, les bossettes en cuivre, qui sont un simple ornement pour cacher le bouquet et le fonceau du mors. Cette inutilité de pure fantaisie est souvent la cause de maladies graves. L'humidité, la bave, la salive des chevaux attaquent ce cuivre ; il s'y forme du vert-de-gris, qui, dissous, s'étend et gagne jusque dans la bouche de l'animal et se mêle avec sa salive. Je rapporte ce fait, parce que j'en ai été témoin.

Un autre objet aussi important que celui-ci est de ne jamais ôter la bride à un cheval sans passer dans l'eau le mors et le bien sécher. Comme il est en fer, je conviens qu'on n'a rien à craindre de sa rouille ; mais la matière gluante qui forme l'écume du cheval retient dans le mors, et sur-tout au coin de ses deux extrémités, des débris d'herbes, de foin, etc., qui ont resté dans la bouche de l'animal au moment qu'il a été bridé ; ces ordures fermentent, se corrompent et fatiguent le cheval. (R.)

BRIDES. Lorsqu'un RAMEAU d'un ESPALIER s'écarte trop de mur, on l'en rapproche au moyen d'une bride, c'est-à-dire d'un lien de jonc, d'osier, de ficelle, etc., qui l'attache au palissage. Par ce moyen, le rameau arrive peu-à-peu à la place où il doit être arrêté.

On emploie aussi les brides pour garnir l'espace vide d'un espalier. Alors ce sont les deux branches les plus voisines de ce vide qu'on lie ensemble pour les forcer à se rapprocher. (B.)

BRIETTE. BREBIS jusqu'à l'âge de deux ans dans le département des Deux-Sèvres. (B.)

BRIGNOLE. Espèce de PRUNE.

BRIJEAU. Mélange de pois gris, de vesces, de fèves, de seigle, de froment, etc., qu'on sème pour fourrage, et qu'on coupe au moment de la floraison. *Voyez* MÉLANGE. (B.)

BRIMÉ ou TACONÉ. Lorsqu'après une petite pluie un fort soleil se montre, les gouttes d'eau restées sur les grains de raisins s'échauffent, et la peau qu'elles recouvrent se sphacèle : il en résulte des taches qui s'opposent à la croissance ultérieure de ces grains, et nuisent à la bonne qualité du vin. *Voyez* aux mots VIGNE et BRULURE. (B.)

BRIN. Un arbre de brin est celui qui est venu de graine

et qui n'a qu'une tige. Par suite, dans les pépinières on dit
mettre sur un brin lorsqu'on coupe toutes les pousses latérales d'un jeune arbre pour ne laisser que la plus belle, celle
qu'on destine à devenir la tige. *Voyez* aux mots Pépinière et
Trochée.

Les arbres de brin sont ceux qui croissent le plus vite, qui
vivent le plus long-temps et dont le bois est le plus sain; aussi
sont-ils très-recherchés pour beaucoup de services. *Voyez* Futaie. (B.)

BRINBAILLIER. Nom vulgaire de l'airelle commune.

BRINDILLE. On a donné presqu'à la fin du mot Branche
la définition de la brindille, et les caractères qui la font distinguer des autres branches de l'arbre.

Comme la brindille est le magasin du fruit pour l'année
suivante, on ne doit jamais l'abattre lorsque l'on Taille
l'arbre, ni lorsqu'on l'Ébourgeonne, ni au temps du Palissage (*voyez* ces mots), quand même la brindille se trouverait
sur le devant. Il vaut mieux perdre sur la beauté du coup
d'œil et gagner en utilité ; d'ailleurs, lorsque le bourgeon est
grand, on peut le relever et l'attacher en le courbant doucement. Cette règle cependant souffre quelques exceptions.
Voyez Taille et Pêcher. (B.)

BRINGÉ. On donne ce nom dans le Cotentin aux bœufs à
poil truité. (B.)

BRIOCHE. Variété de pois gris qu'on sème dans les terres
médiocres aux environs de Boulogne. (B.)

BRIONE. *Voyez* Bryone.

BRIQUE. Parallélipipède de terre cuite, plus ou moins long,
plus ou moins épais, mais devant n'avoir que des proportions
moyennes, c'est-à-dire environ 24 centimètres de long, 12 de
large et 6 d'épaisseur, dont on fait un usage fréquent dans les
constructions rurales, pour suppléer la pierre dans les localités où elle est rare, et qu'on emploie comme résistant mieux
au feu dans la fabrication des fourneaux, des fours, des cheminées de tous les pays, et au pavé des appartemens. *Voyez*
Argile et Tuile.

Dans ce dernier cas, la brique prend souvent une forme
carrée ou hexagone, et une épaisseur moindre, et s'appelle
Carreau, Pavé.

La fabrication des briques étant extrêmement facile, exigeant des fonds fort peu considérables, et pouvant se suspendre à volonté sans inconvéniens, peut être entreprise par
les petits cultivateurs, aidés de leur famille et de quelques
hommes de journée : aussi, dans beaucoup de pays, est-elle
exclusivement entre leurs mains.

Dans plusieurs parties de la ci-devant Champagne, on bâtit

les maisons avec des briques simplement séchées au soleil, et ces maisons durent long-temps lorsqu'elles sont convenablement entretenues. Sur les larges faces de quelques-unes de ces briques, on forme des saillies qui puissent les assurer les unes sur les autres par l'intermédiaire de la boue.

Les Romains produisaient le même effet, et plus économiquement, en formant avec leurs doigts des trous dans ces mêmes faces.

Pour que les briques soient bonnes, il faut qu'il se trouve dans l'argile qu'on y emploie environ moitié de sable ou de sablon quartzeux : il y existe aussi presque toujours de l'oxide de fer et de la pierre calcaire. Cette argile doit être mise en bouillie, passée à la claie, et exactement corroyée, un an à l'avance, quand on veut bien opérer ; mais trop souvent ou s'en dispense par principe d'économie.

Un cadre de bois des dimensions qu'on veut donner à la tuile, et un râble également de bois, sont les seuls ustensiles nécessaires à un fabricant de briques.

Lorsque les briques sont faites, on les laisse sécher pendant plusieurs mois à l'ombre, et ensuite on les fait cuire dans un four, dont la forme et la capacité varient dans chaque fabrique. Il est très-rare que ces fours soient construits d'après les principes de la science, c'est-à-dire qu'ils exigent presque tous une consommation de bois supérieure à celle qui est nécessaire pour cuire les tuiles. Je n'entreprendrai cependant pas de traiter cette matière, parce que cela me menerait trop loin.

On reconnaît qu'une brique est bien cuite à la dureté de sa surface et au son clair qu'elle rend lorsque, la tenant suspendue entre deux doigts, on frappe dessus avec un morceau de fer.

Toute brique qui n'est pas assez cuite, ou qui contient de la chaux (à raison de la pierre calcaire ci-dessus nommée), est susceptible de se décomposer à l'air ; aussi, combien de maisons ou de portions de maisons qui auraient dû durer des siècles et qui tombent en ruines, pour avoir été construites avec de mauvaises briques !

C'est principalement pour mettre en garde les cultivateurs contre les inconvéniens de ce genre que j'ai rédigé cet article ; car on pense bien que je n'ai pas voulu leur apprendre à fabriquer des briques.

L'emploi des briques pour la construction des CONDUITES D'EAU, des ÉGOUTS dans les terres argileuses est très-fréquent.

Les briques vernissées, c'est-à-dire recouvertes d'une légère couche de verre, sont un bien plus mauvais conducteur de la chaleur que celles qui ne le sont pas, et que les pierres ordinaires. C'est pourquoi on doit les préférer pour la construction des chassis à demeure, des baches, des serres, enfin de tous les bâtimens où on a besoin de conserver le plus long-temps possible une chaleur acquise. *Voyez* Tuile (B.)

BRIS. On appelle ainsi, dans quelques endroits, le gruau d'avoine.

BRIS. On donne ce nom, aux environs de la Rochelle, aux terres abandonnées par la mer, terres qui sont de nature argileuse. Il est presque impossible d'y élever des arbres, parce que leurs racines sont couvertes d'eau pendant l'hiver, et déchirées par les crevasses qui se font dans cette argile pendant l'été. (B.)

BRISE-VENT. C'est un mur de paille ou de roseaux que l'on fait pour mettre les plantes ou les couches à l'abri des vents.

Ces brise-vents sont placés perpendiculairement, et maintenus tels par le secours de piquets fichés en terre, et de perches transversales; leur hauteur est communément depuis 3 jusqu'à 5 pieds, et la longueur est proportionnée au terrain que l'on veut abriter. Ce sont de véritables abris temporaires, qui cependant peuvent durer plusieurs années lorsqu'on les ménage convenablement. Les résultats de leur destruction servent de base aux couches, ou sont jetés sur le fumier.

On pratique rarement des brise-vents dans la grande culture, à cause de la dépense qu'ils occasionnent; mais je les ai vus cependant produire d'étonnans effets dans des sols sablonneux ou crayeux que les feux du soleil empêchaient d'être productifs.

J'ai développé au mot Abri la théorie des brise-vents. (B.)

BRIVE. Variété de froment sans barbe et à chaume grêle, que l'on cultive dans le département du Gers. Elle réussit dans les terres légères et fait un pain très-blanc. *Voyez* Froment. (B.)

BRIZE, *Briza*. Genre de plantes de la triandrie digynie et de la famille des graminées, qui renferme sept à huit espèces dont une est assez commune pour intéresser les cultivateurs comme article de fourrage, et doit être en conséquence connue d'eux.

La Brize tremblante, *Briza media*, Lin., a les épillets ovales, et les valves calicinales plus courtes que les florales. On la trouve dans toute l'Europe sur les montagnes, dans les pâturages secs et calcaires, le long des chemins, et en général dans tous les lieux incultes et secs; elle forme un fourrage court, que les moutons et les chèvres recherchent, que les vaches ne craignent pas de manger, mais que les chevaux repoussent souvent. Cette plante, d'un aspect fort élégant, est connue dans plusieurs cantons sous le nom d'*a-mourette*; elle entre très-fréquemment dans les foins des hauts prés, ce qui n'est pas un avantage, sa fane étant dure et insipide. (B.)

BROC. Vaisseau vinaire, à anse, en forme de poire, communément de bois, garni de cinq cercles de fer posés à égale distance les uns des autres : un dans le bas, sur lequel il appuie; trois dans le milieu, et un au sommet, qui forme la gouttière par laquelle on verse le vin. De ce cercle supérieur part une pièce de fer, avec laquelle il est rivé, et cette pièce s'attache sous le troisème cerceau; un morceau de bois remplit l'anse, et la pièce de fer qui la constitue est rivée ou repliée par ses deux côtés sur le bois : c'est le vaisseau le plus commode pour le service des caves, pour l'avinage, l'avillage ou remplissage des tonneaux. Quelque hauteur et quelque largeur qu'ait le broc, son ouverture ne peut avoir plus de 2 à 3 pouces de diamètre; il est étonnant que son usage soit circonscrit dans quelques provinces seulement. Plus les douves qui composent le broc sont étroites, meilleures elles sont. Toutes sortes d'ouvriers ne sont pas en état de le faire, à cause de la précision qu'il faut apporter dans la diminution des douves pour entrer dans le carreau supérieur; diminution beaucoup plus grande que celle de la base des douves.

J'ai vu dans quelques provinces des brocs faits en étain qui contenaient plus de moitié de plomb; l'acide du vin corrode l'étain comme le plomb, et leur dissolution, qui se mêle avec le vin, le rend infiniment nuisible à la santé. *Voyez* aux mots Plomb et Litharge. (R.)

BROCHER. Lorsqu'un arbre nouvellement planté pousse, les jardiniers disent qu'il broche. Ce mot impropre ne s'emploie plus guère. (B.)

BROCHER. On donne ce nom dans l'Orléanais à un léger binage qui se fait entre les jeunes ceps de vigne encore dans la fosse ou sillée, sans toucher au milieu de cette fosse ou sillée qu'on laboure après à la bêche. (B.)

BROCHET. Poisson du genre ésoce, que la grandeur à laquelle il peut parvenir, sa voracité et l'excellence de sa chair ont rendu fameux; il se trouve dans les rivières et les étangs de toute l'Europe, mais bien plus abondamment dans le nord que dans le midi.

Les anciens savaient que le brochet pouvait vivre des siècles, et parvenir à une grosseur équivalente, à mille livres pesant. Le fait suivant dispensera d'en citer d'autres. En 1230, l'empereur Barberousse fit mettre un anneau de cuivre doré à un brochet de l'étang de Kaiserslautern, dans le Palatinat : il fut pêché en 1497, c'est-à-dire deux cent soixante-sept ans après, et trouvé de 19 pieds de long et de 350 livres de poids. On voit encore son squelette à Manheim.

Sans doute les brochets de cette grosseur sont rares, mais ceux de 3 à 4 pieds sont assez communs. Ils le seraient bien davantage si on voulait attendre ; car ils parviennent à 8 ou 10 pouces de long la première année, à 12 ou 14 la seconde, à 18 ou 20 la troisième, et c'est à cet âge qu'on les mange généralement.

Tous les poissons et les reptiles aquatiques servent de nourriture au brochet ; il en consomme une immense quantité : aussi l'appelle-t on *poisson-loup* dans quelques endroits ; aussi ne doit-on pas en laisser de gros dans les étangs, si on veut avoir des carpes, des brèmes, des tanches, des anguilles, etc. Les perches se défendent de lui à la faveur des épines de leur nageoire dorsale, et il redoute l'épinoche par la même raison ; il digère avec une incroyable rapidité, de sorte que ses massacres ne sont jamais interrompus que par le manque de victimes.

La multiplication des brochets, si le frai et ses produits de la première année n'étaient pas la proie de beaucoup d'autres poissons, même de leur espèce, et de la plupart des oiseaux d'eau, serait immense ; car on a compté 148,000 œufs dans une femelle de moyenne grandeur. Le frai dure trois mois du printemps. A cette époque, ceux qui sont dans les étangs cherchent à en sortir pour déposer leurs œufs dans les eaux courantes, sur les pierres et sur les herbes qui s'y trouvent : ils sont alors si occupés de leur opération, et s'avancent si fort sur le bord, qu'on peut très-fréquemment les prendre à la main, comme ma propre expérience me l'a prouvé.

J'ai déjà observé qu'il était nuisible aux produits d'un étang qu'il y ait trop de brochets, et sur-tout des brochets trop gros. Beaucoup de propriétaires se refusent même totalement à en mettre ; cependant la plupart du temps on y en trouve. Il est, dans ce cas, possible de supposer que le frai y a été apporté attaché aux pattes ou au bec des oiseaux aquatiques. Ce n'est que lorsqu'on aura adopté en France l'excellente méthode usitée en Allemagne pour l'aménagement des étangs, méthode qui consiste à faire passer successivement et tous les ans le poisson du même âge d'un étang dans un autre, qu'on sera le maître d'avoir le nombre de brochets, et de brochets de telle grosseur qu'on voudra. Alors, loin d'être nuisibles, ils seront utiles, puisqu'ils mangeront tous les produits des carpes, des brèmes, des tanches, etc., et toute la blanchaille des étangs où est le plus gros poisson ; produits qui, en consommant la subsistance de ce gros poisson, l'empêchent de grossir davantage et d'engraisser.

TOME III.   15

La chair des brochets varie en qualité, comme celle de tous les autres poissons, à raison de leur âge, de leur sexe, du temps de l'année où ils ont été pris, des eaux où ils ont vécu, etc.; mais elle est en général blanche, ferme, feuilletée et d'un bon goût; elle convient beaucoup aux estomacs faibles et aux convalescens. Aussi est-elle fort recherchée des gens riches; aussi la prise d'un brochet d'une certaine grosseur est-elle toujours une aubaine importante pour les pêcheurs; aussi les propriétaires des étangs voisins des grandes villes doivent-ils spéculer sur leur vente plus que sur celle des carpes, parce qu'ils ne peuvent pas, comme elles, être transportés au loin. Au reste, ceux pris dans les eaux courantes sont toujours préférables à ceux pris dans les eaux stagnantes, et doivent être payés plus cher par les gourmets.

Les œufs du brochet excitent, dit-on, des nausées et purgent même violemment ceux qui les mangent; cependant en Allemagne on en fait du caviar; on les fait entrer, avec des sardines, dans une préparation alimentaire qu'on appelle *netzin*, et en Italie le peuple ne les laisse pas perdre.

Dans le nord de l'Europe et de l'Asie, où les brochets abondent, on les sèche et on les sale comme la morue. Dans d'autres endroits, on conserve dans des vases exactement fermés la chair pilée et assaisonnée d'oignons, de thym, de poivre, de sel et de vinaigre.

Toutes les espèces de filets employés à la pêche des poissons d'eau douce servent à prendre des brochets. On les prend aussi à la fouanne : l'été, pendant la nuit, à la lueur de la lune ou des flambeaux; l'hiver, pendant le jour, en faisant des trous dans la glace : ils mordent aussi à la ligne, sur-tout lorsqu'elle est amorcée avec un goujon vivant. On en trouve fréquemment dans les verveux et dans les nasses; mais, dans ce cas, sa présence est souvent une perte pour le pêcheur, parce que sa captivité ne l'empêche pas de manger tout ce qui est pris ou se prend. (B.)

BROCOLI. *Voyez* CHOU.

BROCOTTE. On donne ce nom dans les Vosges à ce que dans le Jura on appelle SERAI. *Voyez* ce mot. (B.)

BROME. *Bromus.* Genre de plantes de la triandrie digynie et de la famille des graminées, qui renferme une quarantaine d'espèces, dont plusieurs sont si abondantes dans les campagnes, que les cultivateurs ne peuvent se refuser d'apprendre à les connaître.

Les espèces les plus communes de ce genre sont :

Le BROME SÉGLIN, qui a la panicule penchée, les épillets ovales, comprimés, et les arrêtes droites. Il se trouve dans toute l'Europe, dans les champs arides, parmi les seigles, s'élève à 2 ou 3 pieds, et a des épillets quelquefois de 3 lignes de diamètre. Sa racine est annuelle.

Le Brome stérile a la panicule écartée, les épillets oblongs, les valves aiguës, et les arrêtes droites. Il est annuel, et se trouve dans les champs, les prairies artificielles, le long des haies, des chemins, dans tous les endroits secs et arides. On peut lui réunir les *bromes des champs* et *des toits*, qui n'en sont que des variétés. Cette espèce, qui fleurit au mois de mai, et dont les graines sont mûres au mois de juin dans le climat de Paris, est quelquefois si abondante, qu'elle couvre presque exclusivement des espaces de terre très - considérables, fait souvent le fonds des prairies artificielles qui sont sur le retour. Il s'élève moins que le précédent, et ses grains sont moins gros. Tous les bestiaux l'aiment beaucoup quand il est jeune ; mais aux approches de la maturité et lorsqu'il est desséché, il devient dur et insipide. Cette raison, qui a toujours empêché de le semer comme fourrage, ce à quoi la faculté de croître dans les plus mauvais terrains semblait engager, doit déterminer à anticiper la coupe des luzernes où il se trouve dans une proportion notable.

Ainsi que l'espèce précédente, ce brome mûrit avant la coupe des seigles, des fromens, des avoines, des orges : de là vient que son grain se trouve rarement mêlé avec celui de ces céréales ; de là vient la difficulté d'en purger les champs. Il n'y a que la culture des plantes étouffantes, telles que la vesce, les pois, etc., ou celle des plantes qui exigent de fréquens binages, telles que la pomme de terre, les haricots, etc., qui, au bout de deux ou trois ans, la fassent disparaître. Quelques cultivateurs croient qu'elle ne nuit pas aux champs, parce que ses racines sont très-petites ; mais on ne peut être de leur avis : car étant de la famille des céréales, elle soutire les mêmes principes qu'elles, et son abondance compense le peu de grosseur de ses grains.

Au reste, le grain de toutes les espèces de bromes qui se trouvent en Europe ne nuit pas sensiblement à la qualité du pain dans lequel il entre ; il est fort recherché par les oiseaux, et il peut, jusqu'à un certain point, remplacer l'avoine pour les chevaux.

Le Brome corniculé, *Bromus pinnatus*, Lin., a la tige simple, les épillets alternes, distiques, écartés, relevés, un peu courbés, cylindriques, sessiles et à peine barbus. Il est vivace, s'élève à 2 ou 3 pieds, et se trouve dans les bois et sur les montagnes sèches, dans les plaines arides, etc. On le reconnaît, avant la pousse des tiges, à ses larges touffes isolées d'un vert jaunâtre et d'une densité remarquable. Ses feuilles sont coupantes et très-larges. Ce sont principalement elles que les chasseurs recherchent pour faire des appeaux de pipée. Les bestiaux les mangent au printemps ; mais ils n'y touchent plus le reste de l'année. On pourrait cependant l'employer en prairies artificielles pour l'usage des moutons, ou mieux en pâturage ; car ses feuilles sont trop courtes pour être coupées utilement. On pourrait également, s'il ne touffait pas autant, le faire servir de gazon dans les jardins situés en terrain aride, où la plupart des autres graminées ne peuvent croître : peut-être en le renouvelant souvent par le moyen des semis diminuerait-on cet inconvénient. Il fleurit fort tard, et ses graines ne tombent qu'aux approches de l'hiver, en sorte qu'il est précieux pendant cette saison pour les oiseaux granivores. (B.)

BROMELIÉES. Famille de plantes fort voisines des NARCISSOÏDES, qui réunit six genres, dont trois renferment des espèces qui sont l'objet d'une importante culture dans les pays chauds, c'est-à-dire les genres ANANAS, AGAVE et FURCRÉE. Les autres genres qui y entrent sont : TILLANDRIE OU CARAGOTTE, et XÉROPHYTE. (B.)

BRONCHOTOMIE. MÉDECINE VÉTÉRINAIRE. Opération qui consiste à faire une ouverture à la trachée-artère pour donner à l'air la liberté d'entrer dans les poumons et d'en sortir, ou pour tirer les corps étrangers qui se sont insinués dans le larynx ou la trachée-artère. Elle convient dans tous les cas où le cheval et le bœuf menacent de suffoquer par suite du rétrécissement ou de l'obstruction des parties supérieures de la trachée, ou des cavités nasales. On introduit par l'ouverture dans la trachée un tube courbe de fer-blanc, dont l'extrémité supérieure reste en dehors, et est garnie d'une plaque du même métal, qui sert à empêcher le tube de tomber dans la trachée, et à le maintenir en place au moyen de cordons qui y sont fixés, cordons qu'on passe autour du cou de la bête, et qu'on attache sur la crinière : ce tube, bien fait et nettoyé, souvent permet à l'animal de rendre des services comme s'il était en parfaite santé. La membrane muqueuse de la trachée s'habitue facilement à sa présence et n'en souffre point. Des chevaux ont travaillé pendant plusieurs années avec de pareils tubes, et sont morts d'accidens étrangers à la maladie qui en avait nécessité l'emploi. (Huz. fils.)

BROQUETEUR. On donne ce nom, dans quelques cantons, à l'ouvrier engagé pendant la moisson pour disposer les gerbes en tas dans les champs, et les charger sur les voitures. Il doit être fort, très-actif et intelligent. *Voyez* MOISSON. (B.)

BROU. C'est l'enveloppe extérieure des fruits à noyau.

La chair de la pêche est un brou (*voyez* au mot FRUIT) ;

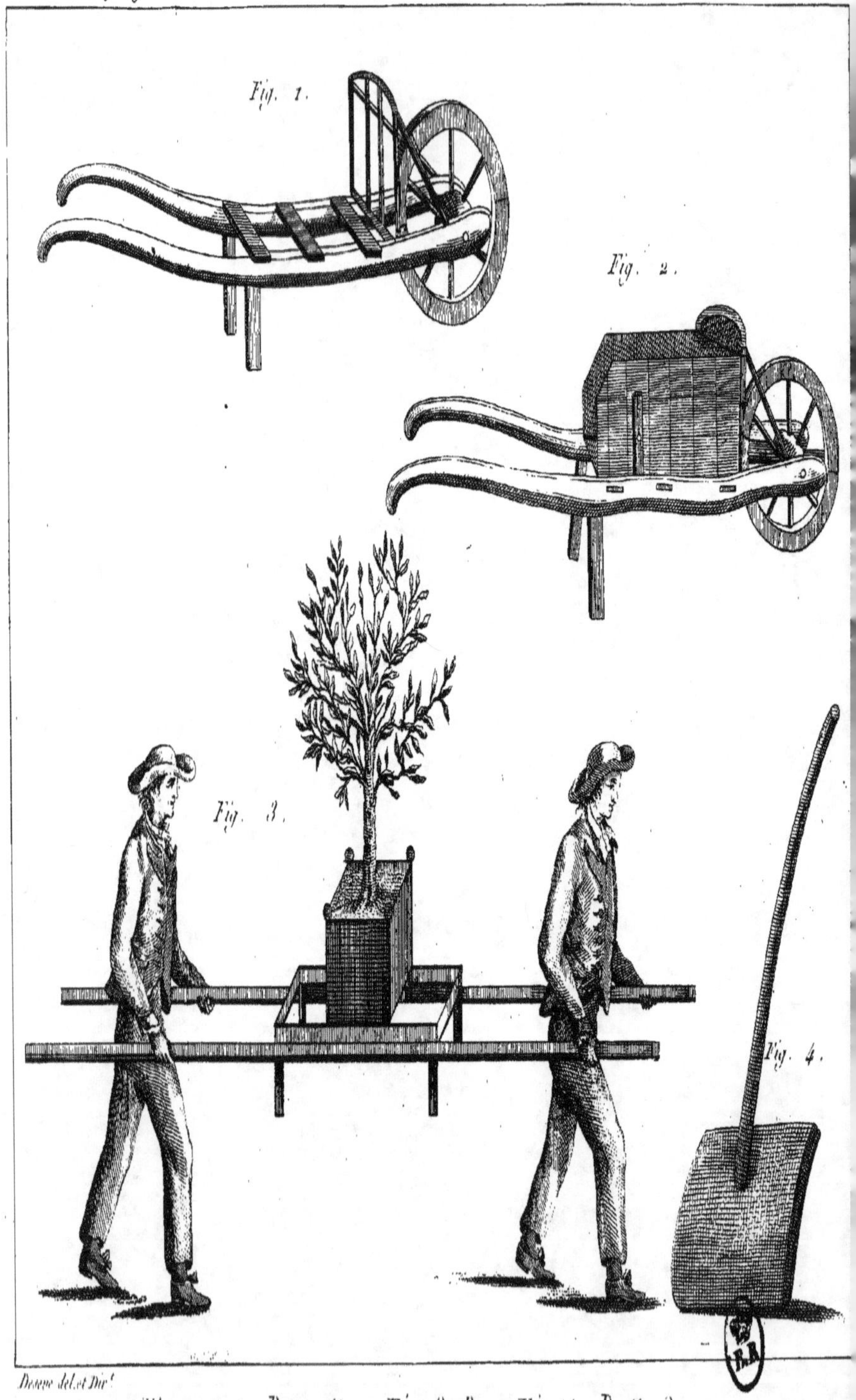

Fig. 1 et 2. Brouettes, Fig. 3. Bar. Fig. 4. Batte.

mais c'est l'enveloppe de la noix qui porte particulièrement ce nom. *Voyez* au mot NOYER.

Le brou de noix lorsqu'il est frais donne une couleur verte brune, et lorsqu'il est vieux une couleur noire brune aux étoffes qu'on fait bouillir à grande eau avec lui. Ces deux couleurs sont très-solides, et servent également sur le bois, principalement pour les parquets des appartemens.

La saveur austère de l'eau dans laquelle on a fait macérer du brou de noix est très-propre à faire périr les cochenilles, les pucerons, les tigres, et autres petits insectes qui nuisent aux arbres. (B.)

BROUA. HAIE vive dans le département du Var. (B.)

BROUETTE. Sorte de voiture à une seule roue qu'un homme tire ou pousse, et dont les cultivateurs font un usage journalier dans beaucoup de cantons de la France, mais qui est presque inconnue dans d'autres, quoique sa simplicité, son économie et la facilité de son service eussent dû la faire adopter par-tout. Ce fait est un des mille qui prouvent combien les inventions utiles ont de la peine à pénétrer dans les campagnes.

La brouette la plus simple est composée de deux limons ou brancards de 5 à 6 pieds de long, un peu cambrés dans leur milieu, recourbés à leur extremité antérieure, et percés d'un trou à leur extrémité postérieure. Ces limons sont écartés de 2 à 3 pieds, et liés ensemble par trois traverses. La roue, d'un à 2 pieds de diamètre, est fixée à leur extrémité postérieure au moyen d'une tringle de fer qui passe par les trous dont il vient d'être question. Rarement elle est ferrée. Deux pieds, à-peu-près de la longueur du rayon de la roue, sont fixés dans les limons à la moitié, ou environ, de leur longueur.

Quelquefois à cette brouette on ajoute sur la dernière traverse quatre montans de bois un peu inclinés en arrière, liés ensemble par le haut et soutenus par deux arcs-boutans, afin de retenir, dans l'action, les morceaux de bois, les pierres, et autres objets solides dont on la charge. Cette sorte de brouette est représentée *fig.* 1, pl. Ire.

D'autres fois on fixe une planche horizontale sur les traverses, deux autres planches perpendiculaires sur les limons, et une quatrième également perpendiculaire sur la dernière traverse. Il en résulte un coffre ouvert en dessus et en devant, dans lequel on peut mettre de la terre, du sable, et autres articles susceptibles de se diviser. *Voyez fig.* 2, où une de ces brouettes est représentée.

Je me bornerai à ces deux exemples, quoique la forme et la grandeur des brouettes varient beaucoup selon les pays, les emplois et la force des hommes qui sont destinés à les faire mouvoir.

Lasteyrie, dans son importante Collection des machines utiles à l'économie rurale, a figuré, planches 1, 2 et 7, dix sortes de brouettes peu connues en France, et qu'il serait bon d'y introduire.

Aux environs de Paris, les brouettes sont presque entièrement faites en bois d'orme, c'est-à-dire que les traverses seules y sont de chêne ou de frêne. Le coffre est ordinairement en planches de peuplier. En général, il faut toujours tendre à les rendre les plus légères et en même temps les plus solides que possible.

La conduite d'une brouette, quelque facile qu'elle paraisse au premier coup d'œil, ne laisse pas que d'exiger de l'usage et de la force. Les personnes qui n'y sont pas habituées ont beaucoup de peine à garder l'équilibre, sur-tout quand elles s'en servent en poussant.

Toute exploitation de grande culture doit avoir un certain nombre de brouettes de formes et de dimensions différentes; les jardins, pépinières, etc., peuvent encore moins s'en passer. Les Civières, les Barres (*voyez* ces mots), peuvent bien les remplacer, et même les remplacent nécessairement dans certains cas; mais leur usage exige deux personnes et est plus lent : il est donc moins économique. *Voyez* Hotte. (B.)

BROSSE. On donne ce nom, dans quelques cantons, aux buissons qui bordent les bois et qui les défendent contre les vents et les bestiaux. Ce sont des sortes de haies d'une très-grande largeur, 10, 15, 20 toises et plus, qui doivent être entretenues avec soin, et coupées lorsque le bois est dans le cas de se défendre par lui-même.

Un large et profond fossé doit toujours être creusé en avant des brosses qui peuvent offrir quelques arbres têtards ou quelques arbres rabougris pour semence. *Voyez* Broussailles et Étalon. (B.)

BROTILLE. On appelle ainsi, dans quelques cantons, les bourgeons qui sortent de l'aisselle des feuilles de la vigne; bourgeons qu'on enlève dans l'opération de l'ébourgeonnement. *Voyez* Vigne. (B.)

BROUILLARD. C'est un amas de vapeurs et d'exhalaisons plus ou moins épaisses, qui s'élèvent dans l'air, et qui tantôt se dissipent dans les hautes régions de l'atmosphère, et tantôt retombent sur la terre en forme de bruine ou de pluie fine (1).

______

(1) Les nuages n'en diffèrent que parce qu'ils sont plus élevés, et qu'on peut plus facilement voir leur circonscription.

Les uns et les autres sont composés, d'après les observations de Saussure, de petites vésicules d'eau, qui tantôt se dissolvent dans l'air, tantôt se réunissent et tombent en pluie. (*Note de M. Bosc.*)

Deux causes principales concourent immédiatement à la formation des brouillards, la chaleur naturelle de la terre, et le froid des couches inférieures de l'atmosphère. Le soleil d'une journée entière, et la masse de chaleur qu'il a produite dans l'atmosphère, celle qu'il a imprimée à la surface de la terre, occasionnent une évaporation considérable ; les molécules aqueuses, raréfiées et chassées par la chaleur qui s'échappe du globe, s'élèvent et se dispersent dans l'air jusqu'à ce que, rencontrant une zone froide, elles se condensent et deviennent visibles en se rapprochant et s'épaississant. Leur réunion forme un corps fluide, pénétrable, continu, et susceptible de tous les mouvemens que les vents peuvent lui imprimer. Les vents eux-mêmes contribuent beaucoup à la réunion des vapeurs et à la formation des brouillards. L'air est toujours rempli d'une certaine quantité de vapeurs. (*Voyez* AIR.) Si elles sont invisibles, c'est que, trop raréfiées, leurs molécules sont éloignées les unes des autres ; mais si les vents viennent à souffler du haut en bas, alors ils abaissent ces vapeurs les plus élevées sur les plus basses, et les condensent. Leur condensation sera encore plus prompte, si les vents soufflent de divers points opposés : ils compriment alors de toutes parts les vapeurs qu'ils trouvent dans l'air. La même chose a lieu, si elles sont poussées horizontalement par les vents contre une montagne : ne pouvant aller plus loin, les dernières se joignent aux premières, et à celles qui sont adossées contre la montagne ; elles s'accumulent les unes contre les autres, elles s'épaississent enfin, et y acquièrent un tel degré de densité, qu'elles deviennent visibles et retombent sous la forme de brouillards.

Il n'est point de saison ni de climat où l'on ne voie des brouillards ; l'hiver et les pays humides paraissent cependant favoriser le plus la formation de ces météores. Dans l'hiver, le soleil agissant avec moins d'activité, et le ciel étant presque toujours couvert de nuages, l'air froid occasionne nécessairement une condensation dans les vapeurs, et les exhalaisons qui s'élèvent de la terre et des eaux, sur-tout dans les endroits où l'évaporation est plus abondante, comme les sols marécageux et aquatiques, les bas fonds et les bords des rivières. Comme le soleil a peu de force dans cette saison, il dissipe difficilement ces brouillards, qui se résolvent ordinairement en pluie s'il fait doux (*voyez* BRUINE), et en givre s'il fait froid. (*Voyez* GIVRE.) Il n'est donc pas étonnant de voir alors les brouillards obscurcir l'air pendant plusieurs jours de suite ; et la résolution de ces brouillards dépend de la température actuelle de l'atmosphère et de l'effet des vents. Dans l'été, les vapeurs élevées dans la journée retombent vers le soir aprèsle coucher du soleil et durant la nuit. Si elles sont assez raréfiées pour être invisibles, elles forment alors la Rosée et le Serein. (*Voyez* ces mots.) Si un froid assez vif, un vent frais les rassemblent et les accumulent, on aperçoit alors un brouillard plus ou moins épais, que les premiers rayons du soleil du lendemain dissipent ordinairement. Dans le printemps et l'automne, les brouillards sont plus fréquens, à cause de la différence marquée de température entre le jour et la nuit. Les pluies, assez fréquentes dans ces deux saisons, imprègnent l'air d'une humidité continuelle, que le moindre froid condense en brouillard.

C'est ordinairement le soir et le matin que les brouillards sont plus sensibles, en voici la raison : le soir, après que la terre a été échauffée par les rayons du soleil, l'air venant à se refroidir tout-à-coup au coucher de cet astre, les vapeurs qui avaient été échauffées s'élèvent dans l'air ainsi refroidi, parce que, dans leur état de raréfaction, elles sont plus légères que l'air condensé. Le matin, lorsque le soleil se lève, l'air se trouve échauffé par les rayons beaucoup plus tôt que les vapeurs qui y sont suspendues ; et comme ces vapeurs sont alors d'une plus grande pesanteur spécifique que l'air, elles retombent vers la terre sous la forme de brouillard.

D'après tout ce que nous venons de dire, on peut donc assurer que les brouillards ne sont autre chose que des molécules aqueuses disséminées dans l'air, et rendues visibles par leur abondance et par le froid ; ce sont, en un mot, de vrais nuages qui flottent dans les régions les plus basses de l'atmosphère, et qui interceptent une partie de la lumière qui nous vient du soleil et des astres. Cette obscurité est produite par le très-grand nombre de ces molécules aqueuses, qui, perdant peu-à-peu le mouvement en vertu duquel elles se sont élevées, s'arrêtent à une hauteur déterminée, s'approchent et se joignent les unes aux autres. Ainsi déposées, elles doivent nécessairement empêcher que l'effet des rayons lumineux ne parvienne en entier jusqu'à nous, parce que ces gouttes, quelque petites qu'elles soient, se trouvant rassemblées sans ordre, réfléchissent la lumière, et la dissipent par la multitude de leurs surfaces, qui s'opposent successivement à son passage. Cet obscurcissement devient quelquefois si considérable, que la lumière est presque totalement interceptée, et que l'on ne distingue les objets qu'à une très-petite distance. Quelquefois aussi ces brouillards épais ne reposent pas immédiatement sur la terre ; ils s'élèvent et se fixent dans la région moyenne de l'atmosphère, où ils forment une espèce de zone moins opaque, à la vérité, que les brouillards ordinaires, mais qui ne laisse pas d'y répandre une obscurité sensible. S'ils n'inter-

ceptent pas totalement les rayons du soleil, ils en affaiblissent tellement l'éclat, que l'on peut alors regarder fixement
son disque : telle est la cause naturelle de ce phénomène singulier, qui, aux yeux de l'ignorance timide et superstitieuse,
passe pour un prodige effrayant et qui annonce les plus grands
malheurs. Si ce phénomène a lieu plusieurs jours de suite, les
brouillards qui l'ont produit auront séjourné ce même espace
de temps dans l'atmosphère et l'auront viciée. Il n'est donc
pas étonnant, après cela, qu'il se répande des maladies épi-
démiques, qu'il faut attribuer à la présence des brouillards, et
non à l'obscurcissement du soleil.

Les brouillards ont deux mouvemens généraux : celui par
lequel ils se condensent et retombent en bruine ou en pluie,
et celui par lequel ils se raréfient, s'élèvent de plus en plus,
et deviennent de vrais nuages. Ces vapeurs, suspendues au-
dessus de la terre, à une hauteur médiocre, quoique souvent
tranquilles à leur partie inférieure, sont susceptibles d'un
mouvement d'ondulation semblable à celui de la mer à leur
partie supérieure. Quand on est sur une montagne assez haute,
que l'on domine une plaine couverte de brouillards, on croit
voir sous ses pieds une mer agitée, dont les flots roulent les
uns sur les autres. Insensiblement on les voit se dissiper, soit
lorsque ces molécules aqueuses, acquérant une pesanteur
plus considérable que celle de l'air dans lequel elles nagent,
forment des gouttes plus grosses, et retombent sur la terre par
leur propre poids ; soit que le principe de la chaleur qui les
a élevées et divisées, augmentant encore par l'ardeur du soleil,
elles reçoivent un mouvement plus fort, qui les porte vers la
région supérieure de l'air, où elles se condensent, et prennent
la forme de nuages, à moins qu'elles ne soient entièrement dissipées par une raréfaction extrême et prompte.

Si les brouillards n'étaient exactement que de l'eau raréfiée,
nous ne nous apercevrions de leur présence que par l'humidité qu'ils entretiennent, et par l'obscurité qu'ils répandent ;
mais très-souvent ils sont accompagnés d'une odeur infecte,
d'une âcreté qu'on ressent à la gorge et aux yeux. Cette odeur et
cette âcreté sont dues aux exhalaisons terrestres que ces vapeurs entraînent avec elles ; cette espèce de brouillard est en
général très-malsaine.

Comme la production des brouillards ne dépend absolument
que de l'abondance des vapeurs et du froid de l'atmosphère,
ils obscurciront l'air, soit que le baromètre se trouve haut
ou bas. Quand la colonne de mercure est basse et annonce la
pluie, il n'est pas étonnant que l'on voie des brouillards, qui
sont une espèce de pluie ; mais lorsqu'elle se tient haute, on
pourra avoir des brouillards, 1°. si le temps a été long-temps

calme et chaud, et qu'il se soit élevé beaucoup de vapeurs qui aient rempli l'air, le moindre froid, le plus petit vent frais, rafraîchira l'atmosphère, et les vapeurs se condenseront; 2°. si l'air, se trouvant tranquille, laisse retomber les vapeurs et les exhalaisons, qui passent alors librement à travers.

Le brouillard n'est pas comme la rosée, il tombe et mouille indifféremment toutes sortes de corps, et pénètre souvent dans l'intérieur des maisons. Il s'attache alors aux murs et s'écoule par le bas, en laissant sur les parois de longues traces qu'il a formées.

Dans l'été, lorsque l'air se trouve chargé de légers brouillards le matin, communément il fait beau dans la journée, parce qu'à l'arrivée du soleil le brouillard mince et délié est repoussé vers la terre; de sorte que ses parties, devenues fort menues et étant séparées les unes des autres, vont flotter çà et là dans la partie inférieure de l'atmosphère, et ne se relèvent plus pour retomber en pluie.

La cause de la nature des brouillards étant bien connue, ce serait ici le lieu d'examiner leur influence sur l'économie animale et sur l'économie végétale. Comme ils agissent en partie par l'humidité, c'est à ce mot que nous renvoyons, pour n'être pas obligés de nous répéter. (*Voyez* HUMIDITÉ.) Nous nous contenterons d'observer en général qu'ils fertilisent les terres, ou que du moins nul temps n'est plus favorable aux labours et aux semailles que ces matinées où règne un brouillard épais et stillant, qui baigne et échauffe doucement les sillons. Si les brouillards d'automne hâtent quelquefois la maturité des raisins, ils les font pourrir s'ils sont de trop longue durée. (R.)

Les cultivateurs ont cru pendant long-temps que la ROUILLE DES BLÉS était produite par les brouillards; mais on sait aujourd'hui que c'est une plante de la famille des champignons, une AECIDIE. Ils leur attribuent aussi la coulure des fruits, ils ont encore tort. Les brouillards et la coulure du fruit ont la même cause, le peu de chaleur du soleil; et s'ils agissent par eux-mêmes, ce n'est qu'en augmentant le refoidissement de l'atmosphère, par l'humidité qu'ils y conservent et en interceptant les rayons du soleil. *Voyez* aux mots FÉCONDATION DES PLANTES et OBSCURITÉ.

Mais, dira-t-on, on garantit cependant les espaliers de la coulure, en les couvrant de paillassons, de toiles, etc. : oui, mais parce que ces objets rendent l'air stagnant autour des branches, et que tout air stagnant, par cela seul qu'il l'est, élève sa température de quelques degrés au-dessus de celui qui est libre. C'est l'effet de l'enlèvement du calorique par les vents; c'est l'effet de l'eau qu'on glace en trempant le vase

qui la contient dans de l'éther, et en l'exposant subitement
au soleil. (B.)

BROUILLARD. C'est le PEUPLIER NOIR dans la Sologne. (B.)

BROUILLE. Nom, dans quelques cantons de la France,
de la FÉTUQUE FLOTTANTE.

BROUILLE BLANCHE. C'est, dans le département de
l'Ain, la RENONCULE AQUATIQUE, que les bestiaux recherchent
beaucoup. (B.)

BROUILLE. On dit qu'une tulipe, un œillet sont brouillés
lorsque leurs panachures ne sont pas bien tranchées, qu'elles
se fondent les unes dans les autres. (B.)

BROUINE. La carie du froment porte ce nom dans quelques
cantons. *Voyez* CARIE.

BROUISSURE. Espèce de brûlure qu'éprouvent les jeunes
bourgeons des arbres ou des plantes par l'effet d'un soleil ardent, ou d'un vent sec, ou de la gelée. *Voyez* au mot BRULURE.

Les arbres à fruits à noyaux sont principalement sujets à cette
espèce de brûlure, à raison de la gomme qu'ils contiennent,
gomme qui se détache entre l'écorce et l'aubier, et qui empêche l'action de la végétation par places plus ou moins étendues. Il en résulte que la branche, ne pouvant plus grossir,
pousse en longueur, ne donne des fleurs et des fruits qu'à son
extrémité. On a regardé cette maladie comme organique, et se
transmettant par la greffe, même par les semis; mais il paraît
que c'est une erreur.

Un pêcher dont les branches sont chargées de brouissure
se dégarnit du bas, et quoi qu'on fasse, il finit par n'être plus
bon qu'à brûler. *Voyez* PÊCHER. (B.)

BROUSSAILLES ou BROSSAILLES. On donne ce nom,
dans quelques endroits, aux buissons d'épine et autres arbustes qui ne peuvent servir qu'à chauffer le four, cuire la
chaux, etc.

Que de terrains en France qui ne sont couverts que par des
broussailles, et qui pourraient nourrir de beaux arbres, fournir d'abondantes récoltes de céréales! Ces terrains sont le plus
souvent des COMMUNAUX. (B.)

BROUSSAUT. *Voyez* BROUSSAILLES.

BROUSSE. Sorte de FROMAGE qu'on fabrique, au moment
du besoin, dans quelques cantons du midi de la France, en
frisant bouillir doucement le lait, et en enlevant avec une
écumoire le caillé qui se produit. On mange ce fromage
dans le jour en le mêlant avec du sucre. (B.)

BROUSSIN. FROMAGE fondu, préparé avec du vinaigre et
du poivre, et qu'on mange l'été dans le département du Var.

BROUSSIN. Excroissances qui se forment sur les arbres
qu'on élague, qu'on tond ou qu'on coupe souvent.

Les broussins de quelques arbres ont une grande valeur dans le commerce, soit à raison de l'entrelacement de leurs fibres, qui rend leur bois infendable, soit à raison de leur coloration, qui fait ressembler leur bois à du marbre. On emploie les broussins de l'orme, du frêne, de l'érable et du buis pour faire de charmans meubles qui imitent les bois de marqueterie de l'Amérique ou de l'Inde, ou des ouvrages de tour très-recherchés. (B.)

BROUSSONNETIE ou MURIER A PAPIER, *Broussonnetia*. Arbre de la Chine et autres contrées de la mer du Sud, fort voisin des MURIERS, dont on l'a cru long-temps une espèce, qui est d'une grande utilité aux habitans du Japon, des îles des Amis et autres, et dont on pourra également tirer de nombreux avantages dans l'agriculture et dans les arts lorsqu'il sera aussi multiplié en Europe qu'on doit le désirer.

C'est au milieu du printemps et avant le complet développement des feuilles que fleurit le broussonnetie. Ses fruits mûrissent au commencement de l'automne. Il y en a peu sur chaque tête comparativement au nombre des fleurs, parce que les réceptacles sont si pressés, que les premiers fécondés, grossissant, étouffent les autres. Ils sont rougeâtres, sucrés et assez bons à manger.

Le broussonnetie prend naturellement une forme arrondie, et il produit un très-bel effet dans les jardins d'agrément par le vert obscur et l'irrégularité de ses feuilles, leur grand nombre et leur disposition; en conséquence on le multiplie aujourd'hui beaucoup dans les pépinières. La place qui lui convient est le troisième ou quatrième rang dans les massifs. Il fait également bien lorsqu'il est isolé; mais alors il faut l'empêcher de monter sans cependant le tailler, car la serpette le défigure toujours. Sa croissance est des plus rapides lorsqu'il a acquis un certain âge. Il est dans sa jeunesse un peu sensible à la gelée dans le climat de Paris; mais jusqu'à présent il n'a éprouvé que des pertes de branches par cette cause, et il est à croire que cet inconvénient diminuera de jour en jour.

Il y a plusieurs manières de multiplier le broussonnetie :

Par semences, qu'on répand sur la surface d'un terrain bien meuble et exposé au midi, aussitôt qu'elles sont recueillies. Ces semences lèvent au printemps suivant, et leur plant se repique la seconde année. Ce plant ne demande que les binages ordinaires, mais il a besoin d'être recouvert de fougère ou de paille aux approches des grandes gelées. Il n'est propre à être mis en place qu'à la quatrième ou cinquième année.

Par drageons enracinés, que les vieux pieds poussent abondamment quand ils sont dans un terrain léger et chaud, et surtout quand on blesse leurs racines. Ce moyen est le plus prompt et le plus sûr, vu que ces rejetons, après avoir attendu seulement deux ans dans la pépinière, ont déjà 5 à 6 pieds de haut et peuvent être mis en place ; mais il n'est pas toujours à la disposition du jardinier, y ayant des terrains et des années où il ne s'en produit pas. On les lève après l'hiver.

Par marcottes, qui prennent assez facilement racines dans les terrains frais et chauds, mais qu'on ne peut pas pratiquer sur les vieux pieds. Il faut avoir des mères, qu'on empêche de monter en arbre en leur rabattant la tête tous les deux ou trois ans. Les branches latérales doivent être mises en terre en totalité, afin que chaque rameau devienne un pied. Les produits de ces marcottages se traitent positivement comme les drageons.

Par boutures, qu'on dispose comme celles du mûrier ordinaire ; mais on en fait peu d'usage, attendu l'incertitude de la réussite.

Par racines, qui, placées au printemps, en tronçons de 5 à 6 pouces de long, dans une bonne exposition et fréquemment arrosées, donnent des pousses la même année ou la seconde, mais qui quelquefois n'en donnent point du tout.

Jusqu'ici ce n'est que comme arbre d'agrément que le broussonnetie a été cultivé en France ; cependant, ainsi que je l'ai déjà fait entendre, il peut devenir d'une importance majeure sous le rapport de l'utilité. En effet, l'écorce de ses jeunes rameaux, rouie comme le chanvre, donne une filasse dont on fait des habillemens dans les îles de la Société, et du papier au Japon et contrées voisines. Déjà Faujas a fait fabriquer de ce papier, à Paris, par la méthode européenne, beaucoup plus prompte que la méthode asiatique, et il a eu lieu de s'applaudir de son essai, quoiqu'il eût été fait avec l'écorce telle qu'elle sort de l'arbre. Je n'entrerai pas dans le détail de la fabrication du papier au Japon, ni des étoffes à O-Taïti, parce que cela mènerait trop loin, et ne serait d'aucune utilité aux cultivateurs, tant que le broussonnetie ne sera pas plus commun qu'il ne l'est encore en ce moment.

On a essayé de donner les feuilles de cet arbre aux vers à soie : s'ils en ont mangé, ce n'est qu'à regret, leur surface étant trop raboteuse pour eux ; mais il paraît qu'on peut les employer à la nourriture des moutons, et certes cet emploi vaut bien l'autre. La faculté du broussonnetie de croître dans les plus mauvais terrains, de pousser rapidement, de se charger d'une grande quantité de feuilles, peut le rendre précieux sous ce rapport aux cultivateurs. J'insisterai d'autant plus sur cela, que le bois seul peut dédommager, en le coupant tous les trois ou quatre ans, des frais de culture. Ce bois tendre et léger n'a jusqu'à présent servi que pour brûler ; mais c'est quelque chose que de multiplier les combustibles en France, à l'époque actuelle, où ils deviennent si rares et si chers.

Il y a encore un autre broussonnetie qui croît à la Jamaïque, et dont on emploie le bois à teindre en jaune : c'est le *morus tinctoria* de Linnæus. On ne le cultive pas en France, où d'ailleurs il ne pourrait pas supporter la pleine terre. (B.)

BROUSSURE. C'est la carie du froment dans quelques endroits. *Voyez* CARIE.

BROUST. On appelle ainsi de petits fagots de branches de PEUPLIER, de SAULE, d'AUNE, de CHÊNE garnies de feuilles, etc., faits au mois de juillet ou d'août, et rapidement desséchés, fagots qu'on donne pour nourriture supplémentaire aux bêtes à laine pendant l'hiver, et qui sont aussi utiles à leur bonne santé qu'à l'économie du foin et autres nourritures. (B.)

BROUSTILLE. On donne ce nom, dans le midi de la France, aux petits fagots faits de genêt, de bruyère, de ronces, et autres arbrisseaux des landes ou des montagnes pelées, fagots qui, dans beaucoup de lieux, sont le seul moyen de chauffage des habitans. *Voyez* BROUSSAILLES. (B.)

BROUTER. Manière de manger des animaux pâturans.

On dit qu'un taillis est brouté lorsque ses pousses ont été mangées par le bétail. (B.)

BROYÉ. Instrument de bois destiné à séparer la filasse de la chenevotte dans le chanvre roui. Il porte aussi les noms de MACHE, et de SERANÇOIR OU CHIRANÇOIR. Il est composé, 1°. d'une pièce de bois, de 4 à 5 pieds de long, 8 pouces de large, et un peu moins d'épaisseur, monté sur 4 pieds de 30 pouces de hauteur, et creusé dans toute son épaisseur, mais non dans toute sa longueur, de deux rainures de 2 pouces de large ; 2°. d'une autre pièce de bois de même longueur, mais seulement de 6 pouces de largeur et un peu moins d'épaisseur, creusée dans toute son épaisseur, et dans presque toute sa longueur, d'une rainure de 2 pouces de large. Un des bouts de cette dernière est terminé en manche arrondi, et l'autre se fixe, au moyen d'une cheville de fer, dans la partie supérieure des rainures de la première pièce, de manière qu'il entre aisément dans ses rainures. *Voyez* à l'article LIN, où il est figuré. (B.)

BROYOIR. Synonyme de BROYE. (B.)

BRUCHE, *Bruchus*. Genre d'insectes de l'ordre des coléoptères, dont toutes les espèces vivent aux dépens des GRAINES, et causent par conséquent ou peuvent causer de grands dommages aux cultivateurs.

On connaît en ce moment une cinquantaine d'espèces de bruches ; mais j'ai lieu de croire que le nombre en est bien plus considérable, car je n'ai guère reçu de collection d'in-

sectes ou de graines des pays étrangers dans lesquelles il n'y
en eût de nouvelles. J'ai reçu souvent des graines venant des
pays chauds, et n'en contenant pas une seule qui ne fût attaquée par elles : aussi en voit-on plusieurs dans ma collection
qui y ont été mises vivantes, quoique originaires de l'Inde et
du Brésil. Il est des espèces de plantes dont je n'ai pas pu récolter de graines pendant mon séjour en Amérique, parce
que je ne les ai jamais trouvées entières.

Mais pourquoi chercher des exemples étrangers? Qui ne
connaît les ravages que cause dans les pois, les lentilles et les
fèves, l'espèce de bruche la plus commune en France, celle
que Geoffroy a décrite sous le nom de *mylabre à croix blanche*,
et qui est connue vulgairement sous les noms de *puceron*, de
pucette, etc.? Qui n'a pas été dans le cas d'être témoin de la
répugnance avec laquelle toutes les classes de la société mangent ces légumes lorsqu'ils en sont infestés?

Cette espèce, qu'on appelle particulièrement la BRUCHE DES
POIS, parce que c'est sur les pois qu'elle se jette de préférence, est brune, avec des faisceaux de poils fauves et de
poils blancs régulièrement disposés. L'extrémité de son abdomen, qui est tronquée, a sur-tout une tache de poils blancs
en forme de croix, qui est fort remarquable. Sa longueur est
d'environ 2 lignes. Elle saute et vole très-bien, sur tout dans
la chaleur. Elle paraît au printemps sur les fleurs, où elle
s'accouple, et d'où elle part pour aller déposer ses œufs sur la
gousse des pois. Chaque larve qui en naît perce cette gousse,
et va gagner un pois, dont elle mange la substance petit à petit,
et dans lequel elle se transforme en nymphe. Il est rare de
trouver deux larves dans le même pois ; mais une seule suffit
pour en consommer plus de la moitié, et sur-tout pour le
rendre impropre à la reproduction lorsqu'il a été attaqué du
côté du germe, ce qui a presque toujours lieu.

Si cette bruche se contentait des pois qui sont sur pied, on
supporterait ses ravages, attendu que, lorsqu'on les mange en
vert, sa larve est encore trop petite pour être facilement aper-
çue ; mais ce qu'il y a de plus affligeant, c'est qu'elle se multiplie sur les pois secs, dans les greniers, dans le sac où on a
renfermé les pois après leur maturité ; et, à l'abri de ses ennemis
et des accidens atmosphériques, elle pullule avec une rapidité
prodigieuse. On dit communément qu'il ne se produit qu'une
génération dans une année aux environs de Paris, et cela est
certain pour les individus qui restent dant la campagne ; mais
j'ai lieu de croire qu'il s'en fait deux pour ceux qui sont renfermés dans la maison ; car on y trouve des insectes parfaits en
automne comme au printemps. Je suis sûr qu'il y en a plus de
deux dans les pays chauds ; car là, ainsi que je l'ai remarqué

en Caroline, il ne faut que peu de mois pour réduire en poussière le sac le mieux conditionné.

Quelques observations de **M. Vilmorin** semblent prouver qu'il n'y a jamais de reproduction de bruches, dans le climat de Paris, que dans les jardins; et en effet depuis qu'il m'en a parlé, j'ai vérifié que les pois très-hâtifs et les pois très-tardifs n'en étaient pas attaqués.

Ce qui est le plus désespérant dans le mode d'action des bruches après la destruction de la matière, c'est que l'enveloppe ou la peau des pois ne manifeste en aucune manière la présence des larves. Ceux qui sont attaqués par ces dernières paraissent aussi sains que les autres, tant qu'elles restent dedans, ayant la précaution de ne point ronger l'écorce, qu'elles rendent seulement fort mince et susceptible d'être facilement brisée lorsqu'elles voudront sortir sous la forme d'insecte parfait. Ce ne sont donc que les pois d'où les insectes sont sortis, ou ceux qu'on a fait cuire, qui montrent les ravages des bruches.

Tant qu'il y a dans un sac des pois entiers, les bruches ne s'attacheront pas à ceux qui ont déjà été attaqués, et qui ont conservé, selon leur grosseur, à-peu-près le tiers ou la moitié de leurs cotylédons; mais lorsqu'ils ont été tous entamés, elles sont obligées de retourner à ces derniers, et alors elles n'y laissent plus absolument que la peau. J'en ai vu débarquer au port de Charles Town, à la suite de longs voyages, qui étaient entièrement réduits en poudre.

Quelquefois les pois qui ont ainsi été rongés par une larve sont encore propres à être semés; mais cependant la larve, dans les pois secs principalement, préférant attaquer le germe, comme plus tendre et plus sucré, ils sont le plus souvent, comme je l'ai déjà dit, incapables de servir à la reproduction.

Les bruches ni leurs larves ne font aucun mal à ceux qui en mangent; mais il faut y être très-accoutumé pour, sans répugnance, faire usage des pois qui en contiennent beaucoup. Les matelots ont cette habitude à un haut degré, car ce sont eux principalement qui consomment les pois infestés de bruches : heureux encore quand il n'y a pas dans leur soupe plus d'insectes que de grains !

Je ne connais que trois moyens de garantir une provision de pois, de lentilles ou de fèves, qu'on désire conserver long-temps, de la destruction des bruches. C'est ou de lui faire subir pendant une heure une chaleur de 40 à 45 degrés dans un four, ou de les faire cuire à moitié, et ensuite dessécher à l'ombre, ou de les mêler avec du sable très-fin, de la cendre, de la sciure de bois, et autres objets de cette nature, qui, se tassant autour des grains, empêchent les insectes parfaits de sortir de leur prison et d'aller feconder ou se faire féconder, ensuite déposer leurs œufs. On sent que ce dernier moyen est le seul praticable lorsqu'on veut conserver la faculté germinative à ces légumes ; il est facile et économique. La cendre sur-tout est excellente et a de plus la propriété de conserver les pois dans un état de fraîcheur qui les rend plus tendres à la cuisson et plus savoureux. On objectera qu'il sera difficile d'ôter la cendre collée contre les pois, et cela peut être vrai ; mais avec des frottemens et des lotions répétées on peut espérer ne pas s'apercevoir qu'il en est resté, si réellement il en reste : un peu de vinaigre, suivi d'une nouvelle lotion, peut d'ailleurs en enlever les dernières parcelles. (B.)

BRUGNON. Espèce de PÊCHE.

BRUGUET. On donne ce nom au BOLET ESCULENT dans quelques cantons de la France.

BRUINE. Petite pluie extrêmement fine qui tombe très-lentement. Elle est le produit, ou d'un brouillard qui se résout, ou d'une nuée qui se dissout également et lentement dans toute son étendue, en sorte que les particules aqueuses ne se réunissent pas en très-grand nombre ; mais elles forment de petites gouttes, dont la pesanteur spécifique n'est presque pas différente de celle de l'air : alors ces petites gouttes tombent insensiblement, quelquefois tout le jour, lorsqu'il ne fait point de vent. La bruine a lieu pareillement lorsque la dissolution de la nuée commence par le bas et continue de se faire lentement : car alors les particules de vapeurs se réunissent et se convertissent en petites gouttes, à commencer par les inférieures, qui tombent aussi les premières ; ensuite celles qui se trouvent un peu plus élevees suivent les précédentes, et celles-ci ne grossissent pas dans leur chute, parce qu'elles ne rencontrent plus de vapeurs en leur chemin, elles tombent sur la terre avec le même volume qu'elles avaient en quittant la nuée. Mais si la partie supérieure de la nuée se dissout la première et lentement du haut en bas, il ne se forme d'abord dans la partie supérieure que de petites gouttes, qui, venant à tomber sur les particules qui sont placées plus bas, se joignant à elles, et augmentant continuellement en grosseur par les parties qu'elles rencontrent sur leur passage, produisent enfin de grosses gouttes, qui se précipitent sur la terre en forme de pluie. *Voyez* BROUILLARD, NUÉE, PLUIE. (R.)

BRUINE. Dans quelques cantons, on donne ce nom à la carie des blés, parce qu'on l'attribue aux BROUILLARDS ou BRUINES. *Voyez* ces mots et CARIE.

BRULAGE ou BOULIS des terres. *Voyez* ÉCOBUAGE.

BRULE. Les vignerons du département de la Meurthe donnent ce nom à la chute des feuilles inférieures de la vigne, feuilles qui achèvent leur évolution avant les autres, sur-tout dans les terrains secs et chauds. (B.)

BRULURE. Jardinage. Ce mot a un grand nombre d'acceptions dans la pratique du jardinage, ou mieux les jardiniers ne sont pas d'accord sur ce qu'on doit appeler ainsi.

L'écorce du tronc d'un arbre exposé contre un mur à toute l'action du soleil de midi est sujette à se fendre, à s'écailler, à se dessécher ; ce qui prive les branches de la plus grande partie de la sève nécessaire à leur nourriture, et accélère toujours leur mort. On a appelé cet effet *brûlure*, et on a eu raison ; car, quoi qu'on ait dit, il est certain que c'est le soleil, ou seul, ou concurremment avec l'eau des pluies, qui occasionne cette maladie. Il suffit de mettre un thermomètre à l'heure de midi, le soleil étant vif, contre le tronc d'un espalier ainsi exposé, et contre le tronc d'un contr'espalier parallèle et séparé par une plate-bande seulement d'une ou 2 toises ; il suffit même d'appliquer successivement la main contre ces troncs pour s'assurer que la chaleur est bien plus considérable sur le premier, et ce, parce que l'air frais ne circule pas autour de lui comme autour du second.

Il est cependant des cas où les troncs des arbres en plein vent sont aussi affectés de la brûlure : par exemple, lorsqu'on arrache un jeune arbre au milieu d'un bois épais, ou à l'exposition du nord, pour le planter dans une plaine, son écorce, non accoutumée à l'effet des rayons directs du soleil, c'est-à-dire étiolée, et par conséquent plus tendre, se dessèche du côté du midi, se sépare du tronc souvent au bout de très-peu de jours; ce qui rend l'arbre incapable d'une bonne croissance, souvent même occasionne sa mort.

Il est des arbres fruitiers qui sont plus sujets que d'autres à cette sorte de brûlure, tels que le pêcher et l'abricotier. La vigne, dont l'écorce extérieure se renouvelle tous les ans, la brave impunément.

Les tilleuls dont l'écorce est plus poreuse et absorbe plus facilement l'eau des pluies que celle des autres arbres, sont encore fréquemment dans le même cas sur leur face sud-ouest, comme on peut le voir aux Tuileries, à Versailles, etc.

Les gelées produisent quelquefois des effets analogues, en formant de la glace sous l'écorce, glace qui, comme on le sait, offre toujours plus de volume que l'eau qui lui a donné naissance.

On a indiqué un grand nombre de moyens pour garantir les arbres de cet inconvénient, tels que d'empailler leurs troncs, de les envelopper de toile cirée, etc. Tous ces moyens sont nuisibles, en ce qu'ils privent l'écorce de l'influence d'un air renouvelé, qu'ils conservent autour d'elle une humidité constante, ce qui l'attendrit, la pourrit, etc. Le seul de ces moyens qui mérite confiance, c'est l'établissement d'un abri à quelque distance du tronc, abri qu'il est plus économique de faire avec deux planches formant un angle droit, et ne se joignant pas tout-à-fait, si l'arbre a un tronc élevé, ou avec deux tuiles semblablement disposées, s'il est nain. Deux douves de tonneau sont le plus souvent ce qui vaut le mieux. L'essentiel est que l'air circule par-dessous.

Un arbre dont l'écorce a été enlevée par cette cause, dans sa jeunesse, se rétablit (lorsqu'on la fait cesser) plus ou moins promptement en formant une nouvelle écorce; mais jamais il n'est aussi vigoureux que les autres.

Par des motifs, analogues on appelle aussi brûlure les effets de la chaleur du soleil et des fortes gelées sur les bourgeons encore tendres, c'est-à-dire lorsqu'ils deviennent subitement noirs pendant les jours orageux de l'été et les nuits froides du printemps et de l'automne. *Voyez* COUP DE SOLEIL et GELÉE.

On donne encore ce nom, dans quelques pays, au froment et aux autres céréales dont les racines sont frappées de mort par l'évaporation de toute l'eau de la terre qui les entourait.

Cette sorte de brûlure est plus commune dans les terrains sablonneux ou graveleux, dans ceux qui ont peu de profondeur, dans les expositions méridionales, qu'ailleurs: il est des années sèches et chaudes où elle cause de grandes pertes aux cultivateurs. Plusieurs fois je l'ai vue se développer, en moins d'une heure, sur de grandes étendues et à toutes les époques de l'été. Quand c'est au commencement de cette saison, la récolte est totalement perdue; l'épi se desséchant complétement quand c'est plus tard, le grain est seulement RETRAIT. (*Voyez* ce mot.) Dans tous les cas la paille perd beaucoup de sa qualité.

On reconnaît le froment brûlé à la blancheur de sa tige et de son épi.

Les moyens d'empêcher cette sorte de brûlure varient suivant les circonstances: ainsi, si le terrain n'a pas de profondeur, on doit ou le recharger, ou le couvrir de litière, de mousse, etc., ou planter de grands arbres s'il y a possibilité. Ces trois derniers moyens, ainsi que les irrigations, s'appliquent à ceux qui sont sablonneux et exposés au midi. *Voyez* SABLE, GRAVIER.

Une autre espèce de brûlure se remarque souvent sur les arbres en espalier comme sur ceux en plein vent, même dans les pépinières; c'est le desséchement de l'extrémité des branches pendant les chaleurs de l'été. Elle a pour cause la perméabilité ou la sécheresse du sol, un vent hâlant, comme le vent du nord-est dans le climat de Paris. Voici comme j'explique ce fait. Dans le premier cas, le manque d'humidité diminue la production de la sève, ce qui affaiblit sa force d'ascension, et par suite prive de ses bienfaits les rameaux les plus élevés. Dans le second, qu'on nomme BROUISSURE, l'évaporation qui se fait par ces rameaux, qui sont encore à l'état de bourgeons, c'est-à-dire non consolidés, évaporation qui est très-considérable, n'étant plus remplacée par la même quantité de sève, donne à la chaleur du soleil la puissance de les dessécher, et par conséquent de les frapper de mort, positivement comme l'écorce dans le cas précité.

Toutes les fois qu'une feuille, une branche, un arbre entier, meurent par l'effet d'une grande sécheresse, ou par manque d'arrosemens, on peut dire qu'il y a brûlure dans ce sens. *Voyez* HALE.

Un arbre nouvellement mis en terre est plus sujet à la brûlure que celui qui est né en place, parce que la terre offre des vides autour de ses racines, et que ces dernières ne sont ni assez nombreuses ni assez longues pour aller chercher l'humidité au loin. *Voyez* au mot SÉCHERESSE.

Il y aussi beaucoup de différence entre les diverses espèces d'arbres, relativement à cette sorte de brûlure. Les remèdes, ce sont des arrosemens, du fumier de vache enterré au printemps, de la paille, de la mousse, de la fougère, etc., placés sur le sol avant l'époque des grandes chaleurs.

Mais la troisième espèce de brûlure est la plus dangereuse, à mon avis, parce qu'elle agit en tous temps et en tous lieux sur les arbres fruitiers. C'est celle qu'on peut appeler *organique*, parce qu'elle dépend de l'affaiblissement de l'organisation de ces arbres fruitiers par suite de leur culture, et qu'elle se propage par la greffe. On la remarque principalement sur le POIRIER et le POMMIER, qui, comme on sait, se greffent fréquemment sur le COIGNASSIER et le PARADIS, espèce et variété qui, depuis un siècle, ne se sont multipliées que de BOUTURES, de MARCOTTES ou d'ÉCLATS (*voyez* ces mots). Cette sorte de brûlure, qui malheureusement est aujourd'hui devenue endémique, principalement dans les pépinières des environs de Paris, se reconnaît, comme la précédente, à la chute des feuilles du sommet des bourgeons, à la cessation de la première sève, sommet qui ne se dessèche pas seulement, mais qui devient noir comme s'il avait été réellement brûlé. Elle doit être prise en sérieuse considération par les cultivateurs, car elle peut mener à la décadence de toutes les pépinières. C'est en renouvelant souvent les mères de coignassiers par des pieds provenant de graines, en cherchant dans les semis de pommiers de nouvelles variétés aussi faibles que celle appelée paradis; c'est en ne prenant des greffes que sur des sujets reconnus sains, qu'on peut espérer d'arrêter le mal.

Quelques observations semblent prouver que cette brûlure organique se propage aussi par le semis des graines des fruits nés sur des arbres viciés; mais il est bon de suspendre encore son opinion sur ce fait.

Les fruits des arbres affectés de la brûlure organique sont plus petits, ont une forme plus irrégulière que les autres; ils offrent des taches noires plus ou moins nombreuses, et leur chair est amère : il ne convient donc jamais de planter des pieds qui en soient affectés; et comme on ne peut pas la reconnaître sur les arbres taillés, il serait de toute justice que la loi autorisât de rendre les pieds altérés, comme elle autorise la remise des chevaux dans les cas Redhibitoires. *Voyez* ce mot.

Une quatrième espèce de brûlure, qu'on appelle aussi Blanc (*voyez* ce mot), est celle qui est produite par l'eau des rosées, des gelées blanches, etc., sur les feuilles des arbres, principalement des arbres en espalier placés au levant. Elle se reconnaît à des taches blanches, qui deviennent ensuite noires. Le résultat est une véritable sphacélation du parenchyme, qui anéantit son action vitale, c'est-à-dire qui ne permet plus ni absorption ni transpiration. Lorsque ces taches sont peu nombreuses, leur effet sur l'arbre n'est pas sensible; mais lorsque les feuilles en sont couvertes, l'arbre languit, ses fleurs ne nouent point, ses fruits tombent avant le temps, ou restent petits et sans saveur. On a expliqué la désorganisation du parenchyme sous les gouttes d'eau ou les globules de glace, de trois manières. Les uns ont dit : ce sont des lentilles qui ont réfracté les rayons du soleil; les autres, ce sont des corps froids qui se sont opposés à la transpiration de quelques endroits de leur surface, lorsque cette fonction se faisait par-tout ailleurs; les autres enfin, c'est un commencement de décoction ou de fermentation. Toutes ces explications (1) offrent des difficultés lorsqu'on les soumet à une rigoureuse analyse, mais elles ont sans doute quelque fondement; la dernière paraît cependant la plus plausible. Certains fruits à peau mince, tels que les prunes, les abricots, et sur-tout les raisins, sont aussi sujets au même accident. Les vignerons appellent les raisins ainsi altérés Brimés ou Taconés. *Voyez* ces mots.

Quoi qu'il en soit, la brûlure de cette sorte n'a pas lieu lorsqu'on secoue la rosée, lorsqu'on fond la gelée blanche avec

____

(1) Benedict Prévot, dans les *Annales de Chimie,* tome 11, a prouvé par des calculs et par des expériences que la brûlure ne pouvait avoir pour cause des gouttes d'eau faisant fonction de loupe.

de l'eau froide, ou en brûlant du fumier ou de la paille mouillée avant le lever du soleil. *Voyez* aux mots GELÉE et ROSÉE.

L'ACANTHIE du poirier, les CASSIDES et autres insectes qui mangent le parenchyme des feuilles, donnent lieu à une fausse brûlure. *Voyez* ces mots.

Les maladies des arbres, quoique étudiées depuis long-temps, sont encore bien imparfaitement connues. Il serait fort à désirer qu'un agriculteur éclairé du flambeau de la physique et de la chimie moderne voulût bien les examiner de nouveau, et se livrer aux nombreuses et longues expériences que ce sujet appelle. (B.)

BRULURE. Lorsqu'un animal mort, un tas de fumier, une certaine quantité d'excrémens de toutes espèces, se trouvent placés sur des plantes en végétation, ces plantes meurent par l'excès d'engrais qu'ils leur apportent, et on dit qu'elles sont brûlées. *Voyez* ENGRAIS.

On dit aussi que la CHAUX, les ALCALIS et les ACIDES brûlent les plantes. *Voyez* ces mots. (B.)

BRULURE. Synonyme de ROUGEOT dans le vignoble de Metz. (B.)

BRULURE. MÉDECINE VÉTÉRINAIRE. Les animaux domestiques sont quelquefois exposés à être brûlés par l'incendie des étables, en passant à travers des feux allumés dans les champs, etc. Dans ce cas, avant que l'escarre se forme, il faut laver la plaie avec des décoctions émollientes, et appliquer dessus une compresse imbibée d'huile et de miel. Si l'inflammation devient considérable, des saignées à la jugulaire sont nécessaires ; le reste du traitement se réduit à nourrir peu et à rafraîchir. La guérison s'opère petit à petit par le seul effet du repos.

Quelquefois, en voulant attendrir la sole du cheval avec un fer rouge, pour pouvoir la parer plus aisément, on la brûle, c'est-à-dire que la chaleur pénètre au-delà jusqu'aux tissus subjacens, produit de la douleur et une boiterie. Cette brûlure forme une maladie particulière, dont il est parlé au mot SOLE. (B.)

BRULURE DES MOUTONS. On a donné ce nom à une maladie des moutons qui ne paraît pas différer du marasme, et qui n'est par conséquent que symptomatique. (B.)

BRUNCK ÉPINE. Nom vulgaire du NERPRUN PURGATIF dans le Boulonnais. (B.)

BRUNELLE, *Brunella*. Plante à racine vivace ; à tige quadrangulaire, velue, branchue ; à rameaux opposés ; à feuilles opposées, légèrement pétiolées, ovales, oblongues, velues, dentées, longues de plus d'un pouce ; à fleurs bleues disposées en épis accompagnés de larges bractées à l'extrémité des tiges et des rameaux qui forme, avec cinq à six autres, un genre dans la didynamie gymnospermie et dans la famille des labiées.

On trouve la Brunelle commune dans les bois, les pâturages, sur les montagnes, enfin presque par-tout. Elle fleurit pendant une grande partie de l'été. Son odeur est faible, sa saveur stiptique et amère, ses propriétés vulnéraires, astringentes et détersives. Tous les bestiaux la mangent, mais sans la rechercher. Dans les terrains secs, elle est à peine de 2 pouces de haut; dans les bois humides, elle s'élève à un pied. On lui donne pour variété une espèce qui ne croît que sur les montagnes calcaires, et dont la fleur est deux fois plus grande, quoique sa tige soit deux fois plus courte; elle varie en rouge et en blanc. (B.)

BRUSSAROLE. Maladie du pastel produite par une sécheresse excessive; on la guérit par des arrosemens. *Voyez* Brulure et Pastel. (B.)

BRUYÈRE, *Erica*. Genre de plantes de l'octandrie monogynie et de la famille des bicornes, qui renferme deux cent soixante espèces connues, et sans doute beaucoup d'autres qui ne le sont pas, parmi lesquelles il en est quelques-unes d'une beauté remarquable, et d'autres d'un grand intérêt pour le cultivateur, par le parti qu'il en peut tirer sous le point de vue économique.

Plus des trois quarts des bruyères sont originaires du cap de Bonne-Espérance, et il ne s'en trouve pas une seule en Amérique. L'Europe en fournit seize. Elles sont en général assez difficiles à caractériser par des phrases spécifiques, aussi vaut-il beaucoup mieux les admirer dans un jardin que de les étudier dans un livre. La presque inutilité des descriptions que je donnerais des espèces étrangères, pour les reconnaître, me détermine à ne faire mention que d'un petit nombre, c'est-à-dire les plus saillantes de chaque division. Je renverrai en conséquence ceux qui voudraient de plus grands détails aux ouvrages de botanique qui en traitent particulièrement, tels que la Monographie de Thunberg et celle de Salisbury, ou à ceux moins étendus qui ont été rédigés par des Français, tels que l'Encyclopédie par ordre de matières, et le Botaniste cultivateur.

Toutes les bruyères ont les racines traçantes, les rameaux grêles, les feuilles persistantes, petites, linéaires et rapprochées; les fleurs nombreuses et agréablement colorées. Elles ont un air de famille qui ne permet pas de les confondre avec les plantes des autres genres : aussi si le botaniste le plus instruit peut rarement nommer avec certitude toutes les espèces d'une collection, le plus ignorant a toujours la satisfaction de pouvoir dire avec assurance voilà une bruyère.

Pour se reconnaître dans ce genre, on l'a subdivise en trois; savoir, les bruyères dont les anthères ont un appendice, les véritables bicornes (*aristatæ*); celles qui ont les anthères en crête de coq (*cristatæ*); et celles qui n'ont ni cornes ni crêtes (*muticæ*); et chacune de ces divisions a été subdivisée en sections d'après la position des feuilles.

PREMIÈRE SUBDIVISION.

Feuilles opposées, deux espèces, dont fait partie,

La Bruyère a fleurs jaunes, qui a les étamines cachées, la corolle ovale, oblongue, jaune; les fleurs terminales et les feuilles trigones. Elle est principalement remarquable par sa couleur jaune, couleur rare dans ce genre. Le Cap est son pays natal.

Feuilles ternées, dix-sept espèces, dont fait partie,

La Bruyère a fleurs blanches, *Erica monsonia*, Lin., qui a les étamines cachées, la corolle blanche, renflée à sa base, longue d'un pouce, le calice double, les fleurs nombreuses, pendantes et presque terminales. C'est une des plus belles sous tous les rapports. Elle vient du Cap.

Feuilles quaternées, dix-neuf espèces, dont font partie :

La Bruyère en arbre : elle a le style saillant, la corolle globuleuse, campanulée; les fleurs d'un blanc sale; les feuilles rudes au toucher et les rameaux velus. Elle se trouve dans les parties méridionales de l'Europe, s'élève de 8 à 10 pieds, et s'emploie pour chauffage, pour faire des balais, etc.

La Bruyère des Cafres se rapproche beaucoup de la précédente et s'élève encore plus haut. C'est la plus grande du genre. Elle a, dit-on, jusqu'à 20 pieds. On la trouve au Cap. Ses caractères sont d'avoir le style saillant, la corolle ovale, les fleurs ramassées en tête et les feuilles velues.

La Bruyère quaternée, *Erica tetralix*, Lin., a le style caché, la corolle ovale, les fleurs rouge pâle, disposées en tête terminale, et les feuilles ciliées. On la trouve dans toute l'Europe, dans les lieux marécageux dont le sol est sablonneux. Elle est très-commune dans les landes de Bordeaux, de la Sologne, etc. On l'emploie à brûler, à faire des balais, etc.

Feuilles verticillées six par six, quatre espèces, dont fait partie :

La Bruyère mamelonnée, qui a le style caché; la corolle cylindrique, renflée à sa base, longue de près de 2 pouces, d'un rouge de sang; les fleurs en ombelles et les feuilles recourbées. C'est une superbe espèce qui vient du Cap.

Feuilles verticillées huit par huit, deux espèces, dont :

La Bruyère fasciculaire, qui a le style saillant, la corolle
cylindrique, renflée, et d'un rouge de sang à sa base, verte au
sommet, et longues de plus d'un pouce; les fleurs nombreuses
et verticillées, les feuilles glanduleuses. C'est une des plus
belles : elle vient du Cap.

SECONDE SUBDIVISION.

Feuilles éparses, une seule espèce.

La Bruyère oblique, qui a le style caché, la corolle ovale,
visqueuse, rouge, les fleurs disposées en ombelles terminales,
les feuilles recourbées et tronquées : on la trouve au Cap.

Feuilles opposées, une seule espèce.

La Bruyère commune, dont on a fait un genre, sans doute
fondé, mais fort mal-à-propos nommée callunée; elle a le style
saillant, la corolle campanulée, d'un rouge pâle, le calice double;
les fleurs en grappes unilatérales, les feuilles sessiles et sagittées. On la trouve par toute l'Europe dans les lieux secs et sablonneux; elle fleurit depuis le milieu de l'été jusqu'à la fin
de l'automne. C'est proprement la *bruyère*, quoiqu'on con-
fonde généralement avec elle les espèces dont il sera parlé plus
bas. Elle couvre de grands espaces dans certaines parties de la
France, telles qus les landes de Bordeaux, de la Bretagne, de
la Sologne, du Périgord, du Mans, les montagnes des environs de Paris, etc. Sa hauteur atteint rarement 2 pieds, mais
ses touffes sont quelquefois plus larges, et elle croît avec une
grande rapidité. Un terrain qu'on en a complétement dépouillé
se regarnit en trois ou quatre ans, soit par les rejetons que
poussent les racines, soit par les semences que les vents dispersent. C'est ordinairement en l'arrachant qu'on la récolte,
et on emploie pour cette opération ou la main, ou des râteaux
à dents grosses et peu nombreuses; les moutons, les chèvres,
les lapins et mèmes les vaches la mangent avec plaisir quand
elle est jeune. On en fait du feu, de la litière, des balais.
Les abeilles y trouvent une grande abondance de miel. Il faut
avoir demeuré dans un pays de bruyères pour pouvoir apprécier toute l'utilité qu'on en retire.

Les exploiteurs de ruches se plaignent que celle dont les
abeilles ont beaucoup travaillé sur cette plante, contient
beaucoup plus de rouget que les autres; ce qui s'explique
par l'époque de sa floraison, qui coïncide avec la diminution
de la ponte de la femelle, époque où les ouvrières ont par
conséquent moins besoin de pollen, puisqu'elles ont moins
de larves à nourrir. Au reste le miel qu'elle fournit est bon et
le plus ordinairement très-abondant. Telle ruche qui n'a pu
s'approvisionner pendant tout l'été trouve à s'en dédommager
pendant le seul mois de septembre.

Feuilles ternées, treize espèces, dont font partie :

La Bruyère a balai, qui a les fleurs en ombelles ; la corolle ovale, rougeâtre ; le calice court, les feuilles glabres et les tiges hispides. Elle croît dans les terrains sablonneux des parties méridionales de l'Europe, même aux environs de Paris. Elle couvre, dans quelques cantons de la France et encore plus en Espagne, des espaces considérables, s'élève à 8 ou 10 pieds, et fleurit au commencement de l'été ; on la coupe régulièrement pour la brûler, en faire de la litière, des balais, etc. Les moutons et les chèvres mangent ses jeunes pousses. Sa racine devient démesurément grosse avec le temps, et s'arrache, soit pour brûler, soit pour faire un charbon, qui est peut-être le meilleur de tous ceux que l'on peut obtenir des bois indigènes, tant sa durée en état d'incandescence et l'intensité de sa chaleur sont considérables. On l'emploie fréquemment en Espagne aux usages domestiques et aux forges à la catalane : c'est dans ce pays que j'ai vu des racines de 3 à 4 pieds de diamètre, dont il n'y avait que le tour garni de tiges. Cette espèce de bruyère, si préférable à la bruyère commune pour tous les usages domestiques, craint les fortes gelées, et commence à être fort rare en France, parce qu'on la coupe et qu'on l'arrache avant l'âge requis. Je l'ai vue presque disparaître de la forêt de Fontainebleau et de quelques cantons de la ci-devant Bourgogne, où elle était encore fort commune il y a quarante ans. Il serait cependant de l'intérêt des propriétaires de landes de la substituer à la bruyère commune par-tout où la température des hivers le permettrait ; peut-être même le gouvernement devrait-il en provoquer de grands semis. La dépense de ces semis ne serait pas grande, puisqu'il ne s'agirait que de jeter la graine sur le sol ; il faudrait de plus interdire l'entrée du local aux bestiaux, sur-tout aux moutons pendant les premières années, car ils aiment mieux cette espèce que les autres.

Les balais de cette espèce de bruyère, balais dont je me suis servi pendant long-temps, ont l'inconvénient de perdre facilement leurs feuilles lorsqu'ils n'ont pas été fabriqués en temps convenable ; aussi ai-je souvent vu, en les employant, plus salir la chambre que la nettoyer. C'est au milieu de l'été qu'il faut couper les branches dont on les compose.

La Bruyère cendrée a le style un peu saillant, le stigmate en tête, la corolle ovale, rouge, et les fleurs disposées en épis terminaux. On la trouve en Europe, dans les mêmes terrains, et souvent avec la bruyère commune, avec laquelle elle est généralement confondue sous le nom propre de bruyère, par les cultivateurs. Ces deux espèces ne diffèrent pas en effet pour les usages économiques ; cependant comme la fleur de celle-ci est beaucoup plus grande et d'un rouge plus vif, elle fournit plus de miel aux abeilles, et fait mieux décoration dans les bois. On l'appelle cendrée, parce que ses rameaux et ses feuilles sont couverts de quelques poils (plus abondans dans certaines circonstances), qui la font paraître grise lorsqu'on la voit de loin : elle varie à fleurs blanches.

Feuilles quaternées, dix espèces, dont fait partie:

La Bruyère a fleurs globuleuses, *Erica baccans*, Lin., qui a le style caché, la corolle globuleuse, de la grosseur d'un pois, colorée en rouge, ainsi que le calice ; les fleurs disposées en ombelle terminale ; les feuilles trigones et cartilagineuses en leurs bords : elle croît au Cap.

TROISIÈME SUBDIVISION.

Feuilles opposées, une seule espèce.

La Bruyère a feuilles menues, qui a les anthères cachées, la corolle et le calice d'un rouge de sang : elle vient du Cap.

Feuilles ternées, trente-sept espèces, dont est :

La Bruyère ciliée, qui a le style saillant, la corolle ovale, rougeâtre, de la grosseur d'un pois ; les fleurs unilatérales et les feuilles cilicées. On la trouve dans les parties méridionales de l'Europe, et même à peu de distance de Paris, dans les sables humides ; on la confond facilement avec la *bruyère quaternée*. C'est une très-belle plante, qui s'élève à un pied et qui fleurit au milieu de l'été. Les services qu'on en peut tirer sont les mêmes que ceux indiqués à l'article de la *bruyère commune*.

Feuilles quaternées ou verticillées en plus grand nombre ; cent cinquante-une espèces, dont font partie :

La Bruyère méditerranéenne, qui les a étamines et le style saillans ; la corolle cylindrique, campanulée, rouge ; et les fleurs axillaires, à pédoncules très-courts, et les feuilles quaternées.

La Bruyère multiflore, qui a les étamines et le style saillans, la corolle campanulée ; les fleurs axillaires, à pédoncule long, et les feuilles verticillées cinq par cinq.

La Bruyère herbacée, qui a les étamines et le style saillans, la corolle tubuleuse, campanulée ; les fleurs axillaires unilatérales ; les feuilles quaternées.

La Bruyère purpurescente, qui a les anthères et le style saillans, la corolle campanulée ; les fleurs éparses et les feuilles quaternées.

Ces quatre espèces, qui diffèrent peu les unes des autres, croissent dans les parties méridionales de l'Europe, et se confondent assez généralement avec la bruyère commune. On les cultive quelquefois en pleine terre dans les jardins de Paris.

Toutes les bruyères du cap de Bonne-Espérance craignent le froid à différens degrés, et demandent à en être garanties pendant l'hiver : beaucoup fleurissent à la fin de cette saison, et commencent les jouissances de l'amateur. Rien de plus beau à cette époque qu'une orangerie qui en est bien garnie, et où elles sont disposées avec intelligence ; mais aussi rien de plus incertain que leur conservation. Le pied le mieux portant en apparence se fane dans l'espace d'une nuit, et meurt au bout de huit jours, sans qu'on sache pourquoi, et sans qu'on puisse y apporter remède. C'est cette incertitude de jouissance qui en dégoûte le cultivateur peu fortuné, qui souvent ne peut réparer ses pertes qu'en faisant venir de nouveaux pieds d'Angleterre, pays où on en reçoit toutes les années des graines du Cap par un jardinier qui y est entretenu pour cet objet. J'en ai plusieurs fois admiré de superbes collections dans les jardins des environs de Paris, mais elles ne se sont pas conservées long-temps.

On multiplie les bruyères de graines, de marcottes et de boutures. Le meilleur moyen est certainement les graines, mais peu d'espèces en donnent dans nos orangeries : ainsi il faut pouvoir les tirer du Cap, et encore les recevoir fraîches, puisqu'elles lèvent difficilement au-delà de la seconde année. Ces graines se sement au moment de leur récolte, ou dès qu'on les a reçues, dans des terrines remplies de terre de bruyère, et on tamise dessus l'épaisseur d'une ligne au plus de la même terre. Ces terrines sont ensuite enterrées dans une couche et sous un châssis, où on les entretient dans une chaleur et une humidité égales, mais modérées. Quelques personnes placent sur ces terrines une petite épaisseur de mousse, pour que l'humidité s'y conserve ; mais d'autres, entre autres Cels, pensent que cette mousse apporte souvent, sans qu'on s'en aperçoive, plus d'humidité qu'il ne faut, et qu'elle sert de réceptacle à des insectes qui coupent le plant à mesure qu'il paraît. Ces considérations, qui sont fondées, doivent faire croire que, si on met de la mousse, il faut l'ôter aussitôt que la graine est levée, c'est-à-dire au bout de quinze à vingt jours, selon que la graine est plus nouvelle, la saison plus convenable et la couche plus chaude.

Le plant de bruyère demande un peu de chaleur pour que sa végétation soit activée ; mais il craint le soleil brûlant du midi, et doit en être garanti par des toiles et des paillassons. Il faut lui donner des arrosemens fréquens, mais très-légers. Quelques précautions qu'on prenne, il en est beaucoup qui fond, c'est-à-dire qui pourrit, soit par trop de chaleur, soit par trop d'humidité, soit parce qu'il s'exhale des gaz délétères de la couche.

Lorsque le plant de bruyère a 2 ou 3 pouces de hauteur, on le repique séparément dans de petits pots qu'on place sur une autre couche et qu'on traite de même. Cette opération peut se faire au printemps ou en automne. L'hiver suivant, on les rentre à l'orangerie, ou mieux dans une serre tempérée et bien éclairée, où on les dispose sur des gradins selon l'ordre combiné de l'époque de leur floraison, de leur grandeur et de leur couleur; la plupart commencent à fleurir à leur troisième année.

Il est aujourd'hui en discussion, parmi les agriculteurs français, de savoir s'il vaut mieux, pendant l'hiver, conserver les bruyères sous des châssis bien fermés que dans des orangeries ou dans des serres. Les Anglais, dit-on, préfèrent le premier de ces moyens et s'en trouvent bien; mais comme plusieurs d'entre elles fleurissent pendant l'hiver même, ou au moins de très-bonne heure au printemps, il prive les amateurs de la seule jouissance pour laquelle ils les cultivent.

Cels, dont on ne peut se lasser de citer l'excellente culture, place toutes les belles espèces de bruyères en pleine terre sous châssis; aussi est-ce chez lui qu'il faut aller pour jouir de tout le luxe de leur végétation, mais c'est principalement dans l'intention de se procurer de nombreuses pousses dont il puisse faire des marcottes. Un simple amateur, à moins qu'il ne soit très-riche, ne peut pas agir de même. On dit cependant que milord Salisbury, l'auteur du plus grand ouvrage qui ait été publié sur les bruyères, les cultive ainsi dans de petites baches faites exprès, où les espèces sont placées selon le degré de chaleur ou d'humidité qu'elles demandent, et qu'ensuite il transporte dans de petites serres les résultats de leur multiplication, afin de pouvoir en jouir. Il est ainsi obligé à une double dépense.

La meilleure manière de multiplier en France les bruyères du Cap est certainement celle de Cels, puisqu'avec un pied il peut faire plusieurs centaines de marcottes, qui réussissent presque toutes, et donnent des fleurs dès l'année suivante; tandis que par la méthode ordinaire, c'est-à-dire dans des cornets ou des pots en l'air, le plus gros pied n'en fournit que trois ou quatre, qui sont grêles, et manquent souvent la première année. *Voyez* au mot MARCOTTE.

Toutes les espèces de bruyères du Cap ne se multiplient pas également bien par marcottes, il en est quelques-unes qui ne s'y prêtent même pas du tout; cependant il faut toujours tenter ce moyen, et varier son mode faute d'autres.

De même il est quelques espèces de bruyères qui reprennent fort facilement de boutures , et d'autres qui ne reprennent jamais. Souvent celles de ces espèces qui ont bien réussi une année manquent l'autre. Les anomalies sont si fréquentes en général , qu'elles me font moins regretter de ne pouvoir entrer dans le détail de la culture qui convient à chacune. On peut faire des boutures de bruyères presque toute l'année , la végétation s'arrêtant rarement chez elles ; mais les époques les plus favorables sont le printemps et l'automne.

Quant aux bruyères de pleine terre, elles se multiplient très-facilement de semences qu'on peut récolter chez soi, et également bien de marcottes, qui se font même naturellement dans la plupart. La MULTIFLORE sur-tout, que la précocité, la belle couleur, le nombre et la durée de ses fleurs rendent si recommandable, couvre bientôt un terrain sans qu'on s'en occupe.

« La plupart des bruyères du Cap, dit Dumont Courset, dans son excellent ouvrage (le Botaniste cultivateur), seront plus avantageusement placées dans de petites serres à toit, en vitraux, que dans l'orangerie, où la plupart se maintiennent difficilement. Elles exigent un air souvent renouvelé et la plus grande lumière. Comme elles sont presque toujours en végétation , il faut avoir soin qu'elles n'aient pas une température trop douce pendant l'hiver, car elles s'étioleraient et finiraient par périr. La serre qui les renferme doit être tenue dans cette saison entre le troisième et le huitième degré.

» En été elles ne recevront le soleil qu'environ la moitié du jour. Pendant les chaleurs les arrosemens doivent être fréquens, mais sans stagnation. Les dépotemens réitérés les affaiblissent et les énervent, et encore plus si on leur donne de trop grands vases. » (B.)

BRUYÈRE (TERRE DE). La terre de bruyère est un mélange de sable quartzeux avec du terreau et des détritus de végétaux incomplétement décomposés dans des proportions variables. Quelquefois il s'y trouve de la mine de fer en grains plus ou moins gros. Elle repose toujours sur un lit d'argile imperméable à l'eau ; de sorte que lorsque le sol n'est pas en pente, et encore plus lorsqu'il a des enfoncemens, elle conserve les eaux des pluies jusqu'à évaporation. Son épaisseur est aussi variable que sa composition. Dans certains lieux, elle est de plusieurs pieds , et dans d'autres seulement de quelques pouces. Souvent il y a entre le sable et l'argile un banc de peu d'épaisseur, composé de sable agglutiné par l'oxide de fer. Il est imperméable aux racines des plantes et aux eaux pluviales. La charrue ne peut le rompre, il faut y employer le pic.

Les géologistes sont tous d'accord sur la formation de la base de la terre de bruyère, c'est-à-dire du sable ; formation qui s'est effectuée dans le fond de la mer la dernière fois qu'elle a couvert les continens actuels, et en effet on n'en trouve pas dans les montagnes primitives, les bruyères qui croissent sur ces montagnes étant toujours dans des détritus de granit ou de gneiss, et ne couvrant jamais exclusivement des terrains de quelque étendue.

Les plus grands cantons de terre de bruyère qu'on trouve en France sont ceux des landes de Bordeaux, des landes de Bretagne, des landes de la Sologne et des landes de la Flandre, tous presque plats, couverts d'eau pendant l'hiver et très-secs pendant l'été, tous extrèmement mal cultivés dans une partie de leur étendue. On les regarde généralement comme des pays stériles, quoique cependant il soit possible d'en tirer un parti utile par des travaux bien entendus.

Dans ces cantons, qui sont de véritables déserts, car les villages y sont très-rares, on ne tire qu'un très-mince produit des fermes les plus étendues. Les habitans y paraissent plutôt pasteurs que cultivateurs; mais on voit qu'ils ne sont véritablement ni l'un ni l'autre, à la petitesse et à la maigreur de leurs bestiaux.

Ordinairement on ne cultive qu'une très-petite portion de chaque ferme, et le reste est laissé en pâturage, qu'on défriche successivement pour l'ensemencer en seigle, en sarrasin, etc., pendant deux ou trois ans, et l'abandonner ensuite de nouveau pour six, huit, dix, douze ans et plus.

Ces défrichemens se font toujours à la charrue, après avoir arraché, à la pioche, les plus grosses touffes de bruyères, de genêt, ou d'ajonc, ou avoir brûlé le gazon. On verra, au mot ÉCOBUER, les inconvéniens de cette pratique dans les sols sablonneux, j'y renvoie le lecteur. Ordinairement on fait deux ou trois labours, dont le premier avec un ou deux coutres, mais ils sont toujours fort superficiels et à raies les plus larges possible. *Voyez* CHARRUE de M. Trochu.

La presque impossibilité de tirer parti des terres de bruyères au moyen de la culture généralement usitée en France a fait penser à quelques agriculteurs qu'il serait mieux de les planter en bois.

Cependant, en général, tout sol de terre de bruyère n'ayant qu'un pied moyen d'épaisseur, et souvent moins, les arbres ne peuvent y approfondir leurs racines; et comme la terre de bruyère contient fort peu de principes nutritifs et qu'elle se dessèche facilement, ces arbres peuvent rarement tracer : nulle part donc, dans ces sortes de sols, il est difficile d'espérer d'en obtenir d'une certaine grosseur, et il faut les couper souvent pour en tirer le plus grand parti possible, ainsi que l'a prouvé Varennes de Fenille.

Les arbres qui se voient le plus communément dans les terres de bruyères en plaine, c'est-à-dire inondées pendant l'hiver, sont le chêne et le bouleau. On doit donc les préférer à tous les autres lorsqu'on veut faire une plantation dans cette sorte de terrain ; mais il y a des choix à faire. Parmi les chênes, celui qui, à raison de sa disposition à tracer, mérite la préférence, c'est le chêne toza ou tauzin, si commun dans une partie des landes de Bordeaux ; ensuite le chêne rouvre.

Les terrains de bruyères placés sur des collines, comme ceux des environs de Paris, pouvant écouler leurs eaux, sont dans le cas de supporter un plus grand nombre de productions, sur-tout d'arbres qui craignent l'eau ; aussi y voit-on des châtaigniers, qui feraient la richesse des autres cantons de bruyère, si on pouvait les y faire croître.

La culture des arbres résineux paraît être une de celles qui conviennent le plus aux landes sur lesquelles on ne peut pas ou ne veut pas mettre de grandes avances ; mais il faut dessécher celles qui sont marécageuses, par de petits fossés dirigés dans le sens de leur pente. Le pin maritime et le pin d'Alep conviennent aux parties méridionales de la France ; le pin sylvestre et le pin mugho, dans les parties septentrionales. J'ai déjà dit que les propriétaires des landes de Bordeaux tiraient de grands produits du pin maritime, qui y croît naturellement, en en extrayant de la résine et du goudron, et en vendant les arbres lorsqu'ils en sont épuisés ; mais on en sème beaucoup aussi, aux environs de la ville sur-tout, uniquement pour avoir du bois à brûler ou des échalas pour la vigne. Dans cette dernière intention, on sème très-épais, même si épais, qu'un chien ne peut passer dans les plantations de deux ou trois ans. Les jeunes arbres filent droit et vite. On les coupe, ou mieux on les arrache à cinq à six ans. Beaucoup ont alors, autant que je puis me le rappeler, la grosseur du bras, et se fendent en quatre pour être employés à leur destination : les autres servent tels qu'ils sont.

Les semis de pins maritimes s'exécutent communément sur un seul labour dans les bruyères déjà améliorées ; mais dans les dunes, où le sable est pur, il faut fixer ces sables : c'est ce qu'a heureusement fait M. Bremontier, ainsi que je le dirai au mot Dune.

La culture du pin maritime a été portée des landes de Bordeaux dans celles des environs du Mans, et y a très-bien réussi. L'arbre est devenu plus petit, à raison de la position plus septentrionale de cette ville, et y a pris plus de moyens pour résister aux gelées : aussi, quand on sème des graines venues de Bordeaux et du Mans dans les pépinières des environs de Paris, le plant provenant des dernières est-il plus robuste et se soutient mieux dans les hivers rigoureux. Si on avait réfléchi à cette circonstance lorsqu'on a semé la forêt de Fontainebleau, on ne gémirait pas aujourd'hui de la perte des pins qui couvraient si bien la nudité de quelques-unes de ses parties.

M. Delamarre a publié un excellent ouvrage sur la culture des pins dans cette partie de la France, ouvrage dont on peut apprécier l'importance, dans les *Annales d'Agriculture*, tome VI, de la seconde série.

On a aussi, dans ces derniers temps, semé de ce pin du Mans dans les landes de la Sologne, et ce que j'en ai vu m'a prouvé qu'il y réussirait également; mais on dit que cette culture ne se propage pas dans l'intérieur de cette contrée, et que cela est dû aux préjugés des cultivateurs, qui ne spéculent que sur les moutons, et qui trouvent qu'ils n'ont jamais assez de friches pour leur pâture.

Dans la Westphalie, pays très-froid, on cultive le pin sylvestre et le mélèze; mais je ne sache pas qu'on fasse usage de ce dernier dans aucune partie de la France. Les essais de ce genre de culture, avec le pin sylvestre, qui ont si bien réussi dans la ci-devant Champagne, dans le cours de ces dernières années, ont été faits dans des sols aussi et plus infertiles que les terres de bruyères, ils sont calcaires et par conséquent d'une nature différente.

Je n'ai point de données sur la possibilité de semer utilement des sapins et des épicea dans les sols de bruyères; cependant si on en juge par quelques pieds qui se voient dans ces sortes de terrains aux environs de Paris, il est à croire qu'on peut l'essayer avec espoir de succès.

Je n'en dirai pas de même du genevrier de Virginie, parce que l'ayant vu, dans son pays natal, croître dans les sables les plus purs et les moins profonds, y devenir d'une grosseur remarquable, je suis certain que sa culture est une des acquisitions les plus précieuses que puissent faire les landes de France, à quelque latitude qu'elles soient, cet arbre ne craignant point du tout les gelées. La difficulté, c'est d'avoir des graines, n'y ayant guère que les environs de Paris qui en fournissent, et n'en fournissant encore qu'en petite quantité pour des besoins de ce genre. On peut en faire venir d'Amérique, il est vrai; mais comment un cultivateur isolé trouvera-t-il un correspondant dans ce pays?

Je ne m'étendrai pas davantage sur l'énumération des arbres étrangers susceptibles de croître dans les sols de bruyères, attendu que cela me menerait trop loin, et ne serait que la répétition de ce que je dirai à chacun de leurs articles.

Un enfoncement naturel ou artificiel se trouve-t-il dans une lande, les eaux des terres voisines y affluent à la suite des pluies, et y forment une mare plus ou moins permanente, ou un étang. Elles y entraînent beaucoup de feuilles, de tiges, de terreau, qui en améliorent le fonds à la longue. Cette mare ou cet étang, soit qu'il se dessèche ou non dans les grandes chaleurs de l'été, donne naissance à une grande quantité de plantes aquatiques, qui, en se décomposant, forment de la tourbe, qui améliore encore plus ce fonds.

Cette circonstance a dû déterminer les habitans des pays de landes à y former beaucoup de mares et d'étangs pour avoir de l'engrais, pour avoir du pâturage pendant l'été, pour avoir du poisson lorsque leur proximité d'une grande ville leur en procure le débouché. Aussi, malgré leur insalubrité, spéculent-ils beaucoup sur les étangs dans ces pays, sur-tout en Sologne. Ils ont de l'engrais, en retirant chaque automne, avec de grands râteaux ou autrement, les plantes qui ont cru dans les eaux de ces étangs, et en les enterrant avec la charrue dans les terres qu'ils veulent semer en blé ou autres graines.

Ils ont du fourrage, parce que les bords de ces étangs, qui sont très-peu profonds, se dessèchent successivement pendant l'été, et conservent cependant assez d'humidité pour donner naissance à une végétation vigoureuse qui, quoique souvent composée de plantes nuisibles, telles que les renoncules, grande et petite douve, ou inutiles comme les menthes aquatiques, crêpues, etc., fournit un supplément à l'herbe coriace et peu abondante de la lande.

Lorsque la pente du terrain permet de dessécher ces étangs en totalité, on en tire encore un bien autre avantage, c'est de pouvoir les cultiver, y semer des blés et autres plantes annuelles, y former des prairies artificielles, après y avoir nourri du poisson pendant trois ans. Souvent dans ces cantons, trois de ces étangs ainsi alternativement en eau et en culture produisent plus de revenu que la plus grosse ferme. Quels avantages en effet ne peut-on pas espérer d'un sol engraissé et humecté ? *Voyez* ÉTANG.

Dans d'autres endroits, les cultivateurs améliorent un petite partie de leurs terres, en enlevant chaque année la superficie d'une plus grande, qui, quoique mise à nu, ne laisse pas que de produire de nouvelles bruyères et autres plantes qui par leur décomposition donnent à la longue du nouveau terreau ; mais cette méthode ne remplit qu'imparfaitement son objet, et est trop nuisible à l'intérêt général pour n'être pas proscrite par la raison et même par la loi.

On appelle cette vicieuse pratique ÉTREPEMENT, dans la ci-devant Basse-Bretagne, du nom de l'instrument qu'on y emploie.

Semer, après deux ou trois labours et, s'il est possible, les avoir fumées, des graines d'avoine, de trèfle, et de genêt à balai, est un des moyens les plus certains de tirer un parti avantageux des terres de bruyères en plaine , lorsqu'elles ne sont pas dans le cas d'être couvertes d'eau pendant l'hiver : l'exemple des environs de Bruxelles , où cet usage existe, prouve ses avantages. L'avoine paye les frais des labours et la rente de la terre : la première année, on obtient deux bonnes coupes de trèfle ; la seconde et la troisième, le genêt en fournit une pour la nourriture des bestiaux , et est ensuite enterré à la charrue. L'engrais qu'il porte dans la terre permet d'y cultiver des graines ou des légumes pendant trois ans ; après quoi, on peut recommencer. *Voyez* GENÈT , ASSOLEMENT et CLÔTURE.

Dans le pays de Zell et dans le Hanovre , les grands propriétaires des immenses bruyères qui s'y trouvent en ont su tirer des revenus presque égaux aux bonnes terres, en les concédant à longues années, par petites parties de 100 arpens, par exemple , à des cultivateurs peu aisés, à qui ils bâtissaient une maison, creusaient un puits et fournissaient des vaches , des poules et des instrumens aratoires , etc. , à condition qu'ils défonceraient le terrain, et y planteraient des arbres fruitiers et autres , y formeraient des haies , et y suivraient la rotation anglaise des assolemens des terrains secs, c'est-à-dire celle de quatre ans au moins , et quelquelquefois de dix.

Ainsi, les cultivateurs , arrivés dans leur nouvelle habitation , défonçaient tous les ans , à la pioche, autant de terrain que leur force et celle de leur famille le pouvaient permettre , et y semaient de l'avoine , plante qui , comme on sait , vient bien dans tous les défrichemens. Ils formaient un jardin dans la portion de ce terrain la plus voisine de leur maison , et le fermaient d'une haie de sureau et d'épine. Je dis l'une et l'autre , parce que le sureau se plante de boutures, croît rapidement et n'est pas mangé par les bestiaux , tandis que l'épine se sème, croît lentement et est broutée. La haie de sureau était donc extérieure et l'autre intérieure. L'année suivante ces cultivateurs défrichaient une portion nouvelle de terrain , où ils mettaient également de l'avoine , et plaçaient dans la précédente des haricots , des pois, des choux , des pommes de terre et autres productions de jardinage : la troisième année, ce même terrain premier défriché recevait du blé ; la quatrième , des turneps ou du sarrasin, qu'on faisait manger sur place par les bestiaux ou qu'on enterrait en vert avec la charrue (*voyez* ASSOLEMENT); la cinquième , du trèfle ; la sixième du blé, et ainsi des autres : revenant aux premières cultures, lorsque la totalité des 100 arpens avait successivement supporté la même. Deluc, qui nous a donné l'historique de ces défrichemens , n'a peut-être pas indiqué positive-

17 *

ment cette rotation de culture, chose que je ne puis vérifier, n'ayant plus son ouvrage à ma disposition ; mais les résultats sont certainement les mêmes. Cet ouvrage prouve, à chaque page, les grands avantages que les propriétaires et les fermiers de ces pays ont retirés de ce mode de culture.

On sent en effet, 1°. que le sable de la terre de bruyère, mêlé avec l'argile sur laquelle il reposait, a dû faire un tout assez dense pour retenir l'eau des pluies, assez perméable pour que les racines des plantes pussent facilement s'y introduire, et propre à recevoir les engrais, soit de fumier, soit du sarrasin, des raves, et autres plantes qu'on y enterrait de temps en temps ; 2°. que les arbres et les haies y portaient pendant l'été une fraîcheur qui ne s'y trouvait pas autrefois, en même temps qu'ils brisaient l'effort des vents, deux conditions très-importantes, comme on le verra dans le cours de cet ouvrage ; 3°. que les tenanciers, n'ayant qu'une étendue modérée de terrain, étendue qu'ils ne pouvaient ni augmenter ni diminuer, employaient tous leurs moyens pour y porter la fertilité.

Il suffit d'avoir voyagé en France dans les pays de bruyères, dans les landes de Bordeaux, dans la Sologne, etc. , pour avoir acquis la preuve que le mode de culture introduit par l'influence anglaise dans les pays ci-dessus cités, pour être convaincu de la possibilité, je dirai même de la facilité de les transformer en champs fertiles ; car là aussi j'ai vu tous les terrains qui avoisinent les villages, sur-tout les jardins, c'est-à-dire ceux qu'on cultive à-peu-près comme je dis qu'on le faisait faire aux tenanciers des pays de Zelle et de Hanovre, donner de très-bonnes récoltes en grains et en légumes. Ce ne sont donc que des avances que demandent ces déserts, mais des avances bien employées, ainsi que l'ont fort bien vu nombre de bons citoyens.

En défonçant à 2 pieds et creusant de petits étangs de distance en distance dans les lieux indiqués par le prolongement de séjour des eaux au printemps, on absorbe une grande masse d'eau, et on diminue par conséquent les inconvéniens dont on se plaint actuellement. Cependant je ne crois pas que les avances énormes que demanderait un pareil défoncement puissent jamais être couvertes par les produits des cultures ordinaires. Il n'y a que celles faites par les bras des propriétaires ou des tenanciers à très-longues années, ni trop en petit ni trop en grand, qui puissent conduire à ce but, c'est-à-dire celle dont je viens de donner une idée. Je reviendrai sur cet objet au mot TERRAIN ARGILEUX.

Planter de la lavande au milieu des bruyères dans les lieux où l'on spécule sur les abeilles serait une excellente opération, en ce qu'elle fleurit pendant l'été , et donne un miel d'excellente qualité. *Voyez* Abeille , Miel et Lavande.

M. Dherbouville, dans sa Statistique du département des Deux-Nèthes , a indiqué la méthode que l'on suit en Flandre pour défricher ou cultiver les bruyères. Je ne puis mieux faire que de renvoyer le lecteur à cet ouvrage , dont on trouve un extrait, tome XIII des *Annales d'Agriculture.*

Je renvoie également à quatre excellens Mémoires insérés dans la seconde série des *Annales d'Agriculture* : le premier, de M. Berard, tome VI; le second , de M. Hielmann, tome VII; le troisième, de M. Mallet, tome IX; le quatrième, de M. Trochu, tome II.

La terre de bruyère , si stérile dans la campagne , devient très-productive dans les jardins , entre les mains d'un cultivateur intelligent. Il est telle planche de cette terre , seulement de quelques toises de long , qui rapporte, dans des jardins des environs de Paris, plus que 100 et 200 arpens des landes de Bretagne ou de Bordeaux. Ce prodigieux avantage, elle le doit et à la nature des plantes et aux soins qu'on lui donne , car elle ne change point de nature en entrant dans ces jardins.

Toutes les plantes, comme je l'ai dit plusieurs fois dans cet ouvrage , et comme je le répéterai assez souvent , ne demandent pour croître qu'une terre végétale meuble , où leurs racines puissent facilement pénétrer , et un degré d'humidité suffisant pour se saisir des gaz de l'atmosphère ; mais il en est plusieurs dont les racines sont plus menues, plus faibles que les autres , et qui exigent en conséquence la plus légère , la plus perméable de toutes , c'est-à-dire le sable , la terre de bruyère.

C'est donc pour pouvoir cultiver ces plantes, dont toutes les bruyères font partie, que les jardiniers pépiniéristes sont obligés d'avoir de la terre de bruyère dans leurs jardins. La consommation qu'on en fait aux environs de Paris est fort considérable : car non-seulement on y met exclusivement ces plantes, mais encore on y sème la presque totalité des graines des arbres et arbustes étrangers qu'on désire multiplier.

Il convient donc d'entrer ici dans quelques détails relativement à sa composition et à son emploi.

Les proportions dans lesquelles le sable et le terreau se trouvent dans la terre de bruyère varient, comme je l'ai déjà dit, selon les lieux d'où elle se tire. On la dit bonne quand elle contient un tiers de terreau , et maigre quand elle n'en contient qu'un sixième; l'une ou l'autre sont préférables selon les cas qu'il serait trop long de détailler ici, mais qui seront mentionnés à chaque article de plantes de terre de bruyère.

La meilleure terre de bruyère se tire dans les vallons des collines qui en sont recouvertes , parce que les eaux des

pluies y transportent tous les détritus de végétaux, ainsi que
le terreau déjà formé, et les y accumulent. Là on en trouve
quelquefois de plus de 2 pieds d'épaisseur, lorsque sur le plateau supérieur il n'y en a que de 6 pouces. On la tire avec la
pioche ou la bêche, en parallélipipèdes, d'un pied de long
sur 6 à 8 pouces de large, lesquels, arrivés au jardin, sont
brisés avec le dos d'une pioche et jetés sur une claie inclinée,
à travers laquelle la terre passe, et au pied de laquelle tombent les racines et les pierres.

C'est la terre fine dont on se sert ; mais les restes ne sont
point perdus. On les met en tas, et deux ou trois ans après
on les repasse à la claie, et on en obtient une nouvelle terre
de bruyère souvent meilleure que la première, parce qu'elle
contient plus de terreau.

En général, il est très-avantageux de n'employer la terre de
bruyère qu'un an, et même deux ans après qu'elle est tirée,
tant pour donner aux racines le temps de se convertir en terreau, que pour faciliter à ce terreau le moyen de décomposer
beaucoup d'air, et de devenir soluble en s'appropriant les gaz
qu'il contient. Alors il faut la remuer une ou deux fois avant
la fin de la première année. Quelques pépiniéristes pensent
même qu'il faut la garder encore un an après qu'elle est passée;
mais je ne crois cela bien réellement utile que lorsqu'on l'a
mélangée avec d'autres terres, et ce principalement pour leur
donner le temps de se bien combiner au moyen de plusieurs
remuemens et de l'influence des pluies, des gelées, etc.

Il est donc des circonstances, dira-t-on, où on doit unir la
terre de bruyère avec d'autres terres? Oui, toutes les fois qu'il
faut une terre ou plus substantielle, ou plus forte, ou encore
plus légère, on la mélange ou avec du terreau de couche, ou
avec de la terre franche, ou avec du sable pur. C'est à l'expérience du jardinier à décider et des cas et de la quotité.

On se sert de la terre de bruyère ou en pots, ou en planches
de semis, ou en planches de plantations.

L'emploi en pots ne diffère pas de celui des autres terres,
sinon que, comme elle est ordinairement sèche, il faut arroser,
et arroser peu et souvent le premier jour, pour qu'elle puisse
s'imprégner d'eau dans sa totalité : car elle se refuse d'abord
à l'absorber. En général, les pots à terre de bruyère doivent
être arrosés beaucoup plus souvent que les autres, puisqu'ils
perdent plus facilement leur humidité par l'évaporation; mais
ils demandent à l'être peu à la fois, et toujours avec un arrosoir
à pomme percée de très-petits trous.

Comme on fait usage de la terre de bruyère pour les semis
en pleine terre, principalement afin que les racines des jeunes
plants puissent facilement s'étendre au moment même de leur

sortie de la radicule, on se contente de mettre 2 ou 3 pouces
seulement de cette terre à la surface de celle qui fait le fonds
du jardin, et qui a été bien préparée par les labours. *Voyez*
Terréauter.

Mais quand il s'agit de faire véritablement ce qu'on appelle
une *plate-bande de terre de bruyère* pour mettre à demeure, et
en pleine terre, des arbres, arbustes et plantes qui exigent
cette espèce de terre, alors il faut prendre plus de précautions
préliminaires.

En général, ces sortes de plantes demandent aussi l'exposition du nord ou une exposition ombragée, c'est donc derrière un mur ou sous des arbres qu'on place cette plate-bande.

Là donc on fait une fosse d'un pied et demi de profondeur
et d'une longueur et largeur données. On met au fond d'abord
5 à 6 pouces de sable le plus pur possible, afin d'éloigner de
la planche et les lombrics et les courtilières, et les larves de
hannetons, qui peuvent y causer beaucoup de dommages.
Quelquefois même on l'enduit de bauge dans toute son étendue, ou on la transforme en une longue et large auge au moyen
d'un crépi de chaux. Ensuite on la remplit de terre de bruyère
passée, et de plus on l'élève de 6 pouces au-dessus du sol ;
élévation qui sera réduite à la fin de la première année par
l'effet du tassement à 3 ou 4 pouces au plus.

On imagine bien que si la terre de bruyère est rare ou chère,
il est possible de diminuer la hauteur de 18 pouces, mais ce
ne peut être qu'aux dépens de la vigueur des plantes qui doivent y être placées. On le peut encore lorsque la terre du jardin est naturellement légère et sablonneuse. Pour économiser,
on peut aussi mettre plus de sable, que l'on mélangera avec
un quart de la terre du jardin, ou mettre des feuilles, du
foin, les restes de clayonnage des terres, etc.

Une plate-bande ainsi construite peut durer vingt à trente
ans ; mais il faut tous les deux ou trois ans la recharger de 2
à 3 pouces de nouvelle terre, pour remplacer les pertes que
les eaux pluviales, les labours, les arrachis, etc., lui ont
fait éprouver.

C'est dans ces plates-bandes qu'on peut se convaincre qu'il
ne faut qu'une terre bien divisée et toujours convenablement
arrosée pour obtenir des productions nombreuses et d'une belle
venue : car cette même terre de bruyère qui, dans la plaine,
n'eût donné, avec tous les secours de l'agriculture ordinaire,
que des blés de 2 pieds de haut, et des épis de 2 pouces de
long, y offrira de très-riches récoltes.

Je n'entrerai pas ici dans le détail de toutes les espèces
d'arbres, arbustes et plantes qui demandent la terre de bruyère,
c'est ce qu'on apprendra aux articles particuliers qui les cou-

cernent. D'ailleurs, il n'y a pas de ligne de démarcation tranchée, et telle plante qu'on n'y met pas ordinairement par
économie, peut y être placée avec avantage. Cependant je
crois devoir joindre la liste de celles de ces plantes qui se
voient le plus communément dans les jardins des environs
de Paris.

Plantes de pleine terre qui exigent la terre de bruyère.

Airelles.	Halézia.
Andromèdes.	Hamamélis.
Aralies.	Hydrangées.
Azalées.	Itées.
Bruyères.	Kalmies.
Budlèges.	Koelkreuterie.
Calycants.	Ledons.
Céanothes.	Liquidambars.
Céphalanthe.	Magnoliers.
Chionanthe.	Prinos.
Clethras.	Rhododendrons.
Décumaire.	Rosages.
Forthergilles.	Spirées.
Galés.	Zanthorhize.
Gordones.	

Mais la terre de bruyère ne se trouve pas par-tout, ou coûte
des frais de transport si considérables, qu'il y a folie que d'en
vouloir employer dans tel lieu : comment y suppléer? Cela
devient assez facile dans les pays où il y a du sable pur, ou
des grès qu'on puisse réduire en sable, en les calcinant et
les pulvérisant, puisqu'il ne s'agit que de les mélanger avec
un tiers ou un quart de terreau de feuilles; mais il n'en est
pas de même dans les pays à couches calcaires : là on ne peut
qu'approcher du but en choisissant les terres les plus légères,
les plus mêlées de détritus de pierres, piler de ces pierres,
les passer au crible, etc., etc.

L'expérience a prouvé qué les terres de bruyère, dans lesquelles on incorporait du fumier ou du terreau de couche, ne
convenaient plus à la nourriture des bruyères, des azalées,
des andromèdes et autres arbustes rappelés dans la liste ci-
dessus. Ce fait ne peut être expliqué que par la trop grande
abondance de nourriture, ou par les principes de putridité
que contiennent le fumier et le terreau. Il est difficile de prendre une opinion à cet égard. (B.)

BRYONE, *Bryonia.* Plante à racine charnue, fusiforme,
rameuse, quelquefois très-grosse, à tige longue, grêle, anguleuse, légèrement velue, garnie de vrilles propres à l'attacher

aux rameaux des arbres sur lesquels elle monte, à feuilles alternes, pétiolées, cordiformes, dentelées ou anguleuses, hérissées de poils rudes au toucher, de 3 pouces de diamètre, et d'un vert clair ; à fleurs d'un blanc verdâtre, larges de 4 à 5 lignes, et disposées en bouquets axillaires, qui fait partie d'un genre de la monoécie syngénesie, et de la famille des cucurbitacées.

La bryone, que par erreur on appelle *blanche*, la *bryonia alba* de Linnæus étant différente, croît dans les bois, dans les haies, autour des villages, toujours dans une terre très-profonde et très-fertile. Elle fleurit pendant tout l'été, et perd ses tiges pendant l'hiver. Ses baies sont rouges dans sa maturité. Ses feuilles froissées ont une odeur nauséabonde. Sa racine, d'un blanc jaunâtre, a la même odeur et un goût âcre, amer et désagréable. Elle est purgative, hydragogue, vermifuge, emménagogue, incisive et diurétique. On en fait usage assez fréquemment dans les campagnes ; mais elle demande à être dosée par des mains exercées, car cet usage peut avoir des suites très-graves, conduire même à la mort.

Comme la racine de bryone a beaucoup de rapport avec celle du manhiot, Morand a essayé d'en faire une cassave, et a réussi. (*Voyez* au mot CASSAVE.) D'un autre côté, cette même racine, râpée dans l'eau, donne une fécule semblable à celle de la pomme de terre, ainsi que Beaumé l'a remarqué le premier. J'ai fabriqué de cette fécule, pour mon usage, pendant le temps de ma retraite dans la forêt de Montmorency, sous le régime révolutionnaire, et l'ai trouvée très-blanche et très-nourrissante. Cependant je n'ai pas pu lui enlever, par les lavages les plus nombreux, l'odeur et le goût propre à la plante même, et il n'y avait que des assaisonnemens un peu relevés qui me la fissent manger sans répugnance. Peut-être, il est vrai, la connaissance que j'avais des qualités délétères du suc de la bryone y contribuait-il, car des visitans, à qui j'en ai fait goûter, l'ont prise pour de la fécule de pomme de terre (que j'avais aussi en provision). Jamais cette fécule ne m'a occasionné la moinde envie de vomir ni la moindre purgation. C'est donc toujours une ressource, sur laquelle je comptais pour vivre, si la chute de Robespierre ne m'eût pas rendu la liberté de reparaître dans le monde et n'eût fait cesser la disette factice que des lois absurdes avaient fait naître.

C'est en automne et en hiver qu'il convient d'arracher les racines de bryone. On peut les garder plusieurs mois sans les râper, car elles se conservent fort bien dans quelque endroit qu'on les dépose. On trouvera au mot POMME DE TERRE le détail des procédés propres à en tirer la fécule.

Il y a une douzaine de bryones étrangères, dont plusieurs

servent d'alimens, telles que la BRYONE A GRANDES FLEURS, qui vient de l'Inde, où on mange ses feuilles en guise d'épinards ; et la BRYONE D'ABYSSINIE, dont la racine se mange simplement cuite dans l'eau. (B.)

BU. Synonyme de BOEUF.

BUAILLE. Nom du CHAUME dans quelques parties des departemens du sud-ouest, départemens où on le coupe d'abord fort haut, pour le couper une seconde fois, soit pour en former de la litière, soit, lorsqu'il est bien garni d'herbes, pour l'empoyer à la nourriture des bestiaux. (B.)

BUANDERIE. *Voyez* FOURNIL et LESSIVE.

BUBON, *Bubon.* Genre de plantes de la pentandrie digynie, et de la famille des ombellifères, qui renferme une demi-douzaine d'espèces, dont trois sont bonnes à connaître, à raison de leurs propriétés médicinales.

Le BUBON DE MACÉDOINE a les racines pivotantes, les tiges hautes d'un à 2 pieds, rameuses et pubescentes ; les feuilles alternes, deux fois pinnées, velues, à folioles rhomboïdes et dentées ; les fleurs blanchâtres et les semences hérissées. Il est originaire des parties méridionales et orientales de l'Europe ; ses semences ont une odeur et un goût aromatique assez agréable. On les regarde comme apéritives, diurétiques, emménagogues, carminatives et alexipharmaques. On l'appelle vulgairement *persil de Macédoine.*

Cette plante est bisannuelle et fleurit au milieu du printemps. On la multiplie par ses graines, qu'on sème au printemps, dans un sol léger et bien exposé. Elle ne demande que les soins ordinaires à toute plante de jardin ; mais il est bon de la couvrir pendant l'hiver, car elle gèle quelquefois.

Le BUBON GALBANIFÈRE a la tige ligneuse, les feuilles deux fois pinnées, à folioles ovales, aiguës, dentelées ; les fleurs peu nombreuses. Elle est originaire d'Afrique, et ne peut se cultiver qu'en orangerie dans le climat de Paris. C'est elle qui fournit, soit naturellement, soit par incision, ce suc roussâtre d'un goût âcre et amer et d'une odeur puante, qu'on connaît sous le nom de *galbanum,* et dont on fait fréquemment usage en médecine contre l'asthme, la toux, les vents, les maladies hystériques, les tumeurs squirrheuses, etc.

Le BUBON GUMMIFÈRE est extrêmement voisin du précédent, et donne également une gomme dans son pays natal, qui est l'Afrique. (B.)

BUBON. MÉDECINE VÉTÉRINAIRE. C'est un mot grec *boubôn,* qui signifie *aine,* c'est-à-dire l'endroit chez l'homme où la cuisse s'unit à la hanche. On l'a employé d'abord pour désigner toutes les espèces de tumeurs glanduleuses qui venaient à cet endroit ; bientôt il a désigné les tumeurs glandu-

leuses qui venaient là et dans toutes les autres parties du corps ;
enfin on a restreint sa signification à toutes les tumeurs glanduleuses qui accompagnaient les maladies, résultat de l'action
d'un virus particulier, et on n'a plus distingué que deux espèces de bubon, le *pestilentiel* et le *vénérien*. La médecine
vétérinaire s'est emparée du mot bubon ; mais comme la peste
de l'homme et la maladie vénérienne ne sont pas des affections
qui attaquent les animaux domestiques, on n'a pas donné au
mot bubon de signification propre, et il a servi à désigner des
tumeurs de nature bien différente ; il a désigné toute tumeur
externe qui se terminait par suppuration ; il a désigné le charbon, ou la pustule maligne ; il a désigné les tumeurs charbonneuses et toutes celles qui se développent dans les fièvres
de mauvais caractère ; il a indiqué les boutons et les tumeurs
de farcin, l'engorgement des glandes des chevaux morveux, les
tumeurs gangréneuses.

Le mot *bubon*, en médecine vétérinaire, n'a donc pas encore
d'acception fixe, et il ne sert qu'à désigner des tumeurs qui
sont des signes ou des symptômes de maladies, auxquelles
nous renvoyons le lecteur : tels sont le *phlegmon*, le *charbon*,
la *gangrène*, les *fièvres de mauvais caractère*, le *farcin* et la
morve dans le cheval, le *claveau* dans le mouton, etc. (Huz. f.)

BUCAILLE. Un des noms du SARRASIN. (B.)

BUCHE. Morceau de bois plus ou moins long, plus ou moins
gros, débité pour être brûlé. Il y a des bûches rondes, il y en
a de refendues.

La manière de déposer les bûches sur le foyer n'est pas indifférente aux yeux d'un agriculteur économe. Tel peut brûler
le double de bois, et n'obtenir cependant que la moitié de la
chaleur que se procure tel autre. Par-tout j'entends se plaindre
de la rareté, de la cherté du bois, et par-tout je le vois con-
sumer en pure perte, en plaçant les bûches sur des chenets
élevés, en mettant les petites derrière les grosses.

Pour épargner le combustible dans les cheminées ordinaires,
il faut enterrer dans la cendre une grosse bûche sur le derrière,
et en mettre deux ou trois petites sur le devant, de telle manière
que leurs extrémités portent sur des chenets également enterrés, ou sur des chenets triangulaires de fonte, dont se servaient
de préférence nos pères, et avec tant de raison, ou sans chenets
sur la cendre même. On circonscrit par ce moyen l'étendue
brûlante des bûches, selon le degré de chaleur dont on a besoin ; au lieu que par la méthode ordinaire elles brûlent dans
toute leur longeur, et très-rapidement. Il est encore bon d'entremêler des bûches de bois vert avec des bûches de bois sec,
le bois vert donnant plus de chaleur et se consumant plus lentement que le sec. *Voyez* aux mots FOYER, FEU et BOIS.

On appelle aussi de ce nom les orangers que les Génois envoient dans les pays du Nord, parce qu'ils leur coupent la tête et une portion des racines, en font de véritables bâtons difficiles à la reprise. (B.)

BUCHER. C'est le lieu où l'on dépose le bois destiné à être brûlé. Tantôt c'est une pièce par bas de la maison, tantôt c'est un hangar séparé de la maison. *Voyez* au mot CONSTRUCTIONS RURALES. (B.)

BUCHERON. Nom des personnes qui coupent le bois et le façonnent en bûches, en fagots, etc. *Voyez* au mot BOIS et au mot FORÊT. (B.)

BUCK. Synonyme de RUCHE dans le département de la Haute-Garonne.

BUDLEJE, *Budleja*. Arbuste de 12 à 15 pieds de haut et peut-être plus, qui a été apporté du Chili il y a une vingtaine d'années, et qu'on cultive en pleine terre dans les jardins d'agrément, à raison de la belle couleur mordorée et de l'odeur mielleuse assez agréable de ses fleurs. Ses tiges sont blanchâtres, opposées et très-rameuses. Ses feuilles opposées, lancéolées, aiguës, crénelées, crépues, noirâtres en dessus, blanches et cotonneuses en dessous, sont longues de 6 à 8 pouces, sur un ou un et demi de large. Ses fleurs sont disposées en tête, régulièrement sphériques, d'un pouce de diamètre, et portées sur de longs pédoncules opposés à l'extrémité des tiges et des rameaux. Il forme un genre dans la tétrandrie monogynie et dans la famille des personnées.

Le BUDLÈJE GLOBULEUX conserve ses feuilles toute l'année et fleurit au milieu de l'été. Il demande une exposition chaude, et même à être empaillé tous les hivers, au moins par le pied, pour être garanti des gelées. Lorsqu'il n'y a que la tige de frappée, le mal est peu de chose, les racines poussant l'année suivante des rejetons de 5 à 6 pieds qui donnent des fleurs un an après. Toute espèce de terre lui convient. Il fait plus de progrès dans celles qui sont fortes et humides ; mais il y donne moins de fleurs, et y est plus exposé à la gelée que dans les terres légères et sèches. On le multiplie de marcottes et de boutures, peut-être même le pourrait-on de racines. On fait les boutures avec le bois de l'année précédente, qu'on coupe au printemps, qu'on enterre dans des pots sur une bonne couche à châssis. Elles sont ordinairement enracinées au bout de deux mois. Il faut leur faire passer le premier hiver dans l'orangerie. En général il est toujours prudent d'en tenir quelques pieds en pots pour parer aux événemens.

Sa place est au second rang dans les bosquets d'agrément. Il fait fort bien dans l'angle d'une fabrique. Jamais on ne le plante isolément. (B.)

BUÉE. On donne ce nom à la LESSIVE dans les départemens de l'est.

BUFFLE. Animal du genre du bœuf, originaire des contrées les plus chaudes de l'Asie et de l'Afrique, qui a été introduit en Italie vers le septième siècle, et qu'on y emploie avantageusement aux labours.

On distingue un buffle d'un bœuf à sa couleur constamment noirâtre, excepté sur le front et à l'extrémité de sa queue, où les poils sont d'un blanc jaunâtre ; à sa tête plus grosse ; à son museau plus large et plus long ; à ses yeux très-petits ; à ses cornes noires, grosses, légèrement aplaties ; à ses oreilles plus longues et plus pointues ; à son cou dépourvu de fanon ; à sa poitrine très-large et très-musclée ; à ses pieds très-gros et très-robustes. Les mamelles de la femelle sont au nombre de quatre, et, chose remarquable, placées sur la même ligne.

L'aspect du buffle indique en lui une stupidité farouche et une force considérable. Sa voix est un affreux mugissement. Toutes ses habitudes sont grossières. Il ne se plaît que dans la fange. On ne le rend obéissant que par des moyens violens, et il est sujet, sans être provoqué, à des accès de fureur dont les suites sont souvent dangereuses. La domesticité n'a que fort peu influé sur son caractère originel.

Les avantages du buffle sur le bœuf sont sa force presque double et la facilité de le nourrir. Les herbes les plus dures des marais et des bois, qui sont repoussées par presque tous les bestiaux, sont celles qu'il semble préférer : aussi est-ce dans les pays marécageux, où les bœufs et les vaches ne peuvent pas vivre, qu'on doit l'introduire. On en voit beaucoup dans les environs de Sienne et de Rome, sur le Nil, l'Euphrate et autres grands fleuves dont les bords leur conviennent. En Egypte on les élève seulement pour se nourrir de la chair des mâles et du lait des femelles, quoique cette chair soit dure, désagréable au goût et répugnante à l'odorat, même dans la jeunesse de l'animal. Le lait est fort abondant, mais a un petit goût musqué qui ne plaît pas d'abord. On en fabrique du beurre et des fromages d'assez bonne qualité.

Il paraît que les buffles sont d'autant plus revêches et même méchans, qu'ils habitent un pays plus froid. Dans le centre de l'Afrique on les conduit aussi facilement que nous conduisons les bœufs ; en Italie, il faut de toute nécessité les châtrer, afin de les rendre assez traitables pour les soumettre au joug. Là, pour les avoir, lorsqu'ils sont au pâturage, on est obligé d'employer de gros chiens, stylés à les aller chercher un à un en les prenant par l'oreille, et pour les faire marcher lorsqu'ils sont attelés, on doit leur passer un anneau dans le cartilage du nez, anneau auquel on attache une corde. C'est entre trois ou quatre ans qu'on leur fait subir ces opérations, à peu de distance l'une de l'autre; après quoi on les dompte moitié par force, moitié par douceur. Ce sont exclusivement des enfans qui sont chargés de ce soin, parce que ces animaux sont moins disposés à s'irriter contre eux que contre les hommes faits. Ces enfans leur donnent un nom *chanté* auquel ils les accoutument à répondre. Dans les marais pontins, où les buffles sont très-multipliés, il y a un village, la Cisterna, qui est en possession de fournir exclusivement des conducteurs de buffles à toute l'Italie. La connaissace qu'ont acquise les habitans de ce village, des mœurs des buffles, leur rend facile ce qui serait impossible à d'autres; et c'est sur cela seul, et non sur un privilége, comme on le croit, qu'est fondé leur genre particulier d'industrie.

Quoique les buffles mâles et femelles soient très-ardens en amour, et qu'ils soient souvent avec des vaches et des taureaux, il ne se fait aucun accouplement entre eux. Leur organisation les éloigne plus les uns des autres, que celle du cheval de celle de l'âne. Cependant le mode de l'accouplement; la nourriture du petit, sa croissance, la durée de sa vie, etc., ne diffèrent pas sensiblement de celui de la vache; la femelle porte cependant un an, tandis que la vache porte seulement un peu plus de neuf mois.

Quoique le caractère de la femelle du buffle soit moins violent que celui du mâle, il n'est pas facile de la traire. Ce n'est qu'à force de caresses, en chantant son nom, et en présence de son petit, qu'on y parvient. Jamais un étranger ne peut approcher la main de son pis, qu'elle ne se mette en fureur et ne tente de se jeter sur lui.

On a, à différentes époques, voulu introduire des buffles en France; encore, en dernier lieu, on en a amené un troupeau à Rambouillet; mais la température du climat les rendant plus méchans, il n'a pas été possible d'en tirer un parti utile. Cette circonstance me dispense d'entrer dans de plus grands détails sur ce qui les concerne. *Voyez* au surplus les mots Bœuf et Vache.

Le cuir du buffle est beaucoup plus épais et plus fort que celui du bœuf, quoique celui de ce dernier prenne presque par-tout son nom et remplisse ses usages, sur-tout lorsqu'il est chamoisé et passé à l'huile. On s'en sert beaucoup dans les armures, et dans tous les cas où il faut joindre une grande force à une grande souplesse. Ses cuirs hongroyés forment les meilleures soupentes de voitures qu'on connaisse. (Silv.)

BUGADE. Lessive dans le département de Lot-et-Garonne.

BUGLE. *Ajuga.* Genre de plantes qui n'a d'intérêt pour le cultivateur que par l'abondance, dans certains lieux, de quelques-unes des espèces qu'il contient. Il est de la didynamie gymnospermie, et de la famille des labiées.

On compte une douzaine de bugles, dont il n'est utile de citer ici que quatre.

La Bugle pyramidale, qui est velue, dont les feuilles radicales sont très-grandes, et les fleurs disposées en pyramides serrées. Elle est bisannuelle et se trouve très-abondamment dans les bois arides, dans les pâturages secs. Les vaches et les brebis la mangent, et elle orne les gazons par ses fleurs bleues, qui s'épanouissent dès les premiers jours du printemps. Elle s'élève à un demi-pied au plus.

La Bugle rampante, qui est glabre et pousse des rameaux cylindriques et rampans. Ses fleurs sont disposées en pyramides et écartées. Elle est vivace et croît dans les bois ombragés, dans les pâturages humides. Elle fleurit aux premiers jours du printemps comme la précédente, à laquelle elle ressemble beaucoup.

La Bugle ivette, *Teucrium chamæpitys*, Lin., a les feuilles trifides, linéaires, entières, et les fleurs jaunes, latérales, solitaires et sessiles. Elle est annuelle et se trouve quelquefois en très-grande quantité dans les lieux secs et pierreux, sur-tout dans les jachères ; souvent elle n'a que 2 à 3 pouces de haut ; elle exhale, lorsqu'on la froisse, une odeur aromatique analogue à celle du camphre.

La Bugle musquée, *Teucrium iva*, Lin., a les feuilles ligulées, bidentées, et les fleurs jaunes, solitaires et sessiles. Elle est annuelle et se trouve très-communément dans les parties méridionales de la France, aux mêmes endroits que la précédente. Elle s'élève de 4 à 6 pouces.

Ces deux dernières bugles fleurissent au milieu de l'été, et sont regardées comme apéritives, nervines, céphaliques, emménagogues, sudorifiques, etc. On en fait assez souvent usage. Les bestiaux les repoussent. Linnæus les avait placées parmi les germandrées.

Toutes les bugles ont les tiges tétragones et les feuilles opposées (B.)

BUGLOSE, *Anchusa*. Genre de plantes de la pentandrie monogynie et de la famille des borraginées, dont il convient de parler ici, parce que deux de ses espèces sont cultivées pour l'usage de la médecine, et une autre est employée à la teinture.

La Buglose officinale a les feuilles alternes, lancéolées, aiguës, crépues, rudes au toucher, et les fleurs bleues disposées en épi unilatéral. Elle est vivace, s'élève à 2 ou 3 pieds, fleurit à la fin du printemps, et se trouve en Europe dans les lieux secs et pierreux. On la regarde comme rafraîchissante, et en général comme jouissant des mêmes propriétés que la bour-

RACHE, à laquelle on la substitue souvent ; mais ses propriétés sont également contestées. En effet, elle n'a ni odeur ni saveur autres que celles d'un mucilage. On mange ses feuilles cuites en potage comme la poirée, ou en salade comme la laitue. Elles sont assez bonnes quand elles sont jeunes, ainsi que j'ai été à portée d'en juger par ma propre expérience.

La culture de la buglose est encore plus simple que celle de la bourrache, puisqu'étant vivace, elle ne demande plus, lorsqu'elle est levée, que les binages annuels des jardins. Il convient de la couper souvent pour avoir toujours de jeunes feuilles à sa disposition. Elle n'aime pas une terre trop substantielle, où ses racines pourrissent facilement, mais les décombres, les pierrailles, etc. On n'en voit en général, aux environs de Paris, jamais plus de deux ou trois pieds dans un jardin ; cependant elle est assez belle pour former décoration lorsqu'elle est en fleur.

Le nitre que contiennent souvent les tiges et les feuilles de buglose, comme celles de bourrache, ne leur est pas essentiel, puisque les pieds cultivés loin des habitations n'en offrent point ; c'est cependant sur ce fondement que la vieille médecine avait établi ses vertus.

La Buglose toujours verte a les fleurs bleues, disposées en tête sur des pédoncules diphylles. Elle est originaire d'Espagne, s'élève d'environ 2 pieds, et conserve ses feuilles pendant tout l'hiver, ce qui la rend propre à décorer les parterres en cette saison : on la cultive en conséquence dans quelques jardins d'agrément. Sa culture ne diffère pas de celle de la précédente, dont elle partage les propriétés.

La Buglose teignante, vulgairement l'*orcanette*, a les feuilles alternes, velues, lancéolées, obtuses ; les tiges rampantes et les fleurs d'un jaune mordoré, disposées en épi unilatéral. Elle est vivace, et croît naturellement dans les parties méridionales de l'Europe aux lieux arides et pierreux. Sa racine est rouge, et donne sa couleur aux étoffes par suite des opérations de l'art du teinturier ; mais cette couleur n'est point brillante et est très-peu durable. On en fait beaucoup d'usage en Turquie et dans les autres pays où les arts ne sont pas perfectionnés ; mais elle est presque abandonnée en France, ou mieux on ne l'y emploie plus que pour colorer les sucreries, les liqueurs de table et quelques mets. Je ne sache pas qu'on ait jamais cultivé cette espèce, dont les habitans des campagnes ramassaient les racines, lorsqu'elles faisaient un objet de commerce, sur les montagnes où elle croît abondamment, ainsi que je l'ai remarqué pendant mes voyages en Espagne, en Italie, et dans les parties méridionales de la France.

BUGRANE ou BUGRANDE, *Ononis*. Genre de plantes de

la diadelphie décandrie et de la famille des légumineuses, qui contient plus de soixante espèces, dont plusieurs sont utiles à connaître, parce qu'elles gênent souvent le laboureur dans ses travaux, ou qu'elles sont assez agréables pour être cultivées dans les jardins.

Les tiges des bugranes sont presque toutes ligneuses; leurs feuilles toujours alternes, ternées, accompagnées de stipules et souvent gluantes, souvent fétides; leurs fleurs varient dans leurs dispositions, mais sont généralement grandes et rouges ou jaunes.

La Bugrane a longues épines, *Ononis antiquorum*, Lin., a les fleurs solitaires, grandes, purpurines, les rameaux sans poils et armés de deux très-longues épines, dont une est beaucoup plus courte que l'autre.

La Bugrane des champs ou rampante, *Ononis arvensis*, Lin., a les fleurs médiocres, purpurines, géminées, en grappes, les rameaux velus et sans épines.

Ces deux plantes se trouvent dans toute l'Europe, dans les champs incultes, les pâturages, le long des chemins, etc. On les connaît sous le nom d'*arrête-bœuf*, parce que leurs racines longues, traçantes et tenaces, résistent souvent aux efforts des bœufs qui traînent la charrue. Il faut presque toujours ou arracher d'avance, à la pioche, les pieds qui se trouvent dans les terres qu'on veut défricher, ou armer la charrue d'un ou deux coutres bien affilés. Au reste, leur présence dans un champ ou un pré annonce toujours une culture peu soignée. Les vaches, les ânes, les moutons et les chèvres les mangent avec plaisir, sur-tout au printemps. Elles décorent pendant tout l'été les friches ou les pâturages par leurs fleurs d'un rouge ami de l'œil et fort nombreuses.

Il est des localités incapables de recevoir des cultures par leur position trop en pente, où il pourrait être avantageux de les semer pour retenir les terres et servir au pâturage. Dans ce cas, il faudrait couper leurs tiges entre deux terres tous les hivers. Leurs racines passent pour apéritives et diurétiques, et les feuilles pour astringentes.

La Bugrane élevée, *Ononis hircina*, Willd., qui diffère à peine de celle des champs, dont elle est regardée comme une variété par quelques auteurs, et qui croît naturellement en Allemagne, se cultive dans quelques jardins pour l'ornement. Elle atteint jusqu'à trois pieds de haut.

La Bugrane gluante et la Bugrane visqueuse, dont les fleurs sont jaunes, et les feuilles très-visqueuses et très-fétides: toutes deux propres aux terrains secs et argileux, font aussi un assez bel effet; mais on les cultive peu. La première est vivace et la seconde annuelle.

Tome III.   18

La Bugrane précoce, *Ononis fruticosa*, Lin., a les feuilles sessiles, les folioles lancéolées et dentées, les stipules en gaîne, et les fleurs purpurines portées trois par trois sur un pédoncule commun. On la trouve dans les Basses-Alpes, et on la multiplie très-fréquemment dans les jardins d'agrément, qu'elle orne pendant presque toute la belle saison par ses fleurs et ses feuilles. C'est un arbuste qui s'élève rarement à deux pieds, mais qui s'étend et forme de fort grosses touffes, ordinairement régulières. On ne le multiplie que de graines qui mûrissent facilement dans le climat de Paris, graines qui se sèment dans une terre légère et à une exposition chaude, aussitôt que les gelées ne sont plus à craindre. On ne donne à ce semis que les soins communs à tous. Au bout de deux ans, on relève le plant, et on le repique dans une autre place. Il demande à être couvert de fougère ou de paille pendant ses premières années; car il craint alors les fortes gelées de l'hiver. Les vieux pieds bravent tous les frimas.

La place de la bugrane précoce est au premier rang dans les bosquets d'agrément, et en touffes isolées au milieu des gazons. Il faut ne lui faire sentir que le moins possible le tranchant de la serpette, et se contenter de gratter la terre autour d'elle une ou deux fois l'année. (B.)

BUIGNOL Variété de poire.

BUIRETTES. Petits tas de foin qu'on forme le soir dans le département des Ardennes, et qu'on disperse le matin lors de la fanaison pour accélérer sa dessiccation. (B.)

BUIS ou BOUIS, *Buxus*. Genre de plante de la monoécie tétrandrie, et de la famille des tithymaloïdes, qui renferme trois ou quatre espèces d'arbres ou d'arbustes dont on fait le plus grand usage dans les jardins d'agrément, et dont on tire un grand profit dans les pays de montagnes.

Les feuilles de buis sont opposées, ovales, presque sessiles, coriaces, luisantes, persistantes; leurs fleurs sont jaunes, verdâtres, et disposées en petits bouquets dans les aisselles des feuilles supérieures.

Le Buis arborescent a les feuilles ovales, oblongues, et s'élève à 15 ou 20 pieds; il est très-branchu, très-tortu, et quelquefois de la grosseur de la cuisse. On le trouve en Europe et en Asie, sur les montagnes élevées, répandu en plus ou en moins grande quantité dans les bois, mais ne formant jamais de véritables forêts. Il fleurit au commencement du printemps, et donne ses graines au commencement de l'automne. Il fournit par la culture des variétés à feuilles bordées de jaune, à feuilles tachées de jaune, à feuilles bordées de blanc, et quelques autres moins communes; ses feuilles et son bois, qui est jaune, très-dur et susceptible d'un beau poli, ont une saveur amère et une odeur désagréable. Leur décoction est, à haute dose, purgative, et, à petite dose, sudorifique. On en retire une huile empyreumatique, dont on fait usage contre les maux de dents, la gale et autres maladies, mais sans un succès bien constaté.

On multiplie le buis de semences, de marcottes et de boutures. Les marcottes et les boutures se font de très-bonne heure au printemps; ces dernières exigent un petit talon de bois de deux ans pour être d'une reprise assurée. Un terrain frais et léger leur convient mieux qu'un autre. On les relève la seconde année pour les placer en pépinière, si, comme on le fait ordinairement, on les a plantées en jauge et très-rapprochées; car, dans le cas contraire, on les laisserait jusqu'à leur destination définitive, c'est-à-dire pendant trois ou quatre ans. Cette méthode des boutures est sur-tout employée pour les variétés qui ne se reproduisent que par ce moyen; car pour l'espèce arborescente, il vaut beaucoup mieux la multiplier de semences.

Le moment où les capsules sont prêtes à s'ouvrir est l'époque à laquelle on doit cueillir la graine. Il faut la semer aussitôt, soit dans des caisses, soit en pleine terre, dans un sol très-léger et très-substantiel. Le terreau formé des débris des couches, la terre tirée de la surface d'une prairie, et dont le gazon aura été réduit en terreau, formeront le fonds qui leur convient. Quant à la partie inférieure de cette couche, elle doit être garnie de quelques pouces de gravier, de débris de bâtimens, afin que l'eau ne séjourne point dans la couche supérieure, qui peut avoir depuis 8 pouces jusqu'à un pied d'épaisseur. Lorsque le besoin exigera des arrosemens, il vaut mieux arroser peu à-la-fois, et prendre garde de ne pas trop tasser la terre; en un mot, il est nécessaire d'imiter la nature. En effet, le buis pousse et végète dans les forêts; la terre qui s'y trouve est un composé de débris de feuilles, de mousse, accumulés depuis un temps considérable. La graine tombe en octobre; les feuilles des arbres voisins la recouvrent bientôt, la garantissent du hâle, et la protègent contre le froid, lui conservent une humidité suffisante, enfin la défendent des impressions trop vives du soleil du printemps.

Après la première année du semis, on peut placer les jeunes buis en pépinière, les disposer par rangs et les espacer de 5 à 6 pouces; lorsqu'ils auront acquis une certaine consistance, c'est le cas de les planter à demeure. La majeure partie des arbres verts demandent à être transplantés au commencement du printemps, mais le buis peut l'être pendant presque toute l'année.

18 *

Le buis a l'avantage de se prêter à toutes les formes sous la main du jardinier. Ici, c'est une niche garnie de son banc; là, un berceau impénétrable aux rayons du soleil. De ce côté, il tapisse un mur et offre une continuité de verdure; de celui-là, c'est une palissade; il dessine les allées d'un jardin et les formes symétriques d'un parterre. Quel agrément n'offre pas sa verdure pendant l'hiver, lorsque les autres arbres, dépouillés de leurs feuilles, semblent être en deuil de l'éloignement du soleil? Le buis a encore un avantage sur presque tous les autres arbres verts, l'ensemble de ses feuilles est d'un vert moins obscur, et sourit plus agréablement à la vue. (B)

On connaît peu de véritables forêts de buis en France. Une des plus considérables, si on peut l'appeler ainsi, c'est celle de Lugny dans le Mâconnais; après elle, viennent celles des monts Jura, du côté de Saint-Claude; et en remontant leur chaîne dans la Franche-Comté, celles des montagnes du Bugey, du Dauphiné, de la haute Provence, la chaîne de celles qui traversent le Languedoc de l'est à l'ouest, enfin dans les Pyrénées, etc.; mais aucune n'est une forêt proprement dite, le buis s'y trouve mêlé avec beaucoup d'autres arbres. Il est très-abondant sur les bords de la mer Noire, et est l'objet d'un commerce important pour les habitans de la Circassie et de la Géorgie.

La cause du dépérissement des buis vient de l'emploi qu'on en fait. Lorsqu'on a coupé l'arbre par le pied, il reste le *broussin*, c'est-à-dire sa racine. Elle pousse des branches qui sont à leur tour coupées dès qu'elles ont quelques pieds de longueur; on en fait des fagots. Il en résulte que ces branches n'ont point encore porté de graines, le seul moyen que la nature emploie à la reproduction du buis dans ces lieux élevés.

Le second vice vient de ce qu'on arrache les broussins malgré les défenses : l'intérêt particulier est plus actif, plus vigilant que la loi. Il résulte de là qu'à deux lieues à la ronde de la ville de Saint-Claude, on ne trouve plus une seule cépée, tandis qu'autrefois le buis croissait jusqu'aux portes de la ville.

La consommation du bois de buis est prodigieuse à Saint-Claude et aux environs. Chaque paysan emploie toute la saison de l'hiver à le tourner, et chacun a son genre, dont il ne s'écarte pas. L'un fait uniquement des grains de chapelet, l'autre des sifflets; celui-ci des boutons, celui-là des canelles pour tirer le vin, des cuillers, des fourchettes, des tabatières, des peignes, des poivrières, etc., etc. C'est la raison pour laquelle tous ces objets sont à si grand marché; et leur débit fait subsister ces habitans, qui n'ont pour vivre que le produit de leur bétail, un peu de seigle et des pommes de terre.

Le broussin est fort recherché, sur-tout pour les tabatières, parce qu'il est bien marbré et veiné. Voici comment la nature parvient à former cette marbrure. Par les coupes réitérées, les fibres des souches se croisent dans tous les sens, ce qui fait que ce bois n'a plus de fil; il se fend par cette raison bien plus difficilement, et acquiert beaucoup plus de dureté. Or, l'avantage du bois de buis, dont les fibres sont croisées, est le même que celui des ormes nommés *tortillards*, préféré par les charrons, et que l'on paye deux fois plus cher que les autres. Il en est ainsi du chêne et des érables tortueux; on les préfère pour le tour et pour les panneaux de menuiserie. A Saint-Claude même les tourneurs préfèrent les broussins du Dauphiné; et c'est de leur beauté, de leur grain et de leur marbrure que les tabatières de buis de Grenoble ont acquis une si grande réputation.

Le buis de tige est fort rare; et il n'y a de véritable buis de tige qu'autant qu'il est venu de graine. Celui-ci a un avantage sur le broussin même pour les tabatières, c'est que lorsqu'il est coupé transversalement, il offre une belle étoile et très-régulière. Cette étoile est si marquée, qu'il n'est pas possible de se tromper à la vue entre le bois de tige et de broussin.

Après le broussin du Dauphiné, celui de Lugny est réputé avoir de la qualité, et mérite même d'être recherché par les tourneurs de Saint-Claude. Si ceux du Languedoc et de Provence étaient aussi communément employés que ceux de Saint-Claude et du Dauphiné, ils auraient acquis la même réputation, et peut-être leur donnerait-on la préférence : les environs de Saint-Pons en fournissent de l'excellent. Il est constant que la graine de buis qui pousse et végète dans un terrain calcaire s'élève plus rapidement que dans tout autre sol; il s'y plaît, il fait de belles tiges, si on a soin de les conserver; cependant dans les granits de Corse on y voit de très-beau buis, ce qui ne doit pas surprendre : c'est que ces granits sont en gros blocs presque arrondis, accumulés les uns sur les autres; et les cavités qui se trouvent entre un bloc et un autre sont remplies de débris de terre végétale, de manière que les racines trouvent une abondance de nourriture et une facilité étonnante à s'étendre et à pivoter. Par-tout on coupe ces tiges en jardinant, et de nouvelles branches repoussent du tronc. Comme ce bois de tige est fort cher, le marchand n'achète que la partie de la tige qui lui convient; l'un en achète un billot de 2 à 3 pieds de longueur, et l'autre de 4, et le reste ou queue demeure au propriétaire : c'est ainsi que cela se pratique dans la forêt de Lugny.

Le buis coupé pendant la sève travaille beaucoup, se fend en se desséchant ; celui coupé en temps convenable travaille moins, mais toujours trop pour l'ouvrier. Un moyen assuré de conserver le buis consiste à porter dans une cave où le jour ne pénètre point, le bois de tige et le broussin, et de l'y conserver au moins pendant trois ans, et pendant cinq ans pour le mieux. Au sortir de la cave, on le fait dégrossir à la hache pour enlever l'aubier, et on lui donne la forme de cylindre. Les pièces dégrossies ne se mettent plus à la cave, mais dans un magasin où l'entrée du jour est interdite, et on ne les en tire que pour les porter sur le tour. Malgré ces précautions, quoique le buis paraisse parfaitement desséché, il attire encore l'humidité si on le tient dans un lieu frais, et il est sujet à se déjeter.

Lorsque l'on veut faire de belles pièces, on fait tremper le buis pendant vingt-quatre heures dans de l'eau très-fraîche et très-pure, et en sortant de cette eau on le fait bouillir pendant quelque temps Lorsqu'on le sort de ce bouillon, on le met aussitôt dans du sable, ou de la cendre, ou du son, enfin dans un lieu quelconque où l'air ne pénètre pas. Cette pièce y reste pendant plusieurs semaines dans un endroit sec et à l'ombre.

Quand le buis est déjeté, on le porte sur une table bien unie, et il reste exposé à la pluie ; après cela on le retire et on le charge de quelque poids.

Le bois de buis est excellent pour le chauffage, et ses cendres sont admirables pour les lessives. Pour le service des fours à chaux et des autres manufactures où l'on consomme beaucoup de bois, il faut près de moitié moins de fagots de celui-ci que de tout autre bois.

Les feuilles et les autres jeunes pousses des buis servent à la litière des troupeaux et du bétail, et elles deviennent un très-bon engrais. On les fait encore pourrir dans les fossés, le long des chemins et des champs. Cet engrais est moins bon que celui du buis qui a servi de litière ; malgré cela, on doit le multiplier autant qu'il est possible. (R.)

Le Buis a bordures a les feuilles ovales et ne s'élève jamais à plus de 2 ou 3 pieds ; il est très-branchu : on le trouve sur les montagnes les plus basses, principalement celles qui sont calcaires. Il fleurit un peu plus tôt que le précédent, dont la plupart des botanistes le font une variété ; mais ses feuilles constamment plus arrondies, ses fruits plus gros et plus ronds, et le peu de hauteur auquel il parvient doivent déterminer à le considérer comme espèce. C'est lui qu'on emploie pour faire les bordures des plates-bandes dans les jardins. Comme le précédent, il se multiplie de graines, de marcottes et de boutures; mais comme il est perpétuellement tourmenté par-tout, ce qui l'empêche de donner des graines, on emploie principalement pour le reproduire le moyen des boutures, ou plus souvent le déchirement des vieux pieds. Ainsi, une bordure est-elle trop vieille, présente-t-elle trop de vides, on l'arrache tout entière; on éclate chaque pied de manière à en faire 2, 3, 6, 8, qui ait chacun un peu de racines, et on les replante sur-le-champ ou à la même place; on en jauge, pour être replantés l'année suivante lorsque les racines se sont fortifiées.

Comme la cause la plus commune de la mort des buis des bordures est l'épuisement du terrain, car cet arbre, comme tous les autres, doit être soumis à la loi de l'assolement, il faut, quand on replante une de ces bordures, ou la placer à un demi-pied de l'ancienne, en dedans ou en dehors, ou enlever la totalité de la terre de l'ancienne bordure dans la largeur et la profondeur d'un pied, et la remplacer par d'autre terre où il n'ait pas cru de buis depuis longues années.

La tonte du buis est une opération assez généralement abandonnée à la routine, cependant elle demande à être réfléchie. Il semble, par exemple, qu'on devrait la faire lorsqu'il n'y a pas de sève, et au contraire on choisit presque toujours l'époque de sa plus grande végétation. On dit que lorsque la gelée saisit le buis nouvellement taillé, il meurt immanquablement. Je n'en sais rien; mais je suis tenté de croire que cette mort est due à une autre cause, à sa taille contre saison, par exemple. Dumont-Courset, dont l'autorité est si imposante, veut qu'on le coupe avant la sève.

Lorsque le buis arborescent est abandonné à lui-même dans les jardins paysagers, où il croît sous les autres arbres, où il fait un très-bel effet en tout temps et principalement pendant l'hiver, il jette de longues branches pendantes de côté et d'autre, branches qu'il faut bien se garder de régulariser; mais le buis à bordure, dans la même position, forme toujours une tête fort dense et rarement inégale, ce qui est encore un caractère qui doit empêcher de confondre ces deux espèces.

Le Buis a feuilles de myrthe a les feuilles très-allongées, d'un vert glauque, et les rameaux rapprochés de la tige. Il paraît à la simple vue fort différent des deux autres, avec lesquels il est confondu comme simple variété, par la plupart des botanistes. On ignore d'où il vient. On le cultive dans les pépinières des grandes villes, et on le place uniquement dans les jardins paysagers, où il fait effet, même à côté du premier.

Le Buis de Mahon a les feuilles presque rondes et trois fois plus grandes que celles des autres. Originaire de l'île Minorque, d'où A. Richard l'a rapporté il y a une quarantaine d'années, il craint les froids de nos hivers les plus doux : aussi ne peut-on le conserver que dans les orangeries, même dans le climat de Paris. On le multiplie principalement de boutures, que l'on place dans la terre de bruyère sur une couche à châssis. Rarement ces boutures manquent de prendre racine dans les deux premiers mois de leur mise en terre. En automne, on les repique, seules à seules, dans des pots, qu'on met encore quelques jours sous châssis, et qu'ensuite on abandonne dans l'orangerie.

Le bois du buis arborescent pèse 80 livres 7 onces par pied cube en vert, et 68 livres 12 onces 2 gros en sec. Une branche de 5 pouces 5 lignes de diamètre portait, selon Varennes de Fenille, deux cent vingt-une couches annuelles, et on n'y distinguait pas d'aubier.

Il vient d'Espagne un bois de buis d'un jaune plus vif que celui de France. Serait-ce celui du buis de Mahon? Je n'ai vu, dans mon voyage à travers la partie septentrionale de ce pays, que le buis arborescent. B.)

BUISSON. C'est une touffe d'arbustes qui ne s'élèvent jamais à plus de 8 à 10 pieds, ou d'arbres qui, étant coupés tous les trois ou quatre ans, ne parviennent pas à une plus grande élévation.

En bonne agriculture les buissons ne doivent être soufferts que dans les places dont il n'est pas possible de tirer un meilleur parti, telles que celles où il n'y a pas de fond, qui sont surchargées de pierres, où trois chemins se croisent, etc. Le bois qu'ils produisent sert à chauffer le four ou autres objets d'économie domestique.

Par extension, on appelle buisson, en terme forestier, les très-petits bois de moins d'un à deux arpens, par exemple. (B.)

BUISSON (ARBRE EN BUISSON). On donne ce nom aux arbres fruitiers à basse tige, dont les branches sont disposées de manière à représenter un entonnoir, et qui se taillent à-peu-près comme les contr'espaliers.

Les espèces qui se prêtent le mieux à cette forme sont les poiriers et les pommiers, les abricotiers à demi-tige s'en accommodent aussi fort bien, les pruniers et les cerisiers la souffrent très-difficilement, les pêchers encore moins.

Les arbres fruitiers en buisson, dont de légères variétés s'appellent *arbres en gobelet, en vase,* ont été en grande faveur au commencement du siècle dernier. Ils le sont moins en ce moment, et c'est fâcheux, car leur durée et leurs produits sont supérieurs à ceux de toutes les sortes d'arbres taillés. Les reproches qu'on leur fait appartiennent presque tous à la mauvaise manière de les conduire, par exemple, à leur trop grand

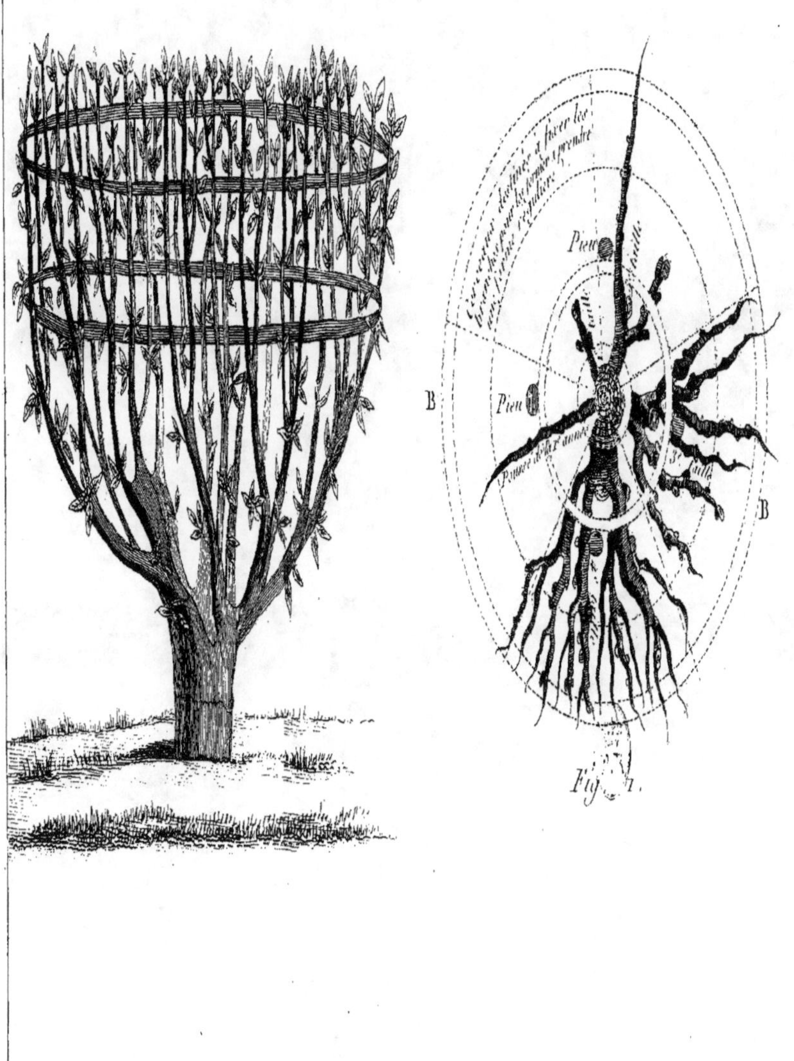

Fig. 1 et 2. Buisson (Arbre en)

rapprochement, à leur surabondance de bois, à leur taille mal
entendue, etc., etc.

Il n'est personne qui n'ait été à portée d'admirer de ces
arbres en buisson chargés de fleurs ou de fruits : l'effet qu'ils
produisent lorsqu'ils sont isolés au milieu des gazons dans les
jardins paysagers, est réellement propre à enthousiasmer ceux
qui savent sentir les beautés de la nature.

La formation des buissons est l'une des parties de la taille
qui exige le plus de connaissances et les soins les plus assidus ;
ces soins doivent commencer dès l'instant de leur plantation.
On choisit dans les pépinières les sujets le plus ordinairement
greffés sur franc, jeunes, vigoureux, soit en nain, soit en
haute tige, et munis, s'il se peut, de plusieurs branches placées au-dessus de la greffe. Après les avoir plantés à des intervalles convenables, pour qu'arrivés à leur état parfait ils
puissent croître sans se nuire réciproquement, on coupe la
tige à ceux qui n'ont qu'un seul rameau, à cinq ou six yeux
au-dessus de la greffe. Si ces sujets sont pourvus de bourgeons
en nombre suffisant et bien placés dans le voisinage de la
greffe, on ravale le principal bourgeon à quelques lignes au-
dessus du dernier rameau latéral, et on taille les autres à
deux ou trois yeux. Le nombre de ces bourgeons latéraux
doit être au moins de deux et de cinq au plus ; quatre est la
quantité la plus favorable à la formation du buisson. Il convient qu'ils soient placés à peu de distance les uns des autres,
et qu'ils se trouvent également espacés dans la circonférence
de la tête de l'arbre. Si on ne trouvait pas dans la pépinière,
des arbres dont les bourgeons fussent ainsi disposés, et si,
après avoir rabattu la tige et les rameaux des s jets plantés,
les jeunes arbres n'en poussaient pas qui se rapprochassent de
cette forme, ce serait le cas de couper la tête à ces arbres et
de les greffer en couronne. C'est de la première direction
donnée aux mères branches que dépendent la réussite des buissons, leur bonne organisation, leur beauté ; ainsi il faut employer tous les moyens pour l'effectuer avec succès.

Si le buisson est formé par un arbre sur franc dans le genre
du poirier ou du pommier, c'est-à-dire si on peut compter
qu'il vive de quatre-vingts à cent ans, on doit lui donner toute
l'extension dont il est susceptible, 4 à 5 toises de diamètre,
par exemple, et s'il est planté dans une terre riche et profonde, on ne risque rien d'établir cinq mères branches.
Celles-ci à leur tour, se fourchant à 15 pouces au-dessus de
la première bifurcation, produiront vingt branches, ces
dernières quarante et toujours en s'évasant, jusqu'à ce que
l'arbre, arrivé à son état de stagnation, s'arrête et se repose.
Voilà toute la théorie de la formation des arbres en buisson ;

il ne s'agit que de passer aux procédés d'exécution. *Voyez* Pl. II, fig. 1.

Les cinq mères branches obtenues, il faut les diriger dans la forme qu'on veut leur donner, pour qu'elles puissent devenir la charpente de tout l'édifice. On place quatre piquets en terre, sur lesquels on fixe un cerceau de 6 à 8 pouces de diamètre, suivant la force et la longueur des rameaux ; c'est à ce cerceau, et en dehors de sa circonférence, qu'on attache, à des distances égales, les cinq bourgeons qui doivent former les branches mères. Il convient d'interposer entre le cerceau et les rameaux un léger tampon de mousse, et d'employer pour attache un fil de laine qui ne comprime pas trop la branche, mais la maintienne seulement à sa place. Il serait très-dangereux d'employer, comme intermédiaires, des corps durs, qui pourraient occasionner des plaies à des branches trop tendres, et des ligatures trop serrées, qui formeraient des étranglemens et des bourrelets nuisibles à la circulation de la sève.

Si cette opération a été faite au printemps qui suit la plantation, il n'y a autre chose à faire à ces arbres que de leur donner les soins de culture communs à tous les arbres nouvellement plantés. Ils se réduisent à des sarclages et à des arrosemens pendant les grandes chaleurs ; mais qu'on se garde bien de les débarrasser des bourgeons mal placés qui pourraient naître, sous prétexte que la sève employée à les produire en pure perte serait mieux placée dans les autres branches. Il s'agit de protéger l'enracinement de l'arbre, et rien n'y contribue plus efficacement que les feuilles qui, pompant dans l'atmosphère les fluides qui y sont répandus, les transmettent aux racines et accélèrent leur croissance. (*Voyez* au mot FEUILLE.) Ainsi on laissera tranquille le jeune arbre jusqu'à l'hiver suivant, époque de sa taille.

Celle de cette première année doit être faite avec attention : on commencera par supprimer sans pitié tous les bourgeons venus sur les branches mères dans l'intérieur du cerceau, dont la position et la direction tendraient à rétablir le canal perpendiculaire de la sève. Cependant si l'une ou plusieurs des branches mères étaient mortes ou languissantes, et qu'un ou plusieurs bourgeons nouvellement poussés fussent dans une position à pouvoir les remplacer, il ne faudrait pas manquer cette occasion de perfectionner la forme de son arbre : alors on supprimerait les anciennes branches, et les nouvelles prendraient leur place.

On supprimera également les rameaux qui ont cru sur le devant des branches mères, et dont la direction est contraire à la forme circulaire qu'on veut donner au buisson, à moins cependant qu'elles puissent remplacer avec avantage l'une des branches mères; et dans ce cas il convient de les tailler l'œil en dedans.

L'arbre évidé en dedans et taillé en dehors, il convient de s'occuper des bourgeons qui ont crû latéralement sur les branches mères. On taillera d'abord les bourgeons poussés des derniers yeux des mères branches, produits par la taille de l'année précédente, à deux ou trois, et jusqu'à six yeux et plus, suivant la force de chacun d'eux. Il faut faire attention de les tailler l'œil en dehors de la circonférence de l'arbre, afin que le bourgeon qui en sortira ait une tendance à s'écarter davantage du centre de l'arbre.

Il n'en est pas de même des bourgeons inférieurs à ceux de l'extrémité, et qui se trouvent sur les côtés des branches mères; il n'en faut réserver qu'un petit nombre et les tailler sur un œil qui se trouve dans le sens de la circonférence, et sur le côté de la branche qui l'a produite, de sorte que le jeune rameau qui en sortira s'écarte naturellement de la branche mère. Quand les arbres sont vigoureux, on taille les bourgeons à quatre ou cinq yeux, et s'il est des branches qui s'emportent les unes plus que les autres, on taille de court les plus faibles, on allonge la taille des plus fortes, et on leur laisse même, pour amuser leur sève, des rameaux, qu'on supprime aux tailles suivantes. Ainsi on doit sentir, sans qu'il soit besoin de le recommander, qu'il ne faut pas, pour satisfaire une symétrie mal entendue, tailler toutes les branches à la même hauteur. Ce procédé, malheureusement trop pratiqué, occasionne par la suite un désordre dans la taille, qui nuit beaucoup à la bonne organisation des arbres.

On peut sans risque, et on doit même après cette taille, ébourgeonner dans la saison convenable toutes les jeunes pousses qui croîtraient dans l'intérieur du buisson, et celles de l'extérieur qui se porteraient trop en dehors. On palisse sur le cerceau qu'on a raffermi sur les piquets, les bourgeons trop allongés, qui risqueraient d'être cassés par les vents, et sur-tout pour leur faire prendre, pendant qu'ils sont flexibles, la direction qu'ils doivent conserver par la suite.

La troisième taille se dirige d'après les principes qui ont dirigé les deux premières. On évidera exactement l'intérieur de l'arbre. On supprimera les bourgeons de l'extérieur qui s'écartent trop de la forme circulaire, à moins, comme il a été dit plus haut, que quelques-uns de ces bourgeons ne soient nécessaires pour remplacer des branches ou pour regarnir des vides. On supprimera les bourgeons latéraux qui se trouveront trop rapprochés les uns des autres, et enfin on opérera la taille des bourgeons réservés, d'après la vigueur de l'arbre et d'après leur force particulière. C'est à l'époque de cette taille qu'il faut

apporter le plus d'attention à opérer la première bifurcation des
branches; autant que possible, il convient que cette bifurcation se trouve à la même hauteur sur chaque mère branche,
afin que la sève se répartisse plus également dans toutes les
parties. Le sacrifice de quelques rameaux ne doit pas arrêter
pour remplir ce but.

Afin d'y parvenir, on choisit sur chaque mère branche deux
des principaux bourgeons vigoureux, et placés à peu de distance l'un de l'autre, dans une position à-peu-près opposée.
On coupe la mère branche au-dessus du dernier. Il en résulte
que les deux bourgeons, avec la base de la mère branche qui
les supporte, ont à-peu-près la figure d'un Y : par ce moyen on
dévie encore le canal de la sève, et aux tailles suivantes il devient de plus en plus oblique.

La longueur qu'on doit donner aux branches qui forment
les jambages de l'Y ne peut pas être déterminée; elle dépend
de la vigueur de l'arbre et de la nature de son espèce : c'est
au cultivateur à étudier les facultés du pied qu'il a sous la
main, et à agir en conséquence.

Il est des jardiniers qui procèdent à la formation des Y dès
la première coupe; mais cette méthode paraît sujette à quelques inconvéniens. Les bourgeons de la première pousse d'un
arbre nouvellement planté ont une existence bien peu assurée :
d'ailleurs on ne peut choisir que sur un petit nombre, et il
est rare qu'on en trouve dix bien venant sur un même individu; cependant quand on rencontre ces avantages, il est bon
d'en profiter.

Il devient nécessaire aussi, les branches s'allongeant et le
cerceau d'en bas ne pouvant plus diriger leur extrémité,
d'en placer un nouveau au-dessus du premier, à environ 12
ou 15 pouces; celui-ci doit être d'un plus grand diamètre, et
calculé d'après la forme plus ou moins évasée qu'on veut donner au buisson. Les branches étant plus fortes et ayant déjà pris
leur pli, il n'est pas nécessaire de soutenir ce nouveau cerceau
par des piquets; les branches suffisent pour le porter; mais il
convient d'employer les mêmes précautions pour empêcher
que ces cercles, ainsi que les liens qui les uniront aux branches, ne leur nuisent. A fur et à mesure que le buisson s'élargit et s'exhausse, on établit de nouveaux cerceaux, et on supprime ceux qui ne sont plus nécessaires.

Toutes les tailles des années suivantes doivent être faites par
bifurcation, et se rapprocher le plus possible d'un V régulier.

Cette méthode de la taille par bifurcation a l'avantage, en
détruisant les canaux directs de la sève, de la répartir plus
également dans toutes les parties de l'arbre, d'empêcher la
croissance des GOURMANDS (*voyez* ce mot), de placer les fruits

dans des positions aérées, de leur faire prendre de la couleur, et d'en faire produire aux arbres une plus grande quantité qu'ils n'en produiront par d'autres moyens.

Voyez, pour le surplus de ce qu'il convient de savoir, aux mots TAILLE, CONTR'ESPALIER, ESPALIER, QUENOUILLE, POIRIER, POMMIER et ABRICOTIER. (TH.)

BUISSON ARDENT. C'est un NÉFLIER. *Voyez* ce mot.

BUISSONNER. On applique ce nom à toute plante qui pousse beaucoup de branches ou de rejetons par bas. Il est souvent difficile d'empêcher les plantes de buissonner, quand elles sont dans un sol fertile et qui convient à leur nature. Un arbre venu de marcotte buissonne plus fréquemment que celui qui provient de graines. (B.)

BUISSONNETTE. Synonyme de HAYETTE. *Voyez* ce mot.

BUISSONNIER. C'est ou un arbre taillé en BUISSON, ou un lieu planté en arbres fruitiers disposés en buissons.

BUJALEUR. POIRE.

BULBE. Partie tendre, succulente, de forme arrondie ou ovale, à laquelle sont attachées les racines de certaines plantes. Dans le langage des jardiniers, on donne aux bulbes le nom d'OIGNON.

On distingue plusieurs espèces de bulbes : les unes sont écailleuses, composées de membranes épaisses, disposées en écailles, comme dans le LIS ; les autres sont d'une substance charnue et solide, comme dans la TULIPE ; d'autres forment plusieurs tuniques qui s'enveloppent les unes les autres, comme l'ail, l'OIGNON, etc. Enfin, certaines bulbes ne sont que des mamelles ou portions charnues distinguées entre elles, mais qui communiquent par des fibres intermédiaires, comme celles de la POMME DE TERRE.

La bulbe proprement dite n'est pas une racine, quoiqu'en botanique on se serve du mot *racine bulbeuse* pour désigner la première division des RACINES. (*Voyez* ce mot.) C'est un vrai bouton qui contient en petit les élémens de la plante qui doit se développer au printemps. Les racines des bulbes tiennent à un corps charnu qui est au-dessous, on peut même les en détacher, et dans cet état la bulbe peut encore pousser la tige et même fleurir. Le parenchyme succulent dont sa substance est composée, l'air atmosphérique qui pénètre à travers les vaisseaux absorbans dont ses tuniques sont criblées, suffisent pour nourrir la tige.

Toutes les plantes se régénèrent ou de graines ou de boutons, et quelques-unes de l'une et de l'autre manière. Les plantes bulbeuses portent leurs boutons au-dessus de leurs racines, et ils se forment entre la bulbe et le corps charnu, d'où partent les racines. Ces boutons s'appellent CAYEUX.

(*Voyez* ce mot.) La plupart des bulbes périssent après avoir donné la nourriture aux tiges auxquelles elles servaient de base ; mais il s'en forme un ou plusieurs autres au-dessus, au-dessous, ou à côté. *Voyez* Tulipe, Anémone, Renoncule, Orchis et Oignon. (R.)

BULBONAC. C'est la lunaire annuelle.

BUMELIE, *Bumelia*. Genre de plantes de la pentandrie monogynie, et de la famille des hilospermes, qui faisait partie des Argans, *Sideroxyllon*, Lin. ; mais qui en a été séparé, parce que ses fruits sont des baies à une seule semence, tandis que ceux des véritables *argans* en ont cinq.

Les espèces qu'il est le plus important aux cultivateurs de connaître sont :

La Bumelie lycioïde, *Sideroxyllon lycioides*, Lin. , qui a les épines droites, les feuilles alternes, lancéolées, aiguës, glabres des deux côtés ; les fleurs petites, blanches, odorantes, et disposées en petits paquets dans les aisselles des feuilles. Elle croît dans les terrains les plus arides de l'Amérique septentrionale, s'élève de 15 à 20 pieds, et fleurit au milieu de l'été. C'est un très-bel arbre, qui répand le soir, lorsqu'il est en fleur, une odeur des plus suaves à plusieurs toises de distance. Ses épines sont si longues et si dures, ses rameaux si entrelacés et si difficiles à rompre, qu'elle est de beaucoup préférable à l'épine blanche pour faire des haies. Elle conserve ses feuilles pendant l'hiver, et laisse fluer un suc laiteux lorsqu'on la blesse dans quelque partie que ce soit.

La Bumelie soyeuse, *Sideroxyllon tenax*, Lin., a les épines droites, les feuilles lancéolées, obtuses et couvertes en dessous de poils soyeux, luisans et jaunâtres. Elle se trouve avec la précédente, dont elle partage tous les avantages à un degré supérieur, excepté que ses fleurs sont moins odorantes. Elle fleurit quinze jours après elle, et conserve ses feuilles toute l'année.

La Bumelie réclinée a les épines droites, les feuilles ovales, très-glabres. Elle est originaire des montagnes de la Géorgie, d'où Michaux l'a rapportée. Ventenat l'a figurée planche 22 de son *Choix de Plantes*. Elle perd ses feuilles l'hiver. Je l'ai cultivée en Caroline. C'est un arbuste de 5 à à 6 pieds de haut, et peut-être plus, dont les jeunes rameaux, au lieu de monter vers le ciel, se recourbent vers les racines, et sont si nombreux, qu'il est souvent difficile de passer la main entre eux, et si tenaces, qu'il est presque impossible de les casser sans les contourner. Ses fleurs sont petites, blanches et axillaires.

Parmi tous les arbustes naturels à l'Europe, il n'en est pas avec lesquels on puisse faire de meilleures haies qu'avec les *bu-*

meliers, sur-toutavec la dernière espèce , toujours plus garnie
de branches, et par conséquent d'épines, au pied qu'au sommet.
Il est réellemment fâcheux qu'elles ne puissent que difficilement passer l'hiver en pleine terre dans le climat de Paris ;
mais je ne doute pas qu'il ne soit très-possible de les cultiver
dans tout le midi de la France , à commencer de Lyon. Il faut
donc que les amateurs qui habitent ces contrées fassent leurs
efforts pour les multiplier, dans l'intention de les rendre un
jour utiles à leurs concitoyens sous ce rapport.

Dans le climat de Paris , les *bumeliers* demandent l'orangerie pendant l'hiver , comme je l'ai déjà dit ; mais on peut
cependant les hasarder dans une bonne exposition en pleine
terre , en les couvrant de paille lors des fortes gelées.

On les multiplie de graines qu'on fait venir d'Amérique ,
et qu'on doit envoyer stratifiées avec de la terre , si l'on veut
qu'elles lèvent toutes la première année; il faut les semer
dans des terrines pour pouvoir les enterrer dans une couche
et sous châssis. On leur fait passer l'hiver dans l'orangerie ,
et au printemps suivant, quelquefois même à celui de l'année
suivante, on les repique en pots, que l'on place pendant quelque
temps encore sous châssis pour assurer la reprise du plant.

La voie des marcottes et même celle des boutures est aussi
pratiquée pour multiplier les bumelies ; mais les premières sont
souvent plusieurs années sans prendre racines , et les secondes
manquent très-souvent.

En général ces arbustes, si agréables dans leur pays natal ,
ne font jamais que fort peu d'effet dans nos jardins. Aussi n'y
a-t-il que les vraies amateurs qui les cultivent. (B.)

BUNIADE , *Bunias*. Genre de plantes de la tétradynamie
siliqueuse et de la famille des crucifères, qui renferme une
douzaine d'espèces, dont une peut devenir très-intéressante
pour les cultivateurs comme objet de nourriture pour les
moutons. C'est la BUNIADE ORIENTALE, qui est vivace , s'élève
de 2 ou 3 pieds , et fournit une fane abondante.

Mais écoutons le professeur Thouin : « Cette plante ,
quoique originaire d'un pays plus chaud que le nôtre (l'Asie
mineure), se cultive en pleine terre , et résiste aux plus
grands froids de nos hivers. Elle s'accommode de toute espèce
de terrain. Une fois plantée dans un jardin, elle s'y propage
sans culture au moyen de ses racines, qui tracent, et sur-
tout de ses graines, qui lèvent par-tout où elles tombent:
de sorte qu'on est plus souvent occupé de la détruire que de
la faire prospérer, particulièrement dans les terrains secs et
légers. Cette disposition à croître dans tous les sols, la qualité
de son feuillage, que les moutons mangent volontiers, et sur-
tout sa croissance prompte et précoce, nous font présumer

qu'on pourrait tirer un parti avantageux de cette plante pour faire des pâturages printaniers. On pourrait tenter cette expérience sur des terres destinées à rester en jachères, après avoir rapporté de l'avoine. Il suffirait de donner un labour au chaume après la récolte, et d'y semer les graines de cette plante; mais comme elle forme des touffes assez étendues, et qu'elle trace un peu, il faut la semer clair. Un autre motif encore, c'est que les silicules de cette plante renfermant ordinairement deux semences, qu'il n'est pas nécessaire et qu'il serait trop difficile de séparer, il se trouve que chaque fruit produit deux plantes. Ces semis lèvent en partie dès le mois d'octobre et de novembre, si le temps est doux et humide, et l'autre partie au printemps suivant. Il ne serait peut-être pas prudent de les faire paître dès la première année, les plants n'ayant pas encore formé d'assez fortes racines pour se défendre d'être arrachés par le bétail. Mais la seconde année il n'y aura aucune inconvénient, et on pourra y envoyer des troupeaux de brebis dès le mois de février. Nous présumons que cette culture serait plus productive encore que celle du pastel, qui a été mise en pratique par M. d'Aubenton avec beaucoup de succès pour la nourriture des moutons. Celle-ci a deux avantages sur l'autre, c'est qu'elle est vivace et qu'elle donne plus de fourrage.

» Lorsque cette plante commencera à s'appauvrir dans le sol où elle aura été semée, on la laissera croître pendant quelques mois, après quoi on la retournera par un labour profond. Ses fanes et ses racines charnues, se pourrissant dans la terre, formeront un engrais qui la rendra propre à recevoir de nouveaux grains sans qu'il soit besoin de la fumer beaucoup. Ainsi elle aura l'avantage de fournir des pâturages et d'économiser des fumiers, deux choses précieuses en agriculture. » (B.)

BUOU. Le bœuf dans le département du Var.

BUPHTHALME, *Buphthalmum*. Genre de plantes de la syngénésie superflue et de la famille des corymbifères, dont on cultive quelquefois en pleine terre deux espèces dans les jardins d'agrément, et qui par conséquent est dans le cas d'être cité ici.

Le Buphthalme a feuilles de lauréole, *Buphthalmum arborescens*, Lin., a les feuilles alternes, lancéolées, un peu spatuliformes, épaisses, d'un vert blanc et persistantes; les fleurs jaunes, solitaires, portées sur un long pédoncule. Il croît naturellement aux Bermudes.

Le Buphthalme a feuilles de lichnis, *Buphthalmum frutescens*, Lin., a les feuilles alternes, spatulées, bidentées à leur base, glauques et velues; les fleurs jaunes, solitaires et portées sur un long pédoncule. Il vient de la Virginie.

Ces deux petits arbustes, qui s'élèvent au plus d'un à 2 pieds, ont un aspect très-pittoresque, à raison de la forme, de la couleur et de l'abondance de leurs feuilles. On les place, dans les lieux bien abrités, sur le premier rang des bosquets. Ils craignent beaucoup les gelées, et demandent à être couverts de fougère ou de feuilles sèches pendant l'hiver, dans le climat de Paris. Ils ne redoutent pas moins l'humidité, et veulent par conséquent être mis à l'air toutes les fois que la température le permet. Leurs graines ne mûrissent point dans le climat de Paris, parce que leurs fleurs s'épanouissent trop tard ; mais on peut s'en passer, car peu de plantes reprennent plus facilement de boutures. Il suffit d'en mettre un rameau dans un pot de terre de bruyère sur couche et sous châssis, au commencement du printemps, pour en avoir un pied deux mois après. Ces jeunes plants doivent être tenus les deux premières années dans l'orangerie ; il est même prudent d'en réserver toujours quelques-uns en pots pour parer aux événemens des hivers un peu rudes. (B.)

BUPLEVRE, *Buplevrum.* Genre de plantes de la pentandrie digynie, et de la famille des ombellifères, qui contient quelques espèces que leur abondance dans la campagne rend remarquables, et une que l'on cultive fréquemment dans les jardins d'agrément.

Le BUPLÈVRE PERCE-FEUILLE, *Buplevrum rotundifolium*, Lin., a les feuilles alternes, grandes, rondes, perfoliées, luisantes, et l'involucre de l'ombelle universelle nul. Il est annuel et se trouve dans les champs cultivés de toute l'Europe et principalement de la France méridionale. Je l'ai vu quelquefois si abondant dans certains terrains secs et pierreux, qu'il faisait beaucoup de tort aux moissons. Sa hauteur est d'un à 2 pieds. Il fleurit au milieu de l'été : on le regarde comme vulnéraire.

Le BUPLÈVRE A FEUILLES EN FAUX a les involucres de cinq folioles, les feuilles lancéolées, la tige en zigzags. Il est vivace, croît dans les terrains incultes, sur les montagnes sèches et pierreuses, et fleurit au milieu de l'été. On l'appelle vulgairement l'*oreille-de-lièvre*, et on le dit vulnéraire et fébrifuge. Les bestiaux n'y touchent pas. Il est quelquefois si abondant, qu'il domine sur toutes les autres plantes, et nuit considérablement aux pâturages. Sa hauteur surpasse souvent 3 pieds.

Le BUPLÈVRE EFFILÉ, *Buplevrum junceum*, Lin., a la tige rameuse, les rameaux filiformes et droits, les involucres de cinq folioles, les feuilles linéaires et inégales. Il est vivace, et se trouve dans les parties méridionales de la France, dans les mêmes terrains que le précédent ; ce que j'en ai dit lui est applicable.

Le BUPLÈVRE FRUTIQUEUX qui a les feuilles alternes, ovales,

oblongues, obtuses, et la tige frutescente, haute de 3 ou 4 pieds. Il est originaire des parties méridionales de l'Europe, et se cultive dans les jardins des parties septentrionales, où il produit un bel effet, tant par son port que par ses feuilles, qui subsistent pendant tout l'hiver. Ses fleurs sont jaunes, nombreuses, et s'épanouissent au commencement de l'été. Il est sensible aux gelées ; cependant il se conserve bien, pendant les hivers ordinaires, dans le climat de Paris ; plus au nord, il demande à être rigoureusement couvert aux approches de cette saison. On ne le multiplie que de semences, qu'on répand dans une terre meuble et légère, la seule qui lui convienne, et dans une exposition abritée. Il se plaît beaucoup à celle du nord.

Les plants se repiquent en pépinière la seconde année, époque où ils ont 5 à 6 pouces de haut, pour y rester jusqu'à plantation définitive, c'est-à-dire pendant encore deux ans. Plus vieux, ils reprennent rarement à la transplantation.

On place le buplèvre frutiqueux au second rang dans les massifs des jardins dits anglais, contre les rochers et les fabriques qui s'y trouvent. Il prend naturellement une forme agréable, et ne veut point être tourmenté par la serpette. (B.)

BUREAUX. Gros tas de forme conique qu'on élève, dans le département des Ardennes, lorsque le FOIN est fané et qu'on ne peut l'enlever sur-le-champ. *Voyez* MEULE. (B.)

BURON. Cabane en pierre couverte de gazon, construite sur les montagnes de la ci-devant Auvergne pour loger les bergers et les fabricans de FROMAGES. *Voyez* CHALET. (B.)

BUSSARD ou BUSSE. Sorte de vaisseau composé de douves et de cerceaux, dans lequel on met du vin ou d'autres liqueurs, et qui contient 216 pintes mesure de Paris. Le bussard est une des neuf futailles régulières dont on fait usage en France. On s'en sert particulièrement dans l'Anjou et dans le Poitou. *Voyez* TONNEAU. (R.)

BUSSEROLE. Espèce d'ARBOUSIER. *Voyez* ce mot.

BUSSEROLE. *Voyez* AIRELLE CANNEBERG.

BUSSONS. On donne ce nom, dans une partie du cours de la Loire, à de petits îlots couverts d'osiers que l'on coupe annuellement pour l'usage de la vannerie. (B).

BUTOME, *Butomus.* Plante vivace de l'ennéandrie hexagynie et de la famille des alysmoïdes, qui croît dans l'eau, sur le bord des rivières, et qui, par la beauté de ses fleurs, mérite d'être introduite dans les jardins d'agrément.

Cette plante a les feuilles toutes radicales, longues de deux pieds, étroites, pointues, un peu triangulaires à leur base ; les tiges nues, cylindriques, longues de deux à trois pieds, et terminées par une ombelle simple, composée de quinze ou vingt fleurs de huit à dix lignes de diamètre et de couleur rose. Elle fleurit au fort de l'été. On l'appelle vulgairement *jonc fleuri*.

On pourrait sans doute multiplier cette plante de graines que l'on jetterait dans l'eau peu après leur maturité ; mais on n'emploie jamais ce moyen, qui serait long : on préfère aller arracher des pieds au printemps ou en automne, dans les eaux où il s'en trouve, et de les planter ensuite dans les eaux des jardins, où ils fleurissent l'année suivante. On peut déchirer les racines de ces pieds, lorsque cela devient nécessaire, pour d'un seul pied en faire trois ou quatre.

Le butome peut encore être utilement employé dans les trous qui sont remplis d'eau par les débordemens, dans les terrains qu'on a conquis sur les rivières par le moyen des digues ou autrement, et qui sont encore couverts d'eau pendant une partie de l'année, ses nombreuses racines, et ses feuilles disposées en rond, arrêtant d'un côté la vase apportée par les eaux, et fournissant de l'autre une augmentation d'humus par leur décomposition.

Sa racine se mange cuite dans les pays marécageux voisins de la mer Caspienne. (B.)

BUTTE. Elévations de terre de quelques toises de hauteur et de largeur, qu'on voit dans certaines plaines, et qui la plupart du temps sont formées par les débris des montagnes voisines.

Par suite on a appliqué aussi ce nom à de véritables montagnes, mais plus petites que les autres, à la butte de Montmartre, par exemple, et à des élévations de quelques pieds, de quelques pouces même, faites naturellement par diverses circonstances, ou résultant des travaux de l'homme.

Une TAUPINIÈRE s'appelle une butte dans quelques cantons. *Voyez* ce mot. (B.)

BUTTER. Opération de jardinage qui consiste à amener autour du pied d'une plante la terre des environs, c'est-à-dire à élever une petite butte dont il est le centre.

Lorsque la terre avec laquelle on effectue un buttage est ou trop sèche ou trop humide, il peut devenir plus nuisible qu'utile. *Voyez* HALE et EAU.

Plusieurs motifs déterminent les cultivateurs à butter, 1°. pour augmenter le nombre des racines de certaines plantes, et par cela activer leur végétation, comme le MAÏS, le MILLET, la POMME DE TERRE, la PATATE, le CHOU, etc.; 2°. pour conserver l'humidité autour des plantes dans les terrains sablonneux et dans les années chaudes; 3°. pour assurer un arbre qu'on vient de planter et qui a peu de racines, contre les efforts des vents (*voyez* PLANTATION); 4°. pour priver d'air les tiges et les feuilles de quelques plantes qui demandent à être blanchies, c'est-à-dire ÉTIOLÉES, pour être mangées, comme le CÉLERI, le CARDON, etc. (*voyez* BLANCHIMENT); 5°. pour empêcher les plantes qui craignent la gelée d'en être atteintes pendant l'hiver, comme les ARTICHAUTS; 6°. pour conserver la fraîcheur autour d'une greffe en fente qu'on vient de faire rez terre. *Voyez* GREFFE.

Les ADOS, les BILLONS pourraient être considérés comme des buttages anticipés, parce qu'ils ont quelques-uns de leurs avantages.

La manière d'exécuter un buttage varie. Lorsqu'il ne s'agit que d'enterrer les premiers nœuds du maïs, de recouvrir de terre les tiges rampantes de la pomme de terre, il suffit de gratter la terre environnante avec une large pioche et de la réunir autour de ces plantes à la hauteur d'abord de 5 à 6 pouces, car on butte ordinairement deux fois quelques plantes, telles que le maïs, etc.; mais quand il faut couvrir entièrement les feuilles du céleri, des artichauts, ou mieux élever autour d'elles 1 ou 2 pieds de terre, alors on fait usage de la bêche.

Varennes de Fenille, peu de jours avant sa mort, a proposé de butter le blé pour le faire profiter. La théorie a expliqué la bonté de cette opération et l'expérience l'a confirmée. En effet la tige du blé, comme celle du maïs, offre à sa base des nœuds fort rapprochés, qui poussent des racines dès qu'ils sont enterrés : or plus une plante a de racines et plus elle végète avec vigueur. On butte économiquement le blé en le hersant au printemps avec une herse de bois. Beaucoup de pieds sont arrachés ou déchaussés, mais les autres les remplacent avec un si grand avantage, qu'il n'y a pas lieu à les regretter.

Répandre de la terre sur les PRAIRIES ou sur les GAZONS pendant l'hiver ranime singulièrement leur végétation au printemps. Cette opération est un véritable buttage.

La nature butte souvent elle-même le blé, lorsqu'après l'hiver les mottes, divisées par la gelée, se fendent autour de lui, couvrent son pied ; c'est pourquoi beaucoup de cultivateurs ne hersent point leurs champs après les semailles, et prétendent même qu'un grossier labour est préférable à un plus parfait.

Les vignerons des environs de Paris buttent la terre de leurs vignes et même de leurs champs à la fin de l'automne, à l'effet de donner à l'air la facilité de s'introduire entre ses particules et de s'y décomposer; c'est-à-dire qu'ils la ramassent en petits tas d'un pied de large sur six à huit pouces de hauteur, pour la répandre de nouveau au printemps. Cette méthode, conforme aux principes de la plus savante théorie, ne peut être que louée ; mais la main d'œuvre considérable qu'elle exige ne permet pas de la pratiquer par-tout. Ce n'est qu'au moyen de leur large pioche à manche court, pioche qui enlève presqu'un demi-pied carré de terre à chaque coup, que ces vignerons viennent à bout de ce pénible travail. *Voyez* LABOUR. (B.)

BUTTER. Ce mot s'applique aussi à un cheval, à un mulet ou à un âne, qui fléchit quelquefois une des jambes de devant, ou qui ne levant pas assez les pieds en marchant, attrape les irrégularités du sol. Il n'y a pas de remède à ce défaut, qui provient de faiblesse dans les muscles et qui rend l'animal sujet à tomber. (B.)

BUTZ. Un des noms de la CARIE du froment. (B.)

BUVÉE. On donne ce nom, dans quelques cantons, à de l'eau dans laquelle on a délayé de la farine d'orge ou de sarrasin, et mis des graines de vesce, de gesse, de pois, de fève, etc. Cette buvée se donne aux vaches malades, soit chaude, soit froide, pour les rétablir. Il n'y a pas de doute que ce moyen ne soit excellent. (B).

C A.

CA. Synonyme de CEP. (B.)

CABAGE ou CABBAGE. Nom du CHOU en anglais. Il a été appliqué en français à une de ses variétés. (B.)

CABAL. Bestiaux, ustensiles de culture de tous genres, et semences que le propriétaire fournit à son métayer, dans le département de Lot-et-Garonne, et que ce dernier est tenu de rendre lorsqu'il quitte. *Voyez* BAIL. (B.)

CABANE. On donne ce nom, dans quelques lieux, aux maisons des plus pauvres cultivateurs, qui sont bâties avec des pierres grossièrement disposées, ou avec des branches d'arbres couvertes de BAUGE. Une cabane ne diffère d'une chaumière que parce qu'elle n'a presque jamais qu'une seule pièce, et qu'elle est censée ne servir d'habitation que pendant un temps très-circonscrit. Ainsi les charbonniers, les sabotiers, etc., se bâtissent, au milieu des forêts, des cabanes, dans lesquelles ils se logent tant qu'ils trouvent de l'ouvrage dans les environs, et qu'ils transportent ailleurs lorsqu'ils n'en ont plus à espérer. (B.)

CABANE DE BERGER. Il y en a de deux sortes, l'une portative, et l'autre fixe. La première est une espèce de très-petite chambre faite avec des planches, portée sur un charriot communément à deux roues, dans laquelle le berger couche à côté du parc où le troupeau est renfermé. Cette demeure mobile change de place et suit le parc. On la maintient parallèle au sol, au moyen de deux piquets, l'un placé sur le devant et l'autre sur le derrière, qui tiennent au charriot à l'aide d'une cheville et d'une boucle de fer; celui de devant sert à tirer et à faire rouler la cabane, et l'autre la suit.

La cabane fixe est également en planches, et le plus souvent en pierres; on peut la considérer comme un abri pour garantir les bergers des pluies ou des vents froids. Elles sont assez communes sur les montagnes, où les troupeaux sont stationnaires pendant la belle saison. *Voyez* au mot CHALET. (R.)

On appelle encore quelquefois cabanes de petites constructions qui se font dans les jardins paysagers, et qui servent à se mettre momentanément à l'abri de la pluie. (B.)

CABANE DE VERS A SOIE. Disposition sur laquelle les vers à soie fixent leurs cocons. Elle est faite avec de la bruyère, ou de la fougère, ou avec le gramen, enfin avec toutes espèces de plantes rameuses dont on peut plier les petites branches en forme de voûte. *Voyez* le mot VER A SOIE. (R.)

CABANIER. Nom que l'on donne, dans les marais de la Vendée, au fermier d'un ou plusieurs CARREAUX DE PATURAGES, parce qu'il habite dans une cabane pendant tout le temps que ses bestiaux restent sur ce carreau. (B.)

CABARET. *Asarum.* Plante à racine épaisse, rampante, vivace, à tige courte, supportant à son sommet deux feuilles pétiolées, réniformes, luisantes, de 3 pouces de diamètre, à fleur d'un rouge terne, grande, solitaire dans la bifurcation des feuilles, qu'on trouve en Europe dans les bois ombragés des montagnes, et qui forme, avec deux ou trois autres propres à l'Amérique septentrionale, un genre dans la dodécandrie monogynie et dans la famille des asaroïdes.

Toutes les parties du cabaret, qu'on appelle aussi *asaret* et *oreille d'homme*, sont amères, âcres et aromatiques. Elles passent pour résolutives, emménagogues, errhines, et purgatives par haut et par bas; ses racines sur-tout ont ces propriétés à un haut degré : elles s'emploient aussi, réduites en poudre, comme sternutatoires. On en faisait autrefois un grand usage; mais depuis la découverte de l'émétique et de l'ipécacuanha, on les a abandonnées. Elles demandent à être dosées par une main exercée, car leur usage n'est pas sans danger. (B.)

CABAS. On donne ce nom, dans les environs de Dijon, à un PANIER oblong qui a deux prolongemens en bois, par le moyen desquels on le porte à deux mains. Ce panier est généralement fait avec de la VIORNE MANCIENNE refendue; il est très-commode pour porter des choses pesantes sous un petit volume, comme des pierres, de la terre, des fruits, etc. Ce nom appartient encore à une mesure de grain. (B.)

CABAT. CHARRUE employée dans le Médoc pour déchausser le pied de la vigne. (B.)

CABAUX. C'est, dans le midi de la France, les BESTIAUX employés à la culture d'une MÉTAIRIE. *Voyez* ce mot.

Les cabaux appartiennent, tantôt au propriétaire, tantôt au métayer, tantôt à l'un et à l'autre. *Voyez* CHEPTEL. (B.)

CABEL, CABEILLAT, CABILLAN. C'est l'ÉPI du FROMENT dans le midi de la France. (B.)

CABINET DE VERDURE. Endroit régulier renfermé, soit par des arbres, soit par des plantes grimpantes, qu'on pratique dans les jardins. Il diffère du BERCEAU par une moindre étendue, et parce qu'il n'est pas couvert.

Le goût moderne repousse de plus en plus les berceaux et les cabinets de verdure. On n'en voit plus qu'en petit nombre dans les jardins plantés depuis quarante ans, tandis qu'auparavant on les y rencontrait à chaque pas. En effet toujours établis sur des principes uniformes, ils n'offrent pas cette variété sans laquelle tout jardin devient un objet d'ennui. (B.)

CABOT. Nom des CROCETTES de VIGNE dans le Médoc.

CABRI. Nom du jeune BOUC.

Dans les colonies françaises, c'est l'espèce même, ou mieux une de ses variétés à poil ras et sans cornes. (B.)

CABRILLOU ou CHABRILLOU. Petit FROMAGE de lait de CHÈVRE, qui se fabrique aux environs de Clermont. (B.)

CABU. Variété du CHOU. (B.)

CACAOTIER, CACAOYER, CACAO. Arbre dont les graines pilées servent de base au CHOCOLAT.

Quoique cet arbre ne puisse pas être conservé en Europe autrement que dans les serres chaudes, comme il est un des objets de la culture de quelques-unes de nos colonies, et qu'il peut le devenir de toutes, je crois devoir entrer dans quelques détails sur ce qui le concerne.

C'est à la polyadelphie pentandrie et à la famille des malvacées qu'appartient le cacaoyer. Il a le port et il atteint à la hauteur de nos cerisiers; son bois est poreux et léger; ses feuilles sont alternes, pétiolées, coriaces, très-entières, grandes, lisses et luisantes en dessus, veinées en dessous, pendantes et persistantes; ses fleurs sont petites, blanches, sans odeur, et disposées en faisceaux ou bouquets sur le tronc et sur les grosses branches. On en voit en tout temps d'épanouies; mais c'est aux approches des solstices qu'il y en a le plus. Les fruits sont des capsules raboteuses, cannelées, rougeâtres ou jaunâtres, ayant la grosseur et la forme des concombres, divisées intérieurement en cinq loges remplies d'une pulpe gélatineuse et acide, et de graines de la grosseur et de la forme d'une olive, attachées à un placenta central. Ce sont ces graines qu'on appelle *cacao.*

La pulpe des fruits du cacaoyer est agréable au goût, et on en fait des liqueurs rafraîchissantes.

Une bonne terre légère, ni trop sèche, ni trop humide,

une exposition abritée des grands vents, est ce que demande le cacaoyer. On lui consacre ordinairement les nouveaux défrichemens, et on plante dans ses intervalles des bananiers. Les labours doivent être aussi profonds que possible.

Les cacaoyers exigent d'être semés sur place, parce que le pivot leur est absolument nécessaire pour résister aux grands vents et aux grandes sécheresses, dont les contrées intertropicales, les seules où il puisse être cultivé utilement, sont si souvent affligées. On doit mettre en terre ses graines aussitôt qu'elles sont récoltées, et les placer à 20 ou 30 pieds les unes des autres, en quinconce. Ordinairement on en place trois à un pied l'une de l'autre, afin de couvrir les chances de leur non réussite. C'est un temps pluvieux qu'il faut choisir pour cette opération, afin qu'elles germent plus promptement.

Les pieds levés reçoivent deux binages la première année, et à la seconde on arrache les deux pieds les plus faibles. Il est bon de planter dans leurs intervalles, outre des bananiers, des légumes propres à les ombrager sans cependant les étouffer. A deux ans, quelques-uns ont 3 ou 4 pieds de haut, et commencent à fleurir; mais on ne leur laisse porter de fruits qu'à la quatrième année. A huit ans, ils n'en donnent encore qu'une trentaine par an; mais quand ils sont en pleine vigueur, la récolte est communément de deux à trois cents. Ces fruits, qu'on appelle *cabosses*, parviennent à maturité en quatre mois. Il y en a toujours sur l'arbre à différens degrés de grosseur; mais on en fait deux principales récoltes, au milieu de l'été et au milieu de l'hiver : cette dernière est la plus considérable. Placés dans un bon terrain et soignés convenablement, les cacaoyers produisent avec abondance pendant vingt-cinq à trente ans. Les soins qu'on leur donne pendant tout ce temps se réduisent à un labour annuel à leur pied, et au retranchement de l'extrémité des branches qui s'étendent le plus, ou qui végètent avec trop de force comparativement aux autres. Les intervalles continuent à être plantés en patates et autres légumes. J'ai oublié de dire qu'on arrête leur croissance en hauteur par la suppression de leur flèche, qu'on les tient seulement à la hauteur de 12 à 15 pieds pour faciliter la récolte des fruits.

Les fruits du cacaoyer cueillis sont laissés en tas sur le sol pendant quelques jours, pour qu'ils complètent leur maturité; ensuite on en extrait les amandes, lesquelles sont mises dans des tonneaux, où elles ressuient et noircissent; puis on les fait sécher rapidement au soleil, et on les met dans le commerce.

Une cacaoyère bien tenue est d'un excellent produit, attendu que ses frais sont payés par la culture des plantes qu'on met dans ses intervalles, et que sa récolte manque rarement.

Les amandes du cacaoyer (c'est-à-dire le cacao) sont l'objet d'un commerce de grande importance. On en retire une huile qui s'épaissit naturellement, et qui porte alors le nom de *beurre*. La première huile, qui est la meilleure, s'obtient en les pilant et en les jetant dans un grand vase plein d'eau bouillante; la seconde, en mettant en presse le marc déjà épuisé par cette première opération. En Europe, on est obligé de les torréfier avant d'en tirer l'huile, parce qu'elles n'y arrivent que desséchées. Le bon cacao ne doit avoir aucune odeur : il est très-nourrissant. Les naturels du Mexique en faisaient leur principale nourriture lors de l'arrivée des Européens. Tout le monde connaît le chocolat, qui n'est autre chose que le cacao pilé, broyé aussi fin que possible, et uni au sucre; plus, quelquefois à un peu de cannelle ou de vanille; mais cette nourriture, ou cette boisson, dont on fait une si grande consommation dans les villes, ne doit pas être l'objet de la convoitise des cultivateurs, à raison de son haut prix, et parce qu'ils doivent toujours faire valoir les produits de leur sol, en les préférant aux articles de consommation qui viennent du dehors. (B.)

CACHEXIE. La médecine vétérinaire a beaucoup profité des découvertes qui se faisaient en médecine humaine, et elle lui doit presque tous ses progrès; mais aussi elle lui doit une partie de ses erreurs. Ainsi, quand des médecins ont fait une classe de maladies qu'ils ont appelées *cachexies*, les personnes qui s'occupaient des maladies des animaux ont adopté cette même expression pour désigner également une classe de maladies; mais on s'est trouvé bientôt dans l'embarras pour spécifier ces maladies, et on a été obligé de laisser cette classification : d'ailleurs, la science, en faisant des progrès, surtout en distinguant bien les maladies les unes des autres, a successivement détruit cette classe, et aujourd'hui le mot cachexie ne signifie plus qu'un état de faiblesse générale, caractérisé par un affaiblissement des propriétés de la vie, tel que la langueur dans la circulation, ou pouls moins fort, moins fréquent, la couleur pâle des membranes muqueuses, la température du corps diminuée, l'infiltration des muqueuses, du tissu cellulaire, l'hydropisie lente des cavités splanchniques, la diminution de l'action musculaire, etc. La cachexie n'est donc plus qu'un symptôme commun à diverses maladies, au lieu d'être par elle-même une maladie.

La Pourriture du mouton est une maladie où tous les symptômes ci-dessus mentionnés sont le plus apparens, et où la mort paraît être souvent la suite immédiate de cette diminution des propriétés qui caractérisent la vie : si donc on voulait conserver le mot cachexie pour désigner une maladie particulière, unique, c'est sans aucun doute cette dernière qui devrait être appelée de ce nom. *Voyez* l'article POURRITURE. (HUZ. fils.)

CACOMITE. Espèce de tigridie dont la racine donnait une fécule nourrissante aux habitans de la vallée de Mexico lors de la conquête de ce pays. *Voyez* TIGRIDIE et FÉCULE. (B.)

CACTIER, *Cactus*. Lin., genre de plantes de l'icosandrie monogynie, et de la famille de son nom, qui renferme une trentaine d'espèces, la plupart remarquables par leur forme singulière, et quelques-unes, ou par la grandeur, la beauté et le bonne odeur de leurs fleurs, ou par l'utilité de leurs tiges et de leurs fruits.

Toutes ces espèces sont des plantes vivaces, la plupart armées de faisceaux, d'aiguillons, et dépourvues de feuilles. Elles croissent dans les terrains les plus arides des parties chaudes de l'Amérique, se multiplient de boutures, et demandent l'orangerie dans le climat de Paris.

. On les partage en quatre sections.

1°. En cactiers nains, qui sont globuleux, tels que

Le CACTIER A CÔTES DROITES, *Cactus melocactus*, Lin., ou le *melon épineux*, qui a 6 à 8 pouces de diamètre, et offre 15 à 16 côtes munies de faisceaux d'épines divergentes. Il est originaire d'Amérique et se cultive dans nos serres.

2°. En cactiers droits, allongés, qui ressemblent à des cierges, tels que

Le CACTIER DU PÉROU, ou *cierge épineux*. Il a 7 ou 8 côtes obtuses garnies de faisceaux d'épines divergentes, et s'élève à plusieurs toises. Il est originaire du Pérou, et porte de très-grandes fleurs blanches et pourpres, sans odeur. On en voit un superbe pied dans les serres du Muséum d'histoire naturelle.

Le CACTIER A FLEURS ÉCLATANTES, *Cactus speciosissimus*, a les tiges quadrangulaires et les fleurs très-grandes, d'un rouge voilâtre très-brillant. Il provient de l'Amérique méridionale. Sa fleur est une des plus belles que je connaisse ; mais elle dure fort peu d'heures. Son prix est encore fort élevé dans les jardins de Paris.

3°. En cactiers rampans ou grimpans, et dont les tiges poussent des racines latérales, tels que

Le CACTIER A GRANDES FLEURS, ou le *serpent*. Ses tiges sont longues, rameuses, rarement d'un pouce de diamètre, pourvues de cinq à six côtes épineuses et peu saillantes. Ses fleurs sont blanches, de 5 à 6 pouces de diamètre, et extrêmement odorantes. Elles s'ouvrent le soir et se fanent avant le lever du soleil. On peut jouir de leur aspect, presque toutes les années, dans les serres du jardin du Muséum.

Le Cactier queue de souris, *Cactus flagelliformis*, Lin. Il a les tiges presque cylindriques et à dix angles, munies de beaucoup de faibles épines. Ses fleurs sont nombreuses, petites, durables et d'un rouge très-vif. C'est l'espèce la plus commune dans nos jardins et la moins sensible au froid.

4°. Les cactiers composés d'articulations aplaties, qui naissent les unes sur les autres, tels que

Le Cactier rose, *Cactus speciosus*, Bonpland, a les tiges aplaties, les fleurs roses et nombreuses : il est originaire de l'Amérique méridionale ; sa culture est aujourd'hui fort étendue dans les orangeries de Paris, à raison de la beauté de ses fleurs.

Le Cactier en raquette, *Cactus opuntia*, Lin., qu'on connaît vulgairement sous le nom de *raquette*, de *cardasse*, de *nopal*, de *figuier d'Inde*. Il se trouve actuellement sauvage dans les parties méridionales de l'Europe, en Asie et en Afrique. Ses articulations, qui varient beaucoup de forme et de grandeur, sont parsemées de faisceaux d'épines plus ou moins longues, plus ou moins nombreuses, sortant de tubercules velus. C'est sur lui ou sur des espèces fort voisines, que vit la cochenille du commerce. Sa culture est indiquée au mot Nopal.

On ne fait pas assez usage, dans les pays intertropicaux, de ce cactier pour retenir les terres des sols en pente, et arrêter l'invasion des sables dans les déserts, usages auxquels il est extrêmement propre lorsqu'on le plante en haies composées de deux ou trois rangs.

CACTOIDES. Famille de plantes qui ne renferme que le genre cactier.

Elle a aussi été appelée nopalée. (B.)

CADELLE. On donne ce nom, dans les parties méridionales de la France, à la larve de la trogossite de Mauritanie, qui mange le blé. (B.)

CADEOU. Petit chien dans le département du Var. (B.)

CADET, Variété de poire.

CADRAN, CADRANURE. Maladie des arbres, principalement remarquable dans les vieux chênes, et dans lesquels le bois offre des fentes circulaires et des fentes rayonnantes. Elle réunit ainsi les inconvéniens de la Roulure et de la Gelivure. *Voyez* ces deux mots.

On attribue généralement la cadranure aux gelées, et il est probable qu'elle y concourt souvent ; mais la grande sécheresse peut aussi y contribuer. L'observation qu'elle n'existe jamais dans les jeunes arbres peut faire supposer, avec vraisemblance, qu'elle est le plus souvent l'effet de la débilité.

Au reste , quelle qu'en soit la cause , il n'y a pas moyen de lui appliquer des remèdes, puisqu'on ne connaît son existence que lorsque l'arbre est abattu.

Un arbre attaqué de cadranure est impropre à la plupart des objets de haut service ; mais il peut être employé à faire des lattes, du merrain , etc. *Voyez* COUCHES LIGNEUSES et BOIS. (B).

CADUC (MAL). *Voyez* ÉPILEPSIE.

CAFERAIN. ENGRAIS en usage dans le nord de la France , et qui est composé de CENDRE, de BOUE des chemins, de CURAGE des rivières , etc. (B.)

CAFEYER ou CAFIER , *Coffea*. Lin. Genre de plantes de la pentandrie monogynie, et de la famille des rubiacées , qui comprend environ vingt espèces connues , dont la plus célèbre est le CAFEYER ARABIQUE , *coffea arabica*, Lin. C'est la seule dont il sera question dans cet article.

Les cafeyers sont de petits arbres ou des arbrisseaux qui croissent naturellement dans les pays situés sous les tropiques ou dans leur voisinage. Ils ont des feuilles simples et opposées , avec des stipules opposées aussi placées entre les pétioles sur la face nue des rameaux. Leurs fleurs axillaires ou terminales donnent naissance à une baie plus ou moins grosse, contenant ordinairement deux semences dont un des côtés est convexe , et l'autre plane et marqué d'un sillon.

Le *Cafeyer arabique*, cultivé aujourd'hui pour sa graine dans tous les pays intertropicaux, tire son nom de la contrée qu'on soupçonne être son pays natal : quelques personnes le croient cependant originaire de la haute Éthiopie. Il est toujours vert , croît assez vite et s'élève à la hauteur de 15 à 25 pieds. Sa racine est pivotante, son tronc droit et revêtu d'une écorce fine et grisâtre ainsi que les branches. Celles-ci présentent des nœuds de distance en distance : elles sont souples , très-ouvertes , presque cylindriques, et toujours opposées deux à deux ; les inférieures prennent une direction plus horizontale que les supérieures ; toutes se garnissent de belles feuilles entières , portées par de très-courts pétioles et qui ressemblent beaucoup à celles du laurier commun, mais moins épaisses , moins sèches et ordinairement plus larges et plus pointues à leur extrémité. Des aisselles des feuilles , et sur de courts pédoncules, naissent en petits groupes de charmantes fleurs blanches et odorantes, qui ont à-peu-près la grandeur et la figure de celles du jasmin d'Espagne. Au lieu d'avoir deux étamines comme les jasmins , elles en contiennent cinq, au milieu desquelles s'élève un style fourchu. Ces fleurs passent vite et sont remplacées par une baie qui a l'apparence d'une cerise, et que, par cette raison , on nomme *cerise du café*. Elle est plus ou moins ronde ou ovale , d'abord verte, puis d'un rouge brillant et qui devient obscur à l'époque de sa parfaite maturité ; elle a un petit ombilic à son sommet, et elle contient une pulpe glaireuse et douceâtre, laquelle enveloppe deux petites graines ou fèves , d'une nature cornée , accolées l'une à l'autre et entourées chacune d'une membrane mince et coriace; ce sont ces graines qu'on appelle *café* : elles présentent de légères différences dans leur forme et dans leur couleur , suivant les variétés.

Histoire *du Café et du Cafeyer.*

On ignore la cause qui fit connaître aux Arabes la propriété de la boisson que donne le fruit du cafeyer. On a débité à ce sujet beaucoup de fables : ce qui paraît certain , c'est qu'au quinzième siècle cette boisson était commune à toute l'Arabie, et qu'au seizième les pélerins qui revenaient de la Mecque ou de Médine en avaient déjà répandu l'usage dans toutes les contrées mahométanes , malgré la décision du muphti , qui avait prononcé que c'était une des liqueurs proscrites par la religion de Mahomet. Les Européens qui voyagèrent dans le Levant apprirent à la connaître. En 1615 , Pietro della Valle écrivait de Constantinople qu'il enseignerait avant peu à l'Europe comment on prenait le *cahué ;* car c'est ainsi que les Turcs nommaient ce breuvage. Trente ans après , quelques négocians marseillais en rapportèrent l'usage dans leur patrie. Thevenot prenait du café à Paris au retour de ses voyages , et il en régalait ses amis toutes les fois qu'il leur donnait à dîner. Mais c'était là une faintaisie de voyageur, qui vraisemblablement n'eût pas été sitôt imitée , sans une circonstance qui contribue beaucoup à accréditer cette boisson.

En 1669, le grand-seigneur Mahomet IV envoya une ambassade à Louis XIV, Soliman aga en était le chef. Il fit à Paris un séjour de dix mois , pendant lequel son esprit et sa galanterie lui attirèrent l'attention de tout ce qu'il y avait de distingué dans cette capitale. Chacun s'empressa de le visiter, les femmes sur-tout eurent la curiosité d'aller le voir chez lui. Il leur faisait servir du café selon la coutume de son pays. Si c'eût été un Français qui eût présenté aux dames , comme une nouveauté , cette liqueur noire et amère , elles l'eussent sans doute dédaignée ; mais elle était offerte par un Turc, et par un Turc galant. Des esclaves richement vêtus la versaient dans de superbes tasses de porcelaine entourées de serviettes à franges d'or. Un air d'élégance et de propreté accompagnait ce service , rendu plus piquant encore par l'aspect étranger des meubles et dès habillemens , et par la singularité d'être assis sur des carreaux et de parler au maître du logis par interprète. Tout cela était bien fait pour tourner la tête à des Françaises.

Elles sortaient de chez l'ambassadeur ravies de sa politesse, et préconisaient par-tout le café qu'elles avaient pris. On commença à s'y habituer. Les personnes qui en avaient goûté chez Soliman voulurent continuer d'en prendre chez elles ; d'autres, par faste, en firent servir sur leur table. Il n'était pourtant pas aisé de se procurer la fève précieuse avec laquelle se faisait cette liqueur ; c'était alors une marchandise inconnue dans le commerce. On ne pouvait en trouver qu'à Marseille, et Marseille même en avait fort peu. Labat assure que dans ces commencemens la livre de café se vendit jusqu'à quarante écus.

Cependant en 1672, un Arménien nommé Pascal, établi à Paris, ouvrit à la foire Saint-Germain, et ensuite sur le quai de l'École, une boutique de café pareille à celles qu'il avait vues à Constantinople ou dans le Levant. On la nomma *Café*. Après lui, et à son exemple, d'autres Levantins en établirent de semblables. Quelques-uns de ces étrangers, au lieu d'attendre le consommateur chez eux, allaient le chercher par les rues ; mais ils n'eurent aucun succès, parce que les bourgeois et le peuple n'avaient point encore appris à connaître et à aimer le café. Les boutiquiers ne réussirent pas davantage ; mais ce fut leur faute. Au lieu de se procurer un lieu d'assemblée décent où pussent se réunir des personnes aisées, les seules alors qui fissent usage du café, ils n'eurent que de vraies tavernes où l'on fumait, où l'on buvait de la bière, et dont pour conséquent la bonne compagnie n'osa jamais approcher. Etienne d'Alep et le Florentin Procope furent les premiers à Paris, qui imaginèrent de décorer avec goût les salles où se distribuait cette liqueur. En peu de temps ils eurent une foule d'imitateurs. Déjà, en 1676, leur nombre était si grand, qu'il fallut les réunir en communauté et leur donner des statuts.

Le goût du café se répandit bientôt à Londres et dans le reste de l'Europe. Les peuples du Nord et du Midi s'y accoutumèrent également ; mais on était toujours obligé de tirer cette graine d'Arabie. Les Hollandais, spéculateurs habiles, cherchèrent à introduire le caféyer dans leurs colonies. Malheureusement de toutes les fèves qu'ils semèrent aucune ne leva ; car ce grain est un de ceux qui pour germer demandent à être mis en terre à l'instant qu'il est cueilli. On l'ignorait alors ; ce qui fit croire que les Arabes, avant de vendre leur café, le faisaient passer au four, afin d'en dessécher le germe. Les Hollandais, sans se décourager, allèrent à Moka chercher des plants de caféyer, qu'ils transplantèrent à Batavia, où ils réussirent très-bien. De Batavia ils en transportèrent à Surinam et à Berbice, sur la côte de la Guiane, et la chaleur du climat les y fit prospérer également. Un tel succès devait ouvrir les yeux au gouvernement français, ou réveiller l'industrie de nos colons. Ni l'un ni l'autre n'arriva, et Paris eut des cafeyers avant nos îles. Les Hollandais en avaient élevé quelques-uns à Amsterdam pour curiosité. En 1714 le bourguemestre-régent de cette ville en envoya deux pieds à Louis XIV, qui furent déposés au Jardin royal des plantes. Bientôt on les remit à M. Desclieux, qui allait à la Martinique en qualité de lieutenant de roi. Il fut chargé de porter ces arbustes dans cette île. L'eau ayant manqué dans la traversée et ne se distribuant plus que par mesure, Desclieux, pour arroser les deux plants qui lui étaient confiés, eut la générosité de se priver chaque jour d'une partie de celle qu'on lui livrait. Son sacrifice fut récompensé par le succès. Les jeunes cafeyers arrivèrent en bon état, et il eut la consolation de voir leurs fruits se multiplier assez pour procurer à la Martinique une nouvelle source de richesses. En 1726, l'intendant de cette île dressa un procès-verbal de ce qu'avaient produit les deux arbres apportés par Desclieux. Il résulta de l'enquête que l'île alors possédait déjà deux cents cafeyers assez forts et produisant du fruit, deux mille plants moins avancés, et un nombre infini d'autres dont les graines commençaient à pousser et à sortir de terre. Quelques années après, des plants de cafeyers furent transportés de la Martinique à Saint-Domingue, à la Guadeloupe et dans plusieurs autres Antilles.

Dans le même temps, à peu près, la culture du cafeyer fut introduite aussi à Cayenne par un Français nommé Mourgues, qui, au péril de sa vie, en apporta des graines fraîches de la Guiane hollandaise. Mais l'île Bourbon est la première de nos colonies qui ait cultivé le cafeyer, et la première aussi qui ait envoyé du café dans nos ports. Dès 1717, la compagnie française des Indes y avait fait passer des plants de cafeyer arabique, et c'est de ces plants que descendent tous les cafeyers cultivés aujourd'hui dans cette île, et qui donnait le café connu dans le commerce sous le nom de *café Bourbon*. Cependant il en existe une espèce ou une variété indigène à ce pays; du moins le fait suivant consigné dans les Mémoires de l'Académie des sciences de Paris, année 1715, semble le prouver. Un vaisseau, y est-il dit, qui venait de Moka, et qui mouillait à l'île Bourbon, y avait apporté comme curiosité une branche de cafeyer chargée de fleurs et de fruits. Les habitans à qui on la montra furent fort étonnés d'y reconnaître un des arbres de leurs montagnes. Ils allèrent chercher des branches de ceux-ci, dont la comparaison avec celles qui avaient été apportées se trouva exacte, tant pour la feuille que pour le fruit; seulement le café de l'île fut trouvé plus long, plus menu que celui d'Arabie. C'est vraisemblablement cette différence, réunie à quelques autres très-légères, qui a décidé l'illustre botaniste Lamarck à faire de ce cafeyer une espèce particulière et distincte du cafeyer arabique.

Culture *du Cafeyer.*

On cultive le cafeyer avec succès dans toutes les Antilles, dans les Guianes française et hollandaise, aux îles de France et de Bourbon, à Batavia et sur-tout en Arabie. C'est ce dernier pays qui fournit le meilleur café connu; il porte le nom de *café Moka*, et surpasse en qualité tous les autres que le commerce débite dans les deux continens. Cette supériorité est-elle due au climat et au sol de l'Arabie? ou le cafeyer de ce pays, transplanté depuis long-temps ailleurs, a-t-il dégénéré? C'est ce qu'il serait utile de rechercher. Mais je crois que la médiocre qualité du café de nos colonies, comparé à celui des Arabes, est l'effet de plusieurs circonstances dont je parlerai tout à l'heure, et ne saurait être attribuée à la nature du sol qui le produit.

C'est principalement dans le royaume d'Yémen, vers les cantons d'Aden et de Bender-Abassy que se trouvent en Arabie les plantations considérables de cafeyers. La température de ce pays est très-chaude; mais les montagnes qui s'y trouvent sont froides au sommet, et c'est ordinairement à mi-côte que les Arabes cultivent le cafeyer, au pied duquel ils ont soin de faire passer un filet d'eau. Ils sont aussi dans l'usage de garnir de pierres les fosses qu'ils creusent pour le planter. Dans la plaine et dans tous les lieux exposés au midi ou trop découverts, on l'abrite par d'autres arbres placés dans son voisinage : sans cette précaution, la chaleur excessive dessécherait ses fruits avant la récolte. Les soins donnés ensuite à cette culture consistent à détourner l'eau des sources pour la conduire auprès des cafeyers. Afin d'en écarter les insectes, on attache à leurs pieds une petite bande de toile large de deux ou trois doigts, imbibée d'une huile particulière. La récolte du fruit se fait à trois époques, la plus grande a lieu en mai : on étend des pièces de toile sous les cafeyers qu'on secoue. Jamais la main de l'Arabe ne se porte sur l'arbre pour y cueillir une graine de café; quelque apparence qu'elle donne de sa maturité, il ne regarde comme mûr que ce qui tombe par les secousses légères données à l'arbre. Ce café est jeté dans des sacs, transporté ailleurs et mis à sécher sur des nattes. Au bout de quelques jours on passe par-dessus les baies un cylindre de pierre ou de bois fort pesant, afin de dépouiller les graines de leur enveloppe. On vanne ensuite ces graines ou fèves, on les monde, et on les fait sécher de nouveau.

Telle est la méthode simple et facile que suivent les Arabes dans la culture de cet arbre intéressant et dans la récolte et la préparation de son fruit. En Amérique, on emploie d'autres procédés plus compliqués, et qui, sans l'avidité des propriétaires de caféteries, auraient d'heureux résultats ; mais pour obtenir un grain plus gros et plus pesant, on y recueille trop tôt le café et on le fait mal sécher, de sorte qu'il perd nécessairement en qualité ce qu'il gagne en volume : c'est une des causes de son infériorité. Sa saveur ne peut être aussi exaltée, ni sa sève aussi élaborée que dans le café arabique : il a moins de dureté que ce dernier, moins de parfum ; et il conserve toujours une certaine verdeur, qui lui fait prendre plus aisément l'odeur de toutes les substances environnantes.

Une autre cause de la médiocre qualité du café de nos colonies est le choix souvent mal entendu des lieux où se font les établissemens de cafeyers. Ces arbres n'aiment point une terre substantielle et forte ou trop humide ; ils se plaisent de préférence dans un sol rocailleux, médiocrement léger et suffisamment arrosé. Ils exigent aussi des abris, soit contre les grands vents, soit contre l'excessive ardeur du soleil ; et ces abris doivent être tels que cependant l'air puisse frapper librement leurs branches, et le soleil mûrir promptement leurs fruits. Si les cafeyers croissent dans un lieu étouffé sur un sol marneux ou argileux, ou même dans une terre trop légère, qui se dessèche trop vite et prive leurs pieds de la fraîcheur qui leur est nécessaire, alors leurs feuilles jauniront, et ils donneront des fruits à moitié mûrs ou avortés. S'ils sont plantés au contraire sur un sol trop riche et trop souvent arrosé, leur croissance sera vigoureuse et rapide ; mais leurs fruits, quoique plus gros, manqueront d'arome et de saveur, parce qu'ils auront été formés par un suc cru et mal préparé.

Joignez à toutes ces causes l'impatience de jouir chez les propriétaires, qui, pour vendre plus tôt leur café, s'empressent de le mettre en barils ou dans des sacs avant sa parfaite dessiccation, et la négligence des capitaines de navire qui placent à leur bord cette denrée au milieu d'une foule d'autres capables de lui communiquer une odeur étrangère et désagréable, et vous ne serez plus surpris de trouver dans le commerce tant de mauvais cafés, que l'on débite pourtant, parce que les connaisseurs sont rares, quoique cette boisson soit aujourd'hui très-commune.

Pour savoir si la supériorité beaucoup trop vantée du café moka sur celui de nos îles était due à la nature de la fève arabique, et si la médiocrité prétendue du café américain devait être attribuée à la constitution du pays plutôt qu'aux circonstances dont je viens de parler, j'ai fait à Saint-Domingue et répété plusieurs fois l'essai suivant. J'ai cueilli moi-même des cerises de café qui avaient crû et mûri à une belle exposition. Pour m'assurer qu'elles étaient arrivées à un degré de maturité complète, je me contentais de les toucher avec la paume de la main tenue ouverte, et celles que ce léger contact détachait du rameau étaient les seules que je choisissais. Je les ai dépouillées de leur pulpe, et j'en ai fait sécher très-promptement les grains sur des toiles exposées au grand air et au soleil. Lorsque ces grains cessaient de diminuer de volume et de poids, et lorsque j'avais de la peine à les briser entre les dents, je les jugeais (sans compter les jours) parvenus à leur entière dessiccation. Alors, c'est-à-dire six semaines environ après les avoir cueillis, je les ai torréfiés, et j'en ai fait du café, trouvé chaque fois aussi bon, sinon meilleur, que celui fait avec du vieux moka qu'on servait en même temps. Il est donc très-vraisemblable qu'on recueille-rait d'excellent café à Saint-Domingue et dans toutes les contrées chaudes de l'Amérique, si sa récolte dans ces pays n'était pas aussi prématurée. Pour la production de bons fruits, le sol et le climat demandent par-tout le concours des soins de l'homme.

Il existe encore sur le café un préjugé contre lequel il importe de prémunir le lecteur. On pense communément que le vieux café est le meilleur : c'est une erreur; le nouveau au contraire l'emporte de beaucoup en qualité sur l'autre, l'expérience dont il vient d'être question le démontre. En effet le café nouveau doit avoir et a réellement plus de parfum, plus de saveur; il contient une plus grande quantité d'huile : on suppose qu'il est venu dans un sol plutôt sec qu'humide, et qu'il a été récolté et séché à la manière des Arabes. Si dans le commerce on préfère toujours le vieux café, c'est parce que la plupart de ceux qu'on nous apporte des Indes occidentales, ayant été récoltés verts, ont besoin que le temps achève leur dessiccation.

Le caféyer n'est pas cultivé de la même manière dans tous les pays, les cultivateurs de cet arbre, dans les deux Indes, ne sont pas même d'accord entre eux sur des points très-essentiels; il est d'ailleurs impossible de présenter ici toutes les méthodes locales et particulières : je dois donc me borner à exposer des principes généraux applicables dans tous les lieux où peut croître ce végétal précieux.

Une terre neuve et franche et tant soit peu légère est celle qui convient le plus au caféyer. Il se plaît sur les coteaux, sur les montagnes même, et dans tous les lieux où la trop grande ardeur du soleil peut être tempérée par les pluies ou par des abris naturels; il craint le voisinage de la mer, dont l'air salin dessèche sa fleur; l'exposition au nord lui est contraire aussi, beaucoup moins cependant sous la ligne qu'aux environs des tropiques.

Quand on établit une *cafèterie* (c'est le nom que l'on donne aux plantations du cafeyer), on doit commencer par faire disparaître du terrain tous les arbres, arbustes et buissons qui le couvrent. Si le sol est uni ou en pente douce, après avoir brûlé tout ce que la hache n'a pu atteindre, il faut enlever jusqu'aux souches et aux racines; s'il est escarpé et inégal, la conservation des souches est nécessaire pour retenir les terres et prévenir ainsi les ravages des averses, qui, sans cette précaution, en entraîneraient chaque fois avec elles une portion considérable (1).

On peut ou planter le cafeyer, ou en semer la graine, soit à demeure, soit en pépinière. Dans quelques pays, pour former une cafèterie, on prend les jeunes plants qui naissent des fruits tombés. Cette pratique est défectueuse; elle ne donne que des sujets faibles, qui, n'ayant point vu le soleil dans leur enfance, languissent long-temps après leur transplantation. Il vaut mieux semer le café. En semant à demeure, on s'épargne beaucoup de peine, l'établissement est plus tôt formé, et les premiers arbres, non transplantés, conservent leurs pivots et résistent mieux aux efforts des vents. Cette méthode doit sur-tout être adoptée dans les quartiers pluvieux; elle est simple. On plante des piquets en quinconce, ou de toute autre manière; on les espace convenablement, plus ou moins, selon la qualité du sol, et au pied de chaque piquet on fait un trou, dans lequel on jette plusieurs graines de café. Quand les plants ont pris 12 à 15 pouces de hauteur, on n'en laisse qu'un dans chaque trou, et toujours le plus fort.

Dans les endroits où il pleut rarement, il est plus avantageux de semer d'abord en pépinière. On choisit pour cela un lieu assez découvert, et un sol médiocrement bon, non fumé, mais préparé par plusieurs labours. On le dispose en planches et par rayons profonds d'un demi-pouce et distans entre eux de sept à huit pouces. On y sème à 3 ou 4 pouces d'intervalle, non la baie du café, mais sa graine ou fève. L'époque la plus favorable à ce semis est l'équinoxe de septembre, dans les pays situés en deçà de l'équateur, comme la Martinique et Saint-Domingue; et celle de mars, dans les contrées qui sont au-delà de la ligne, comme les îles de France,

---

(1) L'état des plantations de cafiers, dans la plupart des îles intertropicales, devient de plus en plus inquiétant par l'avalaison de la couche de terre des montagnes où elles existent, avalaison qui leur ôte tout moyen de se conserver. Il n'y a que la formation de TERRASSES transversales de quelques mètres seulement de largeur, lesquelles seront soutenues par des HAIES basses, qui puissent les conserver dans un état prospère; ainsi je recommande cette mesure à tout propriétaire de cafèterie située en pente. (*Note de M. Bosc.*)

20 *

de Madagascar et de Bourbon. Les jeunes plants supporte-
ront aisément la chaleur du soleil d'hiver de ces climats, et
auront déjà acquis une certaine force lorsque celle de l'été
se fera sentir. Si on semait dans une saison opposée, on les
exposerait à périr dès leur naissance. Les semis ne doivent
point être faits près des haies, dont les racines dévorent la substance de la terre, et dont l'ombrage, sur-tout celui des haies de
campéche, arrête la croissance des jeunes caféyers. La pépinière demande à être arrosée, soit a la main, soit par filtra-
tion ou par irrigation. Cependant on ne doit pas répéter trop
souvent cette opération; car les jeunes arbres trop arrosés n'ont
point, à la transplantation, la vigueur des autres. Il faut sur-
tout avoir attention que les plants ne soient point submergés.

On doit transplanter les caféyers pendant l'hiver des pays où
on les cultive; dans cette saison, ils ont moins de sève. On les
enlève avec leur motte de terre ou sans leur motte. Cette dernière méthode est la plus suivie; mais l'autre, quoique plus
longue, est plus sûre et préférable; en l'employant, on peut se
dispenser de consulter la saison, pourvu que la transplantation
se fasse dans un temps pluvieux. On coupe ou on ne coupe
pas le pivot du jeune plant, suivant la nature du sol préparé
pour le recevoir. Si ce sol a de la profondeur, le pivot doit être
conservé; dans le cas contraire, on le coupe au moment et
dans le lieu de la transplantation.

La profondeur et la largeur des trous, la distance des plants
entre eux et leur disposition sur le terrain, doivent aussi être
subordonnées non-seulement à sa qualité, mais encore à sa
pente plus ou moins grande, ou nulle, à son exposition, et
même aux variations de l'atmosphère, auxquelles est sujet le
lieu où est établie la caféterie. Il est clair qu'on doit espacer
davantage les plants, et faire des trous plus larges dans les
lieux humides ou souvent arrosés, sur-tout si le sol est plus
riche et plus profond. Dans les endroits secs ou disposés en
pente, les jeunes caféyers doivent être plus rapprochés, et les
trous avoir une largeur et une profondeur relatives : on ne
peut prescrire à cet égard aucune règle générale. Cependant,
dans les terrains nouvellement défrichés, les trous doivent
toujours être plutôt larges qu'étroits, parce que ces terrains
sont ordinairement remplis d'une multitude de petites racines
d'arbres qu'il importe d'enlever : elles servent de retraite et de
pâture à des vers blancs, qui attaquent ensuite celles du cafeyer,
sur-tout le pivot, et font périr l'arbre. La hauteur des jeunes
plants qu'on enlève de la pépinière doit être de 15 à 18 pouces.
On les couvre de terre jusqu'à 2 pouces au-dessus du collet
de la racine, et on les coupe à 10 ou 12 pouces au-dessus de
la surface du sol, ne leur laissant que la tige. On peut quel-

quefois employer de très-petits plants; mais lorsqu'ils sont
plus forts, ils réussissent mieux : ce succès dépend beaucoup
de la saison où se fait la transplantation, des précautions dont
on l'accompagne, et du temps qui l'a précédée ou suivie.
Quand elle est achevée, pour abriter les jeunes cafeyers et
favoriser leur reprise, on les entoure de branches garnies de
feuilles, qu'on retire au bout de quinze ou vingt jours; on doit
laisser les feuilles au pied du plant; elles le maintiennent dans
un état de fraicheur. On produit le même effet et d'une manière
plus sûre, en y amoncelant des cailloux; mais il faut pour cela
que le sol en fournisse une suffisante quantité. On ne doit rien
planter entre les cafeyers, si ce n'est du maïs ou des pois, et
pendant les deux premières années seulement. Un bon cultivateur doit faire tous les ans des semis de café pour pouvoir
remplacer au besoin les sujets ou vieux, ou nouvellement
transplantés, qui périssent par l'effet des sécheresses, des
coups de soleil et des ouragans, ou par toute autre cause.

Les cafeyers n'ont besoin d'être sarclés que deux ou trois fois
seulement; car à mesure que leurs ramifications s'étendent,
ils couvrent assez la terre pour étouffer les mauvaises herbes.
Il est plus convenable d'arracher les herbes avec la main,
quand la moiteur du sol le permet, que de sarcler à la houe;
leur reproduction est alors plus difficile, et le sol étant moins
remué, n'est pas aussi exposé à être détérioré. On peut ou les
brûler, ou en entourer par petits monceaux les pieds de cafeyers : ainsi entassées elles ne repoussent pas de sitôt, et elles
étouffent celles de dessous. Dans beaucoup de cafèteries, on
laisse aussi sur le sol les tiges sèches et les productions mortes
des plantes herbacées qu'on y a cultivées. Tout cela forme en
peu de temps un excellent terreau.

On est par-tout dans l'usage d'étêter les cafeyers. Quoique
cette opération contrarie la nature, elle est pourtant fondée
sur de bonnes raisons. Par ce moyen, on rend la récolte plus
facile, on donne plus de développement aux branches latérales, et les arbres sont mieux garantis de la violence des vents.
C'est la qualité du sol qui doit déterminer la hauteur à laquelle
il faut les étêter; dans les plus mauvais terrains, on les arrête
à deux pieds et demi, et dans les meilleurs à 4 ou 5 pieds.
Les habitans de la terre ferme, dit M. de Pons, ne laissent
communément à leurs cafeyers qu'une hauteur de 4 pieds;
beaucoup d'entre eux cependant ne les étêtent pas du tout, et
leur laissent prendre toute leur croissance, que la nature a fixée
de 24 à 26 pieds. Comme ces arbres sont communément plantés en ligne droite, peut-être serait-il avantageux d'en étêter
la moitié, et de laisser l'autre moitié parvenir à toute sa hau-

teur, de manière qu'un arbre étêté se trouvât entre deux qui
ne le seraient pas, *et vice versâ* : disposés ainsi, ils ne pourraient pas se nuire en s'entrelaçant, et les individus livrés à
eux-mêmes étant plus précoces, donneraient leurs fruits, pendant que ceux des arbres étêtés acheveraient de mûrir.

On doit retrancher avec soin toutes les branches gourmandes, à mesure qu'elles se montrent. Les branches mortes
ou demi rompues doivent être taillées dans le vif, et la place
recouverte de terre humectée. Il ne faut pas négliger de ras-
seoir ou de relever sur-le-champ les arbres qui ont été fortement ébranlés ou renversés par un ouragan, et alors on a soin
de les rechausser. Lorsque les cafeyers, dans leur extrême vieillesse, portent du bois mort, ou ne fructifient que peu, on les
récepe le plus près de terre possible, et au moment où ils sont
le moins en sève, c'est-à-dire, à l'un des deux solstices, suivant le pays ; on laboure ensuite la terre à leur pied, et on y
jette de l'engrais. A moins de grandes contrariétés de la part
des saisons ou du sol, ces arbres récepés donnent, à la seconde
année, une légère récolte ; ils sont en plein rapport à la troisième ou quatrième, et ils fructifient pendant environ trente
ou quarante ans ; ils produisent plus ou moins selon la nature
du terrain : on peut retirer de chaque pied depuis une jusqu'à
2 livres de café sec.

Nous avons vu que les Arabes suivent dans la récolte du café
les procédés de la nature ; c'est-à-dire qu'ils attendent que sa
maturité complète le fasse tomber, seulement ils accélèrent de
quelques instans cette chute en secouant l'arbre. Dans les colonies européennes soit orientales, soit occidentales, on est
plus impatient, et rarement y cueille-t'on ce grain parfaitement mûr. La récolte s'y fait à la main, et à deux ou trois
époques. Aussitôt que la cerise du café a pris une couleur de
rouge foncé, on la suppose assez mûre pour être cueillie. Les
nègres ont un sac de grosse toile, qui reste ouvert à l'aide d'un
cercle disposé à son embouchure ; ce sac est suspendu au cou
de celui qui cueille le café, et il le vide dans un panier. Dans
le cours de cette opération, il a soin de ne point effeuiller les
extrémités des branches, et de ne point endommager les bourgeons qui s'y trouvent et qui doivent bientôt fleurir. Il enlève
les cerises par chaque anneau séparément, en tournant et re-
tournant la main droite sur elle-même, tandis que la main
gauche contient la branche. Ceci n'est applicable qu'à la grande
récolte ; dans les autres, on ne trouve de grains mûrs que çà et
là, et l'on est obligé de les cueillir un à un. Pour peu qu'un
nègre soit actif, il peut ramasser trois boisseaux de cerises par
jour ; mais il convient de ne point le presser, de crainte que,

pour accélérer la besogne, il ne mêle des baies vertes avec celles qui sont mûres. Cent boisseaux de ces baies sortant de l'arbre doivent donner environ mille livres de café (1).

Il serait à désirer que, pour la santé des noirs, on pût toujours faire la récolte du café dans un temps sec, après que la rosée est passée, et au moment de la plus grande force du soleil. Malheureusement, dans la plupart des Antilles, presque toutes les caféteries sont établies dans les mornes, où il pleut très-fréquemment; on ne veut pas attendre l'instant favorable, ou on ne le peut pas; on cueille la cerise encore humide; les cultivateurs chargés de ce soin sont exposés à la pluie ou à la rosée: ils sont vêtus, il est vrai; mais l'humidité échauffée par les habits est plus funeste que celle qui est reçue à nu sur le corps : de là naissent beaucoup de maladies. Aussi, toutes choses égales d'ailleurs, périt-il proportionnellement plus de nègres dans les établissemens en caféyers que dans les autres, quoique le contraire dût arriver, puisque dans nos îles, comme dans tout pays, l'air de la montagne est ordinairement plus vif et plus sain que celui des plaines et des bords de la mer.

Après sa récolte, on s'occupe de la dessiccation du café. Pour y parvenir, on étend les cerises par couches de 3 pouces au plus d'épaisseur, sur des aires spacieuses, exposées à l'air et au soleil, et préparées de différentes manières, soit pavées, soit revêtues d'un bon ciment. Il est avantageux que ces aires aient une légère pente qui puisse faciliter l'écoulement des eaux. Au moyen de cette disposition, les cerises, qu'on a soin d'ailleurs de retourner souvent dans la journée, sont échauffées à-la-fois dans toutes leurs surfaces par les rayons directs ou réfléchis du soleil. On veille à ce qu'elles n'entrent point en fermentation, ce qui nuirait à la qualité du café, parce qu'alors le suc de la pulpe, devenant volatil et spiritueux, communiquerait à la fève un goût d'aigre et une odeur désagréable. On laisse ainsi les cerises sur l'aire pendant trois semaines au moins. Quand elles sont desséchées et que leur peau est devenue cassante, on sépare cette peau du grain, au moyen de moulins faits exprès; à défaut de moulins, on se sert de mortiers. Dans les lieux où les pluies sont très-fréquentes, la méthode de sécher la cerise à l'étuve doit être préférée; elle exige moins de main d'œuvre, et le desséchement s'opère plus promptement sans

---

(1) Il arrive fréquemment qu'une des graines du café avorte, alors l'autre devient ronde. Ces graines rondes se trient et se vendent fort cher sous les noms de *éden*, *aden*, *ouden*, *tête de Moka*, etc. J'ai cru toujours reconnaître que ce café était tantôt supérieur, tantôt inférieur à l'ordinaire : c'est à-dire, comme ce dernier, selon qu'il est cueilli en complète maturité et desséché d'une manière convenable.

(Note de M. Bosc.)

crainte de fermentation. Il y a beaucoup de pays où, à l'aide de machines ingénieuses, qu'il serait trop long de décrire, on dépouille tout de suite le café de sa pulpe pendant que la cerise est rouge (1).

Les différentes manières de préparer le café ont chacune leurs partisans. La dernière est plus expéditive ; mais les autres lui conservent mieux sa saveur. La pulpe étant enlevée, il reste à dépouiller le grain de la pellicule qui le couvre immédiatement et qu'on nomme parchemin. On fait usage pour cela de moulins que l'art, dirigé par l'intérêt, simplifie et perfectionne tous les jours. On vanne ensuite le café, et on le fait sécher de nouveau, soit à l'air libre, soit à l'étuve ou au four ; l'étuve lui ôte sa verdeur sur-le-champ ; il est enfin mis dans des sacs ou des barils, et livré au commerce. Si au lieu de le dessécher quand il a été mondé, on l'enferme aussitôt, on altère sa qualité. Les sacs et les barils de café doivent être placés dans un lieu couvert et aéré, à une certaine élévation au-dessus du sol ou du plancher, et loin de tous les corps qui pourraient lui communiquer une odeur étrangère. Cette disposition ne peut avoir lieu que chez le propriétaire ou le marchand de cette denrée ; elle est impraticable dans son transport en Europe ; et cet inconvénient, ajouté à tous les procédés défectueux de sa récolte, contribue beaucoup à la détériorer. Miller raconte qu'une cargaison entière de café, apportée des Indes en Angleterre, fut perdue, parce qu'on avait mis sur le vaisseau plusieurs sacs de poivre.

Commerce, propriétés, usage et préparation du *café*.

De toutes les denrées qui ne sont point de première nécessité, il en est peu dont le commerce se soit accru avec autant de rapidité que celle-ci. Les premiers navigateurs français qui soient allés directement à Moka pour acheter du café sont les Malouins. En 1709, pendant la guerre de la succession, ils armèrent deux vaisseaux pour ce port, qui revinrent chargés d'une quantité considérable de cette marchandise. Dans les années 1732, 33 et 34, la compagnie des Indes vendit 750 milliers de café Moka, et il ne fut vendu que de 26 à 30

---

(1) Il eût été à désirer que M. Dutour, pendant son séjour à Saint-Domingue, eût fait quelques expériences pour savoir si en dépouillant les grains de café de leur pulpe, à la chute même de l'arbre, il ne s'opère pas une diminution dans leur qualité. La théorie dit qu'il faudrait amonceler les cerises dans un lieu abrité, et les laisser, pendant quelques jours, achever leur évolution de maturité, puis les écraser dans de l'eau, qui, surchargée de leur pulpe, fermenterait et donnerait de l'eau-de-vie par sa distillation.

On remplirait par ce moyen deux buts avantageux, la plus prompte de siccation des graines et une augmentation de revenu.

　　　　　　　　　　　　　　　　(*Note de M. Bosc.*)

sous la livre. En 1748, 49 et 5o, elle en mit en vente autant
avec 18 et 1900 milliers de café Bourbon ; mais le premier monta
jusqu'à 40 et 45 sous, et le second se vendit 20 et 22. Depuis
1750, malgré la grande multiplication des caféyers dans nos
colonies occidentales, ces prix se sont maintenus assez constamment jusqu'à l'époque de la révolution ; mais depuis ce
temps aussi la consommation du café en France a au moins
triplé. La faveur dont il a joui tout-à-coup n'a pas manqué
d'exciter dans les commencemens l'animadversion des médecins. Plusieurs, tant à Paris que dans les provinces, écri-
virent et firent soutenir des thèses contre la nouvelle boisson.
En Orient elle avait été aussi l'objet de discussions ridicules
et de défenses sévères ; mais ses détracteurs n'ont fait fortune
nulle part. On s'est toujours moqué de leurs observations, et
par-tout l'habitude et le goût de cette liqueur ont prévalu.

Le café pur, c'est-à-dire infusé dans l'eau bouillante, aide
à la digestion, tient éveillé et fortifie l'estomac. Son usage ordinaire peut prévenir l'apoplexie et toutes les maladies sopo-
reuses. Il ne convient point aux personnes d'un tempérament
sec, ardent et sanguin, ou qui ont le genre nerveux très-irri-
table ; mais les gens phlegmatiques, ceux qui ont beaucoup
d'embonpoint ou qui mènent une vie sédentaire, peuvent sans
crainte en prendre tous les jours. Les Orientaux en boivent
beaucoup, quelquefois jusqu'à 3 ou 4 onces en vingt-quatre
heures. Ils retirent d'abord une décoction du café cru, ensuite
ils le font sécher, le torréfient légèrement, et le pilent en une
poudre très-fine qu'ils jettent dans cette décoction tenue bouillante. Les Turcs font avec la pulpe de la cerise desséchée une
boisson agréable et très-rafraîchissante ; c'est le *café à la sul-
tane*. On donne le même nom à la décoction légère du grain
non rôti prise avec un peu de sucre. Cette boisson est très-
propre à rétablir l'appétit. Quelques personnes font leur café
avec le grain entier ou seulement concassé, mais qui a été auparavant torréfié.

La torréfaction du café, sa réduction en poudre plus ou
moins fine, et son infusion à l'eau froide ou bouillante, sont
les préparations communément adoptées aujourd'hui pour la
composition de cette liqueur ; mais chacune d'elles exige beaucoup de précautions et de petits soins, qu'il ne faut pas négliger si l'on veut conserver au café son parfum et son goût
propre ; il perd en partie l'un et l'autre, et n'a plus la même
vertu lorsqu'on le mêle avec du lait. Cependant le café à la
crême est une boisson très-agréable. Quand la mode de le
prendre ainsi s'établit, on le fit d'abord au lait pur : cette
méthode a duré fort long-temps. Maintenant on le fait d'abord
à l'eau, et on y ajoute ensuite plus ou moins de crême ou
de lait.

Pour faire de bon café, la qualité du grain est la première chose à considérer. Il doit être parfaitement sec, difficile à casser sous la dent, d'une couleur gris jaunâtre, parfumé et sans odeur étrangère quelconque. Pour sa torréfaction, on a employé successivement divers procédés. D'abord on se servit d'une poêle de fer ou d'un poêlon de terre vernissée; mais cette méthode avait le désavantage d'exiger beaucoup de temps et de ne jamais rôtir également le grain. D'ailleurs l'usage des vaisseaux de terre vernissée peut être pernicieux, parce que l'émail ou vernis de la terre s'éclate par la chaleur, tombe et se mêle quelquefois au café. On leur substitua donc le cylindre ou tambour de tôle, qu'on fit tourner sur un fourneau de même matière. Le premier grain brûlé dans le tambour prend, il est vrai, une odeur désagréable; mais quand cet ustensile a servi pendant quelque temps, il n'en communique plus aucune au café : cette manière de le rôtir est moins fatigante que la torréfaction à la poêle. Pendant l'opération il faut entretenir dans le fourneau un feu égal et doux, et tourner continuellement la manivelle du tambour. On doit retirer le grain aussitôt qu'il a pris une couleur cannelle. Si l'action du feu était portée plus loin, le principe huileux du café deviendrait empyreumatique, et rendrait cette boisson plus nuisible que salutaire. Après avoir tourné le tambour à l'air pendant deux ou trois minutes, on verse le grain sur un corps froid, tel que la pierre ou le marbre, afin de concentrer en lui-même ses principes; et quand il est entièrement refroidi, on le met dans un vase quelconque qu'on tient exactement fermé. L'usage de l'étouffer dans une serviette ou dans du papier est mauvais, parce que ces corps lui enlèvent sa partie huileuse, qu'on ne retrouve plus dans la liqueur.

Il ne faut jamais moudre le café avant son entier refroidissement; tant qu'il conserve un reste de chaleur, il est un peu gras et pâteux; dans cet état il embarrasserait la noix du moulin et ne passerait pas; cependant on doit mettre le moins d'intervalle possible entre sa torréfaction et son infusion. Les Arabes préparent ainsi le leur. L'infusion de café peut se faire à l'eau froide ou à l'eau bouillante, chacune de ces deux méthodes présente un avantage et un inconvénient. Infusé à l'eau froide, il perd moins de son arome et de ses principes huileux par l'évaporation; mais il en retient beaucoup qui restent dans sa poudre ou son marc, et dont la liqueur se trouve privée. L'infusion à l'eau bouillante lui enlève au contraire tout ce qu'il a de parfum et d'esprit, mais en laisse échapper une partie Ainsi des deux côtés il y a perte et gain, et, tout bien considéré, la méthode d'infuser à l'eau bouillante est préférable, pourvu qu'on retire la cafetière du feu aussitôt après y avoir jeté la poudre, et qu'on la tienne ensuite exactement couverte. Nos ferblantiers ont imaginé depuis quelque temps un ustensile très-ingénieux pour faire sur-le-champ d'excellent café ; c'est une espèce de grecque, dans laquelle les parties balsamiques et spiritueuses de cette substance, détachées et entraînées par l'eau bouillante, passent avec elle à travers une grille de fer-blanc ou de porcelaine, percée d'une infinité de petits trous. La liqueur tombe dans un vase disposé au fond de la cafetière et on peut la verser sur-le-champ par le moyen d'un robinet ; elle a tous les indices d'un café bien préparé et naturel ; elle est claire et limpide, nullement chargée ni rendue trouble par les plus petites particules de la substance dissoute, et elle offre dans la tasse une couleur à-peu-près noire avec une bordure de couleur marron. Chez la plupart des limonadiers de Paris, on clarifie le café avec la colle de poisson pour le rendre brillant ; mais on lui ôte ainsi une grande partie de son parfum. (D.)

CAFFE. C'est la même chose que SOLARD. *Voyez* ce mot et BŒUF (B.)

CAGE. Enceinte à claire voie, mobile ou fixe, de bois, de fer ou d'autres matières, dans laquelle on enferme constamment des oiseaux destinés à l'agrément, et circonstanciellement ceux qu'on élève pour l'usage de la table.

On peut varier de mille manières différentes la forme des cages ; mais cependant il est quelques-unes de ces formes qui sont préférables aux autres, soit pour l'élégance, la solidité, la commodité, l'économie, etc. Entrer dans le détail de toutes ces formes serait superflu ; mais il convient cependant de parler de quelques-unes, principalement appropriées à un but particulier.

Les cages destinées à recevoir des oiseaux qui par leur nature tendent à s'élever perpendiculairement, doivent avoir leur partie supérieure molle ou flexible, pour que ces oiseaux ne s'y cassent pas la tête : telles sont celles des ALOUETTES. Les PERDRIX et les CAILLES, qui sautent toujours lorsqu'elles trouvent un obstacle à leur marche, doivent les avoir disposées de même. Ordinairement on ferme la partie supérieure de leur cage avec une grosse toile.

Lorsqu'on veut garantir le manger des POULETS, des DINDONNEAUX, des OISONS, des CANARDEAUX, etc., de la voracité des autres volailles, on le place sous une cage mobile qui représente un cône tronqué et surbaissé, cage non fermée à sa partie inférieure, et qu'on relève seulement assez pour que les petits puissent entrer dessous, ou dont on a écarté les barreaux de manière qu'ils puissent passer seuls à travers.

Les volailles qu'on destine à l'engrais sont utilement placées dans des cages où elles ne peuvent pas se retourner, et où elles n'ont de jour que par le trou dans lequel elles passent la tète pour aller chercher leur manger placé dans une petite auge en avant. Ces cages, qui sont ordinairement réunies plusieurs à côté les unes des autres, sont élevées à un ou 2 pieds du sol; lorsqu'elles sont en planches on les appelle ÉPINETTES.

En France, les cages de basse-cour sont faites par les vanniers. Par-tout j'ai vu que dès qu'elles ne servaient plus, elles étaient abandonnées dans un coin de la grange, et même de de la cour, à toute l'action destructive des enfans et des bestiaux, d'où il résultait que chaque année il fallait les renouveler. Sans doute leur acquisition n'oblige pas à une grande dépense, mais il n'est pas de petites économies en agriculture.

Il y a aussi des cages à poisson, destinées à conserver, à sa disposition, le poisson qu'on ne veut pas consommer au moment de sa pêche. Ce sont des coffres en planches percées de trous et fermant avec un cadenas : rarement on en fabrique à claire-voie pour cet objet.

Dans les jardins on entoure d'une cage quelques plantes pour garantir leurs graines des oiseaux. *Voyez* GRAINE. (B.)

CAGNOTTE. Petit CUVIER, dans le département de Lot-et-Garonne, qui sert à fouler la vendange.

CAHUTE. On donne ce nom, dans les départemens de l'est de la France, à une petite cabane où logent les plus pauvres familles, sur-tout celles qui, comme les charbonniers, sont souvent dans le cas d'en construire de nouvelles. Dans les cantons de vignobles de ces départemens, il y a souvent des cahutes dans les vignes, uniquement pour pouvoir s'y retirer au moment de l'orage. Elles sont en pierres sèches recouvertes de terre, et souvent des arbustes couvrent toute leur surface. J'en ai vu de très-élégantes, et par conséquent dignes d'être imitées dans les jardins paysagers. (B.)

CAILLE. Oiseau du genre des PERDRIX (*voyez* ce mot), que les cultivateurs sont souvent dans le cas de voir et encore plus souvent d'entendre, et auquel ils sont aussi quelquefois dans le cas de faire la chasse.

Quelque grand rapport qu'il y ait entre la caille et la perdrix, on peut toujours facilement la distinguer à sa grosseur moitié moindre et à ses habitudes. En effet, elle ne vit jamais en troupes comme cette dernière, et n'est pas permanente dans nos campagnes. Au printemps, elle arrive des déserts de l'Afrique, et y retourne en automne lorsque la récolte des céréales est complétement effectuée. Son cri ou chant de rappel est fort différent. Elle niche chez nous. Les mâles se battent souvent pour les femelles. La ponte est de douze à vingt œufs.

Toutes sortes de grains et même d'insectes servent de nourriture aux cailles. Elles font une consommation considérable de blé, sur-tout à l'époque de la moisson. Elles savent casser les chaumes pour mettre les épis à leur portée, ainsi que j'ai eu occasion de le voir; cependant comme, avant la maturité du blé ou après sa récolte, elles mangent aussi les graines des plantes qui infestent les champs, il est encore incertain si on doit les mettre au rang des animaux plus nuisibles qu'utiles.

La chair des cailles, lorsqu'elles sont jeunes et grasses, est fort estimée.

On chasse les cailles au fusil et avec des filets.

La chasse au fusil est difficile : premièrement, parce qu'elles n'aiment point voler et qu'il faut un bon chien pour les trouver; secondement, parce que leur vol est extrêmement rapide et très-bas.

Les filets employés communément pour la chasse des cailles sont au nombre de deux, le *hallier* ou *tramail*, et la *tirasse*.

Le hallier est composé de trois filets réunis par le haut et par le bas, de moins d'un pied de hauteur, mais longs de 20, 30 et même 40 pieds; celui du milieu, qu'on appelle toile ou nappe, a des mailles d'un pouce seulement de largeur, et il se tend très-lâche. Les filets extérieurs, qui s'appellent aumées, ont des mailles jusqu'à deux pouces et demi de large, et ils se tendent tirés. Ce sont beaucoup de baguettes d'un pied et demi de long et aiguisées par un bout, qui servent à fixer droit le hallier autour des blés dans lesquels on sait qu'il y a des cailles : plus il y a d'espace entouré par ce filet, et plus on est certain de faire une chasse avantageuse.

Au printemps, on fait venir les cailles dans le hallier au moyen d'un appeau qui imite leur cri; on ne prend guère que des mâles. En automne, on est obligé de faire des battues, soit par des hommes, soit par des chiens. Les cailles, voulant passer à travers le hallier, soit pour venir au son de l'appeau, soit pour fuir les hommes ou les chiens, s'embarrassent le cou dans le filet du milieu, et les ailes dans le filet extérieur, du côté où elles se trouvent, et donnent le temps au chasseur de venir les prendre.

La tirasse est un grand filet à mailles carrées de 15 à 20 lignes de large, que deux personnes promènent sur les champs et sur les prés lorsqu'ils sont dépouillés, et dont on couvre les cailles, qu'un chien d'arrêt indique.

Il est des pays où on engraisse les cailles du printemps, qui sont toujours maigres, avant de les manger. Pour cela on les renferme dans un lieu obscur dans des cages très-basses et disposées comme celles destinées aux poulets, et on les gorge de nourriture. (B.)

CAILLÉ (LAIT). Le lait de toutes les femelles laisse séparer, par le repos, une matière plus ou moins abondante, d'un blanc mat, appelée vulgairement *caillé*, et *matière caseuse* par les chimistes. Elle est ordinairement épaisse, tremblante et comme gélatineuse; lorsqu'elle est nouvellement séparée, sa saveur est agréable. Avec le temps elle passe à la fermentation acide, et finit par se putréfier.

De toutes les parties constituantes du lait, la plus alimentaire est la matière caseuse; elle seule, à défaut de toute autre nourriture, suffirait pour soutenir en bon état pendant quelque temps l'individu qui en ferait usage. *Voyez* FROMAGE.

La saveur du lait se transmet au caillé : de là celle des fromages de chèvres.

Plusieurs médecins célèbres, Cullen entre autres, recommandent l'usage du caillé, même acide, dans certaines cachexies, dans le scorbut, et dans quelques affections de l'estomac accompagnées de vomissement; mais cet usage paraît plus répandu dans les campagnes que dans les villes. Il est vraisemblable qu'il pourrait servir efficacement dans toutes les circonstances où les acides doux, associés avec les alimens, sont jugés nécessaires; mais jusqu'ici l'emploi de cette matière n'a pas été assez étendu dans le traitement des maladies, soit internes, soit externes. L'usage le plus commun du caillé consiste à le manger seul. On l'emploie assez habituellement à Amiens et à Rouen sous le nom de MATTE. Souvent on le mêle avec du sucre ou des aromates : alors il présente un mets agréable, rafraîchissant, et ordinairement de facile digestion.

Généralement les cultivateurs donnent à leurs cochons le caillé dont ils ne font pas des fromages; mais s'il les nourrit, il n'est pas propre à les ENGRAISSER. *Voyez* ce mot.

M. Bosc, pendant son séjour en Caroline, faisait un usage fréquent du lait caillé; tous les soirs, pendant l'été, il en mangeait une terrine, et par ce régime il croit avoir évité la fièvre jaune, que des courses journalières dans les marais et sous les rayons d'un soleil brûlant l'exposaient à attraper plutôt que la plupart des habitans, qui cependant mouraient par centaines autour de lui. (PAR.)

CAILLEBOTTE. Nom vulgaire de la VIORNE OBIER. (B.)

CAILLELAIT, *Gallium*. Genre de plantes de la tétrandrie monogynie et de la famille des rubiacées; qui renferme des herbes vivaces à racines traçantes, rouges, à tiges grêles, quadrangulaires; à feuilles linéaires disposées en verticilles, et à fleurs petites et disposées en panicules terminales, dont quelques espèces sont trop communes pour ne pas intéresser les cultivateurs, qui peuvent d'ailleurs en tirer quelque utilité.

Les espèces de caillelait qu'il convient de citer ici sont :

Le Caillelait jaune, *Gallium verum*, Lin. Il a les verticilles de huit feuilles linéaires, les rameaux florifères très-courts, et les fruits glabres. On le trouve très-communément dans les bois, les haies, les prés, où il s'élève d'un à deux pieds et plus, au moyen des branches sur lesquelles il s'appuie. C'est à la fin du printemps qu'il se fait sur-tout remarquer par ses nombreuses fleurs jaunes légèrement odorantes ; tous les bestiaux le mangent quand il est jeune ; sa saveur est astringente : on le regarde comme céphalique, anti-épileptique. Dans quelques cantons, on l'emploie pour faire cailler le lait ; mais il jouit de cette propriété à un très-faible degré. Les fermiers du comté de Chester, en Angleterre, mêlent cependant avec de la présure ses sommités fleuries, et prétendent qu'ils lui doivent la supériorité de leurs fromages. Ses racines sont propres à teindre en rouge ou en jaune, selon la nature des ingrédiens salins qu'on emploie pour mordans. Mêlées en poudre à la nourriture d'une lapine, elles ont coloré en rouge son lait et les os de ses petits, sans colorer les siens.

Le Caillelait blanc, *Gallium mollugo*, Lin. Il a les verticilles de huit feuilles ovales, linéaires, légèrement dentées et mucronées, les rameaux florifères écartés, et les fruits glabres. Il se trouve dans les mêmes lieux que le précédent et est encore plus commun. Ses propriétés sont absolument semblables ; ses touffes ont un aspect si agréable, qu'elles méritent d'être placées dans les jardins paysagers, parmi les buissons de l'avant-dernier rang des massifs.

Le Caillelait uligineux. Il a les verticilles de six feuilles lancéolées, roides, mucronées, épineuses en leurs bords, les grappes de fleurs peu nombreuses, et les fruits velus. On le trouve très-abondamment dans les marais, sur le bord des étangs, dans les bois humides, et il s'y fait remarquer pendant tout l'été par ses fleurs blanches et assez grandes ; tous les bestiaux le mangent. Il serait peut-être possible d'en tirer parti comme fourrage ; car en général les plantes des lieux où il se plaît le plus ne sont pas du goût des bestiaux.

Le Caillelait accrochant, *Gallium aparine*, Lin. Il a les verticilles de huit feuilles lancéolées, carinées, hérissées les articulations velues, et les fruits hérissés de pointes recourbées. On le trouve le long des haies, des bois, dans les lieux secs et incultes. Il est annuel, et passe pour apéritif et diurétique. Lorsque ses fruits sont mûrs, ils se détachent et s'accrochent aux habits des passans, aux poils des animaux : c'est le moyen que la nature lui a donné pour envoyer au loin sa progéniture. Quelquefois les moutons en sont si couverts, qu'il devient très-long et très-pénible de les en débarrasser. (B.)

Observations sur le caillelait. Cette plante, à laquelle tous les auteurs ont attribué la propriété qui lui a donné son nom, essayée comme ils le recommandent, n'a pu opérer l'effet coagulant, quoique nous ayons apporté dans cette expérience, mon collègue *Déyeux* et moi, toute l'attention dont nous sommes capables.

D'abord nous avons commencé par opérer sur du caillelait séché, ayant cette odeur de miel qui annonce sa bonne qualité. Au retour du printemps, nous avons répété sur le caillelait nouveau les expériences que nous avions faites en automne avec le caillelait desséché; et comme les principes des plantes varient à raison de l'âge, du sol et des expositions, nous avons eu l'attention de recueillir, sur des terrains et à des aspects différens, le caillelait à son premier début de végétation, à l'époque de la floraison, et quand il était près de grener. L'infusion, la décoction, l'eau distillée, le végétal lui-même en substance appliqué dans ces divers états au lait froid ou en ébullition, n'ont déterminé aucune coagulation; ce qui nous autorise à prononcer affirmativement que la faculté de coaguler le lait n'appartient pas plus au caillelait jaune qu'au caillelait blanc, qui a été pareillement essayé.

On sait qu'en été et lorsque le temps est orageux, le lait acquiert souvent la propriété de se coaguler spontanément en moins de six heures, lorsqu'on l'expose au feu. On connaît d'après cela que, si on opérait sur du lait de cette espèce, il ne faudrait plus attribuer la coagulation à l'influence du caillelait qu'on y aurait mêlé.

Ce qu'il y a de remarquable, c'est que depuis Dioscoride jusqu'à nous il ne se soit pas trouvé un seul auteur qui ait même osé élever un doute sur la propriété du caillelait. Aussi est-on en droit d'en conclure que tous les écrivains se sont copiés servilement, et que c'est ainsi qu'ils ont transmis une erreur qu'une seule expérience aurait pu si facilement détruire. Que d'exemples en physique et en chimie ne pourrait-on pas citer de pareilles fautes qui tiennent à la même cause! (PAR.)

CAILLI. Le CRESSON s'appelle ainsi à Rouen. (B.)

CAILLOT ROSAT. Variété de POIRE.

CAILLOU. Les cailloux répandus généralement sur la surface de la terre, et qui, dans certains cantons, semblent la recouvrir complétement, sont des pierres extrêmement dures, faisant feu avec le briquet, d'un grain si fin qu'il échappe à la vue. En général, leur couleur est brune, quelquefois noire; mais on en trouve aussi de différentes autres couleurs. Leur transparence ne s'aperçoit que lorsqu'ils sont réduits à une

très-mince épaisseur, et cette transparence est toujours obscure. Sur la surface de la terre, on les trouve isolés et par morceaux, qui approchent plus ou moins de la figure ronde ; ils
paroissent en général avoir été roulés, ou par les eaux de la
mer, ou par celles des fleuves et des rivières. Ceux que l'on
rencontre dans l'intérieur de la terre et en place, dans la
craie, y forment des couches considérables, continues, et
peu distantes les unes des autres. L'épaisseur de ces couches
ne va guère au-delà de 10 à 12 pouces, et plusieurs n'ont que
quelques lignes. C'est dans les falaises qui bordent les côtes
de la mer qui baigne la Normandie, dans celles qui, partant
de la Champagne, vont à travers la Picardie et la Normandie
gagner les provinces de l'Angleterre qui font face aux nôtres
qu'on en rencontre le plus abondamment.

Ces observations peuvent conduire à l'explication de l'origine des cailloux; mais nous en parlerons plus particulièrement aux mots PIERRE A FUSIL, QUARTZ et SILEX.

Quelque dur que paraisse le caillou, quoique les acides, le
feu, ces agens si puissans, ne paraissent avoir aucune prise
sur lui, et qu'il ne le fonde et ne le vitrifie qu'à l'aide d'un
alcali, le temps, ce destructeur puissant, qui développe sans
cesse le germe de la décomposition dans tous les êtres, n'é-
pargne pas le caillou. Exposé à l'air, il se décompose, à la
vérité, par des nuances insensibles, mais qui n'en sont pas
moins réelles : alors la face extérieure devient blanchâtre, fa-
rineuse ; elle happe la langue à la façon des argiles : si on
casse le caillou dans cet état, on remarquera facilement que
cette blancheur pénètre plus ou moins avant dans l'épaisseur
de sa substance suivant la longueur du temps qu'il est resté
exposé à l'air.

La chimie et l'histoire naturelle offrent une infinité de faits
sur la nature et la variété qui se rencontrent dans les cailloux ;
mais le plan que nous nous sommes proposé dans cet ouvrage
ne nous permet pas de les exposer ici ; nous renvoyons donc
aux livres qui les renferment ceux de nos lecteurs qui seraient
curieux de s'en instruire.

Le caillou, lorsqu'il est en trop grandes masses et en trop
grande quantité, nuit beaucoup à l'agriculture ; non-seulement
il oppose des obstacles au labourage. Dans les terrains à vignes,
il n'est pas aussi incommode ni aussi dangereux ; les racines
de la vigne étant plus fortes, elles s'étendent et pénètrent à
travers les cailloux avec plus de facilité. (R.)

Mais ce caillou est celui avec lequel, en le cassant en lames
minces, on obtient ces pierres si nécessaires pour avoir du feu
en tous les instans, au moyen d'un briquet, d'un morceau
d'amadou et d'une allumette. C'est le SILEX des minéralo-

gistes, lequel forme une sorte particulière de pierre. Il en est d'autres qui sont d'une nature fort différente. Les uns sont des morceaux de granit, de porphyre, de gneiss, de trapp, de grès, de marbre et autres, anciennement détachés des montagnes primitives, roulés pendant des milliers d'années par des torrens, et enfin fixés en grandes masses dans des plaines ou des vallées. Toutes les hautes chaînes de l'Europe en sont entourrées à des distances très-considérables. La plaine qui s'étend depuis Lyon jusqu'à l'embouchure du Rhône, celle de la Lombardie, toutes les vallées des Alpes en sont formées et couvertes. Il en est de même des plaines des bords de la Seine. Les autres sont des morceaux de pierre calcaire, de productions volcaniques, également roulés, qui sont descendus des montagnes de formation postérieure. Je puis dire que les cailloux servent de base au dixième des terres cultivables de l'Europe. Ils doivent donc beaucoup intéresser le cultivateur.

Le sol qu'indiquent les premiers de ces cailloux est presque toujours une argile sèche, profonde, provenant de leur décomposition même, ou de celle des schistes, à côté ou au milieu desquels ils ont été d'abord placés. Leur grosseur et leur nombre varient à chaque pas. Plus ils sont près des montagnes d'où ils sortent et plus ils sont gros. Ceux des vallées des Alpes, des hautes montagnes de l'Espagne sont comme des rochers dévastateurs qui entraînent tout avec eux ; mais ils s'useront par la suite des siècles et deviendront petits comme comme ceux de la plaine du Dauphiné. Je cite ces lieux, parce que je les ai vus, et qu'ils sont présens à ma mémoire ; mais toute l'Europe ; mais tout l'univers présentent des exemples semblables.

Comme l'homme est petit devant ces grands phénomènes de la nature ! comme sa vie est courte en comparaison du temps qu'il a fallu pour diminuer de moitié la hauteur du Mont-Blanc, et en amener les débris jusque dans la Méditerranée ! Quels sont les moyens employés pour rendre fertiles ceux de ces débris qui se sont arrêtés en route, près du faubourg de Lyon, qu'on appelle de la Guilliotière, par exemple ? Hélas ! ils sont bien faibles ces moyens, puisque depuis l'établissement de cette antique cité, et malgré le besoin qu'en avaient ses habitans, ces débris forment encore un sol aride et inculte !

Cependant les terrains les plus caillouteux peuvent être utilement semés en seigle, en sainfoin, plantés en vignes, en bois, peuvent être améliorés par des irrigations bien entendues, par des défoncemens profonds, par des enlèvemens des plus grosses pierres. C'est dans les vallées des Alpes qu'il faut admirer l'industrie des cultivateurs. Là, on construit des digues, on élève des monceaux de cailloux pour se garantir des effets des torrens et donner plus de terre aux plantes, etc., etc. *Voyez* MERGER.

Quant à la nature du sol produit par les débris des pierres calcaires et des productions volcaniques, elle est toujours excellente, parce que ces pierres se décomposent rapidement, et donnent une terre perméable aux racines des plantes, et susceptible de recevoir toutes les espèces d'amendemens. Aussi combien sont fertiles les vallées des montagnes calcaires, celles des montagnes volcaniques! Qui ne connaît l'extrème richesse de la Limagne d'Auvergne! Mais il faut s'arrêter. Je reviendrai autre part sur ces objets.

Quelques personnes appellent caillou toute pierre qui n'est pas plus grosse que la tête; mais ici je le considère sous un point de vue plus restreint.

Le caillou, dont il a été parlé au commencement de l'article, se trouve tout arrondi dans la terre; c'est-à-dire qu'il a naturellement cette forme. Il est beaucoup plus tendre au sortir de la terre que lorsqu'il a été quelques jours à l'air, aussi est-ce cet instant qu'il faut choisir pour l'éclater. (*Voyez* PIERRE A FUSIL). On le croit formé par la composition ou la décomposition de la craie ou de l'argile dans laquelle il se trouve, et cela est plus que probable à mes yeux, quoiqu'on ne puisse en expliquer le mode dans l'état actuel de la chimie. (B.)

CAIMITIER, *Chrysophillum*, Lin., arbre fruitier qui croît entre les tropiques, et auquel se joint trois ou quatre autres espèces, pour former un genre dans la pentandrie monogynie, et dans la famille des sapotilliers. Il s'élève à différentes hauteurs, a des feuilles alternes, entières, communément soyeuses, et des fleurs disposées en faisceaux. Son fruit, qui varie de grosseur et de couleur, est bon à manger; on le sert sur toutes les tables; mais sa chair, gluante et laiteuse, a un goût fade et une odeur qui approche de celle de la fleur du châtaignier. On emploie le bois du caimitier dans les ouvrages de charpente, aux Antilles et dans d'autres parties de l'Amérique méridionale. Cet arbre y est cultivé dans les jardins. On le multiplie de graines; il demande une terre substantielle et médiocrement légère. (D.)

CAISSES. Les caisses qui servent au jardinage sont de plusieurs sortes : on les distingue en caisses de jardin proprement dites, en caisses à semis, et en caisses destinées au transport des plantes vivantes.

Les caisses de jardin sont de toutes les dimensions, depuis un pied carré jusqu'à 5 pieds. Elles sont composées de 4 pieds droits, équarris dans toute leur longueur, excepté par la partie supérieure, qui se termine en pomme ou en olive; de quatre panneaux assujettis aux 4 pieds, soit par des clous, des mortaises ou des équerres de fer; d'un fond percé, supporté par des traverses de bois ou de fer, et placé à 3 ou à 8 pouces de l'extrémité inférieure des pieds; la partie supérieure reste découverte.

Ces caisses sont faites le plus ordinairement en bois de chêne bien sain et bien sec. Les plus petites, telles que celles d'un pied à 18 pouces, sont construites en douves de tonneau. Celles de 26 pouces sont fabriquées en merrain, et les autres en fortes planches de bois dur, plus ou moins épaisses, en raison de l'étendue des caisses.

Les panneaux des petites caisses sont cloués sur leurs pieds, et leur fond est soutenu par deux traverses de bois. Ceux des caisses de moyenne grandeur sont assujettis par des équerres de fer, et leur fond est supporté par deux barres de fer carrées, fixées par de grands clous ou des chevilles dans les pieds. Les panneaux des grandes caisses devant s'ouvrir à volonté pour donner la facilité d'examiner de temps à autre l'état dans lequel se trouve la motte des arbres et pour renouveler la terre, doivent être assujettis à des châssis de fer, qui s'adaptent au moyen de crochets à leur bâtis.

Les orangers demandent des caisses construites dans ce dernier mode, et même plus solidement, s'il se peut. On trouvera, planche IIIe., *fig.* 1, la figure d'une de ces caisses munie de ses crochets de fer.

Ces caisses doivent être couvertes à l'extérieur de trois couches de peinture à l'huile, et goudronnées à l'intérieur. Il est essentiel, pour la solidité de la peinture et la durée des caisses, d'examiner l'état du bois avant de le peindre, de choisir de bonnes couleurs, et de les faire employer à propos. Il n'est pas moins avantageux que les ferrures qu'on met à ces caisses soient fortes et solides; elles exigent moins de répations et peuvent servir ensuite à différentes caisses. Toutes ces attentions produisent une économie assez considérable dans les grands jardins, pour ne pas être négligées.

Les caisses de jardin servent à placer les arbres ou arbrisseaux étrangers, d'orangerie et de serre, devenus trop forts pour être contenus dans des pots d'un pied de diamètre. Nous disons d'un pied de diamètre, parce que les vases de terre d'une dimension plus grande sont peu maniables, se cassent aisément, et deviennent plus chers que des caisses de pareille étendue (1).

____

(1) Il est d'observation que les plantes prospèrent mieux dans les caisses que dans les pots de même largeur et hauteur. Cela tient à deux causes: 1°. à ce que leurs angles et la perpendicularité de leurs faces

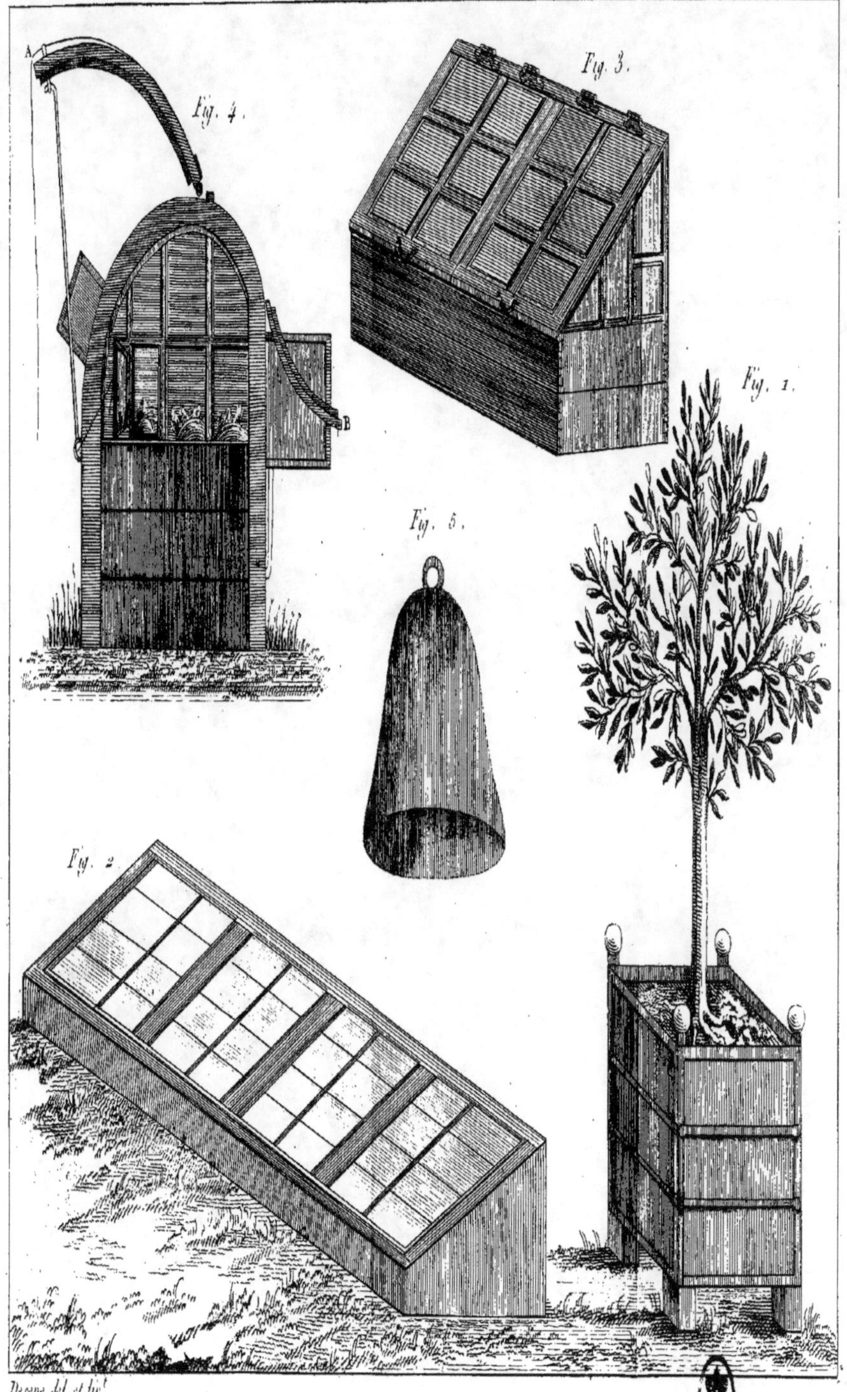

Fig. 1 Caisse. Fig. 2.3 et 4 Chassis. Fig. 5 Cloche.

Les caisses à semences et à semis sont des boîtes de 15 à
18 pouces de large, sur 2 à 2 pieds et demi de long, et de
8 à 10 pouces de profondeur. Elles sont formées de quatre
panneaux, d'un fond, et de quatre montans carrés, auxquels
sont attachés et le fond et les panneaux. Ces caisses doivent
être faites en bois de chêne, ferrées avec des équerres, goudronnées intérieurement, et peintes en dehors comme les
précédentes; mais il est inutile qu'elles soient ornées de
pommes comme les autres, il suffit qu'elles aient à chaque
extrémité une poignée de fer pour les transporter avec
facilité.

Ces caisses sont employées plus particulièrement pour les
semis de graines d'arbres étrangers, qui ne peuvent être faits
avec succès dans des terrines ou en pleine terre. La facilité
qu'elles offrent de transporter en tout temps les semis d'un
lieu à un autre pour les préserver du froid, de l'humidité,
de la grande chaleur et des rayons brûlans du soleil, les rend
très-utiles à la culture des plantes étrangères.

Les caisses destinées au transport des plantes en nature
n'ont point de forme déterminée. On leur donne les dimensions nécessaires pour contenir le volume qu'on doit envoyer;
mais cependant lorsqu'il s'agit de faire voyager, pendant
deux ou trois mois, des plantes dont la végétation a un temps
de repos, il est bon que les caisses dans lesquelles on les
renferme, soient partagées, dans leur longueur, par un grillage
en bois, qui fixe les racines avec leur emballage à une des
extrémités, tandis que les tiges et les branches sont libres
dans la partie supérieure. Toute la circonférence de cette
partie supérieure doit être percée d'un grand nombre de trous,
pour que l'air puisse se renouveler, et pour que, si les plantes
viennent à pousser, leurs bourgeons ne s'étiolent pas trop.
Voyez au mot EMBALLAGE.

Quant aux caisses destinées à faire voyager des plantes
dont la végétation n'a pas de repos marqué, et à les transporter à des distances qui exigent cinq ou six mois et même
plusieurs années de voyage, il en sera parlé à l'article SERRE
PORTATIVE. *Voyez* ce mot.

---

font qu'elles contiennent plus de terre; 2°. à ce que le bois étant plus
mauvais conducteur de la chaleur que la brique, elles perdent plus
difficilement pendant la nuit celle que leur terre avait absorbée pendant
le jour.

On a proposé dans ces derniers temps des améliorations dans la construction des caisses, mais l'augmentation de leur prix, qui en était la suite
nécessaire, n'a pas permis de les adopter, les plus simples étant déjà
un objet considérale de dépense dans les grands jardins bien entretenus·

(*Note de M. Bosc.*)

On donne encore le nom de caisse à la partie de menuiserie ou au coffre sur lequel on place des panneaux de verre pour former les châssis des couches. (Th.)

CAJOL. On appelle ainsi, en Brie, une petite natte de jonc sur laquelle on met les fromages à égoutter. *Voyez* Fromage. (B.)

CALABRE. Brebis qui a perdu ses dents et qui n'est plus bonne qu'à tuer. (B.)

CALADION. Genre de plantes séparé des gouets par Ventenat, et qui renferme les espèces dont on mange les feuilles et les racines. Je devrais donc traiter ici de ces espèces ; mais comme ce mot est encore peu connu, je préfère renvoyer au mot Gouet les détails que nécessitera leur culture. (B.)

CALAMAGROSTIS. *Calamagrostis.* Genre de plantes établi par Roth aux dépens des agrostides et des roseaux. Il diffère des agrostides, parce que ses balles sont soyeuses, et des roseaux, parce que ses épillets sont uniflores.

Trois espèces de ce genre sont dans le cas d'être ici citées comme intéressant les cultivateurs.

Le calamagrostis des sables, *arundo arenaria*, Lin.; le calamagrostis roseau, *phalaris arundinacea*, Lin., et le calamagrostis coloré, *arundo colorata*, Willd. Tous trois sont mentionnés au mot Roseau. (B.)

CALAMENT, *Melissa calamentha*, Lin. Plante vivace, à racine fibreuse, à tiges carrées, rameuses, hautes de plus d'un pied ; à feuilles opposées, presque sessiles, ovales, dentées, velues, longues d'un pouce ; à fleurs violettes et purpurines, naissant deux par deux, sur un pédoncule commun, dans les aisselles des feuilles supérieures, qui fait partie du genre des Mélisses. *Voyez* ce mot.

Cette plante, qu'on trouve dans les bois, les haies, dans tous les lieux secs et pierreux, sur-tout des parties méridionales de l'Europe, fleurit pendant tout l'été. Ses feuilles ont une odeur agréable, une saveur aromatique, âcre et amère. On les emploie en médecine comme stomachiques, incisives, résolutives ; carminatives, etc. Leur usage est assez fréquent.

Il est quelques endroits où le calament est si abondant, qu'il nuit aux pâturages ; car non-seulement les bestiaux ne le mangent pas, mais encore ne mangent pas l'herbe qui est imprégnée de son odeur, ou du moins craignent d'en manger en allant brouter celle qui se trouve sous son feuillage. Il est donc bon de l'arracher. (B.)

CALANDRE. Nom des larves qui mangent les céréales, et particulièrement du Charançon du blé. *Voyez* ce mot. (B.)

CALCAIRE. On donne ce nom à une espèce de pierre qui a

Les deux derniers calcaires sont les seuls qui intéressent les
pour caractères principaux de se dissoudre dans les acides et
de se calciner au feu. Elle est composée d'une matière simple
qu'on appelle chaux, et d'acide carbonique. Rarement elle se
trouve parfaitement pure dans la nature ; elle est presque toujours mêlée, et souvent intimement, avec de l'argile, du quartz,
du fer, etc.

On distingue en géologie trois sortes de pierres calcaires :
1°. la pierre calcaire primitive qu'on trouve dans le voisinage
du granit, dont les bancs ne sont jamais horizontaux et même
sont quelquefois perpendiculaires ; c'est la plus pure, cependant elle abonde en quartz ; 2°. la pierre calcaire secondaire,
ou calcaire ancienne, qui renferme des coquilles particulières,
telles que les ammonites, les bélemnites, les térébratules, etc.,
et qu'on rencontre à quelque distance des granits, ou sur les
flancs des chaînes qui en sont composées. Elle contient toujours du quartz très-divisé, de l'argile et du fer en abondance ;
3°. le calcaire tertiaire ou coquillier, qui forme le plus communément le noyau des montagnes qui s'éloignent le plus des
granits. Il est presque entièrement composé de coquilles ma-
rines d'espèces différentes de celles citées plus haut, et dont
plusieurs vivent encore aujourd'hui dans les mers. Il doit évidemment son existence à la destruction de ces coquilles et
des madrépores, et ses couches, toujours ou presque toujours
horizontales et intercalées avec des couches d'argile, de
sable, etc., indiquent encore plus cette origine. Quelquefois
ses molécules sont si peu liées qu'on peut les séparer avec
l'ongle.

Le calcaire de la première sorte a été formé par la même
cause et peu après le granit. C'est le marbre blanc, le marbre
statuaire ; il est rare. Les plantes qui croissent sur lui sont particulières, d'après l'observation de Décandolle.

Le calcaire de la seconde sorte a été formé en partie des élémens du premier, et en partie par la destruction de coquillages
qui vivaient dans une mer antérieure peut-être de plusieurs
milliers d'années à celle qui existe en ce moment. C'est celui
qui fournit le plus communément ce qu'on appelle la *chaux
maigre*, la *chaux hydraulique. Voyez* Chaux.

La Craie (*voyez* ce mot) appartient à cette sorte, d'après
les faits cités par Cuvier et Brongniard, dans leur Mémoire sur
la géologie des environs de Paris.

Le calcaire de la troisième sorte a été formé dans la mer actuelle, mais à une époque où ses eaux étaient deux fois plus
élevées et où les climats n'étaient pas les mêmes qu'aujourd'hui,
puisque le sol de la France ne renferme que des coquilles dont
les analogues n'habitent plus que dans les mers intertropicales.

cultivateurs, parce que ce sont eux qui forment la matière des montagnes et qui influent sur la nature du sol ; et quoiqu'ils aient un aspect et des propriétés physiques différentes, ils se lient par un si grand nombre de points, qu'il est impossible de fixer leur ligne de démarcation. Tous deux sont très-abon‑ dans en France et servent à différens usages.

Généralement on appelle *marbre commun* le calcaire secon‑ daire.

Il s'emploie, lorsqu'il a le grain très-homogène, c'est-à-dire susceptible d'un beau poli, à faire des dessus de tables, des chambranles de cheminées, etc. (*Voyez* au mot MARBRE), et lorsqu'il n'a pas ces qualités, ou à bâtir ou à faire de la chaux.

Le calcaire tertiaire se nomme proprement *pierre à bâtir*, *pierre à chaux*, lorsqu'il est dur et même lorsqu'il est mêlé avec une grande quantité d'argile.

C'est principalement de celui-ci qu'il va être ici question sous les rapports agricoles ; car les précédens, à raison de l'homogé‑ néité ou de la dureté de leurs molécules et par suite de leur dif‑ ficile décomposition, ont peu d'influence sur la nature du sol qui les recouvre, quoique leurs fragmens y soient souvent dis‑ persés en abondance.

Les pays de calcaire tertiaire sont en général fertiles, parce que presque toujours l'argile recouvre la roche ou sépare ses couches. C'est le cas d'une grande partie des plaines de la France ; mais lorsque cette pierre se présente sans cette der‑ nière substance, alors le sol est des plus impropres à la culture.

A égalité des autres circonstances, les pays calcaires sont toujours plus chauds et par conséquent plus précoces que les pays GRANITIQUES, que les pays ARGILEUX, que les pays SA‑ BLONNEUX ; cependant ces derniers sont quelquefois brûlés pendant l'été, comme beaucoup de personnes ont été à portée de s'en assurer.

Il est des plantes qui affectionnent les sols calcaires, il en est d'autres qui ne peuvent y croître. La vue du lin strié, de la brunelle à grande fleur, de la scabieuse colombaire, de l'eu‑ phorbe ésule, etc., suffit pour les indiquer. Inutilement cher‑ chera-t-on à y planter des châtaigners, ils y languiront pen‑ dant deux ou trois ans, et finiront par y périr. Toutes les plantes d'usage dans la grande culture s'y plaisent beaucoup.

Il est des pierres calcaires qui ne sont point altérées par leur exposition à l'air. Il en est d'autres qui ne tardent pas à s'y dé‑ composer, c'est-à-dire à s'y réduire en fragmens plus ou moins gros, même en poussière. Ces dernières sont ordinairement les plus chargées d'argile et de sable : tantôt l'alternative du chaud ou du froid, du sec ou de l'humide suffit pour produire cet effet ; tantôt il faut des gelées rigoureuses, tantôt une production de salpêtre, etc. Dans tous les cas, le résultat de la décomposition est un excellent amendement pour les terres argileuses, c'est une véritable MARNE. (*Voyez* ce mot.)

On peut amener toutes les pierres calcaires à l'état propre à servir d'amendement en les faisant calciner dans le feu, c'est-à-dire en les transformant en chaux : seulement celles qui ne contiennent que peu d'argile et de sable produisent plus d'effet sous le même volume que les autres. *Voyez* le mot CHAUX.

Les pierres calcaires tertiaires, étant le résultat de la destruction des animaux marins conchylifères, contiennent encore souvent une petite partie de la matière animale et du sel marin qui ont dû entrer en quantité dans leur composition lors de leur formation ; dans ce cas, elles agissent, lorsqu'elles se sont décomposées spontanément, non-seulement comme amendement, mais encore comme engrais. Elles sont donc très-précieuses pour les cultivateurs ; mais malheureusement peu d'entre eux savent les distinguer. On les reconnaît à l'odeur qu'elles donnent lorsqu'on les calcine, et à la saveur qu'elles impriment sur la langue lorsqu'on les y porte. La chaîne de rochers qui est sur la rive droite de la rivière d'Oise, entre la Seine et Pont-Sainte-Maixence, est dans ce cas. J'ai lieu de soupçonner que toutes les chaînes semblables qui se salpêtrent naturellement le sont aussi plus ou moins. Il serait à désirer que les minéralogistes et les chimistes fissent, dans leurs voyages ou dans les cantons qu'ils habitent, des recherches propres à éclairer les cultivateurs sur cet objet, qui peut un jour devenir fort important.

Il est des lieux qui ont été recouverts par la mer à une époque très-moderne en comparaison de celle où les pierres calcaires, même de la troisième sorte, ont été formées, et où il se trouve des dépôts énormes de coquilles ou de fragmens de coquilles sans cohérence, mêlées avec des sables argileux. On peut employer également ces dépôts à l'amendement des terres, et on les y emploie dans quelques lieux. Un des plus célèbres sous ce rapport est celui de la Touraine. (*Voyez* au mot FALHUN.) On pourrait également employer au même usage les sables coquilliers de Grignon, de Courtagnon et autres lieux.

Les amis de l'agriculture peuvent se plaindre avec raison qu'on ne fait pas assez usage des amendemens calcaires, certainement les meilleurs sous tous les rapports pour les terres argileuses. La cause en est, 1º. l'ignorance où sont la plupart des cultivateurs de ses excellens effets; 2º. la grande dépense à laquelle ils entraînent ordinairement.

Je parlerai au mot PIERRE de l'utilité de la pierre calcaire sous les rapports physiques ou économiques; aux mots MARNE et CHAUX, de l'utilité de la pierre calcaire comme amendement; et au mot CRAIE, de la culture propre aux sols calcaires en excès.

En agriculture, il est possible de tirer directement quelque utilité du calcaire. Par exemple, lorsqu'on veut établir dans un jardin une allée sablée, il est avantageux de la fonder sur un lit de recoupes, résultat de la taille des pierres calcaires, ou de pierres calcaires réduites en petits fragmens, afin de la faire durer plus long-temps, soit en empêchant les eaux pluviales de la dégrader, soit en opposant un obstacle à ce que les pieds des promeneurs y enfoncent. Ces recoupes calcaires sont bien préférables aux gravois de plâtre qu'on emploie habituellement à cet objet aux environs de Paris, ainsi que j'en ai l'expérience.

Les rognures des pierres de la montagne de Saint-Pierre de Maëstricht, sont depuis des siècles employées au marnage des terres dans les cantons voisins, et jusqu'en Hollande, où on les transporte par la Meuse. Que de carrières en France où on les laisse perdre ! (B.)

CALCUL. Les animaux domestiques, sur-tout le cheval et le bœuf, sont exposés comme l'homme à avoir des concrétions pierreuses dans leur vessie et dans leurs reins.

Les causes de la formation de ces concrétions, de ces calculs, sont inconnues. Tous les régimes possibles ne peuvent les empêcher de naître, aucun remède n'a pu jusqu'à présent les dissoudre; une opération peut seule débarrasser les animaux de ceux de la vessie, mais non des autres.

Aucun signe n'annonce positivement la présence des calculs rénaux. Des coliques violentes et un pissement de sang accompagnent souvent leur formation; mais ces signes ne sont pas spéciaux, et peuvent tromper : d'ailleurs il n'y a point de guérison à espérer, presque toujours la maladie est mortelle. On calme les coliques par le régime délayant et antiphlogistique; la maladie paraît se terminer, mais elle revient bientôt plus forte, et enlève le malade.

Les signes qui annoncent les calculs dans la vessie seraient aussi incertains, si, à leur défaut, le toucher ne suppléait pas dans le bœuf et dans le cheval. En introduisant le bras dans le rectum, on peut sentir la vessie, et en la palpant on reconnaît la présence du calcul. Si on ne trouve pas la vessie pendant que l'animal est debout, on le fait abattre, on le couche sur le dos, et on le fouille dans cette position. Si on ne peut alors trouver et sentir la vessie, il est très-probable qu'elle ne contient rien.

On a conseillé l'opération suivante pour l'extraction des calculs vésicaux dans les mâles. On prépare l'animal par une diète de deux ou trois jours, ensuite on l'entrave. Alors, pendant qu'un aide tient la queue, avec un bistouri à lame courbe sur tranchant on ouvre longitudinalement la peau sur les racines du pénis ; on ouvre ensuite le pénis lui-même jusqu'au canal de l'urètre, un peu plus bas que la symphyse des os ischions. On introduit dans la vessie par cette ouverture des tenettes longues, fortes, courbes, faites exprès ; on cherche les calculs, et on les extrait les uns après les autres. S'ils sont trop gros, on cherche à les briser avec les tenettes pour les extraire ensuite par morceaux.

Dans les femelles de ces deux genres d'animaux, on introduit simplement les tenettes par le méat urinaire.

L'opération doit être prompte ; elle se termine par une injection de décoction de graine de lin dans la vessie. On ne met aucun appareil sur la blessure ; mais on laisse l'animal à la diète, afin d'éviter les inflammations. De temps en temps on bassine cependant la blessure avec des lotions adoucissantes. Au bout d'un mois, l'animal peut ordinairement être remis au travail.

Il ne faut pas compter sur la réussite d'une pareille opération, toujours très-difficile ; mais encore vaut-il mieux la tenter, que de laisser périr les animaux sans secours. (Huz. fils.)

CALEBASSE. On donne ce nom aux prunes qui grossissent beaucoup plus rapidement et plus considérablement que les autres, et qui tombent avant leur maturité. Il paraît certain que cet état de maladie est produit par la larve d'un insecte, peut-être du CHARANÇON DU PRUNIER. (B.)

CALEBASSE. Dans quelques lieux des environs de Paris, on donne ce nom aux POIRES qui deviennent verreuses peu après qu'elles sont nouées, c'est-à-dire en mai. C'est aussi le nom d'une variété de POIRE. (B.)

CALEBASSE, *Cucurbita leucantha.* Espèce de courge, ou, si l'on veut, genre subalterne qui renferme trois espèces ou races ; savoir, la *cougourde,* la *gourde,* la *trompette,* toutes originaires de la zone torride, et difficiles à élever dans les régions médiales et septentrionales de la zone tempérée ; toutes trois caractérisées, comme on l'a vu au mot COURGE, et qui sont au nombre des cucurbitacées, qui grimpent le mieux.

La COUGOURDE, *Cucurbita leucantha lagenaria,* a son fruit en forme de bouteille, mais souvent la partie voisine de la queue, ou pédoncule, au lieu de s'allonger en goulot, est renflée, imitant en plus petit le renflement du ventre, dont elle n'est séparée que par un étranglement. C'est une variété souvent constante ; il en est de même des taches foncées, mais sales et peu régulières, dont la peau est quelquefois marquée. Sa graine est en général plus brune que celle des deux autres races ; ses feuilles sont presque entières.

La Gourde et la Trompette sont toutes deux à feuilles dentelées ; le fruit est à très-gros ventre dans la gourde, et fort allongé dans la trompette. Il serait peut-être plus exact de considérer la solidité de l'écorce du fruit ; car, parmi celles qu'on nomme trompettes, on en voit à coques dures, comme la gourde et la congourde ; d'autres à écorce tendre, et ce sont les meilleures à manger, pourvu qu'on les cueille, comme les concombres, avant leur entier accroissement ; la pulpe mûre serait filandreuse.

La gourde est employée par les nageurs novices pour se soutenir la tête hors de l'eau.

La coque de la cougourde sert de bouteille aux pélerins ; quelques jardiniers font usage des petites pour serrer des graines : elles s'y conservent très-bien.

La graine de calebasse est une des *quatre semences froides* de la pharmacie.

Dans les parties méridionales de la France, les calebasses n'exigent qu'un terrain léger et amendé. A Paris, il est nécessaire de hâter leur végétation, en les semant, dans le courant de mars, sur couche et sous cloche, et dans de petits pots à semer, pour être dispensé, lors de la replantation, de les garantir du soleil. On doit les placer dans des expositions chaudes, et ne pas leur épargner le fumier. Aussi les met-on volontiers le long des enceintes des couches, la plante grimpant facilement, et le fruit réussissant mieux supendu que portant à terre. (Duch.)

CALEBASSIER, *Crescentia*, Lin. Deux arbres fruitiers des Antilles, formant un genre dans la didynamie angiospermie dans la famille des solanées portant ce nom :

L'un, le Calebassier a feuilles longues, *Crescentia cujete*, Lin., est un petit arbre dont le tronc tortueux se divise en plusieurs branches disposées horizontalement, et garnies de feuilles oblongues et entières, rassemblées en faisceaux. Les fleurs naissent sur les côtés des branches, quelquefois sur le tronc. Les fruits, d'un jaune verdâtre, varient de grosseur et de forme ; ils sont recouverts d'une peau lisse et mince, sous laquelle est une coque dure qui contient une pulpe jaunâtre et molle. C'est avec cette pulpe qu'on fait le sirop de calebasse, renommé pour son efficacité dans les maux de poitrine. La coque est employée par les nègres à divers usages domestiques ; ils en forment des seaux, des bouteilles, des verres, etc.

Le bois de ce calebassier est blanc et assez dur ; il peut être poli : on en fait des siéges, des selles et d'autres meubles de ce genre. A Saint-Domingue, on cultive cet arbre dans les jardins et autour des habitations ; il croît aisément dans tous les sols.

L'autre, le Calebassier a petit fruit, *Crescentia fructu minori ovato*, Plum., dont la coque est mince et très-fragile. Ses feuilles ne sont point réunies en paquets. Cette espèce demanderait à être cultivée pour son bois, qui, réunissant la dureté à la blancheur, pourrait être d'une grande utilité dans les arts. (D.)

CALENDRIER DE FLORE. Linnæus a donné ce nom à un de ses ouvrages qui a pour objet d'indiquer les plantes qui fleurissent dans les différentes saisons et dans les différens mois de l'année. Quoiqu'il soit très-difficile d'indiquer précisément l'époque à laquelle chaque plante fleurit, à cause de la variété des saisons et de leur degré de chaleur ; cependant cet ouvrage est très-intéressant pour les agriculteurs, en leur indiquant les fleurs qui viennent ensemble dans chaque saison, et celles qui se succèdent les unes aux autres ; il leur fournit les moyens d'entretenir leurs jardins fleuris pendant une grande partie de l'année. — Miller, à la fin de son Dictionnaire des jardiniers, donne des tables des plantes qui fleurissent dans les différens mois de l'année, lesquelles peuvent remplir le même but.

Le Calendrier de Flore n'est, pour ainsi dire, que la première partie d'un ouvrage dont l'Horloge de Flore, du même auteur, fait la seconde. Celle-ci a pour but d'indiquer les fleurs qui s'ouvrent ou s'épanouissent aux différentes heures du jour et de la nuit.

Ces ouvrages sont le fruit des distractions d'un homme de génie, qui a passé sa vie à étudier la nature, à la décrire et à l'admirer. *Voyez* Horloge de Flore. (Th.)

CALENDRIER RUSTIQUE. Almanach à la suite duquel sont indiquées, mois par mois, toutes les opérations de l'agriculture. On inonde chaque année les campagnes de calendriers de cette sorte, plus mauvais les uns que les autres ; en faire un bon est chose fort difficile. Les prix proposés sur cet objet par la Société d'agriculture de la Seine n'ont rien produit de satisfaisant. Cependant les amis de l'agriculture, loin de se décourager, doivent redoubler de zèle pour provoquer la composition d'un ouvrage aussi utile. *Voyez* Almanach. (B.)

CALICARPE, *Calicarpa*. Genre de plantes de la tétrandrie monogynie et de la famille des pyrénacées, qui renferme une douzaine d'espèces d'arbustes, dont une se cultive dans les jardins d'agrément des environs de Paris, et doit par conséquent être mentionnée ici.

Cette espèce est le Calicarpe d'Amérique, dont les feuilles sont opposées, presque sessiles, ovales, oblongues, dentées, velues en dessous, longues de plus de 2 pouces ; les fleurs rougeâtres, et disposées en petits paquets, presque verticillées dans les aisselles des feuilles supérieures, et les fruits rouges de près de 2 lignes de diamètre. On la trouve dans toutes les parties méridionales de l'Amérique septentrionale aux lieux humides. J'en ai observé d'immenses quantités aux environs de Charleston, où elle s'élève à 5 à 6 pieds, et où ses fruits servent de nourriture principale aux jeunes dindons sauvages. Toujours elle forme buisson.

Dans le climat de Paris le calicarpe craint les hivers rigoureux et demande à être couvert de paille ou de fougère pendant les fortes gelées. Un sol très-léger et humide lui est absolument nécessaire ; en conséquence on ne le place que dans des plates-bandes de terre de bruyère, exposées au nord ou ombragées par de grands arbres. Là il produit un assez joli effet lorsqu'il est en fleur, c'est-à-dire au milieu du printemps et lorsque ses fruits sont mûrs ; c'est-à-dire à la fin de l'automne, leur couleur contrastant avec celle des feuilles. On le multiplie de semence, de rejetons, de marcottes et de boutures.

Les semences peuvent, avec avantage, être laissées sur l'arbre pendant tout l'hiver, si on peut les défendre contre les attaques des oiseaux ; mais sitôt qu'elles sont cueillies, à quelque époque que ce soit, il faut les semer dans des terrines de terre de bruyère qu'on place au printemps sur couches et sous châssis. Ce moyen des semis n'est guère employé, attendu qu'il est long et que les autres fournissent plus de sujets que le besoin du commerce ne l'exige.

Les rejetons sont toujours nombreux chaque année, lorsque l'arbuste est dans un sol et dans une exposition convenables. On les lève ou en automne pour les planter en pots et leur faire passer l'hiver dans l'orangerie, ou au printemps, pour les mettre en place sur-le-champ. En général ils sont assez forts pour n'avoir pas essentiellement besoin de l'intermédiaire de la pépinière.

On fait les marcottes au printemps avec des rameaux de tous les âges, et ordinairement sur-tout quand le terrain est frais ou que l'année a été pluvieuse, elles prennent assez de racines, dans le courant de l'été, pour être levées et mises en place au printemps suivant. Pour plus de sûreté, on peut lever un anneau de l'écorce ou ligaturer les branches.

Les boutures se font au premier printemps lorsque la sève commence à monter, avec les rameaux de la dernière pousse, ou au milieu de l'été avec les bourgeons encore poussans. Dans l'un et l'autre cas, on les place dans des pots sur couche et sous châssis, ou dans une terre de bruyère en plein nord, selon la latitude qu'on habite. L'année suivante, on peut les relever toutes et les planter seule à seule dans des pots, ou les repiquer en pépinière jusqu'à ce qu'elles aient acquis assez de force pour être mises en place.

Il est toujours bon de conserver en pots dans l'orangerie, quelques pieds de calicarpe, en cas que l'hiver fasse périr tous ceux qu'on a en pleine terre; mais cela arrive assez rarement dans les climats de Paris lorsqu'on a pris les précautions convenables. Souvent les tiges meurent sans que les racines aient été attaquées, et alors elles repoussent au printemps des jets très-vigoureux, qui remplacent les anciens avec avantage dès l'année suivante. Ce n'est qu'en pleine terre que cet arbuste jouit de tous ses agrémens : il est toujours chétif et maigre dans les pots. (B.)

CALICE. Enveloppe extérieure des fleurs, le plus souvent verte et de la nature des feuilles, quelquefois colorée. Il est d'une seule ou de plusieurs pièces, entier ou divisé, persistant ou caduc, inférieur ou supérieur au germe. Il manque dans beaucoup de plantes. Dans ce dernier cas, les botanistes ne sont pas d'accord : les uns, comme M. de Jussieu, appellent toujours calice l'enveloppe extérieure, qu'elle soit colorée ou non; les autres la regardent comme une corolle lorsqu'elle est colorée. Décandolle croit que le calice existe toujours, mais qu'il est, dans le cas précédent, intimement soudé à la corolle. Pour éviter toute équivoque, il propose de substituer aux mots calice et corolle la dénomination de PÉRIGONE, et d'appeler périgone simple les enveloppes qui n'ont point de calice, et périgone double celles qui ont un calice et une corolle. *Voyez* aux mots PLANTE et BOTANIQUE. (B.)

CALICULE. BOTANIQUE. On désigne sous ce nom le calice commun simple, dont la base extérieure se trouve garnie de petites écailles qui forment presque un second calice, mais qui est beaucoup plus court que l'autre. Les calices de la CACALIE, du SÉNEÇON, de la LAMPSANE, sont de ce genre. *Voyez* au mot CALICE. (R.)

CALLA. C'est le BROU de la NOIX dans le département des Deux-Sèvres. Dans celui de la Côte-d'Or on l'appelle la CALLE ou l'ÉCALLE. (B.)

CALLE D'ÉTHIOPIE, *Calla*. Plante à feuilles toutes radicales, longuement pétiolées, sagittées, grandes, d'un vert luisant; à fleurs grandes, blanches, en cornet, d'une odeur très-suave, qui croît dans les parties chaudes de l'Afrique; qui, avec un petit nombre d'autres, forme un genre dans la gynandrie polygynie et dans la famille des gouets, laquelle se cultive en pleine terre dans les bonnes expositions des parties méridionales de la France.

Dans le climat de Paris, cette plante demande la serre chaude pour fleurir; mais elle se conserve fort bien dans l'orangerie.

On ne la multiplie que par ses rejetons, qu'elle pousse abondamment, car ses fruits y arrivent rarement à maturité. Elle demande une terre peu fertile et peu d'arrosemens, car dans le cas contraire elle ne donne point de fleurs. Elle orne les serres à la fin de l'hiver. (B.)

CALLITRICHE, *Callitriche*. Genre de plantes de la monandrie dygynie, renfermant cinq espèces qui croissent quelquefois avec tant d'abondance dans les eaux stagnantes, qu'elles en couvrent complétement la surface. Je les cite pour que ceux des agriculteurs qui ne négligent rien de ce qui peut leur porter profit, les arrachent au commencement de l'automne avec des râteaux à dents de fer, ou même à la main, et les portent sur leurs fumiers, dont elles augmenteront la masse, ou les déposent sur le bord de l'eau, où elles se décomposeront et produiront un excellent terreau.

On les reconnaît à leurs feuilles ovales, d'un beau vert, disposées en rosette, et nageant à la surface de l'eau. (B.)

CALLOSITÉ. Médecine vétérinaire. Nous donnons ce nom aux chairs dures, sèches, blanches et insensibles qui couvrent les bords des plaies anciennes et des ulcères.

Pour obtenir la guérison des plaies ou des ulcères calleux, il faut avoir recours aux caustiques, tels que la poudre d'alun calciné, le précipité rouge, etc.; mais l'instrument tranchant et le feu, selon nous, sont préférables; ils détruisent les callosités plus promptement, les font suppurer et les conduisent à la cicatrisation par la voie ordinaire. *Voyez* Ulcère. (Huz. fils.)

CALORIQUE. Nom introduit par la nouvelle chimie pour désigner le principe de la chaleur et par conséquent du feu, principe qui se trouve dans tous les corps de la nature, mais qui paraît augmenté ou mis en mouvement par les rayons solaires ou par d'autres causes moins générales.

Je dis paraît augmenté ou mis en mouvement, parce que quelques physiciens soutiennent que tout le calorique vient immédiatement du soleil, qu'il ne diffère pas de la lumière; tandis que d'autres prétendent que les rayons de cet astre, c'est-à-dire sa lumière, ne servent qu'à développer ses propriétés.

Cependant l'opinion que le calorique n'est pas une émanation du soleil ou des corps actuellement en combustion, mais une matière propre dont les propriétés se développent par différentes causes, semble prévaloir aujourd'hui. Elle est sur-tout prouvée par le grand développement de chaleur qui résulte du frottement rapide ou long-temps continué de deux corps durs l'un contre l'autre. On sait que les sauvages allument du feu seulement avec deux morceaux de bois secs, d'inégale dureté; qu'on fait bouillir de l'eau avec deux morceaux de fer qu'on frotte l'un contre l'autre dans cette eau, etc. Qui n'a pas enfin battu le briquet?

Comme les cultivateurs confondent le calorique avec la chaleur, et que réellement il n'y a entre eux qu'une différence d'état peu sensible, je renverrai le lecteur à ce dernier mot. (B.)

CALUS. JARDINAGE. Excroissance saillante et solide, occasionnée par la soudure d'une branche rompue, d'une écorce déchirée, ou d'une incision faite à dessein.

Lorsqu'une branche a été éclatée, si l'on s'en aperçoit promptement, et qu'on ait l'attention de rapprocher les parties disjointes aussi exactement qu'il est possible, de les abriter du contact de l'air et de les assujettir solidement, il s'opère une prompte réunion; mais il s'établit en même temps une excroissance à l'endroit de la fracture : c'est ce qu'on nomme un calus.

Si l'on incise les branches d'un arbre, soit perpendiculairement, soit horizontalement, il se forme d'abord des bourrelets des deux côtés de l'incision, et ces bourrelets, grossissant et se confondant ensemble, forment une excroissance ou un calus.

Quant au parti qu'on peut tirer des bourrelets et des calus pour accélérer la maturité des fruits, augmenter leur grosseur, ou pour multiplier les arbres, *voyez* l'article BOURRELET. (TH.)

CALUS. MÉDECINE VÉTÉRINAIRE. Moyen de réunion des deux portions d'un os fracturé. *Voyez* FRACTURE.

CALVANIER. On donne ce nom, dans quelques cantons, à des hommes qu'on loue pendant le temps de la moisson uniquement pour décharger les gerbes qui arrivent des champs, et les arranger dans la grange, le grenier, ou en meule.

Il semble à beaucoup de personnes que ranger des gerbes est une chose si facile que tout le monde peut le faire : sans doute; mais le bien faire c'est autre chose. Il faut que les cultivateurs soient bien persuadés de l'avantage qu'il y a d'avoir l'habitude de ce genre de travail, puisqu'ils payent plus cher l'ouvrier qu'ils appellent pour l'exécuter. Effectivement il y a une manière de placer les gerbes, qui leur fait tenir moins de place, qui ne laisse point de passage aux fouines, aux rats, etc ; il y a un tour de main en les maniant, qui fait qu'elles s'égrènent moins, etc. La chose est encore bien plus importante quand c'est une meule, puisqu'il faut lui donner une forme régulière, une inclinaison telle que les eaux pluviales coulent aisément. Il est très-difficile à une personne qui n'a pas d'expérience de bien faire une meule, même une meule de foin. J'ai vu bien souvent des hommes très-intelligens les manquer, c'est-à-dire distribuer les gerbes avec assez d'irrégularité pour qu'elles penchent d'un côté par leur propre poids, s'éboulent tôt ou tard. (B.)

CALVILLE. Nom commun à plusieurs espèces de pommes. *Voyez* au mot POMMIER.

CALYCANT, *Calycanthus*. Genre de plantes de l'icosandrie polygynie et de la famille des rosacées, qui renferme quatre à cinq espèces d'arbustes susceptibles de croître en pleine terre dans le climat de Paris, et intéressans par la beauté ou l'odeur de leurs fleurs.

La première, le CALYCANT DE LA FLORIDE, a les feuilles ovales, d'un vert foncé, velues en dessous, les fleurs grandes, odorantes, les rameaux écartés et velus. Elle porte très-rarement des fruits.

La seconde, le CALYCANT FERTILE, a les feuilles ovales, lancéolées, glauques et glabres en dessous, les fleurs petites, inodores, les rameaux rapprochés et glabres. Peu de ses fruits avortent.

La troisième, le CALYCANT NAIN, a les feuilles lancéolées, glabres en dessous, les fleurs petites, odorantes, les rameaux courts et légèrement velus.

Ces trois espèces ont été long-temps confondues, mais sont bien distinctes. Toutes trois ont les feuilles opposées, les fleurs d'un rouge brun ; mais la dernière les a plus petites et moins foncées. Elles sont originaires des parties méridionales de l'Amérique septentrionale, où elles croissent dans les lieux humides, et où elles fleurissent au milieu du printemps.

L'odeur des fleurs du *calycant de la Floride* le fit remarquer dès les premiers temps de l'établissement des Européens dans la Caroline ; cependant cette odeur, qu'on peut comparer à celle de certains melons, ou de certaines pommes reinettes, ne plaît pas à tout le monde. Son écorce a une saveur aromatique, piquante, qui la rend propre à l'assaisonnement des mets et à la fabrication des liqueurs de table ; aussi l'appelle-t-on *tout épice* dans le pays. Ses fruits passent pour empoisonner les loups, les renards et les chiens ; mais ils sont si rares, que j'en ai à peine vu, en Caroline, une demi-douzaine sur des centaines de pieds. Il parvient rarement à plus de sept à huit pieds, et forme une touffe ordinairement d'une forme peu agréable, parce que ses branches tendent toujours à s'écarter du tronc : aussi vaut-il toujours mieux le tenir en buisson, en le récepant par parties tous les trois ou quatre ans, que de chercher à en faire un arbre ; on y gagne de plus des fleurs plus grandes de près du double, et plus odorantes. Il exige la terre de bruyère, et une exposition ombragée, ou au moins une terre très-légère et humide. Du reste, il ne craint

point les froids ordinaires du climat de Paris, et si les grandes
gelées l'attaquent, ce n'est jamais que dans ses branches. Sa
place, dans les bosquets d'agrément, est au second rang du
côté du nord. Il fait bien aussi contre une fabrique, dans les
angles rentrans d'un rocher.

On ne multiplie point cet arbuste par graine, puisqu'il n'en
produit pas du tout dans notre climat: mais la nature lui a
donné une grande disposition à pousser des rejetons, et ses
marcottes prennent racine assez facilement lorsqu'il est dans
un terrain convenable.

Les rejetons se lèvent à la fin de l'hiver, et se mettent sur-
le-champ en place; car ils risquent toujours dans la transplantation, et ce serait multiplier les chances désavantageuses que
de les faire passer par l'intermédiaire de la pépinière. Les vieux
pieds ne reprennent presque jamais, quelque soin qu'on mette
à leur transplantation.

Les marcottes se font en automne et au printemps, et donnent souvent quelques racines dans la première année; mais,
pour plus de sûreté, on doit attendre deux ans avant de les
lever. Les observations ci-dessus leur sont complétement applicables.

Lorsque la saison est sèche, il faut de toute nécessité arroser de temps en temps les plants nouvellement mis en terre,
mais leur donner peu d'eau à la fois, car ils en craignent la
surabondance.

D'Ambournay a obtenu des rameaux de cet arbuste, qu'il
appelle, avec quelques jardiniers, *l'arbre aux anémones*,
parce qu'en effet ses fleurs ont la disposition des anémones semi-doubles, une couleur jonquille très-solide. Voici la recette
que donne le même chimiste pour faire de la liqueur avec les
mêmes rameaux : coupez-les en petits morceaux, et lorsqu'ils
seront secs, réduisez-les en poudre; mettez un gros de cette
poudre dans une pinte de bonne eau-de-vie, et laissez-l'y infuser au soleil pendant un mois. Ensuite distillez et ajoutez du
sucre fin autant qu'il peut s'en dissoudre à froid. Cette liqueur
est des plus suaves, et peut être comparée aux meilleures d'A-
mérique.

Le *calycant fertile* demande à être multiplié et conduit
comme le précédent; mais comme il lui est inférieur en agrémens, il doit être laissé dans les écoles de botanique, ou dans
les collections des amateurs. Cependant il a l'avantage de fleurir presque toujours une seconde fois en automne.

La quatrième espèce de ce genre est le CALYCANT DU JAPON,
Calycanthus præcox, Lin. Ses feuilles sont opposées, lancéolées, d'un vert jaune luisant, mais rudes au toucher; ses fleurs
jaunâtres, parsemées de points rouges et extrêmement odo-

rantes. Il est originaire du Japon, s'élève à 3 à 4 pieds, et passe
fort bien l'hiver en pleine terre dans le climat de Paris ; mais
comme il fleurit de très-bonne heure, au mois de janvier
ou de février, il vaut mieux le tenir dans l'orangerie pour
que ses fleurs s'épanouissent et qu'on puisse en jouir. Ses fleurs
paraissent avant les feuilles.

On multiplie le calycant du Japon comme le précédent,
c'est-à-dire par rejetons et par marcottes : Thouin a réussi,
lorsqu'il était encore fort rare, à le greffer sur ce dernier ;
aujourd'hui il n'est plus nécessaire de recourir à ce moyen
hardi, mais incertain par la différence de l'époque d'entrée en
sève des deux arbustes, puisqu'il n'est point de pépiniériste
qui n'en ait une ou deux mères qui lui fournissent un grand
nombre de pieds tous les ans. Il paraît moins exiger la terre de
bruyère et l'ombre; aussi en voit-on de bien portans dans des
sols et à des expositions où les autres réussiraient difficilement.

Les boutures de calycant, faites par les moyens ordinaires,
ne reprennent pas, et on n'a pas tenté d'en essayer de forcées,
c'est-à-dire d'en faire sous des cloches, sur couche et sous
châssis, parce que les autres moyens de multiplication sont
suffisans pour les besoins du commerce. On n'a pas non plus
essayé, du moins à ma connaissance, la multiplication par racines; mais j'ai tout lieu de croire, par leur inspection, qu'elle
réussirait très-bien. (B.)

CALYCANTHÈME. Famille de plante à laquelle le genre
SALICAIRE sert de type; les autres genres qui y entrent au
nombre de douze, sont de peu d'intérêt pour les cultivateurs. (B.)

CAMBARLES. Nom des tiges du MAIS dans le département
de la Haute-Garonne. *Voyez* ce mot. (B.)

CAMBE, *Cambo*. Synonyme tantôt de CHANVRE, tantôt de
tige verte de MAÏS, dans le midi de la France. (B.)

CAMBIUM. Matière qui tient le milieu, au premier aspect,
entre le mucilage et la gomme, et qu'on remarque entre l'AU-
BIER et le LIBER de beaucoup d'arbres en sève. Elle est fort
abondante dans le chêne et dans le sophora, moins dans les
peupliers et les saules. On ne la retrouve pas dans la plupart
des plantes annuelles.

On est aujourd'hui généralement persuadé que le cambium
est un produit de la sève élaborée dans les feuilles des plantes,
et que c'est lui qui forme, par sa solidification, les COUCHES
annuelles du bois. On le voit en effet, de fluide qu'il était, devenir petit à petit granuleux ou amilacé, puis parenchymateux,
puis fibreux, ensuite d'un côté se fixer sur la dernière couche
de l'aubier, et de l'autre former un nouveau liber, l'ancien
devenant couche corticale. C'est certainement lui qui, d'après

les expériences de Duhamel, vérifiées par beaucoup de personnes, rétablit l'écorce lorsqu'on l'a mutilée, fournit aux greffes les moyens de se souder au sujet, qui produit les racines des marcottes et des boutures, etc., etc.

Il y a lieu de croire que le cambium existe dans toutes les plantes, et que s'il n'est pas visible dans beaucoup, c'est qu'il y est en si petite quantité qu'il ne se distingue pas de la sève. À quoi sa surabondance serait-elle nécessaire dans les plantes annuelles, par exemple, puisqu'elles ne doivent pas augmenter en grosseur dès que leur écorce s'est solidifiée?

Il résulte des belles expériences de Fourcroy sur l'ALBUMINE que ce principe doit entrer en grande quantité dans le Cambium.

On a conclu de l'observation que le cambium flue de l'aubier, lorsqu'on écorce un arbre, qu'il venait de la moelle; mais ne peut-on pas croire également qu'il était déposé 'dans les vaisseaux de cet aubier dont il doit consolider les fibres en rétrécissant ses vaisseaux? La maladie de l'orme, qui a été décrite par M. de Saint-Amans et souvent observée par moi en automne, paraît due à une extravasation du cambium. Elle consiste dans le suintement d'une liqueur, qui pénètre et noircit l'écorce en tous sens, acquiert bientôt la consistance de la gomme, la saveur sucrée et la propriété d'attirer les papillons, les mouches, les guêpes, etc. *Voyez* ORME.

Les chênes et plusieurs autres arbres m'ont offert la même maladie.

Cet article est court, sans doute; mais il aura de nouveaux développemens aux mots PLANTE, PARENCHYME, LIBER, AUBIER, SÈVE, COUCHES CORTICALES, COUCHES LIGNEUSES, etc. (B.)

CAMBONS. Nom des TERRES de bonne qualité dans le Forez. (B.)

CAMBOSSE. Synonyme d'AGE dans les environs de Lyon. *Voyez* CHARRUE. (B.)

CAMBRER. C'est arrêter des EAUX troubles sur un terrain, afin qu'elles y déposent leur limon. *Voyez* ACOULIS. (B.)

CAMELÉE, *Cneorum*. Petit arbuste originaire du midi de la France, dont les feuilles sont alternes, sessiles, allongées, entières, un peu épaisses; les fleurs petites, jaunes, solitaires ou réunies à l'extrémité des rameaux; qui forme un genre dans la tétrandrie monogynie et dans la famille des tithymaloïdes.

Cet arbuste n'est d'aucun agrément et ne se cultive que dans les jardins de botanique. Rarement il peut passer l'hiver en pleine terre dans le climat de Paris. Son suc est caustique et s'emploie quelquefois en médecine, quoique son usage soit dangereux. (B.)

CAMÉLÉON BLANC. C'est la CARLINE SANS TIGE.

CAMÉLÉON NOIR. C'est la CARLINE CAULESCENTE.

CAMÉLINE. Plante du genre des MYAGRES, qui croît naturellement dans les champs par toute l'Europe, et qu'on cultive dans quelques parties de la France, pour l'huile que produisent ses semences. C'est abusivement qu'on lui donne, dans les campagnes, le nom de CAMOMILLE.

La racine de la cameline est annuelle, fusiforme et blanche; sa tige cylindrique, rameuse, très-velue, haute d'un à 2 pieds; ses feuilles sont également très-velues, alternes, et de deux sortes; savoir, les inférieures oblongues, obtuses, presque spatulées, longues de 3 à 4 pouces; les caulinaires semi-amplexicaules, auriculées, et fortement ciliées en leurs bords. Ses fleurs sont jaunes

Cette plante n'exigeant que trois mois au plus pour amener ses graines à maturité, dit mon célèbre confrère Parmentier, à qui on doit un excellent article sur sa culture, article dont celui-ci n'est que l'extrait, est très-précieuse pour les agriculteurs aux cultures desquels il est arrivé quelque accident pendant l'hiver ou au commencement du printemps. Aussi, dans les environs de Béthune et de Saint-Omer, est-elle destinée à remplacer à cette époque les lins, les colzas, les pavots, qui ont péri. Il en est de même dans les environs de Mont-Didier, relativement au FROMENT. Dans la ci-devant Bourgogne, où on la cultive aussi, mais où l'agriculture n'est rien moins que parfaite, on ne lui connaît pas ce précieux avantage, quoique les grêles, dans certains cantons, les inondations dans certains autres, fassent souvent perdre en un instant les espérances des cultivateurs.

Une terre de médiocre qualité suffit à la cameline, je puis même dire une mauvaise, puisque j'en ai vu de passablement belles dans des terres calcaires à seigle, qui n'avaient pas plus de 6 pouces de profondeur. Cette circonstance devrait être prise en grande considération, y ayant peu de plantes à graines huileuses qui soient dans ce cas; et tel propriétaire pourrait faire de brillantes affaires, dans certains pays, en la faisant entrer dans la série de ses assolemens. Elle n'a besoin d'eau que pendant la moitié de la durée de son existence; car dès qu'elle a acquis toute sa hauteur elle peut s'en passer: aussi vient-elle fort bien dans les champs des parties méridionales de la France, où on ne sait cependant pas la cultiver.

La graine de la cameline est si fine, qu'il faut la mélanger avec du sable pour que ses productions ne soient pas trop rapprochées; 2 livres suffisent pour ensemencer un arpent. On la répand après deux labours et un hersage.

Le seul soin que demande la cameline après qu'elle est levée, c'est d'éclaircir les places où elle a crû trop épaisse ; car quand il n'y a pas 6 pouces de distance entre les pieds ils fournissent peu de graines.

Comme je l'ai déjà observé, il ne faut que trois mois pour que la cameline amène sa graine à maturité ; on la récolte avant que les silicules soient complétement sèches, parce que si on attendait on en perdrait une grande quantité. Il suffit qu'elles commencent à jaunir.

Les circonstances qui accompagnent la récolte de la cameline varient : dans quelques cantons, on l'arrache et on la laisse en tas sur le champ même, dans une place bien nettoyée et bien battue ; dans d'autres, on la met sur des toiles et on la transporte à la maison, où elle est déposée dans la grange. Au bout de quelques jours, plutôt plus que moins, lorsqu'on juge que sa maturité s'est complétée, on bat avec un bâton ou un fléau. La graine, qui est jaune, a une odeur d'ail qu'elle perd à la longue. Sa faculté germinative ne dure qu'un an.

Comme toutes les graines huileuses, celle de la cameline ne doit pas être portée au moulin immédiatement après la récolte. Il faut donner le temps aux principes mucilagineux qu'elle contient de se transformer en huile par suite de l'espèce de végétation qui s'y entretient encore. Pendant ce temps, qui, à raison de sa finesse, ne doit pas être de plus d'un mois, il faut la conserver dans un lieu ni trop sec ni trop humide.

Quelques cultivateurs déposent cette graine dans des tonneaux défoncés d'un côté, après l'avoir fait vanner et ressuyer pendant quelques jours à l'air. Cette méthode n'est bonne qu'autant qu'on peut la transvaser de temps en temps, et juger si elle n'a pas de disposition à s'échauffer ou à se moisir. La mettre en petits tas dans un grenier est presque toujours plus sûr.

L'extraction de l'huile de cameline ne diffère pas de celle des graines du pavot, du lin, du colza, etc. : ainsi je n'en parlerai pas particulièrement. *Voyez* au mot HUILE.

L'huile de cameline, que par corruption on appelle *huile de camomille*, *huile de sésame d'Allemagne*, est très-bonne à brûler. Elle a moins d'odeur et donne moins de fumée que celle de colza, ce qui doit lui mériter la préférence ; cependant elle se soutient à un prix inférieur à celui de cette dernière, parce qu'elle n'est pss aussi propre au dégraissage des laines. On l'emploie aussi à la peinture et à la fabrication des savons noirs.

Les tiges de cameline servent, après qu'elles ont fourni leurs graines, soit pour chauffer le four, soit pour couvrir les maisons. On pourrait aussi en tirer une filasse utile, c'est-à-dire propre à fabriquer du linge ; mais il y a beaucoup d'autres plantes qui lui sont préférables sous ce rapport. Il n'en est pas de même relativement à son emploi pour la confection du papier commun. On appelle *moie*, dans la ci-devant Picardie, les tas de ces tiges qu'on conserve pour l'hiver.

Quand on considère que la cameline vient dans des terres sur lesquelles les autres plantes à graines huileuses ne peuvent réussir, qu'elle peut, dans un cas urgent, donner deux récoltes par an, on a lieu d'être étonné, formalisé même, observe Parmentier, qu'elle ne soit pas plus généralement cultivée. Je fais, avec ce célèbre agronome, des vœux pour que les agriculteurs français ouvrent enfin les yeux sur ses nombreux avantages.

Je voudrais placer au nombre de ces avantages son enfouissement en fleur pour ENGRAIS, enfouissement que son inspection, dans de très-mauvais sols, m'a indiqué, mais que je n'ai vu exécuter nulle part. *Voyez* RÉCOLTES ENTERRÉES. (B.)

CAMELLI, *Camellia*. Arbrisseau de la Chine et du Japon, que la beauté de ses feuilles et de ses fleurs fait généralement cultiver dans son pays natal et dans toutes les parties de l'Europe qui en sont susceptibles. Il demande l'orangerie dans le climat de Paris.

Les feuilles du camelli sont alternes, ovales, pointues, dentées, coriaces, luisantes, persistantes, et d'un vert des plus agréables. Ses fleurs sont grandes, d'un rouge vif, sessiles, solitaires dans les aisselles des feuilles, ou réunies trois ou quatre ensemble au sommet des rameaux.

On connaît plusieurs variétés de camelli : 1°. à fleurs blanches ; 2°. à fleurs panachées de rouge et de blanc ; 3°. à fleurs semi-doubles dans les variétés précédentes ; 4°. à fleurs doubles, de plusieurs nuances, etc.

Comme cet arbuste ne donne jamais de fruit dans le climat de Paris, on ne peut le multiplier que par marcottes et par boutures. C'est au printemps, à la sortie de l'orangerie, qu'on fait les premières. Le mieux est d'enterrer le pot dans une couche tiède, et de faire entrer chaque jeune rameau dans d'autres petits pots après les avoir bouclés avec du fil de laiton, ou incisés à la manière des œillets, ou enfin après leur avoir enlevé un anneau d'écorce. Les arrosemens doivent être fréquens, mais proportionnés à la chaleur de la couche ou de la saison. Ordinairement il y a assez de racines vers le milieu de l'automne, pour pouvoir sevrer les nouveaux pieds et les mettre dans des pots plus grands, pour, après les avoir laissés, jusqu'aux premières gelées, se fortifier sur une couche un peu chaude, les rentrer dans l'orangerie.

Quelques cultivateurs conservent les camellis en pleine

terre et à l'air dans une bonne exposition ; mais, malgré le soin avec lequel il les couvrent pendant l'hiver, ils finissent par les perdre tôt ou tard . C'est sous une bache bien défendue des fortes gelées par des feuilles, de la fougère ou autres moyens, qu'il faut les planter, si on ne veut pas les tenir en pots.

Les pieds de camelli sont si recherchés, qu'ils se tiennent toujours chers dans les jardins de Paris, malgré les efforts qu'on fait pour les multiplier. Ses fleurs se développent le plus ordinairement au printemps.

La terre des pots où l'on tient les camellis doit être consistante et renouvelée seulement tous les deux ans pour la plus grande partie.

Pour réussir à obtenir des pieds de camelli par boutures, il faut les placer dans des pots sur une couche fort chaude, les couvrir d'une et même de plusieurs cloches superposées.

Cette belle plante est souvent représentée sur les papiers de tenture qui nous viennent de la Chine. (B.)

CAMENINE. C'est la CAMELINE.

CAMERINE. Nom que l'on donne à la CAMELINE dans quelques cantons.

CAMERISIER ou CAMECERISIER, *Xylosteon*. Genre de plantes de la pentandrie monogynie et de la famille des chèvre-feuilles, très-voisin de ce dernier genre, auquel même il a été réuni par Linnæus, et qui renferme plusieurs arbustes qui se trouvent abondamment dans certains cantons, et qu'on cultive fréquemment dans les jardins paysagers, parce qu'ils y apportent la variété.

Des neuf espèces de ce genre il ne convient de citer que les six suivantes, qui toutes ont les feuilles opposées, et les fleurs géminées dans les aisselles des feuilles supérieures.

Le CAMERISIER DES HAIES, *Lonicera xylosteon*, Lin., qui a les feuilles ovales, entières, velues, longues d'un pouce et demi et larges d'un pouce ; les fleurs d'un blanc jaunâtre ; les baies distinctes et rouges. Il se trouve très-abondamment dans les haies, les friches et autres endroits incultes des pays de montagnes, où il forme des buissons touffus qui s'élèvent rarement à plus de 6 pieds. On le cultive fréquemment dans les jardins d'agrément, où il produit un assez bel effet en tout temps, mais sur-tout quand il est en fleurs et en fruits, et où on le place au second rang des massifs ou en buissons isolés ; mais nulle part on ne le cultive en grand pour le produit de son bois, on se contente de le couper tous les trois ou quatre ans là où il a crû naturellement, quoique sa propriété de s'accommoder des terrains les plus secs et les plus pierreux semblât devoir engager à le multiplier dans ces sortes de terrains

lorsqu'on n'a rien de meilleur à y mettre. J'ai vu un cultivateur en planter sur les tas de pierres dont ses propriétés étaient
surchargées, et s'en former un taillis en coupes réglées, qui lui
rapportait tous les ans un revenu : ce n'étaient que des fagots,
il est vrai; mais les fagots sont quelque chose, sur-tout à la
campagne. Les chèvres et les moutons mangent les feuilles de
cet arbuste, mais les autres bestiaux n'y touchent pas.

Le Camerisier de Tartarie a les feuilles en cœur, aiguës,
très-entières, glabres, d'un vert blanchâtre, longues de deux
pouces et larges d'un, les fleurs roses, et les baies distinctes
et rouges. Il est originaire de la Tartarie. On le cultive fréquemment dans les jardins d'agrément, où il produit un effet
encore plus agréable que le précédent par le beau vert de son
feuillage et l'élégance de son port. Il s'élève à sept ou huit
pieds de haut, et ses rameaux sont très-rapprochés des tiges
principales. Quoique susceptible d'être mis sur un BRIN, pour
me servir de l'expression technique, il vaut mieux le laisser
en touffe. Il se place dans les jardins positivement comme le
précédent, et contraste avec lui, de sorte qu'ils peuvent être
mis à côté l'un de l'autre avec avantage.

Le Camerisier des Alpes a les feuilles ovales, acuminées,
très-entières, d'un vert foncé en dessus, longues de trois
pouces sur un et demi de large; les fleurs purpurines en dehors, jaunes en dedans; les baies rouges, réunies, et de la
grosseur d'une petite cerise. Il croît naturellement dans les
Alpes. Son aspect est fort agréable, sur-tout quand il est en
fruit.

Le Camerisier des Pyrénées a les feuilles presque sessiles,
oblongues, glabres, très-entières, d'un vert glauque, d'un
pouce et demi de long sur 5 à 6 lignes de large; les fleurs
blanches, les baies rougeâtres et distinctes. On le trouve sur
les Pyrénées.

Le Camerisier a fruits bleus a les feuilles ovales, obtuses, très-entières, glabres, plus pâles en dessous, longues
d'un pouce sur 6 lignes de large; les fleurs blanches, les
baies bleues et réunies. Il croît sur les Alpes.

Le Camerisier a fruits noirs a les feuilles ovales, entières, glabres et un peu molles, longues d'un pouce sur 6
lignes de large. Ses fleurs sont blanchâtres, ses baies noires
et distinctes. On le rencontre dans les parties méridionales
de la France.

Ces quatre dernières espèces sont des arbustes de 2 à 3
pieds de haut au plus, qui forment des buissons propres
à être placés sur le premier rang des bosquets, et dont l'aspect
est agréable par les différentes nuances de la couleur de leurs
feuilles, de leurs fleurs et de leurs fruits.

Tous les camerisiers fleurissent au milieu du printemps, et amènent leurs fruits en maturité à la fin de l'été. On les multiplie de semences, qui, lorsqu'elles ne sont pas semées au moment même de leur chute, restent quelquefois deux ans dans la terre avant de lever. C'est dans une terre légère et à une exposition chaude qu'on doit faire le semis des deux premières espèces, et dans une terre de bruyère, privée du soleil du midi, qu'il convient d'effectuer celui des autres. On les arrose dans les grandes chaleurs seulement. La seconde année, on peut les lever pour les repiquer en pépinière, où ils restent jusqu'à plantation définitive, c'est-à-dire deux ou trois ans au plus.

Comme ce moyen ne laisse pas que d'être long, on préfère se procurer de nouveaux pieds des deux premières espèces par le déchirement des anciens, déchirement qui s'effectue en automne ou au printemps. Une partie de son produit peut être plantée sur-le-champ en place, et l'autre, composée des plus petits pieds, est mise, pendant un an, en pépinière pour se fortifier. On remplit aussi le même but, pour toutes les espèces, par le moyen des marcottes, qui, lorsque sur-tout elles ont été faites avant l'hiver, prennent racine dans l'année. On transplante ces marcottes au printemps de l'année suivante, soit en place, soit en pépinière, selon l'objet qu'on a en vue.

Les gelées tardives du printemps nuisent quelquefois au camerisier de Tartarie. (Th.)

CAMION, petit TOMBEREAU à deux roues, avec un timon traversé par un bâton qui sert à le conduire.

Cette voiture est employée de préférence aux brouettes dans les grands jardins pour le charroi des feuilles, des litières et de toutes les matières volumineuses et peu pesantes. Elle accélère le travail et le rend moins dispendieux. (Th.)

CAMOMILLE. On donne quelquefois ce nom à la CAMELINE.

CAMOMILLE, *Anthemis*. Genre de plantes de la syngénesie superflue et de la famille des corymbifères, qui renferme une quarantaine d'espèces, la plupart propres à l'Europe, sur-tout à l'Europe méridionale, dont plusieurs se cultivent dans les jardins d'ornement, ou sont utiles en médecine ou dans les arts, et intéressent les agronomes non-seulement sous ce rapport, mais encore parce qu'elles croissent presque toutes dans les champs cultivés, et nuisent quelquefois aux moissons par leur grande abondance.

Les camomilles sont des plantes peu élevées, à feuilles alternes très-découpées, à fleurs grandes, ordinairement solitaires à l'extrémité des rameaux; tantôt jaunes avec les rayons blancs, tantôt toutes jaunes.

Les espèces le plus dans le cas d'être citées ïci sont:

La Camomille odorante, ou Camomille romaine, ou Camomille des boutiques, *Anthemis nobilis*, Lin , qui a une racine vivace, fibreuse, des tiges nombreuses, faibles, couchées et rameuses à leur base, les feuilles bipinnées à folioles divisées en trois parties et légèrement velues, les fleurs jaunes et blanches. On la trouve dans les champs incultes, le long des chemins, dans les parties méridionales de l'Europe, principalement aux environs de Rome. Elle fleurit au milieu de l'été. Elle est amère et très-aromatique. On la regarde comme résolutive, fébrifuge, stomachique, carminative, vermifuge. On en fait un très-fréquent usage en médecine; aussi la cultive-t-on en grand pour cet unique objet dans les environs de Paris et autres principales villes, ainsi qu'il sera dit plus bas. On les cultive aussi, pour l'agrément, dans les plates-bandes des jardins, mais principalement ses variétés semi-doubles et doubles, *jaunes*, *jaunes et blanches*, *toutes blanches*. (Il y en a une autre où les demi-fleurons ont disparu et qui est entièrement jaune.) Chacune a des agrémens particuliers, qui la font préférer par tel ou tel amateur. On les multiplie presque exclusivement par le déchirement des vieux pieds, déchirement qui s'opère au commencement de l'automne. Les éclats reprennent en très-peu de temps, et ne craignent point les froids de l'hiver. Autrefois on en couvrait des plates-bandes en entier, ce qui produisait un fort bel effet quand elles étaient en fleur, et elles y sont tout l'été et tout l'automne ; mais la difficulté de tenir ces espèces de tapis bien garnis y a fait renoncer. On ne voit plus guère cette plante qu'en touffes ou en bordures, et l'on doit les relever tous les deux ou trois ans, si l'on désire qu'elles se conservent dans un bel état de vigueur.

Lorsqu'on veut cultiver la *camomille romaine* en grand pour l'usage de la médecine, on plante, au printemps et au cordeau, à un pied et demi de distance les éclats qu'on a enlevés aux vieux pieds, comme il a été dit plus haut, et on choisit pour cette opération un temps un peu humide. Pour faciliter la récolte, il faut espacer chaque rangée au moins de trois pieds.

Les principaux soins qu'exige cette culture, dit mon savant confrère Parmentier, sont des sarclages, qu'il faut répéter souvent, et un léger buttage. En la plantant de bonne heure, la récolte de ses fleurs peut commencer dès les premiers jours de juin, et ne se terminer qu'au commencement de septembre. Les premières ont ordinairement les demi-fleurons jaunes, mais ensuite elles deviennent entièrement blanches.

C'est lorsque les fleurs sont aux trois quarts épanouies qu'il convient le mieux de les cueillir. On ne peut donc avoir trop de femmes et d'enfans au moment du fort de la récolte. L'important est de les dessécher le plus promptement possible pour qu'elles conservent leur belle couleur. Ordinairement pour cela on les étend simplement au soleil sur des toiles; mais M. Decroisilles, de Dieppe, a trouvé plus avantageux d'avoir des châssis garnis en toile et couverts de papier gris, qu'on tient élevés de terre. Dans les deux cas, il faut remuer souvent les fleurs pour qu'elles présentent toutes leurs faces au soleil.

Après que la dessiccation des fleurs de camomille est terminée, on les met dans des sacs, qu'on suspend dans une chambre bien aérée, ou dans des barils garnis de papier.

Le commerce recherche les fleurs doubles de camomille ; mais M. Parmentier s'est assuré qu'elles donnaient moins d'huile essentielle que les semi-doubles qui sont jaunâtres. Ce n'est plus à la Suisse ou à l'Italie qu'il faut les demander, mais à M. Decroisilles.

On distingue les fleurs de la camomille romaine de celles de la commune, à la belle couleur bleue que prend l'huile volatile qu'on en obtient par la distillation.

La CAMOMILLE PUANTE, *Anthemis cotula*, Lin., qu'on appelle aussi *maroute*, a les feuilles bipinnées, à folioles subulées et divisées en trois parties, les fleurs jaunes et blanches, le réceptacle conique, les paillettes sétacées, les semences nues. Elle est annuelle et se trouve dans les moissons, auxquelles son abondance nuit souvent. Les bestiaux n'en mangent point, et même répugnent à la paille qui en a contenu, car son odeur est forte et infecte. Comme elle entre en fleur de bonne heure, et qu'elle repousse et fleurit encore après la moisson, elle répand presque toutes ses graines ; aussi est-il extrêmement difficile de la détruire dans les pays assujettis à l'absurde système des jachères ; les sarclages et les labours d'été ne produisent que des effets momentanés. C'est par la culture des plantes vivaces, telles que la luzerne, le sainfoin, ou des plantes étouffantes, telles que les pois gris, la vesce, ou des plantes qui demandent plusieurs binages dans l'année, telles que les pommes de terre, le maïs, etc., qu'on peut espérer de la détruire : or toutes ces cultures sont celles qui entrent le plus communément dans le système des assolemens.

La CAMOMILLE DES CHAMPS a les feuilles bipinnées, à découpures lancéolées et linéaires, le réceptacle conique, les paillettes lancéolées, les semences couronnées d'une membrane, et les fleurs jaunes et blanches. Elle est annuelle et se trouve dans les blés avec la précédente, de laquelle elle se distingue difficilement autrement que par son défaut d'odeur. Tous les bestiaux la mangent, excepté les cochons ; aussi nuit-elle rarement aux récoltes par son abondance.

La Camomille pyrèthre a les feuilles trois fois pinnées,
à folioles linéaires, les tiges couchées et les fleurs jaunes et
blanches portées sur de longs pédoncules axillaires. Elle est
vivace, et se trouve dans les parties méridionales de l'Europe,
dans les champs incultes, le long des chemins, etc. Sa racine
a une saveur piquante et poivrée. On en fait fréquemment
usage en médecine comme salivaire et sternutatoire. Elle entre
dans plusieurs préparations pharmaceutiques.

La Camomille des teinturiers a les feuilles bipinnées, à
folioles dentées et pubescentes en dessous, la tige droite, rameuse, les fleurs toutes jaunes, et les semences bordées d'une
membrane entière. Elle est vivace et croît en Europe dans les
lieux arides, dans les pâturages des montagnes. Les chevaux
l'aiment beaucoup, et les moutons ainsi que les chèvres en
mangent volontiers. Ses feuilles donnent une teinture jaune
dont on fait peu usage en France, mais qui, dit-on, est très-
estimée dans le Nord, quoique, d'après d'Ambournay, elle
soit peu solide.

Cette plante, qui s'élève d'un à 2 pieds, qui se garnit
pendant l'été et l'automne de nombreuses fleurs jaunes de
plusieurs nuances, et même quelquefois blanchâtres, est
propre à la décoration des jardins; aussi l'y voit-on figurer
souvent. On la multiplie de graines, qu'on sème au printemps
dans une terre légère et bien abritée, ou, comme la camomille romaine, par séparation des vieux pieds; mais ici l'opération est plus difficile et moins fructueuse. (B.)

CAMPAGNE. Ce mot s'applique principalement par les
habitans des villes aux terres qui sont hors de l'enceinte de
ces villes : ils disent aller à la campagne, avoir des biens de
campagne. La campagne est dans ce cas plus ou moins étendue
selon l'intention de celui qui parle. *Voilà une belle campagne*,
ne s'entend que de celle et même d'une partie de celle qu'on a
sous les yeux. *J'irai à ma campagne*, la circonscrit dans les
bornes de telle propriété.

Les cultivateurs prononcent rarement entre eux le mot de
campagne; ils lui substituent les mots *terres*, *champs*, *prés*,
vignes, *bois*, *coteaux*, *marais*, etc., qui fixent plus précisément leurs idées.

Il est cependant quelques cantons où ils emploient ce mot,
mais dans une acception tout-à-fait différente, c'est-à-dire
comme synonyme d'année, de saison, etc. Ainsi ils disent : J'ai
défriché ce terrain dans la dernière campagne; je compte semer, la campagne prochaine, du blé dans tel champ; je remets
la fin de ces travaux à l'autre campagne.

C'est dans les ouvrages des littérateurs et des poëtes qu'il
faut chercher la *description de la campagne*, *le tableau de*

la vie de la campagne, etc., etc. Dans celui-ci, l'imagination doit rester froide, afin de ne montrer que la vérité. (B.)

CAMPAGNOL, *Mus arvalis*, Lin. Petit quadrupède du genre des RATS, que les cultivateurs confondent généralement avec le MULOT, mais qui s'en distingue fort bien, et par ses caractères spécifiques et par la nature de ses ravages.

C'est de l'abondance du campagnol, et non du mulot, que l'on s'est si généralement plaint en Europe il y a quelques années ; car ce dernier habite plus volontiers les bois et les lieux couverts, où il trouve des glands et des noisettes, qu'il aime de passion : au lieu que le premier, vivant principalement de blé et d'autres graines analogues, ne quitte les lieux cultivés que lorsqu'il y est forcé par la faim.

La longueur du campagnol est d'un peu plus de 3 pouces. Sa tête est grosse, son museau obtus, ses oreilles petites, presque entièrement cachées par les poils, ses yeux saillans ; sa queue courte, terminée par une touffe de poils plus longs ; sa couleur en dessus est un brun de diverses nuances mêlé de roux, et en dessous d'un cendré foncé.

Le mulot profite en général des trous qu'il rencontre, le campagnol ne cesse d'en faire : aussi en trouve-t-on souvent la terre toute criblée. Ils sont ordinairement peu profonds et terminés par deux ou trois loges ; mais quelquefois les femelles, lorsqu'elles veulent mettre bas, les prolongent jusqu'à 2 pieds, et les terminent par une excavation de 3 à 4 pouces de diamètre, qu'elles remplissent d'herbes hachées ou de mousse ; excavation où elles allaitent leurs petits. Les femelles font au plus deux portées par an, et non six à huit, comme l'ont dit quelques écrivains trompés par leur grande multiplication. Chacune de ces portées, étant au moins de cinq et quelquefois de douze petits, fournit, lorsque le nombre des mères est déjà considérable, assez d'individus pour qu'on ne soit pas obligé de faire des suppositions pour expliquer l'énorme quantité qui s'en montre certaines années.

Lorsqu'on trouve plusieurs campagnols dans le même trou on peut être certain qu'ils appartiennent à la même famille ; ils sont naturellement ennemis les uns des autres, car ils se mangent réciproquement dans la disette, et se craignent si fort qu'ils n'entrent jamais dans un trou étranger que lorsqu'ils y sont forcés par un danger imminent. Ils préfèrent creuser un nouveau trou plutôt que de profiter de ceux qui sont abandonnés.

Cette disposition, la nature l'a donnée aux campagnols, afin d'arrêter leur trop grande multiplication ; car tout est balancé dans le monde. Quoique vivant principalement de blé, d'orge, d'avoine, etc., ils se répandent souvent dans les prairies hautes et y vivent de racines; dans les jardins et dans les bois, où ils dévorent les fruits, les noix, les noisettes, les glands, etc. Ils sont obligés de voyager souvent, parce qu'ils ne font jamais de provisions, au contraire des mulots, qui pensent à l'avenir et établissent dans leurs terriers des magasins toujours plus considérables que leur consommation ne le comporte. Ainsi on les voit abandonner les chaumes au moment des semailles pour se jeter sur les champs ensemencés, les quitter lorsque le blé est levé pour gagner les bois, et revenir dans les mêmes lieux lorsque le blé commence à mûrir. Je parle comme si tous suivaient la même marche; mais on sent bien que ceci ne peut être et n'est en effet rien moins que régulier, et qu'il en reste toujours. Ils savent couper le chaume pour faire tomber l'épi et le dévorer. Ils savent se cacher au centre des gerbes et se faire porter dans la grange, sur les meules, où ils exercent leurs rapines avec sécurité pendant tout l'hiver, malgré les chats, qui ne peuvent pas pénétrer jusqu'à eux.

Les ennemis des campagnols sont nombreux et en font de grands massacres, mais ils ne le sont pas encore assez, ou mieux l'homme se plaît à les tuer contre ses intérêts. Ainsi les oiseaux de proie diurnes, sur-tout les buses, les tiercelets, les émouchets en détruisent beaucoup; ainsi les ducs, les chats-huants, les orfraies et autres oiseaux de proie nocturnes en font la base de leur subsistance. Les renards, les chats, les fouines, les belettes leur font avec succès une guerre perpétuelle. J'ai même vu des chiens qui les chassaient avec une espèce de fureur. Il est si facile de les dresser à ce genre d'utilité, qu'il y a lieu de se plaindre que tous les chiens des fermes n'y soient pas stylés.

L'homme a beaucoup de moyens d'en diminuer le nombre. Ainsi un cultivateur soigneux fera suivre la charrue, au second labour d'automne, par des enfans qui, avec un faisceau de baguettes, tueront tous ceux que le soc amenera au jour; ainsi il fera faire la même opération lorsqu'il videra sa grange, ou démolira ses meules. Dans les jardins, il enterrera des pots ventrus, faits exprès, de manière que tombant dedans ils ne pourront plus sortir. On peut encore les empoisonner, non avec de l'arsenic ou du sublimé corrosif, moyen très-dangereux, mais avec de la noix vomique, du garou, de l'euphorbe, etc., dans la décoction desquels on fait tremper des grains de blé.

Mais c'est la nature qui est la plus grande destructrice de ses œuvres. En effet les campagnols périssent par milliers, par millions peut-être, dans les inondations, à la suite des longues pluies, des froids permanens, des neiges durables, etc. Enfin le manque de nourriture les fait mourir d'inanition, et les force à se dévorer eux-mêmes.

O éternelle Providence!

On trouve dans les neuvième et dixième volumes des *Annales d'agriculture* des mémoires sur les ravages des campagnols, qui font voir combien ils peuvent être considérables. Dans un de ces mémoires, M. Thieffries indique des trous ou fosses comme un excellent moyen de prendre de grandes quantités de ces animaux; et en effet lorsque ces fosses sont creusées jusqu'au-dessous de la couche de la terre végétale, et que leurs parois sont perpendiculaires et bien unies, les campagnols qui y tombent ne peuvent pas en sortir et y meurent de faim. Ils remplacent les pots dont j'ai parlé plus haut. Mais comme ces trous ou fosses faits avec la bêche deviennent coûteux, le même M. Thieffries a imaginé une tarière ou vrille de fer de 2 décimètres de diamètre et de 3 de longueur, terminée par une tige de 5 décimètres, et mue au moyen d'une traverse de même longueur. Par son moyen, en trois tours et en deux minutes, un homme de moyenne force peut faire un de ces trous. (B.)

CAMPANE. On donne quelquefois ce nom aux CAMPANULES et au BULBOCODE PRINTANIER. La véritable campane est une AUNÉE. (B.)

CAMPANETTE. Nom vulgaire du LISERON DES CHAMPS. (B.)

CAMPANIFORME. Sorte de FLEUR monopétale qui représente une cloche découpée en ses bords en trois, quatre, cinq ou six parties. La CAMPANULE en offre un exemple. (B.)

CAMPANILE. *Voyez* CAMPANULE.

CAMPANULACÉES. Famille de plantes qui a le genre CAMPANULE pour type. Outre ce genre, elle en contient seize autres, parmi lesquels ceux MICHAUXIE, TRACHÈLE, RAPONCULE, PHITEUME, LOBÉLIE et JASIONE sont les seuls qui renferment des espèces susceptibles d'être cultivées en pleine terre dans le climat de Paris.

Les LOBÉLIACÉES et les GOODÉNACÉES sont deux nouvelles familles établies à ses dépens. (B.)

CAMPANULE, *Campanula*. Genre de plantes de la pentandrie monogynie et de la famille des campanulacées, qui renferme plus de cent espèces, parmi lesquelles il en est quelques-unes qui intéressent le cultivateur comme aliment, et beaucoup comme objet d'agrément.

Les espèces de ce genre sont la plupart herbacées et lactescentes. Elles ont une odeur et une saveur qui leur sont particulières. Leurs feuilles sont alternes, leurs fleurs généralement remaquables par leur grandeur.

Les espèces les plus importantes à connaître sont les suivantes :

La **Campanule raiponce** ou simplement la *raiponce*, qui a les feuilles ondulées, les radicales ovales, lancéolées, et les rameaux de la panicule, qui est toujours terminale, très-rapprochés. Elle est bisannuelle, et se trouve dans tous les pays montagneux de l'Europe, aux lieux secs et incultes, dans les pâturages élevés, le long des chemins, etc. Sa racine est épaisse, fusiforme, très-blanche; ses tiges anguleuses, ses fleurs bleues, et de près de 6 lignes de diamètre. Toutes ses parties sont d'une saveur agréable : les hommes et les bestiaux la mangent avec plaisir. Dans les parties moyennes de la France, on va l'arracher sur les collines dès les premiers jours du printemps, lorsque ses nouvelles feuilles commencent à se développer, pour la manger en salade. Autour de Paris et autres grandes villes, on la cultive pour le même objet. Cet aliment passe pour très-rafraîchissant à raison de son mucilage abondant. C'est toujours le plant de l'année précédente qu'il faut choisir, parce que celui qui va fleurir est trop coriace. Cette circonstance, encore plus la grosseur, fait que quelques personnes préfèrent la raiponce cultivée à la raiponce sauvage, quoique cette dernière soit bien plus savoureuse.

Lorsqu'on veut cultiver cette plante, on en sème la graine à la volée et fort clair, aussitôt qu'elle est mûre. Si on la gardait seulement jusqu'au printemps, elle ne leverait pas. Pour le climat de Paris, c'est au milieu de juin. Une terre bien préparée et ombragée est celle qu'il lui faut. On enterre à peine cette graine, car elle est très-fine. Le mieux même est de ne la pas enterrer du tout, les pluies et les arrosemens, car l'eau lui est nécessaire, l'enfouissant suffisamment. On éclaicit et l'on sarcle la planche une ou deux fois en automne, et on la bine autant de fois dans le courant de l'hiver. Le plant, si l'année a été favorable, peut être arraché dès le mois de décembre; mais ordinairement on attend février et mars. Il n'est pas rare de voir des racines, à cette époque, qui ont la grosseur du pouce, tandis qu'à la campagne elles surpassent rarement celles d'une plume à écrire. On réserve, comme on le pense bien, un certain nombre de pieds pour la graine.

La **Campanule a feuilles rondes** est glabre, a les feuilles radicales, réniformes, dentées, et les caulinaires linéaires et entières. Elle est vivace, et se trouve très-abondamment dans toute l'Europe sur les montagnes, dans les bois, le long des chemins et sur les vieux murs. On peut la manger comme la précédente, mais ses racines sont très-peu charnues. Les bestiaux la recherchent beaucoup. Ses tiges grêles et ses grandes fleurs bleues, que leur poids fait pencher, lui donnent un aspect très-élégant. On la cultive quelquefois dans les jardins d'agrément, où elle varie en blanc.

La CAMPANULE A FEUILLES DE PÊCHER a les feuilles radicales ovales ; les caulinaires linéaires, lancéolées, dentées, sessiles et écartées. Elle est vivace, et originaire des parties montagneuses de l'Amérique septentrionale. Sa hauteur est de 2 pieds au plus. On la cultive fréquemment dans les jardins d'agrément, où elle produit un très-bel effet par ses épis de fleurs bleues, larges de 6 à 8 lignes. On en a des variétés roses et blanches, des semi-doubles et des doubles. On multiplie les simples et les semi-doubles, de graines qu'on sème en automne dans un terrain bien préparé. Les autres se multiplient par déchirement des vieux pieds au printemps, ou par des éclats qu'on enlève autour d'eux, ou par boutures qu'on fait pendant tout le cours de l'été.

Cette plante se place dans les plates-bandes des parterres, ou au pied des buissons dans les jardins paysagers, et par-tout elle se fait remarquer par ses belles fleurs et par son beau port.

La CAMPANULE A FEUILLES D'ORTIE a la tige anguleuse, hispide ; les feuilles ovales, lancéolées, dentelées ; les pédoncules axillaires, recourbés ; le calice très-hérissé. Elle est vivace, et se trouve très-abondamment dans les bois en sol argileux.

Cette espèce a doublé par la culture et est devenue blanche ; mais quoique employée pour l'ornement, elle ne produit pas assez d'effet dans les parterres pour que je la préconise beaucoup.

La CAMPANULE GANTELÉE, *Campanula trachelium*, Lin., vulgairement connue sous le nom de *gant de notre-dame*, a les feuilles en cœur, pointues, dentées, velues ; la tige anguleuse, velue, haute de 2 à 3 pieds ; les fleurs axillaires et de 8 à 10 lignes de diamètre. On la trouve dans les bois de presque toute l'Europe, où elle se fait remarquer par la beauté de ses fleurs qui s'épanouissent au milieu de l'été. Elle est vivace. Les vaches, les chèvres et les moutons les mangent ; quelques habitans des campagnes mangent aussi ses jeunes racines en salade comme la raiponce. Elle est estimée en médecine comme astringente et vulnéraire. On la cultive quelquefois dans les jardins, où elle double et produit une variété blanche.

La CAMPANULE PYRAMIDALE a les feuilles radicales en cœur, dentées, glabres ; les caulinaires ovales, dentées ; les fleurs disposées en petits bouquets le long de la tige. Elle est bisannuelle, et se trouve dans les Basses-Alpes, du côté de l'Italie. Ses tiges sont ordinairement droites, simples, hautes de 3 à 4 pieds. On la cultive très-fréquemment dans les jardins d'agrément, qu'elle embellit pendant tout l'été par ses beaux et

longs épis de fleurs bleues. (J'en ai vu de 6 pieds de long.)
La meilleure manière de la multiplier, c'est de semer ses
graines aussitôt qu'elles sont récoltées dans un terrain bien
labouré, mais non fumé, sans les enterrer, et de leur donner
de l'eau souvent, mais en petite quantité. Quelques personnes
font ces semis en pots pour pouvoir séparer plus facilement les
jeunes plants avec la motte; ce qui assure leur reprise et la
beauté des tiges qu'ils doivent produire. D'autres les placent
sur des couches à châssis ; mais cela est superflu dans le climat
de Paris, où souvent les pyramidales croissent d'elles-mêmes
sur les murs et parmi les décombres, ainsi que je l'ai observé.
L'automne de l'année suivante, on met en place le plant le plus
fort, c'est-a-dire au milieu des parterres, ou entre les arbustes
du second rang dans les jardins paysagers. On en conserve
quelques pieds en pots pour mettre sur des gradins, sur les
terrasses, sur les marches d'escaliers, où l'on jouit de toute
leur beauté. Ces pots demandent à être fortement arrosés pendant l'été, au moment de la floraison, et mieux à être mis
sur une assiette pleine d'eau. En hiver il faut la leur refuser
presque entièrement. Quoique bisannuelle, il est facile de la
perpétuer pendant long-temps en coupant les tiges avant que
la totalité de leurs fleurs soit épanouie.

On peut aussi multiplier la *campanule pyramidale*, au
moyen des éclats qu'on sépare des vieux pieds au printemps et
qu'on met en pépinière : on la rend par là pour ainsi dire éternelle. Les pieds ainsi produits ne donnent jamais d'aussi belles
tiges que ceux provenus de graines, et Miller a observé qu'ils
devenaient stériles à la longue. On pourrait sans doute aussi
les multiplier de boutures, mais je ne sache pas qu'on l'ait fait.

Le plus important pour conserver les pyramidales en plein
air dans le climat de Paris, c'est de les mettre dans un terrain
sec et chaud, quoiqu'un peu ombragé. L'exposition du levant
est la plus convenable. Ce qui les fait si souvent périr pendant
l'hiver est moins le froid que l'humidité surabondante, ou la
pourriture, qui en est la suite. Je m'en suis assuré d'une manière positive.

La CAMPANULE À GROSSES FLEURS, *Campanula medium*,
Lin., a les feuilles oblongues, sessiles, légèrement crénelées,
les fleurs bleues et d'un pouce de diamètre, portées sur des
pédoncules droits; les fruits à cinq loges. Les montagnes des
Apennins sont son pays natal. On la cultive fréquemment dans
les jardins d'ornement, à raison de la grosseur de ses fleurs. Elle
s'élève de 2 pieds et est bisannuelle. Toutes ses parties sont très-
velues et très-rudes au toucher. Sa multiplication s'effectue
de graines, comme la précédente, et quelquefois d'éclats enlevés aux racines. Elle est moins difficile qu'elle sur le choix

du terrain et supporte les engrais. C'est sur les côtés des plates-
bandes et dans les corbeilles des jardins paysagers qu'il convient de la placer.

La CAMPANULE CONGLOMÉRÉE a les feuilles lancéolées, cordiformes, crénelées, velues et rudes au toucher ; les fleurs
bleues, de 3 à 4 lignes de diamètre, sessiles et réunies en
faisceau à l'extrémité des tiges. Elle est vivace, croit dans les
bois montueux, aux lieux secs et arides, et fleurit pendant tout
l'été. Je l'ai vue quelquefois très-abondante.

Il est encore un grand nombre de campanules qu'on pourrait citer comme plantes d'ornement ; mais leur culture étant
absolument la même que celle des espèces que je viens de
mentionner, je renvoie ceux qui voudraient les connaître aux
ouvrages des botanistes.

Il en est cependant quelques-unes des Hautes-Alpes qui ont
pour caractères communs d'être très-peu élevées et uniflores,
qui demandent une mention particulière. On doit les semer en
pots et les garantir de la gelée, car elles la craignent beaucoup, quoique sous la neige pendant cinq à six mois dans
leur état naturel. Lorsqu'elles sont levées, il faut les placer à
l'ombre et leur donner de fréquens arrosemens, mais très-
modérés. Rarement on conserve ces plantes long-temps,
quelques soins qu'on leur donne.

Quant aux campanules d'orangerie, il ne doit pas en être
fait mention ici. Leur nombre est au reste peu considérable.

Je termine cet article par la CAMPANULE MIROIR DE VÉNUS,
Campanula speculum, Lin., jolie petite espèce annuelle qu'on
trouve si abondamment dans les moissons, et qui s'éloigne des
autres par sa corolle en roue. On en a fait un genre sous le
nom de PRISMATOCARPE. Ses tiges sont anguleuses et flexueuses,
ses feuilles oblongues et crénelées, ses fleurs violettes, et portées sur des pédoncules solitaires et axillaires. Ses fleurs se
ferment ordinairement le soir, et présentent alors un penta-
gone à angles saillans. Ses capsules sont prismatiques.

Dans quelques endroits, on mange cette plante en salade,
dans d'autres on la cultive pour ornement. Elle aime une terre
sèche et sablonneuse, une exposition chaude. On la sème en
place, pour faire des bordures ou de petites touffes, en automne
ou au printemps. La transplantation lui est toujours nuisible.
Elle commence à donner ses fleurs au milieu de l'été, et en
fournit jusqu'aux gelées, sur-tout si on a soin de couper la
tête à quelques pieds pour les forcer de pousser des rejetons
latéraux.

Quoique la campanule miroir de Vénus nuise peu aux blés,
son abondance est toujours une preuve de mauvaise culture,
et un agronome jaloux de sa réputation doit l'en proscrire,

comme toutes les autres, malgré son air aimable et son *humilité*. (B.)

CAMPÊCHE, BOIS DE CAMPÊCHE, *Hœmatoxylum campechianum*, Lin. Arbre exotique de la décandrie monogynie et de la famille des légumineuses, qui croît naturellement dans la baie de Campêche, d'où lui vient son nom. On le cultive aux Antilles, où il a été transporté, et où il est depuis long-temps naturalisé. C'est un arbre épineux, toujours vert, qui croît rapidement, et qui acquiert la hauteur de 3o à 4o pieds. Sa tige est à côtes, assez droite et d'une grosseur médiocre proportionnellement à son élévation ; elle est revêtue d'une écorce d'un brun gris qui recouvre un aubier d'un blanc jaunâtre. Le cœur du bois est rouge ; c'est cette partie de l'arbre qui entre dans le commerce. On en transporte une grande quantité en Europe pour les teintures en noir, pourpre ou violet. Les feuilles du campêche sont ailées sans impaire, et les fleurs disposées en grappes.

La croissance du campêche est si rapide, qu'après dix ou douze ans on peut mettre en œuvre le bois d'un arbre venu de semence ; mais on n'a point encore songé dans nos colonies à en tirer ce parti : tout le bois de campêche du commerce vient de la baie de Honduras. Les habitans de la Jamaïque et de Saint-Domingue se sont jusqu'à présent contentés de cultiver cet arbre pour enclore leurs possessions. Il est en effet très-propre à cet usage ; les haies qu'il forme sont défensives, d'un vert agréable, et faciles à tailler. Mais elles présentent plusieurs inconvéniens ; il faut les tailler trois ou quatre fois chaque année, sans quoi elles s'éclairciraient bien vite, et pourraient produire des graines qui infesteraient le voisinage de jeunes plants. Ensuite rien ne peut croître auprès de ces haies, et par cette raison on est obligé de laisser un grand espace inculte entre leur lisière intérieure et les plantes utiles qu'elles entourent. Enfin, comme le campêche trace beaucoup, le grand nombre de pieds dont se compose nécessairement une haie, donne naissance à une multitude infinie de rejetons qu'on a beaucoup de peine à détruire.

C'est avec ces rejetons qu'on forme de nouvelles haies. Après avoir arraché et enlevé toutes les souches et toutes les mauvaises herbes qui sont sur le terrain, on trace à la houe trois sillons parallèles et tirés au cordeau, et l'on y place, assez près les uns des autres, les jeunes plants de campêche, dont on chausse et couvre les pieds avec la terre enlevée du sillon. On doit choisir de préférence les plants de 15 à 18 pouces de hauteur ; quelquefois on les prend ou plus petits ou plus forts. Cette opération ne peut se faire que dans un temps pluvieux. La première année de sa plantation, la jeune haie exige deux ou trois sarclaisons ; les deux années suivantes, une seule suffit : quand elle est parvenue à une certaine hauteur, on la rabat pour la fortifier, et dans la suite on la taille comme il a été dit. (D.)

CAMPHRE. Huile essentielle concrète, de couleur blanche, demi-transparente, très-volatile, très-inflammable, très-aromatique, d'une saveur âcre et légèrement amère, se dissolvant dans l'alcool ou les huiles, mais non dans l'eau, dont on fait un fréquent usage dans la médecine vétérinaire, sur-tout dans les épizooties, soit inflammatoires, soit putrides. En effet c'est le meilleur antispasmodique et le meilleur antiputride. On le donne aux chevaux à la dose de quinze à vingt - cinq grains.

Le camphre se retire du tronc d'un arbre du genre des lauriers, arbre qui croît dans les Indes et dans les îles qui en dépendent. Un SHORÉE en fournit aussi, et même c'est le meilleur. Le docteur Chèze l'a préconisé, dans ces derniers temps, comme remède contre les rhumatismes.

Proust a prouvé que les huiles essentielles du romarin, de la lavande, de la marjolaine, de la sauge, et autres plantes de la famille des labiées, en contenaient beaucoup, et qu'on pouvait même l'en extraire avec profit.

Dernièrement on a reconnu qu'en faisant passer du gaz oxygène dans de l'huile essentielle de térébenthine, on la convertissait en camphre. (B.)

CAMPHRÉE , *Camphorosma*. Petite plante vivace, à racine ligneuse, à tiges frutescentes, velues, nombreuses, longues d'un pied ; à feuilles alternes, sessiles, linéaires, velues ; à fleurs blanchâtres, petites, solitaires et sessiles dans les aisselles des feuilles ; qui forme un genre dans la tétrandrie monogynie et dans la famille des chénopodées.

La CAMPHRÉE DE MONTPELLIER croît dans les parties méridionales de l'Europe, aux lieux arides et incultes. Elle fleurit au milieu de l'été. Ses feuilles, froissées, exhalent une odeur de camphre ; et mâchées, indiquent beaucoup d'âcreté. On la regarde en médecine comme expectorante, incisive, sudorifique et apéritive. Son usage est assez fréquent. (B.)

CAN. Nom du CHIEN dans le département du Var.

CANABAYSSE. Pied de CHANVRE femelle, dans le midi de la France. (B.)

CANABON. Synonyme de CHENEVIS, dans le midi de la France. (B.)

CANADA. On donne ce nom au TOPINAMBOUR dans quelques cantons.

CANAL. On appelle ainsi toute excavation de terre de plus de 2 pieds de large et de 12 pieds de long, faite de main d'homme, pour retenir les eaux stagnantes, ou pour leur donner un cours forcé.

Lorsqu'un canal a moins de 2 pieds de large, on l'appelle Rigole, Saignée, Fossé, etc. Lorsqu'il a plus de 12 pieds de long, c'est un Bassin, une Pièce d'eau, un Vivier, etc. *Voyez* ces mots.

Les canaux, relativement à l'agriculture, peuvent se diviser en *canaux de navigation*, en *canaux de desséchement*, en *canaux d'arrosement*, et en *canaux d'ornement*. *Voyez*, pour les premiers et les seconds, les articles Navigation intérieure et Desséchement.

Mais ces canaux, lorsque l'eau qu'ils contiennent est trop stagnante, portent autour d'eux, pendant les chaleurs de l'été, des miasmes dangereux. Il faut donc ne les pas multiplier dans les lieux déjà malsains par leur position, tels que les contrées marécageuses, les vallées étroites et sans courant d'air, le milieu des forêts, etc. Des plantations de végétaux en général, et de certains en particulier, peuvent diminuer les inconvéniens du voisinage des canaux et des étangs. Les galés d'Europe et cérifère, ainsi que l'aune, produisent spécialement cet effet.

Tout canal doit être de temps en temps nettoyé des herbes et de la vase qui s'y sont accumulées. Cette opération aura moins d'inconvéniens au printemps qu'en été et en automne pour la santé des travailleurs et des habitans du voisinage. Ses résultats, transportés sur les carreaux des jardins, les engraisseront autant que le meilleur fumier, et n'auront pas l'inconvénient de donner un mauvais goût aux légumes.

Jamais il ne faut manquer d'empoissonner les eaux d'un canal; car non-seulement il en résulte du profit et de l'agrément, mais encore une diminution d'insalubrité, les poissons se nourrissant des vermisseaux et des larves d'insectes qui, en se pourrissant, auraient puissamment concouru à l'altération putride de ces eaux. Les carpes, les tanches, les perches, les gardons, les carassins, les cyprins dorés, ou *dorades de la Chine*, sont ceux qu'il convient d'y placer de préférence. Les anguilles, les écrevisses et autres qui se font des trous dans le rivage, doivent en être écartés. Il en est de même du brochet dévastateur. Ces poissons étant nourris avec les restes de la cuisine, pourront grossir autant que s'ils étaient dans de vastes étangs. Souvent on se contente de mettre dans les canaux des carpes déjà grosses, pour les y trouver au besoin. (B.)

CANAL D'ARROSEMENT. *Voyez* Irrigation. Pour établir un tel canal, il faut supposer une rivière plus élevée que les campagnes que l'on veut arroser, sans se mettre en peine de la distance, pourvu qu'elle ne soit point excessive, et qu'il

ne se rencontre point en chemin d'obstacle insurmontable
pour la conduite des eaux qu'on veut dériver. Après avoir
levé une carte du terrain avec les nivellemens nécessaires, on
choisira, en remontant le fleuve, le point d'élévation le plus
propre pour la naissance du canal, afin de conduire les eaux
au terme le plus éloigné du précédent, en donnant à ce canal
une pente et une largeur proportionnées à son usage. Comme
ce canal doit être accompagné de plusieurs branches qui fourniront de l'eau à des rigoles d'arrosage, on lui fait suivre les
coteaux par lesquels on peut en soutenir la hauteur, en lui
donnant une pente qui maintienne toujours les eaux à une
élévation plus grande que celle qu'aura le fleuve, à mesure
qu'il s'éloigne de l'endroit où se fera la prise des eaux ; c'est-à-
dire que si le fleuve a une ligne ou deux de pente par toise courante (les rivières qui ont plus de 2 lignes par toise de pente,
ce qui fait 16 pouces 8 lignes par 100 toises, sont regardées
comme des torrens), on n'en donnera que la moitié au lit du
canal, en observant de l'élargir à proportion du chemin qu'on
lui fera faire, et de la pente qu'on lui donnera, parce que
l'eau augmente de volume et de hauteur en raison de la pente
qu'on lui ôte.

Après avoir déterminé la quantité de pays qui peut profiter
du *canal d'arrosage*, on fait convenir les particuliers de ce
que chacun d'eux doit contribuer pour le dédommagement
des terres qu'occupera le canal, à proportion de l'avantage
qu'ils en peuvent tirer, ce que l'on saura en réglant le prix
de l'arrosage sur celui de la dépense totale de l'entreprise. On
doit préparer ensuite la superficie du terrain qu'on veut arroser, et s'accommoder à la figure du pays, et aux sinuosités
où il faudra assujettir le canal, de manière que les eaux puissent se répandre par-tout dans les branches nécessaires aux
héritages. On ouvre et ferme ces branches ou canaux particuliers par de petites écluses à vannes ; on les place aussi d'espace
en espace, pour faciliter les distributions, qu'on fait le plus
souvent par de petites buses, où il ne peut passer que la quantité d'eau qui doit appartenir à chacun, comme cela se pratique
en Suisse et en Provence. Il faut, sur toutes choses, donner
aux branches que l'on tirera du grand canal, et aux rigoles
qui partiront de ces branches, des largeurs et profondeurs proportionnées à la quantité d'eau qu'on y fera passer, relativement à la vitesse et au trajet qu'elle sera obligée de faire. Il y
a plus d'art qu'on ne pense à faire équitablement cette distribution, pour qu'un héritage ne soit point favorisé au préjudice d'un autre. Il est essentiel d'établir une bonne police, afin
de régler le temps où il faudra donner des eaux, celui qu'on
pourra les garder, etc., etc. On doit se conformer pour cet

objet à ce qui s'observe dans la plupart des lieux où il se fait des arrosemens publics, en ajoutant ou retranchant ce que l'on trouvera convenable aux circonstances.

S'il arrivait qu'il n'y eût point de rivière dans un pays que l'on veut arroser, mais qu'il se rencontrât dans le voisinage une quantité de sources qu'on pût rassembler dans un réservoir, comme on a fait à celui de Saint-Ferréol, il faudrait de même en soutenir les eaux par une digue, et faire un canal pour les conduire, dans les temps de sécheresse, au terme de leur destination. Enfin, si l'on en était réduit aux eaux de pluie qui tombent annuellement sur la surface de la terre, il faudrait pratiquer sur les hauteurs et à mi-côte des réservoirs, mares et étangs, pour en tirer des rigoles d'arrosage, comme on l'a fait à Versailles (1). (Thou.)

CANAL DE DESSÉCHEMENT. *Voyez* Desséchement. Lorsque, par la négligence des principes établis sur la navigation des rivières, et par l'ignorance des règles de l'hydraulique, les débordemens successifs des fleuves et des rivières qu'on n'a pas eu soin de diguer ont amassé des flaques d'eau dans les lieux bas où elles n'ont point d'écoulement, alors le mal va toujours en augmentant, le pays devient à la longue aquatique, marécageux et inhabitable. Je pourrais citer une infinité de bons terrains qui sont dans ce cas; je ne fais qu'indiquer cette partie du Dijonnais noyée par les débordemens de la Saône, de l'Ouche et de l'Estille, comme on le voit dans la description des rivières de cette province. On ne peut rendre à la société ces terrains perdus que par des dépenses énormes pour les dessécher, et les mettre en état d'être cultivés; dépenses qu'on aurait pu prévenir par les précautions ci-devant indiquées.

Une des principales causes qui donnent lieu à rendre marécageux un bon terrain, vient souvent des moulins sur les petites rivières, par la négligence des propriétaires voisins, et principalement des meuniers, qui laissent élever le lit de ces

---

(1) On trouve dans un ouvrage sur les améliorations agricoles du département des Hautes-Alpes, par M. Farnaud, un procédé pour empêcher les infiltrations de l'eau, qu'il est indispensable de rapporter ici.

Il était question de faire passer un canal à travers cent mètres d'un amas de pierres brisées. On n'avait qu'à choisir entre une construction en béton, mais fort coûteuse, ou une construction en planches peu durable. Un paysan indiqua un moyen nouveau qui eut un plein succès : ce fut de figurer le canal avec des pierres, d'en couvrir le fond et les bords de quelques pouces de terre, de mettre sur cette terre une couche de feuilles sèches de hêtre, qu'on dit incorruptibles; de faire passer lentement des eaux troubles sur ces feuilles, afin qu'elles déposassent leur limon, de remettre encore une couche de feuilles et une couche de limon.   *(Note de M. Bosc.)*

rivières sans les nettoyer, ni fournir d'écoulement aux eaux qui s'amassent ailleurs dans les saisons pluvieuses. Le seul moyen d'y remédier est de baisser les eaux de ces petites rivières en approfondissant leur lit, auquel on donnera plus de largeur, et en même temps de faire baisser à proportion le seuil et le radier des écluses de tous les moulins.

On améliore un terrain aquatique de deux manières, par *asséchement* ou par *accoulin*. Dans le premier cas, on tâche de faire prendre aux eaux un cours réglé, moyennant des rigoles et des canaux qui suivent des pentes plus basses que ne le sont les endroits les plus profonds du terrain que l'on veut mettre à sec, et qu'on fait aboutir à un terme où ils ne peuvent porter de préjudice, ou en retenant les eaux dans leur propre lit, pour empêcher qu'elles ne se répandent comme auparavant dans la campagne ; ce qui se fait le plus souvent en fortifiant par de fortes digues les bords du lit dans lequel les eaux ont leur cours ordinaire ; et si cela ne suffit pas, on leur prescrit une autre route.

Les plaines ont ordinairement une pente si insensible, et leur surface est si inégale, que les eaux de pluie ne manqueraient pas de causer le dépérissement des récoltes, si, au lieu d'y séjourner, elles ne venaient se rendre dans des fossés creusés exprès pour les recevoir ; et c'est ce qui fait la différence d'un pays cultivé à un autre qu'on néglige. Si de là ces eaux viennent à se réunir dans des lieux bas, entourés de hauteurs qui empêchent qu'elles ne puissent s'évacuer, ou qu'il s'y rencontre des sources, elles formeront nécessairement des marais, à moins qu'on ne leur fasse des canaux pour les conduire dans le fleuve le plus prochain, ou à la mer si on en est à portée ; mais il faut que le fonds d'où elles partiront pour s'y rendre soit plus élevé que le niveau de leur lit, et qu'il n'y ait point de montagnes intermédiaires formant un trop grand obstacle.

Lorsque les eaux d'un canal de décharge peuvent être rendues supérieures au niveau des plus grandes crues du fleuve où elles doivent entrer, rien ne s'opposant à leur libre écoulement, on sera assuré du succès de l'entreprise. Si, au contraire, dans le temps des grandes crues, le fleuve s'élève plus que le niveau du canal de décharge (ce qui ne manquera pas d'arriver quand ses bords seront digués), alors le canal pourrait devenir plus nuisible qu'avantageux, en fournissant au même fleuve un débouché pour inonder le pays voisin.

Cependant, comme il y a des cas où cette disposition est inévitable, le seul moyen d'y remédier est de faire une écluse à l'embouchure du canal, pour soutenir les eaux du fleuve quand elles sont plus élevées que celles d'écoulement, écluse que l'on ouvrira dès que les premières seront devenues plus basses; mais comme les eaux du canal accroîtront de leur côté quand de part et d'autre elles proviendront des pluies abondantes, il faut que ce canal soit assez large et ses bords digués de manière qu'il puisse contenir, pendant la grande crue de fleuve, toutes les eaux que les fosses ou rigoles recevront, jusqu'au temps où leur niveau aura acquis la supériorité qu'il leur faut pour s'épancher; mais si elles s'amassaient en si grande quantité qu'il y eût à craindre qu'elles surmontassent les bords du canal pour inonder les cantons voisins, il faudrait y faire un déchargeoir répondant à une rigole le long du bord de la rivière, en la descendant assez bas pour faire une rentrée. On peut aussi faire la même rigole par-tout ailleurs où le terrain offrirait assez de supériorité pour répondre au dessein que l'on a ; et si les canaux d'écoulement ont leur embouchure dans la mer, il faut prendre d'autres précautions, que je ne puis développer ici, comme sortant de mon objet.

Quand on entreprend de dessécher une grande étendue de terrain, il faut voir si le canal principal qui recevra les eaux de toutes les rigoles qui viendront y aboutir ne pourra point être tourné à l'usage de la navigation, et agir en conséquence pour son exécution. C'est la propriété qu'ont presque tous les canaux d'écoulement qu'on voit en Hollande, qui, après avoir formé autant de branches pour le commerce de l'intérieur du pays, se réunissent ensuite à celui que les villes maritimes font avec le dehors ; mais ces grands objets appartiennent moins aux particuliers qu'au gouvernement, de même que la manière qui suit de dessécher par accoulins ou atterrissemens.

Lorsqu'on veut améliorer des situations qui sont si basses qu'elles ne peuvent avoir d'écoulement par aucun endroit, il faut se servir de la nature même pour les élever, en faisant en sorte que les eaux troubles des rivières, des ravins ou autres courans à portée de là, y forment des dépôts de limon et des atterrissemens, ce qu'on appelle des COMBLÉES, des ACOULIS. Pour empêcher que les eaux chargées de limon ne s'étendent trop, il faut les retenir par des digues, dont on bordera le marais aux endrois où elles pourraient s'épancher ; on leur ménage des rigoles accompagnées de petites écluses pour la décharge de la superficie de celles qui se sont clarifiées. De même, l'on pratique des écluses sur les bords du courant d'eau limoneuse où l'on aura fait des canaux pour dériver les eaux, afin d'être le maître de n'en tirer que la quantité qu'on voudra et quand on voudra. Au reste, quand on ne trouverait pas d'endroit pour faire écouler les eaux clarifiées après leur dépôt, l'évaporation journalière suffirait, etc.

C'est en s'y prenant de ces diverses manières qu'on est parvenu en Italie à rendre fertile une partie du Mantouan, du Ferrarais et de la Lombardie, qui ne l'étaient pas auparavant. Ce que les Romains ont fait de plus mémorable en ce genre est d'avoir entrepris, du temps de Claudius, de dessécher le lac Fucin, où ils ont employé trente mille hommes pendant douze ans à percer une montagne de rochers pour y faire passer un canal de 3ooo pas de longueur, qui devait conduire les eaux de ce lac dans le Tibre. (Th.)

CANAL. Jardinage. Longue pièce d'eau pratiquée pour l'ornement des jardins ou pour leur utilité.

Les canaux étant de leur nature beaucoup plus longs que larges, sont plus propres à figurer dans les parcs symétriques que dans les jardins proprement dits. Lorsqu'on en a le choix, on les place en face des châteaux, au milieu ou à la suite de longues pièces de gazon, et on les accompagne de lignes de grands arbres; quelquefois aussi on les fait servir de clôture à des jardins. Cette destination n'est pas la moins importante, puisqu'en assurant les possessions elle les rend plus agréables et plus productives.

Les canaux sont tantôt à bords simples, tantôt à bords revêtus de maçonnerie. Les premiers ne sont praticables que dans les sols argileux. On est forcé de préférer les seconds, quoique très-coûteux, dans les terres légères et perméables à l'eau. Souvent même il faut corroyer leur fond et le derrière des murs avec de l'argile; ce qui augmente encore la dépense. *Voyez* au mot Bassin.

On peut tirer un revenu des canaux par le moyen des carpes, des tanches, des perches, etc., qu'on y dépose. Leur petite étendue ne permet pas d'y mettre des brochets, qui les auraient bientôt dépeuplés. On ne peut que rarement y souffrir des anguilles et des écrevisses, qui, faisant des trous dans les bords, peuvent occasionner des pertes d'eau.

Toutes les fois qu'un canal n'est pas formé par une rivière, il faut le nettoyer souvent, pour que son voisinage ne soit pas malsain. La vase qu'il fournit est un excellent Engrais. *Voyez* ce mot. (Th.)

CANAL ARTIFICIEL. Architecture hydraulique et rurale. Dans son expression générique, un canal artificiel est un lieu creusé pour recevoir les eaux de la mer, d'un fleuve, d'une ou plusieurs rivières, d'un ou plusieurs ruisseaux, etc., et, suivant le motif qui en a occasionné l'établissement, on lui ajoute un adjectif, qui en caractérise l'espèce.

On connaît sept espèces de canaux artificiels : 1o. les canaux de navigation; 2o. ceux de dérivation; 3o ceux de desséchement; 4o. les canaux souterrains; 5o. les canaux-aqueducs; 6o. ceux des jardins; 7o. ceux des cascades.

1°. *Canaux de navigation*. Cette dénomination indique suffisamment leur destination. La France en possède plusieurs remarquables , et bientôt elle n'aura plus rien à envier aux états les plus célèbres par les chefs-d'œuvre de l'esprit humain, et par les monumens de la grandeur et de la constance des souverains qui les ont fait exécuter. Bientôt le commerce de la France trouvera , dans l'achèvement de tous ceux qui sont entrepris , les facilités les plus grandes pour le transport de ses marchanchises , et l'agriculture de puissans moyens d'améliotion, et des débouchés avantageux pour toutes ses productions.

L'établissement des canaux de navigation , sagement combiné avec celui d'un nombre suffisant de grandes routes, est un des plus grands encouragemens que les souverains puissent offrir au commerce et à l'agriculture.

La construction de ces canaux est très-dispendieuse , et généralement il n'y a que les gouvernemens des états les plus riches qui puissent en supporter les frais. Nous n'entrerons donc ici dans aucune détail sur ce sujet ; ils seraient d'ailleurs superflus , parce que la direction de ces travaux importans est confiée au corps des ponts et chaussées.

2°. *Canaux de dérivation*. On nomme ainsi un canal artificiel établi sur une rivière ou sur un ruisseau, dans lequel on fait entrer naturellement , ou par une retenue , une partie de ses eaux pour les amener à une usine, ou pour les répandre à volonté sur les terrains de niveau inférieur à celui de la prise d'eau , ou à les conduire dans des jardins , etc. On trouvera les détails de leur construction au mot IRRIGATION.

3°. *Canaux de desséchement*. On appelle ainsi des canaux destinés à recueillir toutes les eaux des marais que l'on veut dessécher , et à leur procurer un écoulement assuré. *Voyez* le mot DESSÉCHEMENT.

4°. *Canaux souterrains*. Ils sont enfoncés en terre. Ces canaux peuvent être des canaux de navigation , ou des canaux de desséchement , ou simplement des *aqueducs*. Il en sera question au mot DESSÉCHEMENT.

5°. *Canaux-aqueducs*. Ce sont, à proprement parler , les canaux, souvent élevés au-dessus du terrain , qui sont destinés à amener dans les villes les eaux des sources voisines pour l'aliment des fontaines publiques. Ces canaux font quelquefois partie des canaux de dérivation. Nous en parlerons au mot IRRIGATION.

6°. *Canal de jardin*. C'est ordinairement une longue pièce d'eau pratiquée dans un jardin pour son ornement et sa clôture. *Voyez* plus haut.

7°. *Canal en cascades*. Ornement des jardins. On l'appelle

ainsi lorsqu'il est interrompu par plusieurs chutes qui suivent l'inégalité du terrain. (DE PER.)

CANAL DE CHALEUR. *Voyez* SERRE et BACHE.

CANAL DE LA SÈVE. On donne ce nom aux vaisseaux dans lesquels circule la sève. On se figure ordinairement que ces vaisseaux sont d'une substance solide ; mais il n'en est rien : leur nature est membraneuse ou cellulaire ; seulement leur tissu est plus ferme et moins susceptible d'altération que le parenchyme. *Voyez* aux mots TISSU TUBULAIRE, TISSU CELLULAIRE, VAISSEAUX DES PLANTES, PARENCHYME, SÈVE et CIRCULATION. (B.)

CANALICULÉ. BOTANIQUE. C'est une petite rainure ou sillon que l'on remarque quelquefois sur les pétioles et sur les feuilles. Le pétiole est canaliculé ou cannelé lorsque sa surface est creusée par un sillon ou une gouttière profonde et longitudinale. Lorsqu'une pareille gouttière ou sillon règne sur la surface des feuilles, elle porte le même nom. *Voyez* FEUILLE et PÉTIOLE. (R.)

CANAMELLE. Synonyme de CANNE A SUCRE. (B.)

CANANG, *Uvaria*, Lin., Genre de plante exotique, dont on connaît dix à douze espèces. Il est de la polyandrie polygynie et de la famille des anones.

Les canangs sont des arbres ou arbrisseaux aromatiques, qui ont des feuilles ovales ou oblongues, ordinairement entières ; des fleurs à plusieurs pétales, et des fruits formés d'un certain nombre de capsules ou de baies distinctes attachées à un placenta. Le CANANG ODORANT est cultivé aux Moluques pour ses fleurs, d'une odeur très-agréable. Les fruits du CANANG AROMATIQUE, qui croît dans l'Amérique méridionale, sont employés comme épicerie, sous les noms de *maniguette* ou de *poivre d'Ethiopie*. Celui du CANANG SARMENTEUX se mange et a un goût d'abricot. Le CANANG A TROIS PÉTALES donne une gomme odorante. Les autres espèces sont peu remarquables. (D.)

CANAPÉ DE GAZON. Espèce de banc de GAZON plus large que les autres, qu'on pratique dans les jardins. *Voyez* BANC. (B.)

CANARD. Genre d'oiseaux des plus nombreux en espèces, puisqu'on en connaît au moins une centaine, la plupart recherchées pour la nourriture de l'homme, et parmi lesquelles il en est quatre qui ont été réduites en domesticité, et sont ainsi devenues partie du domaine de la culture. Ces espèces sont le CANARD COMMUN, *Anas boscas*, Lin., qui fera l'objet de cet article ; le CANARD DE BARBARIE ou CANARD MUSQUÉ, *Anas moscata*, dont je dirai aussi un mot ; le CANARD-OIE, *Anas anser*, Lin. ; et le CANARD-CYGNE, *Anas olor*, Lin., dont il sera question aux mots OIE et CYGNE.

Toutes les espèces de canards vivent sur les eaux ou sur les bords des eaux ; leur nourriture est en même temps animale et végétale ; la plupart sont excellens à manger, et fournissent à l'homme, outre leur chair, les plumes sur lesquelles il se couche, et celles qui lui servent à communiquer ses pensées par l'écriture.

Le canard commun se distingue des autres à son bec droit et à son collier blanc ; mais le mâle et la femelle diffèrent tant par leurs couleurs dans l'état sauvage, qu'il faut les décrire séparément, et dans l'état domestique ils varient à un tel point, qu'il est rare d'en voir deux semblables.

Le mâle du canard sauvage a la tête et la partie supérieure du cou d'un vert brillant, le dos fauve, le croupion vert et noir, la poitrine châtain, le ventre gris ; le dessus des ailes a une large plaque d'un violet changeant en vert, bordé de deux bandes moitié noires moitié blanches. On remarque à son croupion deux plumes qui se relèvent et se recourbent en demi-cercle.

La femelle est d'un brun fauve, avec des taches noires plus ou moins grandes par tout le corps, excepté à la base des ailes, où elle est grise, et la tache d'un violet changeant, et des bandes noires et blanches qu'elle a comme le mâle, moins vivement colorées. Elle n'a jamais de plumes recourbées au croupion, de sorte que ce caractère fait toujours reconnaître les mâles dans les canards domestiques, dont les couleurs sont les plus hétérogènes.

Le canard sauvage se trouve abondamment dans tout le nord de l'Europe, de l'Asie et de l'Amérique. Il quitte les marais, dans lesquels il vit, lorsque l'hiver commence à les glacer, et il émigre du côté du midi. Au printemps, il retourne dans ses solitaires demeures, pour y faire sa ponte ; cependant un grand nombre d'individus restent en France toute l'année et y font leur nichée. Il n'est point d'habitant de campagne qui n'ait observé des volées de canards, qui se font remarquer par l'ordre avec lequel ils se suivent, et par l'angle qu'ils forment le plus souvent, représentant un $>$. L'individu qui est à la pointe passe à la queue lorsqu'il est fatigué d'ouvrir le vol. Ces oiseaux sont très-défians : ils ne s'abattent jamais sans s'être assurés, par un examen prolongé, de l'absence de tout danger. Lorsqu'ils sont sur les eaux ou à terre, il en est toujours quelques-uns qui veillent et qui avertissent les autres de l'approche de l'homme ou de l'animal qui peut leur nuire.

Pendant six mois de l'année les canards sauvages vivent en troupes plus ou moins nombreuses. Quelquefois ils couvrent des étangs d'une grande largeur ; mais dès que les glaces sont fondues, c'est-à-dire pour le climat de Paris, au milieu de

mars, ils se séparent par paires, et s'occupent de la propagation de leur espèce. C'est au bord des grands étangs, dans les
petits buissons, ou les roseaux qui se trouvent au milieu des
marais les plus impraticables, qu'ils construisent leurs nids,
dans lesquels la femelle fait entrer une partie des plumes de
son ventre. Ses œufs, ordinairement au nombre de seize,
sont d'un blanc sale. La femelle les couve seule pendant
trente jours; lorsqu'elle quitte pour aller chercher sa nourriture, elle les couvre de plumes.

A peine les petits sont-ils nés que la mère les mène à l'eau,
et ils n'en sortent plus que lorsqu'ils peuvent voler. Elle les
conduit pendant le jour à la chasse des insectes et à la pêche
des vermisseaux; le soir, elle les rassemble et les couvre de
ses ailes pour les échauffer. Les petits sont pourvus d'un duvet
jaunâtre, qui n'est remplacé par des plumes que deux ou trois
mois après. Il leur faut six mois pour parvenir à tout leur accroissement : dans cet intervalle, on les appelle *hallebrans*.
On les prend difficilement, et on les conserve encore plus
difficilement lorsqu'ils sont devenus en état de se sauver,
ainsi que je l'ai expérimenté dans ma jeunesse; aussi n'est-il
jamais sûr ni avantageux sous aucun rapport d'en monter
la basse-cour. Lorsque le hasard en procure, on doit leur
casser ou brûler le fouet de l'aile, et les manger dès qu'ils
sont en état de l'être.

Comme tous les autres oiseaux, les canards sont sujets à la
mue. C'est après la pariade qu'elle a lieu dans les mâles, et
après la nichée dans les femelles : alors souvent ils ne peuvent plus voler, aussi alors ne sortent-ils plus que forcément de
leurs retraites.

On connaît la voix rauque et bruyante des canards : c'est
principalement aux approches de la pluie qu'ils la font entendre; elle est un des pronostics qui l'annoncent aux habitans
des campagnes; leur marcher dandinant et sans grâce est remplacé par une natation vive et aisée.

La chair des canards sauvages est une des plus savoureuses
et des plus fines qu'on connaisse en Europe. Elle est de beaucoup supérieure à celle des canards domestiques; aussi est-elle
fort recherchée des gourmets, aussi la chasse aux canards est-
elle très-fructueuse à ceux qui savent la faire.

Par-tout où il y a abondance d'eau, on chasse les canards
au fusil, soit avec des chiens qui les font partir d'entre les roseaux, soit en les attendant la nuit sur le bord des étangs, des
sources non geleables, cachés dans une hutte à ce disposée. On
peut encore les surprendre sur les petites rivières, en se couvrant soit d'une peau de veau préparée, et en marchant à eux
en zigzags comme une vache qui paît, soit d'une hutte d'osier

recouverte de bouse.de vache et de quelques branches sèches. Souvent on se sert d'*appelans*, c'est-à-dire de canards domestiques qu'on attache par une patte dans le lieu où l'on veut attirer les sauvages.

On prend aussi les canards avec des cordes engluées, avec des hameçons garnis de morceaux de chair, avec des lacets de crin fixés dans une eau peu profonde, au fond de laquelle on a jeté du grain, des pois, des glands, etc.

Il est une sorte de chasse aux canards qui est la plus fructueuse de toutes, mais qui ne peut se pratiquer que sur les grands étangs, qui gèlent rarement et dont on est complétement le maître. Elle consiste, 1°. à pratiquer au bord le plus solitaire une petite flaque qui communique avec lui, et à l'ouverture de laquelle, sur une traverse en grillage cachée d'un pied sous l'eau, on établit un grand filet à poche ou verveux, dont l'ouverture est tenue ouverte par un grand demi-cercle de bois, et dont la queue, sans être tendue, est attachée au bord le plus éloigné de la flaque; 2°. à avoir sur l'étang des canards privés, et à les accoutumer à venir, à certaines heures ou à certain signal, chercher leur nourriture. Cela fait, lorsque la saison du passage est arrivée, les canards sauvages de toutes les espèces, qui sont mêlés sur l'étang avec les privés, accompagnent ceux-ci lorsqu'ils se mettent en route pour la flaque (alors seulement garnie de son filet), et y entrent avec eux. Lorsqu'ils sont occupés à manger, un homme caché en avant dans un trou fait en terre et couvert de roseaux, paraît subitement à l'entrée, et fait sauver les sauvages vers le fond, où la poche s'ouvre pour les recevoir, mais s'oppose à leur sortie, et là on les prend à la main. Les privés, accoutumés à cette manœuvre, ne s'en inquiètent pas, et continuent deux fois par jour de la favoriser. On prend ainsi des milliers de canards sauvages par saison, sans autre dépense que celle du filet, d'un peu de mauvais grain, et des gages du chasseur. Pour mieux réussir il est bon que les bords de l'étang, des deux côtés de la flaque, soient garnis de roseaux; ce qui est toujours facile. On disait que la *canardière* de l'étang d'Arminvillers, près Paris, canardière que j'ai vue, et qui est établie sur les mêmes principes, quoiqu'un peu différente de celle que je viens de décrire, rapportait anciennement, tous frais faits, huit à dix mille livres de rente à son propriétaire. Il est des milliers d'endroits en France où l'on pourrait former de semblables établissemens.

Malgré qu'il soit dans mon plan de parler d'abord des animaux domestiques, j'ai commencé cet article par le canard sauvage, parce que j'y ai été entraîné par la nature même des choses. Je reviens à mon objet principal.

J'ai déjà observé que les canards privés, c'est-à-dire ceux

qui proviennent d'une longue suite de générations dans nos basses-cours, varient beaucoup en couleur. Le dernier degré de leur altération sous ce rapport, celui qui indique le plus positivement l'épuisement de l'influence de l'homme, c'est la couleur blanche, après laquelle il n'y en a plus d'autre. On les distingue aussi d'après leur grosseur. Ceux qu'on nourrit dans les plaines de la ci-devant Normandie ont, à cet égard, l'avantage sur tous les autres, et ce sont eux que doit préférer tout cultivateur jaloux de se monter d'une manière distinguée. Quelques-uns d'eux pèsent jusqu'à sept à huit livres. Une autre race qui est principalement répandue dans la ci-devant Picardie, et qui y est connue sous le nom de *canards barboteux*, mérite aussi d'être mentionnée, parce qu'elle est d'une ponte plus abondante et plus précoce, moins exigeante, et plus attachée à la cour qui l'a vue naître.

On a apporté de Pologne un petit canard à corps très-allongé, remarquable par l'arqure de son bec. Il n'est pas encore très-commun aux environs de Paris, mais il le deviendra, à raison de cette singularité, parmi les amateurs.

De tous les animaux domestiques, le canard est celui qui coûte le moins et qui procure les bénéfices les plus assurés. Pourvu qu'il ait de l'eau à sa disposition et une retraite pendant la nuit, il ne demande plus rien à son maître Tout lui est bon pour nourriture, substances animales comme substances végétales. Il est si glouton qu'il avale des objets incapables de le nourrir, ou qui ne peuvent passer par son gosier. Sa digestion se fait avec une si incroyable rapidité, qu'il semble qu'il n'a jamais assez mangé. Les eaux qu'il fréquente sont bientôt dépeuplées de tous êtres vivans. On doit donc soigneusement lui interdire les viviers, les canaux, les étangs et autres lieux où l'on veut conserver du petit poisson. S'il mange beaucoup, il engraisse vite: ainsi il peut être tué plus tôt, ce qui fait compensation. Généralement on n'accorde que six à huit mois de vie aux individus qui ne sont pas destinés à la reproduction, parce qu'après cette époque ils ne croissent plus et leur chair devient plus dure.

Quoique le plus souvent les canards puissent se passer d'être nourris par leurs maîtres; cependant il est bon, pour accélérer leur croissance et les engraisser, de leur donner à manger. Les plus mauvais grains sont toujours bon pour eux. Les restes de la cuisine font leurs délices. Le son, les racines de toutes les sortes cuites, la salade, les choux, etc., ils ne refusent rien. Dans les fermes qui ont de l'eau, on peut en élever des milliers avec des pommes de terre.

Non-seulement les canards privés produisent un revenu par la vente de leur chair, mais encore par celle de leurs plumes.

Dans les pays éloignés des grandes villes et où ces oiseaux se plaisent, on en élève avec avantage uniquement pour cet objet : alors on gagne à les laisser vieillir. Leurs œufs ne sont pas non plus à dédaigner ; ils sont plus gros que ceux de la poule, mais moins agréables au goût. Une cane peut en pondre de suite cinquante ou soixante, si on les enlève à mesure et avec prudence ; je dis avec prudence, car si on ne lui en laisse pas toujours plusieurs, elle abandonne la place et va pondre ailleurs. Le blanc de ces œufs ne devient pas aussi solide par la cuisson et leur jaune est plus rouge que ceux des œufs de poule. On les recherche cependant dans quelques pays pour faire de la pâtisserie, qu'on croit qu'ils améliorent. Employés dans les sauces, on ne les distingue pas. En général il vaut toujours mieux faire des canetons que de manger les œufs.

Dans l'état de nature, le canard est toujours monogame, mais dans celui de domesticité, il est polygame, c'est-à-dire qu'un mâle peut suffire à huit à dix femelles. Il entre en amour dès les premiers jours de mars dans le climat de Paris, même plus tôt quand la saison est douce et qu'il est bien nourri. La femelle aime à aller déposer ses œufs dans les buissons, sur le bord des eaux, dans les lieux écartés ; il faut la veiller à cette époque pour découvrir sa cachette. Souvent elle sait en imposer assez pour qu'on ne puisse pas la suivre : alors elle couve, et si ses œufs ne deviennent pas la proie des fouines, des belettes, etc., elle amène ses petits dans la cour le jour même de leur naissance, pour demander à manger. Comme ceux de la cane sauvage, ces œufs n'éclosent que le trentième jour.

Pendant la ponte et la couvée, il est bon de donner à manger aux canards un peu plus abondamment que de coutume, mais pas cependant avec excès.

Le nombre des œufs que peuvent couver les canes est de huit à douze seulement.

Il est des canes bonnes couveuses, il en est de mauvaises ; mais je dois dire qu'il s'en trouve plus de cette dernière classe que parmi les poules. Elles sont difficiles sur le choix des œufs, au point qu'on dit qu'elles ne veulent pas toujours de ceux des autres. Pour peu qu'on aille trop souvent les visiter, qu'elles soient tourmentées par des chiens ou autres animaux, elles les abandonnent. S'il en est un qui, par hasard, naisse un jour avant les autres, elle le conduit de suite à l'eau et ne veut plus revenir sur son nid. Il faut, autant que possible, les isoler des autres volailles pendant ce temps.

Les poules et les dindonnes couvant toutes sortes d'œufs, et en couvant plus que les canes, il est beaucoup de fermes où on leur donne tous les œufs de ces dernières. Cette pratique a de plus deux avantages : le premier, que les canes auxquelles alors on ne craint plus d'enlever la totalité de leurs œufs, en pondent un plus grand nombre ; le second, que les petits n'étant pas conduits à l'eau dès le jour de leur naissance, évitent les accidens qui sont la suite de cette habitude lorsque le temps est froid, ou que les eaux sont peuplées de reptiles ou de brochets. Ces mères d'emprunt leur témoignent la même affection et en prennent autant de soin que s'ils étaient de leur espèce. Qui n'a pas vu avec attendrissement la vive sollicitude de la poule lorsque les canetons qu'elle conduit se jettent à l'eau pour la première fois? On met ordinairement douze ou quinze œufs sous chaque poule, et jusqu'à vingt-quatre sous chaque dinde.

On dit qu'en Chine on fait éclore beaucoup de canards par des moyens artificiels semblables à-peu-près à ceux dont on fait usage en Egypte pour se procurer une grande quantité de poulets. Il est probable que si on pouvait réunir assez d'œufs pour leur appliquer les méthodes que j'expliquerai à l'article de la poule, il serait avantageux de le faire ; car les canetons sont plus vivaces et beaucoup moins difficiles à élever que les poulets.

La meilleure nourriture pour les canetons, les premiers jours de leur naissance, est de la mie de pain, des légumes cuits, de l'orge bouillie, etc. Le son qu'on leur offre souvent est justement ce qu'il y a de plus mauvais ; car étant pour tous les animaux complétement indigestible, on peut juger de ses effets sur des estomacs encore si faibles. Je suis persuadé qu'on doit à cette malheureuse habitude, produit de l'ignorance et de l'avarice, la perte annuelle de milliers de canards. Au bout de huit jours, ils peuvent se passer de tout soin particulier, quoiqu'il soit toujours bon de les surveiller. Ils suivent au reste les mêmes règles dans leur accroissement que les canetons sauvages.

Les secondes couvées des canards, pour peu qu'elles soient tardives, ne sont jamais d'un produit aussi certain que celles des premières, en conséquence il ne faut pas les provoquer.

A six mois, ainsi que je l'ai dit plus haut, les canetons ont pris tout ou presque tout leur accroissement : c'est alors seulement qu'on doit commencer à les manger ; plus tôt, leur chair est molle et sans saveur. Pour les engraisser on leur donne une nourriture plus abondante et plus choisie, soit en les laissant en liberté, soit en les renfermant sous une mue. Leur gloutonnerie fait qu'il n'est jamais nécessaire de les chaponner. (*Voyez* Poule.) D'ailleurs la plupart sont mangés avant l'époque où ils doivent, pour la première fois, ressentir les feux de l'amour.

Dans les pays où l'on fabrique beaucoup de bière, on engraisse les canards avec de la drèche. La plupart de ceux qui garnissent les marchés de Paris le sont avec de la farine d'orge ou de sarrasin. Au midi, c'est avec du maïs ou du mil. Lorsqu'ils sont renfermés dans un endroit chaud et obscur, qu'on les emboque trois fois par jour, et qu'on ne leur donne d'eau que ce qu'il leur en faut pour tremper le bout de leur bec, dix à quinze jours suffisent pour les mettre en état d'être mangés. On reconnaît qu'ils sont gras, sans les toucher, par l'écartement des plumes de la queue, qui font l'évantail. Il arrive souvent qu'ils étouffent dans l'opération même de l'emboquement, mais ils n'en sont, dit-on, que meilleurs ; seulement on doit les saigner avant qu'ils soient refroidis. D'autres fois il semble que l'emboquement, loin de remplir son but, les maigrisse ; mais c'est que la graisse se porte sur le foie, qui grossit à un point prodigieux : ce qui leur donne la maladie appelée *cachexie hépatique*. Il faut alors les tuer, car, dans cet état, ils ne se vendent pas ; les gourmets ne connaissant que les Oies susceptibles de leur procurer des jouissances par ce moyen. *Voyez* ce mot.

En général, les canards ainsi engraissés sont moins savoureux que ceux auxquels on a laissé la liberté. Il y a quelques motifs de croire, comme je l'ai déjà fait entendre, que plus ils mangent de matières animales, et plus leur chair a de fumet, et se rapproche de celle des canards sauvages.

M. Cock, cultivateur dans le Norfolk, élève une grande quantité de canards pour leur faire détruire les altises, qui mangent ses navets, et il les vend mieux que ses voisins, cette nourriture améliorant leur chair, comme je viens de le dire.

On ne fait nulle part emploi de cet excellent moyen pour débarrasser les cultures des chenilles, des escargots, et autres animaux qui les dévorent ; et cela est très-fâcheux.

On apporte à Paris des canards de fort loin, et ils y arrivent tout plumés, les marchands ayant remarqué qu'ils se conservaient mieux en cet état ; peut-être aussi est-ce pour profiter de la plume, qui n'est jamais comptée pour quelque chose dans la vente en détail. C'est depuis le mois de novembre jusqu'en février que les marchés en sont le plus garnis. Ceux des environs de Rouen, comme les plus gros, y sont les plus recherchés.

Dans quelques pays, on sale les canards. Pour cela, on les fend par le ventre dans toute leur longueur, on leur coupe le cou, les pattes et le bout des ailes ; on enlève tous leurs intestins, on les lave à plusieurs eaux, et on les met dans un saloir alternativement avec une couche de sel. Au bout de quinze à vingt jours, on les retire pour les piquer de quelques clous de girofle et autres épices, et pour leur donner de nouveau sel. Ainsi préparés, ils peuvent se garder bons une année.

C'est au mois de mai et au mois de septembre qu'on plume les canards vivans pour avoir leurs plumes. On se contente ordinairement de celles du ventre et du cou comme les meilleures. Cette opération, faite avec prudence, n'a jamais d'inconvéniens graves. On doit faire sécher de suite ces plumes au four, sur-tout celles de septembre, qui proviennent principalement de canards de l'année, afin qu'elles puissent se conserver. Elles ne sont pas, à beaucoup près, aussi estimées que celles de l'oie, mais elles n'en ont pas moins une valeur telle, ainsi que je l'ai dit plus haut, que dans les pays où les canards ne coûtent que des soins, ils peuvent être élevés uniquement sous ce rapport.

Il résulte de ce que je viens de dire que tout cultivateur qui a une mare à sa portée doit avoir des canards, et que celui qui a beaucoup d'eau agit contre ses intérêts, s'il n'en a pas en quantité. On se plaint qu'ils tourmentent les autres volailles, principalement les poules et les pigeons, qu'ils les déplument, et les chassent de tous les lieux où il y a de la nourriture ; mais n'est-il donc pas de moyens de les en empêcher ? D'ailleurs il m'a paru qu'il n'y avait jamais que quelques individus d'un naturel hargneux, qui courussent ainsi après les autres oiseaux de la basse-cour ; et ne peut-on pas s'en défaire ?

Le Canard de Barbarie ou de Guinée, la Cane d'Inde, ou Cane musquée, dont il me reste à parler, est originaire de l'Amérique méridionale. Il est deux fois plus gros que celui dont il vient d'être question, et se fait remarquer par sa tête couverte de caroncules d'un rouge vif, plus nombreuses et plus colorées dans le mâle. Dans l'état sauvage, le mâle est d'un brun noir lustré de vert sur le dos, avec une large tache blanche transverse sur les ailes. La femelle est brune et grise. Dans l'état domestique, tous deux varient beaucoup dans leurs couleurs ; et il y en a de tout blancs, dernière altération à laquelle leur plumage puisse parvenir. L'épithète de musqué lui a été donné, parce qu'il exhale une assez forte odeur de musc, odeur due à une humeur qui filtre de glandes placées près du croupion. Cette odeur, qui se communique à la chair par la cuisson, peut être beaucoup diminuée, et même totalement enlevée, en lui coupant la tête et le croupion au moment même de sa mort.

C'est principalement dans les pays chauds que le canard musqué jouit de tous les avantages dont il est susceptible. Les basses-cours de nos colonies en sont peuplées. On l'a apporté dans les nôtres, où il est d'un bon rapport par sa grosseur, sa fécondité, et la facilité avec laquelle il s'engraisse; mais il est d'une grande dépense, parce qu'il demande à être nourri largement, et qu'il n'est pas industrieux pour aller chercher à vivre hors de la cour.

Le mâle de cette espèce s'apparie avec la cane commune; mais le canard commun refuse sa femelle. Les résultats sont des mulets, le plus souvent inaptes à la reproduction entre eux, mais qui s'accouplent avec l'espèce commune, et qui ont presque la grosseur du père sans en avoir l'odeur. On les appelle *mulards*. Dans beaucoup de fermes, on se contente d'une femelle de race pure pour la propager, et on conserve les mâles pour les donner aux canes communes. C'est cette méthode que je crois la plus conforme à l'intérêt des cultivateurs du climat de Paris, par exemple; car, dans ce climat, cette sorte de canard pond souvent fort peu, c'est-à-dire quand l'hiver se prolonge très-tard, et périt quelquefois quand l'hiver est très-rigoureux. Du reste, sa conduite ne diffère pas de celle du canard commun.

Les cultivateurs des Cévennes se livrent à l'engrais des mulets de cette espèce, qui y sont, après avoir été salés, l'objet d'un commerce de quelque importance pour eux.

Dans ces montagnes, on fait couver les œufs par des poules ou des dindes, et les petits qui en proviennent sont élevés à l'ordinaire. Là, quelquefois ce sont des oies écloses avec eux qui leur servent de conducteurs. Au mois de novembre, on commence à leur donner de l'orge, du millet ou autres graines, ou des pommes de terre cuites; et lorsqu'ils commencent à prendre du corps on les enferme huit par huit dans un endroit obscur; là, deux fois par jour, on les bourre, par force, de boulettes de maïs bouilli. Leur foie est souvent énorme. *Voyez*, pour la salaison de ces canards, le mot OIE, attendu qu'on y procède de la même manière que pour ce dernier.

On doit à M. Parmentier un excellent travail sur l'éducation des canards, travail que l'on trouve dans la *Feuille du Cultivateur* des 17 et 20 avril 1793. J'y renvoie le lecteur pour compléter ce qu'il peut désirer savoir de plus sur ce sujet. (B.)

CANARDIÈRE. Lieu où on élève des canards domestiques en grand nombre, ou lieu qu'on a disposé pour prendre des canards sauvages. *Voyez* au mot CANARD. (B.)

CANARI, *Canarium*, Lin. Arbre des Indes appelé PIMÈLE par Loureiro, qui appartient à la dioécie pentandrie et à la famille des térébinthacées. Il fait partie d'un genre qui comprend trois espèces; savoir : le CANARI BLANC, ainsi nommé, parce que ses vieux pieds donnent une résine blanche propre à faire des chandelles ; le Canari noir et le Canari oléifère. Les fruits des trois espèces fournissent une huile comestible ; et le canari oléifère produit en outre une résine huileuse et odorante, qui découle des entailles faites à sa tige. Avec cette résine mêlée à l'écorce de bambou réduite en poudre et à un peu de chaux, on compose dans l'Inde une substance qui sert à calfater les vaisseaux. Cette substance, par sa ténacité et sa durée, est préférable à toutes celles qu'on emploie en Europe pour le même objet. Par cette raison, la culture du canari oléifère devrait être établie et encouragée dans nos possessions d'Asie et d'Amérique. (D.)

CANARIE (Graine de). *Voyez* au mot Alpiste.

CANCER. Quelques personnes donnent ce nom aux Ulcères des animaux, des arbres. *Voyez* ce mot.

CANCÈRES ou CANCES. Nom des rangées de vignes dans le département de la Haute-Garonne. Ces rangées sont tantôt à moins, tantôt à plus d'une toise, selon qu'on veut cultiver à la houe ou à la charrue. *Voyez* Vigne.

CANCHE, *Aira*. Genre de plantes de la triandrie digynie et de la famille des graminées, qui renferme une vingtaine d'espèces presque toutes propres à la nourriture des bestiaux, et dont quelques-unes sont dans le cas de mériter l'attention particulière des cultivateurs.

Les espèces les plus communes et les plus remarquables parmi les canches sont :

La Canche aquatique. Elle a la panicule ouverte, les fleurs sans arêtes, aussi longues que les valves du calice, et les feuilles aplaties. Elle est vivace, se trouve dans les marais, sur les bords des étangs et des fossés, souvent même dans l'eau. Elle est très-précoce, et s'élève rarement à un pied. Les bestiaux, l'aimant beaucoup, s'enfoncent et périssent souvent dans les fondrières pour l'aller chercher. J'ai vu une de ces fondrières qu'on avait été obligé d'entourer d'une barrière pour empêcher les vaches du village d'y entrer. Nulle part, que je sache, on n'a cherché à la cultiver, et cependant l'excellence de son fourrage et l'époque où il pousse devrait faire essayer de la semer dans les terrains marécageux, terrains où il ne vient le plus souvent que des herbes aigres, repoussées par les bestiaux. Je recommande spécialement cette graminée aux cultivateurs jaloux de se rendre utiles. J'avoue que ne l'ayant jamais remarquée que dans des lieux boueux, j'ignore si elle viendrait dans ceux qui sont desséchés pendant la plus grande partie de l'année.

La Canche flexueuse a la panicule écartée, les pédoncules tortueux, le chaume presque nu, les feuilles sétacées.

Elle est vivace, et se trouve très-abondamment dans les lieux arides et sablonneux, où elle forme des touffes très-denses, que tous les bestiaux et sur-tout les moutons recherchent beaucoup. Elle fait souvent une partie considérable du fonds des prés élevés. Je ne crois pas qu'on l'ait jamais semée seule pour en faire des prairies artificielles, cependant elle mérite cet honneur. On peut aussi utilement l'employer pour composer les gazons des jardins situés en sol aride. Le seul inconvénient qu'elle peut avoir, dans ce cas, c'est sa disposition à former touffe, disposition qui suppose des vides toujours désagréables, mais qu'il est possible, sans doute, de remplir avec une autre graminée, une fétuque, par exemple.

La CANCHE ÉLEVÉE, *Aira cespitosa*, a la panicule très-ample, les balles lisses, luisantes; les feuilles longues, striées et rudes. Elle est vivace et se trouve dans les bois et les pâturages un peu humides. Tous les bestiaux la mangent au printemps et la dédaignent en automne. Toujours elle forme des touffes qui s'élèvent au-dessus du sol, et dans lesquelles les fourmis aiment à se nicher. Il est en général bon d'enlever ces touffes des prairies pour égaliser le sol. J'en ai vu qui avaient près d'un pied de haut.

On croit, aux environs de Nantes, au rapport de Décandolle, que dans les années sèches cette canche donne des maladies graves aux bestiaux. Là elle est connue sous le nom d'Ecobuse.

La CANCHE BLANCHATRE a la base de la panicule engaînée et les feuilles sétacées. Elle croît dans les lieux sablonneux. On en fait dans les jardins des bordures fort agréables, quoique sujettes à de fréquentes interruptions. Elle est vivace. *Voyez* FÉTUQUE GLAUQUE.

La CANCHE OEUILLÉE a la panicule écartée, les fleurs pourvues d'une arête et les feuilles sétacées. Elle croît dans les lieux secs, sur le bord des bois, le long des chemins des montagnes. Elle est annuelle. Les bestiaux la mangent.

La CANCHE PRÉCOCE a les fleurs en épis paniculés, et la base des balles pourvue d'une arête; ses feuilles sont sétacées et entourées à leur base d'une gaîne anguleuse. On la trouve dans les lieux sablonneux et humides des bois, dans ceux où l'eau a séjourné pendant l'hiver. Elle est annuelle. C'est une des premières plantes qui fleurissent au printemps. Sa hauteur surpasse rarement 3 à 4 pouces. (B.)

CANCOELLE. Nom du HANNETON dans quelques endroits.

CANE. Ancienne mesure de longueur. *Voyez* au mot MESURE. (B.)

CANE. Femelle du CANARD.

CANEBA. Chenevière dans le département de Lot-et-Garonne. (B.)

CANEBIER. Chenevière dans le département du Var.

CANEBON. *Voyez* Chenevi.

CANETON. Jeune canard.

CANI. Boutons à fleurs dans le midi de la France. (B.)

CANNABINE, *Dastica*. Plante vivante, originaire de l'ile de Candie, qui s'élève à 4 ou 5 pieds, dont les feuilles sont composées de neuf à onze folioles lancéolées, aiguës, dentées; les fleurs jaunâtres, et réunies au sommet des tiges.

Cette plante, qui forme seule un genre dans la dioécie dodécandrie et dans la famille des orties, a beaucoup de l'aspect du chanvre, et donne, comme ce dernier, une filasse par le rouissage de ses tiges. On la cultive en pleine terre dans les écoles de botanique et dans quelques jardins paysagers, qu'elle orne par ses grosses et hautes touffes d'un effet tout-à-fait particulier. Elle se multiplie par ses graines, qu'elle donne abondamment dans les années sèches et chaudes, et par déchirement des vieux pieds en hiver, les gelées atteignant rarement ses racines. C'est au premier rang des massifs qu'on la place. Aucune culture particulière ne lui est nécessaire.

Braconnot a reconnu que cette plante, dont la saveur est amère, fournissait par sa décoction une couleur jaune, aussi solide et aussi vive que celle de la gaude; et comme elle est vivace, s'élève à 5 à 6 pieds, qu'elle se coupe trois à quatre fois; que ses jeunes pousses contiennent plus de matière colorante, elle doit être préférée. Déjà quelques personnes la cultivent pour ce but, et s'en trouvent bien. (B.)

CANNE A SUCRE, *Saccharum officinale*, Lin. Plante vivace du genre canamelle, qui est cultivée dans tous les pays intertropicaux pour sa tige, dont on retire, par expression, une liqueur douce avec laquelle se fait le sucre; on la cultive aussi dans quelques cantons des parties australes de l'Europe. Elle appartient à la famille des graminées; et de toutes les plantes de cette famille, c'est, après le riz et le froment, la plus intéressante et la plus utile. De sa racine genouillée et fibreuse sortent plusieurs tiges qui s'élèvent de 7 à 12 pieds avec un diamètre de 15 à 20 lignes; elles sont lisses, articulées et garnies de nœuds plus ou moins rapprochés. Il y en a de quarante à soixante sur la même tige; chaque nœud a une cloison intérieure qui sépare les articulations; au dehors il présente de petits points disposés circulairement en quinconce, et un bouton terminé en pointe qui renferme le germe d'une canne nouvelle. De tous ces nœuds partent des feuilles, qui tombent à mesure que la canne mûrit; elles embrassent la tige à leur naissance, et dans leur partie supérieure elles forment comme une espèce d'éventail : leurs bords sont rudes, leurs surfaces lisses et striées avec une nervure moyenne longitudinale. Lorsque la canne fleurit, elle pousse à son sommet un jet sans nœuds nommé flèche, qui porte une large panicule de petites fleurs soyeuses et blanchâtres. Chaque fleur a une balle à deux valves, trois étamines et deux styles avec des stigmates simples et plumeux. Le fruit est une semence oblongue enveloppée par les valves.

La canne à sucre dans sa maturité est pesante, facile à casser et d'une couleur jaunâtre ou violette, ou quelquefois blanchâtre, selon les variétés. Elle contient dans les interstices de ses fibres un suc abondant et doux, qui, étant exprimé, porte le nom de *vin de canne.* C'est de cette liqueur qu'on extrait le sucre.

Cette plante offre dans sa croissance trois circonstances remarquables; savoir, la génération des *nœuds-cannes* (1), qui naissent les uns des autres, leur maturité successive, et la propriété qu'a chacun d'eux d'élaborer en lui-même son suc, à la mode d'un fruit isolé et indépendamment des *nœuds-cannes* voisins.

On doit distinguer dans la tige de la canne, 1°. l'ensemble des sections articulées qui la composent depuis la racine jusqu'à la naissance de la flèche, c'est ce qu'on appelle la canne à sucre; 2°. la partie supérieure de la tige, dont les entre-nœuds, étant toujours en relation avec la racine par leurs feuilles, continuent à végéter; 3°. l'ensemble des nœuds-cannes inférieurs, qui, parvenus au terme de leur accroissement, contiennent le sucre tout formé et n'ont plus besoin du bénéfice de la végétation : ils peuvent être regardés comme autant de fruits mûrs, dont le degré de maturité est relatif à la distance où chacun d'eux est de la racine; c'est la partie de la canne qu'on passe au moulin et qui compose la récolte.

Envisagée sous le rapport de sa reproduction, la canne à sucre se distingue en *canne plantée* et en *canne rejeton.* La première, qu'on appelle communément *grande canne,* est produite par le développement d'un plançon mis en terre. La seconde, qui porte le seul nom de *rejeton,* sort des nœuds de la vieille souche.

I. Histoire du sucre et de la canne a sucre.

Plusieurs auteurs grecs ou latins ont parlé du sucre; mais ils n'ont point fait connaître d'une manière précise la substance à laquelle ils donnaient ce nom. Elle est appelée par

______

(1) Par *nœud-canne* on doit entendre l'entre-nœud joint au nœud proprement dit.

eux tantôt miel des roseaux, tantôt sel, tantôt sucre. Dioscoride, en faisant l'énumération des différens genres de miel, dit qu'il en existe un qu'on nomme sucre; qu'on le trouve dans l'Inde ou l'Arabie heureuse, dans des roseaux; qu'il se congèle à la façon du sel et qu'il est friable comme lui. Galien dit à-peu-près la même chose. Pline rapporte également que le sucre vient d'Arabie, mais que celui des Indes est meilleur et plus estimé; que c'est un miel ramassé ou tiré de certains roseaux, friable sous les dents, et réservé pour la médecine.

Ainsi les anciens connaissaient certains roseaux donnant un suc mielleux qui souvent s'extravase et se congèle sur la plante en larmes dures et friables. C'est le sucre naturel. Mais l'art d'exprimer cette substance, de l'épurer, de la blanchir et de lui donner la forme et la consistance d'un sel, n'avait pas encore été trouvé, du moins en Europe; car on assure qu'il existait chez les Chinois dès la plus haute antiquité. Après eux les Arabes furent les premiers qui le connurent. Il ne passa en Europe que dans des temps très-postérieurs. On ne peut guère assigner l'époque à laquelle cet art y fut introduit. Quoi qu'il en soit, il est certain que nous avions en France du sucre raffiné au commencement du quatorzième siècle. Dans un compte de l'an 1333, pour la maison d'Humbert, dauphin de Viennois, il est parlé de sucre blanc; il en est question aussi dans une ordonnance du roi Jean, année 1353. Eustache Deschamps, poëte mort vers 1420, et dont il nous reste des poésies manuscrites, en faisant mention du sucre, le met au nombre des plus fortes dépenses d'un ménage. Cette denrée était alors fort chère. On la tirait d'Orient par la voie d'Alexandrie, et elle nous était apportée en très-grande partie par les Italiens, qui faisaient presque seuls le commerce de la Méditerranée.

On a fait beaucoup de recherches pour savoir quel était le pays natal du roseau qui produit le sucre; mais jusqu'à présent cette plante n'a été trouvée indigène nulle part. On la croit originaire des Indes orientales. C'est des Indes qu'elle fut transportée en Arabie, à-peu-près vers la fin du treizième siècle. On la cultiva d'abord dans l'Arabie heureuse; de là elle passa en Nubie, en Égypte et en Éthiopie, où l'on fit beaucoup de sucre. Le siècle suivant, elle fut portée en Syrie, en Chypre, en Sicile. En 1420 le prince Henri de Portugal, voulant cultiver l'île de Madère que ses vaisseaux avaient découverte, y fit planter des cannes tirées de Sicile. Elles y furent cultivées avec succès, et produisirent du sucre en abondance, et supérieur à tous ceux de ce temps-là. Les habitans en employaient une partie à confire les fruits dont ils faisaient commerce. La plupart des fruits confits et bonbons étrangers qui se consommaient en France au quinzième siècle, dit Champier, nous arrivaient de Madère. L'Espagne suivit l'exemple du Portugal. Elle introduisit la canne à sucre dans les royaumes d'Andalousie, de Grenade, de Valence, etc., et aux Canaries. A cette époque, cette sorte de culture devint tout à coup, pour l'Europe méridionale, une espèce d'engouement général. Par-tout on voulut élever des cannes; on en planta même en Provence, mais elles ne purent y réussir, et on était toujours obligé de tirer des pays étrangers tout le sucre qui se consommait dans le royaume. Charles Etienne nous donne sur cela des détails curieux. « Les sucres les plus estimés, dit-il, sont ceux que nous fournissent l'Espagne, Alexandrie et les îles de Malte, de Chypre, de Rhodes et de Candie. Ils nous arrivent de tous ces pays moulés en gros pains; ceux au contraire qui nous viennent de Valence sont en pains plus petits. Celui de Malte est plus dur, mais il n'est pas aussi blanc, quoiqu'il ait du brillant et de la transparence. Au reste le sucre n'est autre chose que le jus d'un roseau qu'on exprime au moyen d'une presse ou d'un moulin, qu'on blanchit ensuite en le faisant cuire trois ou quatre fois, et qu'on jette enfin dans des moules, où il se durcit. » Il résulte de ce passage que les procédés pour faire le sucre étaient alors, en 1550, les mêmes à-peu-près que ceux dont nous nous servons aujourd'hui. Mais la France ne possédait point encore l'art de le raffiner.

Au dix-septième siècle, ce n'était plus le sucre d'Alexandrie, de Chypre et de Rhodes qu'elle consommait, c'était seulement celui de Madère et des Canaries. Il nous en arrivait aussi beaucoup par la voie des Hollandais, qui, depuis qu'ils s'étaient emparés de la plupart des établissemens portugais dans les Indes, avaient succédé au commerce de ceux-ci. Le sucre de Hollande était en pains de dix-huit à vingt livres. On le nommait sucre de palme, parce que les pains étaient enveloppés dans des feuilles de palmier. Les Anglais s'approprièrent bientôt ce commerce; vers 1660 ils étaient presque les seuls qui fournissaient de sucre tout le nord de la France.

Parmi les espèces ou variétés connues de cette plante, on doit distinguer les suivantes : d'abord celle qui, depuis très-long-temps, forme une des richesses de nos colonies; ensuite la canne d'Otaïti, introduite, il y a peu d'années, dans quelques Antilles, et dont je parlerai plus bas; deux variétés dites de Batavia, l'une rouge ou violette, l'autre verte; enfin, trois espèces cultivées aux Moluques, et dont Rumphius fait mention : la première de celles-ci, selon cet auteur, est blanche, avec une écorce mince et des nœuds espacés de cinq doigts; elle rend beaucoup de jus et de sucre; la seconde est rougeâtre a ses nœuds plus rapprochés, une écorce dure, et produit moins de sucre, mais plus doux; dans la troisième espèce, la tige n'a que la grosseur du pouce; l'écorce est mince, les cannelures sont vertes, les nœuds très-espacés; cette dernière a une saveur très-douce, et donne une grande quantité de sucre; les Javans la cultivent beaucoup. Toutes les trois mûrissent vers le neuvième ou dixième mois.

On voit que la canne à sucre varie beaucoup, comme toutes les plantes qui sont soumises à la culture. Cependant l'espèce que l'on cultive à Saint-Domingue depuis trois siècles (1) n'y a subi pendant ce temps aucune altération, du moins sensible. Elle n'a ni dégénéré ni été perfectionnée. Elle n'y est jamais venue de semences répandues par la main de l'homme ou par la nature; mais elle se reproduit de bouture, et se multiplie ainsi avec une merveilleuse fécondité. C'est cette île qui a fourni aux autres Antilles les premiers plants de canne à sucre.

II. CLIMAT PROPRE A LA CULTURE DE LA CANNE A SUCRE.

Quoique le climat de la zone torride soit celui que la canne préfère et qui favorise le plus sa croissance, on peut néanmoins la cultiver avec succès sous les zones tempérées, jusqu'au quarantième ou quarante-deuxième degré de latitude. Au-delà, j'ose assurer qu'on ferait d'inutiles efforts pour l'élever en pleine terre, ou du moins pour en former des établissemens en grand et qui fussent productifs, ce qui doit être l'objet de toute agriculture : car dans cet art il ne s'agit pas d'obtenir, par des moyens artificiels, quelques échantillons d'une plante utile pour les montrer comme une curiosité; il faut avoir des produits abondans et renouvelés chaque année, qui soient le fruit d'un travail ordinaire, et dont la valeur et le débit puissent rembourser les frais d'avance et donner des bénéfices réels. Tout essai qui ne tend pas à ce but ou qui ne peut évidemment l'atteindre est un jeu d'enfant ou plutôt de dupe. Les écrivains de nos jours qui se plaignent de l'obstination de la plupart des cultivateurs à suivre les vieilles pratiques, ne réfléchissent peut-être pas assez aux causes de cet entêtement prétendu. Il est l'effet, non de la paresse ou de l'ignorance du peuple, mais de sa défiance naturelle, fondée sur l'insuffisance de ses moyens et souvent sur la tradition d'erreurs commises. Le peuple ne tient aux anciennes routines que parce qu'il craint le mauvais succès des méthodes nouvelles qui lui sont proposées. Démontrez-lui jusqu'à l'évidence, non par des écrits ou des discours, mais par des faits mis sous ses yeux, que telle ou telle méthode

---

(1) C'est en 1506 que la canne à sucre fut introduite dans cette île.

d'engrais, de labour, de récolte, etc., substituée à une autre, lui sera plus profitable, et il l'adoptera bien vite. Prouvez-lui que l'éducation de telle plante étrangère l'enrichira, et vous le verrez abandonner pour elle ses blés, ses vignes et ses oliviers. L'extension prodigieuse donnée depuis quelques années en France à la culture du tabac prouve assez ce que je dis. Le tabac est une plante annuelle qui se sème et se récolte entre les deux équinoxes, le cultivateur le plus ignorant le sait; aussi le voit-on renoncer à ses anciennes habitudes, pour cultiver cette feuille d'un produit assuré.

Mais la canne à sucre est une plante vivace qui a besoin de dix ou douze mois de végétation active. Comment se faire illusion au point de croire que cette plante peut être naturalisée même dans le midi de la France, où la courte durée de la belle saison, les variations de l'atmosphère et la température froide des hivers s'opposeraient à son entier développement, et arrêteraient nécessairement sa croissance avant l'époque de sa maturité? En conseillant sa culture parmi nous, on propose, je le sais, comme moyens de succès, les labours multipliés, l'abondance des engrais, les sarclaisons fréquentes, l'arrosage des champs par irrigation, le dépouillement des feuilles les plus basses des cannes afin de hâter leur maturité, la coupe de leurs têtes pour faire refluer la sève dans les nœuds inférieurs et y accélérer l'élaboration du suc sucré. On propose encore de butter les souches, après la récolte, avec une quantité de terre suffisante pour les garantir de la gelée, ou d'enfouir en hiver, dans un lieu clos, des plançons de canne, afin d'entretenir leur végétation et d'avancer au printemps suivant le moment de la reproduction. Ces moyens sont ingénieux sans doute, mais sujets à plusieurs inconvéniens, difficiles à exécuter et dispendieux; leur succès est très-éventuel, pour ne pas dire impossible à espérer; et quand on en obtiendrait quelques effets, on ne donnera jamais à la Provence ni au Languedoc le soleil des Antilles et de l'Afrique. C'est le soleil seul qui mûrit, colore et rend sapides ou sucrés les végétaux. Plus son influence est directe, active et prolongée, plus les sucs des plantes et des fruits sont élaborés, plus leur saveur et leur odeur sont exaltées. La plupart des gommes et des résines, les parfums les plus exquis, nous viennent de l'Orient, c'est-à-dire des contrées chaudes de l'Asie.

D'ailleurs suffirait-il de faire croître des cannes pour avoir du sucre? Plusieurs peuples qui cultivent ce roseau se contentent d'en sucer la tige. Ce n'est pas l'objet sans doute qu'ont en vue ceux qui proposent son introduction en France. Il s'agit donc d'extraire de cette tige le sel essentiel qu'elle contient; mais pour cela il faut des usines, un grand nombre

de chevaux ou de mulets de trait, des chariots, des moulins,
des chaudières, une foule d'autres ustensiles, et sur-tout des
gens tellement exercés à ce genre de travail, qu'il ne puisse
plus être interrompu quand il a été commencé; car la canne,
séparée de sa souche, fermente ou se dessèche promptement si
elle n'est écrasée, et son suc exprimé s'aigrit aussi bien vite
lorsqu'on ne s'empresse pas de le cuire. Que de soins donc au
moment de la récolte! Il n'en est point qui exige autant de
monde et plus de travaux réunis. Que de dépenses avant la
plantation et dans l'incertitude du succès! Je le demande,
trouverait-on en France beaucoup de propriétaires disposés à
placer leurs fonds dans une telle entreprise, sur-tout se voyant
chaque jour menacés de la guerre?

Je passe à la culture de la canne à sucre dans les pays qui
lui conviennent.

III. Culture de la canne a sucre.

La canne ne croît pas également bien par-tout, et toutes les
cannes ne donnent pas la même quantité ou qualité de sucre.
Pour être très-productive, cette plante demande une terre substantielle, médiocrement légère, un peu limoneuse, très-divisée
ou facile à diviser. Dans un sol sans fond elle est presque toujours avortée. Une terre forte est contraire aussi à sa végétation. Dans les terrains gras, humides ou bas, dans ceux qui
ont été nouvellement défrichés, elle pousse rapidement et parvient à une grande hauteur; mais son suc est aqueux, d'une
mauvaise qualité, et difficile à cuire et à purifier. Quelquefois
une exposition très-favorable et la fréquence des pluies compensent l'infériorité du sol. Ainsi, les sucreries (1) situées sur
le penchant ou au pied des montagnes, même dans un terrain
médiocre, peuvent prospérer jusqu'à un certain point, parce
qu'elles sont arrosées souvent. Les établissemens qui sont dans
les plaines et aux environs de la mer ont moins besoin d'eau,
parce que le sol y est communément meilleur et a plus de fond.
On sait que, dans tous les pays, la terre et les débris des montagnes entraînés par les eaux pluviales vont enrichir les plaines:
c'est ce qui arrive aux Antilles. Les rivières de ces îles sont de
vrais torrens qui, grossissant fréquemment, versent dans les
campagnes voisines un limon productif qui convient parfaitement à la canne : c'est pour elle un engrais naturel et le meilleur de tous. Les feuilles des cannes, après leur coupe, qu'on
laisse et qui pourrissent sur le sol, en forment un très-bon

____

(1) On donne ce nom à toute habitation établie en cannes, pour la
distinguer des établissemens appelés *indigoterie*, *caféterie*, etc. On
nomme aussi *sucrerie* le bâtiment dans lequel se fait le travail du sucre.

aussi. Quelquefois on les enterre, d'autres fois on les brûle ;
leurs cendres, mêlées à celles des vieilles souches, sont très-
propres à fertiliser le terrain. Les engrais artificiels sont peu
en usage dans nos colonies ; le fumier y est rarement employé.
Cependant il n'est point d'établissement agricole qui pût en
fournir autant qu'une sucrerie, à cause du grand nombre d'a-
minaux nécessaires à son exploitation.

En général, dans nos colonies, toutes les grandes cultures,
j'entends celles de la *canne*, du *cafeyer*, de l'*indigo*, etc., sont
réciproquement exclusives, parce que chacune d'elles exige
des soins et des bâtimens particuliers, étrangers et inutiles aux
autres cultures. Cependant j'ai vu cultiver à Saint-Domingue,
sur le même bien, le cotonnier et l'indigotier ; mais la canne
ne souffre aucun mélange, et les travaux d'une sucrerie sont
trop multipliés et trop dispendieux pour permettre qu'on s'y
occupe à faire autre chose que du sucre. Que le sol soit bon,
médiocre ou mauvais, ces travaux et les frais qu'ils entraînent
sont les mêmes : d'où résulte la nécessité de ne former ces
sortes d'établissemens que dans un bon fonds, si l'on ne veut
pas que le produit soit au-dessous de la dépense ; car il n'est
pas de bien plus productif quand le sol est riche, il n'en est
pas de plus ruineux lorsqu'il est mauvais.

Par les raisons que je viens de dire la méthode d'*alterner,*
si commune et si utile en Europe, ne peut être mise en pratique dans les cultures coloniales. Comment pourrait-on, à des
époques marquées, substituer le cafeyer à la canne et la canne
au cafeyer sans bouleverser à-la-fois deux établissemens ? Il
faudrait alors échanger aussi les ustensiles, les bâtimens et
une partie des cultivateurs ; ce qui est évidemment impossible.
En Europe même voit-on le froment et la vigne se remplacer
alternativement ? L'usage des assolemens n'y a lieu qu'entre
les plantes céréales, légumineuses, ou propres au fourrage.
Un taillis reste tel jusqu'à ce qu'il soit défriché ; une bonne
prairie naturelle est rarement défoncée ; enfin on n'arrache
les vignes que dans leur extrême vieillesse, et lorsqu'on n'a,
pas jugé à propos de les rajeunir par des provins (1).

L'espèce de préparation qu'exige la terre destinée à recevoir
des cannes, l'époque et le mode de leur plantation dépendent
de la nature du sol, des saisons et du climat. Chaque pays a
ses méthodes particulières, bonnes ou mauvaises. Dans les

---

(1) C'est ce qui fait que dans les pays dont parle mon collaborateur,
tant de terrains, d'abord cultivés avec avantage, sont devenus impropres à la canne à sucre, à l'indigo, etc., ne forment aujourd'hui que
des SAVANES, où quelques mulets trouvent à peine de quoi vivre pendant la saison des pluies. *Voyez* ASSOLEMENT.　　(*Note de M. Bosc.*)

Antilles, la charrue est peu connue, on y travaille et l'on y dispose le terrain avec la houe; tout s'y fait à force de bras.

Dans toute l'Amérique, la canne se multiplie de boutures. On distingue deux parties dans sa tige lorsqu'on la coupe; savoir, une inférieure, qui est dépouillée en grande partie de ses feuilles, et qui a environ quarante articulations, dans lesquelles le sucre est tout formé; et une partie supérieure plus courte, appelée *tête de canne*. Celle-ci est garnie d'un petit nombre de feuilles vertes, et formée d'entre-nœuds plus rapprochés que les inférieurs, et qui sont à divers degrés d'accroissement et de maturité. Ces têtes donnent les boutures. Cette partie, étant plus tendre et ayant plus de vitalité que le corps de la canne, est plutôt pénétrée par la pluie ou par l'humidité de l'atmosphère, et pousse plus aisément des racines.

§ Ier. *Plantations des cannes*. Tout terrain destiné à être planté en cannes est partagé en carrés à-peu-près égaux, séparés entre eux par une allée qu'on nomme *division*, et dans laquelle on cultive des pois ou des patates pour la nourriture des noirs. Par ce moyen il n'y a pas de surface perdue; d'ailleurs, ces espaces vides favorisent la circulation de l'air autour des cannes, et servent de voie pour leur transport à l'époque de la récolte. Chaque carré, qu'on nomme *pièce de canne*, a communément deux cents pas d'étendue sur toutes les faces; et le pas est de 3 pieds et demi. On plante les cannes en rayons parallèles ou en quinconce, et à la distance de 2, 3 ou 4 pieds, suivant la qualité du sol. C'est aussi la nature du terrain qui détermine la largeur et la profondeur des trous; ils doivent avoir au moins 7 à 10 pouces de profondeur, et 15 à 18 pouces carrés. On les fait la veille, ou pendant les jours qui précèdent celui de la plantation, et on les fouille de manière qu'ils se terminent en plan incliné. On y place deux ou trois boutures ou plançons, qu'on recouvre avec une partie de la terre qu'on a tirée; l'autre est destinée à chausser les jeunes plants à la première sarclaison. La fosse est alors dans la disposition la plus favorable pour recevoir et conserver l'eau, soit de pluie, soit d'arrosage, et l'état de division où est la terre permet aisément aux racines de la pénétrer et de s'étendre. Trois semaines ou un mois après la plantation, on voit poindre les jeunes cannes; leur croissance ensuite est favorisée par les sarclaisons : cependant, quand elles sont attaquées par les chenilles, il faut différer de sarcler, parce que cet insecte paraît préférer les autres herbes, dont la substance est moins dure. Deux ou trois sarclaisons suffisent : à la première, on remplit de terre les trous, et on chausse les pieds de cannes. Tous les plants ne réussissent pas; ceux qui manquent, et ceux qui sont pourris ou desséchés, doivent être aussitôt remplacés. Cela s'appelle *recourir*.

Lorsque les cannes ont cinq à six mois, il convient d'extirper les bourgeons qui croissent à leur pied, parce qu'ils nuiraient à l'accroissement et à la maturité des cannes, et donneraient, lors de la récolte, un suc imparfait, capable d'altérer celui des bonnes tiges. Il est aussi quelquefois utile d'épailler les cannes, qui, recevant mieux alors les impressions de l'air, parviennent plus tôt à leur maturité. Cependant, dans un sol léger et sablonneux, cette opération serait désavantageuse, sur-tout l'été, parce que les excessives chaleurs de cette saison dessécheraient trop les racines des cannes, et même la terre (1). Dans un tel sol, on doit planter les cannes à des distances plus rapprochées, afin qu'elles se défendent mutuellement des trop grandes ardeurs du soleil.

Toutes choses égales, les cannes plantées viennent toujours plus hautes et plus belles que les rejetons; mais elles donnent proportionnellement moins de sucre, un sucre moins beau, et dont l'extraction d'ailleurs exige plus de soin. On donne, aux Antilles, le nom de *rotins* aux cannes petites et minces qui viennent dans les mauvais terrains. Celles que produisent les terres vierges acquièrent une hauteur et une grosseur démesurées, mais mûrissent difficilement; on n'en obtient qu'un sucre imparfait, qui manque de grain et qui garde la consistance de sirop. Pour dompter la terre où croissent ces cannes, on les coupe trois ou quatre fois à l'âge de huit à neuf mois: elles sont ou abandonnées en vert aux animaux, ou brûlées quand elles sont sèches; par ce moyen celles qui repoussent après des mêmes souches peuvent donner un sucre passable. Dans de semblables terres, les cannes sont quelquefois productives pendant quinze et vingt ans. J'ai vu chez moi des pièces de cannes produire, à leur dix-huitième rejeton, de vingt à trente milliers de sucre terré.

Il n'est pas aisé de déterminer, même d'une manière générale, l'époque à laquelle doit se faire la plantation des cannes. Cette époque varie nécessairement suivant les climats, les saisons, les expositions et les terrains différens. La canne, étant un roseau, a besoin d'eau pour croître, sur-tout dans les premiers six mois de son développement. On doit donc la planter à la veille ou dans le temps des pluies; mais il faut des pluies modérées, parce que trop d'eau pourrirait le plant. De toutes

---

(1) A quoi il faut ajouter que vivant autant par leurs feuilles que par leurs racines, comme la plus grande partie des végétaux, ce serait nuire à leur grosseur et à la formation du sucre, que d'exagérer cet épaillement. *Voyez* FEUILLE. (*Note de M. Boic.*)

les opérations agricoles qui ont lieu dans un établissement en sucrerie, c'est la plus importante, et celle pourtant dont le succès est le plus éventuel, parce qu'il dépend en grande partie de l'état du ciel dans les jours qui précèdent ou suivent la plantation. Quand on a assez de bras, on est maître de choisir le moment : on plante alors en deux ou trois jours, et l'opération réussit ; mais lorsqu'on a peu de noirs, pour ne pas manquer l'occasion, on se presse de planter dès que la pluie tombe, et la plantation traîne ensuite en longueur ; il en résulte souvent deux effets contraires, également nuisibles au plant. Le premier mis en terre pourrit, parce qu'il a été trop arrosé ; le dernier planté, trouvant une terre déjà desséchée, ne pousse qu'aux nouvelles pluies, qui sont quelquefois tardives. Quand la pièce commence à verdir, et que le moment où le dernier plant devrait paraître est arrivé, au lieu d'un champ couvert de jeunes cannes, on voit alors un terrain à moitié nu, qui ne laisse aucune espérance, et qu'on est bientôt obligé de replanter. Pour n'être pas exposé à l'incertitude du succès dans la plantation, peut-être serait-il avantageux de former des pépinières de cannes : on pourrait aussi les multiplier quelquefois de drageons enracinés. Il serait à désirer qu'on fît l'essai de ces méthodes dans une possession bornée ; si elles réussissaient, elles auraient encore l'avantage d'avancer le moment de la récolte.

A Saint-Domingue, on est assez dans l'usage de semer du maïs entre les plants de cannes. Ce grain, étant récolté au bout de quatre mois, ne nuit point à leur croissance ; au contraire, leur enfance est protégée par l'ombre légère des tiges et des feuilles du blé de Turquie.

§ II. *Coupe des cannes*. La canne à sucre mûrit plus tôt ou plus tard, selon le temps qu'elle a éprouvé et selon la qualité du sol. La chute de ses feuilles inférieures, la couleur jaune et dorée de sa tige et l'éloignement des nœuds, sont d'assez bons indices de sa maturité. Une canne qui n'est pas bien mûre donne beaucoup d'eau et peu de sucre ; passée et trop mûre, elle donne moins de sucre qu'elle n'en eût donné si elle eût été prise à temps, et il est d'une qualité inférieure et d'une fabrication plus difficile. Ainsi, pour couper ce roseau, on doit choisir le moment où le sucre y est le plus abondant, et où il a acquis toute sa perfection. Ce moment, suivant M. de Caseaux, est celui où les vingt-deux nœuds inférieurs de la tige sont dépouillés de leurs feuilles. Cette règle est trop générale. J'ai fait souvent couper des cannes venues sur le même sol, qui avaient un plus petit ou un plus grand nombre de tels nœuds, et qui ont donné également de très-beau sucre et en même quantité. Tant de causes concourent à la croissance de la canne et à l'élaboration de son suc, qu'il faudrait les combiner toutes pour déterminer d'une manière invariable l'époque précise où il est le plus avantageux de la couper. Tout ce qu'on peut dire à cet égard de certain, c'est que ses entrenœuds ne mûrissant pas à-la-fois, mais successivement comme les fruits d'un même arbre, laissent toujours une latitude de deux ou trois mois pour la récolte ; avantage inappréciable dans un établissement où les travaux sont si multipliés, et où il est essentiel d'en savoir faire une juste distribution pour qu'aucun ne soit omis ou perdu ; car voilà ce qui importe le plus. Si l'on est obligé de hâter ou de différer la récolte, la perte qui en résulte est ordinairement compensée par quelque avantage. Une coupe anticipée donne plus de vigueur aux rejetons, et rapproche l'époque où ils doivent être coupés à leur tour ; une coupe tardive a laissé au propriétaire le temps d'assurer les plantations commencées, soit en cannes, soit en vivres (1).

Dans les divers établissemens des Européens en Amérique, et souvent dans la même île, la récolte des cannes se fait dans des saisons différentes : elle est nécessairement subordonnée à l'époque des plantations, qui varient beaucoup, ainsi qu'il a été dit. Dans quelques pays et dans certains cantons, on coupe les cannes en hiver ; dans d'autres, en été. A la Grenade et dans la partie du nord de Saint-Domingue, on récolte dans tous les temps de l'année, mais particulièrement pendant les quatre mois de la plus belle saison ; savoir, février, mars, avril et mai. Chaque année on coupe ordinairement les trois quarts des pièces de cannes ; souvent on en coupe les quatre cinquièmes, et quelquefois la totalité : cela dépend des saisons, du point de maturité de la plante, et sur-tout de l'ordre qui a été suivi dans les travaux. Les cannes qui viennent de boutures ne sont, en général, bonnes à couper qu'à quatorze ou quinze mois ; les cannes-rejetons peuvent être coupées à onze et douze mois. Ainsi, sur les habitations où l'on replante souvent, on a dans le cercle d'une année moins de pièces de cannes à récolter. Sur un établissement où on les laisserait toujours repousser de leurs souches, il est clair qu'on les récolterait nécessairement toutes dans la même année.

§ III. *Accidens et maladies auxquelles les cannes sont sujettes. Ennemis qu'elles ont à redouter.* Une sécheresse trop prolongée arrête la croissance de la canne, et la tient long-temps rabougrie. L'excès d'humidité lui est contraire aussi, en s'opposant à l'élaboration et à la concentration de ses sucs. Cependant, dans les lieux élevés ou disposés en pente, elle a

---

(1) C'est le nom général qu'on donne dans nos colonies aux légumes, racines et fruits destinés à nourrir les nègres.

besoin de beaucoup d'eau; mais dans les terrains bas, où l'eau peut séjourner, dans ceux sur-tout qui sont de nature argileuse, de très-fortes pluies noient sa racine et la pourrissent. Il faut à cette plante un ordre de saisons tel que, dans le cours de son développement, des pluies d'une courte durée succèdent à de longs intervalles de chaleur : alors elle devient vigoureuse et produit beaucoup de sucre.

Les ouragans, qui sont assez fréquens dans les Antilles, renversent beaucoup de cannes à sucre, que leur pesanteur empêche de se relever : dans cet état, elles pourrissent ou sont dévorées par les rats. Le feu du ciel tombe aussi quelquefois sur ces plantes; mais il y est mis le plus souvent par l'imprudence des noirs. On l'arrête en lui faisant une part, et en coupant toutes les cannes qui entourent immédiatement celles qui brûlent. Lorsque les cannes éprouvent cet accident à une époque assez voisine de leur maturité, on les passe au moulin et on en obtient encore un peu de mauvais sucre ou du sirop.

Les feuilles des cannes, comme celles de beaucoup d'autres plantes, sont sujettes à la rouille, sur-tout dans les années pluvieuses et dans les terres grasses et humides. On prévient en partie les effets de cette maladie, en donnant de l'écoulement aux eaux et en ameublissant avec soin le sol lorsqu'il est préparé. Ces feuilles sont attaquées aussi par de certains pucerons qui, en les suçant, ralentissent la végétation de la canne.

Les tiges des cannes sont, ainsi que nos fruits, quelquefois piquées par de petits vers qui désorganisent leur intérieur et altèrent la qualité du sucre. Aussi à l'époque de la plantation doit-on choisir avec soin les boutures, et s'assurer qu'elles n'ont aucun indice de vermoulure.

Les rats aiment beaucoup la canne à sucre ; ils la rongent par le bas et font quelquefois un tel dégât, que le colon en reçoit un préjudice considérable. Il n'y a qu'un moyen de détruire ces animaux, et il ne peut être employé qu'au moment où on renouvelle la plantation. Alors on brûle les pailles de la pièce de canne, que l'on coupe; mais, en y mettant la serpe, on prend quelques mesures. On entame la pièce par les quatre coins à-la-fois ; on avance en proportion égale jusqu'au milieu, où on laisse un bouquet considérable pour servir de retraite et de nourriture aux rats. On met ensuite le feu aux quatre angles et autour de la pièce dans un temps calme : par ce moyen ils sont surpris et brûlés (1).

____

(1) Il semble qu'il y aurait bien d'autres moyens moins coûteux et plus assurés de détruire les rats.

Il est fâcheux que le cercle des philadelphes qui, avant la révolution, s'était établi à Saint-Domingue pour étudier et améliorer la culture de la canne, de l'indigo, etc., n'ait pas eu le temps de remplir son but.
(*Note de M. Bosc.*)

§ IV. *Produits de la canne à sucre.* Ils sont immenses et très-variés. Le principal objet de la culture de la canne est l'extraction du sucre, qu'elle contient en plus grande abondance que toute autre plante ; mais indépendamment du sucre les cannes fournissent à-peu-près un douzième de sirop. On distingue les *gros sirops*, les *sirops fins*, les *sirops bâtards* et les *sirops amers*.

Le gros sirop est celui qui sort immédiatement du sucre de cannes avant le terrage. On nomme sirop fin celui qui s'écoule après le terrage, et sirops bâtards ceux qui proviennent des sirops mêmes, c'est-à-dire du sucre fait avec des sirops. Enfin les sirops amers sont ceux qui résultent de la cuite et de la purification des gros sirops.

On compose avec les sirops amers une espèce d'eau-de-vie, appelée *rhum* chez les Anglais et *tafia* dans nos colonies. Cette liqueur est très-recherchée et très-répandue dans le commerce. On peut encore obtenir une autre sorte d'eau-de-vie avec le suc même de la canne soumis à la distillation, et ce suc, mis à fermenter dans des tonneaux, donne un vin agréable que l'on parfume avec le suc d'ananas, d'orange ou d'abricot.

Le propriétaire d'une sucrerie trouve dans la canne beaucoup de ressources pour la facile exploitation de son bien. Elle donne le plant qui sert à la multiplier, la paille ou le fumier qui fertilise le sol où elle croît, et le chauffage nécessaire aux fourneaux de la sucrerie et à l'étuve. Ses sommités desséchées servent à couvrir les cases des nègres, et les têtes de cannes vertes sont données aux mulets et aux bœufs, qui les aiment beaucoup. On nourrit aussi ces animaux avec de la bagasse hachée qu'on trempe dans de mauvais sirops, ou dans les écumes retirées des chaudières au moment de la fabrication du sucre.

Pendant mon séjour à Saint-Domingue, j'ai cherché à savoir quel pouvait être le produit net d'un établissement planté en cannes, auquel il ne manque ni bras, ni ustensiles, ni bâtimens. Après avoir comparé, pendant quelques années de suite, les produits de plusieurs sucreries placées à diverses expositions et dans des terrains différens, j'ai trouvé que celles qui avaient un bon fonds produisaient, année commune, de huit à dix pour cent. Les établissemens de ce genre, dont le sol est médiocre, rendent beaucoup moins ; et quand ils sont assis dans un mauvais fonds, ils ruinent leur propriétaire.

§ V. *Culture des cannes à sucre au Tonquin, à la Cochinchine, en Égypte, à Batavia et en Espagne.* D'après l'opinion générale des naturalistes, j'ai dit que la canne à sucre était originaire des Indes orientales. On la cultive dans toutes les provinces méridionales du Tonquin et de la Cochinchine. Les Tonquinois la multiplient, comme nous, de boutures dans la saison des pluies; et la méthode qu'ils suivent dans sa culture et dans l'extraction du sucre a beaucoup de rapport avec celle qui est en usage dans nos colonies.

En Égypte, cette culture est assez considérable. Les plantations des cannes s'y renouvellent tous les ans : elles exigent des levées et des fossés. C'est dans les terrains formés par les dépôts du Nil qu'elles réussissent le mieux. On les plante à la mi-mars, après trois labours, dans des rigoles peu profondes faites avec la charrue. Dans le Saïd, où s'en fait la plus grande culture, elles s'élèvent de 9 à 10 pieds, tandis qu'au Caire elles parviennent à peine à 6 pieds. Une partie du sucre qu'on en retire est consommée dans le pays; on exporte le reste en Turquie, dans l'Archipel, à Venise. Les cannes cultivées aux environs des villes se mangent vertes : les marchés en sont remplis. Dans la Haute-Égypte, les habitans les coupent par tronçons de 3 pouces de longueur; et après les avoir fendues, ils en composent une boisson agréable, en les faisant macérer dans l'eau.

J'ai parlé, au commencement de cet article, de deux espèces de cannes qui croissent à Batavia, l'une rouge ou violette, l'auttre verte. La première se plaît dans les terres vieilles et un peu sèches, et l'autre préfère les terrains neufs et humides.

« Dans ce pays, dit l'auteur d'un Mémoire inséré par extrait dans la *Feuille du Cultivateur*, tome 7, un propriétaire riche divise ses biens par plantations de trois cents arpens; sur chaque plantation il fait construire des bàtimens solides. Il loue ensuite chacune de ces divisions à des Chinois, qui les habitent à titre de fermiers, et les sous-afferment à des personnes libres, par parties de cinquante arpens, sous la condition de les planter en cannes à sucre, et sous la redevance de tant par chaque pécule de sucre de produit. Le pécule pèse 133 livres et demie.

» Le principal fermier fait ensuite venir, pour la récolte, des ouvriers des villages voisins. Aux uns il confie la coupe des cannes et leur transport au moulin; les autres sont chargés de faire bouillir le jus qui en provient; d'autres le couvrent d'argile pour le purifier, etc. Ces différens ouvriers sont payés à tant par pécule. Chaque fermier ne fait que les dépenses indispensables. La récolte finie, les ouvriers qui y ont été employés s'en retournent chez eux, et il ne reste sur le terrain que les sous-fermiers ou planteurs, qui le préparent pour la récolte prochaine. L'ouvrage ainsi divisé est mieux fait et à meilleur marché. Le sucre terré n'est vendu que 12 livres le pécule, un peu plus de sept liards la livre. Le prix commun d'une journée est de 18 à 20 sous.

» Il n'y a aucune distillation sur les plantations à sucre ; les écumes et les mélasses sont vendues au marché, où un distillateur peut acheter, pour la distillation, le produit de cent plantations ou de trente mille arpens. Le rhum vaut à Batavia 4 sous le galon : le galon contient quatre pintes de Paris.

» Tandis qu'aux Antilles la houe est presque le seul instrument connu pour cultiver la canne à sucre, on se sert à Batavia, avec un grand succès, d'une charrue légère, traînée par un seul buffle, après laquelle on fait passer un cylindre. Une personne, avec deux paniers suspendus à chacun des bouts d'un bâton porté sur l'épaule d'une autre personne, fait tomber alternativement de chaque panier un plançon de canne dans des trous faits exprès, et à la même distance que se trouvent les deux paniers. La même personne pousse avec son pied de la terre pour couvrir le plant (1). »

C'est M. de Cossigny qui, le premier, a multiplié sur sa terre, à l'Ile-de-France, la canne de Batavia, dont il avait reçu des plants dès 1782; il en a fait passer dans nos îles de l'Amérique, notamment à la Guadeloupe ; M. Martin, botaniste à Cayenne, a propagé aussi dans cette dernière colonie les cannes rouge et verte de Batavia.

« La culture de la canne à sucre, dit M. Delaborde (*Itinéraire d'Espagne*), était en vigueur dans l'Andalousie avant la découverte du nouveau monde, principalement sous les Maures. Elle s'est perpétuée jusqu'à nos jours sur la côte de Grenade, dont le terrain est excellent, et dont la température invite à y transporter les plantes de l'Amérique. Depuis Malaga jusqu'à Gibraltar, il existe encore quelques établissemens de ce genre ; et les cannes qu'on y fait venir y sont aussi abondantes en sucre que celles de l'Amérique. »

§ VI. *De la canne à sucre d'Otaïti, et s'il est avantageux d'en introduire la culture dans les colonies occidentales.* Une espèce particulière de canne à sucre très-belle et plus hâtive que celle des Antilles a été trouvée à Otaïti, île de la mer du Sud où elle croît spontanément. Les Anglais l'ont transportée à Antigoa, où elle s'est naturalisée, et de ce pays elle a été envoyée, par ordre du gouvernement britannique, dans d'autres colonies anglaises. Avant la révolution, on commençait à la cultiver à la Guadeloupe et à la Martinique.

Cette espèce réunit, dit-on, beaucoup d'avantages que n'a

---

(1) Au Bengal, on donne le sucre brut à encore meilleur marché, parce qu'on divise plus le travail. Ainsi les Indoux cultivent autant de terrain en cannes que la vigueur de leurs bras et celle de leurs enfans le permettent ; et, à la maturité de ces cannes, ils les vendent au marché, où elles sont achetées par d'autres, qui en tirent le sirop et le font cristalliser. (*Note de M. Bosc.*)

pas la canne de nos îles. Elle réussit dans des terres médiocres et dans des temps contraires à celles-ci; elle est toujours mûre à un an, souvent à neuf mois (1), et elle donne quatre récoltes pendant le temps que la canne des Antilles n'en donne que trois. Elle fournit un cinquième de vin de canne de plus, et à quantité de jus égale un sixième de sucre de plus; de manière que ses différens produits donneraient un produit total, qui, comparé à celui de la canne créole, serait dans le rapport de cinq à trois; ce qui me semble très-exagéré. Selon M. Lachenaie, la canne d'Otaïti a moins de parties extractives que l'autre, moins de fécule et moins de principe colorant; son sucre est plus facile à faire et plus beau. De sa cristallisation plus régulière résultent de grands vides entre les cristaux, doù il a une légèreté spécifique plus grande; aussi il porte plus d'encombrement, par conséquent plus de frêt. Les procédés pour l'extraire sont les mêmes que ceux déjà connus.

Certes, si la canne d'Otaïti possédait tous les avantages qui viennent d'être décrits, sans avoir aucun défaut dans sa constitution, et sans présenter dans sa culture ou ses produits aucun inconvénient majeur, nul doute que son introduction dans nos colonies ne fût très-avantageuse; mais les leçons de l'expérience ont appris que le sucre provenu de cette canne contient infiniment moins de sel essentiel que celui de l'ancienne canne. Trois livres du premier sucrent à peine autant que 2 livres du second. Il y a donc une perte réelle de trente-trois un tiers pour cent que le commerce en Europe ne tarderait pas de déduire du prix, en n'offrant que 60 francs, par exemple, du quintal de sucre de la canne d'Otaïti, lorsqu'il en donnerait 90 pour le sucre de la canne créole. A cette perte il faut ajouter celle qu'occasionnent les charrois, le frêt et les magasinages d'un quintal de ce sucre, qui ne représente, pour la valeur, que 66 livres deux tiers de sucre ordinaire. Ce n'est pas tout : ce sucre, plus abondant en mucilage qu'en sel essentiel, ne peut acquérir qu'une faible consistance; il est difficile de le garantir de la décomposition pendant le transport en Europe, et dans le magasinage jusqu'à l'époque de la vente, ou jusqu'aux lieux d'une seconde exportation : il ne peut donc pas être regardé comme une denrée vraiment commerciale. Il est propre tout au plus à être consommé dans les pays où il se fabrique; et sa valeur diminuera nécessairement à mesure que l'usage s'en propagera et le fera mieux connaître. Toutes ces raisons ont déterminé,

____

(1) On cultive dans l'Inde une canne à écorce noirâtre qui mûrit plutôt que celle d'Otaïti.   (Note de M. Bosc.)

dit-on, plusieurs habitans de l'île de Cuba, qui avaient adopté la canne d'Otaïti à reprendre la culture de la canne créole.

Il y a quelques années que M. Lachenaie annonça à la Société d'agriculture de Paris qu'il avait trouvé le moyen de donner au sucre provenant de la canne d'Otaïti la consistance nécessaire pour prévenir la décomposition à laquelle il est sujet : il n'indique pas ce moyen. Le plus naturel est d'augmenter son degré de cuite ; mais ce moyen n'agit qu'aux dépens de la quantité et de la qualité du sucre : car la concentration en diminue nécessairement la quantité, et le rend moins propre à recevoir les bienfaits du terrage. Si c'est un autre moyen qui ne produise point ces effets, cette découverte est précieuse.

IV. Fabrication du sucre.

Les cannes coupées sont portées au moulin. Le moulin est formé de trois gros rouleaux de bois dur, presque contigus l'un à l'autre, et élevés perpendiculairement sur un plan horizontal qu'on appelle *table*. Celui du milieu, mu sur son axe par une puissance quelconque, communique aux deux autres le mouvement qui lui est imprimé. Ils présentent ensemble deux faces opposées ; vis-à-vis de chaque face, est une négresse ; l'une d'elles engage d'abord les cannes entre le rouleau du milieu, et l'un des deux autres à droite ou à gauche. Ces cannes prises, tirées et comprimées fortement dans toute leur longueur, sont reçues par la seconde négresse, qui les engage à son tour entre le même rouleau central et l'autre rouleau latéral, afin qu'elles soient exprimées de nouveau. Après avoir subi deux expressions, la canne reparaît sur la première face entièrement aplatie, toute désorganisée et privée de ses sucs, qui, dans l'une et l'autre expression, tombent sur la table, se confondent dans la gouttière pratiquée à une des extrémités, et coulent dans les réservoirs nommés *bassins à vin de canne*. Ces bassins sont ordinairement au nombre de deux, et placés au dehors ou au dedans de la sucrerie ; quand ils sont en dehors, on les couvre d'un appentis. Ce sont les négresses qui font ordinairement le service du moulin. Un jeune nègre veille à ce que les débris des cannes, tombant sur la table, ne s'opposent pas à l'écoulement du suc exprimé ; et on lave cette table deux fois par jour, ainsi que les rouleaux. La canne exprimée deux fois prend le nom de *bagasse*. On en fait de gros paquets que l'on porte sous des hangars appelés *cases à bagasses*. Quelquefois on en forme de grandes piles à l'air libre. Quand elle est desséchée, on l'emploie à chauffer les fourneaux de la sucrerie.

Les puissances qui mettent les moulins en mouvement sont

les animaux, l'air ou l'eau. On pourrait employer la pompe à feu. Un moulin à bêtes est mu par deux attelages de mulets relayés toutes les deux heures, temps qu'on appelle *quart*. Si l'on veut maintenir en vigueur ces animaux, il ne faut les faire travailler qu'une fois par jour. On doit par conséquent en avoir cinquante à soixante, destinés seulement au moulin, qui, dans un grand établissement, va nuit et jour tant qu'il y a des cannes à récolter. D'autres mulets, au nombre au moins de dix-huit à vingt, sont réservés pour les charrois de toutes espèces, qui se font aussi avec des bœufs. Les moulins à eau sont plus commodes et moins dispendieux. Leur mouvement étant plus uniforme et la puissance qui leur est appliquée étant plus forte, les cannes y sont mieux comprimées et plus également : à ces avantages ils réunissent encore celui de la célérité. Un moulin à eau construit avec les dimensions précises, donne dans vingt-quatre heures assez de jus de cannes pour cent soixante formes de sucre brut de cinquante-quatre livres chacune ; tandis qu'on n'obtient guère qu'un peu plus de la moitié de cette quantité avec un moulin à mulets, quelque bien servi qu'il soit. Il est étonnant que dans les Antilles, où les vents sont constans et réglés, on n'ait pas généralement adopté l'usage des moulins à vent. J'en ai vu deux à Saint-Domingue ; il y en a plusieurs à la Guadeloupe et dans quelques îles anglaises. Ils coûteraient moins à établir que les moulins à eau, et conviendraient sur-tout aux établissemens situés loin des rivières. Les moulins sont ordinairement couverts et renfermés dans des bâtimens qu'on appelle *cases à moulins*.

§ I. *Disposition des bâtimens, fourneaux et chaudières nécessaires pour extraire le sucre du jus de la canne.* Le premier travail du sucre se fait dans la *sucrerie*. Pour le retirer du jus de la canne, on a besoin de feu, de fourneaux et de chaudières. On se servait autrefois de chaudières de cuivre, et les Anglais en font encore usage ; mais dans nos colonies on leur a substitué celles de fonte de fer : elles composent avec le fourneau un laboratoire appelé *équipage*. Quelquefois il y a deux laboratoires dans la même sucrerie, l'un pour cuire le vin de canne, l'autre pour cuire les sirops. Le premier est composé ordinairement de cinq chaudières disposées sur la même ligne et sur le même foyer, presque contiguës les unes aux autres, et enchâssées dans la voûte du fourneau de manière que l'action du feu puisse frapper les deux tiers de chaque chaudière. Le fourneau est commun à toutes les chaudières. C'est un canal dont l'ouverture est en dehors de la sucrerie, pratiqué dans la muraille presque vis-à-vis de la dernière chaudière, et qui se termine par une cheminée placée un peu au-dessus de la première, c'est-à-dire de celle qui est la plus voi-

sine du bassin. On chauffe communément le fourneau avec de
la bagasse et des feuilles de cannes qui ont séché dans le
champ. Ces combustibles sont préférables au bois ; distribués
par un bon chaufieur, ils procurent un feu plus violent et plus
égal, et dont on peut à volonté modérer l'action. Au moment
même où l'on cesse de mettre du chauffage dans le fourneau,
la violence de la chaleur doit nécessairement diminuer, ce qui
est fort utile au juste degré de la cuite du sucre. Dès qu'on
le juge cuit, on fait arrêter le feu, pour avoir le temps de le
retirer, sans qu'il cuise davantage aux dépens de sa qualité.
On ne peut pas se promettre le même résultat avec le bois, de
quelque espèce qu'il soit, parce qu'il dépose dans le fourneau une couche de charbons ardens qui maintient la violence du feu plus long-temps qu'il ne faut, et réduit en caramel la partie du sucre qui touche au fond de la chaudière.

Les cinq chaudières dont un *équipage* est composé ont chacune un nom particulier. La première se nomme *grande*,
parce qu'elle est d'une plus grande capacité que les autres ;
la seconde, *propre*, parce que dans celle-ci le suc doit être
dépuré et amené au plus au degré de propreté ; on nomme la
troisième le *flambeau*, parce que le suc ou vin de canne y
présente des signes auxquels on reconnaît la proportion et
le degré de lessive qu'il exige ; la quatrième le *sirop*, à cause
de la consistance qu'y prend le *vesou* ; c'est le nom que l'on
donne au sucre dépuré de la canne, lorsque les fécules qu'il
contenait en ont été séparées ; enfin la cinquième chaudière
est la *batterie*, ainsi nommée parce que la dernière action du
feu qu'y reçoit le vesou occasionne quelquefois un boursouf-
flement considérable, qu'on arrête en battant fortement la
matière avec une écumoire. Ces chaudières sont soutenues par
de la maçonnerie, qui s'élève au-dessus de leurs bords, en
suivant leur évasement, et forme un glacis plus ou moins
haut, qui augmente d'autant leur contenance. Près de la
batterie se trouvent deux autres chaudières nommées *refraîchis-
soirs* ; on y transvase successivement le vesou quand il est cuit
au degré convenable. A la surfarce du bord de l'équipage,
entre chaque chaudière, est un petit bassin où l'on verse les
écumes, qui sont portées par une gouttière dans la *grande*. Les
grosses écumes sont jetées dans une chaudière particulière,
placée hors de la ligne du laboratoire.

La disposition du fourneau principal procure à la batterie
un feu vif, qui perd insensiblement de sa force en montant le
canal pour sortir par la cheminée. Ainsi les chaudières bouillent
suivant les proportions convenables à l'évaporation lente et
graduée que demande la fabrication du sucre. La galerie du
fourneau est en dehors du bâtiment ; son service est entière-

ment séparé de celui de l'intérieur de la sucrerie. Il a pour objet le transport du chauffage, son introduction dans le foyer, l'extraction et le transport des cendres. Cette galerie répond à toute l'étendue du fourneau ; elle est ouverte presque de tous côtés, et couverte par un appentis qui garantit le chauffage et les chauffeurs.

§ II. *Travail général du suc exprimé pour en retirer le sucre, ou du sucre de canne brut.* Dès qu'un des bassins dont il a été parlé est rempli du suc exprimé, on le fait couler dans la grande chaudière, qu'on charge à un point déterminé, et on y met de la chaux vive en substance, dont la proportion doit être relative à son degré de pureté et à l'état des cannes qui ont fourni le suc. La charge de cette grande ainsi lessivée est transvasée dans les chaudières suivantes, et partagée entre le sirop et le flambeau. Chargée de nouveau au même point, on y jette la quantité convenable de chaux, et on la transvase en entier dans la propre. Enfin remplie une troisième fois à sa mesure, et ayant reçu la chaleur nécessaire, on la laisse en cet état, et l'on commence à chauffer le fourneau, la batterie étant pleine d'eau. Le sirop et le flambeau sont, après la batterie, celles des chaudières qui s'échauffent le plus et le plus promptement. Les matières féculentes du suc exprimé se séparent et se présentent à la surface sous la forme d'écumes, qu'on enlève. Le suc entre en ébullition ; toutes les écumes étant enlevées, on vide la batterie, et on la charge avec moitié du produit de la chaudière sirop, flambeau et batterie, un peu de chaux vive ou d'eau de chaux, ou de dissolution d'alcali. La propre et la grande s'échauffent successivement : on en ôte les écumes à mesure. L'évaporation étant très-rapide dans la batterie, on la charge du surplus du produit du sirop, on passe celui du flambeau dans le sirop, et on transvase moitié de la propre dans le flambeau, ayant soin, pendant le cours du travail, d'ajouter, dans ces deux dernières, la chaux ou les dissolutions alcalines lorsque cela est nécessaire. La batterie reçoit partiellement la charge de deux, trois ou quatre grandes, plus ou moins, suivant le degré de richesse et la qualité qu'a le suc exprimé après avoir passé dans les autres chaudières, et après y avoir été lessivé et écumé.

Lorsqu'on a rassemblé dans la batterie la quantité suffisante de vesou, on continue le feu pour opérer sa cuite ; ensuite, et dès que le vesou est cuit au point convenable, on le transvase en entier dans le premier rafraîchissoir, après avoir suspendu toutefois l'action du feu. On remplit de nouveau la batterie avec le produit du sirop ; le feu reprend, et on poursuit le même travail sur le suc exprimé, à mesure qu'il arrive du moulin.

Le vesou de la batterie reçu dans le rafraîchissoir est nommé *cuite* ou *batterie* ; une demi-heure après qu'il a été mis, on le remue pour que le grain se répartisse également. Bientôt il est transvasé dans le second rafraîchissoir, où on le laisse jusqu'à ce qu'on ait obtenu une seconde batterie. Celle-ci reçoit un degré de cuite un peu plus fort que la première, à laquelle on la réunit. Leur réunion se nomme *empli* ; on mêle bien le vesou. Au bout de quelque temps, il se forme à la surface de l'empli une glace de l'épaisseur d'une ligne, qui indique la qualité du sucre et son degré de cuite. Selon que cette glace est trop ou trop peu friable, elle annonce que le sucre a été trop ou trop peu cuit. Le juste point de cuite fait qu'en appuyant légèrement la main sur la glace elle obéit et reprend son niveau : si elle ne se relève pas, la cuite est trop faible.

Pendant que le sucre est dans le second rafraîchissoir, on dispose les vaisseaux ou vases destinés à le recevoir. Si le degré de cuite a été donné avec l'intention de laisser le sucre dans un état brut, ce qui s'appelle *cuite en brut*, on porte l'empli dans un canot, où il cristallise aussitôt, et on charge le canot de quatre à cinq emplis successifs. Si on veut terrer le sucre, ce qu'on appelle *cuite en blanc*, le degré de cuite étant moins fort, l'empli est partagé entre plusieurs cônes de terre creux appelés *formes*, dont le sommet est percé d'un trou. Avant de se servir de ces formes, on a soin de les tenir deux ou trois heures dans l'eau et de les bien laver. Elles sont ensuite rangées dans la sucrerie, le sommet renversé et garni d'un bouchon de paille qui en ferme exactement le trou. On place le nombre de formes proportionné à la quantité de matière qu'on vient de cuire, puis on verse le sucre encore liquide, au moyen d'une espèce de casserole de cuivre à deux anses appelée *bec-à-corbin*, et qui contient à-peu-près quatre pots. Le nègre chargé de cela a l'attention de ne pas mettre dans la même forme tout le liquide que contient le bec-à-corbin, mais de le répartir entre plusieurs, de manière qu'elles se remplissent en même temps. Par ce moyen, le grain du sucre se trouve mêlé à sa partie liquide en proportion égale dans tous les cônes ; mais bientôt il se réunit, par son propre poids, soit aux parois, soit au fond de la forme : on est donc obligé de le relever, cela s'appelle *mouver le sucre*. Le succès de cette opération dépend du moment où on la fait : si le sucre est trop chaud, on trouble sa formation ; s'il est trop froid, il a déjà acquis trop de densité pour obéir au mouveron. L'habitude a appris à connaître l'instant favorable : on prend le mouveron ; on le plonge au fond de la forme, et on le laisse se relever. S'il remonte avec vitesse, il n'est pas encore temps d'en faire usage, s'il se relève lentement, ce temps est passé. Le juste milieu entre ces deux mouvemens indique le moment précis de l'opération ; et ce moment est toujours celui où le refroidissement prochain de la matière va donner au sucre la consistance nécessaire pour empêcher le grain de s'écarter et de se précipiter de nouveau.

Le refroidissement du sucre produit toujours à la surface de la forme une croûte plus ou moins épaisse, dont le milieu s'affaisse bientôt, laissant tout autour une espèce de cercle qui adhère aux parois du vase. Ce cercle s'appelle *collet;* il doit avoir à peu près 3 pouces de largeur; s'il est plus étroit ou plus large, il annonce alors ou le défaut ou l'excès de cuite du sucre. Cette même croûte, qu'on nomme *fontaine,* parce qu'au centre, où se fait la crevasse, il reste toujours un peu de sirop qui n'a pas pu se cristalliser, donne aussi des indices sur la lessive, que l'on juge avoir été ou trop forte ou trop faible, selon que la croûte est sèche et cassante, ou grasse et visqueuse. Sa couleur remplit à la fois deux indications, celles de la cuite et de la lessive. La belle couleur d'or annonce que le sucre a été bien fabriqué et bien cuit : le jaune pâle décèle le défaut de lessive et de cuite; le jaune noirâtre, l'excès de l'une et de l'autre.

Le sucre qui a cristallisé, ou dans les canots, ou dans les formes, est encore brut. Soit qu'on veuille le vendre en cet état, soit qu'on se propose de le terrer, il est essentiel de le purger auparavant, c'est-à-dire de lui enlever son sirop. On donne le nom de *purgeries* aux bâtimens destinés à ce travail ; ils doivent être adjacens à la sucrerie. Le bâtiment où l'on purge le sucre brut a communément de 60 à 80 pieds de long sur 20 à 24 de large. Dans toute son étendue, est une espèce de réservoir appelé *bassin à mélasse,* creusé à 6 pieds de profondeur au-dessous du sol, et recouvert par un plancher. On place debout, sur ce plancher, des barriques dont le fond est percé de trois à quatre trous d'un pouce à peu près d'ouverture, et on y porte le sucre des canots quand il est cristallisé et refroidi à un certain degré. Le sirop qui s'en sépare s'échappe par les trous et les fentes des barriques et tombe dans le bassin à mélasse. Après avoir subi cette dépuration, qui n'est jamais complète, le sucre brut est mis dans le commerce.

§ III. *Observations importantes sur la lessive, la cuite et la cristallisation du sucre.* Le sucre de canne brut est le produit du vin de canne, après qu'il a été lessivé, cuit et cristallisé.

De la lessive. Elle a pour objet d'enlever au vin de canne toutes les parties solides, grasses et visqueuses qui s'opposent à la cristallisation du sucre. On y parvient en employant la chaux, ou tout autre corps de nature alcaline. La chaux agit comme absorbant ; elle se combine avec les parties étrangères au sucre, et les rassemble sous la forme d'écumes, avec lesquelles elle fait une espèce de savon. Autrefois on lessivait beaucoup avec de différentes cendres. On a renoncé à cette méthode, parce que la cendre rendait le sucre gris. La soude a le même inconvénient. Quand un vin de canne n'a pas été lessivé, il en résulte un sucre gras : c'est le plus grand défaut qu'il puisse avoir ; quand il a été trop lessivé, il en provient un sucre gris : c'est le plus grand vice après le sucre gras.

La précision de la lessive est une des principales parties du travail du sucre ; mais ce point capital est difficile à saisir. Le vin de canne varie non-seulement à raison du sol et de l'ancienneté de la culture, mais encore à raison des saisons et de l'âge des cannes. Il y a des vins de canne terreux. Outre qu'ils contiennent peu de sucre, celui qui en provient est presque toujours gris, par la quantité de parties terreuses qu'il tient en dissolution et qui entre dans la combinaison des cristaux ; le sirop en est amer. Les cannes qui poussent dans des terres grasses et argileuses donnent ces vins de canne qu'on doit très-peu lessiver. Il y a des vins de canne visqueux : ils produisent peu de sucre, et d'une cristallisation difficile, par l'obstacle qu'y apporte l'abondance du mucilage. Ce sont des cannes venues dans de mauvaises terres, ou des terres neuves trop vigoureuses qui donnent un pareil vin. Leur sirop est d'une douceur fade et mielleuse. Il y a des vins de canne aqueux : ils sont plats au goût ; le sucre n'y est pas abondant, mais assez bon. L'excès d'eau rend l'évaporation très-longue. Ceux-ci sortent de cannes venues dans des terres humides, ou ont pour cause des saisons trop pluvieuses. Le meilleur vin de canne est celui qui contient le plus abondamment de sucre ; il est agréable au goût. Son sirop a une douceur fine et relevée : c'est le plus facile de tous à traiter. Les terres de rapport, profondes, légères et anciennement cultivées, ont l'avantage de le produire. Les cannes dont le point de maturité est passé donnent un vin de canne fermenté ; celles qui ont beaucoup souffert de la sécheresse, qui ont été entamées par les rats, ou piquées par les insectes, sont sujettes au même défaut.

Comme il n'est pas possible de connaître la quantité de parties étrangères au sucre que contient chaque espèce de vin de canne, on ne peut, par la seule inspection, apprécier la lessive ou la quantité de chaux qu'il demande. On la met donc nécessairement la première fois à tâtons, par approximation : alors on doit risquer plutôt moins de chaux que plus. Il y a beaucoup de remarques sur la lessive, quelquefois bonnes, quelquefois défectueuses ; il est nécessaire de les connaître toutes, et, dans certains cas, il faut en comparer plusieurs ensemble. Voici les six indications les plus généralement suivies, dont deux sont tirées du vin de canne, deux des écumes, et deux du sucre.

PREMIÈRE INDICATION. *Couleur du vin de canne.* En général, un vin de canne d'une couleur louche, d'un jaune pâle ou trop légèrement ombré, manque de lessive, tandis que celui qui est noir ou d'un vert noirâtre en a ordinairement trop. Cette indication n'est pas toujours sûre, parce que la couleur varie, dans le vin de canne, suivant le plus ou moins d'eau, de terre, d'huile, de mucilage qu'il contient; elle varie encore à raison de l'évaporation et de l'écumage. Enfin, le rapport d'une couleur présente à une couleur passée n'est qu'une affaire de mémoire, et par conséquent sujet à tromper.

SECONDE INDICATION. *Bouillon de vin de canne.* Quand ce bouillon est sec, menu et vif, il prouve que le vin de canne ne manque pas de chaux; un bouillon gros, lourd et lent annonce au contraire qu'il en manque. Mais un vin de canne peut être trop lessivé avec un bouillon sec, et un vin de canne très-aqueux et très-abondant en mucilage aura nécessairement un plus gros bouillon, quoique bien lessive, qu'un bon vin de canne.

TROISIÈME INDICATION. *Couleur des écumes.* Elle varie comme celle du vin de canne. En général, elle prouve un défaut de lessive quand elle est blanche, et un excès lorsqu'elle est trop foncée ou noire.

QUATRIÈME INDICATION. *Cordon que les écumes font au bord de la chaudière.* Les écumes poussées en haut par l'action du feu s'amassent pour l'ordinaire autour des chaudières dans le flambeau et le sirop : c'est ce qu'on appelle le cordon. Il n'existe pas quand la lessive est très-faible. Il est au contraire abondant quand elle est forte.

CINQUIÈME INDICATION. *Sucre dégouttant de l'écumoire.* On croit communément que le sucre qui se détache avec facilité et netteté de l'écumoire et qui est cassant est assez lessivé, et qu'il manque de chaux quand il est mou et filant; mais cette preuve est plus propre à connaître le corps du sucre que la lessive; car un sucre abondant en mucilage, quoique bien lessivé, sera toujours filant, et celui abondant en parties salines cassera bien, quoique faible de lessive.

SIXIÈME INDICATION. *Fleurs blanchâtres dans le rafraîchissoir et sur le mouveron.* Il est ordinaire que le bon sucre bien lessivé forme promptement et abondamment des fleurs dans le rafraîchissoir et sur le mouveron. Le sucre gras au contraire en forme difficilement; mais quand cette remarque indiquerait avec certitude un sucre bien ou mal lessivé, elle ne pourrait servir que pour le sucre fait et non pour celui à faire.

D'après ce qui vient d'être dit, on voit que les indications ordinaires sur la lessive sont séparément peu sûres, souvent trompeuses; qu'elles annoncent plutôt le trop ou le trop peu que le juste point. Cependant, quand elles se réunissent toutes, on peut être à peu près certain que le sucre ne péche pas par la lessive.

Le moyen le plus prompt et le plus sûr de trouver le juste degré de lessive, est d'observer la manière dont les écumes se détachent du vin de canne, et la facilité plus ou moins grande avec laquelle s'opère cette séparation. Quand la lessive est parfaite, les écumes sont alors épaisses et gluantes; elles s'attachent à l'écumoire dans la grande et la propre; elles s'é-chappent avec rapidité du bouillon, qu'on entrevoit bouillant et transparent : dans le flambeau et le sirop, le vin de canne se gonfle aisément; les écumes s'élèvent de même, et se réunissent en flocons séparés.

On remédie au défaut de lessive par une addition de chaux; mais lorsque cette substance se trouve avec excès dans le vesou, il est impossible de la retirer. Il faut alors recourir à des corps ou à des ingrédiens qui en diminuent l'effet, soit en ajoutant du vin de canne, soit (ce qui est plus ordinaire et préférable) en passant de l'eau dans les chaudières. L'eau affaiblit d'un côté la chaux et de l'autre facilite l'écumage. On ne peut plus corriger la lessive dans la batterie, parce que la matière a pris alors trop d'épaississement. C'est dans les premières chaudières qu'il faut tâcher de la perfectionner.

Quoique l'écumage soit une opération purement mécanique et qui n'exige que les bras du nègre, on doit pourtant y veiller. Anciennement, pour plus de commodité, on écumait d'une chaudière dans l'autre; mais cette façon était vicieuse, en ce qu'elle augmentait les écumes des premières chaudières, et qu'il fallait toujours les extraire du vin de canne : aujourd'hui on écume chaque chaudière dans des bailles. Les grosses ou premières écumes se donnent ordinairement aux animaux; celles de la propre, du sirop et du flambeau, se mettent dans des barriques à déposer. Après sept à huit heures, temps suffisant pour éclaircir le vin de canne qu'elles contiennent, on les soutire et on les passe dans la grande ou la propre, suivant leur netteté : par ce moyen l'écumage a lieu sans aucune perte de matière. Les écumes de la batterie étant abondantes en sucre, on les passe sans inconvénient dans les autres chaudières.

De la cuite. La cuite est le degré d'épaississement du vesou, convenable pour opérer la cristallisation du sucre. Il est impossible de déterminer au juste quel doit être cet épaississement. Il dépend de la qualité de la matière, qui contient plus ou moins de parties salines. On juge de la cuite par un fil que l'on fait former à une goutte de matière entre deux doigts : en général, plus il se retire lentement, plus il y a d'epaississement ou de cuite.

On cuit communément à deux batteries; mais quand la matière est maigre et le sucre difficile à faire, il faut cuire à trois, quatre ou cinq batteries, suivant l'exigence des cas : la première doit être plus faible ; la seconde plus forte, ainsi des autres graduellement, à raison du nombre des batteries.

Le fil qui sert d'épreuve se diversifie non-seulement suivant le degré d'épaississement, mais encore suivant la quantité de la matière, la quantité de lessive et le degré de chaud ou de froid. Si le sucre est gras ou sans corps, le fil est gros, mou et filant. Quand on laisse trop refroidir la goutte de matière, le fil se rend plus ferme, toutes choses égales, et fait croire sa cuite plus forte ; ce qui trompe souvent les gens peu attentifs. Il faut donc éviter le vent, en prenant la preuve, former son fil plus promptement possible, le rapprocher de la qualité de la matière, et le combiner sur le nombre des batteries. Si la cuite est beaucoup trop faible, on peut repasser la batterie dans le vesou; on peut encore dans ce cas diminuer le volume de la batterie, en ôtant un ou deux corbins de sucre. Enfin, on peut alors tirer l'*empli* à trois batteries, et suppléer par les deux dernières au défaut de la première. Si la cuite est trop forte, on la diminue en mêlant dans la batterie tirée un peu de vesou-sirop.

De la cristallisation. La cristallisation est l'arrangement régulier des parties constituantes de certains corps. Ce mot s'applique particulièrement aux sels qui, par leur transparence, leur blancheur et le coup d'œil, ressemblent assez au cristal.

Le sucre est un des sels dont la cristallisation s'opère par refroidissement insensible. Le suc de canne a cela de particulier, qu'il contient beaucoup plus de parties grasses et mucilagineuses que le suc des plantes dont on extrait d'autres sels. C'est ce mucilage surabondant qui forme le principal obstacle à la cristallisation du sucre. Cependant le mucilage est une partie constituante du sucre ; mais quand il est trop abondant, il y nuit autant qu'il la favorise lorsqu'il se trouve dans une juste proportion. C'est encore ce mucilage surabondant, après qu'on en a séparé toutes les parties saccharoïdes le plus qu'il est possible, qui forme ce qu'on appelle le *sirop amer*, lequel est d'autant plus propre au *rhum* ou *tafia* (*noms donnés à l'eau-de-vie de sucre*), qu'il contient moins d'eau et plus de sucre.

La cristallisation a lieu naturellement de la manière la plus parfaite, quand rien ne s'y oppose, par la tendance que les parties similaires de la matière ont les unes vers les autres; mais elle est trop rapide quand l'épaississement du vesou est trop grand ou la cuite trop forte : dans ce cas, les parties salines étant trop subitement rapprochées, s'accrochent indistinctement par toutes les faces ou points de contact dont elles sont susceptibles, et leur arrangement devient très-irrégulier; c'est une masse saline qu'on obtient alors au lieu de cristaux. Il en résulte un autre inconvénient. Le mucilage étant trop épaissi, et se trouvant interposé entre les parties salines, ne peut être séparé facilement par le terrage, soit par le défaut de fluidité, soit par le vice des couloirs; ce qui s'oppose à la blancheur naturelle du sucre, dont les cristaux sont ternis par ce mucilage. Par un effet contraire au précédent, lorsque la matière n'est pas suffisamment épaissie, ou que la cuite est trop faible, les parties salines étant trop divisées, trop éloignées les unes des autres, se réunissent avec difficulté. Une certaine quantité de ces parties est mêlée intimement avec le mucilage en état de dissolution, d'où résulte une mauvaise cristallisation, c'est-à-dire des cristaux petits, mous, plus susceptibles de prendre l'humidité, de se décomposer et de tomber en poussière. Dans ce cas, le mucilage, ayant une grande fluidité, s'échappe aisément. Le sucre est facile à blanchir sous le terrage; mais comme il manque de solidité ou de corps, sa blancheur est terne.

La cristallisation du sucre commence dans les rafraîchissoirs et s'achève dans les formes; on doit garantir les uns et les autres du vent, parce qu'un froid trop subit, épaississant le mucilage ou sirop, s'oppose au rapprochement des parties salines. Ce n'est plus une cristallisation, mais une véritable congélation : voilà pourquoi un rafraîchissoir froid produit plus de grain, mais bien moins cristallisé qu'un rafraîchissoir échauffé.

§ IV. *Terrage du sucre, ou du sucre de canne terré.* On appelle ainsi le sucre, qui, après avoir été retiré du jus de la canne, et après avoir été purgé, a encore été terré, puis séché à l'étuve, opérations qui ont pour objet de le purifier entièrement et de le blanchir.

Les purgeries où l'on terre le sucre sont composées ordinairement d'un corps principal de bâtimens et de deux ailes, ayant ensemble 250 à 300 pieds de longueur et quelquefois davantage. Elles sont presque toutes construites en pierre. Leur intérieur est divisé en compartimens nommés *cabanes,* par le moyen de traverses mobiles placées à des distances égales.

Quand le sucre qui a cristallisé est entièrement refroidi, on transporte les formes qui le contiennent de la sucrerie à la purgerie, et on les place dans les cabanes sur de grands pots de terre à ouverture étroite nommés *canaris*. Mais auparavant on débouche chaque forme, et on enfonce aussitôt dans son intérieur, et de bas en haut, une cheville longue d'un pied et demi, qu'on retire sur-le-champ : cela s'appelle *percer la forme*; le trou qu'on y fait doit être dirigé vers le centre et perpendiculairement au sommet de la forme, afin que l'eau du terrage puisse filtrer également de toutes ses parties. S'il est fait obliquement, ou d'un seul côté, l'eau s'écoulera tout entière par ce vide, y fera des crevasses, entraînera même avec elle quelques portions de sucre; tandis que celui du côté opposé, se trouvant privé de ce véhicule, n'éprouvera qu'une dépuration imparfaite. Les mêmes inconvéniens auront lieu si la forme n'a pas été placée d'aplomb sur le canari : alors le côté qui penche reçoit toute l'eau, et le côté opposé reste avec sa mélasse.

Pendant cinq à six jours on laisse s'écouler dans les pots le sirop, qui se sépare naturellement du sucre; après cela on dispose les formes avec ordre pour recevoir le terrage.

Du terrage. Son objet est d'enlever, à la faveur de l'eau, la portion de sirop qui reste à la surface des petits cristaux de sucre. Pour cet effet, on unit bien la base du pain de sucre, et on verse dessus une terre argileuse délayée dans l'eau à consistance de bouillie. L'eau abandonne la terre, et, emportée par son poids, dissout le sirop, qui, devenu plus fluide, est entraîné vers la partie inférieure de la forme, et découle dans le pot sur lequel elle est placée. Toute terre argileuse peut être employée au terrage, pourvu qu'elle soit bien battue et bien délayée.

Lorsque la première terre, dont on a couvert la base du pain, est desséchée, on l'enlève et on la remplace par une seconde, qui, devenue sèche, est remplacée à son tour par une troisième. Celle-ci est pareillement enlevée après sa dessiccation. On laisse alors le pain dans sa forme pendant environ trois semaines, afin que le sirop puisse s'écouler entièrement. Après ce temps, on retire le sucre des formes, et après l'avoir exposé au soleil pendant quelques heures, on le met à l'étuve.

De l'étuve. C'est un bâtiment adossé aux purgeries, très-élevé, et ayant à-peu-près la forme d'une tour carrée. Il est toujours construit en pierre. En dedans sont plusieurs étages formés chacun de quelques planches légèrement espacées entre elles, et sur lesquelles on dispose les pains de sucre. L'air intérieur est échauffé par un très-grand poêle, dont le foyer est en dehors. Le feu est rarement bien gradué; il doit être modéré dans le commencement. Au haut de l'étuve est une fenêtre qu'on laisse ouverte cinq ou six jours ; après ce temps on la ferme, et on chauffe alors fortement le poêle. On doit entretenir dans l'étuve une chaleur de 40 à 50 degrés du thermomètre de Réaumur. Ordinairement le sucre sèche en trois semaines, si toutefois le feu a été conduit également ; quand il est trop fort le sucre roussit, et l'étuvée est imparfaite. On appelle *étuvée* la quantité de pains mis dans l'étuve ; elle en peut contenir communément de cinq à sept cents, c'est-à-dire vingt à trente milliers de sucre, car chaque pain, quand il est sec, pèse environ 40 livres

Après dix-huit à vingt et un jours d'étuve, on retire le sucre, on le pile, et on le met en barriques pour le livrer au commerce. (D.)

CANNE D'INDE. On donne ce nom au BALISIER.

CANNE ROSEAU. *Voyez* ROSEAU CULTIVÉ.

CANNÈBE. Synonyme de CHANVRE dans le midi de la France. (B.)

CANNEBERGE. Espèce du genre des AIRELLES.

CANNELLE. Seconde écorce d'une espèce de LAURIER, *Laurus cinnamomum*, Lin., qui croît dans les îles de l'Inde, et qu'on emploie dans l'assaisonnement des mets et dans la médecine. Son prix permet rarement de l'employer dans l'art vétérinaire, où sa qualité excitante et échauffante serait souvent utile. (B.)

CANON. Partie inférieure de la jambe du CHEVAL en dessus du boulet.

Un canon trop gros ou trop petit, relativement à la grosseur de l'animal, sont des défectuosités. Dans le dernier cas, il annonce la faiblesse.

Les principales maladies du canon sont les SUROS, les OSSELETS, les FUSÉES. *Voyez* ces mots. (B.)

CANOT ou **CANOUT.** Nom du CERISIER MAHALEB dans quelques cantons. (B.)

CANTALOUP, *Cucumis melo suavissimus*. MELON bien préférable aux anciennes races de melons. Les *cantaloups* ont gardé en France le nom de la bourgade d'Italie où les premiers furent, dit-on, cultivés ; ce qui ne nous apprend point de quelle contrée des pays chauds ces melons peuvent être originaires, et s'ils sont venus en Europe aussi améliorés que nous les possédons. Il y a des cantaloups très-variés par leur grosseur, leur forme, leurs couleurs et autres accidens. La qualité qui leur est commune est la fermeté de leur chair ou pulpe ; la finesse est l'extrême suavité de leur parfum. Les proverbes fondés sur la rareté des bons melons ne semblent pas s'étendre sur les cantaloups. *Voyez* les détails au mot MELON. (DUCH.)

CANTHARIDE, *Litta*, Fab. Genre d'insectes de l'ordre des coléoptères, renfermant une trentaine d'espèces qui intéressent, et comme très-utiles à la médecine, et comme dangereuses pour l'homme et les animaux qui les avalent et même les touchent, et comme destructives des feuilles de quelques arbres.

La CANTHARIDE VÉSICATOIRE est d'un vert doré éclatant, excepté ses antennes, qui sont noires. Sa longueur est de 6 à 10 lignes. On la trouve en Europe, sur-tout dans sa partie méridionale, sur les frênes, les chèvre-feuilles, les lilas, les troènes, les rosiers, les peupliers, les noyers et les ormes, qu'elle dépouille souvent en peu de jours de la totalité de leurs feuilles, événement qui retarde d'autant plus la croissance de ces arbres, que c'est au milieu de l'été qu'il a lieu, c'est-à-dire à l'époque où les feuilles sont le plus nécessaires.

La larve des cantharides vit dans la terre et se nourrit de racines. Elle est blanche et composée de treize anneaux, avec six pattes et une tête organisée presque comme celle de l'insecte parfait. Il y a lieu de croire qu'elle ne se transforme que la seconde ou la troisième année.

Cet insecte est un des plus anciennement mentionnés dans les auteurs et des plus généralement connus ; mais ce n'est pas celui que les Grecs et les Romains employaient pour établir leurs vésicatoires. Ce dernier est le MYLABRE DE LA CHICORÉE.

On ignore encore le mode d'action des cantharides, mais les effets qu'elles produisent sur l'économie animale sont très-connus. Extérieurement elles enflamment les tégumens, y font naître des vessies remplies d'humeur séreuse, qui sont suivies d'une suppuration de nature particulière. Elles agissent en même temps, et encore plus violemment lorsqu'on les prend intérieurement, sur tous les sphincters, principalement ceux de la vessie et des vésicules séminales, les irritent ou les crispent avec une violence proportionnée à la quantité prise et à la chaleur de la saison. Il suffit de s'arrêter un instant, dans l'été, sous un arbre qui recèle de ces insectes pour éprouver ces effets. Pour en avoir mis une douzaine de vivantes, pour ma collection, dans une boîte de fer-blanc, et les avoir apportées à la maison, j'ai eu une ardeur d'urine pendant deux jours. Elles ont aussi une action marquée sur les nerfs et sur le cerveau. Un homme ou un animal qui en avalerait une entière, éprouverait certainement des accidens très-graves, qui le conduiraient immanquablement à la mort, si des secours prompts ne lui étaient pas administrés. Les remèdes à employer sont le camphre, les boissons acidulées et mucilagineuses, ensuite les bains; cependant les hérissons les mangent sans inconvéniens.

Comme les cantharides sont l'objet d'un commerce assez étendu, il est, dans les parties méridionales de l'Europe, des personnes qui se consacrent à leur recherche, et il paraît que chez eux l'habitude a diminué les inconvéniens de leurs émanations. Ces personnes vont donc secouer, ou battre avec de grandes perches, les arbres qui sont couverts de cantharides; je dis couverts et je n'exagère pas, car elles s'y voient quelquefois en immenses quantités, et les font tomber sur de grands draps qu'ils ont étendus sur la terre. Aussitôt que cette opération est faite, ils relèvent le drap et plongent les insectes dans des baquets de vinaigre qui ont été disposés exprès. Cette immersion les fait mourir et affaiblit leurs qualités délétères. Ensuite on les emporte et on les fait sécher au soleil, ou mieux dans un grenier bien aéré, en les remuant de temps en temps avec un long bâton. Les difficultés et les dangers de leur récolte font que les cantharides sont toujours chères. Il n'y a pas de doute que celles des pays chauds ne soient meilleures que celles du climat de Paris, par exemple; mais la différence n'est pas assez considérable pour qu'on ne puisse la compenser par une dose un peu plus forte. Il serait donc bon que les habitans des campagnes se livrassent un peu plus généralement à leur recherche et à leur dessiccation.

Autrefois on croyait que les cantharides devaient être tuées par la vapeur du vinaigre; en conséquence, on employait des tamis de crin ou des cribles qu'on remplissait de ces insectes, et qu'on plaçait sur des chaudières où il y en avait en ébullition. Aujourd'hui on a renoncé à ce procédé aussi long que coûteux et embarrassant.

Il n'y a pas d'autre moyen de détruire les cantharides que de les faire tomber de l'arbre et de les écraser; mais on juge, d'après ce que je viens de dire, que lorsque l'année leur a été favorable cela devient impossible : au reste, elles ne paraissent pas toutes les années en même quantité, leur arrivée étant soumise à des périodes comme celle des hannetons.

La CANTHARIDE MARGINÉE est noire, avec les bords des élytres cendrés. On la trouve, dans les parties méridionales de l'Europe, sur la luzerne, dont elle mange les jeunes pousses. Selon Dorthes, à qui on doit un mémoire sur ses ravages, elle nuit beaucoup aux cultivateurs. C'est en coupant cette plante avant sa floraison qu'on peut espérer s'en débarrasser. (B.)

CAOUQUA. C'est, dans le département du Var, battre le BLÉ par le moyen des animaux. *Voyez* DÉPIQUAGE. (B.)

CAOURET. Dans le département du Var, c'est le CHOU.

CAOUSSANE. Licol de corde dans le département du Var.

CAPAGE. Synonyme de cépage. (B.)

CAPALLA. Nom d'une réunion de gerbes qu'on entasse dans les champs aux environs de Toulouse : chaque capalla doit fournir trois mines de blé. *Voyez* Dizain. (B.)

CAPELADE. Hangar qu'on établit toujours au milieu des cours des fermes aux environs de Toulouse, et qui sert à mettre à l'abri les voitures chargées ou vides, et à faire beaucoup d'opérations qui se feraient plus mal au soleil ou à la pluie. Il est à désirer que toutes les fermes de la France aient une capelade. (B.)

CAPELET ou PASSE-CAMPANE. Médecine vétérinaire. Nous nommons ainsi une tumeur mouvante et plus ou moins volumineuse, située sur la pointe du jarret du cheval, et qui n'intéresse que l'épaisseur de la peau.

Cette tumeur ne porte pas absolument préjudice à l'animal. Elle l'oblige rarement de boiter, à moins qu'elle n'accroisse en volume et en consistance : pour lors elle gêne les mouvemens des parties où elle siége, et le cheval boite.

Causes. Le travail forcé, les frottemens de la pointe du jarret contre un corps dur, les coups, en sont les causes ordinaires.

Traitement. Le vin aromatique chaud, l'eau-de-vie camphrée, employés en frictions, guérissent le capelet dans le commencement ; mais si la résorption de la lymphe se fait difficilement malgré ces remèdes, le moyen le plus sûr alors est d'en venir à l'application du feu, sur-tout lorsque la tumeur a acquis un gros volume et qu'elle est ancienne.

Le capelet vient quelquefois au jarret des chevaux et des mules qui n'ont pas jeté ou ont mal jeté leur gourme. Dans ce cas, on ne peut remédier à ce mal qu'en combattant la cause par les remèdes propres à la Gourme. *Voyez* ce mot. (R.)

CAPENDU ou COURT-PENDU. Variété de poire.

CAPERONNIER ou CAPERON. Sorte de fraisier à gros fruit rond, dont la pulpe est compacte et le goût assez fin. C'est le *hautboy stwawberry* des Anglais. *Voyez* Fraisier. (Duch.)

CAPILLAIRE. Plusieurs espèces de fougères des genres Adiante et Doradille portent ce nom. (*Voyez* ces deux genres.) L'adiante a feuilles de coriandre, *adiantum capillus veneris,* Lin., le porte cependant plus particulièrement. (B.)

CAPITON. Dans Tournefort, et précédemment dans le Catalogue du Jardin des plantes, ce nom a été donné à la grosse fraise, *fragaria parvi pruni magnitudina :* la figure de Besler ne laisse pas de doute que ce ne soit le caperonnier dioïque seul connu alors. On prononce *caperon* à Paris, et par fausse orthographe *capron;* mais ce nom est appliqué particulièrement à toutes les fraises plus grosses que celles du fraisier de bois cultivé. *Voyez* FRAISIER. (B.)

CAPOTS. On appelle ainsi, dans quelques cantons, des élévations de terre de 4 à 5 pouces, sur lesquelles on cultive les COURGES. (B.)

CAPOTTE. Sac de toile grossière, mais fort épaisse, de grandeur suffisante pour qu'on puisse y faire entrer très-facilement la tête du plus fort cheval. Au fond de ce sac il y a une ouverture suffisante pour passer le bout du museau, et sur ses bords sont attachées trois longues ficelles.

La capotte sert à ôter au cheval les moyens de mordre et de voir lorsqu'on veut le ferrer ou lui faire subir quelque opération douloureuse. Elle remplit souvent très-bien son objet. (B.)

CAPPARIDÉES. Famille de plantes à laquelle le CAPRIER sert de type. Les genres de cette famille sont au nombre de douze; mais outre celui précité il n'y en a que quatre qui fournissent des espèces aux cultures de pleine terre des environs de Paris : ce sont ceux appelés MOZAMBÉ, ROSSOLIS, RÉSEDA et PARNASSIE. (B.)

CAPRIER, *Capparis.* Genre de plantes de la polyandrie monogynie, et de la famille des capparidées, qui renferme une trentaine d'espèces, dont la seule qui soit naturalisée en Europe est l'objet d'une culture de quelque importance pour les parties méridionales de la France.

Cette espèce, appelée CAPRIER ÉPINEUX, ou tout simplement le *caprier,* est un arbuste qui paraît originaire du Levant, et avait été apporté à Marseille par la colonie grecque qui a fondé cette ville. Il s'élève à 4 ou 5 pieds; sa racine est grosse, ligneuse, recouverte d'une écorce épaisse; ses tiges cylindriques, souvent rougeâtres, hautes de 2 à 3 pieds; ses feuilles alternes, pétiolées, réniformes, épaisses, très-entières, très-glabres et très-luisantes, d'environ 2 pouces de diamètre, sont toutes accompagnées de deux grosses épines recourbées; ses fleurs, de 2 ou 3 pouces de diamètre, sont blanches, avec une légère teinte de rose sur les étamines, et solitaires sur de longs pédoncules axillaires.

Olivier observe que le caprier croît naturellement dans les îles de l'Archipel et sur les côtes occidentales de l'Asie mineure. Il vient dans les plaines et sur les fentes des rochers qui se trouvent à peu de distance de la mer; le caprier sans épines croît dans les mêmes terrains. Le même naturaliste croit cette dernière une espèce particulière et plus délicate que l'autre : elle ne commence à se trouver qu'à Myconie;

elle s'étend en Chypre, en Crète, en Egypte. L'autre vient aux environs de l'Hellespont, à Scio, à Lesbos, et ne se trouve ni en Egypte ni en Syrie. *Voyez* son Voyage dans l'empire othoman.

C'est pour ses boutons qu'on cultive le caprier. Ces boutons, confits dans le vinaigre, sont les capres du commerce, dont on fait une consommation assez étendue, dans les villes, pour l'assaisonnement des mets. Leur préparation est fort simple, puisqu'il ne s'agit que de les mettre dans un tonneau avec assez de bon vinaigre, un peu salé, pour qu'il y en ait toujours un ou 2 pouces au-dessus d'eux. Chaque soir on augmente la masse de ces capres de la récolte du jour, et ce pendant six mois de l'année. On doit préférer ajouter le vinaigre à mesure du besoin, plutôt que de mettre le tout à-la-fois, parce que les premières capres l'affaibliraient au détriment des dernières. Lorsque le tonneau est plein, le propriétaire le vend à des personnes, qui, par le moyen de cribles de cuivre, séparent les différentes grosseurs de capres, mettent ce triage dans des barils avec de nouveau vinaigre, et les expédient à leurs correspondans.

Cette dernière opération est fondée sur l'opinion que les plus petites capres sont les meilleures, et en effet elles sont plus fermes, parce que leurs parties internes sont moins développées, mais du reste elles n'ont pas plus de qualités réelles que les autres; cependant, comme elles se vendent plus du double des communes, et plus du triple des grosses, il y a raison suffisante pour engager à les séparer.

Lorsque l'on confit les capres dans un vinaigre faible, elles deviennent molles et pâles, et cependant on veut constamment économiser sur l'acquisition de ce vinaigre; ce qui fait que les capres ne sont pas toujours aussi belles qu'elles devraient l'être. C'est pour remédier aux suites de ce mauvais calcul que non-seulement on cherche à tromper le consommateur en leur donnant artificiellement une couleur verte, mais qu'on ne craint pas de lui occasionner des coliques douloureuses, de ruiner son estomac, de l'empoisonner enfin. En effet, les cribles de cuivre dont on se sert exprès pour donner cette couleur, ne le font qu'en portant dans les capres une portion de leur substance au moyen de leur dissolution par le vinaigre, c'est-à-dire un véritable vert-de-gris, dont on connaît l'action délétère, action qui, quoique affaiblie par le vinaigre, véritable antidote de ce poison, n'en est pas moins réelle. Il est donc de la sollicitude du gouvernement d'employer l'autorité pour défendre l'usage des cribles de ce métal, cribles des inconvéniens desquels on ne peut calculer les suites, et dont les prépareurs de capres ne connaissent pas tout le danger.

Des capres bien préparées peuvent rester bonnes cinq à six ans lorsqu'on les garde dans un endroit frais, et pour les conserver encore plus long-temps il suffit de renouveler leur vinaigre. On les estime antiscorbutiques et rafraîchissantes. Il est certain qu'elles excitent l'appétit; mais plusieurs médecins prétendent qu'elles ne doivent toutes leurs propriétés qu'au vinaigre.

On connaît dans le commerce cinq sortes de capres relatives à leurs qualités; on les appelle, dans l'ordre de l'estime qu'on en fait, la *nompareille*, la *capucine*, la *capotte*, la *seconde* et la *troisième*.

Il y a plusieurs manières de cultiver le caprier.

La plus rustique est de le planter dans des murs à une bonne exposition, on n'a plus alors d'autre souci que celui de la récolte de ses boutons.

La plus profitable est de le planter en quinconce dans une terre légère, profonde et sur-tout bien abritée des vents du nord, et de le traiter comme tous les autres arbres à fruit.

La culture des capriers dans les murs a l'inconvénient de les faire crouler par suite de la croissance des racines, et de ne pas donner des récoltes aussi abondantes, soit parce que leurs branches supérieures, retombant sur les inférieures, enlèvent à ces dernières les bénignes influences du soleil, soit parce que leurs racines ne trouvent pas entre les pierres une nourriture suffisante; de plus elle oblige à des réparations fréquentes dans les murs et à des remplacemens fréquens dans les pieds. Tout calculé, elle est définitivement plus coûteuse que l'autre manière, quoiqu'elle n'exige presque aucune dépense annuelle. Il est remarquable que, malgré l'ancienneté de ce genre de culture, on ne se soit pas avisé de palissader les capriers, d'en faire enfin de véritables espaliers, comme on en agit à l'égard des pieds que l'on élève dans les jardins de Paris. Rozier insiste avec raison sur cette pratique, qui offre des avantages nombreux et n'a d'autre inconvénient qu'une dépense un peu plus considérable.

Les capriers qu'on plante en quinconce sont espacés de 10 pieds les uns des autres. Ils craignent la sécheresse pendant l'été et l'humidité pendant l'hiver. Dans cette dernière saison, ils perdent généralement leurs tiges. En automne, on coupe les tiges à 5 à 6 pouces de la racine, et on recouvre cette dernière d'une butte de terre de 6 à 8 pouces de haut. Au printemps, on la découvre, on coupe les restes des tiges, et on donne à tout le terrain un labour à la houe ou à la charrue. C'est la seule façon qu'il a dans l'année.

Les fleurs du caprier ne se développent que sur leurs bourgeons, de sorte que plus ces bourgeons sont longs et plus la récolte est abondante.

Au commencement de l'été, les capriers commencent à fleurir. Depuis cette époque jusqu'aux premiers froids, les femmes et les enfans vont tous les matins cueillir les boutons et les apportent à la maison pour les jeter immédiatement dans le vinaigre. Si on manquait un seul jour à faire cette opération, on éprouverait une perte considérable, puisque les boutons seraient devenus plus gros et auraient beaucoup diminué de valeur, comme je l'ai dit plus haut. Quelques précautions qu'on prenne, il y en a toujours quelques-uns qui échappent ; on les laisse fleurir, et les fruits se cueillent avant leur maturité pour être également confits dans le vinaigre : c'est ce qu'on appelle *cornichons de capre*. Leur vente est peu fructueuse.

Quoique le caprier vienne dans les sols les plus arides, il est plus avantageux de le cultiver dans ceux qui sont gras et susceptibles d'être arrosés quelquefois pendant l'été ; ce qui fait qu'il réussit mieux dans les murs qu'au pied des mêmes murs, c'est qu'il y a moins d'évaporation pendant les chaleurs de l'été. Cette observation conduit à croire qu'on remplirait les mêmes données si on couvrait le sol des caprières de larges pierres, si on le pavait enfin. Il est probable qu'il résulterait de l'exécution de cette idée dans les terrains les plus secs, des récoltes aussi abondantes que celles qu'on fait, les années chaudes, dans les sols arrosables. Ce qu'il faut principalement éviter, ce sont des terres compactes et susceptibles de retenir l'eau en hiver.

Tout ce que j'ai dit jusqu'à présent prouve que le caprier est un arbuste de montagne, un arbuste qui a besoin de puissans abris ; aussi sa culture dans les plaines, même les plus garanties des gelées, a-t-elle des désavantages marqués. Il y pousse plus tard, y cesse plus tôt de donner des boutons, et y périt plus fréquemment.

On multiplie le caprier de graines, de boutures et d'éclats des racines.

Les graines ont l'inconvénient de faire attendre six à huit ans un produit de quelque valeur, aussi n'en sème-t-on que rarement. C'est au printemps, dans une terre bien préparée et bien exposée, qu'on exécute cette opération. On met le plant qui en résulte en pépinière à la seconde année, et en place à la quatrième.

Pour faire des boutures on coupe les plus belles tiges en automne ; on les partage en tronçons d'un pied, on les met en pépinière dans un sol semblable à celui des semis, à quatre ou cinq pouces de distance, et de manière qu'il n'y ait que deux ou trois pouces hors de terre et on recouvre le tout, pendant l'hiver, avec de la paille ou de la fougère, à l'effet d'empêcher l'action des gelées.

On se demande pourquoi, au lieu de couper les boutures en automne, on ne les coupe pas au printemps ? En effet, puisqu'on peut les garantir de la gelée étant séparées de la racine, on peut également les en garantir sur pied. Il semble qu'il ne s'agirait que de butter les pieds un peu plus haut qu'on ne le fait ordinairement ; la base des tiges pousserait alors quelques racines pendant l'hiver, et leur reprise serait et plus prompte et plus assurée.

Quoi qu'il en soit, les boutures reprises ne restent pas plus de deux ans dans la pépinière et souvent même seulement un an. On les place à demeure, et elles donnent des produits notables la quatrième ou cinquième année.

Il arrive quelquefois que les boutures les mieux reprises périssent à la transplantation. Pour rendre ces inconvéniens plus rares, on conseille de mettre deux pieds dans le même trou. S'ils ne périssent ni l'un ni l'autre, ils se grefferont par approche et feront des pieds extrêmement vigoureux. Cette méthode est donc bonne.

Lorsqu'on veut multiplier les capriers par éclats, on découvre au printemps, avant la pousse, la partie supérieure des racines, celle d'où doivent sortir les bourgeons, et avec une petite hache on en sépare quelques morceaux latéraux, sur-tout ceux qui font saillie, en ayant le soin de n'endommager l'écorce que le moins possible. Ces morceaux, qui doivent avoir au moins un pouce carré de surface, se mettent en pépinière, et la même année fournissent des plants d'une certaine force, c'est-à-dire qu'on peut mettre en place dès l'année suivante, et qui fournissent des récoltes abondantes la troisième ou quatrième année.

Cette méthode est donc plus avantageuse que celle des boutures ; cependant elle se pratique moins, parce que souvent on fait périr le vieux pied en prenant ses éclats ; mais ce cas n'arrive jamais que lorsqu'on ne procède pas avec précaution. Si on ne fait pas des plaies trop larges aux racines et si on les recouvre de terre sur-le-champ, ces plaies se refermeront dans l'année, et on ne s'apercevra pas même aux produits de l'enlèvement qui a eu lieu.

On cultive quelquefois des capriers dans le climat de Paris, et ils s'y conservent souvent un grand nombre d'années sans que leurs racines soient tuées par les gelées, quoiqu'elles en éprouvent de très-fortes, preuve de plus que ce ne sont pas les gelées, mais l'humidité qui en fait tant périr, dans les hivers froids, sur les bords de la Méditerranée. On les place toujours en espaliers contre un mur à l'exposition du levant ou du midi , et on les couvre de fougère ou de paille ; ils fleurissent fort bien. Lorsqu'on veut les multiplier on s'y prend par les moyens indiqués plus haut, excepté qu'on les pratique sur couche et sous châssis. Au reste , ils y sont rares, parce qu'ils ne peuvent y être d'aucun produit , et que les terres qui leur conviennent ne sont pas toujours à la disposition de ceux qui en désirent.

La variété ou l'espèce de caprier sans épine, dont il est question au commencement de cet article, mériterait d'être cultivée de préférence, car la cueillette des capres sur l'épineux est un cruel tourment pour les femmes et les enfans qui en sont chargés , puisque, quelques précautions qu'on prenne, on n'en revient jamais sans avoir les mains écorchées et les habits déchirés. Cette variété ou espèce n'est pas connue en France. Celles qu'on y trouve sont très-peu saillantes et sont établies sur des feuilles plus rondes ou plus longues, sur des fleurs pourvues d'un plus ou moins grand nombre d'étamines. Ces dernières sont les plus intéressantes aux yeux des cultivateurs, car plus les boutons contiennent d'étamines et plus ils sont fermes. Or , la fermeté des capres est une des principales qualités qu'on désire en elles.

C'est aux environs de Toulon qu'est établie en France la plus grande culture du caprier. On en voit aussi quelques pieds aux environs de Marseille. Dans ces endroits mêmes, il n'y a que peu de terrains qui leur soient exclusivement consacrés. Pour l'ordinaire ces arbustes sont placés sur la limite des champs, le long des chemins, et jamais loin des habitations, à raison des soins journaliers qu'exige leur récolte. Dans les autres endroits des parties méridionales de la France, on ne trouve plus de capriers que dans les jardins des gens riches , soit pour l'agrément, soit afin d'en faire ramasser les boutons pour leur usage personnel, le plus souvent pour l'un et l'autre objet en même temps.

Il paraît qu'il y a aux environs de Tunis une culture assez soignée de capriers, car le commerce de cette ville fournit beaucoup de capres, auxquelles il ne manque que la préparation pour être aussi bonnes que les nôtres. Je n'en ai vu que quelques pieds épars dans les parties de l'Espagne et de l'Italie que j'ai visitées.

L'écorce de la racine du caprier est regardée en médecine comme apéritive, résolutive et tonique ; mais son emploi est aujourd'hui très-peu fréquent.

On doit à M. Beraud un mémoire très-bien fait sur le caprier, que M Bernard a fait imprimer dans son recueil. (B.)

CAPRIFICATION. Opération qu'on pratiquait autrefois presque généralement dans le Levant, et qu'on pratique peut-être encore dans quelques-uns de ces cantons où les hommes répondent à tout en disant : *Nous faisons comme nos pères.* Elle consistait à placer sur les figuiers dont on voulait avancer la maturité du fruit, des figues sauvages ou des figues fleurs, afin que les *cynips*, Fab. (ou *diplolepes*, Latreille), qui en sortent chargés de poussière séminale, s'introduisant dans les fruits de ces figuiers, les fécondassent et en hâtassent la maturité.

Je ne puis mieux faire que de citer ce que dit Olivier l'entomologiste sur ce sujet :

« Cette opération, dont quelques auteurs anciens et quelques modernes ont parlé avec admiration, ne m'a paru autre chose, dans un long séjour que j'ai fait aux îles de l'Archipel, qu'un tribut que l'homme payait à l'ignorance et aux préjugés. En effet, dans beaucoup de contrées du Levant, on ne connaît pas la caprification ; on ne s'en sert pas en France, en Italie, en Espagne (j'ajouterai en Amérique) ; on la néglige depuis peu dans quelques îles de l'Archipel, où on la pratiquait autrefois, et cependant on obtient par - tout des figues très - bonnes à manger. Si cette opération était nécessaire, soit que la fécondation dût s'opérer par la poussière séminale qui se répandrait ou s'introduirait seule par l'œil de la figue, soit que la nature se fût servie pour la transmettre d'une figue à l'autre d'un petit insecte, comme on l'a cru communément, on sent bien que ces premières figues en fleurs ne pourraient féconder en même temps celles qui sont parvenues à une certaine grosseur, et celles qui paraissent à peine ou ne paraissent pas encore et qui ne mûrissent que deux mois après les autres. » *Nouveau Dict. d'hist. nat.*, Déterville.

A ces excellentes observations j'ajouterai que toutes les graines des figues provenant de pieds cultivés sont infécondes, qu'ainsi la théorie au moins est en défaut. Si la caprification est réellement propre à accélérer la maturité de ces figues, c'est comme la chenille de la *teigne de la pomme* fait mûrir plus tôt la pomme, c'est comme la larve du *charançon de la noisette* fait tomber plus tôt la noisette. Aussi opère-t-on le même effet en piquant les figues avec une aiguille enduite d'huile, ou même, comme nous l'a appris la Billardière, simplement en mettant une goutte d'huile sur l'œil. L'effet de ce dernier procédé a été expliqué par la rancidité qui est la suite de l'exposition de cette huile à l'air, rancidité qui développe un acide qui détruit le germe ; mais cela ne me paraît rien moins que satisfaisant. Les Egyptiens, pour obtenir le même résultat, cernent l'œil de la figue avec la pointe d'un couteau. (B.)

CAPRIFIGUIER. On donne ce nom dans le Levant au figuier sauvage, dont les fruits servent à la caprification. *Voyez* CAPRIFICATION et FIGUIER. (B.)

CAPRIFOLIACÉES. Famille de plantes dont fait partie le genre CHÈVRE-FEUILLE, et qui en contient en outre quatorze autres, dont huit renferment des espèces susceptibles d'être cultivées en pleine terre, dans le climat de Paris. Ces derniers sont ceux appelés LINNÉE, SYMPHORICARPE, DIERVILLE, CAMERISIER, GUI, VIORNE, SUREAU et CORNOUILLIER. Ce dernier fait le passage entre les caprifoliacées et les araliacées. (B.)

CAPRON ou **CAPERON.** Fruit du caperonnier. *Voyez* CAPITON.

CAPSULE. On désigne sous ce nom les fruits secs, s'ouvrant d'eux-mêmes, qui renferment plusieurs semences, et qui ne peuvent pas être regardés comme des SILIQUES, ni comme des LÉGUMES ou GOUSSES (*voyez* ces mots). Il existe un grand nombre de modes d'ouverture des capsules, et les graines qu'elles contiennent sont attachées de diverses manières. *Voyez* aux mots FRUIT et PLANTE. (B.)

CAPUCHON. *Voyez* COIFFE.

CAPUCIN. Il est des vignobles où l'on donne ce nom aux SAUTELLES, CERCEAUX, COURGÉES, etc., qui se sont coudés ou cassés dans l'opération de leur courbure, et qui ne donnent pas de grappes au-dessus de cette coudure ou de cette cassure. (B.)

CAPUCINE, *Tropeolum.* Genre de plantes dont la famille n'est pas encore fixée, et qui renferme une douzaine d'espèces, dont trois sont cultivées dans nos jardins ou dans nos serres.

La GRANDE CAPUCINE, *Tropeolum majus*, Lin., a les feuilles arrondies, peltées, anguleuses, mucronées ; les pétales obtus, orangés, et les deux supérieurs rayés de rouge à leur base. Elle s'élève à 6 pieds.

La PETITE CAPUCINE, *Tropeolum minus*, Lin., a les feuilles oblongues, peltées, presque entières ; les pétales aigus, jaunes, et les deux inférieurs tachés de rouge ; elle ne s'élève qu'à deux ou 3 pieds.

Toutes deux ont des tiges charnues, grimpantes ; des pétioles fort longs, s'entortillant autour des branches des arbustes, et fleurissent presque tout l'été et l'automne. Toutes deux sont originaires du Pérou, d'où elles ont été apportées, la dernière en 1580, et la première en 1684.

La grandeur, la forme singulière et l'éclat de la couleur des fleurs des capucines, les rendent extrêmement remarquables ; aussi leur culture s'est-elle étendue très-rapidement, et est-il peu de jardins en Europe dont elles n'embellissent quelques parties. Leurs fleurs sont axillaires, portées sur de longs pédoncules, et se succèdent chaque jour. Leur grand nombre compense leur peu de durée. Elles ont une odeur particulière qui ne plaît pas à tout le monde, et ont, ainsi que leurs feuilles, la saveur et les propriétés du cresson ; elles sont mangées en salade. On confit leurs boutons et leurs jeunes fruits dans le vinaigre. La chenille verte du chou les dévore ; ce qui annonce une conformité avec ce légume.

On a dit que les capucines étaient vivaces dans leur pays natal ; mais comme leurs racines ont la forme de celles des plantes annuelles, on doit croire que si ce fait est vrai, c'est parce que leurs tiges (couchées) poussent de nouvelles racines qui suppléent les anciennes. Ce moyen de conservation ne peut pas avoir lieu dans le climat de Paris, parce qu'elles sont extrêmement sensibles à la gelée, dont les premières atteintes les font toujours immanquablement périr.

La graine de capucine se sème dans des pots sur couche dès le mois de mars, ou en pleine terre, lorsque les gelées ne sont plus à craindre, c'est-à-dire en avril. Elle doit être enterrée de 6 à 8 lignes et abondamment arrosée. Les plants venus sur couche se repiquent en avril. Il faudrait les ombrager rigoureusement les premiers jours de leur transplantation, si leurs racines n'étaient pas bien en motte, et si le soleil était chaud. Les uns et les autres commencent à fleurir à la fin de mai, pour continuer jusqu'aux gelées, comme je l'ai déjà dit.

Une terre légère et bien fumée est celle qui convient le mieux aux capucines, c'est-à-dire celle où elles donnent le plus de fleurs ; car en général elles s'accommodent de toutes les terres, excepté celles qui sont trop sèches et trop tenaces, ou celles qui sont trop aquatiques. Toutes les expositions leur sont bonnes ; cependant elles se plaisent mieux à celle du midi, lorsque les arrosemens ne leur manquent pas ; du moins elles y fleurissent plus tôt et y subsistent plus long-temps.

Il faut nécessairement donner un support aux capucines, pour jouir, dans toute sa latitude, du genre de beauté qui leur est propre. Elles se placent avec avantage contre les murs à treillage, contre les berceaux, les palissades, etc. J'en ai vu former des masses d'un grand éclat au milieu d'un parterre, parce qu'on les avait fait monter sur des branches sèches disposées en buisson, et qu'on avait dirigé leurs tiges avec intelligence à travers les rameaux de ces branches. J'en ai vu produire des effets très-pittoresques sur des rochers factices, contre les saillies desquels elles rampaient. Les fenêtres qui en sont garnies des deux côtés offrent une décoration quelquefois très-brillante ; enfin elles se prêtent à tous les goûts et à tous les caprices du jardinier. Des supports et de l'eau sont ce qui leur est le plus nécessaire.

La fille de Linnæus avait cru voir des éclairs sortir du centre des pétales de la grande capucine ; mais personne n'a réussi

à en voir comme elle. J'ai fait autrefois des efforts inutiles
dans le même but, et je suis resté persuadé que ce prétendu
phénomène est une simple illusion produite par l'éclat de la
couleur de la fleur et par la fatigue des yeux.

Lorsqu'on veut cultiver la capucine pour le produit de ses
boutons et de ses fruits, c'est-à-dire dans l'intention de confire les uns ou les autres, il faut préférer la petite comme fournissant davantage.

Ces boutons et ces fruits doivent être cueillis tous les deux
ou trois jours, et mis immédiatement dans le vinaigre, en séparant les grosseurs. A la fin de la récolte, on change le vinaigre. *Voyez* au mot CAPRIER.

Les premières graines des capucines sont celles qui doivent
être gardées pour la semence. Comme elles se dispersent avec
explosion au moment de leur maturité, on est exposé à en
perdre beaucoup, si on ne les cueille pas immédiatement avant,
c'est-à-dire quand elles commencent à perdre leur couleur, à
blanchir. Lorsqu'on coupe leurs pétioles près de la tige, et
qu'on les laisse dessus, cette anticipation est presque sans inconvénient pour leur perfection.

La CAPUCINE A FLEURS DOUBLES. Elle est regardée comme une
variété de la grande capucine ; mais il y a quelque raison de
croire qu'elle appartient à une espèce distincte, comme elle,
originaire du Pérou. En effet ses racines paraissent vivaces par
leur organisation, comme elles le sont en effet. Sa tige n'est
presque pas grimpante. Ses sommités sont couvertes de duvet.
Son seul avantage est d'être toujours en fleurs ; car d'ailleurs
elle est plus délicate et moins belle que les précédentes. L'orangerie, pendant la moitié de l'année, lui est nécessaire dans le
climat de Paris, et elle la supporte même difficilement, car
elle craint autant l'humidité que le froid. Quelques précautions que l'on prenne, il faut s'attendre à en perdre par la première de ces causes tous les hivers. On la multiplie de boutures, qui réussissent assez bien lorsque, pour les faire, l'on
prend une tige un peu consolidée.

La CAPUCINE ESCULENTE se cultive dans le Popayan. Nous
n'avons aucun renseignement sur son compte. (TH.)

CAPVIRADE. C'est, dans le Médoc, les extrémités du
champ où ont tourné les bœufs, et qu'on laboure perpendiculairement aux raies. *Voyez* LABOUR. (B.)

CARABE. *Carabus.* Genre d'insectes de l'ordre des coléoptères, appelé *bupreste* par Geoffroy, dont je fais mention pour
engager les cultivateurs à ne pas faire une guerre aussi active
aux espèces qui le composent, attendu qu'elles ne nuisent en
aucune manière aux récoltes, et qu'elles détruisent, soit sous
l'état de larve, soit sous celui d'insecte parfait, ceux de leur

ordre qui causent réellement des dégâts, tels que les larves des hannetons, les chenilles, les lombrics, etc., etc. Les cas d'accidens arrivés aux animaux domestiques pour en avoir avalé en broutant, sont si rares, qu'à mes yeux ils ne sont pas suffisans pour motiver leur proscription.

Le nombre des carabes décrits par les entomologistes était de plus de trois cents ; mais ils viennent d'être divisés par Fabricius et Latreille en neuf ou dix genres, qui réduisent à un peu moins de deux cents ceux à qui ce nom a été conservé ; et c'est parmi ces derniers que sont restés les insectes qu'il est le plus important au cultivateur de connaître, deux ou trois exceptés. La plupart n'ont point d'ailes, mais courent sur la terre avec une grande vélocité, à raison de la grandeur de leurs pattes et de la force de leurs muscles. En général ils se cachent sous les pierres, dans les fentes de la terre pendant le jour ; cependant beaucoup sont continuellement en chasse, comme les habitans des campagnes ont à chaque instant l'occasion de le voir. Plusieurs d'entre eux exhalent une odeur très-forte et très-désagréable, approchant de celle du tabac, et font sortir de leur bouche et de leur anus, lorsqu'on les touche, une liqueur noirâtre très-âcre et très-caustique, dont l'odeur est encore plus pénétrante. Ils possèdent à un haut degré la propriété vésicatoire des cantharides, et même les anciens les employaient en médecine sous ce rapport ; c'est-à-dire que si un animal en avale, il est exposé à des accidens graves, et même à la mort. Il est arrivé quelquefois que les bœufs se mettent dans ce cas : de là le nom de *bupreste (enfle-bœuf)* qui a été donné à ces insectes. Les remèdes contre cet accident, si réellement il est causé par ces insectes, sont des boissons acidulées par du vinaigre, des boissons mucilagineuses, les unes et les autres en grandes doses ; enfin le camphre.

Les larves des carabes vivent dans la terre, et sont exclusivement carnassières comme les insectes parfaits : ce sont de longs vers mous, à six pattes écailleuses, dont la tête est armée de deux fortes mâchoires avec lesquelles elles saisissent les larves de hannetons, les vers de terre ou lombrics, et autres animaux qui vivent dans ce ténébreux séjour.

Les espèces les plus communes et les plus remarquables de ce genre sont,

Le CARABE CORIACE. Il est noir, aptère, rugueux, long de 15 à 16 lignes. C'est le plus gros de ceux qu'on trouve en France Il n'est pas rare ; mais comme il sort rarement de sa retraite pendant la jour, on ne le connaît pas beaucoup dans les campagnes.

Le CARABE DORÉ. Il est noir en dessous, d'un vert doré très-brillant en dessus; ses élytres sont pourvus de larges sillons lisses; il n'a point d'ailes; sa longueur est de 8 à 10 lignes : c'est le plus commun de tous les gros. On le rencontre pendant tout l'été dans les champs, les jardins, courant légèrement après sa proie. Il met dans ses mouvemens une sorte de grâce, qui, jointe à la richesse de sa parure, le fait remarquer des plus indifférens. C'est lui aussi qui est accusé le plus souvent de faire enfler les bœufs, et à qui principalement on a déclaré une guerre à mort dans quelques pays.

Le Carabe granulaire est noir en dessous, d'un vert bronzé en dessus; ses élytres sont pourvus de stries saillantes, entre lesquelles se voit une rangée de tubercules; il n'a point d'ailes; sa longueur est d'un pouce. Il n'est guère moins commun que le précédent, et même il l'est généralement plus en automne. S'il est moins remarquable par son éclat lorsqu'on le regarde de loin, il est plus intéressant par ses ornemens lorsqu'on le considère de près. Ce que j'ai dit du précédent lui convient complétement.

Les *carabes violet, purpurescent, à chaînette, bleuâtre, des jardins, des champs, convexe*, se rangent à côté de ceux-ci, et se rencontrent dans les mêmes endroits, mais moins souvent.

Je ne citerai point les petites espèces, par l'embarras de choisir dans le grand nombre; mais je dois encore parler du carabe sycophante, dont on fait aujourd'hui un colossome, et du carabe pétard, *carabus crepitans*, Fab., qui fait actuellement partie des brachynes.

Le premier est d'un noir bronzé, excepté les élytres, qu'il a d'un vert doré très-brillant et striés; son corps est presqu'aussi large que long, d'où le nom de *bupreste carré couleur d'or* que lui a donné Geoffroy. Il a souvent plus d'un pouce de long; sa larve se trouve dans le nid des chenilles processionnaires du chêne (*voyez* Bombice), aux dépens desquelles elle vit. L'insecte parfait se rencontre sur les arbres, principalement sur les chênes, où il dévore les chenilles, qui en mangent les feuilles, principalement celles du bombice dispar. Il est en général assez rare; mais je l'ai vu, une certaine année, si commun au bois de Vincennes, que j'en faisais tomber des douzaines en secouant les arbres. Il est à remarquer que, cette année, ce bois fut entièrement dépouillé de feuilles par la chenille ci-dessus.

La seconde espèce est d'une couleur fauve, un peu rougeâtre, avec des élytres striés et d'un bleu noirâtre. Sa longueur est de 3 lignes; on la trouve sous les pierres, souvent en grand nombre à la fois. Lorsqu'on la touche, elle lance, par son anus, et en pétant, une liqueur acide très-âcre, qui, introduite dans une plaie ou dans l'œil, cause des douleurs aiguës, et peut amener des accidens graves. Cette singulière manière de se défendre contre ses ennemis amuse beaucoup les enfans; et c'est pour les mettre en garde contre les suites des provocations qu'ils se plaisent à faire à cet insecte, que je l'ai cité. (B.).

CARABIN, CARABO. Noms du sarrasin dans quelques endroits.

CARACOLLE. Espèce de haricot fort souvent cultivé dans les pays chauds. (B.)

CARACTÈRE DES PLANTES. *Voyez* Plante.

CARAGAN, *Caragana*. Genre de plantes de la diadelphie décandrie, et de la famille des légumineuses, qui a les plus grands rapports avec celui des robiniers, auxquels Linnæus l'avait réuni, mais dont on distingue très-facilement les espèces à la simple inspection. Ces espèces, au nombre d'une douzaine, sont des arbrisseaux le plus souvent épineux, qui croissent tous dans la Sibérie, et qu'on cultive en pleine terre dans les jardins d'agrément, où ils produisent des effets par un port qui leur est propre, et par la différente couleur de leurs feuilles et de leurs fleurs.

La plus commune et la plus grande est le Caragan arborescent, *Robinia caragana*, Lin., vulgairement appelé l'*arbre aux pois*, qui a les feuilles fasciculées (accompagnées d'une épine stipulaire), a quatre ou cinq paires de folioles ovales; les fleurs jaunâtres, solitaires sur des pédoncules axillaires, mais réunies plusieurs ensemble; les rameaux grêles. Il s'élève à 8 à 10 pieds et fleurit en mai. C'est un arbrisseau très-rustique qui vient dans toute espèce de terrain et à toutes les expositions. On le place sur le second rang des massifs dans les jardins paysagers. Il produit un plus bel effet en touffes, qui lorsqu'elles n'ont pas été contrariées par la serpette, sont toujours formées de tiges très-droites, qui ne se branchent qu'à leur sommet et qui portent des fleurs dans presque toute leur longueur.

On le multiplie de graines et par séparation des vieux pieds seulement; car ses boutures et ses marcottes prennent difficilement racine. Ses graines se sèment au printemps dans un sol convenablement préparé, et, autant que possible, à une exposition fraîche. On les arrose si le printemps est sec. Ordinairement ce plant est de 3 à 4 pouces de haut à la fin de l'année, et on peut le lever pour le mettre en pépinière, à 6 ou 8 pouces de distance, au printemps suivant. L'hiver d'ensuite, on enlèvera tous les pieds intermédiaires pour laisser plus d'espace aux autres. Il sera propre à être mis en place à la quatrième année. Pendant tout ce temps il ne demande d'autres soins que ceux communs à toute pépinière.

Un établissement de ce genre, bien monté, doit toujours avoir un certain nombre de pieds de cet arbuste de deux à trois ans, uniquement destinés à recevoir la greffe des autres espèces, qui donnant plus rarement des graines dans le climat de Paris, ne peuvent être multipliées que par ce moyen.

Il est surprenant que depuis près de cinquante ans que cet arbre est pour ainsi dire naturalisé dans nos jardins, on ne l'ait encore employé qu'à l'ornement. Il semble que la grande agriculture ne peut pas faire une meilleure acquisition. En effet, il vient et vient bien dans les plus mauvaises terres; il croît rapidement, et présente des moyens de produits très-multipliés. 1° Sa disposition à se mettre en touffes impénétrables aux plus petits animaux domestiques le rend extrêmement propre à faire des haies; 2°. ses feuilles sont une excellente nourriture pour les bestiaux, principalement pour les moutons; 3°. ses semences se mangent comme nos pois, et sont, dit-on, moins indigestes et plus nourrissantes; toutes les volailles les recherchent avec passion; 4°. on fait des cordes avec son écorce; 5°. sa racine, qui est sucrée, est très-fort du goût des cochons; 6°. on peut tirer de toutes ses parties une couleur jaune assez belle; 7°. ses tiges, coupées tous les quatre à cinq ans, donnent considérablement de bois.

Ces avantages doivent engager les propriétaires jaloux d'augmenter leur bien-être et celui de leur famille, d'en faire des plantations en grand. Il est probable que l'exemple, une fois donné, sa culture s'étendra avec une grande rapidité. Quand on ne tirerait parti que de ses graines pour la nourriture de la volaille et de son bois pour le chauffage, ce serait déjà beaucoup.

On objectera peut-être que cette graine ayant besoin d'être cueillie à la main, et étant défendue par des épines, consommera des journées de femmes et d'enfans qui auraient pu être mieux employées ailleurs, et j'en conviendrai; mais il est moyen d'en tirer parti sans l'apporter à la maison, c'est lorsqu'elle est mûre (et elle reste long-temps sur la tige, et la tige en est quelquefois couverte presque dans toute sa hauteur), de la faire tomber en frappant avec un bâton et de laisser aux volailles, aux moutons et aux cochons le soin de la ramasser, et de répéter cette opération tous les deux ou trois jours. Ce n'est que quand on coupera les tiges qu'on pourra les battre à la maison avec le fléau pour en faire une provision. J'observe, à cette occasion, qu'une bonne manière de cultiver cet arbuste sera probablement de couper tous les ans une partie des vieilles tiges de chaque pied, parce que quand on en coupe une il en repousse quatre ; et qu'ainsi on aura annuellement de quoi fournir à la nourriture des hommes et des animaux et au chauffage.

Si on préfère le cultiver pour le fourrage, soit dans l'intention de le faire consommer en vert, soit dans celle de le faire sécher, il faudra au contraire couper au milieu de l'été, ou les sommets de toutes les tiges, ou la totalité des tiges de l'année.

Je ne fais qu'indiquer tous ces objets, parce que je n'en ai point l'expérience ; mais les faits sont certifiés par l'autorité de Gemlin, de Pallas et autres savans voyageurs qui ont parcouru la Sibérie, et il suffit de considérer un pied de **caragan** pour être convaincu de la sincérité de leurs rapports.

Le CARAGAN FÉROCE, *Robinia spinosa*, Lin., a quatre à cinq paires de folioles terminées par une pointe à chaque feuille dont le pétiole persiste et se change en une épine roide. Ses stipules sont, de plus, épineuses. Il a les fleurs jaunes, solitaires ou géminées dans les aisselles des feuilles. Sa hauteur est de 3 à 4 pieds.

Le CARAGAN FRUTESCENT a quatre paires de folioles oblongues, étroites à chaque feuille, qui est légèrement pétiolée, et se termine par une épine ; ses fleurs sont jaunes et axillaires. Il s'élève de 3 pieds.

Le CARAGAN PYGMÉ a quatre paires de folioles oblongues, étroites à chaque feuille, qui est sessile et qui se termine par une épine ; les fleurs sont jaunes et axillaires. Il s'élève rarement à un pied.

Le CARAGAN DE LA CHINE, *Robinia chamlagu*, Willd., a les feuilles composées de deux paires de folioles oblongues, obtuses et distantes ; le pétiole commun terminé par une pointe et non persistant ; les rameaux anguleux, les fleurs grandes, jaunâtres et presque solitaires dans les aisselles des feuilles. Il s'élève à 3 ou 4 pieds. Son aspect est différent des précédens. Il est sensible aux grandes gelées, et doit être couvert pendant l'hiver.

Toutes ces espèces se multiplient de graines ; mais, comme je l'ai déjà observé, elles en donnent rarement dans le climat de Paris, quoiqu'elles fleurissent souvent. On ne les y multiplie guère, en conséquence, que par la greffe en fente, au printemps, entre deux terres sur la première. Cette greffe manque rarement, et fournit dès la première année de très-beaux jets. Au reste, elles sont rarement dans le cas d'être cultivées dans les jardins autres que ceux de botanique, ayant peu d'agrément et étant repoussantes par leurs nombreuses épines.

Le CARAGAN ARGENTÉ, *Robinia halodendron*, Lin., a les

feuilles composées de deux paires de folioles ovales, allongées et soyeuses; le pétiole persistant et épineux; les stipules également épineuses; les fleurs d'un rose pâle et portées trois par trois sur des pédoncules axillaires. Il s'élève à 4 ou 5 pieds et fleurit au milieu de l'été. Je l'ai séparé des autres, parce que la couleur blanche de ses feuilles, et rouge de ses fleurs, produit un contraste fort agréable, soit entre eux, soit avec les feuilles des autres arbres. Aussi mérite-t-il une place, et une place distinguée, dans les jardins paysagers, et elle sera sur les premiers rangs des massifs. On le multiplie par la greffe seulement, car je ne sache pas qu'il ait encore produit de graines dans le climat de Paris. (B.)

CARAGUE. C'est la CLAVELÉE.

CARAICHE. C'est la LAICHE. *Voyez* ce mot.

CARALINE. On donne ce nom dans les Alpes à la RENONCULE GLACIALE. (B.)

CARAMBOLIER, *Averrhoa*, Lin. Genre de plantes exotiques, de la décandrie pentagynie, et de la famille des térébinthacées, dont on connaît trois ou quatre espèces. Ce sont des arbres de moyenne grandeur, originaires des Indes orientales, qui ont des feuilles ailées avec impaire, et des fleurs disposées en grappes.

Les fruits des caramboliers sont des baies charnues de diverses grosseurs, d'une acidité agréable, bonnes à manger crues ou cuites : on en fait des confitures et des sirops rafraîchissans.

Aux Indes, on cultive dans les jardins le CARAMBOLIER AXILLAIRE, *Averrhoa Carambola*, Lin., qui fructifie deux ou trois fois l'année. (D.)

CARAMEL. C'est le CHAUME encore vert des CÉRÉALES dans le midi de la France. (B.)

CARASSIN. Poisson du genre cyprin, peu connu en France, mais fort multiplié en Allemagne, attendu qu'il prospère dans les plus petites mares, c'est-à-dire dans les eaux où la carpe même ne se conserve pas. Il croît plus lentement que cette dernière, et atteint rarement plus d'un pied de long, ce qui ne permet pas de le nourrir avec avantage dans les étangs; mais il devrait y en avoir dans toutes les mares des fermes. Sa chair est très-délicate. On le reconnaît aux dix rayons de sa nageoire anale, à ses mâchoires armées de cinq dents, à son large dos brun et à son ventre blanc, un peu rosé. (B.)

CARASSON. Petits ÉCHALAS de 2 pieds de long qu'on emploie dans la culture de la vigne du Médoc. C'est sur eux que sont attachées les traverses. (B.)

CARBÉ. Dans le département du Var, c'est le CHANVRE.

CARBEGNAL. Synonyme de CHENEVIÈRE dans le midi de la France. (B.)

CARBON BLANC. Nom de l'axe de l'épi du MAÏS, c'est-à-dire de PAPETON, dans les landes de Bordeaux. On peut le faire entrer dans le pain en assez grande proportion, après l'avoir moulu, ainsi que l'a prouvé Buniva. (B.)

CARBONAT. Synonyme de CHARBON ou de CARIE des céréales dans le midi de la France. (B.)

CARBONE. Substance simple que son avidité pour l'oxigène n'a pas encore permis d'avoir isolément. Elle est très-commune, dans la nature, combinée avec différens corps, principalement par l'intermède de l'acide que, de son nom, on appelle ACIDE CARBONIQUE (*voyez* ce mot). C'est elle qui forme la presque totalité des végétaux et des animaux, car le charbon qu'ils produisent par leur combustion n'est que le carbone uni à un peu d'hydrogène, d'oxigène, de chaux, de silice, de potasse et de fer. On a conclu, d'expériences déjà anciennes, que le diamant n'était que du carbone pur ; mais quelques considérations dernièrement émises en font aujourd'hui douter.

Tous les phénomènes concourent à faire penser que le carbone est l'élément principal de la vie des plantes. Ingenhousz, Sennebier, Th. de Saussure et autres ont mis ce fait en évidence par un grand nombre d'observations plus positives les unes que les autres ; mais quelque nécessaire qu'il soit à leur existence, son excès leur cause la mort.

Voici les résultats du travail entrepris à son sujet par le dernier de ces célèbres physiciens.

Le gaz acide carbonique pur s'oppose à la germination des graines.

Le même gaz, dissous dans l'eau, semble d'abord ne produire aucun effet sur les jeunes plantes ; mais lorsqu'elles ont pris de la force, il accélère évidemment leur végétation.

L'air qui en contient un douzième est plus favorable à la végétation que l'air atmosphérique ordinaire ; mais celui qui en contient davantage est mortel pour les plantes.

Le terreau, dans lequel se trouve toujours une certaine quantité de ce gaz, est donc utile à la végétation sous ce rapport lorsque l'émanation ne passe pas un douzième ; mais quand elle est plus considérable elle fait FONDRE les semis, pour me servir de l'expression des jardiniers, c'est-à-dire qu'elle les fait périr.

Les plantes qui végètent au soleil dans une atmosphère artificielle, où l'acide carbonique est en excès et dans des proportions connues, le décomposent, et donnent par leur com-

bustion une quantité de charbon d'autant plus considérable
que cet acide était plus abondant.

Des plantes élevées au soleil dans l'eau distillée, ont
donné par leur combustion, trois mois après, plus du double
de charbon que la même quantité au moment de la mise en
expérience; à l'ombre, elles en ont moins fourni. Elles se sont
donc assimilé le gaz acide carbonique de l'atmosphère.

Chaque espèce de plante décompose une quantité propre
d'acide carbonique. Les feuilles minces et très-découpées,
ainsi que la plupart des plantes aquatiques, en décompsent
généralement plus que les autres. La salicaire, par exemple,
a pu en décomposer en un jour sept à huit fois son volume.

Le gaz acide carbonique, en se décomposant dans les
plantes, y dépose son carbone, et l'oxigène, qui faisait une
de ses parties constituantes, en sort, comme le prouvent les
belles expériences des physiciens cités plus haut. *Voyez* Oxigène et Feuille.

Il y a lieu de croire, ainsi que le remarque Sennebier, que
les plantes font une absorption et une perte continuelle de
carbone, et que leur santé dépend beaucoup de la proportion
qu'elles en conservent; mais nous n'avons sur ce sujet aucune
expérience positive.

On peut supposer, avec quelque fondement, que le carbone
joue dans la végétation le même rôle que l'oxigène dans l'ani-
malisation; c'est-à-dire qu'il entretient la vie des plantes, en
rendant leurs fluides plus coulans et leurs solides plus con-
sistans. Les bois les plus durs sont ceux qui contiennent le
plus de charbon.

Le carbone est, d'après tous les chimistes modernes, un
des élémens des huiles, des résines, des gommes, des sels végétaux. Chaptal a prouvé qu'il était en plus grande quantité
dans l'acide acéteux que dans l'acide acétique; il paraît que
c'est cependant dans le bois qu'il est le plus abondant.

Mais où les plantes prennent-elles donc le carbone qu'elles
consomment? Dans l'air et dans la terre. En effet, 1°. il y a
presque toujours 2 centièmes d'acide carbonique dans l'air,
et l'air se renouvelle perpétuellement autour des plantes;
2°. le terreau est du carbone presque pur, qui devient acide
carbonique en se combinant avec l'oxigène de l'atmosphère,
selon les expériences d'Ingenhousz (*voyez* au mot Terreau).
De plus, il est possible que l'azote, ou mieux l'hydrogène,
le fournissent par leur décomposition; car quoique ce soit
une véritable hérésie en chimie que de ne pas regarder ces deux
derniers gaz comme des corps simples (ou élémentaires) unis
au calorique, quelques faits tendent à faire croire qu'ils sont
susceptibles d'altération par la seule action de la force vitale,

lorsqu'ils sont introduits dans la circulation des animaux et des végétaux.

Au reste, quelque important qu'il soit d'approfondir ce sujet, je dois me borner aux seules considérations que je viens de développer; car tout ce qu'on sait de plus à son égard, est encore très-obscur. De plus, mon intention n'étant point de faire valoir, dans cet ouvrage, des opinions systématiques, lorsqu'elles ne me paraissent pas suffisamment appuyées sur des faits, seules bases de toute véritable connaissance, je conseillerai à ceux qui voudraient tout expliquer, d'attendre que la chimie vienne lever le voile qui couvre encore les lois fondamentales de la vie végétale. La marche de cette science est trop rapide en ce moment pour ne pas espérer que le temps où ils pourront être satisfaits n'est pas très-éloigné.

En attendant, et dans l'état actuel de la science, les cultivateurs doivent être convaincus que tout ce qu'ils feront pour augmenter la quantité de carbone dans leurs terres concourra à augmenter la beauté de leurs récoltes. En conséquence, je leur dirai que, 1°. les LABOURS d'hiver; 2°. les FUMIERS bien consommés; 3°. les mélanges de terre; 4°. la MARNE; 5°. la CRAIE et les détritus des autres pierres CALCAIRES; 6°. la CHAUX vive, fixent l'acide carbonique dans la terre. *Voyez* ces différens mots, et les mots CHARBON, ACIDE CARBONIQUE, OXIGÈNE. (B.)

CARBONAL. C'est le CHARBON ou la CARIE dans le département de Lot-et-Garonne. (B.)

CARBOUILLE. C'est un des noms de la CARIE du froment.

CARC-BOEUF. On appelle quelquefois ainsi la BUGRANE DES CHAMPS.

CARCAL. On appelle ainsi en Savoie un cadre formé par deux bàtons unis par deux traverses, et portant une longue corde à chacune de ces traverses.

Le foin de la récolte se met sur ce cadre, s'y fixe avec les cordes, et on le transporte ainsi à la maison à dos d'homme ou à dos de cheval, les charrettes n'étant pas d'un usage facile sur les montagnes de ce pays.

On voit un carcal figuré planche 5 du Recueil des machines de transport, publié par le comte de Lasteyrie, recueil qu'il serait à désirer de voir entre les mains de tous les cultivateurs aisés. (B.)

CARCHOUFFZIER. On appelle ainsi à Marseille l'ARTICHAUT VERT.

CARCINOME. ULCÈRE de mauvaise espèce. *Voyez* ce mot et CANCER. (B.)

CARDAMOME. *Voyez* AMOME.

CARDASSE. C'est le cacte-raquette ; c'est aussi une variété de figue.

CARDE-POIRÉE. Espèce de Bette. *Voyez* ce mot.

CARDÈRE, *Dipsacus*. Genre de plantes de la tétrandrie monogynie et de la famille des dipsacées, qui renferme quatre plantes bisannuelles, dont une est cultivée de toute ancienneté pour l'usage des arts du drapier et du bonnetier, et les trois autres se trouvent plus ou moins fréquemment dans les champs et dans les bois. Toutes ont les racines fusiformes, épaisses ; les tiges creuses, cannelées et hérissées d'épines, et les feuilles opposées.

La Cardère a foulon, dont on ne connaît pas le pays natal, mais qu'on doit supposer avoir été apportée de la haute Asie, comme la plupart de nos plantes économiques, est celle que l'on cultive. Ses caractères sont, feuilles connées, dentées et épineuses, tant en leurs bords que sur leur nervure principale, longues souvent d'un pied et larges de 3 à 4 pouces ; paillettes du réceptacle recourbées en dessous à leur extrémité ; folioles du calice commun peu allongées. On l'appelle *chardon à foulon*, *chardon à bonnetier*, *chardon à carder*, *chardon lainier*, etc., parce que les drapiers et les bonnetiers font usage de ses têtes pour peigner les produits de leur travail. Elle s'élève à 4 ou 5 pieds, et fleurit depuis le milieu du printemps jusqu'à la fin de l'été.

On ne cultive pas la cardère par-tout, parce que son emploi est borné. C'est dans le voisinage des manufactures de laine, comme on peut bien le penser, qu'elle a principalement lieu, et c'est auprès des plus considérables qu'elle est la plus étendue : aussi est-ce à Louviers, à Elbeuf, à Sedan, à Carcassonne, etc., qu'il faut aller pour la voir couvrir de grands espaces ; par-tout ailleurs elle n'est que disséminée çà et là, selon les besoins des petites fabriques.

Une terre un peu fraîche, profonde et bien meuble est celle qui convient le mieux à la cardère. Elle doit être fumée médiocrement à l'avance. Si l'on fumait trop, et au moment du semis, toute la force de la végétation se porterait sur les tiges et sur les feuilles, et le seul objet est d'avoir les têtes. Dans les petites cultures, ce sont toujours des chanvrières qu'on lui consacre ; c'est-à-dire que c'est le meilleur terrain et le mieux cultivé.

Pour cette culture, comme pour toutes les autres, le nombre des labours doit être proportionné à la nature de la terre. Dans les terres argileuses ou fortes, il sera de trois et très-profonds ; dans les plus légères, de deux seulement. Il faut employer tous les moyens de faciliter aux grosses racines de cette plante les moyens de pénétrer profondément et d'étendre au loin leurs rameaux.

Dans les grandes cultures du nord de la France, on sème la graine de la cardère au printemps (en mars) ; mais la nature indique que l'époque où elle devrait l'être généralement est l'automne, comme on le fait dans les départemens méridionaux. Par cette dernière méthod·, on évite les sarclages, la plante se fortifiant assez avant l'hiver pour étouffer toutes les mauvaises herbes au printemps suivant.

On se sert toujours de la graine la plus nouvelle et provenant des premières têtes, soit qu'on en ait conservé sur pied un certain nombre à cet effet, soit qu'on les ramasse dans les greniers, où on les fait sécher, celle des secondes têtes étant généralement moins grosse et plus souvent avortée. On la répand à la volée le plus également possible, et de manière que le plant soit à 6 ou 8 pouces de distance.

Communément on sème la cardère seule, mais quelquefois on la mélange avec le seigle, le froment, les navets, les carottes, les haricots, la gaude, etc., dans l'intention de tirer parti du terrain la première année. On ne peut pas en théorie approuver cette dernière méthode ; mais dès qu'elle convient au cultivateur il n'y a pas d'objection fondée à lui faire. Le produit est son but, et s'il en obtient un plus fort de deux cultures médiocres que d'une seule parfaite, il l'a rempli.

On a, même dès le temps d'Olivier de Serres, repiqué la cardère, pour qu'elle ne restât que neuf mois, au lieu de quinze, dans le lieu où elle mûrit ; mais cette plante, comme la plupart des bisannuelles, souffre toujours plus ou moins de la transplantation ; aussi cette méthode de culture est-elle peu pratiquée, celle par rangées lui est de beaucoup préférable : c'est celle que tout agriculteur qui sait calculer doit s'empresser d'adopter, quoiqu'elle soit presque inconnue en France. *Voyez* RANGÉE.

Toujours il est bon de semer dans les intervalles des pieds des cardères, après le dernier binage, des raves, des carottes, des panais, ou autres plantes qui passent l'hiver en terre, afin de se procurer une augmentation de produit sans presque aucune dépense, et sans inconvéniens pour la plante dont il est question.

Pendant la première année de sa végétation, la cardère demande plusieurs sarclages et binages, et à être éclaircie de manière qu'au moment où elle monte en tiges, il y ait toujours au moins un pied entre les tiges. Une partie des pieds qu'on arrache est employée à regarnir les places vides, au moyen du plantoir. Il faut, pour cette opération, choisir un jour frais et même pluvieux. Ordinairement, cette année, on fait trois binages ; l'année suivante, qui est celle où elle monte, on n'en fait qu'un, et ce dès que la terre peut être travaillée.

Quelquefois les pieds de cardère poussent des drageons, qui nuisent beaucoup à la production des têtes, on doit les extirper en fouillant la terre jusqu'à leur origine ; mais comme cela n'est pas toujours facile, on doit arracher les pieds qui les offrent, pieds qu'on appelle *chardon gras*.

Dans les terres sèches et aérées, la cardère souffre peu ou point des rigueurs de l'hiver ; mais dans les terres grasses et abritées, dans les vallons, par exemple, elle gèle souvent. Elle périt aussi très-fréquemment par excès d'humidité pendant cette saison ; aussi n'entreprend-on sa culture que dans des terres et dans des situations convenables. Une plante parasite, probablement l'OROBANCHE RAMEUSE, lui fait souvent beaucoup de tort. On la connaît sous le nom de *gras* aux environs d'Elbeuf et de Louviers.

Dans les parties méridionales de la France, il est très-utile d'arroser la cardère pendant les chaleurs de l'été, avant qu'elle monte en tige, et on le fait toutes les fois que le terrain où elle est placée peut être arrosé par irrigation.

Comme plante bisannuelle, la cardère ne doit monter en tige que la seconde année ; mais cependant, soit qu'on l'ait semée en automne, soit qu'on l'ait semée au printemps, il y a toujours des pieds qui montent dès la première année. On récolte les têtes de ces pieds, qui sont presque toujours aussi bonnes que les autres ; il arrive même quelquefois, par suite d'un été chaud et humide, que la majeure partie monte. Dans ce cas, il est quelquefois avantageux de labourer le sol pour semer en place une autre espèce de graine ; car la cardère effrite beaucoup la terre et nécessite rigoureusement l'application du système des assolemens.

Dans les environs de Liége, on seme la cardère en pépinière, et au mois d'août on en repique le plant en place, à 33 centimètres de distance, terme moyen. L'année suivante, on bine en butte deux fois. La récolte se fait en août, de sorte qu'elle ne reste qu'un an en terre. C'est après les céréales qu'elle réussit le mieux.

La maturité des têtes de cardère se reconnaît à la chute de toutes leurs fleurs et à la couleur blanchâtre qu'elles prennent. Dès que celles du centre des tiges ont acquis ce caractère, on commence la récolte, qui dure pendant trois mois. Alors donc, tous les deux jours, on parcourt les champs et on coupe toutes les têtes qui sont mûres, ayant soin de leur laisser une queue d'au moins un pied, queue sans laquelle elles ne pourraient pas servir aux usages auxquels elles sont destinées. Ces têtes sont ensuite liées par paquets de cinquante, et portées au grenier ou autre endroit abrité, pour qu'elles sèchent.

Quelques cultivateurs de cardère suppriment la première tête au moment de son apparition pour augmenter les autres en nombre et en grosseur. Cette pratique est dans le cas d'être imitée, car cette première tête, étant alimentée par la sève directe, devient trop grosse et affame toujours plus ou moins les autres.

Quelquefois, au moment de la récolte, on est exposé à la perdre par des pluies continues, qui font pourrir les têtes ou au moins affaiblissent la force de leurs crochets, soit qu'on les laisse sur pied, soit qu'on les rentre mouillées.

Une dessiccation rapide au soleil nuit également aux têtes de cardères, en rendant trop cassans leurs crochets.

Souvent, dans les bons terrains et dans les années favorables, chaque tige de cardère donne sept ou neuf têtes et ordinairement elle en donne cinq. Les meilleurs sont appelées *mâles* par les fabricans et les inférieures *femelles*. Plus elles sont allongées, cylindriques et armées de crochets fins, et plus elles sont estimées. La longueur des têtes du centre, qui sont les plus grandes, est ordinairement de 2 à 3 pouces. Celles qu'on n'emploie qu'un an après leur récolte sont d'un meilleur service. On les transporte à la fabrique dans de grandes mannes d'osier, et c'est là qu'on en fait le triage et qu'on les dispose pour le travail. Chaque manne est composée de deux cents poignées, et chaque poignée, comme je l'ai déjà dit, de cinquante têtes; ce qui fait dix mille têtes.

Les tiges des cardères servent à chauffer le four ou à brûler dans le foyer. Elles ont l'inconvénient, dans ce dernier cas, de crépiter et de jeter des charbons sur les habits des chauffeurs et au milieu des appartemens.

La culture de la cardère est une des plus fructueuses; mais il est rare qu'un propriétaire qui en cultive pour la première fois trouve à s'en défaire avantageusement, les fabriques étant, pour ainsi dire, abonnées pour leur fourniture : car presque toujours il n'y a pas d'intermédiaire entre elles et le producteur; ce qui est un grand bien. Ce n'est que ceux qui font des expéditions à l'étranger, qui sont dans le cas d'en demander certaines années une beaucoup plus grande quantité que certaines autres, et ces expéditions se bornent presque à la Hollande.

Les abeilles trouvent d'abondantes récoltes dans les champs de cardères, car chaque tête contient plus de six cents fleurs, et il y en a bien des milliers de têtes dans un arpent. Elles trouvent de plus, dans la cavité que forme chaque feuille autour de la tige, long-temps après la pluie, l'eau nécessaire à leur boisson. Aussi devrait-on avoir beaucoup d'abeilles dans les pays à grande culture de cette plante; aussi devrait-on toujours en placer quelques pieds autour des ruches.

Lá Cardère des bois se trouve dans les bois, le long des chemins, autour des villages, dans tous les lieux incultes et ni trop secs ni trop humides. Elle ressemble beaucoup à la précédente, qui même a été long-temps regardée comme sa variété. Ses différences les plus marquées consistent dans les écailles de son réceptacle, qui ne sont pas raides et recourbées, mais faibles et droites, et dans les folioles du calice commun, beaucoup plus longues. Ses têtes sont impropres au peignage des laines ; mais elles fournissent aussi beaucoup de miel aux abeilles. Ses racines sont amères, passent pour sudorifiques et diurétiques et sont assez souvent employées. Par sa grandeur et son port, cette plante est dans le cas de figurer avantageusement dans les jardins paysagers, autour des chaumières, des rochers, etc.

La Cardère lacinée diffère de la précédente presque uniquement parce que ses feuilles sont profondément sinuées dans les deux tiers de leur étendue. C'est cependant une espèce distincte : elle se trouve abondamment dans quelques pays, aux environs de Dijon, par exemple ; mais elle est généralement peu commune.

La Cardère velue, *Dipsacus pilosus*, Lin., a les feuilles pétiolées et les têtes sphériques à peine de 6 lignes de diamètre. Elle est velue dans toutes ses parties, et très-rameuse. Sa hauteur égale celle des précédentes ; mais son aspect est fort différent. C'est dans les bois argileux, dans les vallées ombragées qu'elle croît presque exclusivement. On ne la trouve que dans peu d'endroits, mais elle y est toujours extrêmement abondante. (B.)

CARDIAQUE Nom spécifique de l'espèce la plus commune du genre AGRIPAUME.

CARDINALE. Espèce de PÊCHE et de LOBÉLIE. *Voyez* ces mots.

CARDON D'ESPAGNE. Variété de l'ARTICHAUT sauvage. C'est la plus grande et la plus volumineuse de nos plantes potagères : elle s'élève à la hauteur de 6 à 7 pieds, et ses feuilles occupent une circonférence souvent de plus de 12 pieds. Sa racine est épaisse, charnue, formée en pivot, tendre et d'une saveur agréable quand elle est cuite ; lorsque le terrai nest bon, sa feuille est longue de 3, 4 et 5 pieds : elle est d'un vert d'eau, divisée en lanières larges et découpées, couverte d'un duvet blanchâtre, ayant des épines raides à tous ses angles ; il y a pourtant une sous-variété qui n'en a pas. Sa côte est large de trois doigts, épaisse et charnue, formée en gouttière ; sa tige est haute de 4 à 5 pieds jusqu'à 6 pieds, cannelée, cotonneuse, pleine, garnie de quelques rameaux, au

sommet desquels est une tête aplatie dans sa base, et terminée
en pointe, formée de grandes écailles qui sont armées d'épines
roides à leur extrémité, et dont la base, qui tient au corps de la
tête, est épaisse et charnue. Cette tête s'ouvre et s'élargit peu à
peu, et enfin laisse paraître, dans son milieu, un groupe de
fleurs bleuâtres, qui sont composées chacune de cinq parties,
portées sur des embryons, qui se changent ensuite en une semence oblongue, lisse et verdâtre, garnie d'aigrettes, de la
forme et de la grosseur à peu près d'un grain de froment.

C'est la principale nervure de sa feuille, sa côte, comme on
dit vulgairement, et sa racine, qui font tout son mérite : on
les mange au gras et au maigre, et sur-tout au jus dans les en-
tremets; on les sert aussi sous l'aloyau et sous le gigot, et
c'est un mets très-estimé des gens aisés : les pauvres en font
peu d'usage, parce que leur assaisonnement est trop coûteux.

La fleur du cardon a la propriété de faire cailler le lait
comme la présure. Cette fleur se détache des pommes, qu'on
laisse venir pour graines; on la fait sécher à l'ombre, et on en
met une pincée plus ou moins forte, suivant la quantité de
lait : la fleur de l'artichaut sauvage, qu'on nomme autrement
la CARDONNETTE, a la même vertu ainsi que beaucoup d'autres
de la même famille.

Il y a deux sortes de cardons, le commun, qu'on nomme le
cardon d'Espagne, et le piquant, qu'on nomme le *cardon de
Tours*, parce qu'il en est venu originairement : on en envoyait
beaucoup autrefois à Paris; mais aujourd'hui nos maraîchers,
qui en élèvent, les font venir aussi beaux et aussi bons qu'à
Tours.

Ces deux sortes diffèrent en ce que le cardon de Tours est
armé de toutes parts d'aiguillons très-pointus, que le cardon
commun n'en a pas; sa côte est plus pleine, un peu rougeâtre,
et il est moins sujet à monter; il est même plus tendre et plus
délicat à manger, en sorte qu'il est préférable à l'autre. La
plupart des jardiniers évitent cependant d'en cultiver, parce
que ses piquans leur en rendent les approches difficiles : c'est
aux maîtres de les encourager et de forcer un peu leur timidité.

L'une et l'autre espèce se multiplient de graines et se cultivent de la même manière : les premiers, qui se mangent en
mai, s'élèvent sur couche; on les sème sous cloche au mois de
janvier, et quand ils ont deux bonnes feuilles, on les repique
plus à l'aise sous d'autres cloches, et sur une couche neuve qui
ait 8 à 9 pouces de terreau : si on veut les avancer, on
les laisse sous ces secondes cloches jusqu'à ce qu'ils soient bons
à replanter en place sur une troisième couche, à laquelle il
faut employer des fumiers courts et à demi consommés; on

la charge d'un pied environ de terreau mêlé d'un tiers de terre, et quand son plus grand feu est passé, on y range le plant en échiquier, à 2 pieds et demi ou 3 pieds de distance : on met une cloche sur chaque pied, jusqu'à ce qu'il soit bien repris, et on bâtit un petit treillage sur les deux bords pour soutenir des paillassons, dont on les couvre pendant les nuits et les journées fâcheuses.

On observera de couvrir ces sortes de couches de manière qu'il n'y ait rien derrière qui puisse être incommodé de l'ombrage de cette plante. On leur donnera 4 pieds et demi de largeur sur 2 pieds et demi de hauteur, et on aura soin de les réchauffer au besoin.

Pour tirer plus de profit de ces couches, on sème ordinairement entre les pieds des cardons, des raves, des radis, ou telle autre plante qui n'est pas obligée d'y séjourner long-temps.

Le cardon demande beaucoup d'eau, il faut être exact à lui en donner; et malgré même tous les soins qu'on peut prendre, on ne saurait guère éviter, dans cette première saison, qu'il n'en monte toujours quelques-uns. C'est un inconvénient auquel il n'y a point de remède ; mais ceux qui viennent à bien dédommagent amplement, car ces premiers sont précieux. Lorsqu'ils sont enfin venus au point qu'on leur demande, on les lie dans un beau jour, quand les plantes sont bien sèches, avec trois ou quatre liens de paille bien serrés, et on les empaille avec de la grande litière secouée, qui vaut mieux que de la paille neuve : on lie tout de même cette litière, et on la serre le plus qu'on peut, on laisse seulement à l'air l'extrémité des feuilles.

Pour faire plus tôt blanchir, tant ces premiers, que ceux qui leur succèdent, on leur donne quelque mouillure par-dessus ; c'est-à-dire qu'on verse de l'eau dans le cœur de la plante, au milieu de l'empaillage. Trois semaines après ils sont blancs et on les coupe; on retire alors toute la paille, qui sert à en faire blanchir d'autres, après l'avoir fait sécher.

Pour en avoir qui succèdent à ces premiers, on replante en pleine terre, au mois de mars, du même plant qu'on a élevé sur couche, et on choisit la terre qui a le plus de fond. Quand elle est nouvellement défoncée, ils en sont beauconp mieux : on prépare la place en fouillant des trous d'un pied en tous sens, espacés de 3, qu'on remplit de fumier bien consommé et de quelques pouces de terreau par-dessus; il suffit de mettre un seul pied dans chaque trou : on les arrose aussitôt qu'ils sont plantés, et on les couvre, soit avec des pots renversés, soit avec quelques feuillages, jusqu'à ce qu'ils soient bien repris; on leur donne ensuite un petit binage au pied, et on les mouille de deux en deux jours plus ou moins, suivant leur force.

Il en monte toujours une partie sans qu'on puisse l'empêcher; les autres, qui réussissent, sont bons à lier en juin et juillet. On s'y prend de la même manière que je l'ai dit ci-dessus; j'ajouterai cependant qu'il faut beaucoup d'adresse et de précaution pour cette opération, tant pour ne pas casser les feuilles, que pour n'être pas maltraité des pointes aiguës dont elles sont hérissées de toutes parts, si c'est de l'espèce de Tours. Il est à propos pour cela d'avoir des bas et des culottes de peau et des gants pareils, et quand les pieds sont forts il faut être placé vis-à-vis l'un de l'autre : chacun de son côté relève doucement les feuilles qui s'écartent tout autour; l'un des deux ensuite les embrasse toutes avec les bras, et l'autre les lie. Sans ces précautions, on se déchire les mains, et on casse la moitié des feuilles; ce qui ôte la moitié du mérite de la plante.

Le second semis de cardons se fait à la mi-avril, et ceux-ci servent pour l'automne et l'hiver. On dresse des planches de 6 pieds de largeur, et on prépare des trous disposés et espacés comme je l'ai dit ci-dessus. On y met trois ou quatre graines à 2 pouces de distance l'une de l'autre, qu'on enfonce un peu avec le doigt; quinze jours ou trois semaines après, ils lèvent, et quand ils sont un peu forts on choisit les plus vigoureux pour demeurer en place, et on arrache les autres. Quelques jardiniers en laissent deux; mais ce sont gens mal entendus, car ils se nuisent l'un à l'autre et ne sont jamais de beaux pieds. Il est à propos cependant d'en réserver toujours quelques pieds jusqu'à un certain temps, pour remplacer ceux qui viennent à périr; car la fourmi rouge et le ver de hanneton, dans certaines années, en détruisent beaucoup; la larve d'une CASSIDE leur fait aussi quelquefois la guerre. Le seul remède contre ce dernier insecte, c'est de les arroser souvent à la fin du jour.

Il faut les serfouir et les arroser amplement pendant tout l'été de la manière que je l'ai dit. On commence enfin au mois d'octobre d'en lier quelques-uns des plus forts, que l'on empaille tout de suite pour les faire blanchir, et l'on continue de huit jours en huit jours, suivant son besoin, jusqu'aux approches des gelées; pour lors il les faut tous lier sans les empailler. On les butte un peu en même temps, pour que les vents ne les renversent pas, et on les laisse sur pied tant que l'on peut, en les entourant grossièrement de litière pendant les premières gelées; mais lorsqu'enfin on ne peut plus reculer à les mettre en sûreté, il faut les arracher en mottes. Ceux qui n'ont pas des serres commodes fouillent, dans le terrain le plus sec qu'ils peuvent avoir, une tranchée de 3 pieds de profondeur sur 4 pieds de largeur, et longue à proportion de la quantité qu'ils ont; ils élèvent ensuite un peu de paille longue au bout de la tranchée, c'est ce qu'on appelle un chevet de paille, et ils adossent 3 ou 4 pieds de cardons; ils remettent par-dessus une autre épaisseur de paille, ensuite un rang de cardons, et ainsi du reste, tant qu'il y en a. Il faut laisser à l'air l'extrémité des feuilles autant qu'on le peut; mais quand la gelée devient un peu forte, on couvre alors toute la superficie de la tranchée avec de la grande litière ou des feuilles, si on n'a rien de mieux; et si on a des paillassons, on les met en talus par-dessus, pour empêcher que les pluies ne pénètrent le cœur des plantes et ne les fassent pourrir : ils se conservent dans cette situation jusqu'au carême, si on les préserve bien de la gelée et de l'humidité; mais c'est à quoi on ne réussit pas toujours.

A Tours, où l'on n'a pas l'abondance des fumiers que nous avons ici pour les empailler, on les fait blanchir dans la terre; et voici la méthode des jardiniers. Ils sèment leur graine comme nous, en mars ou en avril, et y apportent les mêmes soins; mais ils les disposent différemment. Ils donnent un intervalle de 5 pieds d'un rang à l'autre, et les placent à 2 pieds l'un de l'autre; ils occupent les intervalles en laitues, chicorées ou autres plantes qui peuvent être levées avant la Toussaint, auquel temps, ayant besoin de la terre pour les enterrer, ils fouillent profondément cet espace, et adossent les terres contre les cardons, après les avoir liés jusqu'à l'extrémité des feuilles, c'est-à-dire à 2 ou 5 pieds de hauteur, suivant leur force. Au bout de trois semaines, ils se trouvent blancs, et dès-lors il faut les consommer, sans quoi ils pourrissent. C'est pourquoi chacun s'arrange pour n'en faire blanchir qu'à fur et à mesure de la consommation qu'il en peut faire, et de quinze jours en quinze jours ordinairement ils en enterrent une partie. A l'égard de ceux qu'ils veulent conserver pour l'hiver, ils les couvrent, ou ils les portent dans la serre à l'approche des grandes gelées. Tous ceux qui n'ont pas facilement des fumiers doivent suivre cette méthode.

Quand on a des serres à légumes, il faut les y enterrer en motte dans du sable frais, sans les empailler, à moins qu'on en soit pressé, car ils blanchissent également sans paille, mais plus tard; là ils se trouvent à l'abri de tous les mauvais temps, et ils se conservent jusqu'à Pâques, si la serre est bonne, et qu'on ait soin de leur donner de l'air aussi souvent que le temps peut le permettre; cependant beaucoup de maraîchers ne les enterrent pas; ils les adossent seulement l'un sur l'autre contre un mur, avec l'attention de les visiter souvent et de les nettoyer, je veux dire, d'ôter proprement toutes les feuilles qui pourrissent; ils connaissent ceux qui peuvent aller le plus loin, et ils les mettent à part : ceux qui pressent sónt ceux qu'ils portent au marché.

Pour en recueillir de la graine, il faut en laisser quelques pieds en place, et aux approches des gelées les couper à quelques pouces de terre, et les couvrir comme les artichauts ; ils passent fort bien l'hiver, pourvu qu'on leur donne un peu d'air quand il fait doux ; au mois de mars, on les découvre tout-à-fait, et ils commencent bientôt après à faire leur tige, qu'il faut renverser du côté du nord et lier à des échalas, comme il a été dit pour l'artichaut, afin que l'eau des pluies n'entre pas dans la pomme et ne fasse pas pourrir la graine ; et pour l'avoir mieux nourrie, il ne faut laisser qu'une tête sur chaque rameau, et couper toutes les autres, qui naissent en abondance. Lorsque enfin les têtes et la tige sont sèches, on les coupe et on les attache en paquets, que l'on accroche à un plancher jusqu'au besoin : la graine s'y conserve beaucoup plus long-temps que lorsqu'elle est vannée ; elle est bonne jusqu'à dix ans. On observera que les mêmes pieds qui ont porté graine se conservent huit et dix ans, étant bien soignés l'hiver, et que des expériences m'ont assuré que plus le pied vieillissait, plus la graine qu'il rapportait avait de qualité.

A l'égard du cardon piquant, je dois observer que le plant de la graine qu'on recueille ici dégénère considérablement ; il faut la tirer de Tours, pour avoir la carde dans toute sa qualité. (Th.)

CARDONNETTE. C'est l'artichaut sauvage.

CARDURE. *Voyez* Cardère.

CAREMAGE, CARÊME. On donne ce nom, dans l'est de la France, aux grains qu'on sème en mars, principalement aux Avoines et aux Orges. *Voyez* ces mots.

CARÈNE. Botanique. On a donné le nom de *carène* au pétale inférieur des fleurs papilionnacées ; elle a la forme de l'avant d'une nacelle. La carène renferme presque toujours les étamines et le pistil ; quelquefois elle est composée de deux pièces, comme dans la réglisse, l'ajonc d'Europe, et contournée comme dans le haricot. *Voyez* le mot Corolle.

On dit d'une feuille qu'elle est *carénée* lorsqu'elle est faite en forme de carène, c'est-à-dire creusée dans le milieu, comme dans l'asphodèle rameux. On appelle aussi du même nom les saillies allongées qui se remarquent sur certains fruits. (R.)

CARGUE. Mesure du département du Var, laquelle contient dix panaux. (B.)

CARIE. Médecine vétérinaire. La *carie* est aux os ce que la gangrène est aux chairs. Nous pouvons donc la définir une solution de continuité dans un os, accompagnée de perte de substance, laquelle peut être occasionnée par une humeur âcre et rongeante.

Nous distinguons la carie en raboteuse et en vermoulue.

Dans la première, l'artiste vétérinaire ou le maréchal sent, au moyen de la sonde, des aspérités et des inégalités sur la surface de l'os. Dans la seconde, l'os est réduit en une espèce de poudre semblable à celle que l'on obtient du bois rongé par les vers : c'est pourquoi nous l'appelons vermoulue.

La carie provient de l'affluence continuelle d'une humeur viciée sur l'os, ou de l'acrimonie de cette même humeur, de fracture, de luxation, de fortes contusions, d'ulcères morveux et farcineux, de médicamens corrosifs inconsidérément employés dans le traitement des plaies, et sur-tout de ce que l'os, dans une plaie qui le laisse à découvert, reste long-temps à nu et exposé au contact de l'air.

Dans le traitement de la carie il s'agit, 1°. d'en empêcher les progrès ; 2°. de la détruire, en séparant la partie cariée de la partie saine.

Dans le premier cas, les remèdes propres pour s'opposer aux progrès de la carie sont la teinture de myrrhe et d'aloës, l'eau-de-vie camphrée, l'essence de térébenthine, dont on imbibe de petits plumasseaux, et que l'on applique sur la partie cariée. La teinture d'aloës seule nous a suffi pour provoquer l'exfoliation des apophyses épineuses des vertèbres dorsales de deux chevaux, qui avaient été cariées par le séjour de la matière, à la suite d'un mal de garrot.

Il peut cependant arriver que ces topiques soient insuffisans. C'est ici le second cas, c'est-à-dire celui où il faut détruire la carie en séparant la partie gâtée de la partie saine : on y parviendra par le moyen du feu, ou du cautère actuel. La carie une fois desséchée par le feu, l'exfoliation se fait dans quelques jours, parce que le suc nourricier soutenant les lames osseuses dont l'organisation est détruite, les sépare de la partie de l'os ; de manière qu'il ne reste plus alors qu'un ulcère simple, qui se déterge et se cicatrise comme une plaie ordinaire.

La carie attaque ordinairement le cartilage de l'os du pied dans le javart encorné. (*Voyez* JAVART.) Le cartilage ne pouvant s'exfolier, le javart devient incurable, à moins de faire l'extirpation du cartilage en entier, parce qu'il est prouvé, par l'expérience, que le cartilage carié seulement dans un de ses points est peu-à-peu gagné par la carie : c'est aussi par la même raison que la carie de l'os de la noix à la suite d'un clou de rue, est incurable, cet os étant couvert d'un cartilage dans toute sa surface : elle n'est curable que lorsque le cheval est vieux, parce que, dit le célèbre hippiatre français M. La

Fosse, « il guérit alors aisément, le cartilage étant ossifié et usé par l'âge ». (R.)

CARIE. Jardinage. On appelle ainsi une maladie des arbres, qu'on a comparée, et avec raison, à celle qui porte le même nom dans les animaux. C'est une altération du bois, qui gagne plus ou moins rapidement de la circonférence, souvent insensiblement, au centre, ou du centre à la circonférence, et qui finit par le faire périr. Ses résultats ne diffèrent pas, en apparence, du bois pourri spontanément dans un lieu humide ; c'est-à-dire que la fibre devient tendre au point de se réduire en parcelles au plus petit effort.

On distingue deux sortes de carie dans les arbres, la sèche et l'humide. *Voyez* Ulcère, Gouttière.

Les causes de la carie sont loin d'être toutes connues. Une blessure, un coup, la provoquent dans certains cas, et ne produisent qu'une plaie simple dans d'autres. Quelquefois elle se montre spontanément, c'est-à-dire sans qu'on puisse lui assigner une raison. La carie du cœur est souvent l'effet de la vieillesse. Dans ce cas, elle commence ou par le collet des racines et forme un cône, qui s'allonge avec beaucoup de lenteur en montant, ou par les branches du sommet ; et alors le cône a une direction contraire. (*Voyez* Couronnement.) Souvent aussi elle est produite par une maîtresse branche morte naturellement ou coupée inconsidérément. Alors elle parcourt plus rapidement sa marche, sur-tout si les eaux pluviales, comme cela n'arrive que trop, peuvent s'introduire dans la plaie, y séjourner et s'y corrompre. Dans cette dernière circonstance, la carie peut être arrêtée, ou mieux, retardée en fermant le trou avec de l'argile, du plâtre, de la chaux, de l'onguent de Saint-Fiacre, s'il est grand ; et avec de la cire, de la résine, etc., s'il est petit. (*Voyez* Taille, Chicot.) Dans les deux premiers cas, il n'y a pas de remède, comme on peut bien le croire.

M. Davi a observé que les bords des chancres des arbres offraient souvent des traces du carbonate de chaux, et leur sanie de la potasse ; il propose des lotions légères d'acides pour arrêter cette maladie.

La carie superficielle est celle qui a lieu à l'extrémité du tronçon des branches cassées ou coupées. Elle peut être le plus souvent arrêtée par l'amputation jusqu'au vif de la partie malade. On pratique assez souvent cette opération sur les pêchers et les amandiers, rarement sur les autres arbres fruitiers, et presque jamais sur les arbres forestiers.

J'ai vu souvent des arbres où la carie de la surface du tronc s'était arrêtée d'elle-même ; c'est-à-dire que la partie extérieure de la plaie s'était recouverte d'un nouveau bois, et qu'elle ne faisait plus de progrès intérieurement. Les charpentiers et les menuisiers qui emploient de vieux pieds d'arbres doivent se trouver fréquemment dans le cas d'en voir aussi.

Les racines sont quelquefois affectées d'une espèce de carie de fort mauvais genre, en ce qu'elle fait très-rapidement périr les arbres. Elle se distingue à la couleur jaunâtre, à la fétidité de la sanie qui en découle, et à la rapidité avec laquelle elle agit. La masse entière se détruit en même temps. Je l'ai observé plusieurs fois sans en avoir pu prendre une idée exacte. Elle est certainement contagieuse : arracher le pied qui l'offre, couper jusqu'au vif toutes les racines attaquées, et le planter autre part, est le seul remède susceptible d'être employé avec succès.

Il ne faut pas confondre cette maladie avec celle produite par des filamens parasites de la famille des champignons, filamens qui produisent les mêmes résultats et dont il est question au mot POMMIER.

Au reste, cette matière aurait encore besoin d'être étudiée. Les hommes éclairés qui vivent sur leur propriété et qui ont de l'aisance et du loisir, rendraient service à la science s'ils voulaient s'en occuper. (B.)

CARIE. Maladie des blés qui fait un tort considérable aux cultivateurs, et dont on n'a connu le remède que dans ces derniers temps. Il faut la distinguer du CHARBON (*voyez* ce mot), autre maladie propre à toutes les graminées, et qu'on sait aujourd'hui être produite par une plante de la famille des champignons, la *réticulaire* des blés de Bulliard, l'*uredo segetum* de Persoon. *Voyez* UREDO.

C'est à M. Tillet d'abord et ensuite à M. Parmentier qu'on doit les premières recherches satisfaisantes qui aient été entreprises sur la nature de la carie, et sur les moyens d'en préserver les récoltes, et c'est M. Tessier qui a fait le travail le plus complet que nous ayons sur le même objet.

La science agricole et la société entière doivent beaucoup de reconnaissance à ces trois savans des efforts qu'ils ont faits, des dépenses auxquelles ils n'ont pas craint de se livrer pour éclaircir cette importante matière. Le dernier sur-tout a multiplié ses expériences en grand sous toutes les formes, non-seulement pour sa propre instruction, mais encore pour détruire les préjugés dont la fausseté lui était démontrée depuis long-temps.

Comme je ne puis mieux faire que lui, ce qu'on va lire ne sera qu'un extrait de l'article Carie qu'il a inséré dans l'Encyclopédie méthodique, extrait auquel j'ajouterai quelques considérations nouvelles prises de différens auteurs; car beaucoup ont écrit sur la carie, et principalement M. Bénédict

Prévôt, qui a jeté un nouveau jour sur la physiologie de la plante qui la produit, dans les mémoires qu'il a présentés à l'Institut en juin 1807.

On a donné à la carie un grand nombre de noms dont ceux qui sont parvenus à la connaissance de M. Tessier sont *noir*, *charbon*, *charbonnette*, *nielle*, *carboucle*, *charbouille*, *chambucle*, *moucheture*, *moucheron*, *moucheté* (*blé*), *molage*, *machuré*, *broudure*, *bronsure*, *pourriture*, *butz*, *foudré*, *bosse*, *cloque*, *ruble*, *nubli*, *bouté*, *faux blé*, *cloche*, *gras*.

On appelle, dans quelques cantons, CLOQUE seulement les grains de froment attaqués de CARIE ou de CHARBON, qui ne s'écrasent pas sous le FLÉAU, ou qui ne se déchirent pas dans le criblage.

Les grains de froment cariés diffèrent peu en apparence des grains sains, mais à une des extrémités on voit les restes des stigmates qui persistent; leur écorce est finement ridée, très-mince et d'un gris obscur. Au lieu de farine, ils renferment une poussière d'un brun noir, grasse au toucher, sans saveur, mais d'une odeur infecte, semblable à celle du poisson pourri. Cette poussière, examinée au microscope, présente un amas de globules à demi transparentes, très-distinctes, d'un deux-centième de ligne, terme moyen.

Les grains cariés sont très-légers à leur maturité. Ils nagent toujours sur l'eau, et sont au froment sain comme deux sont à cinq; c'est-à-dire que sur 4 onces il y a 3 onces 2 gros de poudre et 6 gros d'écorce.

On peut reconnaître les pieds de blé qui doivent donner des grains cariés dès le moment où ils lèvent, car leurs feuilles sont d'un vert plus foncé que celles des autres. Plus tard les tiges sont ternes. Si on examine un épi attaqué, avant qu'il sorte de ses enveloppes, on trouve que les étamines sont flasques, les stigmates sans barbes, et que l'embryon a déjà l'odeur de la carie. Bénédict Prévôt a observé les globules dans des épis qui n'avaient que 10 lignes de long. Quand les épis se montrent, c'est-à-dire vers le premier juin, époque moyenne pour le climat de Paris, il est très-facile de distinguer ceux qui sont cariés de ceux qui sont sains. Ils sont bleuâtres, ils ont leurs balles plus serrées. Le germe conserve ses stigmates, et les antères collées contre lui sont flasques et privées de poussière.

Bientôt, par le progrès de la végétation, les épis cariés deviennent plus larges, s'ébouriffent, le grain grossit, la substance pulpeuse qu'il renferme prend une couleur d'abord cendrée, ensuite brune. L'odeur qu'ils répandent est sensible (pour ceux qui la connaissent), lorsqu'ils passent à travers les champs. Leur maturité est plus hâtive que celle des épis sains.

Il est à remarquer, observe M. Tessier, que les épis sains

sont moins chargés de grains que les épis malades. Ces derniers, comme peu pesans, restent toujours droits.

On trouve fréquemment des épis sains sur des pieds qui en offrent de viciés, des grains sains mêlés avec des grains cariés dans le même épi, enfin quelquefois des grains à moitié sains et à moitié cariés. Ces derniers, lorsque le germe est resté intact, lèvent comme les grains sains et ne donnent pas de productions cariées, d'après la remarque de M. B. Prévôt.

Le seigle, l'orge et l'avoine ne paraissent pas susceptibles de carie, du moins M. Tillet n'a pas pu la leur inoculer; mais l'ivraie y est sujette. *Voyez* au mot CHARBON et au mot UREDO.

On croit généralement que la carie est due aux brouillards, ou à la nature du sol, ou à l'espèce des engrais. MM. Tillet et Tessier ont fait de nombreuses observations, qui toutes prouvent que c'est une erreur. Il n'est pas possible de se refuser à l'évidence du résultat de leurs expériences; mais aujourd'hui qu'on connaît la cause réelle de la carie, elles deviennent superflues pour ceux qui sont au courant de la science.

Les grands rapports qui existent entre le charbon ou l'*uredo des blés* et la carie, avaient fait soupçonner, depuis quelques années, que c'était aussi à une plante de la famille des champignons que cette dernière maladie était due. M. Bénédict Prévôt, dans le mémoire cité plus haut, a fixé l'opinion à cet égard, et a accompagné ses preuves d'observations qui jettent un nouveau jour sur la génération des plantes de cette famille, que Décandolle a appelées *vraies parasites*, et *parasites intestines*, parce qu'en effet les espèces qui la composent vivent dans l'intérieur et aux dépens des plantes.

M. Bénédict Prévôt a mis des globules de carie dans de l'eau distillée et à la température de 16 degrés du thermomètre centigrade. Ces globules se sont d'abord gonflés du double et ensuite ont poussé un tubercule qui s'est plus ou moins allongé, c'est-à-dire jusqu'à cinq à six fois leur diamètre. Ce tubercule s'est ensuite divisé, à son extrémité, en cinq, six, huit, même dix branches; quelquefois ces subdivisions étaient sessiles sur les globules, d'autres fois elles étaient ramifiées. Ces branches ont présenté souvent (et lorsqu'elles sont dans des circonstances favorables elles doivent présenter toujours), au bout d'un certain nombre de jours, des articulations apparentes, ou mieux des grains internes infiniment petits, et en même temps les globules ont paru affaissés, ont laissé voir des loges ou des réseaux qui sans doute renfermaient auparavant les grains, ou mieux les bourgeons séminiformes, qu'on ne peut guère se refuser à regarder autrement que comme les semences de la plante. *Voyez* au mot CHAMPIGNON.

Les globules qui forment la poussière de la carie sont donc, d'après ces faits, des champignons arrivés à moitié de leur croissance, et qui ont besoin de se trouver dans d'autres circonstances pour achever de se développer et pouvoir se propager.

Il est probable que les URÉDO, genre au reste auquel appartient certainement le champignon de la carie, les PUCCINIES, les ÉRINÉES, les AECIDIES, les ÉRYSIPHÉS et autres de la division citée plus haut, sont dans le même cas. Alors l'opinion, renouvelée par Décandolle, que les bourgeons séminiformes des espèces de tous ces genres parviennent aux feuilles et aux fruits par les racines et par l'intermède de la sève circulante, serait prouvée, puisqu'ils ne peuvent compléter leur croissance que dans un milieu surchargé d'humidité, et la terre est ou doit être plus souvent ce milieu qu'aucun autre endroit.

Je dois dire cependant qu'on a observé que la carie, le charbon, la ROUILLE, etc., se développaient plus souvent et plus abondamment dans les terrains humides, dans les années pluvieuses : d'où vient sans doute le préjugé que ces maladies des plantes sont dues aux brouillards.

Mais M. Bénédict Prévôt ne considère pas la chose sous le même point de vue. Il croit qu'il n'y a qu'un seul bourgeon séminiforme dans chaque globule de carie, et que c'est par les branches radiciformes qu'il se multiplie sur les tiges, les feuilles et les fruits ; c'est-à-dire qu'il serait, pour me servir de son expression, une vraie hydre végétale, comparable aux polypes de Trembley. Alors il y aurait fort peu de différence entre la carie du blé et la MORT DU SAFRAN, AU BLANC DES RACINES. (*Voyez* SCLÉROTE.) Un petit nombre d'expériences peuvent éclaircir cette difficulté ; mais je préjuge, des détails mêmes présentés par M. Prévôt, que c'est l'opinion de M. Décandolle qui prévaudra.

On s'aperçoit à la simple vue, comme l'a observé M. Tessier, qu'un grain de blé sain est entaché de carie : sa couleur, sur-tout celle de l'extrémité opposée au germe, c'est-à-dire celle de la houpe de poils, est d'un gris brun ; on s'en aperçoit encore plus à l'odeur. Les marchands de blé, les meuniers et les laboureurs exercés ne s'y trompent jamais. On peut artificiellement infecter le grain qui ne l'est pas, en le frottant avec de la poussière de carie nouvelle ou humectée. M. Tessier a constaté que ce n'étaient pas les grains les plus chargés de carie à la houppe qui donnaient le plus d'épis cariés, mais ceux qui en avaient été infectés sur le germe. Ce qu'il pouvait tenir de poudre de carie sur la pointe d'une épingle suffisait pour infecter un de ces germes. La plus forte proportion que le mélange de la carie avec du blé sain ait donnée dans le produit des épis cariés comparés aux épis sains, a été des trois quarts. Deux onces de poudre de carie suffisent pour infecter 30 ou 40 livres de blé nouveau. Plus la carie est vieille et moins elle a d'action sur le blé nouveau ou vieux. Plus le blé est vieux et moins la carie nouvelle. ou vieille l'infecte facilement ou abondamment.

Des épis de blé formés ont été saupoudrés de carie à différentes époques, et il ne s'est pas développé de carie dans les grains qu'ils contenaient ; ce qui appuie l'opinion de M. Décandolle.

Ce qu'il y a de remarquable, c'est que l'huile épaisse qu'on retire de la carie par la distillation à feu nu, mise en contact avec du blé sain, lui a fait produire près d'un tiers d'épis cariés. Comment expliquer ce fait?

La carie attaque plus facilement les fromens du Nord que ceux du Midi. Les blés durs, ou blés d'Afrique, n'en offrent point naturellement, mais la prennent par inoculation. Il en est de même des blés barbus, qu'ils soient dans la division des grains durs ou des grains tendres, excepté le barbu à épis blancs ou roux et à barbes divergentes, qui y est très-sujet. Les épeautres en sont quelquefois perdus.

Il est des années, et ce sont celles où l'automne et le printemps ont été peu pluvieux, où les blés sont moins infectés de carie. Il est des terrains, et ce sont ceux qui sont secs et aérés, qui en offrent moins; enfin il est des cantons où elle est inconnue.

En 1785, la sécheresse du milieu de juin accéléra la floraison des fromens, et les pluies chaudes de la mi-juillet firent pousser de nouveaux épis, qui arrivèrent pour la plupart à maturité. M. Le Breton a fait la remarque importante que les premiers épis étaient fort entachés de carie, et que les seconds n'en montraient pas un atome. Ce fait appuie fortement la théorie de Décandolle et les résultats des observations de Bénédict Prévôt.

Aujourd'hui donc tous les agriculteurs physiciens sont convaincus que la carie ne peut se reproduire que par elle-même; mais plusieurs de ceux qui passent pour éclairés persistent à croire qu'elle peut naître spontanément et ensuite se propager. Ces derniers citent des expériences dont on ne peut révoquer en doute l'authenticité, et qui semblent en effet prouver ce fait; mais il n'est pas difficile d'expliquer la cause de leur erreur. Les bourgeons séminiformes de la carie peuvent, d'une part, être emportés par le vent à des distances inconnues, à raison de leur légèreté, et de l'autre se conserver intacts dans la terre pendant un temps indéterminé. De là vient qu'on en voit paraître dans un lieu où elle était inconnue, ou dans des champs où on avait semé du blé bien chaulé.

La carie est souvent portée dans les champs par le fumier fabriqué avec des feuilles dont les grains en étaient infectés. D'où on doit conclure que le chaulage le mieux exécuté ne garantit pas toujours de cette maladie les récoltes futures, et sans qu'il soit vrai que son effet est nul.

On a remarqué qu'il se produisait plus d'épis cariés dans un champ ensemencé sur un labour récent, ainsi que dans un champ où le grain avait été profondément enterré. Il n'est pas facile d'expliquer ce fait, qui a été observé par Tillet, et régulièrement constaté par Tessier, autrement que par la plus grande humidité. Voyez *Annales d'agriculture*, tome 6.

Voici comme, d'après Décandolle, je conçois la manière d'agir de la carie sur le grain auquel elle est attachée, ou contre lequel elle se trouve placée, dans la terre, par le hasard du semis.

Le grain se gonfle d'autant plus promptement que la terre est humide et qu'il fait plus chaud. La carie se gonfle en même temps, pousse son tubercule, ses rameaux, achève enfin en peu de jours son évolution ; c'est-à-dire avant que le grain ait été complétement privé, par sa radicule, des sucs nutritifs qu'il est destiné à lui fournir. A cette époque, les bourgeons séminiformes qui ont enfilé les canaux des rameaux ou des branches, et dont la petitesse est extrême, s'élèvent dans la plantule avec la lenteur convenable au but de la nature, et se développent, chacun séparément, lorsqu'ils sont arrivés au germe, seul endroit où se trouvent réunies les circonstances nécessaires à leur multiplication. La nourriture destinée à la formation de la substance du grain est absorbée par eux, ainsi qu'une partie de celle qui devait faire croître les étamines et le pistil, qui en conséquence ne se développent qu'imparfaitement ; mais, chose singulière, celle qui sert à l'accroissement de l'écorce du grain et des balles qui l'entourent n'est point diminuée, au contraire elle est augmentée. Tous les germes des épis cariés grossissent donc par l'effet même de la carie, tandis qu'il en est toujours plusieurs dans les épis sains, qui avortent. De là vient que les grains des premiers sont généralement plus nombreux que ceux des seconds. Dans tout le cours de la vie d'un pied de blé attaqué de carie, cette carie agit sur toutes ses parties d'une manière sensible à l'œil ; elle en abrège l'évolution, et de plus elle cause un retard dans la germination des grains, et accélère la dessiccation de la tige.

Si les blés restaient sur pied jusqu'à leur destruction naturelle, les grains cariés, gonflés par les pluies, se creveraient, et la poussière serait emportée par les eaux pluviales ou par les vents, selon les circonstances atmosphériques; mais rarement ce cas arrive. On coupe le blé avant que les grains cariés soient ouverts, et on les transporte dans la grange, où le battage disperse la carie sur les grains sains, et la perpétue ainsi avec plus de certitude et d'étendue que si on l'avait laissée dans les champs.

M. Thomassin, curé d'Achain, a reconnu que les fromens coupés avant maturité ne reproduisaient point la carie, ce qui s'explique par le défaut de maturité des bourgeons séminiformes de cette dernière; défaut qui l'empêche de se disperser et de s'attacher aux grains. Peut-être aussi la dureté de l'écorce des grains non arrivés à maturité, dureté qui empêche l'introduction des charançons, s'oppose-t-elle aussi à celle des bourgeons séminiformes de la carie et du charbon.

Il peut arriver que des fromens cariés versent et qu'ils laissent dans la terre les bourgeons séminiformes de la carie, et alors quelque bien chaulé que soit le froment qu'on mettra par la suite dans la même place, il devra être carié. C'est ce que je crois avoir vu une fois à la ferme de M. Gabiou près Palaiseau.

Il est un moyen simple d'empêcher la plus grande partie de la carie d'entrer dans la farine du blé qui en a été infecté : c'est, à l'exemple des meuniers des environs de Paris, de joindre à l'équipage des moulins un long cylindre tournant, en tôle, percé d'une grande quantité de trous, faisant râpe à l'intérieur. En effet, le grain passant dans ce cylindre avant de tomber dans la trémie, s'y nettoie par le frottement de presque toute la carie qui y est attachée, et les grains cariés qui s'y trouvent encore entiers y sont déchirés. J'ai vu se former au-dessous de ce cylindre jusqu'à 2 pouces de poussière d'épaisseur en vingt-quatre heures. Cemment se fait-il qu'une si utile invention ne soit pas connue par-tout?

Il y a dans les moulins de Corbeil un appareil différent, qui produit le même effet : c'est un conduit en planches d'un pied de large, de la longueur des quatre étages du bâtiment, dans lesquels il y a à chaque demi-pied alternativement des deux côtés opposés des demi-diaphragmes fort inclinés, en tôle-râpe. Le grain, mis dans la trémie qui surmonte cet appareil, tombe successivement sur tous ces diaphragmes, et s'y dépouille de sa carie.

On a attribué à la carie plusieurs maladies endémiques ou autres, et on était fondé à croire, sur sa simple odeur, qu'elle était malsaine; mais il résulte des belles expérience de M. Tessier, que si elle agit d'abord sur l'estomac, si elle cause du dégoût aux poules, ou autres animaux qu'on en nourrit presque exclusivement, il suffit d'en suspendre l'usage pour que ces poules reprennent leur état ordinaire.

On doit supposer, par analogie, que la carie fait un mal d'autant moins durable aux hommes, que les opérations de la panification en affaiblissent beaucoup les qualités délétères. En effet, les habitans de certains pays mangent habituellement du pain dans lequel il entre de la poudre de carie dans une proportion souvent fort élevée; on donne aux bestiaux la longue paille et les balles des épis cariés, et on ne voit pas qu'ils en soient affectés. Il en est de même de la poussière qui s'élève pendant qu'on bat le blé qui en est infecté; elle cause des démangeaisons aux yeux des batteurs, les fait tousser, diminue leur appétit; mais cessent-ils un jour de battre, ces accidens disparaissent complétement.

Le véritable tort que la carie fait aux cultivateurs consiste donc dans la diminution du produit de leur récolte. La perte qu'ils éprouvent par cette cause peut s'élever aux trois quarts d'après les expériences de M. Tillet, mais il est rare que naturellement elle s'élève au tiers et même au quart, il serait impossible aux cultivateurs de supporter de semblables diminutions sur leurs revenus sans être ruinés; mais ne fût-elle que d'un vingtième, d'un centième même, c'est toujours une perte, sous le double rapport de la diminution du produit en argent et en moyens de subsistance. Chaque cultivateur en particulier, et la société en général, sont par conséquent très-intéressés à chercher tous les moyens de l'empêcher d'avoir lieu.

La carie étant contagieuse, et se communiquant principalement par l'opération du battage, on doit croire que lorsqu'on choisit les épis sains un à un dans un champ, et qu'on les bat séparément, on n'aura point ou peu de carie; et c'est ce que l'expérience prouve : il en est de même quand on seme du blé provenant des glanages. Lorsqu'on fait sortir le grain le plus gros des épis, en frappant les tiges contre les parois d'un tonneau, ou sur une perche à hauteur d'appui, etc., on ne brise pas les enveloppes des grains cariés; aussi les épis provenus de ces grains sont-ils moins infectés de carie que ceux provenant du battage du même blé. On gagne de plus par ce procédé de la plus belle semence : or, c'est de la belle semence que sortent les beaux blés. *Voyez* SEMIS et SUBSTITUTION DES GRAINS.

Plusieurs agronomes ont conseillé de faire enlever les épis cariés des gerbes après la moisson, un à un, et de les brûler. Ils assurent que cette opération n'est ni difficile ni coûteuse. M. Tessier prouve très-bien qu'elle ne peut jamais être parfaite, et qu'elle augmenterait d'environ cent francs les dépenses d'un semis de cent arpens. Il me semble qu'en coupant avec une serpette les épis les plus saillans des gerbes, on produirait le même effet avec une grande économie de temps et d'argent. J'ai vu pratiquer cette méthode par mon père, et il s'en trouvait bien.

Lorsqu'on jette de la terre sèche sur les gerbes qu'on se dispose de battre et qui sont infectées de carie, les globules de la carie se déposent dans cette terre, et le grain en reste moins chargé; mais il en conserve toujours, d'après les expériences de Tessier, et de plus on perd la paille et les balles, ou du moins on ne peut plus les employer qu'en litière. On doit donc préférer frotter le grain, battu et vanné, avec de la terre, des cendres, du sable, etc., pour produire le même effet.

Dans beaucoup d'endroits, on diminue la quantité de carie attachée aux grains sains en les criblant plusieurs fois, soit au crible simple, soit au crible de fil d'archal en plan incliné, soit encore mieux au crible cylindrique accompagné d'un ventilateur. Ici c'est le frottement seul qui agit, et il ne peut produire un résultat aussi complet pour l'objet qu'on se propose; que les cylindres-râpes indiqués plus haut.

Les lavages à grande eau ont été recommandés de tout temps, et leurs effets sont réellement plus certains que les moyens ci-dessus, sur-tout quand on frotte bien les grains, soit seuls, soit mêlés avec du sable. M. Tessier a employé jusqu'à huit eaux pour purifier du froment entaché de carie, de manière à ce que la dernière fût claire. L'eau tiède dépure beaucoup plus promptement et mieux que l'eau froide. Il est bon d'aiguiser cette eau avec des alcalis, du vinaigre, ou même seulement du sel marin. Cette opération a l'avantage de faire reconnaître les grains cariés qui ne sont pas ouverts, ainsi que la plupart des grains gâtés par d'autres causes, lesquels montent à la surface de l'eau, et peuvent être facilement enlevés : ces grains semés ont donné deux tiers d'épis cariés.

Dans quelques cantons, on passe au moulin, dont les meules sont convenablement écartées, le blé affecté de poussière de carie, et après avoir retiré une partie du son, qu'on jette, la mouture se complète par le rapprochement des meules. *Voyez* Mouture.

Mais tous ces moyens sont insuffisans; il en faut de plus puissans pour garantir les récoltes futures de la carie, puisque c'est une plante, ou du moins l'origine d'une plante, et d'une plante délicate; ce sont des substances propres à empêcher son développement qu'on doit préférer d'employer. Il en est de deux sortes : les unes, telles que les corps gras (les huiles animales ou végétales) enveloppent les globules de carie, les privent du contact de l'humidité et de l'air, sans lesquels il n'y a pas de végétation; les autres, telles que les caustiques acides et acalins, les désorganisent, les brûlent, si je n'exagère pas en employant cette expression.

Le premier de ces moyens serait généralement employé comme le meilleur et le moins sujet à inconvénient pour les semences, s'il n'était pas si coûteux; mais cette circonstance fait qu'on ne peut le pratiquer que dans les pays où on fabrique des huiles, et où l'on est obligé de se défaire à bas prix des baissières, ou dépôts de ces huiles, lors de leur transvasement; il est cependant des lieux voisins de la mer où l'on pourrait faire usage avec économie des huiles de poisson. Peut-être serait-il avantageux d'élever exprès des fabriques d'huile animale empyreumatique, une des substances les plus certainement propres à garantir de la carie, parce qu'elle jouit en même temps des propriétés des huiles et des caustiques; mais il n'a pas encore été fait d'expériences qui prouvent les avantages de cette huile. On n'a pas essayé non plus, que je sache, les goudrons fluides, sur-tout le goudron qui provient de la distillation du charbon de terre, goudron qui a les propriétés de l'huile empyreumatique à un degré encore plus élevé. Il en est de même du pétrole, des trois espèces de térébenthine, du produit de la distillation à feu nu du bois vert, espèce de savon acide très-actif, etc.

La suie produit également d'utiles effets lorsqu'elle n'est pas trop recuite.

Parmi les caustiques, tous les acides, ou sels avec excès d'acide, tous les alcalis, plusieurs oxides métalliques, sur-tout l'oxide de cuivre, ou vert-de-gris, dont il ne faut, d'après les expériences de M. B. Prévôt, qu'une très-petite partie pour désinfecter une grande quantité de grains, détruisent la carie, mais la plupart des articles précités sont trop chers pour être employés en grand. La substance qui convient le mieux à raison de son activité et de son bas prix est la chaux, et sur-tout la chaux pure et récente; aussi est-ce celle dont on fait le plus généralement usage.

On doit à M. Tessier de nombreuses expériences sur la chaux comme moyen préservatif de la carie. Elles prouvent d'une manière indubitable ses utiles effets; mais on est aujourd'hui si généralement convaincu de son efficacité, que de les rapporter ce serait faire injure au lecteur. Il doit suffire d'en mentionner ici le résultat.

La chaux fait immanquablement périr tous les animaux et les végétaux qui sont soumis à son action, lorsque sa quantité est proportionnée à leur masse. Quand on jette sur celle qui est récente une petite quantité d'eau, cette dernière est absorbée avec un dégagement de chaleur tel que des copeaux de bois et autres portions de végétaux, des grains de blé, par

exemple, se charbonnent et s'enflamment lorsqu'on les introduit dans les fissures qui se forment dans ses fragmens d'une
certaine grosseur. Elle doit donc désorganiser, même complétement détruire, les globules de carie qui sont si petits et
si huileux, et par conséquent les empêcher d'achever leur
évolution et de se reproduire.

C'est sur ces bases qu'est fondée toute la théorie du CHAU-
LAGE ; elles nous fournissent les moyens de choisir la meilleure
méthode de le faire, et sur-tout d'écarter toutes les opérations
accessoires, inutiles et coûteuses.

Si on emploie la chaux vive et au sortir du four, on risque
de brûler le blé qu'on veut chauler, ou au moins de détruire
sa faculté germinative.

Si on emploie la chaux éteinte depuis long-temps à l'air,
on risque de manquer l'opération, parce qu'elle a perdu toute
sa causticité.

Mais il n'est pas deux fours à chaux qui en fournissent d'exactement identique, soit à raison de la nature variable de la
pierre calcaire employée à sa fabrication, soit à raison du
mode de calcination. (*Voyez* aux mots PIERRE CALCAIRE,
CALCAIRE, CHAUX et FOUR A CHAUX.) On ne peut donc donner
des règles pour chauler, indiquer des proportions rigoureuses ;
mais heureusement que cette exactitude est superflue. Il suffit
d'éviter les deux inconvéniens rapportés ci-devant.

Les cultivateurs, d'après M. Tessier, emploient quatre
sortes de chaulage ; savoir, le chaulage par aspersion, le chaulage par immersion, le chaulage par précipitation et le chaulage sec.

Le chaulage par aspersion consiste à mettre le blé en tas,
à jeter dessus de la chaux fondue dans l'eau, et à mêler le
tout en le remuant avec la pelle. On le laisse ensuite en tas
afin qu'il s'échauffe, c'est-à-dire qu'on ne sème le grain ainsi
chaulé que deux, trois, quatre, six et même huit jours après
l'opération. Quelques fermiers le laissent même sécher avant
de le remettre au semeur.

Il est évident que par cette méthode, qui malheureusement
est la plus usitée, on risque de ne remplir qu'imparfaitement
son but. En effet, les globules de carie qui se trouvent sur
certaines parties du grain peuvent très-souvent n'être pas entourées de chaux ou d'une assez grande quantité de chaux, et
par conséquent conserver toute leur propriété délétère. Le
meilleur ouvrier ne peut jamais assurer qu'il aura remué également toutes les parties d'un tas, que des grains de blé ne
se seront pas collés les uns contre les autres, de manière à
empêcher le lait de chaux (c'est le nom que l'on donne à l'eau
chargée d'une assez grande quantité de chaux pour être opaque,

et cependant jouir de toute sa fluidité) de pénétrer dans leur rainure. Aussi , si ce chaulage diminue beaucoup la carie , il ne la détruit pas complétement, ainsi que l'expérience ne le prouve que trop.

Dans le chaulage par immersion, on met le blé dans des corbeilles qu'on plonge une ou deux fois dans un lait de chaux, ensuite on le laisse égoutter , et on l'étend sur le plancher , où il est remué jusqu'à ce qu'il soit sec. Ici une partie des inconvéniens précédens se renouvellent; mais il y a l'avantage de fournir les moyens de pouvoir enlever avec une écumoire les grains légers, qui ne servent pas à la reproduction ou qui nuisent aux récoltes. Cette méthode peu employée est donc préférable à la première.

Le chaulage par précipitation diffère du précédent, en ce que le blé est mis dans le lait de chaux, et y reste au moins vingt-quatre heures. On a soin de l'y jeter par petites portions et de le remuer avec activité , afin que tous les grains soient également mêlés avec les grains légers et montent plus facilement à la surface. On fait également sécher le grain en le remuant fréquemment après qu'on l'a retiré du lait de chaux.

Cette pratique est très-bonne et devrait être préférée; mais comme elle exige de grands cuviers et des soins embarrassans, elle est peu en usage. Il semble que dès qu'on veut arriver à un résultat, il ne faut pas en négliger les moyens ; cependant il est de fait que très-souvent , en agriculture comme dans les arts , on risque de manquer une opération coûteuse pour ne pas vouloir porter la dépense au point nécessaire ; c'est-à-dire qu'on perd 100 francs par le désir d'en épargner un.

Le chaulage sec se pratique en mêlant le blé avec une portion plus ou moins considérable de chaux en poudre , soit qu'elle ait été mise en cet état par une opération manuelle ou par son exposition à un air humide. (Chaux éteinte à l'air.)

Beaucoup de cultivateurs croient rendre le chaulage plus actif en employant des sels concurremment avec la chaux ; mais la plupart augmentent leur dépense en pure perte. Le chaulage ayant pour objet, je le répète , de brûler les globules de la carie sans nuire au germe du blé , il est évident pour tous ceux qui ont quelques notions de chimie , que le sel marin , le salpêtre , le sel de verre , le tartre vitriolé, l'alun et autres sels neutres , ne servent absolument de rien dans ce cas ; que l'arsenic , le sublimé corrosif et la couperose verte ou la couperose bleue, qui, à raison de leur causticité propre, agissent sur les globules de la carie lorsqu'ils sont seuls, ne produisent plus cet effet lorsqu'ils sont mêlés avec la chaux , soit parce qu'elle s'interpose entre leurs molécules , soit parce qu'elle les décompose. De plus, ces sels métalliques , sur-tout

les deux premiers , sont des poissons violens qu'on doit proscrire de toute opération agricole.

Ce qui réellement , dans la classe des sels , peut être utile
dans ce cas , ce sont les alcalis fixes (soude et potasse) et
l'alcali volatil , parce qu'ils ont la même nature d'action que
la chaux ; mais comme ils ne sont pas indispensables et qu'ils
coûtent cher , je ne crois pas qu'il faille les employer , à moins
qu'ils ne soient contenus dans de l'eau de lessive , eau qui ,
étant ordinairement jetée , peut être regardée comme de nulle
valeur. *Voyez* aux mots ALCALI , SOUDE et POTASSE.

Il est aussi beaucoup de cultivateurs qui , au lieu d'employer de l'eau pure pour éteindre la chaux , se servent d'eau
de fumier , d'urine , d'eau dans laquelle on a mis en suspension de la fiente de poule , de pigeon , de bœuf , de cheval , etc.
Tous ces ingrédiens sont bons à mettre sur les terres en
petite quantité à-la-fois cependant , mais ne servent presque
de rien dans l'opération du chaulage. En effet qu'est-ce qui
se passe lorsqu'on les mêle à la chaux ? Il se forme un savon ,
et la chaux cesse d'être caustique. Or , comme je l'ai fait voir ,
c'est la causticité de la chaux qui agit.

Mais , dira-t-on , le savon ordinaire est un bon moyen de
chaulage? Oui , répondrai-je ; mais c'est lorsqu'il est mal fait ,
c'est-à-dire lorsqu'il y a excès d'alcali ou excès d'huile. L'alcali agit comme caustique , et l'huile comme corps gras. Dans
le cas précité , la chaux employée à faire le savon sera toujours perdue ; et quoique cette perte soit peu de chose , il faut
l'éviter. Toute opération inutile est par cela seul nuisible.

Le chaulage le plus simple est certainement le meilleur
sous tous les rapports. Ainsi , je conseillerai toujours de dissoudre la chaux , positivement comme le font les maçons , c'est-
à-dire dans un trou en terre , en la remuant continuellement ,
et en y ajoutant successivement de l'eau , jusqu'à ce qu'elle
soit en consistance de bouillie épaisse ; d'y jeter le blé lorsqu'elle sera refroidie , et de l'y laisser de douze à vingt-quatre
heures , selon la force de la chaux , en le remuant deux à
trois fois pour que tous ses grains soient également exposés à
son action. Il faut seulement éviter que la chaux soit trop caustique , c'est-à-dire qu'elle agisse sur le germe du grain ; c'est
pourquoi je dis d'attendre qu'elle soit refroidie , parce qu'alors
il y a moins à craindre à cet égard. L'eau chaude qu'on em-
ploierait ne ferait pas plus d'effet en bien ou en mal que l'eau
froide. La proportion de chaux est indifférente , il faut seulement qu'il y en ait assez pour que tout le blé soit recouvert.
Le superflu de la chaux n'est pas perdu , puisqu'elle est un
excellent amendement. *Voyez* au mot CHAUX.

Lorsque le grain sort du chaulage , il est gonflé d'eau , et
par conséquent plus près d'entrer en germination qu'aupara-

vant; cependant on est généralement dans l'usage de le faire sécher avant de le semer. Cela tient sans doute à la difficulté de le répandre sur la terre lorsqu'il est mouillé. Il me semble qu'un simple ressuyage devrait suffire ; c'est-à-dire qu'on pourrait l'employer dès que les grains ne seraient plus collés les uns contre les autres. Leur grosseur plus considérable ferait qu'on semerait plus clair, ce qui est souvent un avantage, et la poussière de la chaux ne fatiguerait pas les yeux et la gorge des semeurs ; ce qui en est toujours un autre.

Dans aucun cas, il ne faut, comme on le fait dans quelques endroits, laver le blé qui a été chaulé, pour en ôter la chaux, Bénédict Prévôt s'étant assuré que, dans ce cas, il paraissait beaucoup plus de carie ; et en effet on doit penser que tous les bourgeons séminiformes ne sont pas détruits au même moment, et que ceux qui ont d'abord échappé à l'action de la chaux auraient pu être également détruits si on les avait laissés plus long-temps exposés à son action.

La pratique du chaulage commence à se répandre en France dans les pays de grande culture ; mais elle n'est pas encore assez générale. Tous les cultivateurs devraient être persuadés de son importance, et ne jamais la négliger dès qu'ils aperçoivent un seul épi carié dans leur récolte. Je fais des vœux pour que ce que je viens de mettre sous leurs yeux concoure à diminuer le nombre de ceux qui ne connaissent pas encore ses utiles résultats. (B.)

CARIOPHYLÉE. *Voyez* CARYOPHYLLÉES.

CARLINE, *Carlina.* Genre de plantes de la syngénésie égale et de la famille des cynarocéphales, qui renferme une douzaine d'espèces, dont trois sont dans le cas d'être citées ici, à raison de leur abondance et de leur utilité.

La CARLINE SANS TIGE, connue dans quelques endroits sous le nom de *caméléon blanc, loque,* et *artichaut sauvage,* est uniflore, presque sans tige, et a les feuilles pinnatifides, à découpures dentelées et épineuses. Elle croît naturellement sur les hautes montagnes de l'intérieur de la France et de l'Allemagne, et par-tout on en mange les réceptales, soit crus, soit cuits, en guise d'artichauts. Ses feuilles sont étalées sur la terre et couvrent quelquefois plus de 2 pieds de diamètre. Ses fleurs ne sont jamais de moins de 2 pouces de large, et souvent de près de 4. Elle est bisannuelle comme l'artichaut, c'est-à-dire que la tige principale périt dès qu'elle a fleuri, et qu'il naît autour d'elle des rejetons qui la remplacent. La saveur de son réceptacle est à-peu-près celle d'une amande amère ; celle de sa racine est encore plus amère. Cette dernière est fréquemment employée en médecine pour ranimer les forces vitales et exciter le cours des urines. On les sèche, l'un pour le manger pendant l'hiver, l'autre pour l'envoyer au loin ; car,

quelque abondante que soit cette plante dans les endroits qui
lui conviennent (j'en ai vu la terre pour ainsi dire entièrement couverte dans les Cévennes et le Cantal), elle ne souffre
pas la culture, et on a tenté inutilement de l'introduire dans
les jardins mêmes de son climat.

Il en est une autre espèce dans les Pyrénées et dans les Alpes,
qui est encore plus grande dans toutes ses parties : c'est la
CARLINE A FEUILLES D'ACANTHE, dont les feuilles sont velues
en dessus. Je l'ai trouvée moins amère que la précédente sur
les montagnes volcaniques du Vicentin, où elle est très-abondante, et où on ne sait cependant pas en tirer parti.

La CARLINE VULGAIRE a les fleurs nombreuses et disposées
en corymbe terminal. Elle est bisannuelle et se trouve très-
abondamment dans les lieux incultes et arides. Sa hauteur
moyenne est d'un pied. Les chèvres et les moutons la mangent quand elle est jeune; mais tous les animaux la dédaignent
quand elle est montée. Comme elle nuit quelquefois aux pâturages, il faut l'extirper en la coupant entre deux terres, avec
une pioche, avant sa floraison. Ses tiges peuvent être utilement brûlées pour faire de la potasse, ou pour chauffer le
four, ou pour augmenter la masse du fumier. (B.)

CARNOSITÉS. MÉDECINE VÉTÉRINAIRE. Ce sont des excroissances charnues et fongueuses, qui se forment dans le
canal de l'urètre des animaux.

Cette maladie est très-rare. Nous avons seulement rencontré
une fois des carnosités dans le canal de l'urètre d'un âne. Cet
animal se campait souvent pour uriner, le jet de l'urine
était fort délié, fourchu et de travers. Une longue sonde de
plomb que nous introduisîmes dans le canal nous assura de
l'existence de ce mal.

Les carnosités peuvent devenir fâcheuses par l'augmentation
de leur volume, et retenir entièrement l'urine en rétrécissant
le diamètre du canal. Elles sont très-difficiles à guérir, pour
ne pas dire incurables. (R.)

CARODIS. Nom que l'on donne, dans le département des
Ardennes, à un grenier sur perches, placé au-dessus d'une
grange, et destiné à serrer des fourrages. Cette sorte de grenier jouit de l'avantage de favoriser le complet desséchement
des fourrages. *Voyez* FÉNIL. (B.)

CARON. On donne ce nom, dans les départemens méridionaux, au mélange de l'orge et du froment dans le même
champ, mélange qui a des avantages et des inconvéniens.
Voyez au mot MÉLANGE. (B.)

CARONCULE LACRYMALE. MÉDECINE VÉTÉRINAIRE.
Masse grenue, oblongue, noire et très-dure, qui occupe le
grand angle de l'œil des bestiaux.

Cette masse est garnie d'une multitude de petits points enduits d'une humeur d'une consistance épaisse et de couleur blanche, dont l'usage est de retenir les ordures de l'œil. Elle fait l'office d'une digue, en s'opposant à ce que la lymphe, trop abondante, ne franchisse l'obstacle qu'elle lui présente et ne coule le long du chanfrein, en la déterminant du côté des points lacrymaux.

La caroncule lacrymale est dans quelques chevaux naturellement plus considérable et plus saillante. Cette augmentation de volume l'a fait prendre par la plupart des maréchaux pour une maladie connue sous le nom d'ONGLÉE. *Voyez* ce mot. (R.)

CAROSSE. On donne ce nom, dans le vignoble de l'Orléanais, aux SARMENS d'un cep qui sont liés en masse autour de l'ÉCHALAS, au lieu de l'être séparément comme cela convient pour la facilité de l'ÉBOURGEONNAGE. *Voyez* VIGNE. (B.)

CAROTTE, *Daucus carotta.* Linnée la classe dans la pentandrie digynie. Son nom vulgaire dans les provinces méridionales est *pastenade* ou *pastonade,* expression qui, étant tirée du mot latin *pastinaca,* semblerait plus propre au panais qu'à la carotte, comme l'observe avec raison l'abbé Rozier. Sa racine, grosse dans sa partie supérieure, diminue et se réduit à un filet à son extrémité. Elle est plus ou moins grosse suivant la qualité et la profondeur du terrain, et si elle y trouve une abondante nourriture, sans profondeur, sa partie inférieure grossit considérablement et s'arrondit à l'extrémité. Il part du collet de cette racine, dans toute sa circonférence, des feuilles composées, à découpures très-fines et d'un beau vert foncé, du centre desquelles il s'élève une tige herbacée de 3 à 4 pieds, cannelée, rameuse, velue, garnie de feuilles alternes et couronnées par des ombelles de petites fleurs blanches, qui se développent en juin et en juillet dans le climat de Paris.

Il y a plusieurs espèces de carottes; mais comme, à l'exception de la carotte commune et de ses variétés, toutes les autres ont été reléguées dans les écoles de botanique, et ne sont d'aucun usage sous les rapports d'utilité ou d'agrément, je ne m'occuperai que de la première, qui mérite toute l'attention des cultivateurs, soit qu'on la considère comme un légume destiné à la nourriture de l'homme, soit qu'on l'envisage comme un fourrage propre aux bestiaux.

Culture de la carotte. La carotte, comme presque toutes les plantes à racine pivotante, demande une terre douce et un peu légère, mais cependant sans être trop sablonneuse. Si le sable domine beaucoup, l'eau s'écoule avec trop de facilité, et on ne peut conserver la fraîcheur qu'au moyen

de fumiers, qui nuisent à sa qualité, parce que sa racine, la
seule partie qui soit employée pour la nourriture de l'homme,
se chargeant du suc de ces fumiers, en contracte un goût
désagréable et perd une partie des propriétés qui la font
considérer comme un des légumes les plus sains. On doit
donc lui appliquer la règle générale pour les plantes à racines
tubéreuses ou herbacées qui servent d'aliment à l'homme,
qu'on ne doit employer, lorsqu'on les sème, que des engrais
très-consommés et en petite quantité. Les maraîchers des environs de Paris n'ont en général des légumes d'un aussi mauvais goût, que parce qu'ils suivent la méthode contraire pour
avancer la maturité de leurs plantes : il faut donc à la carotte
une terre ni sablonneuse, ni argileuse, ni pierreuse. Si elle
est maigre, on la fume à l'automne. Beaucoup de jardiniers
n'emploient pour cette racine que les terres qui ont été fumées
l'année précédente, et ceux qui la cultivent en grand pour
la nourriture de leurs bestiaux peuvent suivre la même méthode.

Il y a deux manières de cultiver la carotte : la première
est celle des jardiniers, et la seconde celle des cultivateurs,
qui doivent la considérer comme un des meilleures fourrages
d'hiver.

Les jardiniers en cultivent trois variétés, la blanche, la
jaune orange, et la rouge. La blanche est, dit-on, préférée en
Italie, la jaune en France et la rouge chez les Anglais. Les
Anglais et les Italiens ont sans doute leurs raisons pour rejeter
la jaune ; mais il est certain qu'en France elle est plus tendre,
d'un meilleur goût et plus facile à cuire. L'abbé Rozier prétend que la blanche craint moins l'humidité que les deux
autres : ce n'est pas le motif qui la fait préférer en Italie, et
elle conviendrait mieux par cette raison en Angleterre et sur
les côtes de France. Il faut qu'il y ait d'autres motifs de cette
préférence.

Plusieurs auteurs parlent d'une quatrième variété, la carotte ronde de Hollande ; mais l'abbé Rozier et M. Thouin
ne la considèrent que comme une carotte qui n'a pu se développer, à cause des obstacles qu'elle a rencontrés.

Le jardinier qui veut se procurer de belles carottes, après
avoir fait choix de belles graines et d'un bon terrain, doit
lui donner un labour aussi profond que ses instrumens le lui
permettent. Un seul labour suffit dans les jardins, parce que
la terre y est remuée si souvent, qu'elle y est en général fort
meuble. On choisit, autant que la saison peut le permettre,
un beau jour pour cette opération, et on sème ensuite, après
avoir donné un coup de hersoir si la terre n'est pas assez divisée, soit à demeure, en rayons, ou à la volée, soit en pépinière.

Les planches sont de 6 et quelquefois de 5 pieds, réduits à 5 ou 4 pieds par un sentier d'un pied. On donne un coup de râteau avec un instrument fort clair pour ne pas entraîner les graines. D'autres, au lieu du coup de râteau, marchent la planche; et, dans les lieux exposés aux vents qui dessèchent promptement la terre, la couvrent avec du fumier court bien brisé, ou avec du terreau. On ne doit marcher la terre que lorsqu'elle est fort légère.

J'ai vu employer ces trois manières de semer les carottes; je les ai employées moi-même, et je crois pouvoir affirmer que la méthode de semer en place et à la volée est préférable aux deux autres. Les maraîchers des environs de Paris qui ont de l'expérience ne sèment pas autrement. En effet, leur opération est plus prompte que par rayons, et leur terrain plus garni. Ils ne sont pas exposés, comme ceux qui sèment en pépinière, et qui repiquent le plant, à n'avoir que des carottes courtes et fourchées, parce qu'il est presque impossible de ne pas briser l'extrémité du pivot, qui est très-délié et fort tendre, et une partie du chevelu. Ces motifs doivent déterminer à semer à la volée et en place. Ceux qui ne peuvent semer qu'en bordure, et qui sont forcés de semer en rayons, doivent avoir l'attention de semer fort clair; mais cette méthode de bordure de carottes me paraît fort mauvaise, parce que le feuillage des carottes couvre une partie des allées ou sentiers et des planches, et je ne conçois pas qu'on ait pu l'adopter.

Le semis en pépinière m'a paru fondé sur le désir de placer les racines à des distances égales; et sans l'inconvénient ci-dessus et la perte d'un temps précieux à cette époque, nul doute qu'il ne faudrait le préférer. Voici la marche à suivre quand on veut replanter.

Lorsque les collets des racines sont gros comme un tuyau de plume, on les arrache avec beaucoup de précaution pour ménager le chevelu et sur-tout le pivot, qu'il est essentiel de ne pas rompre : autrement, comme je l'ai déjà observé, les racines ne s'allongent plus. On laisse la terre qui les environne. On les place, à mesure qu'on les tire de terre, dans des paniers ou corbeilles qu'on a soin de couvrir, pour ne pas exposer à l'air le chevelu, qui serait promptement desséché. La terre a été préparée d'avance, et pendant qu'un ouvrier les arrache, un autre les repique. Aussitôt qu'elles sont transplantées, ou une partie, si on en repique beaucoup, on les arrose légèrement, et si le temps est sec on renouvelle ces arrosemens suivant le besoin.

On voit par cet exposé que le repiquage de la carotte emploie beaucoup de temps et expose à avoir des racines moins belles et fourchues; on ne doit donc l'employer que dans les cas où le terrain destiné à cette racine n'est pas encore disponible au moment de la semence, et dans les climats où l'on est forcé de les semer tard en pleine terre, pour ne pas s'exposer à les perdre. On a alors l'avantage de pouvoir garantir son semis de l'intempérie de la saison et d'avancer sa jouissance.

Dans plusieurs jardins, on sème le panais avec les carottes. Cette méthode ne peut pas nuire aux carottes, parce qu'on ne sème que la même quantité de graines. Cependant je pense qu'il vaut mieux les semer séparément, parce que si une de ces plantes vient à manquer, on perd la moitié de son terrain, au lieu que si on les avait plantées séparément on aurait pu semer de nouveau. D'autres jardiniers jettent un peu de graine de radis ou de poireaux sur leurs planches, et comme ils enlèvent ces plantes de bonne heure, elles conservent la fraîcheur de la terre sans nuire aux carottes. Quant aux fèves que j'y ai vu également mêler, elles produisent un mauvais effet; elles effritent la terre et enlèvent une partie de la nourriture des carottes, qu'elles privent d'air par leur feuillage épais.

Le temps de la semence des carottes varie suivant la température, et on les sème depuis le mois de janvier jusqu'à celui de septembre. Cette plante, sur-tout quand elle est jeune, craint le froid et la grande humidité; je ne puis donc indiquer d'époque fixe pour les semences. J'observerai seulement que dans les lieux où l'on craint, à l'entrée du printemps, des pluies froides et multipliées, ou de fréquentes gelées, il faut retarder les semis des carottes jusqu'à la mi-avril ou le commencement de mai, à moins qu'on n'ait de belles expositions bien abritées, ou qu'on les puisse garantir au moyen de quelques couvertures. Quelques auteurs néanmoins pensent que si on sème en mai dans les terres sèches, les carottes montent à graine : il faut donc semer plus tôt dans ces terrains. D'autres prétendent, et avec plus de raison, que si on sème de très-bonne heure, il arrive que plusieurs de ces plantes montent également; mais cet inconvénient est peu à craindre. Lorsqu'on sème en janvier ou février, c'est pour jouir dans l'été et consommer de suite ; on en est quitte pour arracher les plantes qui montent, ce qui n'a lieu qu'autant qu'on retarde trop à les sortir de terre. Quant à la provision d'automne et d'hiver, on ne doit pas se presser de semer, et il faut attendre un temps favorable.

Le semis fait, on arrose si le temps est trop sec ; et lorsque leplant est levé, on le visite le matin et le soir, sur-tout dans les terrains humides. Les auteurs qui parlent de la culture de cette plante se contentent d'inviter à les sarcler, et ne font mention que de deux ennemis à craindre, la COURTILIÈRE et le

VER BLANC; mais les jardiniers qui cultivent cette plante dans les climats tempérés, et sur-tout dans les terrains frais, redoutent encore plus le limaçon, et sur-tout la LIMACE. J'étais contraint, dans le département d'Ille-et-Vilaine, quand l'hiver avait été doux, de répandre le double de semence, et de visiter mes planches matin et soir. Ces animaux les attaquaient peu de jours après leur germination, et j'en ai vu un de médiocre grandeur en détruire douze dans vingt-cinq minutes. On peut juger par là de leurs ravages lorsqu'ils étaient nombreux. Si on négligeait à cette époque les planches, tout était détruit et il fallait recommencer.

Ce motif et les variations de l'air à cette époque doivent déterminer à semer un peu plus épais qu'il ne faut, on en est quitte au premier sarclage pour en arracher quelques-unes, s'il y en a trop. Quand on sarcle, on doit avoir l'attention d'arracher les racines des plantes parasites pour qu'elles ne repoussent pas, et pour ameublir la superficie de la terre qu'on ne peut pas biner lorsqu'on sème à la volée. Mais si on a semé par rayons, on peut sarcler et biner tout à la fois en employant une serfouette à deux dents. M. Trolli conseille d'employer pour le dernier sarclage un long crochet de fer tel que celui à fumier, dont les dents aient de 15 à 16 pouces de longueur sur 6 à 7 lignes de large. Il prétend que les carottes ainsi sarclées et binées en deviennent plus belles. Il est possible que cet instrument produise cet effet; mais il faut bien de l'adresse pour s'en servir sans blesser les racines. C'est un labour et non un binage. Quand les carottes ont pris de la force, elles étouffent par leurs feuilles une grande partie des plantes parasites qui poussent à cette époque, et conservent par le même moyen l'humidité suffisante à leur végétation. Elles n'ont alors à craindre que la COURTILIERE, et sur-tout le VER BLANC. (*Voyez* ces mots.) Beaucoup de jardiniers coupent les feuilles une ou deux fois jusqu'au moment de la récolte, persuadés que ce retranchement détermine la sève à rester dans la racine et à en augmenter le volume. Cette manière de raisonner et d'opérer serait bonne si les feuilles tiraient leur nourriture de la racine sans lui en fournir, et si l'alternative du mouvement de la sève dans les deux sens n'était pas indispensable pour élaborer les sucs et les perfectionner. D'ailleurs le pampre n'est pas plus tôt coupé, que leur nécessité détermine la plante à en pousser de nouveau, et cette reproduction doit retarder les progrès des racines. Aussi tous les essais que j'ai faits dans ce genre ne m'ont-ils jamais réussi, et j'invite les amateurs et les jardiniers qui en cultivent pour leur usage ou les marchés, d'abandonner une méthode qui ne peut que nuire à la qualité des racines. Mais comme je n'ai jamais trouvé qu'une différence très-légère dans le volume des racines dont on avait coupé les feuilles, je pense que ceux qui cultivent cette plante comme fourrage peuvent en couper une fois les feuilles sans danger. Les bestiaux les mangent avec avidité, et cette ressource peut être précieuse dans les années sèches, parce qu'on se la procure dans le moment où les autres sont le plus rares.

La récolte des carottes a lieu en plusieurs temps, et les jardiniers instruits s'en procurent dans toutes les saisons ; mais le moment de la plus grande récolte est aux approches de l'hiver, sur-tout dans les lieux où l'on craint les fortes gelées, et dans ceux où les mulots sont multipliés, parce qu'ils mangent cette racine avec avidité.

On emploie pour arracher les carottes les fourches ordinaires à trois dents, ou celles à dents plates ; elles coupent moins de racines que les bêches. Avant de les arracher, on a l'attention de couper les fanes, opération très-prompte quand on emploie la faux.

A mesure qu'on arrache les carottes, on rejette celles qui sont gâtées. On trie également toutes les petites qu'on donne aux bestiaux ou aux volailles, ou qu'on emploie sur-le-champ pour l'usage de la cuisine. Les belles sont portées dans la serre aux légumes, ou dans une cave ou caveau. On répand un peu de sable sur la terre, et on pose dessus un lit de carottes qu'on rapproche l'une de l'autre, toutes les têtes du même côté. Si on les appuie contre un mur, on ne dispose qu'un seul rang, dont les racines sont contre le mur et les têtes de l'autre côté ; mais dans le cas qu'on puisse s'éloigner du mur, on fait deux rangs de carottes dont les extrémités des racines se touchent, et les têtes sont exposées à l'air des deux côtés. On recouvre ce premier lit de sable et on en met un second, etc., et on les élève ainsi autant qu'on le désire, ou que la hauteur du lieu le permet. Les uns les lavent avant de les arranger ; les autres, et c'est le plus grand nombre, les laissent telles qu'elles sont sorties de la terre. Elles se conservent ainsi jusqu'au mois d'avril.

Les jardiniers qui ont la facilité de ramasser des feuilles ou de la fougère, et qui n'ont pas des lieux commodes pour placer ces légumes, les couvrent dès que les gelées deviennent fortes, et redoublent au besoin les couvertures. Les carottes se conservent bien sous ces couvertures, et on peut les arracher en tout temps. Mais les cultivateurs qui sèment des arpens de cette plante et qui n'ont pas de serres et ne peuvent les couvrir, pourraient employer un autre moyen. En faisant leurs mulons de paille blanche, ils pourraient ménager dans le centre un vide de 3 pieds de large sur 4 à 5 pieds d'élévation et une longueur indéterminée, mais proportionnée à la quantité des carottes ; ils auraient l'attention de donner au terrain, dans cette partie, un peu plus d'élévation pour que les eaux ne pussent pas y pénétrer. Le côté du midi, qu'ils laisseraient ouvert ou qu'ils fermeraient au besoin avec des bottes de paille, servirait pour y entrer et sortir les plantes. Ce même moyen serait également utile pour la conservation des pommes de terre, et la gelée ne pourrait y pénétrer.

Quelques jardiniers, pour arrêter la végétation, coupent la partie du collet d'où les feuilles sortent; mais je crois qu'elles se gâtent plus facilement par cette méthode.

Dans quelques départemens, on suit une autre méthode pour leur conservation. On creuse une fosse dont on garnit de paille le fond et les côtés ; on y place les carottes par lits alternatifs avec de la paille ; on met sur le tout un peu de paille qu'on recouvre avec une partie de la terre qu'on a tirée de la fosse, ou mieux on établit une couche de paille assez épaisse pour que les eaux et la gelée n'y puissent pénétrer.

Tels sont les soins que prennent les jardiniers dans les climats exposés aux fortes gelées pour avoir des carottes tout l'hiver et au commencement du printemps : car dans les départemens du midi et sur les bords de la mer, où il gèle rarement, les carottes restent en terre et s'y conservent bien ; mais comme au printemps elles montent et qu'alors les racines deviennent dures et ligneuses, on est obligé pour en avoir jusqu'au moment où celles semées en janvier puissent être récoltées, d'en faire quelques planches à la fin d'août ou au commencement de septembre. Ces jeunes plantes exigent des soins et des couvertures pendant l'hiver ; elles travaillent au printemps, mais elles ne montent à graine qu'après avoir pris de la force, et deux mois au plus après les autres ; et quand elles ont été bien soignées, elles prolongent la jouissance jusqu'au moment de la récolte des carottes semées de bonne heure, de manière qu'on en a toute l'année.

On sera peut-être surpris de tous les moyens que nous indiquons pour conserver un légume aussi commun et pour en avoir toute l'année. Mais l'étonnement cessera, si on réfléchit combien cette racine est saine, de facile digestion et propre à la nourriture de l'homme ainsi qu'à celle des animaux les plus utiles, comme les bœufs, les vaches, les chevaux, les moutons, les volailles mêmes, et on reconnaîtra alors l'utilité d'en étendre la culture.

Cette utilité sera encore plus sentie, si on parvient à se convaincre que les carottes sont très-recherchées par tous les bestiaux, qui, sans exception, paraissent les préférer à toute autre nourriture lorsqu'ils y sont habitués, qu'elles conservent leur santé, et que c'est après la chicorée sauvage leur aliment le plus sain et celui qu'on doit leur donner de préférence lorsqu'ils sont malades ; qu'elles leur donnent des forces et peuvent remplacer l'orge et l'avoine lorsqu'ils travaillent, en doublant leur ration ; qu'elles les engraissent promptement ; enfin qu'elles fournissent dans le même terrain autant et plus de nourriture que les fourrages les plus abondans, et que leur culture est une des meilleures méthodes à employer pour l'assolement des terres. Quelque abondante que soit leur récolte, les terres n'en paraissent jamais épuisées, et les récoltes de froment, ou autres graminées qui leur succèdent, sont toujours très-abondantes. Cet avantage, dont je fournirai par suite plusieurs exemples, est inappréciable et doit déterminer les cultivateurs éclairés à s'occuper de cette racine, et à donner un exemple dont l'utilité sera bientôt reconnue par leurs voisins, sur qui les conseils produisent peu d'effets, et qui ont besoin d'expériences faites sous leurs yeux. La destruction, ou au moins la diminution des plantes parasites serait également une suite nécessaire de cette culture. Enfin, les bénéfices qu'elle procurerait aux cultivateurs par la facilité qu'elle leur donnerait d'élever un grand nombre de bestiaux et de les engraisser, leur donnerait une aisance qui leur faciliterait les moyens de faire des avances et d'améliorer leurs terres. Si on ajoute à tous ces avantages celui de l'économie des grains, et d'une augmentation considerable de bestiaux, on trouvera, dans cette culture, de grands moyens pour augmenter la population et les richesses de l'état.

Beaucoup de cultivateurs, en considérant les avantages des carottes pour les assolemens, ont supposé que leurs racines, étant pivotantes, n'effritaient point les terres, et qu'en les pénétrant à une grande profondeur, elles laissaient les sucs nécessaires au froment et autres graminées à la superficie de la terre sans les consommer. Cette opinion est fondée sur des motifs raisonnés ; mais je crois que si la racine ne consomme pas tous les sucs qui se trouvent à la superficie, elle en attire une partie pour sa nourriture. J'ose ajouter que je ne crois pas cette raison la principale de celles qui rendent les carottes si précieuses pour les assolemens, en ne nuisant pas aux graminées ; mais que chaque plante ayant besoin de tels ou tels sucs pour sa subsistance, ceux qui conviennent aux graminées peuvent être rejetés par les carottes et autres racines pivotantes, et qu'ils leur laissent toute la nourriture qui peut leur convenir.

Les jardiniers qui désirent avoir de belles carottes et empêcher leur dégénération ne manquent jamais, en les arrachant, de choisir un certain nombre des plus belles. Ils les ramassent dans la serre, ou mieux, ils les plantent dans une place destinée à cet effet, et les couvrent l'hiver, s'il est nécessaire, avec de la paille, des feuilles ou de la fougère. On leur donne un binage au printemps et on les sarcle. Si on a eu la précaution d'en planter un assez grand nombre pour faire un choix, on ne prend que les graines de la circonférence de la principale ombelle et on rejette les autres. Ce motif doit déterminer tous les jardiniers à récolter eux-mêmes la graine, car ils doivent sentir que les jardiniers qui en vendent aux marchands récoltent la totalité.

La graine peut servir deux ans, mais elle vaut mieux la première année, et on peut même la semer de suite. Après l'avoir récoltée, on la laisse huit ou quinze jours au soleil, ensuite on réunit un certain nombre de tiges qu'on attache, et qu'on suspend dans un lieu sec. Quand on veut s'en servir, on la met une heure ou deux au soleil et on la frotte ensuite avec les mains pour détacher les poils, qui, sans cette précaution, réuniraient plusieurs semences et empêcheraient de semer également.

M. Tessier, malgré le préjugé établi généralement en faveur de la graine nouvelle, penche pour celle de deux ans, et invite les agriculteurs à constater le fait par des expériences réitérées. Cet estimable et savant cultivateur donne pour motifs que les graines de choux-fleurs et de melons ne produisent de beaux fruits qu'autant qu'elles sont vieilles. Je pense qu'il changerait d'avis et partagerait mon opinion, si ses travaux multipliés lui avaient laissé assez de temps pour réfléchir sur la différence qui se trouve entre la marche des fruits et celle du corps des plantes et de ses racines, lorsque l'homme s'écarte plus ou moins des lois générales de la nature pour modifier les plantes. Une culture et une nourriture différentes, un retard d'une année pour la semence, produisent nécessairement quelques modifications. Il en est de même de la greffe, etc. Tantôt on augmente la vigueur des plantes sans changer la qualité des fruits, et alors il ne s'agit que de trouver un terrain plus approprié à la plante et plus chargé de nourriture. La plante dans ce cas ne fait qu'augmenter de volume. Quand, au contraire, on veut modifier la plante, augmenter le volume et la saveur de ses fruits, on y parvient souvent, mais presque toujours aux dépens de la plante, qui, par cette modification, perd de sa vigueur et de son étendue. Les graines conservées plusieurs années tendent à produire cet effet, et pour suivre la comparaison de M. Tessier, si la graine de melon de deux ou trois ans donne de plus beaux fruits, la plante est moins vigoureuse que celle de la graine d'un an. Mais dans la carotte, ce n'est pas le fruit ou la semence qu'on recherche, c'est la racine. Il faut donc pour lui faire prendre toute l'étendue dont elle est susceptible, suivre les lois générales de la nature sans chercher

à les modifier, et se contenter seulement de faciliter son développement, en lui fournissant une abondante nourriture et
une terre douce, dans laquelle elle puisse pénétrer et s'étendre
sans obstacle. Je crois pouvoir en conclure que la graine d'un
an est préférable, et que les expériences en ce genre ne feraient que confirmer mon opinion.

La graine de deux ans peut cependant mériter la préférence
dans une circonstance particulière, c'est lorsqu'on sème à
l'automne pour avoir des carottes au printemps qui remplacent
celles récoltées l'année précédente, et aux mois de janvier
ou février, pour n'en pas manquer lorsque ces dernières sont
consommées ou poussent leurs tiges. Comme l'expérience,
d'accord avec ma théorie, a démontré que les plantes des
vieilles graines montaient plus difficilement que celles des
graines nouvelles, et que le défaut des semences d'automne et
d'hiver est de pousser trop promptement leurs tiges, on doit
préférer la graine de deux ans quand on sème à ces deux
époques.

Le même auteur, examinant le fait cité par les jardiniers,
que les pieds des carottes qui montent y déterminent leurs
voisins, et comparant ce fait avec ce qui arrive au froment,
qui mûrit plus tôt lorsqu'il est mêlé avec du seigle, propose de
semer alternativement dans une planche un rayon de graine
nouvelle et un rayon de vieille graine, tandis que, dans une
moitié de la planche voisine, on semerait de la vieille graine,
et de la nouvelle dans l'autre moitié.

Le fait relatif aux carottes et au froment étant un effet nécessaire des lois sur la végétation, il me paraît inutile de le
confirmer par de nouvelles expériences. Ce n'est que lorsqu'on
modifie les effets de ces lois qu'on a besoin de vérifier les résultats qu'on a obtenus par des expériences réitérées.

Quelques-unes de ces lois sont maintenant connues. On sait
que les plantes, gênées dans leur croissance verticale ou laté-
rale par quelque cause accidentelle, s'étendent dans l'autre
sens. On n'ignore pas que les plantes ont besoin d'air et de lumière, et que si elles en sont privées en partie, elles poussent
de manière à se débarrasser des obstacles qui les en privent. Il
est donc facile de démontrer, comme l'expérience le justifie,
que lorsque des carottes viennent à monter elles privent les
autres d'air et de lumière, et les déterminent également à
monter ; que le seigle produit le même effet sur le froment,
et précipite conséquemment sa maturité.

Quant à l'expérience que l'auteur propose, je pense qu'on
peut lui en donner d'avance les résultats : la demi-planche de
graine nouvelle monterait la première, étant la plus vigoureuse ; la planche mêlée de graine d'un an et de deux ans sui-

vrait de très-près, et la demi-planche de graine de deux ans serait la dernière à fournir des tiges.

Ces principes doivent déterminer les cultivateurs à ne pas trop serrer leurs carottes, sur-tout celles semées à l'automne et à la fin de l'hiver ; s'ils perdent en quantité, ils seront bien dédommagés par la beauté des racines.

La marche indiquée ci-dessus pour la culture de la carotte convient aux jardiniers ; mais les cultivateurs qui emploient cette racine comme fourrage doivent employer des moyens plus prompts et moins dispendieux. Les bonnes qualités de cette racine, sous ce rapport, ont déjà déterminé nos voisins à la cultiver en grand, et leurs méthodes citées par Rozier, Tessier et le Dictionnaire d'histoire naturelle, ne sont point à dédaigner ; mais je crois devoir y ajouter celle que j'ai vu pratiquer dans les environs du lieu de ma naissance, qui me paraît préférable aux autres quand on peut réunir assez de bras pour la pratiquer, non qu'on cultive beaucoup de carottes dans la Basse-Bretagne ; les laboureurs préfèrent le panais, dont ils nourrissent leurs chevaux ; mais beaucoup d'entre eux y mêlent un peu de carottes, qu'ils augmentent insensiblement dans les environs des villes, où la consommation des panais est faible, et où celle de la carotte augmente chaque jour ; et la culture des panais étant la même que pour les carottes, il est utile de la faire connaître.

Voici leur méthode : leurs terres étant généralement plus légères que fortes, ils choisissent dans leurs terres chaudes (expression usitée pour distinguer les terres que l'on fume de celles qu'on Ecobue, *voyez* ce mot,) les pièces ou parcs les plus voisins de l'habitation : ce sont celles où ils ont mis du froment ou de l'orge l'année précédente, et qu'ils ont fumées en proportion des deux récoltes qu'ils veulent en retirer, parce qu'en général ils ne fument pas en semant les carottes et les panais, sur-tout auprès des grandes villes, où ils vendent une portion de leur récolte, attendu que les racines contracteraient un goût désagréable qui les ferait rejeter.

Après la récolte du froment ou de l'orge, ils attendent jusqu'au mois de mars pour labourer leurs terres. Cette marche me parut singulière dans le principe, puisqu'un labour donné après la récolte du blé serait essentiel à cette époque ; mais les cultivateurs trouvent un avantage à ne pas labourer. Comme l'automne, dans ce climat, est humide et rarement froide, la terre est promptement couverte de plantes, qui deviennent à la fin de l'automne, et souvent une grande partie de l'hiver, une ressource précieuse à cette époque pour le pâturage. De plus, les graines de la plupart des plantes parasites germent ou servent de nourriture aux oiseaux, au lieu qu'un labour donné

dans l'automne les enfouirait dans la terre, où elles se con-
serveraient saines. Je fais cette observation, afin de mettre les
cultivateurs à même de juger des avantages ou des inconvéniens suivant les climats qu'ils habitent.

Au mois de mars, les fermiers s'entendent pour réunir un
nombre suffisant d'ouvriers qui puissent faire dans un jour
avec la bêche le même ouvrage que la charrue. Chaque ouvrier porte sa bêche. On commence par faire enlever le gazon
par la charrue, à mesure qu'elle avance ; les ouvriers se mettent à l'ouvrage, bêchent la partie découverte par la charrue,
et jettent la terre sur le gazon ; ils font, à ce moyen, une petite
fosse. La charrue au retour jette dans cette fosse le gazon de
la terre qu'elle découvre, et les ouvriers qui la suivent recouvrent ce gazon en bêchant la terre découverte. On continue
ainsi jusqu'à ce que la pièce de terre soit entièrement labourée.
Cette méthode a plusieurs avantages : elle accélère le travail
des ouvriers au moyen de la charrue, qui fait la moitié de
l'ouvrage ; elle laboure la terre aussi profondément qu'il est
possible, puisqu'elle la défonce de 18 à 20 pouces, point essentiel pour les racines ; enfin toutes les mauvaises plantes sont
enterrées à une grande profondeur ; et lorsque les racines y
parviennent, comme ces plantes sont décomposées, elles leur
fournissent de la nourriture.

A mesure que la charrue et les ouvriers avancent, d'autres
ouvriers les suivent pour aplanir la terre et rompre les mottes,
s'il s'en trouve encore. Ils se servent de marres. C'est un instrument emmanché comme la houe, dont on se sert aux environs de Paris, mais ayant un manche beaucoup plus long.
Il diffère aussi par la forme ; il est plat et arrondi en cercle,
au lieu que le tranchant de la houe est droit et qu'elle forme
un carré long un peu arrondi auprès de la douille.

Le lendemain on seme et on herse. Dans les cantons où l'on
craint la sécheresse au printemps, on fume un peu avant de
semer. On sarcle et on bine deux fois, et si on a trop de plants
on en arrache une partie. On coupe les feuilles à l'entrée de
l'hiver, et on arrache les racines à mesure qu'on les com-
somme.

Telle est la méthode employée dans cette partie de la France
pour la culture de la carotte et des panais ; elle prouve et
l'intelligence des cultivateurs et l'union qui règne entre eux.
J'ignore si elle est adoptée dans quelques autres départemens
que celui du Finistère, et si les Anglais cultivaient en grand
la carotte avant les Bretons ; mais je sais que cette méthode
est suivie depuis plus d'un siècle dans ce département.

Les Anglais depuis un demi-siècle s'occupent de la culture
de cette racine comme fourrage. Le mémoire de M. Robert

Billing entre dans les plus grands détails à ce sujet. Tous les auteurs qui l'ont cité l'ayant copié mot pour mot, je suivrai leur exemple, dans la crainte que l'analyse ne présentât pas aux amateurs tous les détails qu'ils pourraient désirer.

« Ce fut en 1763 que j'ensemençai de carottes 30 arpens et demi. Tout ce terrain était partagé en trois portions. La première pièce, de 13 arpens, avait porté, en 1762, du froment; la seconde, d'un demi-arpent seulement, du trèfle; et la troisième, de 17 arpens, avait porté cette année des raves. Celle de 13 arpens est une terre froide, tenace et mauvaise, qui repose sur une espèce d'argile. La seconde est une terre mêlée sur un fond de terre grasse et humide. Les 17 arpens peuvent être divisés en deux parties, l'une de 14, l'autre de 3 arpens. L'une et l'autre forment une terre légère que j'avais tout récemment amendée avec de la marne. La première est un excellent sol bien tempéré, et qui porte sur un fond de marne. L'autre est un sable noir et stérile, qui porte sur un fond de glaise mollasse imparfaite.

» Je labourai mon champ de froment et de trèfle dès le commencement de novembre; car une chose dont je suis convaincu par toutes les observations que j'ai faites depuis que j'ai entrepris cette culture, est que si on seme les carottes sur un champ de trèfle, de froment, et de ce que les Anglais nomment *reygras*, la terre ne peut jamais être labourée d'assez bonne heure, afin que le froid et la neige puissent la diviser et la rendre propre à recevoir une si petite graine. Plus la terre est dure et tenace, plus cette attention devient nécessaire. Pour ce qui est du champ qui n'avait porté que des raves, je le laissai reposer jusque vers la fin de janvier. Je pensai qu'il serait assez tôt de labourer alors, la terre ayant été entièrement nettoyée de toutes les mauvaises herbes, par la culture et les labours qu'elle avait reçus avec la herse pendant l'été précédent.

» Des 13 arpens de champ de froment, 6 avaient été travaillés comme si le champ devait être ensemencé de nouveau de froment et non pas de carottes. Sur quatre et demi, je ne mis aucun engrais, et 2 arpens et demi furent simplement labourés comme pour porter des carottes. Le champ de trèfle fut travaillé de même; et des 17 arpens où j'avais recueilli des raves en 1762, une partie avait servi de bergerie, et toute la récolte des raves y avait été consommée par les brebis et le menu bétail.

» Je trouve que 4 livres de graines suffisent pour ensemencer un arpent; il faut avant de la semer avoir l'attention de la passer par un tamis fin, et de la frotter entre les mains pour la dépouiller de tout ce qui est inutile.

» Il se passe ordinairement trois semaines, et quelquefois davantage, avant que les jeunes plantes paraissent, et c'est là le principal avantage, sans parler de la différence qu'il y a dans la dépense que les raves occasionnent en comparaison de celle que les carottes exigent (Les carottes ont encore un autre avantage, elles sont plus saines et plus nutritives.) Les carottes que j'avois semées en avril sur le champ de trèfle furent les premières en état d'être sarclées, quoique semées les dernières. J'avais donné trois labours aux champs de froment et de trèfle, tandis que je n'en avais donné que deux au champ de raves ; le premier fort léger, le second aussi profond que la nature du terroir pouvait le permettre. Après ce labourage, je semai les carottes.

» Il est nécessaire de sarcler les jeunes carottes, et le sarclage ne les fait point souffrir, quoiqu'elles se trouvent en peu de temps couvertes de méchantes herbes avant d'être sarclées, et qu'elles soient couvertes de terre après cette opération. Il ne paraît cependant pas qu'elles en reçoivent aucun dommage après qu'elles ont été nettoyées de nouveau.

» Notre sarcloir a 6 pouces de longueur, et pourvu que les mauvais herbes n'y soient pas à l'excès, il n'en coûte guère plus de 6 livres par arpent pour les faire sarcler la première fois. Si par hasard il survient beaucoup de pluie et que la terre soit humide avant d'avoir été ensemencée, ou qu'il se passe un long intervalle entre le temps de semer et celui de sarcler, ou si, par toutes ces raisons prises ensemble, la terre se trouve couverte de méchantes herbes, il en coûtera depuis 7 livres jusqu'à 9 livres par arpent. Dix ou quinze jours après avoir fait sarcler mes carottes, je fais passer la herse sur le semis, tant pour déplacer les mauvaises herbes que pour les empêcher de recroître; accident qui arriverait vraisemblablement sans cela, sur-tout si le temps continuait à être pluvieux. Bien loin que la herse endommage les jeunes plantes, elle leur fait beaucoup de bien, parce qu'elle leur procure de la terre fraîche en même temps qu'elle extermine les mauvaises herbes.

» Trois semaines après les avoir hersées, au cas que le champ ne soit pas bien net, qu'il y ait encore de mauvaises herbes, je sarcle mes carottes une seconde fois ; travail qui coûte environ 3 livres, et un peu plus, suivant que le champ est plus ou moins rempli de mauvaises herbes. Si après cela il en reste, ce qui peut aisément arriver ; si, pendant le second sarclage, il pleut souvent, je fais passer par-dessus une seconde fois la herse ; cependant j'ai remarqué plus d'une fois que, lorsque le temps a été favorable, et que les ouvriers ont fait leur devoir, les carottes seulement sarclées et hersées une fois ont été aussi nettes que celles que j'ai fait sarcler deux fois et herser à plusieurs reprises.

» Je dois actuellement donner le détail des succès obtenus en 1763 sur les différentes parties du terrain dont je viens de parler. Les carottes qui réussirent le mieux furent celles du champ de 2 arpens et demi, qui avaient porté l'année précédente du froment. L'abbé Rozier donne les motifs de cette réussite dans ce terrain : le froment, dit-il, n'avait appauvri les sucs de la superficie du sol qu'à quelques pouces de profondeur, et la carotte, en pivotant, a profité de ceux de la couche inférieure, tandis que les raves et le trèfle avaient appauvri cette couche.

» Les carottes tirées du champ de froment avaient 2 pieds de longueur et 12 et 14 pouces de circonférence à la partie supérieure. J'ai recueilli sur les 2 arpens et demi vingt-deux à vingt-quatre chars par arpent ; en tout cinquante-cinq à cinquante-six chars. Le demi-arpent, semé auparavant en trèfle, donna douze chars. Les 6 arpens et demi, fumés comme si on avait voulu semer du froment, rendirent dix-huit à vingt-quatre chars par arpent. Enfin, les 4 arpens non fumés produisirent depuis douze jusqu'à quatorze chars par arpent.

» Je n'avais fait qu'une chétive récolte de raves dans l'année précédente sur le champ de 17 arpens ; cependant chacun de ces arpens produisit seize à dix-huit chars. Je parle de 14 arpens, car les trois autres ne donnèrent qu'une pauvre récolte : en sorte que je calcule avoir recueilli sur les 17 arpens, qui avaient porté auparavant des raves, environ deux cent soixante-dix chars de carottes; ce qui, joint aux premiers, forme un produit de cinq cent dix chars. Or, j'estime la valeur du produit des carottes à mille chars de raves, ou trois cents chars de foin; et c'est d'après l'expérience que je parle.

» J'ai trouvé que la meilleur méthode de tirer les carottes de terre était une fourche à quatre branches. Un homme ouvre avec cet instrument la terre à la profondeur de 6 ou 8 pouces sans endommager les carottes ; un petit garçon le suit, les ramasse et les met en tas.

» Je remarquai que toutes espèces de bestiaux mangeaient les choux avec autant d'avidité que les raves, et que, s'étant accoutumés insensiblement à manger les carottes, ils commençaient à les préférer aux choux. Je conduisis d'abord les choux et les carottes, et ensuite les carottes et les raves, du champ où ils avaient cru, dans un enclos, et là, sans autre préparation que d'en secouer un peu la terre, je les dispersai sur le sol, afin que le bétail pût manger le tout ensemble.

» Le premier troupeau nourri de cette façon était de douze bœufs et de 40 moutons qui n'avaient encore que deux ans,

une vache et une génisse de trois ans. Enfin j'y ajoutai
17 bœufs venus d'Ecosse.

» Je dois observer ici, qu'après avoir consommé ma provision
de choux, j'employai pendant quelques jours une charge de
raves, ce qui, avec trois charges de carottes, suffisait pour nourrir tout ce bétail. De là je pouvais conclure avec raison qu'une
charge de carottes équivaut à-peu-près à deux charges de raves,
et qu'aucun fourrage n'engraisse autant que les carottes. Cette
nourriture leur répugne un peu dans le commencement; mais
dès qu'ils y sont accoutumés ils la préfèrent à toute autre.

» La grande quantité de carottes que j'avais cultivées me
fournit encore l'occasion d'essayer quel avantage on en reti-
rerait si on les donnait à manger aux vaches, brebis, chevaux et cochons que l'on garde dans les écuries.

» Ce fut alors (au mois d'avril) que je tâchai de trouver
un moyen de tirer mes carottes de la terre avec moins d'embarras et plus de vitesse que je ne faisais auparavant ; je me
déterminai à me servir de la charrue à petit soc. Comme elle
va doucement et que le soc ouvre la terre, il y a peu de racines endommagées. Le versoir fait sortir de la terre la plupart des carottes , et la herse finit par les enlever. Il est impossible qu'il ne reste pas toujours quelques carottes enfouies
dans la terre ; mais comme aussitôt que cette récolte est relevée , il faut labourer le champ et le herser, alors ce qui
reste est ramené sur la terre , et on y conduit le bétail, qui
n'en laisse aucune. De cette manière rien n'est perdu (1).

» L'expérience m'a prouvé que les vaches donnent beaucoup plus de lait, un beurre de meilleure qualité, et qu'elles,
ainsi que les brebis, se portent beaucoup mieux lorsqu'elles
mangent des carottes. Cet avantage est encore manifeste sur
les agneaux qui naissent dans cette saison.

» En novembre 1763, je commençai à nourrir avec des carottes seize chevaux qui faisaient tous mes ouvrages de la campagne. Je ne leur donnai ni foin ni graine, mais quelque peu
de paille et des pois. Ils furent ainsi nourris jusqu'au mois
d'avril. Comme ils travaillaient beaucoup , ils eurent à cette
époque un peu d'avoine, et les carottes ont été leur principale
nourriture jusqu'à la fin de mai qu'ils furent mis au vert. Cependant mes chevaux ne se portèrent jamais mieux , et ne
firent jamais plus activement leur ouvrage.

---

(1) C'est plutôt, comme on le fait ordinairement, avec une forte
charrue piquée très-profondément et garnie d'un vigoureux attelage ,
qu'on doit arracher les carottes cultivées en grand. Plusieurs personnes
suivent la charrue et enlèvent les racines avec une fourche de fer, à
mesure qu'elles sont mises à découvert. Celles qui sont coupées ou
mutilées se mettent à part pour être consommées les premières.

(Note de M. Bosc.)

» Je donnais à ces seize chevaux deux charges de carottes par semaine, et, suivant mon calcul, ces deux charges m'épargnaient pour le moins un char de foin. Dans le commencement, je faisais couper la tête et la queue de ces carottes avant de les donner aux chevaux, et ces rebuts servaient à la nourriture des cochons : je m'aperçus bientôt que les chevaux mangeaient avec autant de plaisir les deux extrémités que le corps de la racine. Le cochon mange avec avidité cette plante, et elle l'engraisse beaucoup (1).

» Il en coûte plus pour mettre un champ en carottes qu'en raves, parce qu'il exige des labours plus profonds et plus de sarclage ; mais le bénéfice est beaucoup plus considérable ; les raves sont très-sujettes à manquer, et souvent elles pourrissent au premier printemps. La durée de la carotte est plus assurée et plus longue, objet très-précieux dans cette saison, où les fourrages sont épuisés.

» On doit ajouter à ces détails que ces trente arpens et demi donnèrent l'année suivante une récolte prodigieuse en grains. »

Ce rapport de M. Billing, qui a opéré par lui-même, mérite toute croyance, et a d'ailleurs été depuis fréquemment renouvelé en Angleterre, où cette culture s'étend chaque année.

M. Young, qui s'est également occupé de cette culture, fait aussi connaître la méthode qu'il a suivie. Voici les soins qu'il lui donnait. Lorsque les carottes avaient acquis 3 ou 4 pouces de longueur, c'est-à-dire lorsqu'on pouvait les distinguer aisément, on donnait alors le premier binage avec la houe ; on choisissait un temps sec pour faire cette opération, et on employait à la fois autant de bras qu'il était possible de s'en procurer, afin d'avoir fini avant que la pluie ne survînt. Lorsque les mauvaises herbes étaient très-abondantes, les ouvriers employés à ce travail se traînaient sur leurs genoux pour apercevoir plus sûrement les carottes. Les houes qu'ils employaient avaient 4 pouces de large, et le manche 18 de longueur. S'il y avait peu de plantes parasites, ils travaillaient debout, et avec les instrumens ordinaires. Dans cette première façon, on espaçait de 5 à 6 pouces les carottes entre elles ; et si on découvrait des plantes trop rapprochées, ou de mauvaises herbes trop près des carottes, on les éclaircissait à la main.

Quinze jours ou trois semaines après cette première façon, suivant la saison, on choisissait un temps sec pour passer la herse sur le champ. Cette opération était indispensable pour ameublir la terre, et détruire les mauvaises herbes qui avaient repoussé. La herse n'arrachait presque point de carottes.

______

(1) On m'a cité un cochon qui avait été engraissé en dix jours avec des carottes.   (*Note de M. Bosc.*)

Dès que ces plantes avaient 6 pouces ou environ, on donnait une seconde façon à la houe. On employait cette fois des houes de 9 pouces de large, et on laissait les carottes à la distance de 16 à 18 pouces entre elles. Il vaut mieux les espacer plus que moins. Toutes les mauvaises herbes se trouvent détruites par cette opération, et la terre est ameublie. On arrache à la main toutes les mauvaises herbes qui se trouvent trop près des carottes; on tâche de nettoyer le terrain autant qu'il est possible; on remue même les places où il ne paraît pas de mauvaises herbes, afin de détruire celles qui pourraient repousser. S'il arrive par la suite qu'on voie encore paraître de mauvaises herbes, on emploie de temps en temps des enfans pour les arracher. Le succès de cette culture dépend surtout des sarclages et des binages. Il ne faut pas les négliger, même dans les temps où les cultivateurs sont le plus occupés, comme dans le temps de la fenaison, ou à l'époque de la moisson.

A cette culture de M. Young, je pourrais en citer un grand nombre d'autres qui confirmeraient ce que j'ai déjà avancé sur les avantages de la culture de cette plante.

M. Gardner, en 1771, en cultiva plusieurs arpens avec la bêche au mois de mars. Il en donna à ses chevaux de labour au lieu d'avoine, en augmentant la mesure de moitié, et ils n'en étaient pas moins courageux.

M. Ray en a également semé, en 1770, plusieurs arpens; il obtint, comme M. Gardner, une récolte abondante, et parvint, au moyen de cette culture, à détruire les plantes parasites qui couvraient ce terrain. Ce particulier n'en fit pas une quantité assez considérable pour en nourrir tout l'hiver ses bestiaux; mais il pensa que si elle avait été suffisante, il aurait pu se dispenser de leur donner de l'avoine et d'autres grains, et que la carotte aurait été suffisante pour engraisser jusqu'à ses cochons. Sa méthode de culture était de semer par rangées, méthode sur laquelle je ferai quelques observations.

M. Edward a fait les mêmes essais, et a eu les mêmes résultats.

M. Heuwet les a également répétées, en semant par rangées comme M. Gardner; mais en n'espaçant qu'à 6 pouces au lieu d'un pied entre les rangs. Il a eu le plus grand succès, a engraissé plusieurs bestiaux, et particulièrement un cochon maigre, qui, en dix jours, était assez gras pour être tué. Son lard était très-beau, blanc et ferme, et ne diminuait point à la cuisson. M. Turner a obtenu le même résultat en engraissant des cochons avec des carottes crues. Il en est de même de MM. Scroppe, Wilkie et Mellish : ce dernier regarde cette culture comme la meilleure préparation pour celle de l'orge et des autres graminées.

M. Cope a cultivé de la manière suivante : en octobre, il laboura deux fois dans le même sillon à la profondeur de douze pouces ; en novembre et en février, il répéta la même opération, ensuite il hersa une fois, et sema, par arpent, quatre livres de graines qu'il recouvrit par un second hersage. Il fuma, avant le dernier labour, avec de la suie, de la fiente de pigeon, du crotin de mouton et du fumier de sa cour bien consommé. On sarcla les carottes avec une houe triangulaire, instrument de l'invention de M. Cope, qui, comme tous les cultivateurs anglais qui sont instruits, s'occupent des moyens de perfectionner leurs instrumens aratoires, et ont de grands avantages sur les Français dans cette partie.

Pendant qu'il en a nourri ses bestiaux, ils ont été dans le meilleur état. Ses vaches lui ont fourni en abondance d'excellent lait, de belle crême et du beurre d'une qualité supérieure. Jamais il n'avait engraissé ses cochons aussi promptement, ainsi que ses bœufs et ses vaches. La comparaison du lard et de la viande de ces animaux avec celle des cochons et des bœufs nourris avec des grains n'a présenté aucune différence.

MM. Stovin, Cook, Moodi, Fellowes, Acton, Arbuthnot l'ont également cultivée en grand. M. Arbuthnot l'a replantée avec assez de succès dans des terres légères entre des rangées de froment. M. Acton a remarqué que, pour les empêcher de pourrir dans la serre, il fallait les laisser sécher avant de les ramasser.

Les cultivateurs de l'est de l'Angleterre donnent un labour très-profond, en employant deux charrues qui se suivent dans le même sillon. Ils binent avec une houe de 4 pouces la première fois ; mais la seconde, ils espacent les carottes d'un pied, et ils les arrachent avec la fourche à trois dents. C'est, suivant eux, la meilleure nourriture du cheval (1).

MM. Fellode et John Mill ont calculé le produit d'un arpent. Le premier en a eu plus de 30,000, le second 21,000 seulement ; mais il observe que le produit eût été plus considé-

---

(1) Cultiver simultanément les carottes et le pavot dans le même champ favorise singulièrement la végétation des premières, en ce que ce dernier les ombrage, et que, lorsqu'on l'arrache, il donne une espèce de binage à la terre.

Dans le département de la Haute-Saône, on sème au printemps des graines de carottes dans les orges et les avoines. Après les récoltes, on arrache les chaumes autour des pieds de cette plante, ce qui leur tient lieu de labour. Cette pratique est digne d'être imitée, car elle remplit fort bien l'objet qu'on a en vue. *Voyez* ASSOLEMENT.

(Note de M. Bosc.)

rable, si le dernier labour eût été donné par un temps sec. Les calculs de M. Young tendent à prouver que dix arpens de terre doivent suffire pour la nourriture de huit chevaux, soixante moutons et douze bœufs par an. Comme en France, dans les terres en jachères, on calcule qu'il faut un arpent pour la pàture d'un bœuf ou d'une vache, on peut juger, par ce rapprochement, de l'avantage de remplacer les jachères par la culture de la carotte. Il paraît également constaté que les grains semés à la suite des carottes sont plus beaux, plus nets, en plus grande abondance. Cette culture présente un autre avantage inappréciable dans les campagnes éloignées des grandes villes, où on ne peut se procurer d'autres engrais que ceux que les bestiaux font dans la ferme. La culture des carottes, facilitant les moyens de nourrir un plus grand nombre de bestiaux, procurerait également une augmentation considérable de fumiers. Les terres étant plus amendées fourniraient de plus belles récoltes, et la première dépense une fois faite, la culture se porterait au point de perfection qu'elle peut atteindre.

J'ai dit, en parlant des diverses méthodes de semer les carottes, que je préférais celle à la volée; cependant, en lisant l'ouvrage de M. Young, je m'aperçus qu'il pouvait y avoir des avantages à espacer également les plantes; mais comment le faire à la main sans une perte de temps considérable, ou une consommation très-grande de graines, dont il faut ensuite arracher une grande partie des plantes? Ces inconvéniens feront toujours donner la préférence aux semis à la volée, jusqu'à ce qu'on ait adopté en France les instrumens dont les Anglais se servent, tels que le semoir et autres. Encore paraît-il que les Anglais eux-mêmes, après avoir semé par rangées, en reviennent à la première méthode, malgré leurs instrumens perfectionnés : d'où il s'ensuit que beaucoup de cultivateurs doutent encore des avantages de semer par rangées.

Au surplus, il n'est pas surprenant de voir espacer les carottes de 12 à 15 pouces dans un climat où l'on craint plus l'humidité que la sécheresse, et où la température varie peu ; mais dans les climats où l'on ne réunit pas ces avantages, je pense que 6 pouces de distance entre les carottes doivent suffire. Le feuillage couvre mieux la terre et en conserve l'humidité.

Dans le département de l'Escaut, où de temps immémorial on cultive la carotte pour la nourriture des bestiaux, et où on la regarde comme donnant des produits supérieurs à ceux de toute autre culture, on est, au rapport de M. François (de Neufchàteau), dans l'usage d'en semer deux variétés, l'une en mars et l'autre en mai, toutes deux sont jaunes. La première est excellente à manger, mais moins productive. On en répand la graine sur les champs de seigle ou de lin , et on lui donne un léger hersage pour l'enterrer. La seconde, moins bonne , mais plus profitable, se distingue, parce que sa partie supérieure sort toujours de terre. On la répand sur la terre nue , bien labourée et bien fumée.

Il est inutile d'entrer dans d'autres détails pour la culture de la carotte considérée comme fourrage. Les cultivateurs jugeront, d'après la qualité de leur terre et la température, de la méthode à suivre. Les avantages de cette plante sont inappréciables sous ce rapport; et si , dans les pays où on laisse la terre reposer la troisième année, on remplaçait les jachères par des carottes, qu'on juge de l'énorme proportion de produit que l'on s'y procurerait, et de l'augmentation considérable de bestiaux et même d'hommes qu'on pourrait y nourrir ; mais objectera-t-on , dans ces contrées il y aura moins de terre pour la pâture. Qu'importe, si les cultivateurs ont par ailleurs des moyens décuples de nourrir leurs bestiaux? Il faudra une augmentation d'avances et d'ouvriers. Qu'importe encore, si les produits sont proportionnés, et au-delà , avec la recette? On aura plus d'occupation : tant mieux ; plus vous augmenterez les ouvriers, plus vous nourrirez d'hommes sur le même terrain ; plus vous éleverez de bestiaux , dont la vente doit vous rembourser de vos avances, et vous assurer un bénéfice certain ; plus vous enrichirez l'état, qui n'est jamais plus puissant que lorsque les terres produisent : tout ce qu'on a droit d'en attendre est qu'elles fournissent une abondante nourriture pour un grand nombre de familles. Cette augmentation de bras reflue dans les manufactures , est employée utilement pour la marine et le recrutement de l'armée.

On doit à M. Tessier une extrèmement bonne instruction sur la culture en grand des carottes , instruction qui a été imprimée dans les *Feuilles du cultivateur*, des 2, 12, 16, 19 et 23 janvier 1793; le lecteur y trouvera tout ce qui peut manquer pour compléter ses connaissances sur cette importante culture.

Les carottes ne fournissent pas seulement une nourriture abondante. On peut en retirer une liqueur spiritueuse au moins égale à l'eau-de-vie de grains, et beaucoup moins dispendieuse si on a égard à la quantité qu'on en tire de la récolte d'un arpent, comparée avec celle que produit un arpent ensemencé en orge (1).

---

(1) On sait depuis long-temps que les racines de carottes contiennent du sucre, et M. Drapier s'est assuré qu'elles pou aie t en fournir, par l'intermède de l'alcool , jusqu'à 14 pour cent ; ce qui est , après la betterave, le p'us fort produit des racines indigènes. (*Note de M. Bosc.*)

Voici le procédé de M. Hornbi d'York :

« Le 18 octobre 1787, il prit 2240 livres de carottes qu'il avait laissées sécher pendant quelques jours ; il les nettoya, lava, et dans cet état elles pesaient 154 livres de moins. Il coupa alors ces racines par morceaux, et en mit un tiers dans un vaisseau de cuivre avec 96 pintes d'eau. Il couvrit soigneusement le vaisseau, et l'échauffa pendant trois heures. Au bout de ce temps, toutes les racines étaient réduites en une espèce de bouillie. Il traita de la même manière les deux tiers restans ; et à mesure que les carottes en bouillie étaient enlevées de la chaudière, on les passait à la presse, et on en exprimait aisément tout le suc. M. Hornbi obtint par ce moyen 800 pintes d'une liqueur très-douce et semblable au moût. Il la versa dans une chaudière, en y ajoutant une livre de houblon. Au bout de quarante-huit heures, ou environ, la liqueur commença à bouillir. On la laissa en cet état pendant cinq heures ou environ ; après quoi on la mit dans le bassin, où elle demeura jusqu'à ce que le degré de chaleur fût au 66ᵉ. degré du thermomètre de Fahrenheit. Du bassin on versa la liqueur dans la cuve, et on y ajouta, comme cela se pratique ordinairement pour les autres liqueurs, six pintes de levure de bière. Le mélange fermenta pendant quarante-huit heures, et pendant ce temps la chaleur diminua ; ce qui est contraire à ce qui arrive dans les autres liqueurs. Lorsque la levure a commencé à tomber, le thermomètre, plongé dans la liqueur, a marqué 58 degrés. M. Hornbi fit chauffer alors 48 pintes de suc de carottes qui n'avaient subi aucun degré de fermentation, et l'ayant versé dans la liqueur, le thermomètre monta de nouveau au 66ᵉ. degré. Il laissa la fermentation s'établir de rechef pendant vingt-quatre heures, au bout desquelles le mélange fit monter comme auparavant le thermomètre au 56ᵉ. degré. La levure commençant à se précipiter, il remplit quatre barriques de cette liqueur, qui continua encore de travailler pendant trois jours. Pendant la fermentation, l'atmosphère de la brasserie était au 46ᵉ. ou au 47ᵉ. degré. Comme la liqueur perdait dans la cuve d'heure en heure de sa chaleur, M. Hornbi crut qu'il était à propos d'avoir du feu dans l'atelier tant que durerait la fermentation. Le tout étant resté trois jours dans les barriques, il le mit dans un alambic, et en retira par la distillation 200 pintes de liqueur qui, rectifiée le jour suivant, lui fournit, sans addition d'aucun liquide, 48 pintes d'eau-de-vie, dont il a envoyé un échantillon à la Société d'agriculure, à laquelle elle a paru d'un très-bon goût et très-limpide.

» Le marc des carottes a pesé 672 livres, ce qui joint aux issues, telles que les têtes et les queues des racines, a fourni une très-bonne nourriture pour les cochons, meilleure même,

suivant M. Hornbi, que celle qu'on obtient des grains brassés.
On peut encore ajouter le résidu de l'alambic, qui a donné
456 pintes. Comme on le voit, un arpent de carottes ainsi
traité fournit un résidu plus considérable que celui du produit
d'un arpent d'orge; ce qui est un objet important lorsqu'on
nourrit des porcs. »

L'objet serait encore plus important dans les pays à jachère, puisque tout ce produit serait donné par des terres qui
n'auraient fourni que de mauvais pâturages.

M. Tessier ajoute que l'eau-de-vie de carottes peut devenir un article très-utile en donnant lieu à une épargne de
grains très-considérable. D'après l'expérience de M. Hornbi,
un acre produisant vingt tonnes de carottes doit donner
960 pintes d'eau-de-vie de la force de celle qu'il a envoyée.
C'est beaucoup plus que ce qu'on peut obtenir du meilleur
produit d'un acre de terrain semé en orge. M. Hornbi porte
les frais de culture d'un acre de carottes à 200 francs, y compris le fermage, les labours, les sarclages, etc. Autant qu'il
peut croire, les frais d'extraction de l'eau-de-vie doivent se
monter à 360 francs. Ainsi, évaluant cette eau-de-vie, non
compris les droits, à 21 sous la pinte, prix ordinaire de l'eau-
de-vie de grains, on voit qu'un acre doit donner 408 francs
de profit, sans compter les issues, qui forment un article considérable dans de grands ateliers.

Quoique la fixation du prix ordinaire de l'eau-de-vie me
paraisse forcée en la portant, comme M. Tessier, à 21 sous;
néanmoins il ne s'écarte pas beaucoup de sa valeur en y joignant celle des issues. Ainsi, indépendamment du bénéfice
à faire par les cultivateurs dans cette culture, on doit juger
combien la société en général y trouverait d'avantages, combien même cette culture dans les terres qu'on laisse reposer en
France pourrait influer sur la balance du commerce.

Mais c'est en vain que des particuliers vanteront les propriétés des carottes et les avantages de leur culture pour remplacer les jachères. Toutes leurs observations à cet égard
produiront peu d'effet, parce que les cultivateurs français
tiennent à leurs habitudes, qu'ils lisent peu, qu'ils ne sont
d'ailleurs pas riches, et qu'ils regardent à entreprendre une
culture dispendieuse, quand des expériences réitérées ne les
ont pas convaincus des profits qu'ils doivent en retirer. Ce
n'est donc pas les particuliers, mais le gouvernement qu'il
s'agirait de persuader des avantages de cette culture pour les
assolemens, afin qu'il prît les mesures nécessaires pour la répandre sur le sol de la France, et y faire connaître les instrumens aratoires de l'Angleterre. Il est malheureux que les circonstances actuelles ne permettent pas de s'occuper de ces

objets intéressans, et de sacrifier tous les ans deux ou trois millions pour l'agriculture. On jugerait en douze ou quinze ans des effets heureux qui en résulteraient; les campagnes prendraient une face nouvelle; les cultivateurs acquerraient de l'aisance, ils augmenteraient leur consommation; les marchés et les contrats seraient plus fréquens, et le gouvernement, par cette augmentation insensible des contributions indirectes et des droits de timbre et d'enregistrement, aurait bientôt fait rentrer ses avances. Si l'urgence des besoins forçait à augmenter momentanément les contributions, tous les citoyens, jouissant d'une plus grande aisance, supporteraient cette surcharge facilement et sans plaintes. L'esprit national, qui n'est que l'amour du pays où l'on jouit des avantages de la société et où l'on est heureux, prendrait de la force en raison du bonheur dont on jouirait, et les sacrifices ne coûteraient rien, dès qu'il serait question de maintenir l'ordre des choses contre les ennemis du pays, et de venir au secours d'un gouvernement qui ne s'occuperait que des moyens d'améliorer le sort des citoyens.

Propriétés de la carotte. Peu de racines sont plus saines, plus nourrissantes et d'une digestion plus facile. L'homme et les animaux qui l'aident dans ses travaux, ainsi que ceux qu'il n'élève que pour lui servir d'alimens, s'en nourrissent également. La plupart des quadrupèdes les mangent crues, les volailles les veulent cuites. Tout le monde connaît les différentes manières de les préparer pour l'homme. Elles entrent dans la composition de la plupart des jus, des potages et des ragoûts; on les emploie aussi seules au beurre roux et au beurre blanc, etc. Dans les années de disette de grains, ou lorsque les vendanges viennent à manquer, les carottes rendraient les plus grands services. Elles sont regardées comme apéritives, carminatives et diurétiques. La semence est une des quatre semences chaudes mineures. Pour l'homme, la dose des semences est depuis demi-drachme jusqu'à demi-once en macération au bain-marie dans 5 onces d'eau; et pour l'animal, à la dose de demi-once, macérées dans du vin blanc. Elle est employée pour provoquer les urines et les graviers; on emploie les racines avec succès dans les cancers pour en retarder les progrès. On les pile et on les applique sur le cancer, en les changeant deux fois par jour; les personnes attaquées de cette maladie doivent en faire leur principal aliment. On les confit au sucre en Europe, et au vinaigre en Egypte. On les dessèche aussi, soit en morceaux, soit en poudre, pour les usages de la marine. La facilité qu'on a de les conserver dans l'hiver devrait déterminer les marins qui partent, à la fin de l'automne ou au

commencement de l'hiver, pour des voyages de long cours,
à en faire de fortes provisions. (Fér.)

CAROUBIER ou **CAROUGE**, *Ceratonia*. Arbre très-élevé,
très-branchu, dont les feuilles sont persistantes, alternes, pétiolées, ailées sans impaire, ordinairement composées de six
folioles presque rondes, coriaces et entières, qui est indigène
aux parties méridionales de l'Europe, et en général à tout le
pourtour de la Méditerranée, et qui forme un genre dans la
polygamie trioécie et dans la famille des légumineuses.

On compare ordinairement le port du caroubier à celui du
pommier; mais il a les branches bien plus tortueuses, l'écorce
bien plus raboteuse, et la nature de son feuillage lui donne
un aspect tout différent. Il était autrefois très-commun aux
environs de Marseille, de Toulon, etc.; mais il devient rare,
malgré qu'il s'accommode des plus mauvais terrains, parce qu'il
tient la place d'articles d'agriculture plus utiles, et nuit par
son ombrage. Il était aussi très-commun dans les îles de l'Archipel de la Grèce; mais aujourd'hui l'île de Crète seule en
renferme encore des quantités considérables.

La pulpe du fruit du caroubier a la consistance d'un sirop.
Elle est noirâtre et d'une saveur mielleuse. Les enfans l'aiment
beaucoup. Elle sert aux Musulmans à faire des sorbets, à confire les autres fruits; mais elle possède une vertu laxative qui
cause quelquefois des tranchées quand on en mange trop. En
général, les cultivateurs donnent ces fruits à leurs bestiaux,
qu'ils engraissent rapidement, car il n'y a que les pauvres
d'entre eux qui en mangent habituellement. On les emploie
aussi en médecine comme purgatifs, unis à des sels ou autres
drogues, qui augmentent leur activité. Il est très-facile d'en
tirer une liqueur spiritueuse, comme il paraît que le faisaient
les Grecs et les Romains, ainsi que Proust l'a prouvé; mais
l'abondance des vins dans les pays où croît cet arbre s'opposera
à ce qu'on en fasse usage sous ce rapport.

Les feuilles du caroubier sont quelquefois employées en guise
de tan pour la préparation des cuirs, parce qu'elles contiennent
beaucoup de principe astringent, et son bois, qui est extrê-
ment dur et presque inaltérable, est très-recherché pour plusieurs ouvrages où ces qualités sont exigées. Il fait aussi un
très-bon feu.

En général, même dans son pays natal, on ne cultive pas
le caroubier; on se contente de laisser en place ceux qui se
sont semés naturellement dans les endroits incultes; cependant
on seme quelquefois ses graines dans les buissons, on fait
quelquefois des boutures avec les gourmands qui se développent sur ses racines. Il est très-lent à croître. Cette dernière
circonstance, jointe à la facilité avec laquelle il se laisse frapper

de la gelée, fait qu'on ne le voit point dans les jardins de botanique du climat de Paris, malgré la persistance de la beauté de sa verdure. Je me contenterai en conséquence de dire qu'on seme ses graines dans des pots sur couche et sous châssis, qu'on conserve le plant dans des pots pour pouvoir le rentrer chaque hiver dans l'orangerie pendant six à huit ans, et qu'ensuite on hasarde de le mettre en pleine terre à une bonne exposition. Quelquefois il passe plusieurs hivers sans accident, au moyen des couvertures qu'on lui donne; mais il ne faut qu'une gelée extraordinaire pour faire perdre le fruit de quinze ans de soins. (B.)

CARPE. Espèce de poisson du genre des CYPRINS, un de ceux sur lequel je dois le plus m'étendre comme étant le fondement de la population des ÉTANGS, et fournissant aux cultivateurs des moyens d'augmenter les produits de leurs domaines.

De tous les gros poissons d'eau douce, la carpe est celui qui se prête le plus facilement aux changemens de situation, dont la multiplication est la plus rapide et l'accroissement le plus accéléré; aussi est-ce celui sur lequel l'homme a pris le plus d'empire, qu'il a pu presque rendre domestique, c'est-à-dire rapproché des moutons de sa bergerie et des poules de sa basse-cour.

Les couleurs des carpes sont sujettes à varier selon l'âge et la nature des eaux où elles vivent. Dans la jeunesse et dans les étangs vaseux, elles sont plus brunes. Dans les rivières, leurs écailles sont dorées; dans leur vieillesse, blanchâtres. Leur chair est d'autant meilleure qu'elles ont vécu dans des eaux plus limpides; mais elles n'y trouvent pas toujours une subsistance assez abondante. Par la même raison ce n'est pas dans celles qui sont très-rapides qu'elles se plaisent le plus. Il y en a bien plus dans la Saône que dans le Rhône, dans la Seine que dans le Rhin. C'est dans les lacs ou les grands étangs qu'elles parviennent à la grandeur la plus considérable, parce que là seulement elles trouvent en même temps, avec beaucoup d'animaux et beaucoup de végétaux pour leur nourriture, les moyens d'échapper aux filets des pêcheurs et aux autres causes de destruction. Elles vivent plusieurs siècles. On en a vu en Lusace qui avaient deux cents ans constatés; il y en avait avant la révolution à Pontchartrain de cent cinquante ans, à Fontainebleau et à Chantilly de cent ans. Il n'est pas rare d'en voir en France de douze à quinze livres; mais c'est dans le nord de l'Allemagne que se pêchent les plus monstrueuses. Valmont de Bomare en cite une qui pesait quarante-cinq livres, et Bloch, une autre qui pesait soixante-dix livres. Ce n'est pas sur de telles carpes que les cultivateurs doivent spéculer, mais sur des individus de trois, quatre, cinq et six ans, c'est-à-dire qui pèsent au plus trois livres.

Les larves d'insectes, les insectes mêmes, les vers, les petits coquillages d'eau douce, les graines et les feuilles tendres sont la nourriture habituelle des carpes. Il paraît que la matière extractive, que les eaux se trouvent presque toujours tenir en dissolution, et qui est sur-tout si abondante dans celles qui sont stagnantes, dans celles où croissent des roseaux, des typhes, etc., les nourrit aussi. En général elles mangent toutes les matières animales ou végétales assez molles pour être digérées par elles.

Bloch a acquis la preuve qu'elles aiment beaucoup les feuilles de NAÏADE, et que dans les étangs où il y a beaucoup de cette plante elles grossissaient plus rapidement. On sait aussi, par expérience, que celles de laitue, de chou et autres légumes sont extrêmement de leur goût. Il en est de même des pois, des haricots, des fèves, des pommes de terre, des courges, des raves cuites ou crues, du pain, des fruits pourris, du blé, de l'orge, et en général de presque tous les grains dont l'homme se nourrit. Elles se jettent avec ardeur sur les tripes de volailles, sur les lambeaux des cadavres, etc., etc. Elles sont susceptibles de supporter des jeûnes incroyables. Tous les hivers, elles s'enfoncent dans la boue et n'y vivent que de ce que l'eau peut leur fournir. On en a vu rester des années entières dans de l'eau de fontaine sans manger de choses apparentes. Aussi, quand elles ne manquent pas de subsistance, elles s'en gorgent à en crever.

Dans la ci-devant Bresse, où on sait fort bien conduire les étangs, on en a pour la ponte, pour la croissance et pour l'engrais, dans lesquels on fait successivement passer les carpes. Souvent pour compléter leur engrais on leur donne du pain à satiété pendant une quinzaine de jours. Les carottes, les pommes de terre, les panais, après avoir été cuits, seraient également très-propres à cet objet et coûteraient moins.

Ainsi que je l'ai dit plus haut, la fécondité de la carpe est prodigieuse. Une femelle d'une livre a offert deux cent trente-sept mille œufs, une autre d'une livre et demie en a montré trois cent quarante-deux mille; une troisième, de neuf livres six cent vingt et un mille. Ainsi leurs œufs augmentent avec l'âge. Sans doute on calculera le nombre de ceux qui ont été pondus par la carpe de soixante-dix livres dont il a été question plus haut, pendant tout le cours de sa vie; mais qui pourra calculer ceux de ses enfans, de ses petits-enfans et de leur progéniture pendant cet espace de temps, en comptant que chaque femelle a commencé à pondre à l'âge de trois ans,

et qu'il y a autant de mâles que de femelles, quoique réellement il y ait plus de femelles que de mâles?

Les eaux douces seraient bientôt comblées de carpes si tous
ces œufs arrivaient à bien. Une très-grande partie est mangée
par les oiseaux d'eau et les poissons de toutes espèces ; plusieurs causes empêchent une autre partie d'éclore. Les petits
qui éclosent sont exposés à des dangers sans nombre. Tous les
être vivant dans ou sur les eaux, en font leur nourriture ; le
froid et le chaud leur sont également contraires ; elles sont entraînées sur les plaines par les grandes eaux. Fort peu atteignent
la fin du premier mois de la première année de leur naissance.
Ce n'est guère qu'à deux ou trois ans que les carpes sont en
état de braver leurs nombreux ennemis, de ne plus redouter
que l'homme, les loutres et les gros brochets. Alors leur existence se consolide.

Lors du frai, c'est-à-dire au milieu du printemps, les carpes
cherchent les endroits du rivage les plus couverts d'herbes ;
celles qui habitent les rivières sont portées à entrer dans les
étangs ; les unes et les autres pour y déposer leurs œufs. L'instinct leur indique que c'est là qu'ils seront le mieux placés
pour jouir du bienfait de la chaleur et pour échapper aux dangers. Dans ce cas, les mâles suivent les femelles pour féconder
leurs œufs au moment de leur sortie : dans ce cas, les uns et
les autres font grand bruit et se trahissent par là.

On n'a pas de renseignemens bien positifs sur la progression que suivent les carpes dans leur croissance ; mais tous les
pêcheurs et les propriétaires d'étangs s'accordent à dire que
cette progression est très-rapide, et même d'autant plus rapide
qu'elles sont mieux nourries. Il y a cependant un fait connu à
cet égard : une carpe pesée à six ans était de trois livres, et
la même pesée à dix ans était de six.

La pêche des carpes dans les rivières et dans les lacs se fait
au moyen de la seine et autres grands filets, ou à la nasse,
ou à la ligne amorcée d'un gros ver, de quelque insecte ou
d'un pois cuit. En général elles ne se prennent pas aisément,
car lorsqu'elles voient ou sentent le filet, elles s'enfoncent
dans la boue et passent par dessous ; souvent aussi elles sautent par-dessus. Lorsqu'on veut en prendre avec un épervier,
il faut les attirer dans un local donné, en leur fournissant de
la nourriture pendant plusieurs jours de suite ; j'ai pour moi
l'expérience qu'elles mordent plutôt aux hameçons garnis
d'un grillon, d'une petite sauterelle, d'un papillon de nuit
en vie, qu'à ceux garnis de tous autres appâts. Les nasses et
les verveux en contiennent souvent de petites ; mais il semble
que les grosses savent les éviter. Quant à la pêche des carpes
d'étang, il en sera question au mot ÉTANG.

On peut transporter les carpes au loin avec succès lorsqu'on prend les précautions convenables, c'est-à-dire qu'on ne voyage que la nuit ou pendant les jours froids, et qu'on renouvelle souvent l'eau des tonneaux. Celles qu'on apporte à Paris des étangs de la Bresse, du Forez, de la Sologne, au nombre de plus de cinquante mille, arrivent dans des bateaux séparés en trois parties dans leur longueur, et dont la partie du milieu, qui est la plus grande, communique avec l'eau par un grand nombre de trous. C'est dans des bateaux à-peu-près semblables, ou même dans des caisses percées de trous et fermées avec un cadenas, qu'on les conserve dans des rivières, des réservoirs, etc., des années entières sans leur donner à manger. On peut aussi leur faire parcourir des espaces considérables hors de l'eau en les enveloppant d'herbes ou de linges mouillés, ou, si c'est dans l'hiver, de neige. On rapporte même qu'en Hollande on les garde des mois entiers à la cave, dans des paniers garnis de mousse, et qu'on les y engraisse avec de la mie de pain. En Angleterre, on les châtre pour les rendre plus délicates, et cette cruelle opération cause rarement leur mort. La castration a même lieu par des causes naturelles; car ces carpeaux du Rhône, si recherchés des gourmets, ne sont autre chose que des carpes dont les organes de la génération se sont oblitérés par des causes accidentelles qui tiennent probablement à la grande rapidité de cette rivière.

Il y a une variété de carpe qui n'a que deux ou trois rangs de larges écailles sur le dos et sur le ventre. On l'appelle *roi des carpes*, ou *carpe à miroir*. Il y en a même une qui n'a point du tout d'écailles, et qui se nomme *carpe à cuir*. Ces variétés sont moins fécondes que l'espèce et ne méritent pas d'être multipliées pour le produit. La *carpe saumonée*, autre variété, a la chair rougeâtre.

Les vieilles carpes sont souvent couvertes de fongosités qui ont l'aspect de la mousse. Ces excroissances se voient aussi quelquefois sur les jeunes carpes; mais c'est chez elles une maladie mortelle. Elles sont aussi sujettes à avoir des boutons analogues à la petite vérole, et qui disparaissent au bout d'un certain temps.

La chair de la carpe est aussi saine qu'agréable au goût. La consommation qu'on en fait en France est considérable; mais cependant de beaucoup inférieure à celle qui a lieu en Allemagne. Elle est pour la Prusse, par exemple, l'objet d'un commerce important. J'expliquerai la manière de conduire les étangs employée dans cette contrée, manière bien supérieure à la nôtre pour le produit, à l'article qui les concerne.

Lorsque les carpes sortent d'un étang très-vaseux, ce qu'on reconnaît, comme je l'ai déjà observé, à leur couleur noire, il est nécessaire, pour qu'elles perdent une partie de leur mauvais goût, de les mettre *dégorger*, pendant quelques jours, dans une eau limpide On dit aussi qu'une cuillerée de vinaigre avalée par une telle carpe produit le même effet; mais l'expérience ne m'a pas réussi.

On recherche beaucoup plus les carpes mâles, fort mal à propos nommées *carpes laitées*, que les carpes femelles; cependant il ne m'a jamais paru que ces dernières leur fussent inférieures en goût. Les œufs sont certainement un manger sain et agréable. On en fait dans le nord un *caviar* dont le débit est toujours assuré. L'hiver est la saison où les carpes sont les meilleures.

On a tenté plusieurs fois de saler et de fumer des carpes; mais l'altération que leur chair éprouve par ces opérations est telle qu'on y a renoncé. Le meilleur moyen de prolonger l'usage de cette chair, c'est de la faire cuire et de la plonger dans du vinaigre chargé de sel, et assaisonné de poivre, de laurier, de thym et autres aromates. J'en ai mangé d'une ainsi préparée, qui était encore très-bonne, après trois mois; mais elle avait été conservée dans un pot de faïence hermétiquement fermé, et tenue dans une cave très-fraîche. (B.)

CARPIÈRE. On donne ce nom à un réservoir où l'on conserve des carpes pour la consommation journalière, et alors c'est un VIVIER; ou à un petit étang susceptible de conserver le frai des carpes pour peupler les étangs, et alors c'est une ALVINIÈRE. *Voyez* ces deux mots, et le mot CARPE. (B.)

CARRÉ, CARREAU. En terme de jardinage, ce mot signifie un espace de terre en carré ou parallélogrammique, où l'on plante des légumes.

Le mot *carreau* a une autre acception. Il signifie plus particulièrement une portion de terre carrée faisant partie d'un parterre qui est ordinairement bordé de buis et garni de fleurs ou de gazon.

La grandeur des carrés ou des carreaux doit toujours être proportionnée à l'étendue du jardin ou du parterre. C'est le local qui doit la décider. (R.)

CARREAU. On donne ce nom, dans les départemens de la Vendée et de la Charente-Inférieure, à des PATURAGES clos de larges fossés, et d'une étendue plus ou moins considérable, dans lesquels on laisse les bestiaux en liberté pendant toute l'année. (B.)

CARREAU ou CARRELET. Synonyme d'ÉCHIQUIER, ou sorte de filet employé à la pêche des petits poissons.

CARREFOUR. On donne ce nom, dans le jardinage, à la rencontre de quatre allées.

Lorsque ces allées sont au nombre de cinq ou plus, c'est une ÉTOILE. *Voyez* ce mot.

Les carrefours sont plus ou moins larges, et circulaires ou carrés. On les orne souvent d'un gazon, d'un obélisque, d'une statue, etc. (B.)

CARRIÈRE. Lieu où on tire de terre la PIERRE dont on se sert pour bâtir, pour ferrer les routes, ou pour faire de la chaux, du plâtre.

Presque par-tout les carrières sont perdues pour l'agriculture; cependant il en est beaucoup dans les déblais desquelles on pourrait semer ou planter des végétaux propres à la nourriture des bestiaux, au chauffage du four, ou autres objets. Les chardons, par exemple, qui s'y voient si souvent, peuvent servir à faire de la potasse, ou à augmenter la masse des fumiers. Beaucoup de petits arbustes indigènes et exotiques y croîtraient fort bien.

Il est avantageux à toute exploitation d'une certaine étendue, située en pays calcaire, d'avoir une carrière en propre pour fabriquer de la chaux et la répandre sur les terres. *Voyez* au mot CHAUX et au mot AMENDEMENT.

On nomme aussi CARRIÈRES certains fruits, principalement parmi les poires, qui renferment des tubercules ayant l'apparence et la dureté de la pierre. *Voyez* au mot FRUIT et au mot POIRIER. (B.)

CARRIOLE. Nom de la BROUETTE dans le département de Lot-et-Garonne.

C'est aussi une espèce de petite VOITURE légère et non suspendue, dont les cultivateurs se servent pour aller à la ville, y porter et en rapporter quelques petits objets. Les formes et les dimensions des carrioles varient selon les pays. *Voyez* au mot VOITURE. (B.)

CARROUILLO. Nom de l'ÉPI DU MAÏS dans le midi de la France. (B.)

CARTE. Ancienne MESURE de terre usitée dans le Limousin.

CARTEL. Ancienne MESURE des environs de Sédan.

CARTELADE. Ancienne MESURE de terre employée à Nérac.

CARTERÉE. Nom d'une ancienne mesure de terre à Agen.

CARTERUDE. Ancienne MESURE de grains à Agen.

CARTEYRADE. C'est une des MESURES de terre dont on faisait usage à Montpellier et contrées voisines.

Pour tous ces mots, *voyez* MESURE. (B.)

CARTHAME, *Carthamus*. Genre de plantes de la syngénésie polygamie égale, et de la famille des cinarocéphales, qui renferme une vingtaine d'espèces, dont une est l'objet d'une culture de quelque importance, soit sous le rapport du commerce, soit sous celui de simple agrément.

L'espèce qui est dans le cas d'être mentionnée ici est le CARTHAME OFFICINAL, *Carthamus tinctorius*, Lin., plus commu sous le nom de *safran bâtard*, de la couleur et des usages de ses fleurons. C'est une plante annuelle, de 2 pieds de haut, très-rameuse; à feuilles alternes, ovales, bordées de quelques dents épineuses; à fleurs d'un jaune rouge, solitaires à l'extrémité des rameaux; elle est originaire d'Égypte, mais est comme naturalisée dans les parties méridionales de l'Europe. Le climat de Paris même ne lui est pas contraire, et quoiqu'elle y périsse le plus souvent avant d'avoir donné toutes ses fleurs, par l'effet des gelées, elle y est fréquemment cultivée pour l'ornement des parterres.

Le Levant et l'Allemagne nous fournissent annuellement, pour des sommes considérables, de fleurs de carthame pour la teinture, sommes dont il serait facile d'empêcher la sortie si nous le voulions, la couleur de celui qui a crû dans le midi de la France étant aussi foncée que celle de celui du Levant, et plus que celle de celui qui provient de l'Allemagne. Ils sont donc coupables les propriétaires de cette si intéressante partie du royaume qui ne spéculent pas sur cette denrée, dont la production est si facile. Je fais des vœux pour que cet article leur fasse naître le désir et leur facilite les moyens de le faire.

La terre la plus légère et la plus exposée aux feux du soleil est la meilleure pour la culture du safran, pourvu qu'elle ne soit pas trop maigre; hors ce dernier cas, on peut se dispenser de la fumer. Dans un sol très-gras ou humide, cette plante pousse avec plus de vigueur, donne un plus grand nombre de fleurs; mais les fleurons de ces fleurs, seule partie dont on fait usage, sont moins colorés et d'une plus difficile conservation. Toujours ici c'est à la qualité et non à la quantité qu'il faut tendre.

Des labours profonds sont indispensables pour ramener à la surface les terres du fond; car le carthame, ayant une racine pivotante et fort longue, est plus beau et meilleur dans une terre bien remuée que dans toute autre.

On sème la graine de carthame dès que les gelées ne sont plus à craindre. En Orient, c'est dès le mois de mars; aux environs de Marseille, en avril; dans le climat de Paris, en mai. Généralement on la sème à la volée, en l'écartant beaucoup, car il doit y avoir au moins 15 à 18 pouces entre chaque pied. Il y aurait sans doute de l'avantage à la semer en rayons; mais dans tous les pays où cette plante est cultivée, les cultures de toutes sortes sont fort négligées.

Le semis effectué, il faut herser le sol, le rendre aussi uni que possible.

La graine du carthame lève rapidement pour peu qu'elle soit favorisée par la pluie. Le plant qui en provient est éclairci et biné lorsqu'il a acquis quelques pouces de haut. Les places trop claires sont regarnies avec ce qu'on arrache dans les places trop serrées. Il faut cependant dire que cette dernière opération a peu d'utilité, le carthame transplanté réussissant rarement, et ne donnant jamais de belles tiges.

On devrait renouveler le binage tous les mois pour avoir une belle récolte; mais rarement on le fait plus d'une fois. En général les cultivateurs français, et ceux sur-tout des départemens méridionaux, en sont très-économes, quoiqu'il soit démontré que les frais de chaque binage sont couverts, avec bénéfice, par le surcroît d'abondance de la récolte.

Ordinairement, lorsque la saison a été favorable, on commence vers la mi-juillet la récolte des fleurs de carthame. A cette époque toute culture doit cesser. Il faut cueillir ces fleurs le matin du jour où elles doivent s'épanouir, car trop d'épanouissement nuit à la beauté de la couleur; mais il faut aussi ne pas le faire les jours de pluie, car la fleur mouillée noircit à la dessiccation et perd toute sa valeur.

Aussitôt que les fleurs sont cueillies, on enlève les fleurons à la main, et on les fait sécher à l'ombre dans un lieu aéré. Elles se mettent ensuite dans des sacs ou dans des caisses qu'on tient à l'abri de l'humidité.

La cueillette du carthame dure environ deux mois; c'est-à-dire que chaque jour de beau temps il faut aller dans les champs dès que la rosée est dissipée, et cueillir toutes les fleurs qui ont les conditions indiquées plus haut. Cette opération est généralement faite par des femmes et des enfans, et n'est pas coûteuse; mais sa longueur et la nécessité d'éplucher de suite ses résultats ne permettent guère de cultiver le carthame très en grand. Il doit donc être et est en effet par-tout un objet de petite culture.

C'est l'Égypte, pays où la main d'œuvre est presque pour rien, qui fournit les sept huitièmes du carthame qu'on consomme en Europe; aussi lorsque les communications avec ce pays sont difficiles monte-t-il à un prix excessif.

Il y a dans le carthame deux substances colorantes : l'une jaune, dissoluble dans l'eau; l'autre rouge, dissoluble dans l'alcool et les alcalis. On les fixe sur les étoffes par des procédés fort exactement décrits par le célèbre Bertholet dans son Traité des teintures; et depuis, par le même savant, dans les Mémoires de l'Institut du Caire. Elles ne supportent ni le débouilli au savon, ni l'exposition prolongée au soleil. Ce sont donc des couleurs de petit teint; mais comme la couleur moyenne qui en résulte est très-brillante, on en fait, malgré cela, un fréquent usage dans la teinture.

C'est encore la partie colorante rouge du carthame qu'on emploie à la fabrication du plus beau rouge de toilette qu'on connaisse ; chaque fabricant fait un secret de ses procédés, qu'il annonce comme les plus parfaits. Le fond de tous ces procédés est de faire dissoudre cette partie colorante dans un alcali très-pur, de la précipiter par un acide et de la laver avec soin.

Comme ces deux objets sortent du cercle des opérations agricoles, je ne crois pas devoir les développer plus longue-ment.

Les graines du carthame sont grosses, nombreuses et très-abondantes en huile. Leur décoction purge vivement ; mais leur amande est un bon manger, et leur huile est excellente. On les vend à Paris sous le nom de *graines de perroquets*, parce que ces oiseaux en sont très-friands. Il paraît, par les rapports des savans qui sont allés en Égypte, que, seulement sous le rapport de l'huile, cette plante mériterait d'être cul-tivée en France, puisque ses graines en donnent un quart de leur poids et qu'elle est excellente au goût; mais elle ne peut donner en même temps ses fleurs et ses fruits au commerce.

Les pieds de carthame destinés à la reproduction ne doivent pas être mutilés, ou, bien mieux, il faut, sur un certain nombre de pieds, réserver les trois ou quatre premières fleurs qui se développent, pour avoir de la graine pour semer. Cette graine pour être bonne doit être noire. Aux environs de Paris, elle prend cependant rarement cette couleur, à raison du défaut de chaleur ; celles fournies par les dernières fleurs sur-tout ne le sont jamais.

Les moutons et les chèvres aiment beaucoup les feuilles sèches du carthame.

On cultive dans les jardins le carthame sous deux rapports, pour l'usage des pharmacies et pour la décoration. Dans le premier cas on le met en planches, dans le second on le dis-perse dans les plates-bandes des parterres ; mais sa culture est la même au fond. Cette culture consiste à faire un AUGET (*voyez* ce mot) d'un pied de diamètre dans le sol, préalable-ment bien labouré, et à y mettre, à distance égale, cinq à six graines de carthame. Dans les planches, la distance entre ces bassins doit être au moins d'un pied. Le plant levé, on arrache les deux ou trois pieds les plus faibles, et on les sarfouit. Comme ici il est plus avantageux d'avoir beaucoup de fleurs que des fleurs fortement chargées de parties colorantes, les engrais et les arrosemens peuvent être employés, et ces pieds ornent fort bien un parterre pendant les mois d'août et de septembre ; mais ils périssent aux premières gelées.

Les fleurs du carthame ainsi cultivé pour les usages médi-cinaux sont quelquefois employées sous le nom de *saffranum*, en place du véritable safran , dont on dit qu'elles ont les vertus à un plus faible degré. Les graines servent à purger, comme je l'ai déjà observé ; mais il ne paraît pas que leur usage soit aussi étendu aujourd'hui qu'il l'était autrefois.

On trouve dans les campagnes arides une espèce de cartgame, le CARTHAME LAINEUX, plus connu sous le nom de *chardon béni des Parisiens*. Il est employé en médecine. Les bestiaux, même les ânes, le rebutent. Le seul service qu'il puisse rendre aux cultivateurs, c'est, jeune, pour fabriquer de la potasse, vieux, pour chauffer le four et augmenter la masse des fumiers. (TH.)

CARTILAGINEUSE se dit d'une feuille de consistance sèche et solide. *Voyez* FEUILLE.

CARTOU. MESURE de blé du département de Lot-et-Garonne, qui est la quatrième partie d'un sac. (B.)

CARTOUNAL. Huitième partie de la MESURE appelée cartaude dans le département de Lot-et-Garonne.

CARVÉ. Nom du CHANVRE dans le département de la Haute-Garonne.

CARVI, *Carum*. Plante bisannuelle, à racine fusiforme ; à tiges canelées, rameuses, hautes de deux pieds ; à feuilles alternes, deux fois ailées, et dont les découpures sont linéaires, qui forme un genre dans la pentandrie digynie et dans la famille des ombellifères.

Cette plante qu'on trouve assez fréquemment dans les prairies des montagnes froides, sur le bord des bois, donne une semence très-aromatique dont on fait usage en médecine et dont on tire une huile grasse qu'on peut employer dans les alimens. On la met aussi en nature dans le pain et le fromage. C'est l'ANIS des pays du Nord, et elle a toutes les propriétés de ce dernier. (*Voyez* ce mot.) Sa tige s'élève à environ 2 pieds ; ses fleurs s'épanouissent au milieu du printemps et sont d'un blanc jaunâtre.

On cultivait autrefois le carvi dans les jardins légumiers pour sa racine, qui est aromatique, et que l'on mangeait frite, ou dans les potages positivement comme le panais ; mais aujourd'hui il se trouve rarement dans d'autres que dans ceux des apothicaires. Sa graine se sème à la fin de l'été ou au printemps dans une terre fraîche et bien labourée. Le plant qui en provient s'éclaircit et se sarcle deux ou trois fois dans le courant de l'été suivant. Ses racines peuvent s'arracher dès les premiers froids. Lorsqu'on le cultive pour la graine, il faut attendre six mois de plus ; mais quelquefois cependant il monte dès la première année. Les vaches et les moutons mangent sa fane avec plaisir. (B.)

CARYOPHYLLÉES. Famille de plantes dont le type est le genre OEILLET. Elle renferme plus de trente genres presque tous contenant des espèces propres à l'Europe, parmi lesquels ceux le plus dans le cas d'intéresser les cultivateurs sont, outre celui précité, ceux appelés Holostée, Bufeone, Sagine, Morgeline, Spargoute, Ceraiste, Sabline, Stellaire, Gypstophyle, Saponaire, Silène, Lychnide, Agrostème et Githage. *Voyez* ces mots. (B.)

CAS REDHIBITOIRES. On entend par *cas redhibitoires* certaines maladies ou certains vices que l'acheteur ignore, et qui, aux termes des lois, peuvent donner lieu à la redhibition et rendre nul un marché consommé.

Les animaux domestiques sont sujets à des maladies et à des vices que le vendeur a toujours intérêt de cacher.

Avant l'usage du Code Napoléon, les défauts qui déterminaient la nullité des marchés variaient suivant les différentes juridictions. *Voyez* les instructions sur les maladies des animaux domestiques, volume de 1791, pages 76 et suivantes.

Depuis la mise en vigueur des nouvelles lois, ces variations et ces différences dans la jurisprudence vétérinaire ne peuvent plus avoir lieu; mais d'après ces mêmes lois, article 1648, le délai fixé pour la garantie variera suivant la nature des vices redhibitoires et l'usage du lieu où la vente aura été faite.

Il est indispensable de rapporter ici les articles du Code Napoléon concernant la redhibition.

Article 1641. « Le vendeur est tenu de la garantie à raison des défauts cachés de la chose vendue qui la rendent impropre à l'usage auquel on la destine, ou qui diminuent tellement cet objet, que l'acheteur ne l'aurait pas acquise, ou n'en aurait donné qu'un moindre prix s'il les avait connus.

Art. 1642. » Le vendeur n'est pas tenu des vices apparens dont l'acheteur a pu se convaincre lui-même. »

D'après ces articles, les maladies dont les symptômes sont toujours évidens ne sont pas redhibitoires.

Art. 1643. « Il est tenu des vices cachés quand même il ne les aurait pas connus, à moins que dans ce cas il n'ait stipulé qu'il ne sera obligé à aucune garantie; c'est ce qu'on appelle vendre sans garantie, ce qui doit être prouvé par écrit.

Art. 1644. » Dans le cas des articles 1641 et 1643, l'acheteur a le choix de rendre la chose, ou de se faire restituer le prix, ou de garder la chose et de se faire rendre une partie du prix, telle qu'elle sera arbitrée par experts.

Art. 1645. » Si le vendeur connaissait les vices de la chose, il est tenu, outre la restitution du prix qu'il en aura reçu, de tous les dommages et intérêts envers l'acheteur.

Art. 1646. » Si le vendeur ignorait les vices de la chose, il ne sera tenu qu'à la restitution du prix, et à rembourser à l'acquéreur les frais occasionnés par la vente.

Art. 1647. » Si la chose qui avait des vices a péri par suite de sa mauvaise qualité, la perte est pour le vendeur, qui sera tenu envers l'acheteur à la restitution du prix et aux autres dédommagemens expliqués dans les deux articles précédens. Mais la perte arrivée par cas fortuit sera pour le compte de l'acheteur.

Art. 1648. » L'action résultant des vices redhibitoires doit être intentée par l'acquéreur dans un bref délai, suivant la nature des cas redhibitoires et l'usage du lieu où la vente aura été faite.

Art. 1649. » Elle n'a pas lieu dans les ventes faites par autorité de justice. »

Le délai basé sur la nature de chaque maladie redhibitoire n'est encore fixé par aucune loi.

On trouve dans le Projet de Code rural rédigé par MM. Huzard et Tessier, page 45, section 5, article Maladies redhibitoires, les propositions suivantes :

« Outre les maladies contagieuses, divisées en maladies contagieuses aiguës et en maladies contagieuses chroniques, qui sont pour les premières, le claveau et la rage, et pour les secondes, la morve, le farcin et la gale, sont réputées maladies redhibitoires, aux termes de l'article 1641 du Code Napoléon, le cornage, l'immobilité, l'épilepsie ou mal caduc, la boiterie de vieux mal, la fluxion périodique, la phthisie pulmonaire connue vulgairement dans les chevaux sous le nom de vieille courbature, et dans les vaches sous le nom de pomelière, l'espèce de tic dans lequel les dents ne sont point usées, et les autres vices ou maladies dont les symptômes n'auraient pu être constatés lors de l'achat.

» Ne peuvent plus être réputées maladies redhibitoires la pousse et la courbature, dont les symptômes sont toujours évidens.

» Conformément à l'article 1648 du Code Napoléon, qui veut que l'action redhibitoire soit intentée dans un délai relatif à la nature des vices redhibitoires, le délai ordinaire pour la garantie est fixé à neuf jours.

» Le délai pour la boiterie de vieux mal est fixé à vingt jours.

» Le délai pour la fluxion périodique et l'épilepsie est fixé à un mois.

» La garantie ne pourra avoir lieu pour les animaux dont la valeur n'excédera pas 50 francs. » (Desplas.)

CASCA. C'est, dans le département de Lot-et-Garonne, casser les mottes des champs avec un maillet. *Voyez* Émotter.

CASCADE. Eau qui tombe d'une hauteur plus ou moins grande, soit d'un seul jet, soit de rochers en rochers.

Il y a des cascades naturelles et des cascades artificielles.

Heureux le propriétaire qui peut faire entrer une des premières dans son jardin, et plus heureux encore celui qui sait se défendre du mauvais goût qui préside si souvent à la construction des dernières !

Le charme que tous les hommes éprouvent à la vue ou au bruit d'une cascade, tient au besoin de mouvement. Plus la cascade sera forte, tombera de haut, fera de fracas entre les rochers, et mieux elle remplira son objet. Cependant ces cascades, qu'on appelle *chutes*, formées par de grandes rivières, étonnent, mais fatiguent.

Il est deux manières de construire des cascades artificielles : l'une, en faisant un plan incliné, interrompu par des aspérités qui brisent l'eau ; l'autre, en la faisant tomber verticalement d'une certaine hauteur. Ces deux genres de cascades peuvent être employés ensemble ou séparement. On a observé, en général, que les cascades qui tombent verticalement conviennent à un paysage dont le ton est sévère et où la masse d'eau est considérable. Celles qui roulent leurs eaux sont préférables, lorsque la masse d'eau est moins grande, et que le paysage est d'un genre plus adouci. Au reste, on n'est pas toujours le maître de choisir, puisque cela dépend de la localité et de la somme qu'on veut sacrifier à cet objet.

Pour qu'une cascade remplisse complétement son but, il faut que l'art ne soit pas visible, et qu'elle soit accompagnée de plantations en concordance avec elle. De grands arbres, des fougères, des mousses, un certain désordre de la nature ; les embellissent beaucoup. Vouloir ici indiquer des règles pour leur construction, serait trop entreprendre ; la disposition du terrain et le bon goût en apprendront plus que des volumes de préceptes.

Je ne parle ici que des cascades des jardins paysagers, car les véritables peuvent difficilement entrer dans la composition des jardins réguliers. C'est par abus qu'on donne le même nom à ces gradins exactement compassés, ornés de vases, de statues de marbre de toutes couleurs, etc., que nos pères construisaient à grands frais. Qui a vu comme moi les cascades de la Suisse appréciera certainement à sa juste valeur celle de Saint-Cloud, qui passe, avec raison, pour une des plus belles dans son genre. (B.)

CASE. Nom qu'on donne, dans les colonies françaises, aux habitations des nègres et autres bâtimens propres à conserver les productions de la terre. Elles sont généralement construites de la manière la plus vicieuse ; mais elles suffisent pour mettre à l'abri de la pluie et des vents froids de la nuit, et c'est tout ce qu'on leur demande. Combien de pays en Europe où les maisons des habitans de la campagne sont aussi mal construites et bien plus malsaines ! (B.)

CASEREL. Vase percé de trous, ou petit panier d'osier à claire voie, dans lequel on met le fromage pour le faire égoutter. *Voyez* Égouttoir, Forme et Éclisse. (B.)

CASQUE (Fleur en). Sorte de fleur irrégulière, dont le pétale supérieur est relevé et disposé en voûte comme le casque des anciens guerriers. L'aconit a les fleurs en casque. *Voyez* Fleur. (B.)

CASQUET. Espèce de rateau de bois dont on se sert dans le Médoc.

CASSAILLE. Le premier labour des terres, celui qui se fait immédiatement après la moisson, se nomme ainsi dans quelques endroits. (B.)

CASSAVE. Espèce de pain fabriqué avec la racine du Médicinier manihot ou Manioc. *Voyez* ce mot.

CASSE. C'est en quelques lieux la clavelée.

CASSE, *Cassia*, Linn. Genre de plantes de la décandrie monogynie et de la famille des légumineuses, qui réunit un grand nombre d'espèces, parmi lesquelles on compte quelques arbres, plusieurs herbes, et beaucoup plus d'arbrisseaux et d'arbustes, toutes propres aux pays chauds. Leurs feuilles sont ailées sans impaire, et disposées alternativement; leurs fleurs, ordinairement jaunes, naissent en épis ou en grappes aux aisselles des feuilles et des rameaux. Les fruits varient de forme et de grosseur.

La Casse solutive ou des boutiques, *Cassia fistula*, Lin., est un arbre de la seconde grandeur, qui vient naturellement dans l'Inde, et qu'on a transporté en Amérique, où il s'est naturalisé. Il est très-remarquable par ses fruits. Ce sont des gousses ligneuses et cylindriques, longues d'un à 2 pieds, noirâtres et pendantes. Ces gousses sont divisées dans leur longueur en plusieurs loges par des cloisons transversales et parallèles, et chaque loge contient une ou deux semences enveloppées d'une pulpe noire un peu sucrée. C'est cette pulpe qu'on emploie si fréquemment en médecine sous le nom de *casse*. Elle est un des meilleurs laxatifs connus, et purge doucement sans causer d'irritation.

La Casse lancéolée ou séné d'Alexandrie, *Cassia acutifolia*, Lam., qui croît en Egypte, est une espèce très-utile aussi, et même d'un usage plus général en médecine que la précédente. Sa tige dure et comme ligneuse ne s'élève qu'à 2 ou 3 pieds. Ses feuilles sont lancéolées et pointues; on les fait sécher pour les mettre dans le commerce, où elles sont connues sous le nom de *séné*; elles ont alors une couleur verdâtre tirant sur le jaune, une odeur de drogue et un goût un peu âcre et amer : elles servent à purger. On fait le même emploi des fruits de la plante, appelées *follicules de séné*, qui sont des gousses membraneuses et comprimées, d'un vert roussâtre ou jaunâtre.

La Casse d'Italie ou séné d'Italie, *Cassia senna*, Lin., est une plante annuelle, qui s'élève tout au plus à 2 pieds. Elle est aussi originaire d'Égypte. C'est parce qu'on la cultive en Italie qu'on lui a donné le nom de ce pays, d'où ses feuilles et ses follicules nous sont apportées. C'est le séné le plus répandu dans le commerce, et dont nous faisons communément usage; il ne vaut pourtant pas celui d'Alexandrie, dont la vertu est plus efficace.

Puisque cette troisième espèce est cultivée avec succès en Italie, on pourrait sans doute la cultiver aussi dans le midi de la France, où la chaleur est à-peu-près la même. Ce serait y introduire une nouvelle branche d'agriculture et de commerce. Voici les petits soins qu'exige l'éducation de cette plante. Vers le milieu ou la fin de février, on en sème la graine sur une couche chaude et dans un lieu abrité. On laisse la couche à découvert si le temps le permet; mais on la couvre de paillassons tous les soirs, et même pendant le jour, lorsqu'il fait un peu froid. Aussitôt que les jeunes plantes ont acquis une certaine force, on les transplante avec les précautions ordinaires, ayant soin de n'enlever de la couche que ce qui peut être planté dans une matinée. Le terrain qui leur est destiné doit avoir été préparé et labouré d'avance ; il faut qu'il soit rendu très-meuble. On y met en place les plantes, qui ne demandent plus d'autre soin que d'être sarclées en temps utile et tenues nettes de mauvaises herbes.

Il y a une jolie casse de l'Amérique septentrionale, *Cassia marylandica*, Lin., qu'on peut avoir en pleine terre dans nos climats comme plante d'ornement. Ses tiges meurent en automne ; mais sa racine, qui est vivace, en pousse de nouvelles chaque année. Cette casse demande qu'on la couvre en hiver pour la garantir de la gelée. Elle aime un demi-soleil, et se plaît dans la terre de bruyère un peu humide. On la multiplie par la séparation de ses racines. Elle fleurit en septembre, et produit une grande quantité de fleurs d'un très-beau jaune.

On doit à M. Nectoux un très-bel ouvrage sur les casses d'usage en médecine. (D.)

CASSE. Synonyme d'arbre, et plus particulièrement du chêne, dans le département de Lot-et-Garonne. (B.)

CASSE-LUNETTE. Nom vulgaire du Bleuet. *Voyez* ce mot.

CASSEMENT. On casse les branches des arbres pour les forcer à se mettre à fruit, d'après l'observation, faite par Roger Schabol, que cette opération forçait un bouton à bois de se transformer en bouton à fruit. *Voyez* TAILLE, ESPALIER, FRUIT, METTRE A FRUIT.

M. Sageret déduit d'observations très-multipliées, dans un mémoire inséré tome 4 de la seconde série des *Annales d'Agriculture*, qu'il ne faut pas exécuter trop tard le cassement, parce qu'on n'en obtiendrait aucun effet. En général, il doit être fait plus tôt et plus bas sur les arbres faibles et dans les années peu abondantes en sève. (*Voyez* au mot POIRIER, qui est le seul arbre sur lequel on pratique le cassement avec succès.) Cependant la cassure se pratique également avec succès sur les POMMIERS NAINS et sur la VIGNE.

Au reste, cette opération n'est pas aussi connue qu'elle mérite de l'être. (B.)

CASSE-MOTTE. Instrument avec lequel on brise ou émiette les mottes de terre dans les champs ou les jardins. Il varie beaucoup pour la forme. Tantôt c'est un cône de bois à travers l'axe duquel passe un manche de 3 pieds de long ; tantôt c'est un simple maillet, même l'extrémité noueuse d'un gros bâton. *Voyez* MOTTE et LABOUR.

Au reste, cet instrument prouve l'enfance de l'art, car son emploi est très-coûteux et ses résultats peu satisfaisans. Avec une houe à cheval à plusieurs rangs de fer on produit, en moins de temps, un effet bien plus complet. *Voyez* HOUE. (TH.)

CASSE-PIERRE. Nom vulgaire de la SAXIFRAGE. (B.)

CASSER ou ROMPRE LA TERRE. On appelle ainsi, dans quelques cantons, le premier LABOUR qu'on donne à une terre qui était en friche, et qui ne sert en effet qu'à la rompre en grosses mottes retournées.

C'est une mauvaise pratique que de rompre, puisqu'on peut parvenir plus promptement au même but, qui est de les rendre aussi meubles que possible, en faisant prendre au socle une très-petite épaisseur de terre à-la-fois, ou en multipliant les coutres. *Voyez* au mot DÉFRICHEMENT. (B.)

CASSIDE, *Cassida*. Genre d'insectes de l'ordre des coléoptères qu'il est bon de mentionner, parce qu'une de ses espèces cause quelquefois de grands dommages aux ARTICHAUTS, aux CARDONS, en mangeant l'épiderme de leurs feuilles.

Cette espèce est la CASSIDE VERTE, qu'on appelle aussi vulgairement la *tortue verte*, parce qu'elle est en dessus de cette couleur, et qu'elle a la forme d'une tortue, son corps étant ovale, bombé en dessus.

La larve de la casside verte a le corps mou, aplati, bordé d'appendices épineuses, la tête armée de dents, la queue fourchue et recourbée dessus le dos, et six pattes écailleuses. La nature lui a donné un singulier moyen de se garantir de l'impression desséchante des rayons du soleil et des recherches de ses ennemis, c'est de se recouvrir de ses excrémens, qu'elle porte sur la fourche de sa queue. Personne ne peut se douter, en la voyant pour la première fois, que ce petit tas d'ordures recouvre un être vivant. Sa chrysalide n'est pas moins singulière ; elle ressemble à un écusson d'armoiries couronné.

On ignore si la casside pond ses œufs avant l'hiver ou si elle passe cette saison en vie. Quoi qu'il en soit, on en trouve de très-bonne heure au printemps, et elle produit deux ou trois générations par an. Ce ne sont point les artichauts, plante étrangère, que la nature leur a donnés pour nourriture dans nos climats, mais des plantes qui en sont extrêmement voisines dans l'ordre des rapports, telles que les onopordes et les chardons ; cependant quand elles se sont accoutumées à en manger, elles semblent les préférer : aussi en ai-je vu des plantations tellement infestées, qu'on était obligé d'en couper les feuilles rez terre pour faire disparaître le hideux coup d'œil qu'elles présentaient. C'est, comme je l'ai déjà dit, l'épiderme seulement que mange la casside (ou mieux sa larve, car l'insecte parfait ne paraît pas manger), et en conséquence les feuilles d'artichauts sont percées de millions de trous, deviennent noires et incapables de remplir les fonctions que leur a attribuées la nature ; aussi les pieds auxquels elles appartiennent ne poussent-ils point de tiges, ou s'ils en ont poussé auparavant, leurs têtes ne grossissent pas et perdent toute leur saveur.

Il est rare que les cassides étendent leurs ravages à ce degré ; mais il suffit d'un concours de circonstances pour que leur multiplication s'accélère, dans le seul intervalle d'un printemps, pour qu'elles puissent les produire. Un jardinier attentif doit donc veiller sur ses artichauts, faire écraser toutes les cassides et leurs larves qui s'y trouveront, pendant les mois de mai et de juin. Tout autre moyen n'ira pas au but ; car ces insectes sont, comme on l'a vu, fort bien défendus par la nature. Lorsque, par défaut de soin, le mal est arrivé à un certain degré, il n'y a plus qu'à faire ce que j'ai dit avoir vu, c'est-à-dire couper la totalité des feuilles et les apporter sur le fumier. Beaucoup de larves tombent à terre dans l'opération, il est vrai ; mais ne trouvant plus à manger, elles ne tardent pas à mourir.

Ce genre des cassides renferme plus de cent espèces dont une quinzaine seulement appartiennent à l'Europe. J'ignore si parmi les étrangères il y en a de nuisibles aux produits agricoles ; mais j'en possède dans ma collection d'une telle grosseur, que chacune doit faire dix fois plus de mal que celles dont il vient d'être question. (B.)

CASSIE. On donne ce nom à l'ACACIE FARNÈSE dans les parties méridionales de la France.

CASSINE. Nom donné aux HOUX PARAGUA, à l'APALACHINE et autres arbustes de genres voisins, ainsi qu'à un genre qui renferme quatre espèces, toutes du cap de Bonne-Espérance et qui exigent l'orangerie dans le climat de Paris. (B.)

CASSIS. Espèce de GROSEILLIER.

CASSOLETTE. Variété de POIRE.

CASSONADE. Sucre non raffiné. *Voyez* CANNE A SUCRE.

CASTELANE. Variété de PRUNE.

CASTILLE. Nom des GROSEILLES dans quelques lieux. (B.)

CASTOR. Animal qui vit d'écorces d'arbres et qui faisait sans doute autrefois du tort aux cultivateurs sur les bords du Rhône, mais qui aujourd'hui est si rare, que ses ravages sont à peine remarqués. Il est prouvé que le castor de France est une espèce distincte du castor du Canada, que ses mœurs ont rendu si célèbre. Le premier vit tout le jour dans des terriers dont l'entrée est sous l'eau. C'est principalement l'écorce du saule qu'il mange. (B.)

CASTRATION. Opération par laquelle on prive un animal de la faculté de se reproduire.

L'homme en s'assujettissant les animaux pour coopérer à ses travaux, ou pour satisfaire à ses besoins, n'a pas cherché à les élever et à les conserver dans leur état de nature. Il les a mutilés toutes les fois que leur mutilation lui a paru nécessaire pour remplir mieux l'usage auquel il les destinait. Ayant remarqué que le cheval n'était fougueux, souvent indomptable et quelquefois dangereux ; que le taureau ne pouvait être soumis facilement au joug ; que la chair du bélier n'était désagréable au goût ; que les coqs n'engraissaient jamais, etc., que parce que ces animaux étaient tourmentés par le désir de se reproduire, il a imaginé des moyens de les priver des organes principaux de la génération sans intéresser leur vie. Cet art perfide et cruel pour les animaux ne s'est pas borné à châtrer les mâles, on est parvenu encore à châtrer les femelles, quoique chez elles les organes de la génération soient placés plus profondément ; enfin, la castration des animaux domestiques est devenue une pratique habituelle.

Quoique la castration ne se fasse pas toujours en coupant avec un instrument tranchant, cependant l'action de *châtrer* s'appelle communément *couper ;* dans quelques endroits on dit *affranchir.*

Dans un Traité des haras de M. Jean-George Hartmann, traduit de l'allemand, revu et publié par M. Huzard, on trouve sur la castration des chevaux des détails dont je vais donner un extrait.

En allemand on appelle *mœnch* (moine) , *walach* ou *vala-que*, et en français *hongre*, un cheval châtré. L'étymologie de ces noms n'est pas difficile à trouver. Les Allemands ont sans doute appelé *moine* et valaque, et les Français *hongre*, le cheval incapable de produire , parce qu'il est dans le cas d'un moine engagé par des vœux de chasteté, et parce que les premiers chevaux ainsi mutilés sont venus en Allemagne de la Valachie , et en France de la Hongrie. Ces pays sont féconds en chevaux. Mais rien ne prouve que ce soit en Valachie et en Hongrie qu'on ait commencé à châtrer ou hongrer les chevaux.

Indépendamment de ce que le castration rend les chevaux plus doux , plus traitables et par conséquent plus susceptibles d'instruction , on peut, quand ils ont subi cette opération , les laisser paître et les faire travailler avec les jumens ; ils ne s'animent pas comme les chevaux entiers auprès des autres , et ne trahissent pas le cavalier par leur hennissement , qui d'ailleurs est toujours plus faible. Ces avantages compensent de beaucoup la diminution de forces que leur cause la castration.

M. Esprit-Paul Delafont-Pontoli, qui a donné un nouveau régime pour les haras, blâme l'usage où l'on est dans beaucoup de royaumes de châtrer les chevaux, sous le prétexte que cet usage leur ôte le courage , la fierté et la beauté. Il voudrait qu'à l'exemple des Arabes, des Perses, des autres peuples d'Orient et des Espagnols même, on ne se servît que de chevaux entiers. Mais les chevaux de ces pays ne sont-ils pas plus doux naturellement que les chevaux de ceux où on les hongre? Est-ce à leur éducation seule qu'ils doivent la facilité qu'on a de les manier? L'un et l'autre peut être vrai. Ce qu'il y a de certain , c'est que les Arabes s'occupent bien plus qu'on ne fait en Europe de l'éducation des chevaux , qui sont pour eux l'objet de la plus grande utilité. Au reste , si on ne pratique sur ces animaux la castration qu'à l'âge de trois ans, ils perdent très-peu de leur beauté (1).

On châtre le cheval de cinq manières 1°. par les caustiques ou les corrosifs ; 2°. par le feu; 3°. par la ligature; 4°. en froissant les testicules; 5°. en les bistournant.

Quelque méthode qu'on emploie, on commence à s'assurer du cheval, on lui ceint le corps avec une sangle, munie de deux anneaux de fer, fixés de chaque côté de la poitrine, à environ un pied et demi l'un de l'autre; on l'amène les yeux bandés sur un gazon jonché de paille ou sur du fumier; on lui met

---

(1) La chaleur étant débilitante, ainsi que la castration, les chevaux des pays méridionaux ne peuvent être assujettis à cette opération sans être rendus impropres à tous les services violens ou durables. Voilà la véritable cause qui fait que les peuples cités par mon savant collègue s'y refusent.   (*Note de M. Bosc.*)

quatre entraves au paturon. Une entrave faite avec soin est composée d'une bande de cuir suffisamment large, doublée et rembourrée en dedans, garnie d'une boucle à un de ses bouts, pour y passer et arrêter l'autre, et garnie, du côté opposé à la boucle, d'un anneau de fer, qui sert à fixer et à passer les courroies. On a soin que chaque corde, fixée par un de ses bouts à un des anneaux, repasse dans l'anneau opposé, de manière que la corde fixée à un anneau de l'entrave du pied de derrière vienne repasser dans celui de l'entrave du pied de devant qui le regarde, et retourne de là entre les deux jarrets, pour être tirée par derrière, comme celle qui est fixée à l'anneau de l'entrave du pied de devant ira passer dans celui de l'entrave du pied de derrière, qui lui répond, et reviendra entre les jambes de devant, pour être tirée en devant.

Lorsqu'on a mis les entraves et passé les cordes, deux hommes forts, le premier placé en avant du cheval, tirant la corde qui doit ramener le pied de derrière avec celui de devant; et le second, placé derrière, tirant du côté opposé pour réunir les deux pieds que sa corde engage, le feront tomber, s'ils sont parfaitement d'accord; un troisième, tenant la tête de l'animal avec une longe ou un bridon, le soutient de manière à déterminer la chute sur le côté et non en devant.

Aussitôt que le cheval est abattu, on passe les cordes qui ont réuni les pieds dans les anneaux de la sangle, et on les y fixe par un nœud coulant, facile à défaire. Pendant tout le temps de l'opération, un ou deux hommes tiennent fermement la tête du cheval.

1°. Pour châtrer par les caustiques, on se munit d'un bon bistouri, de forte ficelle et de quatre petits bâtons appelés *billots* ou *cassots*, longs de 5 à 6 pouces et larges d'un pouce au plus. Ces bâtons doivent être fermes pour ne pas plier, et excavés intérieurement à 2 lignes de profondeur, de manière que cette excavation vienne jusqu'à une ligne près du bord tout le long du bâton. C'est pour cela qu'on choisit du bois de sureau, dont on ôte la moelle. On pratique à l'extrémité de chaque bâton une *coche* ou *collet*, pour y fixer un lien. Les bâtons doivent s'appliquer les uns sur les autres avec la plus grande justesse.

On remplit l'excavation ou gouttière de chaque cassot ou de sublimé corrosif, broyé dans de l'eau avec de la farine, pour en faire une sorte de pâte, ou bien on la remplit de levain, qu'on saupoudre de sublimé corrosif dans toutes ses parties.

L'opérateur ensuite lave les bourses avec de l'eau fraîche, saisit un testicule, incise la peau et fait sortir ce testicule; il repousse vers le ventre le corps appelé *épididyme* ou *amourette*, et le laisse en entier, ou il en emporte une partie, selon

qu'on veut conserver à l'animal plus ou moins de vigueur.
Alors il engage le cordon spermatique entre les deux cassots,
le lie aussi serré qu'il est possible par les collets, coupe le testicule près des cassots, sans l'emporter totalement; il en laisse
soit un tiers, soit un quart, afin que les cassots tiennent
mieux.

Quand l'opération est faite de la même manière à l'autre
testicule, on lave les bourses avec du vinaigre, dans lequel on
a fait dissoudre un peu de sel marin; on les nettoie bien; on
dégage le cheval de ses entraves et on le saigne, pour empêcher l'inflammation, en diminuant la masse du sang.

Il faut qu'il se repose vingt-quatre heures, après lesquelles le
sublimé corrosif ayant produit son effet, on coupe les liens
qui tiennent les cassots, et on achève la séparation des parties
encore adhérentes, mais mortes; on lave de nouveau les bourses
avec une eau aiguisée de sel et de vinaigre.

On est quelquefois obligé de mettre des morailles aux chevaux pour leur faire cette opération.

Tous les jours il faut faire faire au cheval un quart ou une
demi-lieue, mais lentement, et lui laver les bourses avec l'eau
aiguisée de vinaigre; en quinze jours il est guéri. Après sa
guérison on le fait travailler modérément. Il peut dès lors soutenir quelques journées de route, pourvu qu'on ne le presse pas.

2°. La castration par le feu diffère peu de la castration par
le caustique. Au lieu de cassots employés dans celle-ci, on fait
usage d'une epèce de tenaille, de la forme des morailles, mais
plus légère et plus petite, appelée *moraille à châtrer*. Elle est
longue de 5 à 6 pouces; les deux pièces ne sont pas tran-
chantes du côté où elles se touchent, mais limées de manière
cependant qu'elles se touchent dans tous les points; à l'une des
branches est attachée une courroie pour les lier quand on s'en
sert.

Après avoir mis le testicule à nu, l'opérateur saisit avec
les morailles le cordon entre le testicule et l'épididyme, rapproche les branches et les lie fortement avec une courroie. Il
prend alors un couteau de cuivre rougi au feu dans un ré-
chaud, et sépare, tant en brûlant qu'en coupant, le testicule
de l'épididyme. Il jette aussitôt du sucre sur l'endroit de la
section, et y fait étendre de la cire jaune, au moyen d'un
second couteau très-chaud. Lorsqu'on ôte les morailles, ou
lors de la chute de l'escarre, il n'y a pas d'hémorrhagie à
craindre.

3°. Dans la troisième méthode, on se contente, après avoir
ouvert les bourses, de lier les vaisseaux spermatiques avec un
fort fil de soie ou un fil de cordonnier, et l'on emporte le
testicule par une section faite au-dessous de la ligature, c'est-

à-dire du côté du testicule. On étend sur la surface de la section des vaisseaux un onguent chaud, fait de suif et de térébenthine. On lave les bourses avec de l'huile et du vin, et on fait promener le cheval ainsi coupé dans un endroit poudreux.

4°. Pour châtrer en contondant ou froissant les testicules, il suffit de saisir extérieurement le cordon spermatique, de comprimer fortement les testicules avec des tenailles à mors larges et plats, ou de les contondre avec deux marteaux de bois, en leur ôtant toute action vitale. En Russie, on les froisse entre deux pierres. Un cheval châtré de cette manière s'appelle en France *cheval froissé*.

Je dois encore citer la crastration *par martelage*, qui consiste à écraser les cordons spermatiques avec un marteau de manière à les désorganiser. Les cultivateurs du département de l'Ain, où ce mode est en faveur, prétendent qu'il est préférable au bistournage, et que les bœufs sur qui il a été employé prennent mieux la graisse.

5°. La cinquième méthode consiste à saisir les testicules du cheval, et à les tordre si fortement, qu'ils deviennent incapables de servir à la sécrétion de l'humeur séminale, et qu'ils se dessèchent. Cette opération s'appelle *bistourner*.

M. George Hartmann regarde la première méthode comme la plus sûre, et celle qui expose le cheval à moins de douleur et de danger. Celle qui est faite par le feu est sujette à causer des inflammations, et même un tétanos général, maladie convulsive; le procédé de la ligature ne convient guère qu'aux chevaux d'un an, qu'il serait trop tôt de couper à cet âge. Dans les chevaux plus âgés, la masse à emporter serait trop considérable, il faudrait resserrer la ligature à mesure qu'elle se relâcherait par l'affaissement de la partie qu'elle engage, et abattre trop souvent l'animal. La castration par le froissement ou par le bistournage a l'inconvénient de ne point enlever les testicules, et de tromper ceux qui voudraient acheter des étalons, s'ils n'y apportaient toute l'attention possible.

La saison la plus convenable pour la castration du cheval est le printemps ou l'automne. L'âge est trois ou quatre ans : alors il est bien formé, il a du feu et de la force. Il conserve après la castration une partie de ses qualités, qu'il n'aurait pas s'il était châtré plus jeune. Il faut auparavant qu'il n'ait monté aucune jument, et qu'il soit en bon état de santé.

Ce que je viens dire du cheval peut s'appliquer à l'âne, qui peut être châtré par les mêmes méthodes et qui exige les mêmes précautions. L'âge le plus convenable est à deux ans et demi ou trois ans. On châtre moins souvent les ânes, parce qu'on ne veut pas les priver de leur force, et parce qu'il y a moins d'inconvéniens à ne pas les hongrer.

On châtre rarement les veaux lorsqu'ils sont bien jeunes. Cette opération en ferait mourir un grand nombre, et les bœufs qui résulteraient de ceux qui survivraient ne seraient pas assez forts ; on attend que leurs membres et les autres parties de leur corps soient dans l'état de perfection : c'est ordinairement à dix-huit mois ou à deux ans.

On n'emploie, en France, pour châtrer les taureaux, que trois des précédentes méthodes, ou la ligature, ou les froissemens des testicules, ou le bistournage. Cette dernière est la seule usitée pour les taureaux qui ont servi d'étalon pendant quelques années.

Le taureau coupé, c'est-à-dire le bœuf, est docile, et peut être employé, ou à labourer, ou à traîner des voitures. Il s'engraisse facilement, et sa chair, à choses égales, est d'autant meilleure qu'il a été châtré de bonne heure, ou avant d'avoir couvert des vaches.

On a pratiqué aussi la castration sur des génisses et sur des vaches. Elle consiste à retrancher dans ces animaux les ovaires sans toucher ni à la matrice ni au vagin. Ce moyen de les rendre stériles est une preuve de l'influence des ovaires sur la génération. Les vaches châtrées engraissent plus facilement que les autres ; elles ont la chair plus agréable au goût si on les châtre jeunes. Cette pratique, si elle devenait commune, nuirait à la propagation de l'espèce.

Il ne paraît pas que les Espagnols fassent beaucoup d'usage de la castration sur les béliers transhumans. Ils n'en châtrent que quelques-uns pour les mieux apprivoiser et en faire des conducteurs. Ces animaux, qu'on appelle *manso*, sont d'une grande utilité aux bergers, qui, par leur moyen, conduisent où ils veulent un troupeau entier, ou une division de troupeau, ou quelques bêtes seulement. Il suffit qu'ils leur donnent de temps en temps un peu de pain, et qu'ils les appellent quand ils veulent s'en servir. Les autres restent en état de bélier et forment des troupes séparées. On croit qu'ils soutiennent mieux que les moutons la fatigue des voyages longs. Peut-être en châtre-on un plus grand nombre parmi les bêtes sédentaires.

On coupe les béliers depuis l'âge de huit jours jusqu'à un âge très-avancé. Plus ils sont coupés jeunes, plus la chair est tendre, et moins il y a d'accidens ; mais les moutons en sont moins forts. On emploie la troisième et la cinquième méthode, quelquefois la quatrième. La troisième est celle qui convient aux béliers agneaux, et la cinquième aux béliers qui ont plus de trois ans. Après l'opération beaucoup de bergers se contentent de frotter les bourses avec du saindoux. Les uns les tiennent quelques jours en repos et les nourrissent mieux qu'à l'ordinaire ; d'autres les mènent aux champs dès le jour même ou le lendemain. Il y des pays où des hommes font la profession de châtreurs d'agneaux ; ils parcourent les fermes peu de temps après l'agnelage. Le plus souvent ce sont les bergers qui se chargent de l'opération , et ils s'en acquittent bien.

M. Daubenton a donné la méthode de châtrer les brebis. Elle serait la même pour les chèvres, si on y trouvait quelque avantage.

C'est à l'âge de six semaines , et non plus tôt , qu'on pratique cette opération sur elles , parce qu'il faut que les ovaires aient acquis un peu de grosseur , pour qu'on puisse les saisir aisément.

On place l'agnelle sur une table ; un aide tient les deux jambes de devant et la jambe droite de derrière ; un autre écarte la jambe gauche de derrière ; l'opérateur soulève la peau du flanc gauche avec les deux premiers doigts de la main gauche , pour former un pli à égale distance de la partie la plus haute de l'os de la hanche et du nombril ; il coupe ce pli de manière que l'incision n'ait qu'un pouce et demi de longueur , et suive une ligne qui irait de la partie la plus haute de l'os de la hanche jusqu'au nombril. L'ouverture étant faite, en coupant peu-à-peu toute l'épaisseur de la chair jusqu'à l'endroit des boyaux , sans les toucher , l'opérateur introduit le doigt *index* (second doigt) dans le ventre de l'agnelle , pour chercher l'ovaire gauche. Lorsqu'il l'a senti , il l'attire doucement au dehors. Les deux ligamens larges, la matrice et l'ovaire droit sortent en même temps. On coupe les deux ovaires et on fait rentrer le reste ; ensuite on fait trois points de couture à l'endroit de l'ouverture , pour la fermer ; on ne passe l'aiguille que dans la peau et point dans la chair ; on laisse sortir au dehors les deux bouts du fil , et on met un peu de graisse sur la plaie. Après dix ou douze jours , la plaie étant cicatrisée , on coupe le fil au point de couture du milieu , et on tire les deux bouts pour l'enlever , et par ce moyen éviter la suppuration. Quand cette opération est bien faite , l'agnelle ne souffre que le premier jour. Les femelles des béliers qui ont été châtrées s'appellent *brebis châtrices ;* il vaux mieux les appeler *moutonnes*.

Les cochons mâles sont châtrés depuis l'âge de quinze jours jusqu'à six semaines, en employant seulement la troisième méthode. On châtre aussi les femelles des cochons de la même manière que les agnelles.

On ne s'est pas borné à pratiquer la castration dans les seuls quadrupèdes , on l'a étendue aux coqs et aux poules de nos basses-cours. Les coqs châtrés ont le nom de *chapons ,* et les poules celui de *poulardes. Voyez* POULE.

Les poulets nés tard ne doivent pas être châtrés, parce qu'ils ne deviendraient pas beaux. Pour qu'ils profitent bien, il faut qu'ils soient en état de l'être avant la Saint-Jean, et qu'ils aient trois mois. D'ailleurs, il serait dangereux d'attendre les chaleurs, qui, causant la gangrène, en tueraient beaucoup.

L'opération est simple, et les femmes ou servantes des fermiers la pratiquent elles-mêmes. On fait une incision près des parties de la génération, on enfonce le doigt par cette ouverture, et on emporte les testicules, si ce sont des mâles, et les ovaires, si ce sont des femelles. Le coq châtré ne chante plus, s'il l'a bien été. Les poulardes engraissent plus aisément que les chapons. Il y a des pays en France où cet art est très en usage et d'un grand profit.

J'observerai que, sur quelque animal qu'on fasse la castration, il faut prendre de grandes précautions ; comme on agit sur des parties très-délicates, si on n'y fait pas la plus grande attention, on risque de perdre les animaux. (TES.)

CAT. C'est un des noms du CLAVEAU.

CATAIRE. *Voyez* CHATAIRE.

CATALEPSIE. Maladie nerveuse dont l'effet est d'ôter subitement la faculté de aire les mouvemens qui dépendent de la volonté ; l'homme ou l'animal qui en est affecté reste dans la position où il se trouve sans pouvoir la changer ; ses membres gardent celle qu'on leur donne comme s'ils étaient des objets inanimés. Les saignées, les vomitifs, le cautère actuel, enfin les excitans les plus actifs, sont les remèdes qu'on emploie le plus souvent pour la combattre.

Cette maladie est si rare dans les animaux, qu'il devient superflu d'entrer dans plus de détails à son égard. (B.)

CATALEPSIE. BOTANIQUE. Deux plantes de l'Amérique septentrionale, une MOLDAVIE et un PHRIMA, sont organisées de manière à pouvoir se couder et à rester dans la même place. On leur a appliqué le nom de la maladie précédente. J'ai fait connaître mes observations sur ce phénomène au mot PHRIMA du nouveau *Dictionnaire d'Histoire naturelle*. (B.)

CATALEPTIQUE. Espèce de DRACOCÉPHALE.

CATALOGNE. Variété de PRUNE.

CATALPA, *Catalpa.* Arbre d'ornement qui faisait partie des BIGNONES, *Bignonia Catalpa*, Lin., mais que Jussieu a jugé devoir former un genre particulier.

Cet arbre, un des plus beaux que l'Amérique septentrionale ait donnés à nos jardins, s'élève de 20 à 3o pieds, et présente toujours, par l'écartement de ses nombreux rameaux, une vaste cime arrondie et par conséquent d'une forme qui contraste avec celle de la plupart des autres arbres. Ses feuilles ont communément un demi-pied de diamètre, sont arrondies un peu en cœur, opposées ou ternées, et portées sur de longs pétioles ; la nuance de leur vert est très-agréable. Ses fleurs, blanches et tachées de pourpre, de la grosseur du pouce, forment, à l'extrémité de ses branches, des girandoles un peu lâches peut-être, mais très-élégantes et d'une odeur faible ; elles se développent au milieu de l'été, c'est-à-dire à une époque où celles des autres arbres sont passées ; ses fruits, de la grosseur d'une plume à écrire et de 6 à 8 pouces de long, ajoutent à ses agrémens, parce qu'ils sont pendans et facilement agités par les vents, ce qu'on ne voit dans aucun autre arbre de France, ou acclimaté en France.

Tous ces avantages font rechercher le catalpa par tous les amateurs de jardins ; aussi est-il l'objet d'un commerce de quelque étendue pour les pépiniéristes ; aussi commence-t-il à devenir très-commun autour de Paris et des autres grandes villes. C'est, isolé au milieu des gazons, ou groupé trois ou quatre ensemble à quelque distance des massifs ou au bord des massifs mêmes, qu'il produit le plus d'effets. On en forme des allées impénétrables aux rayons du soleil. Il lui faut toujours une bonne exposition et beaucoup d'air, sans cependant qu'il soit dans la direction des vents, car ses feuilles sont facilement déchirées par eux. Il devient hideux après un orage, ainsi que j'ai eu plusieurs fois occasion de l'observer. Toute terre qui n'est pas trop sèche ou trop humide lui convient ; mais cependant il réussit mieux dans les terres franches et argileuses. En Caroline, où j'en ai vu d'immenses quantités, on le plante sur la berge des fossés pour qu'il en retienne les terres par ses racines nombreuses et traçantes, et ces terres sont cependant fort sablonneuses. Il pousse très-vigoureusement dans sa jeunesse, et atteint presque toute sa croissance en quatre à cinq ans ; mais il ne fleurit guère qu'à la septième ou huitième année. Malheureusement il est sujet à la gelée dans le climat de Paris, sur-tout dans sa jeunesse ; souvent alors il perd en une nuit la moitié de la pousse d'une année, c'est-à-dire 3 ou 4 pieds, mais cette perte se répare l'année suivante et au-delà : aussi ne les couvre-t-on plus dans les pépinières des environs de cette ville ; mais plus tard au nord, cela devient indispensable ; même Dumont Courset, dont on ne peut trop citer la pratique, conseille-t-il de les tenir en pots pendant quatre ou cinq ans, c'est-à-dire jusqu'à ce que leur bois ait pris la consistance nécessaire pour résister aux gelées. En effet, lorsqu'ils sont parvenus à cet âge dans le climat de Paris, les hivers les plus rigoureux n'ont plus d'action sur leurs tiges ; il n'y a que l'extrémité de leurs branches qui soit quelquefois *pincée*, pour me servir de l'expression technique, et, loin de leur faire du tort, cela détermine la sortie de rameaux latéraux, qui rendent sa tête plus épaisse et par conséquent plus belle.

On multiplie le catalpa de graines, de rejetons, de marcottes et de boutures.

La multiplication par graines est la plus lente, mais la plus avantageuse, aussi est-ce celle qu'on doit préférer; mais souvent dans le climat de Paris, et encore plus souvent au nord de cette ville, les capsules de cet arbre sont frappées de la gelée avant la maturité des graines qu'elles renferment : ainsi il faut, dans les années où cela arrive, en tirer des parties méridionales de l'Europe ou de l'Amérique septentrionale. Ces dernières valent toujours mieux. Ces graines, soit dit en passant, doivent être conservées dans la capsule jusqu'au moment de leur mise en terre.

Le semis des graines de catalpa se fait dans des terrines sur couches et sous châssis, ou en pleine terre : dans l'un et l'autre cas, il s'effectue au printemps, lorsqu'il n'y a plus de gelées à craindre; celui en terrine, dans une terre composée de terre franche, de terre de bruyère et de terreau par parties égales; celui en pleine terre, à l'exposition du levant ou du midi dans un sol bien ameubli et même mélangé de terreau. Les graines ne doivent pas être recouvertes de plus d'une ligne de terre, et même ne devraient pas l'être s'il n'était à craindre que les vents ne les emportassent. On les arrose légèrement, mais fréquemment. Le plant levé se sarcle et même se bine, s'il est possible, deux ou trois fois dans le courant de l'été. Si l'exposition est celle du midi, il est bon de le garantir des rayons directs du soleil, dans les jours les plus chauds, par des toiles s'il est sous châssis, et par des claies s'il est en pleine terre. Ordinairement ce plant a plus de 6 pouces de hauteur à la fin de la saison. Celui qui est sur couche se rentre dans l'orangerie, et celui qui est en pleine terre est garanti des gelées de l'hiver par une couverture de fougère ou de paille de l'épaisseur d'un pied; couverture qu'on soutiendra au-dessus de lui, pour qu'il n'en soit pas écrasé, par quelques perches croisées et fixées sur des fourches d'une hauteur convenable. Au printemps suivant, lorsqu'il n'y a plus de gelées à craindre, on repique, dans le climat de Paris, indifféremment ces plants en pleine terre, à l'exposition du levant ou du midi, à 6 pouces de distance dans un sol bien préparé et rendu plus meuble par de la terre de bruyère. Dans le courant de cette seconde année, il ne demande que les sarclages et binages ordinaires, et quelques arrosemens dans les grandes chaleurs.

Si le terrain est bon et l'année favorable, il est déjà trop 'ort à la fin de cette seconde année pour rester si rapproché,

et il faut ou enlever un pied entre deux, ou tout replanter
dans un autre endroit à un pied de distance. La troisième
année, il faut encore faire la même opération pour la même
cause, c'est-à-dire écarter les plants de 2 pieds : c'est à la
quatrième année qu'il a acquis, lorsque les gelées ne lui ont
pas nui, la hauteur convenable pour être mis en place ; mais
il est bon de le laisser encore se fortifier un an dans la pépinière. En espaçant d'abord le plant de 2 pieds, on évite toutes
ces transplantations.

Une des meilleures précautions contre les gelées, est de
couper toutes les feuilles inférieures à 2 ou 3 pouces du tronc,
afin d'affaiblir l'action vitale de la sève et faire AOUTER (*voyez
ce mot*) la partie de la tige qui ne l'est pas encore.

Lorsque le plant de catalpa, dans sa troisième ou quatrième
année, a été frappé de la gelée, il vaut mieux le rabattre rez
terre qu'à la hauteur où il est mort, parce qu'il repoussera des
jets, parmi lesquels on en choisira un pour former une nouvelle
tige, qui surpassera, le plus souvent la même année, celle qu'on
aura coupée, et qui sera au moins mieux filée. C'est alors que,
si on veut prendre des précautions contre les gelées, on devra
empailler de bonne heure les catalpas, afin que cette tige se
conserve dans toute sa beauté, et puisse acquérir l'année suivante la force nécessaire pour résister aux hivers les plus
rudes.

Au-delà de cet âge, les catalpas ne doivent plus être tourmentés par la serpette. Il faut laisser à la nature le soin de
leur donner la forme, et elle ne se trompera pas. Un peu d'irrégularité lui est plus avantageux qu'une forme visiblement
le produit de l'art.

Il est rare que le catalpa fournisse une grande quantité de
rejetons dans le climat de Paris, en conséquence il ne faut pas
compter sur eux ; cependant en Amérique, quand on en arrache
un pied, il en repousse des centaines, ce qui indique qu'il peut
être multiplié par racines ; mais ce moyen n'est point pratiqué
en France, du moins à ma connaissance.

Les marcottes de catalpa reprennent souvent dans la première année, et toujours, au moins, dans la seconde ; mais
comme le bois de cet arbre est très-cassant, il est difficile d'en
faire. Il vaut mieux, quand on veut employer ce moyen de
multiplication, couper un vieux pied par le bas, et l'année
suivante couvrir ses jeunes pousses d'un pied de terre. L'année d'après, ces jeunes pouces auront acquis assez de racines
pour être enlevées et placées en pépinière. Ce vieux pied résiste rarement long-temps à ce genre d'épreuve. Il périt presque toujours à la troisième ou quatrième année.

On fait les boutures de catalpa avec des rameaux de l'année

précédente. Elles doivent avoir environ un pied, et être enterrées au-delà de moitié, soit dans des pots qu'on place sur
couche à châssis, soit en pleine terre. Celles sur couche sont
enracinées au bout de deux mois, et celles en pleine terre au
bout de trois ou quatre, lorsqu'elles ont été convenablement
arrosées et mises à l'abri du soleil de midi pendant les jours
chauds. Les premières se relèvent l'année suivante pour être
mises en pépinière, et les autres la seconde année, pour y être
également placées, ou être plantées à demeure dans le lieu qui
leur est destiné.

On a observé que le catalpa gelait plus rarement à l'exposition du nord qu'à toute autre ; mais il y pousse plus lentement,
et y donne bien moins de fleurs. C'est aux convenances locales
à décider. En général, il est toujours bon de varier les chances
de conservation, et les effets produits par la différence des
aspects.

Le bois du catalpa est poreux ; sa couleur est verdâtre quand
il est frais, et brune quand il est sec. Il pèse à raison de 32
livres 10 onces 6 gros par pied cube.

Le miel que les abeilles récoltent dans les fleurs du catalpa
est très-âcre. (B.)

CATAPLASME. Espèce d'emplâtre ou médicament mou,
semblable à de la bouillie, qui s'applique à l'extérieur. Le nombre des cataplasmes est multiplié à l'excès, et cette multiplication prouve plus le charlatanisme que l'utilité. Les cataplasmes sont classés suivant la nature des substances qui entrent
dans leur composition ; les uns sont *adoucissans* ou *émol-
liens* ; d'autres *maturatifs* ou *suppuratifs* ; les autres *résolu-
tifs*, etc.

Lorsqu'il y a inflammation, c'est le cas d'employer les cataplasmes de mie de pain bouillie dans l'eau commune, et c'est
un cataplasme émollient.

Lorsqu'il faut attirer au dehors la suppuration, on y parvient par les cataplasmes maturatifs ou suppuratifs. Le meilleur de tous, sans contredit, et le plus simple, est celui fait
avec la bouillie, ou avec la mie de pain et du lait que l'on
fait cuire avec une quantité proportionnée d'oignons de lis
blanc, si on en a, ou simplement d'oignons de cuisine ; on
peut y ajouter quelques figues grasses. Suivant une coutume
abusive, on emploie le lait, le beurre, les huiles ; s'il y a
inflammation, le lait aigrit, le beurre et l'huile rancissent,
et dans cet état ils deviennent épispastiques et causent des éri-
sypèles sur la peau de l'endroit sur lequel le cataplasme est
appliqué, et il en résulte souvent des désordres affreux pour le
malade.

Lorsqu'il faut résoudre, on prend six onces de farine d'orge, deux onces de feuilles fraîches de ciguë écrasées, du vinaigre en quantité suffisante. Le tout doit bouillir pendant quelques minutes, et on ajoute ensuite deux gros de sucre de plomb.

Dans un grand nombre de maladies il est important de hâter la dérivation de l'humeur; on recourt alors au cataplasme vésicatoire ou épispastique. Prenez mouches CANTHARIDES (*voyez* ce mot), depuis une drachme jusqu'à une once sur quatre onces de levain ou de farine; mêlez avec suffisante quantité de vinaigre; le mélange doit être exact et d'une consistance molle : il restera pendant vingt-quatre heures sur la portion des tégumens où il est appliqué, à moins que les vessies ne soient formées avant ce temps.

Lorsque l'on craint que les voies urinaires ne soient trop fortement affectées par l'effet des cantharides, on emploie les *sinapismes* ou cataplasmes de moutarde. Prenez de la moutarde pulvérisée, et mêlez-la avec suffisante quantité de vinaigre, pour réduire le tout en consistance de cataplasme; s'il n'est pas assez actif, ajoutez-y de l'ail écrasé. (R.)

CATAPLASME. JARDINAGE. Quelques écrivains ont donné ce nom aux compositions qu'on met sur les plaies des arbres. *Voyez* ENGLUEMENT et ONGUENT DE SAINT-FIACRE. (B.)

CATAPUCE. Nom vulgaire de l'EUPHORBE ÉSULE. *Voyez* ce mot.

CATARACTE. MÉDECINE VÉTÉRINAIRE. Maladie des yeux de l'animal, dans laquelle la pupille, qui paraît noire dans l'état naturel, perd sa transparence et prend une couleur tantôt jaune, tantôt cendrée, bleue ou de couleur de feuille morte. Dans le principe de la cataracte, la vue de l'animal n'est que troublée; mais elle se perd entièrement dans la suite.

Le cheval est celui de tous les animaux le plus exposé à cette maladie : elle a des causes prochaines et éloignées. La cause prochaine est l'opacité du cristallin; les causes éloignées sont la stagnation des humeurs épaisses et gluantes dans le cristallin, après de violentes inflammations dans les yeux, des fluxions lunatiques, des coups donnés sur ces parties, des efforts qu'a faits l'animal, un reste de gourme, le virus du farcin et la morve. Le cristallin devient opaque, parce que, entre les différentes couches membraneuses qui le composent, il se dépose des matières étrangères qui interceptent le passage des rayons de la lumière, s'épanchent dans le tissu cellulaire de cette partie, s'y épaississent, et font perdre à cet organe la transparence qu'il avait auparavant.

Il est aisé de reconnaître la cataracte, en examinant l'animal en face à la sortie d'une écurie, ou dessous une porte cochère : l'on voit un corps plus ou moins blanc, que nous appelons *dragon.* Ce mal est presque toujours incurable, à cause de la difficulté de l'opération.

Il y a encore deux sortes de cataracte : l'une produite par l'opacité de l'humeur vitrée ; l'autre, par la perte de la sensibilité de la rétine.

On a confondu jusqu'à présent cette maladie avec l'ONGLÉE des animaux ; les ânes, les chevaux, les mulets, les moutons, les chèvres y sont sujets. Cette prétendue cataracte est facile à détruire ; ce n'est autre chose qu'un relâchement de la membrane clignotante, qui naît du côté du petit angle de l'œil, qui s'avance sur tout le globe, et le recouvre quelquefois en entier, si l'on ne s'oppose à ses progrès. Quant à la manière de parer à cet inconvenient. *Voyez* ONGLÉE. (R.)

CATARRHE. MÉDECINE VÉTÉRINAIRE. Ce n'est autre chose qu'une inflammation fausse, avec fluxion et sécrétion d'humeur, qui peut attaquer toutes les parties du corps des animaux, mais qui se fixe le plus souvent au nez, ou sur le poumon.

Les causes les plus communes du catarrhe sont les intempéries de l'air, et la suppression de l'insensible transpiration, de la sueur, le peu de soins qu'ont les cultivateurs d'entretenir un courant d'air dans les écuries et les étables ; le passage subit de l'air échauffé qui règne dans les lieux où sont enfermés beaucoup d'animaux, à l'air libre et froid ; les eaux crues et glacées qu'on leur laisse boire, sur-tout lorsqu'ils travaillent ; la répercussion des maladies cutanées, telles que la gale, les dartres, les eaux aux jambes, les solandres, les malandres, etc.

Le cheval, l'âne, le mulet, le bœuf, le mouton, la chèvre et le cochon sont sujets au catarrhe ; mais comme cette maladie est mieux connue, dans tous ces animaux, sous le nom de MORFONDURE, nous renvoyons à cet article.

Il nous reste seulement à parler du catarrhe qui a souvent des suites funestes chez les chevaux, et qui, pour l'ordinaire, est épizootique. Il se manifeste par les symptômes suivans, 1°. les premiers jours un malaise et une faiblesse générale, quelques légers frissons, sur-tout le soir à la rentrée du travail ; 2°. des ébrouemens fréquens, suivis de l'écoulement par les naseaux d'une humeur limpide et âcre ; 3°. un mouvement convulsif dans la lèvre antérieure ; 4°. la perte de l'appétit dans quelques chevaux ; 5°. vers le quatrième jour, ce dernier symptôme est le plus général, et les ébrouemens moins fréquens ; 6°. l'humeur devient verdâtre et s'épaissit ; elle ne coule alors que par un naseau ; les glandes lymphatiques de dessous la ganache se tuméfient du côté du naseau qui flue ; 7°. les glandes ne sont entièrement engorgées que lorsque le flux a lieu par les deux naseaux à la fois ; 8°. les huitième, neuvième, dixième et douzième jours, les ébrouemens cessent, l'humeur devient plus épaisse, jaunâtre, et successivement blanche ; elle coule en plus grande quantité et souvent alors par les deux naseaux ; 9°. la respiration se trouve gênée ; 10°. quelques légers accès de toux, qui n'ont le plus souvent lieu que parce que l'humeur, devenue trop épaisse, engorge les fosses nasales ; 11°. le flux et la tuméfaction cessent peu à peu, et l'animal reprend sa gaieté et son appétit.

Dans quelques chevaux la maladie s'annonce par la prostration des forces, par une toux sèche, plus ou moins violente, et beaucoup de sensibilité à la poitrine ; huit ou dix jours après, la toux commence à devenir grasse, et il se fait par les naseaux et quelquefois par la bouche une expectoration copieuse de matière épaisse et jaunâtre ; l'insensible transpiration se rétablit peu à peu ; elle est même quelquefois abondante, et l'animal guérit.

Cette espèce de catarrhe attaquant ordinairement la poitrine des chevaux, il est dangereux, et souvent funeste, pour ceux qui ont essuyé des péripneumonies, pour ceux qui ont le poumon faible et délicat, et pour ceux qui ont la pousse ; quelques-uns même succombent. La pousse est quelquefois augmentée, dans d'autres, au point qu'ils ne peuvent résister à la chaleur de l'été. En général, cette maladie est dangereuse, et se termine au bout de quinze jours. Les chevaux qui ont des eaux aux jambes, des javarts, ou d'autres accidens locaux, en sont pour l'ordinaire exempts.

Traitement. Dans le premier cas les remèdes mucilagineux et adoucissans, tels que la mauve, la guimauve, le bouillon blanc, la graine de lin en boissons et fumigations, ensuite les délayans légèrement incisifs, le kermès minéral donné avec du miel, ou bien dans l'eau blanchie avec le son de froment, sont les remèdes à employer. Mais dans le second, c'est-à-dire dans celui où la prostration des forces est manifeste, les infusions des plantes aromatiques, telles que l'absinthe, la sauge, la lavande, l'iris de Florence, le kermès, sont à préférer. La nourriture doit être la paille et le son.

On doit bien sentir que la saignée n'est indiquée que dans le premier cas, encore faut-il que la difficulté dans la respiration subsiste, et qu'elle soit faite dans les quarante-huit heures de l'invasion du mal, parce que, si on la pratiquait le troisième ou quatrième jour que la coction de l'humeur catarrhale commence à se faire, il serait à craindre qu'elle ne se fixât entièrement sur le poumon, et qu'elle n'y occasionnât des inflammations, dont la plupart se termineraient par l'empyème et la mort. (R.)

CATARRHE DU CHIEN. Le chien est sujet au catarrhe

du gosier. On connaît qu'il en est attaqué, lorsqu'il est triste, dégoûté, qu'il lui sort beaucoup de sérosité par le nez, par son gosier, qui est douloureux et enflammé, et quelquefois par sa tuméfaction.

Ce mal cède facilement en tenant le chien chaudement, en faisant sur la partie tuméfiée des onctions avec l'huile de camomille, et des fumigations de cascarille. (R.)

CATHERINETTE. Nom vulgaire de l'euphorbe épurge dans le Boulonnais. (B.)

CATILAC. Pêche et Poire. *Voyez* ces deux mots.

CATIMURON. Nom vulgaire de la ronce commune dans le Boulonnais. (B.)

CAUCALIDE, *Caucalis*. Genre de plantes de la pentandrie digynie et de la famille des ombellifères, qui renferme une douzaine d'espèces la plupart propres à l'Europe, et croissant dans les champs cultivés, parmi les blés, auxquelles elles nuisent quelquefois par leur abondance.

Les espèces les plus communes sont :

La Caucalide a grande fleur. Elle a les feuilles alternes, trois fois pinnées, et à folioles presque linéaires; les involucres de cinq folioles; un des pétales des fleurs extérieures deux fois plus grand que les autres, et toutes les parties rudes au toucher. C'est une plante annuelle, qui s'élève au plus à un pied de haut, et qui serait propre à servir à l'ornement des jardins, si ses fleurs, qui sont d'un blanc éclatant, ne passaient pas si vite.

La Caucalide daucoïde a les feuilles alternes, trois fois pinnées et à folioles linéaires; les involucres universels nuls, et les partiels de trois folioles; les fleurs presque égales et rougeâtres; toutes les parties rudes au toucher. Elle est annuelle.

La Caucalide a larges feuilles, qui a les feuilles alternes, pinnées, à divisions lancéolées et dentées; les involucres universels de trois folioles; les partiels de cinq; les fleurs blanches, presque égales; toutes les parties âpres au toucher. Elle est annuelle.

Ces trois plantes se trouvent souvent dans les moissons, surtout du côté du midi de la France. Lorsque leurs graines, qui sont grosses et aplaties comme des lentilles, restent dans le blé, elles rendent le pain brun, amer et malsain, comme j'ai eu occasion de l'éprouver. Pour les en séparer, il faut de toute nécessité un crible à travers lequel le blé puisse passer : or, ces sortes de cribles sont rares dans les cantons de petite culture, tels que ceux dont je veux parler. Les sarclages ne font qu'en diminuer le nombre, parce qu'à l'époque où on peut le faire, ces plantes ne sont pas encore montées en fleurs, et qu'on les voit difficilement.

Une partie des graines mûrissent et tombent avant la coupe du blé et se conservent plusieurs années en terre. Ce n'est donc que par la culture en assolement qu'on peut les détruire, c'est-à-dire en faisant succéder au blé qui en était infesté, ou des plantes étouffantes, comme les pois gris, la vesce; ou des plantes qu'il faut sarfouir plusieurs fois, comme les pommes de terre, les fèves, les betteraves, ou des prairies artificielles.

Quelques auteurs ont placé les caucalides dans le genre des CERFEUILS, d'autres y ont réuni le genre TORDYLE ainsi qu'il suit.

La CAUCALIDE APRE, *Tordylium antriscus*, Lin., a les involucres polyphylles, les semences ovales, les feuilles deux fois pinnées, à folioles finement découpées, excepté celle du milieu, qui est linéaire, lancéolée. Elle est bisannuelle.

La CAUCALIDE NODIFLORE, *Tordylium nodosum*, Lin., a les ombelles simples, presque sessiles, axillaires, et les feuilles trois fois découpées. Elle est bisanuelle.

Ces deux plantes sont très-communes, dans toute l'Europe, le long des chemins, dans les pâturages, les champs incultes, etc. Elles rampent sur la terre, et ne sont pas toujours faciles à voir, parce qu'elles sont cachées par les autres plantes. Il suffit de couper le sommet d'une tige pour déterminer le développement d'autant d'autres tiges qu'il y a de feuilles dans ce qui reste. Aussi quelques-uns de leurs pieds, en automne, ont-ils deux pieds de diamètre, et sont-ils si chargés de rameaux qu'ils étonnent ceux qui les voient. Tous les bestiaux les aiment avec passion et les chevaux sur-tout, de sorte que, quelque communes qu'elles soient, il serait peut-être encore avantageux de les semer dans les pâturages, chose assez facile, puisqu'il ne s'agirait que de faire arracher en automne un certain nombre de pieds pour en répandre au printemps la graine que les petits oiseaux, qui la recherchent beaucoup, auraient mangée pendant l'hiver. (B.)

CAULET. CHOU dans le département de Lot-et-Garonne.

CAULINAIRE. Tout ce qui tient à la tige d'une plante. Il y a des feuilles caulinaires et des feuilles radicales. *Voy.* PLANTE.

CAURE. On donne ce nom au NOISETIER aux environs de Boulogne. (B.)

CAUSSA. Nom de la seconde façon qu'on donne aux terres dans le département de la Haute-Garonne.

CAUSSANEL ou COSSONEL. Nom du banc de MARNE durcie et mélangée de GRAVIER, sur lequel repose la terre végétale dans les environs de Castelnaudary : elle est très-propre au SAINFOIN. (B.)

CAUSSE. Plateau ou sommet des montagnes calcaires des Cévennes, qui se cultive en céréales : il n'y a ni arbres, ni eau autre que celle des citernes. Les amas de pierres enlevées du sol y sont très-multipliés. On y élève principalement des BREBIS, dont le lait sert à la fabrication des fromages de Roquefort. Le FROMENT qui y croît est de bonne qualité, mais sujet à manquer. (B.)

CAUSSERGUE. On nomme ainsi, dans le département de l'Aveyron, les terres calcaires légères et sèches remplies de pierres. Une portion de ce département est appelée la CAUSSE, parce que cette sorte de terre y domine. C'est un sol primitif, puisqu'on y trouve des bélemnites et des cornes d'ammon. La roche sur laquelle il repose est feuilletée et très-argileuse : c'est la LAVE de quelques départemens. Ses productions sont généralement chétives, mais par une bonne culture on peut en tirer un produit avantageux. Ses enfoncemens, où la terre est meilleure, se nomment COURBES. (B.)

CAUSSI. C'est, aux environs de Vabres, une terre blanche et calcaire. *Voyez* CAUSSE.

CAUSTIQUE. Toute substance qui agit comme le feu, qui détruit les parties sur lesquelles on la pose, telle que le bois, le coton, le chanvre, le moxa allumé, le fer rouge, la chaux, la pierre à cautère, la pierre infernale, etc., est nommée *caustique.*

On emploie ces substances, ou pour brûler les chairs qui croissent sur les vieux ulcères de mauvais genre, ou pour ouvrir des cautères, ou pour les douleurs de rhumatisme. (R.)

CAUTÈRE. Le cautère est une petite plaie ou un petit ulcère que l'on fait à la peau pour procurer la sortie d'une humeur fixée dans un endroit quelconque. On ouvre un cautère à la nuque, aux bras, aux jambes et aux cuisses.

On fait le cautère avec un instrument tranchant, ou avec la pierre à cautère, ou avec la pierre infernale. Ces opérations doivent être pratiquées par les gens de l'art. (R.)

CAUTÈRE ACTUEL. *Voyez* FORME. (B.)

CAUTÉRISATION. Action d'un fer rouge sur la chair d'un animal vivant.

Cette action est un des remèdes les plus efficaces pour guérir les tumeurs indolentes, les engorgemens de toutes sortes. Quoique fréquemment en usage, il ne l'est pas encore assez. On emploie le BOUTON DE FEU lorsque la tumeur a peu d'étendue, et le COUTEAU lorsqu'elle en a beaucoup.

M. Gohier, professeur à l'école vétérinaire de Lyon, a fait des expériences qui constatent les avantages de la cautérisation par approximation dans les eaux aux jambes des chevaux. Pour cela, il faut tourner autour du pied malade de larges plaques de fer rouge, à environ un pouce de distance ; plaques de fer qui augmentent d'abord l'écoulement et finissent par le tarir. Ce traitement a guéri, dans l'espace de quinze à vingt jours, des eaux aux jambes invétérées et des ulcères farcineux scorbutiques, etc., en le combinant avec des remèdes internes appropriés. (B.)

CAUX. Mélange de feuilles de CHOUX, de NAVETS et de POMMES, qu'on fait bouillir dans une certaine quantité d'eau, et qu'on donne, aux environs de Boulogne, aux vaches et aux COCHONS. (B.)

CAVAILLON. On emploie ce mot dans le Médoc pour déchaussement de la VIGNE. (B.)

CAVALE. On donne ce nom à la jument dans un grand nombre de cantons. *Voyez* au mot CHEVAL.

CAVE. On appelle ainsi, aux environs de Dinan, les TROUS dans lesquels on plante les POMMIERS À CIDRE. *Voyez* ces mots et celui PLANTATION. (B.)

CAVERNES. Excavations naturelles ou faites de main d'homme, qu'on trouve dans les montagnes, et dont on tire dans quelques endroits un parti utile pour des objets qui ont rapport à l'agriculture.

Ainsi, on fait d'excellentes CAVES dans les cavernes, on y conserve les légumes pendant l'hiver, la glace pendant l'été ; on y dépose le beurre, le fromage, etc. Celles de Roquefort sont même regardées comme essentielles à la formation et à la bonne qualité du fromage de ce nom.

Les cavernes ont été les premières habitations des hommes, et encore aujourd'hui elles leur servent de retraite dans quelques pays ; en France même, il est de pauvres cultivateurs qui profitent de celles qu'ils trouvent, ou qui en creusent (dans la craie principalement) pour s'y loger.

Certaines cavernes sont des glacières naturelles ; c'est-à-dire qu'il s'y trouve toujours de la glace pendant l'été : telle est celle qui se voit près de Besançon. (B.)

CAVERON. Nom vulgaire du PRUNIER SAUVAGE, *Prunus insititia*, Lin., dans le Boulonnais. (B.)

CAVES. ARCHITECTURE RURALE, ŒNOLOGIE. Lieux souterrains et voûtés, destinés à resserrer et à conserver les vins.

De toutes les liqueurs fermentées le vin est la plus délicate, et pour pouvoir le conserver long-temps dans une cave, il faut qu'elle ait des qualités particulières qu'une construction convenable peut seule lui procurer.

Mais avant d'entrer dans les détails que comporte cette construction rurale, il est nécessaire de rappeler les principes et les causes de la fermentation du vin, car c'est par leur découverte qu'on a pu déterminer la meilleure construction d'une cave.

Rozier les a très-bien développés dans son article Cave, et nous n'aurions pas osé y toucher s'il avait été plus complet; mais cette raison et quelques longueurs nous ont déterminés à le refaire, en conservant toutefois les excellens principes que nous y avons trouvés.

« Les raisins, rendus fluides par la pression immédiatement après leur cueillette, et rassemblés en masse dans la cuve, y éprouvent une fermentation que l'on reconnaît bientôt au bouillonnement du vin; on l'appelle *fermentation vineuse*.

» L'effet de cette fermentation est de convertir le principe sucré et mucilagineux du raisin en liqueur spiritueuse. La *fermentation insensible* succède à la fermentation vineuse, ou plutôt elle en est la continuation : elle est apparente pendant quelque temps après avoir entonné les vins nouveaux, par un léger frémissement dans les tonneaux. Cette seconde fermentation raffine la liqueur, l'épure et la débarrasse des corps étrangers connus sous le nom de *lie*, qui se précipitent au fond du tonneau.

» Tant que les principes constituans de la liqueur conservent un parfait équilibre, elle forme une boisson agréable et salubre; et c'est pour prolonger cet équilibre que l'on a imaginé la construction des caves.

» Si la cave n'a pas les qualités requises, la fermentation insensible passe promptement à la *fermentation acide*, qui annonce la désunion des principes; et enfin à la *fermentation putride*, qui est l'effet de cette désunion lorsqu'elle est complète.

» Deux causes toujours agissantes, mais singulièrement variables dans leur action, l'exercent du plus au moins sur la liqueur spiritueuse, et tendent sans cesse à la désunion de ses principes, et conséquemment à leur décomposition. Ces deux causes sont l'air atmosphérique et la chaleur, ou plutôt l'air atmosphérique seul, dont l'influence sur les liqueurs spiritueuses est plus ou moins funeste selon qu'il est plus ou moins chaud, plus ou moins humide.

» Si le vent est au nord pendant quelques jours, ce qui influe nécessairement sur l'état de l'atmosphère, les vins s'éclaircissent dans les tonneaux, et c'est le moment le plus favorable pour les soutirer, ou pour les tirer en bouteilles après les avoir soutirés; si au contaire le vent du sud souffle, le vin perd une partie de sa transparence, et il se trouble.

» Il est donc démontré que l'air atmosphérique agit sur le vin dans les tonneaux, et que plus il est exposé à son action, plus il est sujet à se décomposer. Les vins de Champagne et de Bourgogne sont plus exposés à cet inconvénient que ceux des

vignobles méridionaux, parce que ceux-ci, ayant plus de principes sucrés, contiennent moins de phlegme. »

Ainsi, pour conserver les vins le plus long-temps possible,
il faut les soustraire aux variations de l'atmosphère, afin d'empêcher leur fermentation insensible d'en être altérée, car c'est
de son prolongement que dépend la bonté du vin.

Les caves doivent donc avoir la forme et la diposition con--
venables pour obtenir cette propriété.

La meilleure cave est celle *qui est sèche, assez profonde en
terre pour que la chaleur de son atmosphère s'y soutienne d'une
manière invariable, pendant l'été comme pendant l'hiver,
entre le dixième et le onzième degré au-dessus de zéro du
thermomètre de Réaumur, et que le baromètre n'y éprouve
que très-peu de variations.*

1°. *Une cave doit être sèche.* Cette qualité est importante
non-seulement pour la conservation des vins, mais encore
pour celle des tonneaux.

Dans une cave humide, les cercles pourrissent en très-peu
de temps, ainsi que les douves des tonneaux; on est obligé
de les *relier* sans cesse pour ne pas être exposé à des pertes
fréquentes, et cet entretien devient quelquefois très-coûteux.
Voyez Tonneau.

Pour qu'une cave soit constamment sèche, il faut qu'elle
soit creusée dans un terrain très-sain par lui-même et impénétrable à l'eau : cette nature de sol se rencontre très-communément dans tous les vignobles.

Mais la cave du consommateur est dans son habitation, et
sa bonté éventuelle n'entre jamais que comme motif très-se-
condaire dans le choix de son emplacement : c'est ce qui fait
que l'on rencontre si souvent de mauvaises caves.

Il est cependant possible de s'en procurer d'assez saines,
même dans les terrains les plus humides. Nous en avons vu
qui étaient pour ainsi dire sous l'eau, et dans lesquelles le vin
se conservait bien pendant deux ou trois ans.

L'art indique deux moyens pour construire des caves dans
les terrains humides.

Le premier consiste, 1°. à garnir le pourtour extérieur des
murs de la cave, depuis le pied de la fondation jusqu'au
niveau du terrain environnant, d'un contre-mur, ou massif
de glaise bien pilée, sur une épaisseur d'un demi à deux tiers
de mètre; 2°. à paver son sol intérieur en dalles de pierre
dure, ou avec des briques doubles, scellées en mortier de
chaux et ciment, et assisses sur un lit de glaise bien battue
d'environ un demi-mètre d'épaisseur; 3°. à paver le pourtour
extérieur de ses murs en pierres ordinaires, posées sur un mortier de chaux et ciment, dans une largeur d'un ou deux mètres,

et en observant de donner à ce pavé extérieur une contre-
pente suffisante pour éloigner des murs de la cave toutes les
eaux pluviales.

Le second moyen est de construire les caves en *spirale*. Celle
que nous avons citée avait cette forme. Les murs extérieurs et
le pavé en avaient été construits avec autant de soin que pour
une *citerne*, afin d'empêcher les eaux extérieures et souter-
raines de s'y introduire par infiltration. Les tonneaux étaient
placés dans le noyau de la spirale.

2°. *Les caves doivent être assez profondes pour, etc.* L'expérience a fait connaître qu'une cave voûtée en maçonnerie
d'épaisseur convenable, et enfoncée en terre à une profondeur d'environ 4 mètres, conservait en tout temps le degré
prescrit de température, et que le baromètre n'y éprouvait pas
de variations sensibles, lorsque d'ailleurs elle était bien gou-
vernée. Au surplus, plus une cave est profonde, et mieux le
vin s'y conserve.

La courbure que l'on doit préférer pour les voûtes des caves
est celle en plein cintre. Elles sont plus solides que les voûtes
surbaissées, et n'exigent pas une aussi grande épaisseur de
pieds-droits pour pouvoir résister à leur poussée.

On est cependant obligé d'employer cette dernière courbure
toutes les fois que la nature du sol ne permet pas d'enfoncer
la cave assez avant pour que l'extrados de sa voûte se trouve
au-dessous du niveau du terrain environnant.

La largeur des caves, ou plutôt le grand diamètre de leur
cintre, est ordinairement fixée par la largeur des bâtimens que
l'on élève au-dessus, déduction faite de la surépaisseur qu'il
faut donner aux pieds-droits pour résister à la poussée de la
voûte, et que l'on prend intérieurement. Dans les vignobles,
au contraire, c'est la largeur qu'il faut donner à la cave qui
détermine celle du bâtiment que l'on doit élever au-dessus.

Cette largeur se calcule d'après les dimensions locales des
tonneaux, et les intervalles qu'il faut laisser entre les rangées
pour la facilité de la surveillance et la commodité du service,
et de manière qu'il n'y ait jamais de terrain de perdu.

La longueur des caves est ensuite relative à la consommation
du ménage pour celles des maisons particulières, et subordonnée aux besoins de l'exploitation pour celles des vendangeoirs.

Dans l'un et l'autre cas, elles doivent être placées le plus
avantageusement possible pour le service et la surveillance, et
construites avec les meilleurs matériaux disponibles.

Voici les épaisseurs de maçonnerie qu'il faut donner aux
voûtes des caves ainsi qu'à leurs pieds-droits, suivant les diamètres et la courbure que l'on aura adoptés pour leurs cintres.

Première table pour les voûtes en plein cintre.

DIAMÈTRES.			HAUTEUR des pieds-droits.			ÉPAISSEUR des voûtes à la clef.			ÉPAISSEUR des pieds-droits.			OBSERVATIONS.
to.	pi.	po.	pi.	po.	li.	pi.	po.	li.	pi.	po.	li.	
1	»	»	4	»	»	1	2	6	2	3	»	Les épaisseurs des pieds-droits sont aug-
2	»	»	3	»	»	1	5	»	2	9	»	mentées pour être au-
3	»	»	3	»	»	1	7	6	3	6	»	dessus de l'équilibre.
3	3	»	1	6	»	1	9	»	4	»	»	

Seconde table pour les voûtes surbaissées au tiers.

DIAMÈTRES.			HAUTEUR des pieds-droits.			PETIT rayon.			GRAND rayon.			ÉPAISSEUR des voûtes à la clef.			ÉPAISSEUR des pieds-droits.		
to.	pi.	po.	pi.	po.	li.	pi.	po.	li.	pi.	po.	li.	pi.	po.	li.	pi.		
2	»	»	5	»	»	3	3	2½	8	8	9½	1	7	4	4	»	»
3	»	»	5	»	»	4	10	10	13	1	2	1	10	10	5	»	»
3	»	»	4	»	»	6	6	5	17	5	7	2	2	7	6	»	»

Même observation qu'à la première table.

Ces deux tables sont extraites d'un mémoire de feu M. *Perronet,* sur la poussée des voûtes.

Des caves construites avec les soins et de la manière que nous venons d'indiquer auraient toutes les qualités désirables, si elles n'avaient de communication avec l'air extérieur que par leur entrée; et encore serait-il bon d'en diminuer l'influence par un tambour ou vestibule fermé. Mais le gouvernement des vins, la conservation des tonneaux, et la nécessité d'apercevoir le plus promptement possible et de prévenir les accidens qui peuvent leur arriver, exige que l'on introduise dans les caves une certaine quantité de lumière. A cet effet, on y établit des soupiraux placés, autant qu'on le peut, à des aspects différens, afin qu'en tenant leurs volets ouverts ou fermés alternativement et suivant l'état de la température extérieure, au nord ou au sud, on puisse toujours maintenir celle des caves au degré constant et invariable exigé pour la meilleure conservation des vins.

Les caves sont ordinairement accompagnées de *caveaux,* ou

caverons, ou petites caves, dans lesquelles on place les vins
en bouteilles. La construction de ces caveaux exige les mêmes
soins et les mêmes précautions que celle des caves ; mais on
ne leur procure pas de soupiraux. (De Per.)

Les tonneaux dans la cave doivent être posés bien horizontalement, assujettis sur des chantiers de bois, préférables à
ceux en maçonnerie, d'une épaisseur convenable, assez élevés
au-dessus du sol pour établir un courant d'air frais, et favoriser le soutirage d'un vaisseau dans un autre. Il faut faire en
sorte, sur-tout, qu'il n'y ait aucun vide entre eux, et ne pas
perdre de vue que l'excès de l'humidité détermine la moisis-
sure et la pourriture.

Quand les tonneaux ne sont plus employés, il faut les retirer de la cave, n'y jamais laisser en dépôt les ustensiles, ni
même les bouteilles vides, ceux qui sont de bois se pourrissent
promptement ; ceux de cuivre et de fer-blanc s'oxident ; aucun de ces accidens n'a lieu dans le cellier, plus sec que la
cave. Il faut encore remarquer que les bondons et les bouchons
non employés contractent à la cave un goût de moisi qu'ils
communiquent au vin quand on s'en sert.

Il est important qu'il n'y ait pas dans le voisinage de la cave
des égouts, des latrines, des trous à fumier, et d'autres matières fermentescibles, parce que ces foyers de putréfaction
pourraient changer la nature de l'air, en y ajoutant d'autres
fluides, qui, dans l'instant de leur mélange, donneraient à
l'atmosphère de la cave une température différente, souvent
très-variable, susceptible de préjudicier à l'état du vin, qui
doit toujours rester en repos et dans le même milieu. On a remarqué que le vin de garde, mis dans des caves où passaient
des tuyaux de latrine, change d'état.

Entretien de la cave. La propreté, la vigilance et l'économie
que réclament tous les objets du ménage, ne doivent pas
moins se porter sur ceux relatifs à la cave ; il convient qu'une
maîtresse de maison n'en confie jamais la clef qu'à la personne
affidée qui a contume de monter la boisson journalière, et que
malgré sa sécurité elle ne dédaigne point d'y descendre de
temps en temps, au moins à chaque renouvellement de saison,
pour en reconnaître l'état, veiller à ce que les tonneaux ne
transsudent ni ne pourrissent ; ce qui occasionnerait une véritable perte, puisqu'ils ne peuvent servir plusieurs fois, et
lorsque le vin travaille de lui donner de l'air de temps en
temps.

Rien n'expose à plus d'inconvéniens, à la campagne sur-
tout, que cette partie du ménage négligée. Que d'embarras
et de chagrins s'il arrivait que la boisson vînt à manquer
ou à se répandre dans le temps que l'ouvrage donne ! Les
murmures des ouvriers, des domestiques, ne tardent point

à se faire entendre : de là les dégoûts, les reproches, la désertion, tout en un mot va moins bien.

La cave étant l'endroit le plus frais de la maison et le moins accessible à la voracité des insectes, la ménagère doit serrer les saloirs dans l'endroit qui en est le plus voisin. Les Champenois, dont la principale nourriture est le porc, placent leurs saloirs au grenier en hiver, et dans le cellier en été. Elle doit aussi placer près de la cave son huile, sa chandelle, sa viande de boucherie, quand il gèle ou qu'il fait excessivement chaud ; enfin, son miel, dont elle n'est jamais au dépourvu, à cause de la grande consommation qu'elle en fait journellement.

Il faut balayer souvent la cave, et faire en sorte que les ordures en soient enlevées chaque fois, et qu'il n'y reste ni paille, ni bois vert, ni toiles d'araignées ; que les rats et les souris n'y établissent pas leur demeure ; que le sol soit recouvert d'un pouce de sable, qui permettra aux bouteilles qu'on pose dessus de conserver leur aplomb. Enfin, une cave est réputée saine pour ceux qui la fréquentent, lorsque la flamme s'y soutient avec la même vivacité qu'en plein air. (PARM.)

CAYEUX. On appelle ainsi, dans le jardinage, les petits bulbes ou oignons qui naissent autour des gros, et qui servent à reproduire la plante. Quelquefois, mais mal-à-propos, on donne aussi le même nom aux petites racines tubéreuses.

Le plus souvent, comme dans la tulipe, les cayeux se forment aux dépens du bulbe ou oignon, qui se détruit par suite du développement de la fleur.

Les jardiniers préfèrent presque toujours multiplier les plantes bulbeuses par cayeux, parce qu'ils sont certains qu'ils rendent la variété par laquelle ils ont été produits, et qu'ils donnent des fleurs la seconde ou au plus tard la troisième année, tandis que par la voie des semences, il faut attendre ces fleurs pendant cinq à six ans.

On sépare les cayeux de leur mère, lorsque la tige de cette dernière est complétement desséchée, et après avoir arraché l'oignon. Cet instant varie selon les espèces. En général, ceux qui tiennent peu, et que le seul effort des doigts suffit pour détacher, sont les seuls qui sont parvenus à leur complet développement, et sur lesquels on peut compter pour la reproduction. C'est mal-à-propros que quelques jardiniers les éclatent immédiatement après leur sortie de terre ; car, quoique arrachés, ils se perfectionnent toujours tant qu'ils restent unis à leur mère. Je conseille d'attendre le moment de leur replantation pour faire cette opération.

Il est des cayeux qui peuvent se garder une ou deux années hors de terre non-seulement sans en souffrir, mais même en y gagnant.

Comme les cayeux sont plus petits que les bulbes, ils se plantent moins profondément et moins écartés. *Voyez* pour le surplus aux mots BULBE, TULIPE, JACINTHE, NARCISSE, GALANTHINE, NIVÉOLE, PANCRATION, CRINOLE, AMARYLLIS, AIL, SCILLE, FRITILLAIRE, LIS, qui sont les genres de plantes dont les espèces se multiplient le plus fréquemment par cayeux. (B.)

CÉANOTHE, *Ceanothus*. Genre de plantes de la pentandrie monogynie, et de la famille des ramnoïdes, qui renferme une douzaine d'espèces, parmi lesquelles il en est trois qui se cultivent en pleine terre dans les jardins des environs de Paris, et qui sont propres, par leurs jolis bouquets de fleurs blanches et légèrement odorantes, s'épanouissant successivement depuis le milieu de l'été jusqu'à la fin de l'automne, à orner les premiers rangs des bosquets, ou à interrompre l'uniformité des gazons dans les jardins paysagers. Toutes trois sont de petits arbrisseaux originaires de l'Amérique septentrionale, dont les feuilles sont alternes et les fleurs disposées en grappes sur de longs pédoncules axillaires.

Le CÉANOTHE D'AMÉRIQUE, qui a les feuilles ovales, aiguës, dentées, d'un vert noir, plus pâle en dessus, chargées de quelquels poils; les tiges droites, fort rameuses et hautes de 2 à 3 pieds. C'est le plus commun, le seul connu dans les pépinières marchandes. Il croît en Amérique, où j'en ai observé d'immenses quantités dans les sables les plus arides.

Le CÉANOTHE A DEMI COUCHÉ, *Ceanothus decumbens*, Bosc, qui a les feuilles ovales, obtuses, dentées, luisantes, d'un vert gai en dessus comme en dessous, de 15 à 20 pouces de long sur 8 à 9 pouces de large; les tiges couchées à leur base, presque toujours simples, et d'un à 2 pieds au plus de haut; les grappes de fleurs très-denses.

Le CÉANOTHE A PETITES FEUILLES, *Ceanothus microphyllus*, Lezermes, a les feuilles ovales, aiguës, légèrement et largement dentées, avec une glande à chaque dent, glabres, à peine longues de 2 ou 3 lignes sur une de large; les tiges couchées à leur base, très-rameuses, hautes d'un à 2 pieds; les grappes de fleurs très-lâches.

Cette dernière espèce, que Lezermes a cultivée pendant plusieurs années, et qu'il a décrite et figurée, n'existe plus dans les jardins de Paris. Elle a été remplacée par la seconde, qui a usurpé son nom, et qui est extrêmement différente, comme on peut en juger par la description. Je la possède en herbier.

Les céanothes demandent une terre de bruyère et une exposition ombragée. Ils craignent les gelées du climat de Paris, et en conséquence perdent leurs tiges presque tous les ans; mais leurs racines, qui en souffrent rarement, repoussent des jets qui fleurissent la même année. Il est d'autant plus inutile de chercher à conserver les anciennes, que les grappes de fleurs qu'elles donnent sont moins grosses et moins nombreuses. J'ai lieu de croire que la plus grande partie des tiges périt également en Caroline, où les gelées sont à peine sensibles, car je n'ai point vu de pied, parmi des millions, qui eût plus de hauteur que celle indiquée.

On multiplie les céanothes par leurs graines, qui mûrissent fort bien dans le climat de Paris. Elles se sement au printemps dans des terrines sur couche et sous châssis, ou en pleine terre dans une terre de bruyère exposée au nord ou au levant. Les arrosemens leur sont nécessaires. Le plant levé est sarclé, arrosé, et s'il est sur couche, abrité de la grande ardeur du soleil de midi. Ce dernier est rentré dans l'orangerie, et l'autre couvert de fougère ou de paille pendant l'hiver. Au printemps suivant, on plante les uns et les autres en pépinière, à 6 pouces de distance, et pendant l'été on leur donne les sarclages et binages nécessaires. Ils doivent rester deux ans dans ce lieu, après quoi ils sont mis en place.

On peut aussi multiplier ces arbustes par éclat de racines ; mais comme ils sont d'autant plus beaux, qu'ils forment des touffes plus considérables, on emploie rarement ce moyen.

En toute circonstance, il est toujours prudent de couvrir les céanothes pendant l'hiver, et pour le faire plus facilement, on peut, d'après ce que j'ai observé plus haut, leur couper toutes les tiges. (B.)

CÉCIDOMYE. Genre d'insecte fort voisin des TIPULES (*voy.* ce mot), dont les larves vivent aux dépens des plantes, sur-tout des plantes légumineuses, et dont elles déforment les fleurs.

J'ai lieu de croire que ce genre est fort nombreux en espèces; mais on n'en a encore observé que sur le PIN, le GENEVRIER, le LOTIER et le GENÊT commun.

Je suis le premier qui ai étudié, décrit et dessiné ce dernier, qui, certaines années, nuit beaucoup à la fructification du genêt (*spartium scoparium*, Lin.). J'ai vu les fleurs de ceux de la forêt de Montmorency avorter pour la plupart par son fait.

C'est au commencement d'avril que les femelles des cécidomyes qui ont échappé aux rigueurs de l'hiver et au bec des oiseaux, déposent leurs œufs à la base de chaque bouton à fleur du genêt. La larve qui en sort entre dans le bouton par le pédoncule, et se nourrit de la sève qui s'extravase dans la cavité, où elle se trouve, positivement comme celle des GALLES. (*Voyez* ce mot.) Par cette seule opération, la fleur est altérée au point de ne plus présenter qu'un corps oval, de 2 lignes de diamètre, d'un vert aussi foncé que l'écorce, où on ne trouve plus ni apparence de calice, ni apparence de pétales. Cette larve se transforme en nymphe vers les premiers jours de mai, et devient insecte parfait sept à huit jours après.

Couper les fleurs avortées est le seul moyen de prévenir, pour l'avenir, les ravages de ces insectes; mais ce moyen est de peu d'effet.

Depuis j'ai observé une autre cécidomye, qui dépose ses œufs sur le chaume du PATURIN TRIVIAL, et l'empêche de fructifier. Sa larve fait naître une gale chevelue, à filamens contournés, extrêmement remarquable, sous laquelle elle vit aux dépens du chaume. Voyez *le Bulletin des sciences par la Société philomatique*, 1817, p. 133.

La plus dangereuse de toutes les espèces de ce genre est celle connue dans l'Amérique septentrionale sous le nom d'*hessian fly*, parce qu'on a cru, ce qui ne peut être, qu'elle a été importée de la Hesse dans le pays avec les blés destinés à la nourriture de l'armée anglaise, lors de la guerre de l'indépendance.

J'ai publié, dans le volume 70 de la première série des Annales d'agriculture, une notice sur cette espèce, accompagnée de sa description, à laquelle je renvoie le lecteur. En conséquence, je me borne à mettre ce qui suit sous ses yeux.

La mère de la *cécidomye destructive* dépose ses œufs avant l'hiver à l'insertion des feuilles du froment, qui, à cette époque de l'année, sont toutes très-voisines du collet des racines. La larve qui en naît mange le chaume, en descendant vers les racines, et le fait périr. C'est en juin de l'année suivante que cette larve se transforme en insecte parfait. (B.)

CÉCITÉ. Perte de la vue dans les animaux domestiques.

CEDRA ou CEDRAT. On appelle ainsi une des variétés du *citron*. *Voyez* au mot ORANGER.

CÈDRE ACAJOU, CÈDRE MAHAGONI. C'est le MAHAGONI.

CÈDRE BLANC. Les habitans du Canada appellent ainsi le CYPRÈS THUYOIDE. *Voyez* ce mot.

CÈDRE DU LIBAN, *Pinus cedrus*, Lin. Ce grand arbre, un des plus anciennement célèbres, et un de ceux qu'il est le plus intéressant de multiplier en France, sous les rapports de l'utilité et de l'agrément, est d'autant plus dans le cas d'être l'objet d'un article particulier dans cet ouvrage, que son existence est, pour ainsi dire, à la discrétion des cultivateurs; car il est possible qu'en ce moment il n'y en ait plus un seul pied sur le sommet du Liban, seul endroit du monde où il ait été trouvé.

En effet, quelque abondant qu'il fût sur cette chaîne, du temps de Salomon, qui en fit bâtir le temple de Jérusalem et construire ses flottes, il s'est successivement réduit au point que La Billardière, le dernier des voyageurs botanistes qui les ait visitées, n'en a plus trouvé, il y a une vingtaine d'années, que sept gros, sans aucun petit ; et depuis lors le Liban a été le théâtre d'une cruelle guerre, qui a fini par le dépeupler et l'assujettir aux Turcs, qui, comme on sait, détruisent toujours et n'édifient jamais.

Mais comment se fait-il, dira-t-on, que le cèdre ait ainsi disparu de ces montagnes? Parce que, comme tous les arbres résineux, il ne repousse pas de ses racines lorsqu'on le coupe; qu'il ne donne des graines qu'à un âge avancé, et que les seuls gros pieds qu'on ait conservés par une sorte de respect religieux, pieds qui étaient encore au nombre de vingt-six, suivant Rawolf, en 1574, sont situés dans une plaine qui sert de lieu d'assemblée au peuple, et qui est couverte d'un gazon continu.

La destinée du cèdre du Liban est donc en ce moment entre les mains des cultivateurs européens, comme je l'ai dit plus haut, et il est à croire qu'ils le conserveront sur le catalogue des êtres ; car la grosseur à laquelle il parvient, l'excellence de son bois, la beauté de son port, etc., le leur rendent trop précieux, pour qu'ils ne continuent pas les efforts qu'ils font depuis une cinquantaine d'années pour le multiplier. Aujourd'hui ils ne sont plus obligés, comme dans les commencemens, de tirer leurs graines du Liban, y ayant beaucoup de pieds en France et en Angleterre qui en donnent annuellement de fort bonnes.

La tige d'un des seize cèdres que Maundrell trouva sur le Liban, cent ans après Rawolf, avait 36 pieds et demi de circonférence, et ses branches couvraient un espace de 111 pieds de diamètre. Celui qui se voit au Jardin du Muséum d'histoire naturelle, et qui a été planté en 1754, avait à 4 pieds et demi au-dessus de terre, en 1786, suivant Varennes de Fenille, 6 pieds 7 pouces, et, en 1802, suivant Dutour, 7 pieds 10 pouces de circonférence, ce qui donne environ 5 lignes et demie de croissance en épaisseur par an. Sa flèche a été cassée par accident, de sorte qu'il a cessé de s'élever ; mais il ne se fait pas moins admirer par la majesté de son port et la vaste étendue de ses rameaux.

Les plus gros cèdres qui existent en France sont ceux plantés par Duhamel dans son parc de Denainvillers, et entre eux celui que le même Duhamel a planté dans le parc de Montigny Lancoup, à peu de distance du précédent. Ce dernier cèdre avait en 1817, à 4 pieds de terre, selon M. Delamarre, une circonférence de 13 pieds 2 pouces.

Les branches du cèdre du Liban prennent toujours une direction horizontale, et forment différens étages de verdure sur lesquels il semble qu'on pourrait se promener, quand on le considère de loin. Ses cônes ovales et de la grosseur du poing, sont toujours fixés sur leur partie supérieure, et dirigés vers le ciel. C'est sur-tout l'hiver, lorsque tous les autres arbres ont perdu leurs feuilles, que celui-ci, qui les conserve, jouit de tous ses avantages. Ces feuilles, quoique petites, sont si nombreuses, qu'elles forment sous lui un ombrage impénétrable aux rayons du soleil pendant les jours les plus chauds de l'été. C'était donc avec raison que la réunion des naturalistes de Paris, qui m'avait honoré du titre de son président, choisit, en 1790, le pied du cèdre du Jardin du Muséum pour placer le buste de Linnæus; car les idées de grandeur, de durée, d'utilité, d'agrémens, etc., qu'il présente, se réunissaient à tous les sentimens qui sont dus au puissant génie dont ce buste rappelait les traits, pour élever l'ame des jeunes amans de la nature, et la porter aux grandes choses. On voit, à la tête du premier volume des Actes de la Société d'histoire naturelle de Paris, la gravure de ce monument, et la meilleure figure du port du cèdre qui ait jamais été gravée.

D'après ce que je viens de dire, on peut penser que le cèdre du Liban doit être un des plus beaux ornemens des jardins paysagers; et en effet un seul pied suffit pour augmenter beaucoup l'intérêt qu'on trouve à les visiter; mais il demande à y être isolé; il perd tous ses avantages au milieu d'un massif, et devient irrégulier lorsqu'il en est trop près. Jamais la serpette ne doit le toucher; car sa forme naturelle est toujours la plus belle. Il se plaît dans les terrains maigres, sablonneux et pierreux, et redoute ceux qui sont argileux et marécageux. Les gelées lui nuisent, et même le font périr quand il est jeune; mais parvenu à vingt ou trente ans d'âge, il brave les plus rigoureuses, ou au moins elles ne frappent que l'extrémité de ses rameaux, et le mal n'est pas sensible.

Le bois du cèdre du Liban est résineux, odorant, rougeâtre et incorruptible. Suivant Varennes de Fenille, on le distingue assez difficilement de celui du pin sylvestre. Son grain est lâche; il est sujet à se fendre par l'effet de sa dessiccation. Sa pesanteur spécifique est d'environ 29 livres par pied cube; une substance résineuse, fort peu différente en apparence de celle du mélèze, découle de son écorce.

La multiplication du cèdre du Liban n'a lieu que par le semis de ses graines. Quelques jardiniers prétendent l'avoir obtenu de boutures, un essai ne m'a pas réussi; cependant je ne dis point que ce mode de multiplication soit impossible. Ces graines, qui restent deux ans sur l'arbre avant d'arriver à leur complète maturité, sont assez difficiles à ôter des cavités du cône dans lequel elles sont contenues, lorsqu'on ne les a pas laissées s'ouvrir naturellement sur l'arbre, moyen le meilleur, mais qui expose à des pertes. La méthode la plus sûre pour les obtenir, c'est, après avoir fait tremper le cône dans l'eau pendant deux jours, d'en percer l'axe aux deux tiers, et ensuite de le fendre avec un coin. Ordinairement plus de la moitié des graines est avortée, de sorte qu'on doit être satisfait quand on en peut semer une quinzaine par cône.

C'est au printemps, dans des terrines de terre de bruyère, mêlée d'un peu de terreau et de terre franche, que l'on doit mettre en terre les graines du cèdre du Liban. Ces terrines seront enterrées dans une couche à châssis médiocrement chaude, et arrosées modérément. Dès que les plants seront levés, et cela aura lieu au bout d'un mois, on redoublera d'attention pour les garantir de l'action des rayons directs du soleil; d'une trop grande humidité et de l'effet d'un air stagnant, trois causes qui, simultanément ou séparément, les font périr dans les premiers mois de leur sortie de terre, les font fondre, comme disent les jardiniers. En conséquence, il faudra couvrir les châssis de toiles ou de paillassons à l'heure de midi, ne donner que les arrosemens rigoureusement nécessaires, et renouveler l'air le plus souvent possible, même laisser les châssis entr'ouverts pendant toute la journée, si l'état de l'atmosphère le permet. Lorsque le plant a cinq à six feuilles, que sa tige n'est plus molle, ces accidens sont moins à craindre; mais il ne faut pas pour cela cesser toute surveillance : car on pourrait perdre en une heure le fruit de plusieurs mois de soins assidus.

Il est quelques jardiniers qui enlèvent de la terrine, avec la motte, pour les planter séparément dans de petits pots, les cèdres du Liban, lorsqu'ils ont trois à quatre feuilles (ces premières feuilles ressemblent à celles du sapin, mais sont plus longues). Ces pots, ils les enterrent seuls sur une couche tiède, où ils laissent les plants se fortifier tout doucement jusqu'en automne, époque où ils les rapportent sur une couche chaude. Cette méthode m'a paru préférable à l'autre.

Les plants de cèdres du Liban étant, comme je l'ai déjà dit, très-sensibles à la gelée pendant les premières années de leur existence, il faut, de toute nécessité, les conserver en pots, dans le climat de Paris, deux ou trois ans au moins, afin de les rentrer pendant l'hiver dans l'orangerie. Il est également bon de les couvrir ensuite pendant le même nombre d'années, lors des grands froids, avec de la fougère ou de la paille.

Au moyen de ces soins et des labours ordinaires, on peut compter que les cèdres prospéreront pour peu que la terre où on les placera leur soit convenable. Moins on les tourmentera,

et plus tôt ils deviendront de beaux arbres. Il ne faut pas que
la serpette en approche; il n'est pas même nécessaire qu'un
tuteur soutienne leur flèche, ordinairement penchée, parce
qu'elle se relevera d'elle-même. J'en ai vu pousser de plus de
4 pieds par an, à l'âge ci-dessus, qui est celui de leur transplantation définitive.

En général, le cèdre du Liban, comme la plupart des arbres
résineux, reprend d'autant mieux qu'il est planté plus jeune;
mais les causes ci-dessus détaillées ne permettent cependant de
le mettre en place que depuis trois ans révolus jusqu'à six,
qu'il commence déjà à être trop fort pour ne pas faire craindre
de le perdre par suite de cette opération. Cependant j'en ai vu
réussir de plantés à dix et douze ans; mais cela est si rare qu'il
ne faut pas y compter. Le mode de la transplantation influe
beaucoup dans ce cas, comme on peut bien le penser. Il faut
l'effectuer au moment précis où la sève commence à indiquer
son renouvellement par le grossissement des boutons; laisser
le plus possible de terre autour des racines, et ne mettre que
l'intervalle le plus strictement nécessaire entre la déplanta-
tion et la plantation. Une demi-heure d'exposition à un air
sec suffit pour tuer toutes les racines qui ne sont pas couvertes.
Le pied mis en terre sera largement arrosé, mais non trépi-
gné, comme on ne le fait que trop souvent. Il sera bon de
renouveler cet arrosement tous les trois ou quatre jours pendant le premier mois, après quoi le pied n'aura plus besoin
que des binages ordinaires à tous les jardins.

Il est encore une autre manière de transplanter les cèdres
du Liban d'une certaine taille, c'est de les cerner en automne,
c'est-à-dire de faire autour de leurs racines un fossé assez profond pour atteindre à-peu-près l'extrémité des plus basses, et
d'enlever cette grosse motte lorsqu'elle est gelée, par le moyen
de coins et de grands léviers de bois, pour la porter sur-le-
champ dans le trou qu'on lui a préparé à l'avance. Cette opération est coûteuse, il est vrai, mais à Paris le prix d'un cèdre
de plus de six ans n'est borné que par la fortune de celui qui
le désire. (B.)

CÈDRE DE PHÉNICIE. *Voyez* GENEVRIER DE PHÉNICIE.

CÈDRE ROUGE DE VIRGINIE. *Voyez* GENEVRIER DE
VIRGINIE.

CEDREL ODORANT, appelé aussi CÈDRE ACAJOU, ACAJOU
A PLANCHE, *Cedrela odorata*, Lin. Arbre de la première grandeur, qui croît dans l'Amérique méridionale et aux Antilles.
Il est de la pentandrie monogynie et de la famille des azéda-
racs. Sa grosseur est énorme; d'un seul tronc on fait quelquefois des canots longs de 40 pieds et larges de 6. Son bois
est tendre, léger, facile à couper, sain, d'une longue durée.

Les insectes le respectent, mais il est sujet à être attaqué par les vers à tuyaux. On l'emploie dans la construction des maisons et dans plusieurs ouvrages de menuiserie. On ne cultive point le cèdre dans nos colonies; mais on l'élève en Europe dans les écoles de botanique. Il demande la serre chaude, et se multiplie par ses semences, qu'on fait venir des pays où il croît naturellement. (D.)

CELASTRE, *Celastrus*. Genre de plantes qui renferme le CELASTRE GRIMPANT et le CELASTRE DE VIRGINIE, *Celastrus bullatus*, Lin., lesquels se cultivent en pleine terre dans les jardins des environs de Paris, et dont par conséquent il doit être fait mention ici.

Le premier a une tige qui s'attache aux troncs des arbres et les serre si fort, qu'il finit par les faire périr. Ses rameaux s'élèvent au-dessus des branches; ses feuilles sont alternes, ovales, pointues, dentelées, longues de 2 à 3 pouces sur un et demi de large, et ses fleurs herbacées sont disposées en grappes axillaires et terminales; ses fruits sont d'un beau rouge. Il fleurit au commencement de l'été. Il est propre à faire des berceaux, des tonnelles, à garnir des murs, etc. Toutes sortes de terrains, excepté ceux qui sont trop secs ou trop aquatiques, lui sont bons, ainsi que toute exposition. On le multiplie de graines, qu'il fournit assez fréquemment en Europe, et qu'on sème au primptemps dans un sol bien meuble et exposé au nord. Le plant qui en provient se relève la seconde année pour être placé en pépinière, où il reste encore deux ans; après quoi on peut le planter à demeure. On le multiplie aussi de marcottes, qui s'enracinent ordinairement la seconde année, et qu'on peut mettre en place sur-le-champ.

Cet arbuste, quoique très-anciennement apporté du Canada, où il s'appelle *bourreau des arbres*, n'est pas encore très-commun, je ne sais pourquoi, car il ne manque pas d'agrément.

Le second a les feuilles alternes, ovales, arrondies, très-entières; les fleurs blanches et disposées en épis lâches et terminaux; les fruits d'un beau rouge. C'est un arbrisseau de 4 à 5 pieds, qui se tient toujours en buisson. Il est encore plus rare que le précédent, parce qu'il ne donne presque jamais de fruits, et qu'il vient fort difficilement de marcottes. (B.)

CÉLERI, l'*Apium graveolens* de Linnée, qui le classe dans sa pentandrie digynie, l'*Apium dulce Italorum* de Tournefort.

Le céleri a une racine pivotante et fibreuse, rousse en dehors et blanche en dedans, dont il sort des feuilles divisées en trois folioles pinnatifides, soutenues par de longues côtes sillonnées, et une tige ou deux hautes de 2 à 3 pieds, cannelées et profondément noueuses; ses feuilles inférieures sont

pétiolées et opposées. Les supérieures sont sessiles, en forme
de coin, et placées alternativement. Ses fleurs naissent aux
aisselles des feuilles et quelquefois au sommet des rameaux.
On le croit indigène dans les marais d'Italie, d'où on l'a
tiré pour le cultiver dans nos jardins. On croit encore, mais
à tort, que c'est la même plante que l'ACHE (*voyez* ce mot),
modifiée par la culture, qui lui a fait prendre sa saveur désagréable et son odeur forte.

Variétés du céleri. La culture du céleri et les nombreux
semis ont procuré quelques variétés qui peuvent se réduire à
quatre ; savoir, le *céleri long*, ou *tendre*, ou *grand céleri*, car
ces trois dénominations ont été données à la même variété,
le *céleri court* ou *dur* ou *petit*, le *céleri branchu* ou *fourchu*,
et le *céleri à grosse racine* ou *rave* ou *navet*.

Le céleri long a la racine grosse, charnue, chevelue et
unique ; les côtes sont également charnues, creuses, cylindriques, sillonnées. Cette variété ou espèce, pour me servir
de l'expression des jardiniers, en a fourni deux autres. La
première n'en diffère qu'en ce que la partie charnue de la
racine est plus ou moins rose ; mais la seconde est plus petite
et a les côtes pleines. Plus tendre et d'un meilleur goût que
le céleri long et le rose, il a le défaut d'être sensible aux
moindres gelées, et de dégénérer facilement. Ces causes font
donner la préférence aux deux autres, dont la culture ne
présente pas les mêmes désagrémens.

Le céleri court a les feuilles plus courtes que celles des
précédens et d'un vert plus foncé. Sa chair, moins délicate
et plus dure, l'aurait fait abandonner des jardiniers, s'il n'avait
pas eu des avantages qui le rendent précieux. Il est beaucoup
moins sensible au froid et est plus hâtif, de manière qu'on
l'emploie lorsque les autres viennent à manquer ou ne sont
pas encore parvenus à maturité.

Le céleri branchu tire son nom de sa forme. Il a un pivot
gros et court, duquel partent plusieurs autres pivots plus
petits qui forment chacun une plante. Il est moins haut que
les précédens, d'une couleur foncée ; ses tiges sont nombreuses, ses feuilles larges, ses côtes plus creuses. Son odeur
est forte, et son goût est doux et parfumé. On le connaît peu
en France.

Le céleri à grosse racine. Deux caractères essentiels le distinguent des autres. Ses feuilles, au lieu d'être droites, sont
couchées sur terre horizontalement et circulairement, et sa
racine a tantôt la forme d'un navet, tantôt celle d'une rave. Il
est très-délicat, très-parfumé, sur-tout après la cuisson. Il demande moins d'arrosemens que les autres, mais il n'acquiert
de grosseur qu'autant que la terre est meuble. Cette espèce a

produit une sous-variété veinée de rouge. C'est celui qui est préféré à Lyon et plus au midi.

Culture du céleri. La culture du céleri exige beaucoup de soins. Elle doit être relative et à la qualité de la terre propre à la plante, et au but qu'on se propose, qui est d'avoir une racine et des côtes plus volumineuses, plus charnues, plus tendres et d'un goût plus fin et plus délicat que dans l'état sauvage. Pour connaître la qualité de terre propre aux plantes, il ne s'agit en général que d'examiner le sol des lieux où elles poussent naturellement, et quand on s'est procuré une terre pareille, soit naturelle, soit factice, de l'amender par des engrais. Le même examen fait également connaître si les plantes exigent beaucoup d'humidité. D'après cette observation générale, il est facile de juger que le céleri aime une terre potagère bien meuble, bien riche en sucs végétaux, et qu'il exige de fréquens arrosemens. On sème le céleri à diverses époques pour en jouir toute l'année, ou au moins la plus grande partie. Mais cette plante aimant la chaleur et étant fort sensible au froid, on ne peut semer de bonne heure et en pleine terre que dans les départemens méridionaux de la France, encore doit-on prendre des précautions dans les lieux où l'on craint les gelées, et faut-il choisir des plates-bandes bien abritées. On est même obligé quelquefois de garantir le jeune plant avec des paillassons. Quant à l'ouest et au nord de la France, on ne pourrait semer avant le mois d'avril, même avec de bons abris; et, lorsqu'on n'a pas cette ressource, on serait forcé d'attendre les premiers jours de mai, si l'art ne fournissait les moyens de devancer l'époque fixée par la nature. Les jardiniers, en semant sur des couches chaudes, en recouvrant avec des châssis, des cloches et des verrines, sur lesquels ils jettent des paillassons lorsqu'il gèle, avancent le temps des semences d'un à deux mois. Ils doivent employer alors le céleri court, et comme il serait sujet à monter après la transplantation, préférer à cette époque la graine de deux ou trois ans.

La terre bien ameublie et amendée, ou les couches préparées, on sème sa graine le plus clair qu'il est possible. Presque tous les jardiniers, dit Rozier, ont la fureur de semer trop épais. Les plantes se pressent en grandissant; elles s'allongent et s'effilent; c'est un véritable étiolement dont elles auront beaucoup de peine à se rétablir. On peut dire que du semis dépend ordinairement le succès de la plante. Semez donc clair et très-clair, et vous vous éviterez la nécessité de replanter les jeunes céleris avant de les fixer à demeure. Toutes ces transplantations et déplantations endommagent et mutilent les racines; et il faut compter pour beaucoup le temps que la plante perd avant de reprendre : elle l'aurait bien mieux employé à son profit.

Ces observations sont en général fondées, sur-tout lorsqu'on sème en pleine terre; mais si on a fait des couches qui, ainsi que les châssis, les cloches, etc., sont fort dispendieuses, on est forcé de ménager le terrain. Le céleri deviendrait à un prix trop élevé, si on ne s'écartait pas de ces principes. Les couches où l'on sème du céleri ont une autre destination, et il faut que le céleri soit enlevé en temps convenable, pour faire place aux melons, aux concombres, etc., ce qui serait impossible si on ne le transplantait pas de bonne heure; et comme il n'est pas encore assez fort pour être mis en place, on est forcé de le piquer en pépinière. Voilà les motifs qui déterminent à semer épais, et ils sont assez raisonnés pour déterminer à l'indulgence en faveur des jardiniers qui sèment épais.

Si on ne sème qu'au moment où l'on place la graine de melon, on ne peut semer le céleri dans les mêmes châssis, parce que l'humidité nécessaire au céleri ferait périr les plants de melon. On sème alors, dans quelques départemens de l'ouest, une bordure de céleri autour de la couche, et de cette manière il ne nuit pas aux melons. Cette méthode donne aux propriétaires qui ont peu de fumier le moyen d'avoir du céleri plus prime. Ils en sont quittes pour couvrir le soir avec des paillassons.

Après avoir répandu la semence, on la recouvre légèrement avec du terreau ou de la terre bien meuble. On doit arroser fréquemment; et pour ne pas trop tasser la terre, après avoir recouvert, on jette un peu de fumier court à demi consommé. On soigne bien le semis lorsqu'il est levé, on le sarcle souvent, et on chasse les limaces et les insectes qui le détruisent. S'il est trop épais, et qu'on craigne qu'il n'étiole avant d'être repiqué, on l'éclaircit un peu.

Il y a deux époques pour transplanter le céleri : celle de le repiquer proprement dite, et celle de le mettre en place. Quand il a quatre ou cinq feuilles, on peut le repiquer en pépinière; mais lorsqu'on veut le mettre en place, il faut qu'il soit plus fort. Rozier conseille d'enlever le plant de la manière suivante : ouvrez une petite tranchée à une extrémité de la pépinière; mettez les racines à découvert; creusez au-dessus de manière que la plante n'ayant plus de soutien s'affaisse. C'est la méthode la plus sûre pour ne pas endommager les racines. Plus la plante sera en racine, plus la reprise sera prompte et sûre. Pour vous en convaincre, prenez un pied de céleri arraché par force à la manière des jardiniers; plantez-le à côté de celui que vous aurez arraché, avec les précautions que j'indique, et vous jugerez de la différence de végétation : celui-ci sera plusieurs jours à reprendre, et l'autre sera bien repris dans les vingt-quatre heures.

M. Rozier a bien raison quand il s'agit d'arracher en pleine terre ; toutes ces précautions sont alors indispensables ; mais si c'est sur couches elles sont inutiles, parce que le terreau n'opère aucune résistance, et que le jeune plant se lève avec sa motte, sur-tout si on en arrache plusieurs à-la-fois.

A mesure qu'on arrache le jeune plant, on doit le mettre dans un panier, qu'on couvre pour que le soleil et l'air ne puissent pas le faner. Il ne faut l'arracher qu'au moment de la transplantation, et que la quantité suffisante pour qu'il ne reste pas plus d'une heure hors de terre ; s'il restait davantage il serait bon de mettre les racines jusqu'au collet dans un vase à demi plein d'eau pure, ou d'eau mêlée avec du crottin de cheval. Les plantes s'y conserveront fraîches, y trouveront une nourriture convenable, et au moment de la plantation la terre s'unira mieux.

Le céleri se plante de plusieurs manières. Dans les provinces méridionales, où on arrose par irrigation, on le plante sur de petits ados. Dans les environs de Paris, on prépare des planches, on l'y place à 6 ou 7 pouces de distance, dans des rangs, entre lesquels on laisse un intervalle de 3 pieds. On pique dans cet intervalle des laitues, ou on y sème des raves et autres plantes qu'on a le temps d'enlever avant de butter le céleri. Dans plusieurs endroits, on ne laisse qu'un pied entre les rangs, et on fait alors cinq rangs dans une planche. On laisse la planche suivante sans la planter, afin d'y trouver la terre nécessaire pour butter le céleri. On se contente dans d'autres lieux de disposer deux rangs à 18 ou 20 pouces de distance.

Dans quelques départemens de l'ouest, on emploie une méthode différente. Après avoir divisé sa terre en planches de 4 pieds, on fait au milieu de chaque planche un petit fossé qu'on y pratique avec la bêche. L'ouvrier, à mesure qu'il donne un coup de bêche pour ouvrir la terre, la jette à droite et à gauche sur la planche et y forme deux ados. Il donne au fossé 8 pouces de profondeur. Il y jette du fumier consommé et en laboure le fond pour mêler ce fumier avec la terre et la rendre plus meuble. Cette opération terminée, il y place son céleri, qu'il arrose alors par irrigation. Il place une petite planche à l'entrée de la fosse et il l'incline ; il verse dessus l'eau de ses arrosoirs et il continue jusqu'à ce que l'eau ait atteint l'extrémité du fossé. Si la planche est longue, deux ouvriers arrosent la même planche de cette manière par les deux extrémités, jusqu'à ce que la terre en soit suffisamment imbibée.

On doit juger que le fond du fossé, qui a été bien fumé, conserve
facilement son humidité, qu'on renouvelle au besoin. Les ados
augmentent la chaleur en la réfléchissant, et quand on a bien
fumé la terre on a réuni par cette méthode les trois plus forts
agens de la végétation, une grande abondance de sucs nourriciers, de l'humidité et de la chaleur. La plantation en table,
ou planche, ne peut pas autant condenser la chaleur ; les vents
dessèchent aussi plus promptement la terre. Quand le céleri est
planté, on travaille les ados et on y met deux rangs de laitues.
Cette méthode a l'avantage de butter le céleri sans embarras,
puisqu'il se trouve à 8 pouces au-dessous du niveau de la terre,
et si on ne voulait pas tirer parti des ados on pourrait rapprocher
les rangs. Dans quelques lieux, on élargit plus le fossé pour y
placer deux rangs.

On a l'attention de ne planter dans chaque rang que du
plant d'égale force, et on trie à cet effet le céleri à mesure
qu'on l'arrache. Ce triage est indispensable pour avoir du
plant qu'on puisse butter à-la-fois dans le même rang. Il procure un autre avantage, c'est de mettre de l'intervalle dans
la maturité du céleri et d'en prolonger la jouissance. Si cependant le plus petit poussait de manière à faire craindre
qu'on n'eût pas consommé le plus fort avant le moment de
l'arracher, il suffirait de diminuer les arrosemens.

On choisit, s'il est possible, un temps couvert pour cette
plantation, et, à défaut, on recouvre avec un peu de courte
paille ou une feuille de choux. On arrose fréquemment, et s'il
pousse des plantes parasites avant l'époque de le butter, on
les détruit.

Telles sont les méthodes employées lorsqu'il s'agit de butter
le céleri ; mais les maraîchers des environs de Paris, qui font des
couches à melon très-considérables, emploient un autre moyen
pour le céleri de la fin de l'automne et de l'hiver. Ils plantent leur céleri dans des planches et l'y placent à 6 et 8 pouces
de distance dans les rangs, qu'ils espacent d'un pied. Ils l'y
laissent jusqu'à ce qu'il ait acquis toute sa force ; alors ils le
lient, ensuite l'arrachent et le plantent dans leurs couches, où
ils l'enfoncent à 10 pouces ou un pied de profondeur.

Quand le céleri est parvenu à toutes ses dimensions, on le
fait blanchir ; mais la marche est différente pour le céleri de
primeur et celui des autres saisons. Celui qui a été semé en
janvier ou février doit être lié en juin. On choisit un jour
chaud et un temps sec, et que la rosée et l'humidité soient
dissipées. On réunit les feuilles avec des liens de paille ou de
jonc ; on place un lien à leur base, un second au milieu, et
un troisième au sommet des tiges. On garnit tous les vides
qui se trouvent entre chaque pied avec de la litière sèche, de
manière que toute la plante en soit couverte. On les arrose de

deux jours l'un, et tous les trois jours si c'est par irrigation. Si les arrosemens affaissent la paille, on doit en mettre de nouvelle. Un mois suffit pour le blanchir de cette manière. Si on est pressé de jouir, on peut accélérer le moment en arrosant la litière de temps à autre. Quinze ou vingt jours suffisent alors pour que le céleri blanchisse, mais il en pourrit souvent quelques pieds.

Le céleri semé plus tard se blanchit en le buttant de terre. On relève les branches avec un seul lien, et on donne 4 ou 5 pouces de terre. Ceux qui ont piqué des laitues entre les rangs ou sur les ados doivent avoir l'attention d'en accélérer la maturité par des binages et des arrosemens fréquens, pour pouvoir les enlever au moment de butter le céleri. Ceux qui ont creusé et formé des ados les détruisent en rejetant la terre dans la fosse. Ils l'ameublissent bien avant de l'y jeter, et le céleri se trouve alors au niveau du terrain, ce qui leur donne la facilité de le butter de nouveau deux autres fois, jusqu'à ce que la terre atteigne à la hauteur de l'extrémité des feuilles; ils mettent huit à dix jours d'intervalle entre chaque recharge de terre; quelquefois ils lient le céleri à chaque recharge; souvent, quand ils sont adroits, ils s'en dispensent, et la terre leur suffit pour resserrer les côtés sans en jeter dans le cœur.

Ceux qui ont planté en planches ne donnent ordinairement que deux charges de terre, et quelquefois une pour abréger. Ils buttent toute la plante à-la-fois; mais l'expérience a démontré que le céleri ne blanchissait pas si bien de cette manière.

Rozier cite une autre méthode pratiquée dans quelques cantons. On laboure et on ameublit bien profondément un coin de terre, et on y donne une mouillure assez forte pour pénétrer tout le labour. Vingt-quatre heures après on y fait avec un gros plantoir des trous, distans l'un de l'autre d'environ 4 pouces et de profondeur égale à la longueur du plant.

Le céleri qui aura été lié la veille sera arraché, une partie des racines supprimée et chaque pied sera mis dans un trou sans resserrer la terre contre lui. Aussitôt après on donne un second arrosement. On peut se servir de cette méthode pour les celeris tardifs; mais il faut avoir soin de les couvrir de grande litière, et de l'enlever lorsque le temps le permet.

On voit que cette méthode se rapproche beaucoup de celle des maraîchers, qui les placent dans leurs couches pour les faire blanchir. Ils font une tranchée, où ils placent leur céleri, qu'ils buttent à moitié; et huit jours après ils achèvent de le butter avec du terreau. S'ils en ont beaucoup, ils font plusieurs tranchées très-rapprochées, et, par ce moyen, ils le garantissent facilement des gelées avec des paillassons.

Quant au céleri branchu, il ne saurait entrer dans ces trous, puisque les branches partent de la racine, et ont, ensemble, très-souvent plus de 6 pouces de diamètre. Je crois même qu'il pourrirait plutôt que de blanchir de cette manière. Le céleri navet n'exige aucun soin, puisque sa racine est la seule partie que l'on mange. Lorsqu'on l'a enlevé de terre, on tord ses feuilles pour les arracher, et la racine est mise dans la terre ou le sable, près à près, comme celle des CAROTTES. *Voyez* ce mot.

Il faut de grandes précautions pour conserver le céleri dans les départemens où le froid est rigoureux l'hiver et les pluies abondantes.

On le lie le plus tard qu'on peut dans ces climats, mais toujours avant les gelées, et on le couvre avec de la grande litière, on l'enlève toutes les fois que le temps est doux, et on la replace toutes les fois qu'on craint les gelées. Cette précaution est ordinairement suffisante jusqu'à l'époque où le froid commence réellement, et où il n'est guère possible de se flatter d'avoir de beaux jours. C'est le cas alors de butter par progression, et si la nécessité presse, de butter tout-à-la-fois ; enfin de répandre abondamment de la litière. Cette méthode est sûre pour les terrains secs ; mais il est prudent de recourir à un autre expédient pour les terres humides.

Ceux qui ont des couches inutiles à cette époque peuvent suivre la méthode des maraîchers citée ci-dessus. Au cas qu'ils n'en aient pas, après avoir lié les plants un peu avant que les fortes gelées se fassent sentir, on les enlève de terre sans endommager les racines. On les porte dans une serre sur un lit de sable un peu humide, et on les enterre jusqu'au premier lien ; quelques jours après, jusqu'au second ; enfin jusqu'à la sommité des feuilles. Mais comme tous les pieds blanchiraient à la fois, on ne les butte que successivement. La première opération suffit pour les conserver tout l'hiver, si on a soin de renouveler l'air de la serre, et si elle n'est pas trop humide.

Il est bon d'observer que le céleri prend très-facilement le goût des fumiers qu'on lui a donnés, comme on ne s'en aperçoit que trop souvent sur les tables de Paris. On doit donc n'en employer que très-peu ou de très-consommé, et surtout éviter celui qui renferme des immondices des rues ou autres matières étrangères. En général, le céleri des pays méridionaux est trop savoureux, et celui des contrées septentrionales trop insipide : c'est à un juste milieu que l'on doit tendre. Ainsi, au midi on le placera à l'ombre et on l'arrosera abondamment, et au nord il sera mis en bonne exposition, et arrosé seulement dans les grandes chaleurs.

En faisant toutes ces opérations on ne doit pas oublier les années suivantes : ainsi il faut placer quelques beaux pieds en réserve dans un bout de planche. On ne les butte pas et on prend

les précautions nécessaires pour les conserver sans les déplacer.
Lorsque les froids ne sont plus à craindre, on enlève peu-à-peu
les couvertures; on les délie, si on les a liés, et on les accou-
tume insensiblement à l'air; on leur donne un léger labour, et
on les laisse monter. La graine parvient à sa maturité depuis
le mois de juillet jusqu'à celui d'octobre, suivant la température. On la récolte à la rosée, et on la laisse ensuite au soleil pour se dessécher; sans cette précaution on en perdrait
beaucoup.

Ceux qui n'ont pas eu l'attention de conserver quelques pieds
pour graine peuvent en trier quelques-uns dans ceux ramassés
dans la serre, et qu'ils n'ont buttés qu'à moitié. La graine se
conserve plusieurs années; mais elle exige d'être tenue dans un
endroit sec. La nouvelle est préférable.

Propriétés et usages du céleri. La racine du céleri est une des
cinq racines apéritives majeures : les autres sont celles de persil,
de fenouil, d'asperge. On place sa graine parmi les quatre semences chaudes.

On fait usage de cette plante dans les potages, les ragoûts,
en pâte et en salade. On confit ses sommités fleuries, et avec
ses tiges on fait une conserve. Ses semences fournissent peu
d'huile essentielle ; sa racine est utile dans l'embarras des
uretères par des matières pituiteuses; dans la colique né-
phrétique, par des graviers et sans inflammation; dans l'intempérie froide du foie et de la rate ; dans la jaunisse par
l'obstruction des vaisseaux biliaires. On l'emploie sèche depuis
une demi-once jusqu'à une once, en macération, au bain-marie,
dans 8 onces d'eau. Les bestiaux en mangent les issues avec
avidité.

Le Dictionnaire d'histoire naturelle où j'ai puisé les propriétés médicinales du céleri, se réunit à l'abbé Rozier pour se
défier du céleri sauvage ou de l'ache cueilli dans les marais.
L'odeur nauséabonde de sa racine rend cette plante suspecte,
et plusieurs personnes en ont éprouvé de mauvais effets ;
cependant les chèvres, les moutons et quelquefois les vaches
la mangent sans inconvénient; mais les chevaux n'y touchent pas. (FÉE.)

CÉLESTINE. Variété de la CHICORÉE des jardins.

CELLIER. ARCHITECTURE RURALE. Les celliers tiennent
lieu de caves dans les localités naturellement trop humides,
et dans celles où l'on enlève les boissons immédiatement après
qu'elles ont été fabriquées. *Voyez* CAVE.

Ces magasins doivent cependant être un peu enfoncés en
terre, et plus ils le seront, mieux les boissons se conserveront;
mais il faut les garantir de toute espèce d'humidité.

Dans les vignobles, on se sert communément de celliers pour

déposer les vins nouveaux, jusqu'à ce que leur fermentation vineuse ait totalement cessé, ou, suivant l'expression des vignerons, jusqu'à ce que les vins soient totalement *refroidis*. On n'ose pas les descendre dans les caves avant qu'ils soient tout-à-fait parvenus à la fermentation insensible, parce qu'il se dégagerait des tonneaux une quantité de gaz assez grande pour asphyxier les hommes et les animaux qui y entreraient.

On doit voûter les celliers lorsque les liqueurs fermentées que l'on y dépose doivent y rester à demeure, afin de les garantir, autant qu'il est possible, de l'influence des variations de l'atmosphère : dans ce cas, il faut les construire avec des soins à peu près semblables à ceux que nous avons prescrits pour les caves; autrement leur construction ne diffère pas de celle des magasins fermés ordinaires. On détermine leur largeur, comme pour les caves, d'après les dimensions locales des tonneaux; et leur longueur, d'après les besoins du propriétaire ou de l'exploitation. (De Per.)

CELLULE. Loge d'une Capsule. *Voyez* ce mot.

CELLULES. On donne ce nom aux alvéoles des Abeilles. *Voyez* ce mot.

CENDRES. Matière pulvérulente, plus ou moins grise, qui résulte de la combustion des animaux et des végétaux, ou des produits des végétaux, tels que la Tourbe et la Houille. *Voy.* ces mots et le mot Bois.

L'analyse la plus exacte des cendres constate que celles provenant des animaux contiennent des phosphates terreux et du sel marin, et que celles résultant de la combustion des bois et des plantes offrent des phosphates, des carbonates de potasse ou de soude, des carbonates de magnésie et de chaux, de l'alumine et de la silice, des oxides de fer et de manganèse en petite quansité. Le charbon, qui s'y trouve toujours abondamment mêlé dans les foyers, ne leur est pas essentiel, puisqu'on peut le réduire en cendres par la combustion. Quant à celles de la tourbe et de la houille, on y trouve de plus de l'alun, des oxides de fer en abondance, et de la terre dans diverses proportions.

Je vais d'abord considérer l'influence des cendres ordinaires sur la végétation, et indiquer les moyens de les employer utilement à l'agriculture. Je dirai ensuite un mot de celles de tourbe et de houille; car pour celles des animaux, elles ne sont pas assez abondantes pour qu'on puisse en faire souvent usage sous ce rapport.

L'utilité des cendres comme Amendement, *voyez* ce mot, a été reconnue de tout temps. Les anciens agronomes les recommandent, et il n'est pas d'écrivains modernes sur l'agriculture qui ne s'efforcent de faire valoir leurs bons effets. On doit sur-tout au célèbre Parmentier d'excellentes indications sur les moyens d'en faire usage. *Voyez* la Feuille du Cultivateur.

On a écrit que la cendre d'un poirier mise au pied d'un poirier concourait plus puissamment à ranimer sa vigueur et à lui faire porter une plus grande quantité de fruit, que si on avait employé des cendres de toute autre espèce d'arbre. Mais ce fait n'est rien moins que constaté et la théorie ne peut, dans son état actuel, en reconnaître la réalité.

Tous les végétaux ne donnent pas, à poids égal, la même quantité de cendres, et chaque espèce en fournit dans des proportions différentes, selon l'âge, le sol, la saison, le mode employé pour les faire, etc. Théodore de Saussure a enrichi la science d'un précieux travail sur elles, dans ses Recherches chimiques sur la végétation, Paris, 1804. Il résulte de ce travail que les plantes ligneuses contiennent moins de cendres que les herbacées, le tronc moins que les branches, les branches moins que les feuilles ; qu'il y a un rapport évident entre la quantité de cendres produite et la plus grande transpiration des diverses parties de l'arbre, de sorte que l'écorce, qu'on doit considérer comme le siége immédiat de la transpiration en produit beaucoup ; que des feuilles ou du bois lavé donnent moins de cendres que lorsqu'ils ne l'ont pas été (ce qui explique l'observation faite à Paris que le bois flotté en fournissait peu) ; qu'un végétal putréfié fournit, à poids égal, plus de cendres qu'un végétal sain ; que la nature du sol a une influence notable sur la production des cendres ; des fèves alimentées par de l'eau distillée ont produit 3,9 parties de cendres ; d'autres, plantées dans de la silice, en ont fourni 7,5 ; enfin d'autres, cultivées en pleine terre, en ont donné 12 parties ; que la proportion des composans des cendres a presque toujours des rapports avec la nature du sol, c'est-à-dire qu'elles sont plus siliceuses sur un terrain siliceux, plus calcaires sur un terrain calcaire, etc.

La potasse, d'après les expériences du même chimiste, forme quelquefois les trois quarts des cendres produites par de jeunes plantes, par des feuilles non entièrement développées. Ce fait important change entièrement la pratique de tout temps usitée pour obtenir la Potasse et la Soude. *Voyez* ces deux mots.

Les phosphates terreux sont, après les sels alcalins, l'élément le plus abondant des cendres d'une plante herbacée. Ils augmentent au moment de la maturité des semences.

La chaux carbonatée est très-abondante dans les écorces, et moins dans le bois.

La silice y augmente à mesure que la plante avance vers sa fin. Les cendres de la famille des graminées en fournissent plus que celle des autres.

Une amélioration à laquelle beaucoup de cultivateurs devraient penser, c'est de semer de grandes plantes vivaces, ou annuelles, dans des terrains de médiocre valeur, uniquement pour les brûler dans leur jeunesse et en obtenir la cendre, de laquelle ils extrairaient de la potasse propre au commerce. Je ne doute pas, d'après les données ci-dessus et le haut prix actuel de cette denrée, que ce ne fût une spéculation des plus lucratives. On a déjà indiqué le Phylotaca décandre, les Epinards (*voyez* ces mots) comme réunissant, à un haut degré, les qualités nécessaires; mais beaucoup d'autres plantes peuvent leur être assimilées. On sait le grand usage qu'on fait de la potasse pour lessiver le linge, fabriquer des savons, fondre le verre, teindre les étoffes, etc. La France n'en fournit pas la dixième partie de ce qui est nécessaire à sa consommation.

Tout cultivateur doit réserver avec soin toute la cendre produite par son foyer pour le premier de ces objets, et ensuite, lorsqu'elle est complétement privée des sels solubles qu'elle contenait, l'employer à l'amendement de ses terres. Je lui conseille même d'en fabriquer avec les grandes plantes qui croissent naturellement sur sa propriété, et dont il ne tire aucun usage. J'ai eu soin d'indiquer ces plantes toutes les fois que l'occasion s'en est présentée.

Relativement à l'agriculture, les cendres agissent de deux manières: mécaniquement, c'est-à-dire en augmentant par leur extrême division l'ameublissement de la terre; physiquement ou chimiquement, c'est-à-dire en attirant ou conservant l'eau, en portant dans la terre des principes propres à fixer l'acide carbonique qui nage dans l'atmosphère, à rendre soluble le terreau; elles agissent comme la Chaux (*voyez* ce mot), etc. Aussi, telles qu'elles sortent du foyer, les cendres, loin de porter la fertilité dans les terrains sur lesquels on les répand en certaine quantité, y portent-elles la mort. Elles brûlent, comme disent les cultivateurs, les plantes qu'elles touchent. *Voyez* au mot Terreau.

Cependant, récentes et en petite quantité, elles produisent les meilleurs effets, au premier printemps, sur les prairies usées. Il est de croyance générale que cet effet a lieu, parce qu'elles détruisent directement la mousse, qui s'opposait à la croissance de l'herbe; mais j'ai lieu de croire que, ranimant la force végétative de la terre, elle fait périr la mousse presque uniquement parce que les autres plantes poussent plus vigoureusement et l'étouffent. Dans ce cas, comme dans tous les autres, il faut que l'action des cendres soit aidée par l'eau des rosées, des pluies ou des irrigations bien ménagées. Je dis bien ménagées, car trop d'eau emporterait toutes ces cendres, et rendrait par conséquent l'opération inutile.

On répand aussi les cendres nouvelles en petite quantité sur les chenevières, les champs de choux, de navette, etc., en même temps que les graines, parce qu'on a remarqué qu'elles activaient la levée de ces graines, et les défendaient, ainsi que les jeunes pousses, contre les attaques des animaux destructeurs. *Voyez* aux mots LIMACE, ALTISE.

Il est de fait, je le répète, que les cendres attirent puissamment l'humidité et l'acide carbonique de l'air, et qu'elles les conservent avec force. Répandues en plus grande quantité lorsqu'elles ont cessé d'être aussi caustiques, elles produisent donc le double effet de conserver au sol, lorsqu'il en manque, cette humidité sans laquelle il n'y a pas de végétation, et de tenir en réserve le carbone, que les chimistes modernes ont prouvé être un des principaux alimens des plantes.

Rozier a le premier établi, d'une manière positive, que la nutrition des plantes par les racines ne pouvait s'opérer que lorsque la terre végétale, les engrais animaux ou végétaux avaient été mis sous forme savonneuse. Cette belle idée n'est pas rigoureusement vraie, ainsi que je le ferai voir au mot ENGRAIS; mais elle n'est pas non plus dénuée de fondement. En effet, Théodore de Saussure, Braconnot et autres, ont prouvé que le terreau pur se dissolvait entièrement dans la potasse ou la soude caustique, était considérablement altéré par la chaux; que ce même terreau, après avoir été épuisé de toutes ses parties solubles par des lotions répétées, abandonné à l'air, pouvait en fournir de nouvelles au bout d'un certain temps. Or, ici, on trouve la potasse et la chaux : donc les cendres sont le meilleur amendement, ou mieux l'amendement le plus actif qu'on puisse donner, après la potasse et la soude, aux terres naturellement très-chargées de terreau, ou sur lesquelles on a répandu beaucoup de FUMIER. Donc, toutes les fois que, par quelque cause que ce soit, on ne répand pas les cendres sur le sol, il faut les jeter sur le fumier, dont elles accélèrent la décomposition. Au reste, on peut les garder, à l'abri de la pluie, aussi long-temps qu'on veut sans qu'elles s'altèrent sensiblement; même, mais peut-être mal à propos, dit-on qu'elles s'améliorent par la vétusté.

Une expérience de M. Wedge, rapportée par Arthur Young, prouve que les cendres tirent quelque chose de l'atmosphère lorsqu'on les emploie comme amendement. Ce cultivateur a fait lever les gazons de trois parties égales du même terrain, et a fait brûler ceux de deux de ces parties à des époques différentes. Les cendres de la première brûlée furent répandues immédiatement sur le terrain; celles de la seconde, faite plus tard, furent conservées en tas jusqu'aux semailles; les gazons de la troisième partie furent enterrés à la charrue. La première portion produisit incomparablement plus que la seconde, et la seconde plus que la troisième.

D'après cet utile emploi des cendres en agriculture, il y a lieu de paraître étonnant qu'on en perde autant dans diverses parties de la France. Ce fait s'explique par l'ignorance des cultivateurs, par les préjugés, peut-être même par l'intérêt dont elles sont pour les lessives et autres objets.

La quantité des cendres à répandre sur le sol ne peut être fixée ici; car elle dépend, et de la nature du terrain, et des articles de la culture, et de la saison, et encore plus de leur qualité. C'est par des essais, ou par des raisonnemens appliqués à chaque localité qu'on peut l'établir. En général, la latitude dans laquelle on peut choisir est fort étendue, sur-tout si elles ne sont pas nouvelles.

Après les prairies basses, c'est sur les terres argileuses fort humides (TERRES FROIDES, comme on dit vulgairement) qu'elles conviennent le mieux. Leur effet sur les autres natures de sols n'est pas aussi marqué, est même quelquefois nuisible. On sent en effet que les terres calcaires ont plus d'alcali (ou des principes qui en tiennent lieu) qu'il n'est nécessaire.

D'après ce que je viens de dire, on doit penser que les cendres lessivées ou la CHARRÉE (*voyez* ce mot), n'ont pas au même degré les facultés des cendres neuves. Il ne faut cependant pas les perdre, car leur effet, pour être plus faible, n'en est pas moins réel.

Les cendres, comme l'a fait remarquer Fourcroy, quelque bien lessivées qu'elles soient, conservent des sels phosphoriques qui peuvent agir sur la végétation. Il est, de plus, certain qu'il se forme dans les cendres les mieux lessivées, lorsqu'on les garde long-temps, outre des nitrates et des muriates, des sulfates de plusieurs sortes. Comment ces derniers se forment-ils? La science est encore muette sur ce point.

Toujours, quand on veut répandre les cendres sur une prairie, un champ, etc., il faut choisir un temps qui annonce la pluie; car, je le répète, leur action n'a lieu, sous quelques rapports, que par l'intermède de l'eau; c'est peut-être pourquoi elle est plus marquée dans les sols humides. Cela n'est pas en contradiction, comme on pourrait le penser, avec ce que j'ai dit plus haut de l'attraction que la cendre exerce sur l'eau dissoute dans l'atmosphère, parce que le plus ou le moins est d'une grande influence dans ce cas, comme dans tant d'autres.

Malgré le cas que je fais des cendres, je pense que leur rareté, ou mieux la difficulté de s'en procurer assez pour satisfaire aux besoins d'une grande exploitation, les rend d'une petite importance pour l'agriculture. Il n'y a guère que les pays granitiques et schisteux, les plaines dénuées de pierres calcaires, qui soient forcés de s'en contenter; car la chaux peut les suppléer, se produit aussi abondamment qu'on le désire, et coûte presque par-tout moins cher. *Voyez* Chaux.

Dans quelques endroits, on emploie les cendres lessivées ou Charrées (*voyez* ce mot) pour établir le sol des granges, des étables, même des maisons d'habitation. Elles remplissent mieux cet objet que la terre grasse (marne très-argileuse et très-ferrugineuse), parce que, bien corroyées et bien battues, elles se fendent moins. Pour en fortifier la masse, on l'imbibe de quelque liqueur mucilagineuse ou huileuse. J'ai vu employer avec un avantage bien marqué l'eau dans laquelle on avait fait bouillir des tourteaux provenant de la fabrication des huiles de noix, de navette, de colza, etc. Une forte décoction de mauve ou autre plante mucilagineuse produit aussi d'utiles effets, ainsi que le sang de bœuf, la colle-forte, etc.

Les ménagères réservent avec soin les cendres de leur foyer pour les employer à faire la lessive de leur linge. Plus ces cendres sont restées long-temps au feu, c'est-à-dire plus les fragmens de charbon qu'elles contenaient ont été exactement consumés, et plus elles sont bonnes. On y met, pour les activer, les coquilles d'œuf, les petits os, qui, après que leur partie animale est brûlée, offrent une bonne chaux. En général il est utile de les passer au crible avant d'en faire usage, parce qu'outre le charbon précité, qui donne une couleur rousse au linge, il peut s'y trouver des morceaux de fer, qui, en s'oxidant dans le cuvier, tacheraient ce linge d'une manière ineffaçable. *Voyez* au mot Lessive.

La régie des poudres et M. de Perthuis ont fait des expériences sur la quantité de cendres qu'on retire par quintal de différentes plantes herbacées ou de différens bois. J'en donne ci-dessous les notes.

Régie des poudres.

	livres.	ouces.	gros.	grains.
Tiges de maïs.	8	13	6	38
Tiges de tournesol.	5	11	4	28
Sarment.	3	2	0	41
Buis.	2	14	0	0
Saule.	2	11	7	55
Orme.	2	13	4	50
Chêne.	1	5	5	3
Tremble.	1	3	6	4
Charme.	1	2	0	33
Hêtre.	0	9	2	62
Sapin.	0	5	3	54

M. de Perthuis.

	en cendres.				en salin.		
	liv.	onces.	gros.	grains.	onces.	gros.	grains.
Ortie commune.	10	10	6	0	1	7	1
Chardon..	4	0	5	36	1	0	37
Fougère.	5	0	1	0	1	0	0
Chardon hémorrhoïdal.	10	8	0	0	1	3	71
Massette.	4	4	1	40	4	4	1
Roseau.	2	15	4	0	1	1	0
Scirpe des étangs	3	13	5	24	1	4	0
Linaigrette.	4	5	3	0	1	7	36

(B.)

CENDRES GRAVELÉES ou **CLAVELÉES**. Nom vulgaire des cendres produites par la combustion des LIES DE VIN desséchées, et qui contiennent un quart et quelquefois plus d'ALCALI VÉGÉTAL ou POTASSE. *Voyez* ces mots.

Au prix où est la potasse dans le commerce, il doit paraître étonnant que, dans tant de vignobles, on laisse perdre la totalité des lies, des marcs de raisins, qui, brûlés, augmenteraient les bénéfices de la culture de la vigne. Je ne puis trop engager les cultivateurs, les fabricans d'eau-de-vie, les tonneliers, de ne pas négliger de rassembler toutes les lies, soit pour cet objet, soit pour les vendre aux chapeliers à qui elles sont nécessaires pour le foulage de leurs chapeaux. L'opération de les brûler est si peu de chose, puisqu'il ne s'agit que de les calciner après leur dessiccation, sur un lit de bois d'une certaine épaisseur, ou mieux dans un four à pain. D'ailleurs, si on ne veut pas l'entreprendre , il se trouvera toujours des hommes industrieux qui viendront les acheter en nature, quelque petite qu'en soit la quantité. (B.)

CENDRES DE TOURBE. On doit en distinguer de deux sortes : celles provenant de la tourbe des marais de la vallée de la Somme, de la vallée d'Essone, par exemple, celles résultant de la combustion spontanée de la tourbe pyriteuse des environs de Soissons, la Fère, Laon, Noyon, Reims, etc.

La tourbe des marais donne, d'après Ribaucourt, 10 livres de cendres par quintal, et contiennent 2 onces de potasse ; mais si cela est vrai à Amiens, cela ne l'est pas autre part, puisque la tourbe n'est presque jamais exempte d'un mélange de pyrites et de terres. J'en ai vu qui devait fournir près de moitié de calcaire, d'argile, de sable, etc. ; aussi elle varie en couleur et en composition selon la nature de ces terres. En effet la terre calcaire donne de la chaux, la terre argileuse de la brique plus ou moins rouge ; le sable seul reste sable. Cette sorte de cendre est extrêmement recherchée aux environs d'Amiens, en Hollande, et dans tous les pays où elle est connue. Son action sur la fertilité des terres est effectivement très-marquée; mais il faut que les cultivateurs soient bien peu éclairés pour la payer au prix qu'ils y mettent. Je me suis assuré par l'examen qu'on aurait mille pour cent à gagner si on employait à fabriquer de la chaux ou de la brique la somme qu'on y consacre. Je crois donc que les cultivateurs éloignés des villes où on brûle de la tourbe doivent en abandonner l'usage à leurs confrères les plus voisins; mais tel est l'empire de l'ignorance et de l'habitude, que celui de ces cultivateurs qui paye un franc une mesure de cendre de tourbe, ne voudra pas dépenser cette somme pour avoir dix mesures de chaux, qui lui feraient vingt fois plus de profit.

Les cendres que fournissent la *tourbe du haut pays*, la *tourbe profonde*, la *tourbe pyriteuse*, sont souvent appelées *cendres de houille*, *cendres rouges*, ou *cendres de Baurain*, du nom du village qui les a le premier employées il y a cinquante ou soixante ans. Ces cendres, résultat d'une tourbe extrêmement pyriteuse, ne contiennent presque que des sels terreux et métalliques, le sulfate d'alumine, le sulfate de fer, l'oxide de fer à différens degrés d'oxidation.

Ces cendres, semées à la main dans les prairies humides, sur les terres argileuses, produisent des effets en apparence miraculeux, car elles en augmentent le produit de près d'un tiers; aussi leur emploi s'est-il étendu avec une incroyable rapidité, et l'exploitation des tourbes pour cet unique objet est-il devenu un objet de grande importance. Ces tourbes me sont très-connues, pour avoir habité dans le centre du pays qui les fournit, et j'ai été à portée d'apprécier leurs avantages. Je dois dire cependant qu'on s'est aperçu que les terres sur lesquelles on en répandait tous les ans ne tardaient pas nonseulement à perdre cette fertilité extraordinaire, mais même à moins produire qu'avant l'usage des cendres. En conséquence l'emploi en est tombé de beaucoup, sur-tout dans le canton même. Il paraît que cette cessation de fertilité provient et de l'épuisement du sol sur lequel on ne répand pas d'engrais, et des oxides de fer, qui, pénétrant à quelques pouces sous terre, y forment une couche qui, quelque mince qu'elle soit, nuit à la végétation, soit en interceptant le passage aux racines, soit en empêchant l'eau de s'élever ou de s'enfoncer.

M. Dergeres de Mondement s'est assuré par des expériences positives et faites en grand que l'effet de ces cendres ne différait pas de celui du plâtre : ainsi comme ce dernier ne laisse dans la terre aucun résidu nuisible, il est de l'intérêt de tous les cultivateurs de le préférer.

Comme cette tourbe n'est connue que dans le canton ci-dessus, que son emploi est par conséquent local, il est peu nécessaire que je m'étende plus au long sur la cendre qu'elle fournit.

La cendre de la houille véritable, c'est-à-dire du charbon de terre, est aussi employée comme amendement en Angleterre et dans les autres pays où on fait usage de ce combustible. Il paraît qu'elle produit aussi de fort bons effets sur les terres marécageuses ou argileuses : elles sont très-peu communes en France, et je ne puis rien en dire de plus. *Voyez* aux mots CHARBON DE TERRE et SEL. (B.)

CENDRES DE VAREC. C'est le résultat de la combustion des VARECS, résultat qui contient une quantité plus ou moins considérable de soude ou alcali minéral, uni avec de la chaux, du sable, de l'argile, etc. Ces cendres sont un très-puissant amendement sur les terres abondamment pourvues d'humus, et s'emploient beaucoup dans quelques cantons des bords de la mer, principalement dans le Calvados; mais comme la soude est très-recherchée pour beaucoup d'usages, et que la chaux produit le même effet avec moins d'inconvé-niens, on doit la préférer dans tous les cas où il est possible de s'en procurer. *Voyez* SOUDE et CHAUX. (B.)

CENDRES VOLCANIQUES. Fragmens pulvérulens de diverses sortes de pierres que rejettent les volcans, et qui couvrent quelquefois des étendues de terres considérables dans le voisinage de ces volcans, dans une plus ou moins grande épaisseur.

C'est toujours en forme de pluie que les cendres volcaniques sortent des cratères. En tombant, elles tuent et même brûlent tous les végétaux, et s'opposent d'abord, pendant un plus ou moins long espace de temps (pendant plusieurs siècles même) à toute culture; mais petit à petit elles se décomposent, se mé-langent avec le sol qu'elles recouvrent, et alors le rendent d'une extrême fertilité. Dans le premier cas, elles agissent à raison de leur homogénéité et du peu d'obstacle qu'elles apportent à l'écoulement des eaux : elles représentent les effets du verre ou de la brique pilée; dans le second, elles sont de-venues marnes, et se mêlent avec des argiles, et alors les rendent plus légères, c'est-à-dire plus perméables à l'eau et aux racines des plantes.

Ce n'est pas seulement autour des volcans brûlans qu'on remarque ces effets, c'est aussi autour des volcans éteints depuis des centaines de siècles.

Souvent les cendres volcaniques cessent d'être friables, de ressembler à la cendre de nos foyers par suite de l'infiltration des eaux chargées de chaux, d'argile ou autres matières, et alors elles forment un tuf rarement dur, mais propre à la bâtisse, et dont il n'est pas donné à tout le monde de reconnaître l'origine.

La pouzzolane ne diffère des cendres volcaniques que par le plus de grosseur de ses parties; sa nature varie également selon les lieux, et on peut l'employer aux mêmes usages économiques ou agricoles. *Voyez* aux mots VOLCAN, POUZZOLANE, ROCHES VOLCANIQUES et TERRES VOLCANIQUES. (B.)

CENS. Redevance que le propriétaire de beaucoup de fonds payait au seigneur du lieu, et dont il ne pouvait pas se racheter. Aujourd'hui la plupart des cens sont abolis, ou au moins rachetables à la volonté du débiteur : c'est un grand bienfait pour l'agriculture. (B.)

CENT DE TERRE. Mesure de terre en usage aux environs de Lille. *Voyez* MESURE.

CENTAURÉE, *Centaurca*. Genre de plantes de la syngénésie frustanée, et de la famille des cinarocéphales, qui renferme plus de cent-vingt espèces, dont la moitié appartient à l'Europe, et principalement à l'Europe australe, et dont plusieurs intéressent la petite et la grande culture, et quelques-unes les deux ensemble.

Les anciens botanistes avaient formé plusieurs genres des espèces que Linnæus a réunies sous celui-ci, et Jussieu vient de les rappeler. Comme l'usage des cultivateurs est en concordance avec ces subdivisions, elles seront adoptées dans le cours de cet ouvrage; en conséquence, il ne sera question ici que des centaurées proprement dites; et on trouvera aux mots JACÉE, BLEUET, RHAPONTIC, CHAUSSE-TRAPE et CROCODILION, les autres espèces du genre de Linnæus qu'il convient de faire connaître aux cultivateurs.

La CENTAURÉE COMMUNE, ou GRANDE CENTAURÉE, *Centaurea centaurium*, Lin., a les écailles du calice ovales, obtuses, les feuilles alternes, pinnées, glabres, à folioles décurrentes et doublement dentées; la terminale lancéolée. C'est une plante vivace, à racine pivotante, à tige cylindrique, rameuse, haute de 3 ou 4 pieds, à fleurs grandes, rougeâtres, solitaires à l'extrémité des rameaux, qu'on trouve sur les hautes montagnes du midi de la France; sa racine a une saveur amère, un peu âcre, et passe pour un très-bon stomachique vulnéraire et apéritif : on en fait un fréquent usage.

Cette plante, par la beauté de son port et la grandeur de toutes ses parties, est très-propre à figurer dans les jardins paysagers sur les premiers rangs, ou dans les sinuosités qui s'y trouvent. Elle fait aussi fort bien sur le bord d'un ruisseau, à côté d'un rocher ou d'une fabrique, contre lesquels elle se dessine. On la place également avec avantage dans les grands parterres des jardins ornés. Elle est en fleur pendant une partie de l'année. Une terre substantielle et profonde est celle qu'il lui faut. La sécheresse et l'humidité lui sont également nuisibles. On la multiplie de graines et par séparation des racines. La première de ces méthodes est lente, et en conséquence on ne pratique presque généralement que la seconde. Pour cela, au milieu de l'automne, on arrache les vieux pieds, ou seulement on les déchausse, et on sépare avec la main toutes les têtes latérales auxquelles on croit pouvoir donner quelque chevelu. Ces œilletons sont mis en terre sur-le-champ, et poussent ordinairement assez de racines pour passer l'hiver sans accidens. Ils fleurissent la première ou la seconde année, selon qu'ils étaient forts et qu'ils sont placés dans une bonne terre.

Les graines de cette plante se sement au printemps dans une exposition chaude et dans une terre bien meuble : on les arrose convenablement. Lorsque le plant est levé, on le sarcle, et à la fin de l'automne, on le met en pépinière dans une autre place également bien labourée, à une distance de 6 à 8 pouces, où il doit rester une année ; après quoi il est bon à être placé à demeure. On doit couvrir ce plant pendant l'hiver, parce qu'il est sujet à être frappé par les gelées.

La Centaurée musquée, l'*ambrette*, la *fleur du grand-seigneur*, a les folioles du calice presque rondes, pubescentes ; les feuilles glabres, pinnatifides, presque en lyre, à découpures dentées : elle est annuelle, originaire de la Turquie, et haute d'un pied et demi. Ses fleurs, qui commencent à se développer au milieu de l'été, et qui continuent à le faire jusqu'aux gelées, sont blanches ou purpurines, grandes, solitaires sur de longs pédoncules, et d'une odeur de musc ou de fourmi fort agréable. On la cultive fréquemment dans les jardins d'ornement, où on la met au second rang des plates-bandes.

La Centaurée odorante, le *barbeau jaune*, l'*emberboi*, a les écailles du calice presque rondes, glabres, sphacélées à leur sommet ; les feuilles pinnatifides, en lyre, à découpures dentées. Elle est annuelle, originaire de l'Asie mineure, et haute d'un pied ; ses fleurs paraissent en même temps que celles de la précédente, et sont également odorantes ; mais elles sont plus grosses et leur couleur est un jaune brillant : on la voit également, et même plus fréquemment, dans les jardins d'agrément.

Ces deux plantes se multiplient par leurs graines, qu'on seme au printemps sur couche et sous châssis dans des terrines remplies d'une terre légère et bien amendée ; mais comme on n'a pas de ces sortes de couches dans tous les jardins, on est obligé de les semer à nu sur des couches simples, et, pour cela d'attendre que les gelées ne soient plus à craindre, c'est-à-dire à la fin du mois d'avril, car le jeune plant y est extrêmement sensible. Ce jeune plant se lève lorsqu'il a quelques feuilles et se met de suite en place, c'est-à-dire au second rang des plates-bandes, dans des AUGETS qu'on forme en creusant la terre, et en la mélangeant avec quelques poignées de terreau; car il veut de l'amendement. On l'arrose souvent pendant le premier mois, après quoi il ne demande plus que les soins généraux à tout jardin.

Ce sont toujours les graines des premières fleurs qu'on doit recueillir pour les semis suivans, à raison de leur grosseur et de leur complète maturité.

Les fleurs de ces deux plantes entrent fréquemment dans la fabrication des bouquets, et on les cultive, dans quelques jardins autour des grandes villes, uniquement pour cet usage. Là, en conséquence, on varie les époques des semis, de manière à en avoir le plus promptement possible, et on les transplante au sortir de la couche en quinconce, à 8 ou 10 pouces de distance, dans des plates-bandes bien exposées, bien travaillées et bien amendées. (B.)

CENTAURÉE (GRANDE). On donne ce nom à la GENTIANE JAUNE.

CENTAURÉE (PETITE). *Voyez* au mot CHIRONE.

CENTINODE. Nom vulgaire de la RENOUÉE AVICULAIRE.

CEP. On donne ce nom aux pieds de VIGNES. (B.)

CEP ou CEPS. Nom vulgaire du BOLET ESCULENT.

CÉPÉES. Ce sont les jeunes tiges qui repoussent sur la tête des racines d'un arbre qui a été coupé rez terre.

Lorsque les cépées ont acquis un certain âge ce sont des TROCHÉES.

En général les cépées sont toujours plus garnies que les racines ne le comportent, et une partie de leurs pousses sont destinées à périr; mais avant d'arriver là, ces pousses épuisent le sol et nuisent à la croissance de celles qui doivent rester; aussi est-ce une opération utile que de les débarrasser successivement des plus faibles; c'est-à-dire que la première année on en coupera avec la serpette, par exemple, la moitié; deux ans après, la moitié du reste; six ans après, encore la moitié, et on ne s'arrêtera que lorsqu'il n'y aura plus sur chaque souche que trois à quatre brins les plus beaux, qui profiteront d'autant plus, qu'ils auront plus d'air autour d'eux, et que leurs racines leur porteront une plus grande abondance de sève. Il faut avoir comparé, comme moi, des bois ainsi conduits à ceux qu'on abandonne à la nature, pour apprécier les avantages de cette méthode. Les coupes qui suivent la première fournissent assez de bois pour payer la façon de toutes et donner encore un revenu. *Voyez* aux mots TAILLIS, ÉCLAIRCIE, AMÉNAGEMENT, RÉCEPAGE, FORÊT. (B.)

CÉPHALANTHE, *Cephalanthus.* Arbrisseau de 6 à 8 pieds de haut, à rameaux opposés, très-écartés ; à feuilles opposées, quelquefois ternées, pétiolées, ovales, lancéolées, très-entières, glabres ; longues de 3 pouces sur un et demi de large ; à fleurs blanches disposées en boules de près d'un pouce de diamètre, solitaires à l'extrémité des rameaux. Il est originaire de l'Amérique septentrionale, et forme, avec deux autres peu connus, un genre dans la tétrandrie monogynie et dans la famille des rubiacées. On le cultive fréquemment dans les jardins paysagers des environs de Paris.

C'est en Caroline, où j'en ai observé de grandes quantités croissant dans les mares ou flaques d'eau, qu'on doit aller pour admirer la beauté du CÉPHALANTE (*Cephalanthus occidentalis.* Lin.), le *bois à bouton* des jardiniers, lorsqu'il est couvert de ses têtes de fleurs, c'est-à-dire au milieu de l'été. Sa manière d'être dans son pays indique que sa place dans les jardins paysagers est sur le bord des lacs, des rivières, dans l'eau même ; mais je ne sache pas qu'on l'y ait jamais mis. C'est au premier ou second rang des massifs, à l'ombre des grands arbres, ou au nord d'une fabrique, d'un rocher, qu'on l'y voit ordinairement. Il demande une terre un peu forte et argileuse, selon Dumont Courset ; cependant on le cultive généralement dans de la terre de bruyère. On peut en conclure que toute terre lui est bonne, pourvu qu'elle ait de la fraîcheur. Il brave les plus fortes gelées.

On multiplie le céphalante par ses graines ; mais elles mûrissent rarement dans le climat de Paris. On le multiplie encore, et plus rapidement, par ses rejetons et ses marcottes. Ces dernières s'enracinent au bout de deux ans. Presque toujours, on peut les mettre, ainsi que les rejetons, directement en place ; car elles poussent les premières années de très-forts jets : aussi les fait-on rarement passer par l'intermédiaire de la pépinière, et les marchands se contentent-ils de serrer les marcottes qu'ils n'ont point vendues. C'est au printemps qu'on effectue leur transplantation, opération qui doit être suivie d'arrosemens fréquens.

Lorsqu'on a de bonnes graines de céphalanthe, il est mieux de les semer dans des terrines sur couche et sous châssis qu'en pleine terre, car il leur faut un assez haut degré de chaleur pour lever. On leur donne fréquemment de l'eau. Le plant se repique l'hiver suivant en pépinière à 6 ou 8 pouces de distance, et ne demande plus que les soins ordinaires aux pépinières jusqu'à sa transplantation définitive, qui a lieu la troisième ou quatrième année. (B.)

CERAISTE , *Cerastium*. Genre de plantes de la décandrie pentagynie , et de la famille des caryophyllées, qui renferme vingt-cinq espèces, presque toutes d'Europe , et dont quelques-unes sont trop abondantes dans les pâturages pour que les cultivateurs ne désirent pas les connaître.

Les espèces les plus communes sont ,

Le CERAISTE VULGAIRE, qui a les feuilles ovales, très-velues, les pétales de la longueur du calice , et les capsules allongées. Il est vivace , s'élève à un demi-pied , et croît très-abondamment dans les lieux incultes et sablonneux , sur le bord des chemins , etc. On le connaît vulgairement sous le nom d'*oreille de souris*. Tous les bestiaux le mangent avec plaisir. Il fleurit pendant tout l'été.

Le CERAISTE DES CHAMPS, qui a les feuilles lancéolées, linéaires , aiguës , pubescentes ; la corolle plus grande que le calice , et la capsule allongée. Il est annuel et commun dans les champs en friche , sur le bord des chemins. Tous les bestiaux le mangent. Il s'élève à peine à 5 ou 6 pouces.

Le CERAISTE RAMPANT a les feuilles lancéolées , glabres ; les pédoncules rameux , les capsules courtes , et les tiges à demi rampantes. Il est vivace , s'élève à 8 à 10 pouces , et fleurit de très-bonne heure. On le trouve dans les pâturages , sur le bord des bois , des chemins , qu'il orne par ses grandes et nombreuses fleurs blanches, principalement dans les parties méridionales de l'Europe. Tous les bestiaux le mangent.

Le CERAISTE AQUATIQUE, qui a les feuilles en cœur et sessiles; les fleurs solitaires; les capsules courtes et pendantes. Il est vivace, croît dans les marais , sur le bord des rivières , et s'élève , lorsque ses frêles tiges sont soutenues , jusqu'à 2 ou 3 pieds. Tous les bestiaux le mangent. On en a fait une STELLAIRE. *Voyez* ce mot.

Le CERAISTE COTONNEUX, *Cerastium tomentosum* , a les feuilles linéaires , très-velues, les pédoncules rameux , les capsules courtes. Il est originaire d'Italie , et se cultive très-fréquemment dans les jardins d'agrément , sous les noms d'*argentine , d'oreille de souris , de traînasse ,* etc. Toutes ses parties sont d'un blanc de neige , et ses fleurs grandes et nombreuses. Ses tiges ne s'élèvent pas à plus de 4 à 5 pouces , mais s'étendent autant qu'on le veut en rampant sur la terre, où elles forment des gazons extrêmement denses, qui contrastent avec la verdure des autres. On en fait des bordures, de petites et grandes plaques, si je puis employer ce terme, dans les parterres et au milieu des gazons, ou sur la lisière des massifs dans les jardins paysagers. Il produit sur-tout un effet très-agréable sur les ruines, les rochers, le faîte des murs, des toits des fabriques, etc On le multiplie aussi facilement qu'on veut, soit de graines, soit par la séparation des vieux pieds, ou enlèvement des tiges, qui prennent naturellement racines. Les jardiniers se plaignent même qu'il trace trop et qu'ils ont de la peine à le renfermer dans les bornes qu'ils veulent lui prescrire. La gelée ni la chaleur ne lui font pas de mal, et tout terrain lui est indifférent ; mais il craint l'humidité et l'ombre. Lorsque les pieds deviennent vieux, ils se dégarnissent au centre : c'est pourquoi il est bon de couper de temps en temps ses tiges, qui repoussent très-rapidement.

Cette facilité de multiplication fait qu'on ne cultive presque jamais le ceraiste cotonneux à part. C'est au premier printemps qu'il est le plus avantageux de le diviser et transplanter. Il souffre souvent dans les hivers longs et pluvieux. (B.)

CERARÉ. C'est, dans la Savoie, ce que les habitans du Jura appellent SERAI. *Voyez* ce mot.

CERCAL. On donne ce nom, en Savoie, à un cadre oblong et un peu courbe, formé par des baguettes, cadre aux deux extrémités duquel sont attachées deux longues cordes, dont l'une est attachée à un petit morceau de planche et l'autre passe par un trou qui y est pratiqué.

On se sert du cercal, qui est figuré, planche 5 de la *Collection des machines utiles à l'agriculture*, publiée par Lasteyrie, pour porter le foin et le fumier à dos d'homme ou de cheval. C'est un instrument très-simple et très-commode qu'il est étonnant qu'on n'emploie pas par-tout. (B.)

CERCEAU, CERCLE. Ce dernier mot, emprunté de la géométrie, et pris pour le premier, n'est pas admissible dans la langue ; mais l'usage journalier a prévalu, de manière qu'en agriculture et dans le commerce tous les deux sont employés pour exprimer cette partie de bois dont on se sert pour relier les CUVES, les TONNEAUX et les BARRIQUES. *Voyez* ces mots.

Les meilleurs cerceaux sont ceux faits en bois de chêne ; après eux les cerceaux de CHATAIGNIER, de BOULEAU, de FRÊNE, de SAULE-MARCEAU, de NOISETIER, enfin de SAULE BLANC. La rareté du bois a forcé de recourir à ces deux derniers. Les cerceaux périssent toujours par l'écorce et par l'aubier, qui pourrit, et est piqué par les larves des VRILLETTES.

Les propriétaires assez heureux pour avoir du bois propre à la fabrication des cerceaux, et qui en ont besoin pour leurs vaisseaux vinaires, feront très-bien de choisir pour leur usage ceux tirés du cœur du bois, ou du moins de les faire écorcer, et avec la plane d'enlever l'aubier. De pareils cerceaux en châtaigner dureront dix fois autant que les autres. Il est sur-tout très-prudent de faire cette observation pour les cerceaux destinés aux cuves. La plus petite réparation à y faire entraîne ensuite dans de grandes dépenses.

Lasteyrie a décrit et figuré, planche 1 de sa *Collection des machines utiles à l'agriculture*, un appareil propre à donner la forme aux cercles avec plus de facilité que par les moyens ordinaires.

L'emploi des cerceaux est indispensable pour les arbres que l'on se propose de former en buisson. (*Voyez* BUISSON.) C'est le moyen le plus aisé de faire prendre aux branches de l'arbre la forme de gobelet, telle qu'on le désire. (B.)

CERCEAU. On donne ce nom, aux environs de Montaigu, à une espèce de PIOCHE dont un des côtés est tranchant et l'autre est armé de deux branches. C'est une BINETTE renforcée. (B.)

CERCELLE. On altère ainsi le nom de la SARCELLE, espèce de canard plus petit que le sauvage, mais aussi estimé. (B.)

CERCERIS, *Cerceris*. Genre d'insecte de la famille des GUÊPES, fort voisin des PHILLANTHES, qui renferme une douzaine d'espèces, toutes devant être respectées des cultivateurs, comme leur servant d'auxiliaires pour détruire les CHARANÇONS, qui dévorent les bourgeons des arbres fruitiers et des arbres d'agrément, même, d'après M. Fayssoles, le charançon qui nuit si fort au blé renfermé dans les greniers.

J'ai décrit, vol. 53, page 370 des *Annales d'agriculture*, deux espèces de ce genre, que j'ai appelées CERCERIS A CINQ BANDES, et CERCERIS A QUATRE BANDES, du nombre des fascies jaunes qui existent sur leur abdomen, et je me suis assuré depuis que chaque femelle, qui se rencontrent par milliers dans les lieux qui conviennent à leur progéniture, donnait la mort, pour les livrer à leurs petits, à plus de cinquante individus, par an, des CHARANÇONS GRIS et OBLONG, lesquels causent tant de pertes aux cultivateurs d'arbres fruitiers et d'arbres d'agrément.

Je renvoie les lecteurs qui désireraient des notions plus étendues sur ce genre, à l'ouvrage précité, les cultivateurs ne pouvant influer en aucune manière à la multiplication des insectes qui le composent. (B.)

CERCLE ou ANNEAU MAGIQUE. On remarque souvent, dans les pâturages des montagnes, des places plus ou moins larges et circulaires, dans lesquelles l'herbe est plus verte qu'ailleurs. J'ai habité un pays, la chaîne calcaire secondaire, qui s'étend de Langres à Dijon, où ce phénomène est très-commun, et presque toujours il était pour moi l'indicateur d'une récolte de *mousserons* (l'AGARIC ODORANT) pour le printemps suivant. D'après cela, il semblerait que c'est la semence de ce champignon qui le produirait ; mais j'ai été assez souvent trompé dans mon attente pour croire que ce phénomène a encore une autre cause.

Ce qui rend l'explication plus difficile, c'est l'extrême régularité de ces cercles, qui quelquefois ont 5 à 6 pieds de diamètre, et une largeur de 2 à 3 pouces seulement, qui d'autres fois n'ont qu'un pied de diamètre, et à peine 2 pouces de vide au centre, c'est-à-dire où l'herbe n'était pas aussi verte, etc. J'ai très-fréquemment labouré la terre de ces cercles sans rien remarquer qui la différenciât de celle du voisinage, lorsqu'elle n'était pas garnie de champignons, auquel cas elle offrait des filamens blanchâtres.

Les cercles magiques disparaissent sans causes apparentes au bout d'une, deux ou trois années au plus.

Par contre, on trouve quelquefois dans les mêmes prairies d'autres cercles également réguliers, mais où l'herbe est moins verte qu'ailleurs, et où elle est même complétement desséchée : ceux-là ne m'ont jamais rien montré.

La superstitieuse ignorance s'est emparée de ces deux phénomènes opposés. Il n'est point de contes plus absurdes les uns que les autres, qu'on ne fasse à leur sujet. Il serait impossible de déterminer certaines personnes d'entrer volontairement dans un de ces cercles, quoiqu'elles avouent les traverser très-fréquemment la nuit sans inconvéniens pour eux. Je n'ai pas remarqué de pareils cercles dans les terrains argileux ou sablonneux des environs de Paris.

Il est probable que la présence ou l'absence de l'eau joue un rôle dans la formation de ces cercles ; mais comment ? C'est ce que je ne puis dire.

Davy, *Chimie agricole,* nous apprend avoir fait passer sous un gazon le bec d'une cornue remplie de fumier, qui, en trois jours, laissa dégager 26 pouces cubiques de gaz acide carbonique, ce qui rendit plus vert le cercle de ce gazon soumis à ces émanations. Ne peut-on pas croire, observe-t-il, que ce sont des émanations du même genre, causées par la décomposition de la roche calcaire, qui forment les cercles magiques ? Je lui objecterai que ces cercles sont toujours réguliers et rarement pleins, comme je l'ai annoncé plus haut ; ce qui ne me permet pas d'admettre cette explication. (B.)

CERCIFI. *Voyez* Salsifis.

CERCOPIS, *Cercopis.* Genre d'insectes de l'ordre des hémiptères et de la famille des cicadaires, dont il convient de parler ici, parce qu'une de ces espèces, ou mieux sa larve, vit sur la luzerne, où elle forme ces crachats écumeux que les cultivateurs y remarquent souvent, et auxquels plusieurs attribuent les maladies qui surviennent à leurs bestiaux.

Toutes les espèces de ce genre sautent et volent en même

temps, et l'espèce dont il est ici question, et qu'on appelle la CERCOPIS ÉCUMEUSE, *cercopis spumaria*, Fab., se trouve quelquefois par millions dans les luzernes semées en terrain sec, par exemple dans la plaine des Sablons, près Paris, et autres voisines : de sorte que, quand on marche en automne dans ces plaines, il semble que tout le sable saute devant soi. Elle a environ 4 lignes de long sur 2 de large. Son corps est gris brun, très-variable dans ses nuances, et finement ponctué ; on voit près du bord extérieur de chacun de ses élytres deux taches blanchâtres transversales. Les poules et les dindons la mangent avec avidité. Elle est excellente pour servir d'appât à la pêche à la ligne des petits poissons. Elle passe l'hiver sous l'état d'insecte parfait.

Sa larve est extrêmement délicate dans toutes ses parties, et ne pourrait subsister un jour entier, si la nature ne lui avait donné la faculté de rendre par l'anus des bulles écumeuses, qui la mettent à l'abri des rayons du soleil et la cachent aux recherches de ses ennemis. C'est sous cette espèce de bouclier, quelquefois de 5 à 6 lignes de diamètre, et qui se renouvelle continuellement, qu'elle suce la tige et les feuilles de la luzerne et de quelques autres plantes des prairies. On voit ces petites masses d'écume dès les premiers jours du printemps, à l'époque où le coucou commence à se faire entendre ; aussi leur a-t-on donné les noms d'*écume printanière*, de *crachat de coucou* ; elles subsistent pendant tout l'été, parce qu'il y a plusieurs générations successives.

En soutirant la sève de la luzerne, les larves des cercopis nuisent beaucoup à sa croissance. Il est donc, sous ce rapport, de l'intérêt des cultivateurs de les détruire. Cependant il est rare, hors les localités citées plus haut, qu'elles soient assez nombreuses pour que les effets de leur présence se fassent apercevoir d'une manière notable.

On a discuté la question de savoir si l'écume et les larves des cercopis étaient ou n'étaient pas nuisibles aux bestiaux qui les avalent en broutant, et on n'a cité aucun fait positif en faveur de la première opinion, quoiqu'elle soit dominante dans les campagnes. Je crois donc qu'il ne faut pas s'inquiéter en en voyant beaucoup sur les luzernes, d'autant plus qu'il n'y a d'autre moyen de les détruire que de les écraser une à une, et qu'il est impraticable en grand. On peut cependant en diminuer le nombre en coupant les luzernes un peu plus tôt qu'on ne le fait communément, c'est-à-dire avant l'instant de la floraison ; mais il faut que tout un pays le fasse en même temps, car les insectes parfaits voyagent beaucoup. Cette opération est fondée sur ce que les larves, n'étant pas encore assez avancées pour se transformer en insectes parfaits, meurent faute de nourriture, et diminuent d'autant les générations futures. (B.)

CÉRÉALES. C'est le nom commun des graminées qui se cultivent pour leurs graines, de celles que la brillante Mythologie nous présente comme le produit des dons de Cérès. Elles renferment le FROMENT, le SEIGLE, l'ORGE et l'AVOINE. On y réunit quelquefois le MAÏS, le RIZ, le SORGHO et le MILLET, même le SARRAZIN; mais c'est mal à propos. La FÉTUQUE FLOTTANTE, l'ALPISTE et la ZIZANIE, dont on mange quelquefois les graines, peuvent également en faire partie. (B.)

CERF, *Cervus elaphus*, Lin. Animal du genre de son nom, et qui se reconnaît à sa tête ornée, plutôt qu'armée (dans les mâles) de deux cornes rameuses, rugueuses, à rameaux cylindriques et légèrement recourbés, à son pelage fauve et à ses pattes ongulées.

Cet animal, le plus beau et le plus gros de nos forêts, dont de tout temps les puissans de la terre se sont réservé exclusivement la chasse, sur lequel on a écrit tant de livres, est un fléau pour l'agriculture, et sur-tout pour les forêts dans lesquelles il est multiplié. En effet, au printemps il mange les jeunes pousses des arbres, et retarde par là leur croissance en hauteur; en hiver il les écorce, et retarde par là leur croissance en grosseur. C'est sur-tout dans les taillis qu'il cause le plus de ravages. Il faut voir les suites d'une excursion de cerfs (ils vont presque toujours en troupes) dans des champs de blé, à quelque époque que ce soit de l'année, pour pouvoir apprécier les dommages qu'ils causent. En effet, ce n'est pas seulement ce qu'ils mangent qui est perdu pour le propriétaire, c'est ce qu'ils endommagent et ce qu'ils foulent aux pieds; car ils ne restent jamais deux instans de suite dans la même place. Ce n'est guère que pendant la nuit, et principalement à deux époques, qu'ils quittent les forêts pour aller dans les blés qui en sont voisins; savoir, au premier printemps lorsque la neige les a laissés à découvert, et qu'ils présentent une verdure succulente, et au milieu de l'été lorsque les grains commencent à mûrir. A cette dernière époque, ils y restent quelquefois pendant le jour même, sur-tout les femelles, qu'on nomme *biche*, et les petits qu'on nomme *faon*. Alors ils augmentent la perte en se couchant au milieu des chaumes.

La chasse du cerf ne doit jamais être l'objet des désirs du simple cultivateur. Elle est trop coûteuse, et emploie trop de temps pour qu'il puisse s'y livrer sans nuire à ses affaires. Je n'en parlerai donc pas; c'est cependant, après le sanglier, le loup et le renard, celui des animaux sauvages auquel il doit faire la plus rude guerre, par les motifs ci-dessus, lorsqu'il vient pâturer sur ses fonds; mais c'est une guerre de surprise. C'est pour s'en débarrasser qu'il peut être permis à un cultivateur d'aller à l'Affut. (*Voyez* ce mot.) Il doit aussi lui tendre des piéges de toutes sortes.

Comme les riches désœuvrés se chargent de suppléer les cultivateurs dans la destruction des cerfs par-tout où ils le peuvent, et que mon intention n'est pas d'écrire pour eux, je n'en dirai pas davantage.

Il paraît par la Loi salique, édition de Wolfenbuttel, que nos pères dressaient des cerfs à chasser ; mais on ignore de quelle manière ils en faisaient usage. (B.)

CERFEUIL, *Cherophyllum.* Genre de plantes de la pentandrie digynie et de la famille des ombellifères, qui renferme une vingtaine de plantes, dont plusieurs sont utiles à l'homme, et dont une sur-tout est employée généralement dans les assaisonnemens.

Les diverses espèces de cerfeuil ont toutes les feuilles alternes, deux ou trois fois ailées, et la plupart ont une odeur forte plus ou moins agréable.

Le Cerfeuil commun ou Cerfeuil cultivé, *Scandix cerefolium*, Linn., a la racine pivotante, annuelle ; la tige noueuse, cannelée, lisse, branchue, fistuleuse, haute d'un à 2 pieds ; les feuilles trois fois ailées, à découpures obtuses et velues ; les fleurs blanches, portées sur des ombelles presque sessiles ; les fruits lisses, noirâtres dans leur maturité, et longs de 3 à 4 lignes.

Cette plante est originaire des parties méridionales de l'Europe. On l'a cultivée de tout temps dans les jardins. Ses feuilles sont aromatiques et agréables au goût. On les mange dans la salade ; on les fait entrer dans une grande quantité d'assaisonnemens. Elles passent pour rafraîchissantes, diurétiques, apéritives et incisives. Elles s'ordonnent dans le scorbut et les maladies de la peau.

La culture du cerfeuil est très-facile. Comme il est plus agréable quand il est jeune, le grand art consiste à en semer tous les quinze jours ; savoir, le printemps et l'automne, dans des lieux abrités, et l'été dans des endroits ombragés. Il demande une terre bien meuble, ni trop sèche, ni trop humide, et craint les fumiers, qui lui donnent facilement leur odeur. Sa graine doit être peu enterrée ; car lorsqu'elle l'est trop, elle lève plus tard et donne des productions plus faibles. Quelquefois elle est plusieurs mois en terre avant de lever. On peut avancer sa germination en la mettant tremper dans l'eau pendant deux à trois jours. Toujours il vaut mieux la semer clair et en rayons, qu'épais et à la volée. Lorsqu'on n'a pas eu la précaution d'en semer en pleine terre avant l'hiver, il est quelquefois nécessaire d'en mettre sur couche pour les besoins de la cuisine, et alors on ne l'y laisse que jusqu'à ce que celui de pleine terre soit en état de servir. Des sarclages et des arrosemens, dans les grandes chaleurs, sont tout ce qu'on lui donne de culture extraordinaire. On doit le couper lorsqu'il se dispose à monter en graine, quand on n'en a pas de jeune, cette opération retardant la mort des pieds auxquels on l'a fait subir. Les graines du printemps sont les meilleures.

Par sa dessiccation, le cerfeuil perd une partie de son odeur ; mais il en conserve encore assez pour être employé dans les sauces. En conséquence, dans beauconp de cantons, pour s'éviter la peine d'en semer tous les mois, on en fait sécher des bouquets de feuilles en les suspendant au plancher, et on y a recours dans l'occasion.

Le CERFEUIL ODORANT OU MUSQUÉ, *Scandix odorata,* Lin., a la racine vivace, fusiforme ; la tige droite, cannelée, rameuse, velue, fistuleuse ; haute de 3 à 4 pieds ; les feuilles trois fois ailées, à découpures aiguës et velues, souvent tachées de blanc ; les fleurs blanchâtres ; les fruits oblongs, profondément sillonnés. (On en a fait un genre sous le nom de *myrrhis.*) Il croît naturellement dans les montagnes du midi de l'Europe, et il se cultive fréquemment dans les jardins, à raison de l'excellente odeur de toutes ses parties. On le mange comme le précédent, en salade et dans les sauces ; mais sa saveur trop forte et trop aromatique en éloigne beaucoup de monde. Les peuples du nord de l'Asie s'en nourrissent et en préparent une liqueur. On le multiplie de graines, qui, lorsqu'elles sont vieilles, ne lèvent quelquefois que la seconde année, et par séparation des vieux pieds. Ce moyen, qui est très-facile, qui donne des jouissances promptes, est presque le seul employé : on le pratique en automne ou au printemps. Une terre légère et sèche est celle qui convient le mieux à ce cerfeuil, qui perd beaucoup de son odeur et de sa saveur dans les sols humides et ombragés.

Le CERFEUIL SAUVAGE, *Cherophyllium sylvestre,* Lin., a la racine vivace ; la tige striée, rameuse, renflée vers ses nœuds ; les feuilles trois fois ailées, à découpures aiguës et velues ; les fleurs blanches et les semences lisses. On le trouve dans toute l'Europe, aux lieux cultivés, dans les vergers, les haies, les bois. Il fleurit au premier printemps, et donne un fourrage des plus précoces, qui, quoiqu'il ait une odeur fétide et un goût âcre et amer, plaît aux ânes, ce qui lui a fait donner le nom de *persil d'âne.* Reynier, qui a fait un très-bon mémoire sur cette plante dans la Bibliothèque physico-économique, a observé que les chevaux et les vaches, qui répugnent d'abord à la manger, et pour qui sa racine est, dit-on, mortelle, s'y accoutument bientôt, et finissent par s'en trouver fort bien. Des vaches qu'on a nourries pendant deux années presque entièrement avec cette plante, ont toujours donné du lait en abondance et d'excellente qualité. Il propose, en conséquence, de la cultiver comme fourrage. En effet, elle présente l'avantage inappréciable de pousser de si bonne heure et si rapidement, qu'on peut en faire deux récoltes avant celle du trèfle, c'est-à-dire à une époque où les nourritures fraîches sont généralement fort rares. Elle fournit d'ailleurs un fourrage qui ne cède qu'à peu d'autres en quantité, ayant 2 à 3 pieds de haut, et formant des touffes de plus d'un pied de diamètre. Malgré l'évidence des raisons mises en avant par Reynier, je ne sache pas qu'on la cultive nulle part; mais dans beaucoup de lieux j'ai vu couper, dans sa jeunesse, celle qui croît spontanément, pour la donner aux vaches. Elle demande une terre de bonne nature et ombragée; mais elle vient au milieu des pierres, des buissons les plus épais; enfin dans des lieux où toute autre plante fourrageuse refuse de croître.

Le Cerfeuil bulbeux a les racines bisannuelles, tubéreuses; les tiges rameuses, tachetées de blanc, renflées vers leurs nœuds, et hérissées à leur base; les feuilles trois fois pinnées, à divisions aiguës, velues en dessous; les fleurs blanches et les fruits striés. On le trouve dans les haies, les bois des parties méridionales de la France. Il ressemble beaucoup au précédent, avec lequel on le confond généralement, et présente les mêmes avantages économiques, et de plus ceux résultant de ses racines, qui sont tubéreuses, fort recherchées des cochons, et que les hommes mêmes, dans le nord de l'Asie, font entrer dans la liste de leurs alimens, soit crues, soit cuites, au rapport de Gmelin. Je n'ai pas eu occasion d'en goûter; ainsi je n'offre point d'opinion sur leur compte; mais j'ai cru devoir les indiquer aux agronomes, afin d'exciter ceux qui se trouveraient à portée d'en avoir de faire quelques essais.

Le Cerfeuil aiguille, *Scandix pecten*, Lin., a une racine annuelle, une tige géniculée, rarement plus haute qu'un demi-pied; les feuilles deux fois ailées, à divisions aiguës; les fleurs bleues, les folioles des involucres fendues, et les fruits longs de 2 à 3 pouces. Il croît, souvent avec une excessive abondance dans les blés des parties moyennes et méridionales de l'Europe. On le connaît sous le nom de *peigne de Vénus*. Il est si amer, que les bestiaux répugnent d'abord à le manger; mais cependant ils s'y accoutument peu-à-peu, quoiqu'ils ne le recherchent jamais. Sa hauteur est trop peu considérable pour qu'on en mette beaucoup dans les pailles lors de la moisson, et son fruit est trop remarquable pour qu'il en reste un seul dans le blé ; malgré cela, il nuit beaucoup aux récoltes. Il est presque impossible de le détruire par les sarclages, à raison de ce qu'il ne pousse en tige que lorsque les blés sont montés, et l'expérience prouve que les labours sur jachères ne peuvent qu'en faire périr une très-petite partie, parce que ses graines, lorsqu'elles sont enfouies de plus de 2 pouces, restent en terre jusqu'à ce qu'un autre labour vienne les ramener à la surface : ce fait, j'en ai été témoin pendant plusieurs années de suite dans un domaine où on voulait l'extirper. Ce n'est donc que par la culture par assolement, sur-tout celle où entre une prairie artificielle de plusieurs années de durée, et à laquelle succèdent du maïs, des pommes de terre, des haricots et autres plantes qu'il faut biner plusieurs fois dans l'année, ou des plantes étouffantes, telles que des pois, des vesces, etc., qu'on peut y parvenir. Au reste, cette plante a un aspect fort pittoresque, et ne serait pas déplacée, malgré sa petitesse, dans certains endroits des jardins paysagers.

Quelques auteurs ont placé les CAUCALIDES APRE et NODIFLORE dans ce genre. *Voyez* ce mot. (TH.)

CERFOUETTE, CERFOUIR. *Voyez* SERFOUETTE, SERFOUIR.

CERINTA. Nom de l'ÉPICÉA dans le département des Alpes maritimes, où son bois est plus estimé que celui du SAPIN. *Voyez* ce mot. (B.)

CERISAIE. Lieu planté en CERISIERS.

CERISE. Tubercule rouge qui vient sur la sole charnue des chevaux. *Voyez* CRAPAUD, EXCROISSANCE et FIC.

CERISE. Fruit du CERISIER, et principalement celui qui est acide.

CERISE DE SUIF ou CERISE D'HIVER. C'est le fruit de l'ALKEKENGE.

CERISE DE CORALINE. C'est le fruit du CORNOUILLER COMMUN OU MALE.

CERISETTE. Petite prune rouge, dont on emploie souvent les produits pour greffer les bonnes espèces, ainsi que les abricotiers et les pêchers. *Voyez* PRUNIER. (B.)

CERISIER. *Cerasus.* Genre de plantes de l'icosandrie monogynie et de la famille des rosacées, qui se rapproche infiniment des pruniers, avec lesquels il avait été réuni par Linnæus, et qui renferme une vingtaine d'arbres, dont plusieurs se cultivent habituellement dans nos jardins, les uns, pour leurs fruits, connus sous le nom de CERISES, les autres, seulement pour l'agrément.

La plupart des auteurs ont confondu le merisier, si commun dans nos forêts, avec le cerisier proprement dit, autrement ap-

pelé GRIOTTIER, arbre apporté de Cérasunte à Rome par le célèbre Lucullus, l'an 680 de la fondation de cette ville; mais
ce sont deux espèces botaniques bien distinctes, quoique fort
voisines. Ce fait reconnu, tous ceux qui, sans faire cette remarque, ont eu pour objet de prouver ou que le cerisier est
naturel à l'Europe, ou que Lucullus l'avait réellement apporté
de l'Asie mineure, ont eu également raison et également tort.
Ces deux espèces sont pourvues d'un caractère distinctif saillant, mais de nature à être plutôt saisi par les jardiniers que
par les botanistes : c'est que les fleurs du merisier se développent sur le bois de l'avant-dernière année, et celles du cerisier
proprement dit sortent du bois de la dernière. De plus, les
bouquets qu'elles forment sont sessiles sur l'un, et légèrement
pédonculés sur l'autre, et les feuilles sont velues en dessous
sur le premier, et entièrement glabres sur le second. Un autre
caractère connu de tout le monde, c'est que les merises et les
variétés qu'elles ont produites par la culture, telles que les
guignes et les bigarreaux, c'est-à-dire ce qu'on appelle cerise
dans la plupart des départemens, ont la chair dure, et que les
cerises des Parisiens, celles qu'on appelle *griottes* ou *cerises
aigres* dans les départemens, l'ont tendre et aqueuse.

Tous les cerisiers sont des arbres ou des arbrisseaux à feuilles
alternes, entières, ovales-lancéolées, dentées, pourvues de
glandes sur leur pétiole; à fleurs blanchâtres et disposées en
bouquets, soit sur les côtés, soit à l'extrémité des rameaux;
presque tous fleurissent au printemps avant le développement
complet des feuilles. Leurs fruits mûrissent en été; leur écorce
est lisse. Ils ont trois sortes de boutons; savoir, ceux à bois,
ceux à feuilles, et ceux à fruits.

Le CERISIER MERISIER, *Prunus avium*, Lin., est un arbre
de première grandeur, d'un superbe port, c'est-à-dire faisant
naturellement pyramide, qu'on trouve très-fréquemment dans
nos forêts, et qui s'accommode de presque tous les terrains.
On en tire un très-bon bois de charpente, mais qui se pourrit
facilement lorsqu'il est exposé à l'air ou qu'il est placé dans
l'eau; sa belle couleur rougeâtre, qu'on rend plus intense et
plus fixe en le mettant dans l'eau commune pendant quelques
mois, ou dans de l'eau de chaux pendant quelques jours, et
le beau poli dont il est susceptible, le rendent propre à l'ébénisterie. On en fait de la très-belle menuiserie, de très-agréables armoires, des tables brillantes. Il se travaille très-aisé-
ment sur le tour, et c'est principalement lui qui est employé
dans la fabrication des chaises de luxe, des manches de balais
et autres petits meubles. Il est trop cassant pour être employé
au charronnage. Il a été reconnu que ce sont les étançons qui
en sont faits qui durent le plus long-temps dans les mines;

ainsi ils doivent être préférés Il perd par le desséchement un peu plus du seizième de son volume. Il pèse vert, par pied cube, 61 livres 13 onces, et sec, 54 livres 15 onces. Il brûle fort bien, et donne beaucoup de chaleur. Son charbon est fort estimé dans les forges. Les jeunes pousses font de très-bons échalas, de très-bons cercles de tonneaux et même de cuves.

Les fruits du merisier, qu'on appelle *merises*, quoique peu abondamment pourvues de chair, sont une nourriture aussi agréable que saine. On les mange fraîches ou sèches. On en fait des compotes, des confitures, des liqueurs de table, un vin fort agréable, et sur-tout une eau-de-vie très-violente, qu'on appelle en France du nom allemand *kirschenwasser*, qu'on prononce *kirswasse*. Ces fruits offrent beaucoup de variétés pour la grosseur, la forme, la saveur, la couleur. Les plus communes sont les rouges et les noires. Il en est de très-sucrées, d'autres qui sont plus ou moins amères. Elles mûrissent ordinairement au commencement de l'été ; mais il en est qui retardent jusqu'au milieu et même à la fin de cette saison. Tous les oiseaux fructivores en sont extrêmement friands, principalement ceux des genres grive, loriot et étourneau. Elles les engraissent, et leur donnent une chair très-délicate, au dire des gourmets. Ceux de ces arbres qui donnent des fruits tardifs, sont extrêmement avantageux, ainsi que j'en ai fait l'expérience, pour ceux qui veulent faire la chasse à ces oiseaux.

Dans toutes les montagnes de l'est de la France, où le merisier se plaît beaucoup, il était passé en principe, dans les bois soumis à l'administration forestière, et sur - tout dans ceux appartenant aux communes, qu'on ne devait le couper que lorsqu'il était arrivé à la décrépitude. Cet usage était fondé sur les avantages que les habitans re iraient de son fruit. Je l'ai vu si commun dans les forêts qui couvrent les montagnes des environs de Langres, que dans ma jeunesse je pouvais souvent aller d'un arbre à un autre sans descendre à terre. Cette surabondance nuisait nécessairement au produit des coupes et à la reproduction du jeune bois ; en conséquence, par une loi générale, on les a abattus, et actuellement à chaque coupe on ne laisse plus que ceux qu'on compte comme baliveaux réservés par l'ordonnance. Cette loi, quoique sage, a été une calamité pour les pauvres, qui, pendant trois mois de l'année, vivaient, soit directement, soit indirectement, aux dépens des merises. Combien de fois j'ai mangé, dans mon enfance, pendant l'hiver, chez des charbonniers, de la soupe aux merises, c'est-à-dire du pain bouilli dans de l'eau avec des merises sèches et un peu de beurre ! C'était la nourriture habituelle de ces hommes à demi sauvages, et dont j'ai éprouvé si souvent l'excellent cœur. Aujourd'hui elle leur manque, et rien ne la remplace. Le peu de merises qu'ils récoltent est consommé sur-le-champ, ou vendu pour faire des liqueurs.

Le ratafia de merise se fait en mettant de ces fruits pilés avec leurs noyaux, dans de l'eau-de-vie. Au bout de quelque temps, on passe, clarifie et ajoute une livre de sucre par bouteille. Plus ce ratafia est vieux, et meilleur il est.

Lorsqu'on veut faire du vin, on met les merises, sans leur queue, dans un tonneau défoncé, on les écrase avec un pilon et on les couvre. La fermentation vineuse ne tarde pas à se développer, sur-tout s'il fait chaud, et on la complète en remuant chaque jour le tout, pour en mélanger les parties. Il ne faut que cinq à six jours de cuvage pour rendre le vin en état d'être transvasé et par suite consommé. Ce vin, bien fait, est fort agréable, ainsi que j'ai eu plusieurs fois occasion de m'en assurer ; mais il se garde difficilement, même lorsqu'on le met sur-le-champ en bouteilles. Autrefois, c'est-à-dire lorsque les vignes étaient plus rares, on en trouvait souvent dans les pays à merises ; mais depuis long-temps on n'en voit plus que chez quelques particuliers, pour ainsi dire, comme objet de curiosité ; tout celui qu'on fabrique est destiné à faire du kirschenwasser, qui est l'objet d'un commerce de quelque importance, et qui devient d'autant meilleur, qu'il est plus vieux.

Ainsi donc pour fabriquer le kirschenvasser, on distille le vin de merise aussitôt que la fermentation est terminée, après y avoir introduit une partie des noyaux concassés, pour que l'amande qu'ils contiennent puisse donner son goût à l'eau-de-vie. Cette distillation se fait généralement dans de petits alambics de l'ancienne forme, de sorte que, malgré les précautions qu'on prend, le marc s'attache toujours à leur fond, et la liqueur sent le brûlé. Ce goût est si commun dans les bouteilles de cette liqueur qu'on nous apporte de Suisse, que les vendeurs veulent persuader qu'il est inhérent au kirschenvasser. Il serait peut-être difficile d'appliquer à cette fabrication les nouveaux principes de la distillation, parce qu'elle se fait toujours par des hommes peu éclairés et peu en état de faire des avances d'alambics, de fourneaux, etc. *Voyez* au mot Distillation.

Le village de France qui passe pour fournir le meilleur kirschenvasser est Clairegoutte, dans le département de la Haute-Saône. Là, on ne récolte les merises, et ce sont exclusivement des noires, que par un temps sec et chaud, et à trois reprises, car l'excès de maturité est une condition favorable à la quantité comme à la qualité. On laisse la queue sur l'arbre.

On distille le vin de cerise un mois après le commencement

de sa fermentation. Il donne un seizième en poids des merises
mises à fermenter.

Quelquefois on mêle des cerises cultivées, même des griottes,
avec les merises ; mais la liqueur qui en résulte est moins
agréable que lorsqu'on emploie uniquement des merises, et sur-
tout la petite merise noire sucrée. Plus le fruit est mûr lorsqu'on
l'emploie, et plus on obtient d'eau-de-vie. C'est presque exclusivement sur les bords du Rhin, dans les Vosges et dans le Jura
qu'on fabrique en France du kirschenvasser. La plupart de celui
qui se consomme à Paris vient de Suisse, principalement des
cantons de Berne et de Bâle.

Le marasquin, cette liqueur si agréable, qui se fabrique sur
les montagnes de l'ancienne Macédoine, et dont Venise fait exclusivement le commerce, est un véritable kirschenvasser, dont
je parlerai plus bas. On dit même que la plus grande partie du
marasquin qui se trouve dans le commerce n'est que du kirschenvasser auquel on a ajouté du sucre.

Quoique j'aie dit que le kirschenvasser fait avec des merises
auxquelles on avait mêlé des cerises, fût moins bon que celui fabriqué avec des merises seules, on peut en obtenir de très-bon
des cerises seules ; seulement il faut ajouter du miel, de la
mélasse ou du sucre, lorsqu'on emploie des cerises acides ou
peu sapides. Il n'en faut que 5 à 6 livres par cent pesant. Souvent cette eau-de-vie est si forte qu'il faut y ajouter moitié
d'eau pour la boire.

Le vin de cerises, abandonné à lui-même dans un endroit
chaud, devient un très-bon vinaigre.

L'estimable Hell, dont je m'honore d'avoir été l'ami et
dont la perte prématurée est une des calamités de la révolution, a publié dans la Feuille du Cultivateur de très-intéres-
santes observations sur le merisier, qu'il termine par la note
suivante.

« Depuis quelques années, sur les bords du Rhin, on distille
les merises sans les faire fermenter. Elles donnent une liqueur
aussi utile qu'agréable, qui ne contient rien de spiritueux. Ce
n'est que la partie phlegmatique, balsamique et aromatique de
la cerise. Quoiqu'on la qualifie d'*eau de cerise douce*, elle n'est
cependant pas sucrée, et on la boirait pour de l'eau commune,
si elle n'avait pas l'odeur du fruit. Elle ne se conserve que pendant deux ou trois ans, et encore faut-il la tenir bien bouchée
dans un endroit frais et sec où la lumière et la gelée ne pénètrent
pas. Cette liqueur est excellente pour la poitrine. Elle guérit les
toux très-violentes, et les coqueluches des enfans. On la leur
donne aussi dans leurs insomnies. C'est le calmant et le som-
nifère le plus puissant. On la prend tiède avec du sucre. On

la mêle avec l'orgeat, les glaces, les crèmes et autres mets,
même avec le thé au lait. »

Les merises sèches, bouillies à grande eau, forment une
tisane qu'on emploie souvent, dans les pays de montagnes,
sous les mêmes indications médicales que celles rapportées
par Hell. J'en ai plusieurs fois fait usage dans mes rhumes,
et avec un succès presque toujours assuré.

Ces avantages rendent les merisiers très-intéressans à multiplier. Ils le sont encore, en ce que c'est sur eux principalement
que se greffent les diverses variétés de merisiers cultivés, sur-
tout sur sa variété à fruits rouges ; car on a remarqué que la variété à fruits noirs donnait de l'âcreté aux cerises qu'on la forçait de nourrir et offrait moins de chances de réussite. Tous
les terrains leur sont bons, comme je l'ai déjà dit ; mais cependant ils font peu de progrès et périssent bientôt dans les sols trop
secs et dans ceux qui sont trop marécageux. On peut les multiplier de drageons, qu'ils poussent avec abondance lorsqu'on
blesse leurs racines ; mais les arbres qui en proviennent ne sont
jamais si beaux ni si durables que ceux qui sont le résultat du
semis des noyaux. C'est, en conséquence, par ce dernier moyen
qu'un propriétaire éclairé et un pépiniériste honnête doivent
exclusivement chercher à les obtenir. Ils y sont du reste d'autant plus portés, qu'ils gagnent très-peu de temps par les drageons, le semis levant la première année et faisant des progrès
rapides.

On sème les merises aussitôt qu'elles sont récoltées, ou très-
peu après. Si on n'avait pas de terrain disponible, et qu'on fût
forcé par toute autre cause de ne les employer qu'après l'hiver,
il faudrait les stratifier dans du sable, les mettre en jauge,
comme disent les jardiniers, parce que leurs amandes sont
très-sujettes à rancir et par suite à perdre leur faculté germinative. Le sol qui leur est destiné ne doit être ni trop bon ni
trop mauvais, et bien exactement labouré. On les répand soit
à la volée, soit en rayons écartés de 5 à 6 pouces.

Le plant lève ordinairement à la fin du printemps, monte,
dans le courant de la première année, à 8 ou 10 pouces,
sur-tout si le printemps et l'été n'ont pas été trop secs, ou
qu'il ait été possible de l'arroser dans le besoin. Ordinairement on le laisse deux années dans la planche du semis,
pendant lesquelles on ne lui donne que les sarclages ordinaires à toute pépinière ; mais souvent on le relève pour le
planter en rigoles à la fin de la première. Cette dernière opération a souvent pour but de pouvoir couper plus tôt le pivot
et de faire naître par conséquent une plus grande quantité de
chevelu. Cette opération assure la reprise du plant, mais

s'oppose à ce qu'il forme de beaux arbres. En conséquence je n'aime pas la voir faire.

Lorsque le plant du merisier est destiné à repeupler des forêts, on le place à demeure, à l'âge de deux ans ou au plus de trois, dans des trous de 6 pouces en carré qu'on fait avec la pioche. Je dis repeupler, plutôt que planter, parce que jamais on ne lui fait former des massifs d'une grande étendue, et qu'étant d'une nature fort différente des arbres ordinaires aux forêts, il vient fort bien après eux. (*Voyez* au mot ASSOLEMENT.) A ces causes j'ajoute qu'il craint moins l'ombre que beaucoup d'autres arbres.

Quand on veut employer ce plant à servir de sujet pour la greffe des cerisiers cultivés, on le place, à deux ans, à 18 à 20 pouces, et on le fait filer pendant deux, trois, quatre autres années; car on ne greffe généralement le cerisier, comme je le dirai plus bas, qu'à 6 à 8 pieds de terre.

La quantité de merisiers qu'on emploie chaque année pour la greffe, dans les grandes pépinières, est très-considérable, parce que les diverses variétés de cerisiers se greffent rarement sur d'autres arbres, et que les noyaux de ces variétés sont d'autant plus souvent infertiles, qu'elles s'éloignent davantage du type originel. Dans les lieux éloignés des pépinières, on va arracher ces sujets dans les bois; mais ils sont de beaucoup inférieurs à ceux semés et cultivés comme il vient d'être dit.

Il y a assez de différence entre les merisiers à fruit rouge et à fruit noir pour qu'on les distingue en tout temps. Le premier pousse beaucoup plus vigoureusement; ses feuilles sont plus larges, plus profondément dentées et plus pâles.

On est parvenu, par la culture, à faire doubler les fleurs du merisier. Cet arbre devient alors un objet d'agrément des plus intéressans pour les jardins paysagers. En effet, pendant les quinze jours du printemps que durent ses fleurs, on ne peut rien voir de plus beau que sa tête, qui semble couverte de neige. On le place sur le second ou troisième rang des massifs, ou on l'isole à quelque distance de ces massifs, ou au milieu des gazons. On le multiplie par la greffe sur le merisier simple, ou, lorsqu'on le destine à être placé dans un mauvais sol, sur le cerisier mahaleb, comme je le dirai plus bas. Il est principalement remarquable pour les botanistes, en ce que ses fleurs conservent beaucoup d'étamines, et que le pistil est monstrueux.

Des nombreuses variétés du merisier sont sorties deux races de cerisiers cultivés, les GUIGNIERS, les BIGARREAUTIERS, qui toutes deux ont les fruits en cœur.

Les fruits des *guigniers* sont généralement à demi mous, et d'une difficile conservation ; leurs feuilles sont longues et pointues ; leurs branches se soutiennent presque perpendiculairement ; leur bois diffère peu de celui des merisiers.

On connaît dans les jardins plusieurs sous-variétés de guigniers, telles que,

Le GUIGNIER CŒUR DE POULE. Son fruit a exactement la forme d'un cœur, et a plus d'un pouce de diamètre. Il est presque noir en dehors, d'un rouge foncé en dedans. Il mûrit en septembre. L'arbre est très-grand, et toutes ses parties sont très-prononcées. On le cultive principalement dans les parties méridionales de la France. On en doit la description a M. Calvel. J'en ai mangé à Bordeaux.

Le GUIGNIER A FRUIT NOIR. Il s'élève moins que le merisier. Ses branches sont plus chargées de feuilles ; ses bourgeons sont bruns et assez gros ; ses feuilles presque ovales lorsqu'elles naissent sur les bourgeons à fruits, mais deux fois plus longues lorsqu'elles sortent des branches. Ses fleurs s'ouvrent peu ; ses fruits sont gros, ont la peau fine, d'un brun noir, la chair d'un rouge foncé, un peu mollasse et adhérente au noyau. Il mûrit à la fin de mai ou au commencement de juin.

Le GUIGNIER A PETIT FRUIT NOIR diffère du précédent en ce que son fruit est plus petit et moins allongé ; sa chair est plus fade ; son noyau blanc. Il mûrit à la même époque.

Le GUIGNIER A FRUIT ROSE HATIF. On le cultive sur le territoire de Côte-Rôtie. Son fruit mûrit un des premiers. Ce fruit est d'un rouge tendre, plus gros vers la queue, comme les bigarreautiers ; mais sa chair est très-aqueuse et peu aromatisée.

Le GUIGNIER A GROS FRUIT BLANC, Duh. La couleur de son fruit est rougeâtre du côté du soleil, et blanc sale de l'autre. Sa chair est blanche, un peu ferme et fort agréable ; son noyau est blanc et très-adhérent. Il mûrit douze ou quinze jours plus tard que le premier.

Le GUIGNIER A GROS FRUIT ROUGE TARDIF, Duh., qu'on appelle aussi *guigne de fer* ou *guigne de Saint-Gilles*, ne donne ses fruits mûrs qu'en septembre et octobre. Il mérite peu d'être cultivé.

Le GUIGNIER A GROS FRUIT NOIR LUISANT, Duh., a les bourgeons jaunâtres, et la fleur petite ; son fruit mûrit à la fin de juin : c'est le meilleur de tous. Sa peau est noire, luisante ; sa chair rouge, tendre sans être molle ; son noyau un peu teint de rouge.

Le GUIGNIER A GROS FRUIT NOIR LUISANT ET A COURTE QUEUE, qu'on cultive aux environs de Lyon, est encore plus aromatisé que le précédent : sa queue n'a pas un pouce de longueur.

Le Guignier de quatre a la livre ou a feuilles de tabac, nouvelle variété venue de Hollande, remarquable par la grandeur de ses feuilles, de près d'un pied de long sur moitié de largeur. Son fruit est d'un rouge vif, peu savoureux, un peu plus large que long, et de moins d'un pouce de diamètre. On l'a beaucoup vanté dans les commencemens; mais il n'a pas rempli l'attente de ceux qui le payaient fort cher. Sa véritable place est dans les jardins paysagers.

Le Guignier a rameaux pendans est principalement remarquable par la disposition de ses rameaux, disposition analogue au griottier de la Toussaint, dont je parlerai plus bas. Son fruit est médiocre.

Les fruits des *bigarreautiers* sont gros, oblongs; leur chair est ferme, blanche ou rouge, d'assez difficile digestion, et sujette à être piquée des vers. Leurs branches sont presque horizontales; leurs feuilles grandes, longues et très-pendantes.

Le Bigarreautier a gros fruit rouge, Duh., a les branches moins nombreuses que les guigniers. Ses bourgeons sont d'un brun clair; ses fleurs s'ouvrent peu; son fruit est gros, d'un rouge foncé du côté du soleil, d'un rouge vif du côté de l'ombre; sa chair est parsemée de fibres blanches; son eau est un peu rougeâtre et bien parfumée. C'est une excellente espèce, mais qui ne mûrit qu'à la fin de juillet et même au commencement d'août.

Le Bigarreautier a gros fruit blanc, Duh., diffère du précédent par la couleur du fruit, d'un rouge très-clair du côté du soleil, et très-blanchâtre du côté de l'ombre, par sa chair, qui est moins ferme et plus succulente; enfin par ses bourgeons, qui sont cendrés.

Le Bigarreautier a petit fruit blanc hatif, Duh., a le fruit plus petit que celui du précédent, mais peu différent pour la couleur : sa chair est blanche, tendre, et a un goût relevé.

Le Bigarreautier a petit fruit rouge hatif est au premier ce que le dernier est au second.

Le Bigarreautier commun ou belle de Rocmont a le fruit moins gros et moins long que le premier; sa peau est luisante et marbrée dans quelques endroits. Il mérite d'être cultivé de préférence, et il commence en effet à devenir commun : il mûrit au commencement de juillet.

Le Bigarreautier a fruit couleur de chair paraît être une sous-variété du précédent : son fruit est également très-bon.

Les guigniers et les bigarreautiers donnent, certaines années, des fruits dont les noyaux sont bons à semer. Ils peuvent donc se reproduire jusqu'à un certain point, et être greffés avec avantage sur eux-mêmes; mais on préfère généralement les placer sur le merisier. En les greffant sur griottier, on n'obtient que des arbres faibles et de peu de durée ; aussi ne le fait-on que lorsqu'on veut avoir des espaliers ou des quenouilles, manière peu employée. Quant à la culture des guigniers et des bigarreautiers, elle diffère trop peu de celle des griottiers pour mériter d'être mentionnée particulièrement. Je n'en parlerai que lorsqu'il sera question de celle de ces derniers.

Le Cerisier griottier, *Prunus cerasus*, Lin., est un arbre de moyenne taille, dont les branches forment naturellement une tête sphérique, ce qui le distingue, à la première vue et de fort loin, du merisier, avec lequel il est cependant confondu. De plus, ses feuilles sont plus fermes sur leur pétiole, moins grandes, d'un vert plus foncé, et les fleurs plus petites, mais plus ouvertes : il est originaire de l'Asie mineure, et peut-être de la Hongrie ou contrées voisines. On le cultive en Europe depuis près de deux mille ans, comme je l'ai rapporté au commencement de cet article ; aussi fournit-il une quantité considérable de variétés jardinières. Son bois est d'un jaune rougeâtre, chatoyant, mêlé de taches jaunes, rouges et vertes. Sec, il pèse 47 livres 11 onces 7 gros par pied cube, c'est-à-dire 7 livres 3 onces 1 gros moins que celui du merisier. On l'emploie pour le tour et quelques petits ouvrages de menuiserie, mais jamais à la charpente, faute de longueur convenable : généralement il ne sert qu'à brûler.

Les fruits des cerisiers griottiers, c'est-à-dire, comme je l'ai déjà fait remarquer, les *cerises* proprement dites des Parisiens, ou les *griottiers* des départemens, sont ronds avec un sillon peu marqué. Leur chair est molle et très-aqueuse ; leur saveur généralement acide et austère. Leur eau est tantôt blanche, tantôt colorée, ce qui donne lieu à deux divisions, dont la dernière, celle à eau colorée, est composée d'un petit nombre de variétés auxquelles quelques auteurs appliquent particulièrement le nom de griottiers.

Ce sont les longs rejetons de cet arbre qui sont les plus recherchés des Turcs pour les tuyaux de pipes.

Les variétés les plus communes de la première division sont :

Le Griottier franc ou commun. Il provient des semis des noyaux des autres variétés. Il est plus vigoureux qu'elles ; mais les cerises qu'il donne sont plus petites et plus acerbes ; en conséquence, on l'emploie principalement comme sujet pour la greffe de ces variétés et de celle des merisiers. On préfère généralement, dans les pépinières, le merisier ou le mahaleb pour cette opération, ainsi que je l'ai déjà dit ; cependant la greffe des bonnes variétés de griottier sur franc doit produire des résultats avantageux relativement à la qualité du fruit.

Quant au cerisier griottier sauvageon, c'est-à-dire qui n'est jamais sorti des bois, il n'a pas encore été décrit par les botanistes. Peut-être Pallas, Michaux, Olivier l'ont-ils vu sur les bords de la mer Noire ; mais ils n'ont pas fait attention aux légères différences qu'il présente quand on le compare au griottier cultivé.

Le Griottier nain précoce, Duh., s'élève de 6 à 8 pieds au plus. Toutes ses parties sont plus petites que dans les autres variétés, et son fruit par conséquent. Ce dernier a la peau d'un rouge foncé du côté du soleil, la chair blanchâtre, fortement acide et même un peu âpre. Il mûrit dans le courant de mai, et c'est son seul mérite. La flexibilité et la longueur de ses branches le rendant propre à l'espalier, c'est principalement pour lui qu'il est bon de semer des noyaux de griottier, ou d'arracher les drageons de ceux qui sont francs de pied ; car il s'emporterait trop, si on le plaçait sur merisier. Aujourd'hui on le greffe sur le mahaleb ou cerisier de Sainte-Lucie, l'expérience ayant prouvé que son fruit ne devient pas âcre et désagréable dans ce cas, comme on l'avait annoncé.

Le Griottier royal khery-duk, ou mayduk, ou royal hatif. C'est proprement la *cerise d'Angleterre* des environs de Paris, une des meilleures qu'on y cultive. Son fruit est gros, un peu comprimé par ses deux extrémités, avec la queue médiocrement longue, toute verte, et pourvue d'une très-petite feuille vers le tiers de sa longueur ; sa peau est d'un rouge brun ; sa chair rouge, un peu ferme, très-douce ; son noyau un peu inégal. Il mûrit en mai ou en juin.

Cet arbre, d'une grandeur au-dessous de la moyenne, charge beaucoup. Il diffère extrêmement peu, pour les caractères, d'une autre variété, qu'on appelle du même nom, mais dont les fruits ne mûrissent qu'en septembre. On le place ordinairement en espalier comme le précédent, ou au moins contre un abri, qui concourt à hâter encore la maturité de son fruit. On le greffe sur un franc de griottier. J'ai trouvé une grande variation dans la qualité de son fruit, variation qui tient probablement autant à la nature du sujet sur lequel on l'avait greffé, qu'à celle de l'exposition, qu'à celle du terrain où on l'avait placé.

Le Griottier commun hatif, Duh. Il s'élève beaucoup plus que les précédens, et est chargé de longs rameaux pendans. Ses fruits sont d'une médiocre grosseur et d'un rouge vif ; leur chair est blanche et fort acide ; leur noyau presque rond. Ces fruits mûrissent à la fin de mai ou au commencement de juin. C'est lui qu'on cultive le plus dans les environs de Paris ; c'est-à-dire que c'est lui qui fournit proprement ce qu'on appelle simplement la cerise dans les marchés de cette ville. On en plante beaucoup dans les terrains secs et chauds, dans les sables les plus arides où il s'élève peu, mais fournit des fruits plus hâtifs. Là on en voit souvent qui sont francs de pied et qui fournissent des rejetons plus qu'il n'en faut pour sa multiplication. Dans les terres fortes, on le greffe sur merisier, ou sur ses variétés cultivées. Il est très-rare qu'on le mette en espalier. Quoique son fruit soit inférieur à celui de beaucoup d'autres, il mérite d'être cultivé à raison de sa précocité et de sa fécondité ; car il n'est pas rare de voir des trochées de six à huit fruits.

Le Griottier commun, Duh., diffère extrêmement peu du précédent, seulement son fruit est plus acide, et mûrit quelques jours plus tard. Duhamel le regarde comme le type de l'espèce, et par là le confond avec le griottier franc, dont il n'est au reste sans doute qu'une légère variété. On le cultive très-fréquemment, ou mieux on le laisse venir ; car rarement on le greffe, quoique cette opération l'améliore beaucoup. Ses fruits sont fréquemment détestables sans qu'on puisse dire pourquoi. Il pousse prodigieusement de drageons lorsqu'il se trouve dans une terre sablonneuse, et que ses racines sont dans le cas d'être blessées par le soc ou la bêche ; et c'est par leur moyen qu'on le multiplie.

Le Griottier a la feuille a une feuille sur le pétiole du fruit, qui est petit, très-acide et même âpre. On dit qu'il se trouve dans les bois ; mais certainement il n'y est pas naturel, car il appartient à une espèce exotique, et la monstruosité qui le caractérise prouve qu'il a passé par les mains de l'homme. Il faudrait la voir. Duhamel parle aussi d'une cerise à la feuille ; mais celle-ci est grosse et a la forme d'une guigne. On ne la mange qu'en compote. Elle mûrit à la mi-juillet. On ne la connaît plus dans les pépinières des environs de Paris.

Le Griottier a trochet, Duh. Ses fruits sont de médiocre grosseur, d'un rouge foncé, d'une chair délicate, mais très-acide. Ils sont si nombreux que les branches succombent quelquefois sous eux.

Le Griottier a bouquets, Duh., est fort remarquable en ce que sa fleur a jusqu'à douze pistils, dont la plupart avortent, mais qui produisent toujours deux, trois, quatre à cinq fruits sessiles à l'extrémité d'un pétiole commun assez long. Ces fruits mûrissent en juin. Cette monstruosité devrait former un genre aux yeux d'un botaniste qui la trouverait au milieu des forêts de la haute Asie.

Le Griottier de Montmorency ordinaire, ou le Gobet, Duh. Sa fleur est plus grande que celle du suivant, et son fruit est moins gros et moins comprimé, d'un rouge plus foncé et plus hâtif d'environ quinze jours, ce qui fait son plus grand mérite.

Le GRIOTTIER DE MONTMORENCY A GROS FRUIT, Duh., GROS GOBET, ou *gobet à courte queue*, ou dans les départemens, *cerise de vilaine*, *cerisier coulard*, *cerise de Kent*, a les fruits très-gros, très-aplatis à leurs deux extrémités, dont la peau est d'un beau rouge vif; la chair d'un blanc jaunâtre, peu acide et agréable au goût; le noyau blanc et petit. Ce fruit mûrit en juillet. Il est remarquable par le peu de longueur et la grosseur de sa queue.

Le cerisier de Montmorency devient rare dans la vallée qui lui a donné son nom, parce qu'il charge peu et qu'il est tardif. Les cultivateurs disent qu'il ne donne son fruit que lorsque les Parisiens sont rassasiés de cerises, et cela est vrai. Cependant c'est un des meilleurs à conserver à raison de la beauté et de la bonté de son fruit, qui est préféré à la plupart des autres pour faire des cerises à l'eau-de-vie, des confitures, pour sécher, etc., etc. Tout amateur de fruit doit donc en avoir dans son jardin de greffés sur merisier, car ceux venus de drageons sont sujets à dégénérer.

Le GRIOTTIER A FRUIT ROUGE PALE, *griottier de Vilaine*, a le fruit gros, bien arrondi, couvert d'une peau fine, teinte d'un rouge clair; la chair blanche, légèrement acide et très-agréable. Il mûrit en juin. L'arbre surpasse les précédens en hauteur, porte mieux ses branches et a de gros bourgeons.

Le GRIOTTIER DE HOLLANDE. Fruit gros, presque rond, d'un très-beau rouge, à chair fine, d'un blanc un peu rougeâtre, très-agréable, soutenu par de longues queues bien nourries, et renfermant un noyau un peu rougeâtre. Il mûrit au milieu de juin. C'est le plus grand de tous les griottiers. Il porte peu de branches, mais elles sont bien nourries. Ses fleurs sont grandes et sujettes à avorter.

Cette variété comprend trois sous-variétés, l'une à larges feuilles, l'autre à feuilles étroites, qu'on appelle *griottier à feuilles de saule* ou *hinterose*, et la troisième *coulard*. Cette dernière, qui a la queue plus courte, se confond souvent avec le griottier de Montmorency. Elle se rapproche beaucoup du griottier de Portugal, avec lequel elle a même été souvent confondue.

Le GRIOTTIER A FRUIT AMBRÉ. Le fruit est gros, arrondi par la tête, couleur d'ambre jaune, que la maturité lave de rouge, sur-tout du côté du soleil; sa chair est croquante, douce et très-sucrée. Il mûrit au milieu de juillet. C'est la plus excellente de toutes les cerises, et je ne comprends pas comment elle est aussi peu commune dans les jardins des amateurs riches, car pour ceux des personnes qui veulent spéculer sur son fruit, c'est parce qu'il produit ordinairement fort peu et quelquefois rien du tout, qu'on ne l'y cultive pas. L'arbre qui la porte est très-grand et soutient bien ses branches.

Le nom de griotte ambrée ne vaut rien puisqu'il indique une saveur ou une odeur plutôt qu'une couleur; en conséquence j'aimerais que le nom de *succinée* ou de *copale*, que porte aussi cette variété, prévalût.

Le GRIOTTIER A PETIT FRUIT BLANC AMBRÉ. Le fruit est plus petit que celui de la précédente, d'un blanc jaunâtre taché de rouge et d'un goût très-médiocre. On ne cultive cette variété que par curiosité.

Le GRIOTTIER ROYAL KHERY-DUK TARDIF, ou mieux *kols-manduk*, ne diffère presque du khery-duk hâtif que par l'époque de sa maturité, qui a lieu au commencement de juillet. Quelques amateurs distinguent deux variétés sous ces deux noms, dont la première aurait le fruit plus acide que la seconde. Ce sont au reste deux belles espèces, importantes à multiplier, mais qui ont le grave inconvénient de mûrir très-tard.

Le GRIOTTIER GUIGNE. Le fruit est gros, aplati sur les côtés, sans rainure ; sa peau est d'un rouge brun foncé; sa chair un peu molle, colorée, d'un goût agréable; son noyau est ovale, allongé. Il mûrit à la fin de juin. L'arbre est très-grand.

Cette variété est généralement confondue avec la précédente et la suivante sous le nom de *cerise d'Angleterre*. Elle mérite d'être plus généralement cultivée.

Le GRIOTTIER ROYAL NOUVEAU ou *nouveau d'Angleterre*, a un fruit un peu plus arrondi et moins rouge que celui du précédent, dont il provient sans doute. Il mûrit bien plus tard, puisque quelquefois l'arbre est encore en fleur en juillet.

Le GRIOTTIER GUINDOUX se cultive dans les parties méridionales de la France, principalement aux environs d'Aix. Il est très-grand; ses feuilles sont presque rondes; ses fruits très-gros, très-sucrés et très-agréables; ils mûrissent au commencement de juillet.

Le GRIOTTIER DE LA PALEMBRE, ou *doucette*, ou *belle de Choisi*. Il s'élève à une médiocre hauteur. Ses feuilles sont presque rondes, très-larges; son fruit très-gros, très-longuement pétiolé, d'un beau rouge et excellent. Il mûrit en juillet. On ne le multiplie pas autant qu'il le mérite. Louis XV, grand amateur de cerises, l'avait fait devenir commun dans tous ses jardins; mais il ne s'y est pas conservé.

Le GRIOTTIER MARASQUIN. Son fruit est petit et acide. Il vient de la Dalmatie et se cultive dans quelques jardins de Paris, entre autres chez Cels. On pourrait croire que c'est le type sauvage des griottiers ; mais il faudrait avoir sur la manière dont il croît dans son pays natal des renseignemens plus certains que ceux que nous avons. Quoi qu'il en soit, il paraît que c'est avec son fruit qu'on fabrique à Zara cette excellente liqueur de table qu'on appelle *marasquin de Zara*. Si on doit s'en rapporter à ce qui est imprimé dans l'Art du distillateur, on procéderait d'abord positivement comme lorsqu'on fabrique le kirschenvasser, et, un an après, on distillerait de nouveau au bain-marie jusqu'à ce que l'esprit soit dépouillé de tout ce qui nuit à sa saveur et à son odeur; ensuite on ferait fondre du suc dans une quantité suffisante d'eau qu'on mélange et laisse vieillir. J'ai cherché à me procurer, pendant mon séjour à Venise, des renseignemens sur la fabrication du marasquin, mais je n'ai rien appris de nouveau. On fait un commerce considérable de cette liqueur; mais à Venise même on est fréquemment trompé, et il est fort difficile de s'en pourvoir de première qualité.

Le Griottier de Varennes a le fruit très-gros, d'une belle couleur et d'un goût très-agréable. Son bois est plus grêle que celui du griottier de Montmorency, mais du reste il lui ressemble beaucoup. Il charge peu et donne son fruit très-tard.

Le Griottier de la Toussaint, ou de *septembre*, ou *tardif*, est remarquable en ce que ses fleurs sont insérées dans les aisselles des feuilles de longs bourgeons pendans, et qu'elles se développent successivement pendant tout l'été. Ses fleurs sont solitaires ou géminées, et portées sur de longs pédoncules très-grêles. Ses fruits sont petits, ont la peau dure, la chair acide et peu agréable. Il ne fleurit quelquefois qu'à la fin de septembre. Il ne mérite pas d'être cultivé dans les jardins fruitiers, mais beaucoup dans ceux d'agrément, à cause des singularités qu'il présente. On lui voit en même temps dès fleurs et des fruits dans tous les degrés de maturité. Les bourgeons qui en ont donné se dessèchent pendant l'hiver, et il en naît d'autres au printemps suivant. Cette variété, qui s'écarte si fort des lois de la nature, mérite d'être étudiée par ceux qui s'occupent spécialement de physiologie végétale. On peut dire que réellement il n'a pas de boutons à feuilles, quoiqu'il soit chargé de ces dernières comme les autres, puisque ses bourgeons sortent tous de boutons à fleurs. Cet arbre a besoin d'être fréquemment réglé par la serpette, car il chiffonne beaucoup et n'a de grâce qu'autant qu'il a peu de branches et que ses branches retombent sans obstacles. Il s'élève peu. On le greffe ordinairement sur merisier.

Le Griottier du nord, ou *Morillo* des Anglais, se cultive dans quelques-unes de nos pépinières depuis trois à quatre ans. On voit sa figure dans les Transactions de la Société horticulturale de Londres. Il ressemble beaucoup par sa grosseur et sa forme au *kheryduk*; mais il offre la particularité d'avoir, sur le même pied, des fruits mûrs depuis la fin de juin jusqu'à la fin d'octobre. Au reste, ces fruits sont plus beaux que bons, si j'en juge par ceux que j'ai goûtés. Ce n'en est pas moins une acquisition très-importante.

Les variétés les plus communes de la seconde division, c'est-à-dire des griottiers à fruits dont l'eau est colorée, celles que dans quelques cantons on appelle proprement GRIOTTIERS, sont:

Le GRIOTTIER PROPREMENT DIT, *Cerasus sativa, fructu rotundo, magno, nigro, suavissimo*. Duh. Son fruit est gros, aplati, a la peau fine, luisante et noire, la chair ferme, d'un rouge brun, très-douce et très-agréable. Il mûrit au commencement de juillet. C'est avec lui qu'on fait le plus fréquemment le ratafia de cerise, et en conséquence il est connu dans quelques cantons sous le nom de *cerise à ratafia*. Il ne doit pas être confondu avec les merises noires et amères qu'on emploie souvent au même usage. L'arbre s'élève moins que d'autres, mais porte bien ses branches.

Le GRIOTTIER A GROS FRUIT NOIR diffère du précédent par le plus de grosseur de son fruit. Beaucoup de cultivateurs le confondent avec lui ou avec le suivant.

Le GRIOTTIER DE PORTUGAL ou *royal archiduc*, a le fruit très-gros, aplati par les extrémités et d'un beau rouge noir; sa chair est ferme et d'un beau rouge, légèrement amère et excellente. Il mûrit en août. Quelques personnes appellent cette variété *royal de Hollande, royal archiduc*, et la confondent avec le *griottier de Hollande*, dont la chair est à peine colorée. C'est une des meilleures cerises. Elle a quelquefois près d'un pouce de diamètre. L'arbre ne s'élève pas extrêmement, mais pousse des bourgeons remarquables par leur longueur.

Le GRIOTTIER D'ALLEMAGNE, ou *de chaux*, ou *du comte de Saint-Maur*. Son fruit égale le précédent en grosseur, est presque noir, a la chair d'un rouge foncé et très-acide. Il mûrit à la mi-juillet. L'arbre est médiocre et fournit peu.

Quelques personnes regardent les trois noms de cette variété comme appartenant à trois variétés distinctes, et elles ont peut-être raison; car il y a des nuances sans nombre dans les fruits provenant de greffes tirées d'un même arbre, nuances qui tiennent et à la nature du sujet sur lequel on les a placés et à celle du terrain, à l'exposition, au climat, etc., etc. Aussi, malgré le grand nombre de variétés que je viens d'énumérer, en est-il encore d'autres peut-être aussi saillantes, qui ne me sont pas connues. Il m'est arrivé bien souvent, dans mes voyages, de manger des cerises que je ne pouvais rapporter à aucune d'elles.

Les griottiers ont, comme les merisiers doublés et panachés

par la culture, éprouvé des variations dans la forme de leurs feuilles.

Le GRIOTTIER A FLEURS DOUBLES est inférieur pour la largeur des fleurs au merisier de même nom ; mais cependant comme il a un port différent, on trouve des cas où il brille même à côté de lui. On le multiplie par la greffe sur le merisier ou plus souvent sur le mahaleb, comme je le dirai plus bas.

Le GRIOTTIER A FLEURS SEMI-DOUBLES. Celui-ci est plus généralement cultivé, parce qu'il a presque tous les agrémens du précédent et donne encore des fruits. Souvent il y a deux pistils, et alors les fruits sont jumeaux ; souvent encore le ou les pistils se changent en petites feuilles vertes, et alors il n'y a pas de fruit. Cette dernière monstruosité n'a pas été assez remarquée peut-être par les physiologistes.

Le GRIOTTIER A FEUILLES DE PÊCHER, ou de *saule* ou de *balsamine*, à *gros* ou à *petit* fruit, n'est remarquable que par le peu de largeur de ses feuilles.

Le GRIOTTIER A FEUILLES PANACHÉES est peu recherché. Ces quatre variétés ne se placent que dans les jardins d'agrément, où elles font plus ou moins d'effet selon qu'on sait les faire contraster avec d'autres arbres.

Un amateur du jardinage, qui habite la Franconie, le baron de Truchsess, a réuni toutes les variétés de cerisiers qu'il a pu se procurer, et elles se montent à soixante-quinze ; M. Calvel en a donné la nomenclature, je crois devoir en enrichir cet article. Sans doute, comme l'observe ce dernier, dans cette nomenclature sont comprises toutes celles de France, sous leurs dénominations propres ou sous leurs dénominations étrangères ; mais il y en a nécessairement beaucoup qui doivent nous être inconnues. D'ailleurs cette nomenclature indique une nouvelle division de cerises qu'il ne peut être qu'agréable aux cultivateurs de connaître, et comme des greffes de ces variétés ont été envoyées au Jardin du Muséum et à la pépinière du Luxembourg où elles ont réussi, il est probable que bientôt on sera à portée de faire la concordance des synonymies française et allemande, dans les cas où elles diffèrent.

Guignes noires. Peau noire ; chair tendre ; suc colorant.
Grande guigne de mai précoce. Guigne douce de mai. Grosse merise noire. Sauvageon de Croneberg. Grosse guigne douce de mai. Guigne noire de Buttner. Guigne mûre de Paris. Guigne de couronne. Guigne noire d'Espagne tardive.

Guignes noires. Peau noire ; chair dure ; suc colorant.
Guigne tardive. Guine noire hâtive. Guigne muscat de Minorque. Guigne noire cartilagineuse.

Guignes blanches. Peau de couleur ou tiquetée; chair tendre; suc non colorant.

Guigne rouge et blanche tiquetée, précoce. Guigne sanguinole. Guigne flammentine. Guine longue blanche précoce. Guigne rouge de Buttner. Guigne rouge au lait clair. (On la donne comme la meilleure de toutes.) Guigne de perle. Guigne turquine. Guigne de quatre à la livre.

Bigarreau. Peau tiquetée; chair dure; suc non colorant.

Bigarreau d'ambre, rougeâtre et hâtif. Bigarreau du lard. Bigarreau belle de Rocmont. Gros bigarreau de Lauermann. Bigarreau blanc d'Espagne. Bigarreau de princesse de Hollande (le plus gros de tous.) Bigarreau cartilagineux de Buttner, rouge. Bigarreau de Gunslèbe, cartilagineux, tardif. Bigarreau marbré de Hildesheim, très-tardif.

Cerises de cire. Peau jaune blanche, non tiquetée; chair tendre; suc non colorant.

Cerise à cœur ou à soufre. (C'est la guigne jaune de Duhamel.) Petite ambrette ou dorée à fleurs doubles.

Cerises griottes. Suc colorant, beau, uniforme, foncé; goût doucereux acide; grandes feuilles.

Duk-khery. Grosse cerise de mai (peut-être la cerise guigne de Duhamel). Cerise hâtive d'Espagne, noire. Muscat rouge. Cerise de l'oiseleur.

Cerises. Peau noire ou foncée; suc colorant; goût doux acide; rameaux pendans; petites feuilles.

Petite cerise rouge, ronde, précoce. Cerise noire de mai. Cerise d'Espagne hâtive. Cerise double. Double natte. d'Olsheim (excellent fruit). Grosse cerise des religieuses. Cerise de Jérusalem. Cerise à cœur. Cerise noire des truites (*cerasus pumila.*) Bruyère de Prusse. Cerise à bouquet.

Cerises. Peau uniforme, rouge et luisante; goût doux acide; branches horizontales; larges feuilles.

Cerise de Montmorency. Cerise double de verre. Belle de Choisy. Cerise rouge d'Orange. Gros gobet courte queue.

Cerises amarelles. Peau rouge clair, presque luisante; goût doux très-acide; suc non colorant; rameaux pendans, minces; petites feuilles.

Cerise amarelle royale hâtive. Cerise amarelle hâtive. Amarelle juteuse. Cerise amarelle tardive. Cerise à bouquet. Cerise amarelle à fleurs semi-doubles. Cerise amarelle à fleurs doubles. Cerise amarelle toujours fleurissante. Cerise de la Toussaint.

Ces diverses variétés sont rangées selon l'ordre de leur maturité.

Toute nature de sol convient aux cerisiers, excepté celle

qui est trop aquatique ou trop argileuse. Dans les lieux froids et humides, ils sont sujets à couler, et leur fruit a peu de goût; cependant ils craignent la chaleur, c'est-à-dire ne subsistent pas long-temps dans les expositions trop sèches et trop chaudes. Là on ne doit placer que les espèces hâtives.

La majeure partie des cerisiers se multiplie et se reproduit de noyaux, et encore plus rapidement par rejetons qu'ils poussent abondamment, sur-tout lorsqu'ils sont dans un sol léger. Cette dernière méthode, quoique la plus employée, devrait être proscrite, parce qu'il en résulte des arbres qui poussent tant de rejetons qu'ils s'épuisent promptement. On a aussi remarqué qu'ils étaient plus sujets à la gomme; ce qui annonce une augmentation de faiblesse dans les organes.

Lorsqu'on veut faire un semis de cerises, et principalement de griottes, il ne faut pas l'effectuer sans s'être assuré si les amandes sont bonnes; car, comme je l'ai dit, on pourrait travailler en pure perte, leurs noyaux étant souvent vides. On doit aussi toujours préférer les fruits cueillis sur les arbres les plus vigoureux.

Les semis de griottiers doivent s'effectuer comme ceux des merisiers aussitôt que le fruit est parfaitement mûr. Ils se font et se conduisent de même.

On greffe les griottiers sur eux-mêmes ou sur merisiers. Dans ce dernier cas, ils deviennent de plus beaux arbres et durent plus long-temps, sur-tout si les sujets sont provenus de noyaux, et qu'ils appartiennent à la variété rouge, comme je l'ai déjà annoncé. On les greffe aussi sur mahaleb; car il n'est pas vrai que les fruits résultant de cette alliance soient acerbes et de mauvais goût comme on l'a annoncé. Les pieds ainsi greffés sont principalement propres à être plantés dans les sols calcaires et arides, c'est-à-dire dans ceux où croît naturellement le mahaleb, ce qui est un grand avantage.

Toutes les manières de greffer peuvent être employées sur le cerisier. Ordinairement on greffe les jeunes sujets en écusson à œil dormant, à cinq ou six pieds de terre, et les vieux en fente. Depuis quelque temps cependant les cultivateurs instruits, lors même qu'ils veulent renouveler la tête d'un très-vieil arbre, le greffent également en écusson. Pour cela ils coupent les grosses branches à quelque distance du tronc, et l'automne de l'année suivante ils placent les écussons sur quelques-uns des plus gros bourgeons qui ont poussé. Par là ils évitent, 1°. les décollemens, qui dans cet arbre sont très-fréquens lorsqu'on le greffe en fente, parce que ses plaies se recouvrent lentement; 2°. les inconvéniens qui sont la suite non moins fréquente de la non réussite d'une greffe pour la conservation de la forme régulière de la tête de l'arbre. Comme le jeune bois donne toujours les plus belles cerises, il est souvent avantageux de rajeunir l'arbre par le moyen que je viens d'indiquer, même sans avoir l'intention de greffer ses pousses.

Règle générale, tous les griottiers destinés à être placés au milieu des champs et dans les vergers doivent être greffés sur merisiers crus de noyaux, afin qu'ils s'élèvent et durent plus long-temps. Ceux qu'au contraire on désire conserver dans les jardins et tenir bas, doivent l'être sur eux-mêmes s'ils ne sont pas francs de pied.

Comme les cerisiers greffés poussent plus tard que les autres, les pucerons se jettent sur leurs bourgeons et les font beaucoup souffrir. Il n'est pas rare de voir tous ceux d'une pépinière avoir leur sommet recoquillé et noirci par leur fait.

La plupart des variétés des merisiers et des cerisiers veulent croître en liberté, c'est-à-dire en plein vent. Elles portent peu de fruits et dépérissent promptement lorsqu'elles sont taillées ou ébourgeonnées par des mains ignorantes. Si on les débarrasse de leur bois mort et de leurs branches chiffonnes, ce ne doit être même qu'avec réserve ; car une plaie quelconque donne toujours lieu à un écoulement nuisible de gomme. Cet écoulement de gomme est la plus dangereuse des maladies auxquelles elles sont sujettes, et lorsqu'il devient plus considérable, c'est un signe certain de perte prochaine. Il arrive fréquemment qu'un arbre meurt subitement; et presque toujours c'est par cette cause non remarquée.

Depuis quelques années, on cultive à Montreuil beaucoup de cerisiers en espaliers pour avoir des cerises hâtives. On les plante en plein midi. On leur donne deux branches principales comme aux pêchers ; et on taille les petites à un œil. Tous les ans on les ouvre davantage, soit à la taille, soit au palissage. Les branches qui poussent sur le devant et qui donnent le plus de fruits se taillent à deux yeux et se suppriment dès qu'elles ont donné une récolte. C'est une très-belle chose qu'un cerisier en espalier bien conduit, lorsqu'il est en fleur ou en fruit.

On ne met en espalier que la cerise précoce et la précoce d'Angleterre.

On forme aussi des quenouilles, ou mieux des pyramides de cerisier, qui se taillent comme les autres, sont d'un magnifique aspect et d'un grand produit quand elles sont parvenues à huit ou dix ans. Dans ce cas, il est toujours préférable de greffer sur Sainte-Lucie, parce qu'il est plus faible, s'emporte moins.

L'organisation de la peau extérieure de l'écorce des cerisiers, peau distinguée de l'épiderme, est différente de celle des autres arbres. Les fibres transversales y sont bien plus fortes et plus nombreuses, et la rendent très-coriace. On peut facilement l'enlever. Les habitans des montagnes en tirent parti pour quelques petits usages économiques. Elle se crispe au feu comme les peaux des animaux. Sa grande ténacité opposant de la résistance à la croissance de l'arbre, il est presque toujours utile, pour accélérer cette croissance, de la fendre longitudinalement; c'est ce que font les cultivateurs de la vallée de Montmorency. Cette opération, même celle de l'enlèvement complet de l'écorce extérieure, est sans inconvénient pour l'arbre.

La gomme du cerisier sert aux mêmes usages que celle appelée arabique, quoiqu'elle soit fort différente, puisqu'elle ne se dissout pas dans l'eau, qu'elle ne fasse que s'y gonfler. Elle flue en automne plus abondamment que dans les autres saisons, plus dans les vieux arbres et dans ceux qui sont malades que dans ceux qui sont vigoureux. Sa surabondance naturelle annonce la mort prochaine de l'arbre, comme je l'ai déjà dit plus haut, et son trop grand écoulement artificiel produit le même effet. Aussi existe-t-il une loi qui défend d'entamer l'écorce des cerisiers sur le terrain d'autrui pour provoquer cet écoulement, sous peine d'amendes pour la première et seconde fois, et des fers pour la troisième.

Comme les autres arbres fruitiers, le cerisier est dans le cas de fleurir une seconde fois lorsqu'il a été dépouillé de ses feuilles en mai, par suite des ravages des chenilles ou des désastres de la grêle; mais plus qu'aucun autre, à raison de la rapidité de la maturité de ses fruits, il est dans le cas d'en donner une seconde fois. Cependant alors ses fruits sont sans saveur, et il n'y en a pas l'année suivante : c'est donc toujours un mal que cette faculté.

Les fruits des cerisiers sont du goût de tout le monde et sur-tout des enfans, aussi s'en fait-il une consommation annuelle prodigieuse. On les regarde comme rafraîchissans, et principalement la griotte, qui s'ordonne même dans les fièvres où il y a tendance à la putridité. Les bigarreaux seuls sont indigestes, et ne doivent être mangés qu'en petite quantité. On sèche les guignes et les griottes pour l'hiver, positivement comme les merises, c'est-à-dire en les exposant sur des planches à l'ardeur du soleil, ou en les mettant dans un four peu échauffé. On les conserve dans l'eau-de-vie pure. On en fait des confitures, des marmelades, des pâtes sèches. Elles entrent dans la composition de plusieurs liqueurs de table, de quelques pâtisseries, etc. Elles se mangent cuites de diverses manières. On peut tirer une très-bonne huile de leurs amandes, qui dans quelques circonstances servent à faire des émulsions, des crèmes, de base à des dragées, etc., etc.

Les cerises et sur-tout les bigarreaux sont, comme je l'ai

déjà dit, sujettes à être piquées d'un ver qui les fait tomber avant le temps, et qui en rend le manger souvent désagréable. Ce ver est la larve d'un charançon (*curculio cerasi*, Fab.) et d'une mouche (*musca cerasi*, Fab.), mouche dont les ailes sont blanches avec deux bandes brunes, inégales, et qui est figurée *Pl.* XXXVIII, n°s. 22 et 23 du second volume des Mémoires de Réaumur. Cette mouche dépose ses œufs peu après que le fruit est noué. Il n'y a pas moyen d'empêcher ses ravages, qui, certaines années, sont très-considérables. *Voyez* CHARANÇON et MOUCHE.

Les autres espèces de cerisiers sont au nombre d'environ vingt, parmi lesquelles je vais passer en revue celles qui sont le plus fréquemment cultivées dans les jardins d'agrément, ou qui ont quelques propriétés utiles.

Le CERISIER DE PENSYLVANIE a les feuilles lancéolées, aiguës, glabres, avec deux glandes rouges à leur base; les fleurs petites et disposées en ombelle presque sessile sur le vieux bois. Il est originaire de l'Amérique septentrionale, et se cultive dans quelques jardins des environs de Paris, uniquement par curiosité; car il ressemble infiniment au cerisier merisier, et donne bien moins de fruits, et des fruits moins agréables. On l'en distingue pendant l'hiver à son écorce plus rouge, ponctuée de blanc. Il se greffe sur le merisier. J'ignore s'il devient un grand arbre dans son pays natal.

Le CERISIER MAHALEB, ou *prunier odorant*, ou *bois de Sainte-Lucie*, s'élève à 12 ou 15 pieds. Son écorce est d'un brun grisâtre; ses feuilles sont ovales, presque en cœur, pétiolées, glanduleuses. Ses fleurs petites, blanches, disposées à l'extrémité des rameaux en corymbes convexes, et accompagnées de bractées. Ses fruits sont de la grosseur d'un pois, noirs et immangeables. Il croît naturellement dans les montagnes de l'est de l'Europe, principalement dans les Vosges, près du village de Sainte-Lucie, qui lui a donné son nom. Il fleurit au premier printemps, comme les autres cerisiers, et exhale alors une odeur agréable quoique faible. Il se plante fréquemment dans les jardins paysagers, soit dans les massifs au second ou troisième rang, soit en allées, en salles, en berceaux, soit isolé au milieu des gazons. Ses feuilles et son bois sont également odorans, sur-tout en état de dessiccation; les premières servent à donner du fumet au gibier, et le second se confond avec le palissandre, qui a la même odeur et qui vient de l'île de Sainte-Lucie. Son bois est dur, brun, veiné, susceptible de poli. Sa pesanteur est de 62 livres 2 onces 6 gros par pied cube. Il est très-recherché par les ébénistes et les tourneurs, qui en font des tabatières, des boîtes, des étuis, et autres petits meubles. Malheureusement il est rare d'en trouver d'un fort échantillon. Pour l'empêcher de se fendiller, ce à quoi il est fort sujet, on le débite encore vert, en feuillets très-minces. On le confond souvent dans les ateliers avec le cerisier à grappes, sous le nom de *putier.*

Le mahaleb croît dans les plus mauvais sols, dans les craies les plus sèches, dans les sables les plus arides. Cette propriété le rend très-précieux pour utiliser des terrains jugés incultivables, soit directement, en produisant du fagotage qui a une valeur, sur-tout dans certains pays qui manquent de bois, comme la Champagne pouilleuse, soit indirectement, en favorisant la croissance des chênes et autres arbres, qui, faute d'abri, n'auraient pas pu s'y conserver pendant leur première jeunesse. Malesherbes a fait, sur cela, des expériences très-importantes et qui ont eu un plein succès.

Comme je l'ai annoncé plus haut, on emploie, sans inconvéniens pour la qualité du fruit, le mahaleb comme sujet pour la greffe des autres variétés, et on gagne par là de pouvoir faire des plantations productives dans les mauvais sols calcaires, où le merisier ne se conserverait pas. On y trouve encore l'avantage de gagner du temps, ce qui est très-précieux pour les grandes pépinières, le mahaleb entrant en sève quinze jours plus tard que le merisier.

Il y a deux manières de procéder à la multiplication de cet arbre : 1°. en semant les graines en place, 2°. en plantant des jeunes pieds pris dans une pépinière.

Pour semer il faudra labourer le terrain à la charrue, et répandre la graine à la volée, comme je le dirai plus bas. Pour planter, outre le labour, il faudra faire des trous à la pioche à 3 ou à 6 pieds, et placer le plant, au printemps; je dis à 3 ou à 6 pieds, parce que l'on peut ou laisser croître le plant, pour ne le couper que lorsque le temps en sera venu, ou le récéper la seconde ou la troisième année pour marcotter les jeunes branches et en former de nouveaux pieds. La première de ces méthodes est toujours préférable quand on a suffisamment de plant à sa disposition, parce que, dans la seconde, il y a augmentaion de main-d'œuvre, et privation du pivot.

Quand on veut semer ou planter le mahaleb, pour garantir les jeunes pieds de chênes ou autres arbres des effets de l'ardeur du soleil, on place ces jeunes chênes dans l'intervalle des pieds de mahaleb, et on abandonne le tout à la nature. A quatre ou cinq ans on récèpe le tout, et on a un taillis dans lequel les chênes ne tardent pas à prendre le dessus. Le mahaleb peut en suite être coupé seul aux mêmes époques, de manière à payer, par sa dépouille, les frais de la plantation totale.

Je voudrais que dans tous les pays crayeux on consacrât, dans chaque exploitation rurale, quelque terrain à la culture du mahaleb, pour en employer les rameaux à la nourriture des bestiaux, en coupant la moitié de ses touffes tous les deux ans au mois d'août, et en faisant sécher le produit de cette coupe pour l'hiver. Ne donner que des RAMÉES (*voyez* ce mot) aurait peut-être quelques inconvéniens ; mais les alterner avec d'autres fourrages, serait extrêmement avantageux aux bestiaux, sur-tout aux moutons.

On fait aussi d'excellentes haies de mahaleb, soit en le semant, soit en le plantant en rigoles, parce qu'il pousse des branches dès le collet de ses racines, et que ces branches sont presque horizontales et s'entrelacent les unes dans les autres ; mais elles craignent la dent des bestiaux, et sur-tout des moutons et des chèvres, qui aiment beaucoup les feuilles et les bourgeons de cet arbre. Le plant peut, sans inconvénient, n'être espacé que de 3 pouces. Ces haies garnissent bien et peuvent être conduites de manière à fournir tous les ans beaucoup de fagots.

Ce qui vient d'être dit prouve combien il serait intéressant d'avoir des pépinières de mahaleb dans les départemens où il y a beaucoup de terres crayeuses ou sablonneuses infertiles ; et comme les graines de cet arbre sont excessivement abondantes, il ne faut qu'un petit nombre de gros pieds pour, lorsqu'on peut les mettre à l'abri des oiseaux, qui les aiment beaucoup, satisfaire aux besoins du plus grand établissement de ce genre. Ces graines se sèment, soit à la volée, soit en rayons éloignés de 6 pouces, dans une terre bien préparée, mais de médiocre qualité, aussitôt qu'elle est récoltée. Si on n'avait pas de terrain disponible à l'époque de leur maturité, il faudrait les mettre en jauge dans un coin de la pépinière, afin qu'elles pussent attendre le printemps sans inconvénient. Lorsqu'on ne prend pas ces précautions, qu'on les laisse se dessécher, la plus grande partie ne lève que la seconde année, ou ne lève pas du tout. On doit faire une guerre à outrance aux campagnols et aux mulots dans le lieu où elles sont semées ou déposées ; car ces animaux, et en général tous les rongeurs, sont aussi avides de leur amande que les oiseaux de leur pulpe.

Le plant n'a besoin que de quelques sarclages. Il pousse assez ordinairement d'un demi-pied dans le courant de la première année, et d'un pied de plus pendant la seconde. On pourrait le relever dès la première, pour le mettre en rigoles, et même en place, lorsqu'on veut faire une grande plantation ; mais il vaut mieux retarder jusqu'à la fin de la seconde, attendu qu'il a plus de force, et qu'il peut plus facilement résister à la sécheresse des terrains où je suppose qu'on doit le placer. Il faut toujours, autant que possible, lui conserver le pivot, afin qu'il aille chercher l'humidité à une grande profondeur, et faire les trous en conséquence.

Lorsque le plant de mahaleb est destiné à devenir arbre dans les jardins d'agrément, on le transplante, à deux ans, dans une autre partie de la pépinière, à la distance de 15 à 18 pouces; on le récèpe, on le met sur un brin, on l'ébourgeonne, comme tous les autres arbres, à cinq ans. Il est très-propre à être transplanté.

On pourrait très-facilement multiplier aussi cet arbre par marcottes, éclats du collet de ses racines, et rejetons, soit naturels, soit artificiels; mais le moyen des semis est préférable à tous égards, et est le seul praticable en grand.

Le Cerisier a grappes, ou merisier a grappes, ou putier, *Prunus padus*, Lin., a les feuilles doublement dentelées, légèrement ridées, avec deux glandes à leur base. Ses fleurs sont petites, blanches, et disposées en longues grappes axillaires et pendantes à l'extrémité des rameaux; ses fruits sont noirs ou rouges, et de 3 à 4 lignes de diamètre. C'est un arbre de 15 à 20 pieds de haut, qui croît naturellement dans les montagnes de l'est de l'Europe, et qui se cultive beaucoup dans les jardins paysagers, à raison des agrémens dont il est doué. Ses fleurs n'ont presque point d'odeur; mais il élève majestueusement ses branches et laisse retomber ses rameaux, en quoi son port est fort différent et bien plus élégant que celui du mahaleb. On le place avec avantage sur le second ou troisième rang des massifs. Il fleurit en même temps que les autres cerisiers, et est pendant quinze jours dans tout son éclat. Un insecte, du genre des charançons, dépose ses œufs dans l'ovaire de ses fleurs au moment de la fécondation, et il en résulte une monstruosité fort remarquable. Les fruits deviennent très-longs, très-pointus, souvent corniculés, ne prennent point de noyau, et restent toujours verts. J'ai vu quelquefois ainsi transformées toutes les grappes de certains arbres. Il n'y a pas de remède à ce mal.

Le bois du cerisier à grappes est rouge veiné de brun et d'un aspect très-agréable. On en fait de charmans petits meubles. On l'emploie souvent, en ébénisterie, avec celui du mahaled, et on les confond tous deux sous le nom commun de putier. Sa coupe diagonale produit principalement de très-beaux effets, malheureusement on en trouve peu de gros échantillons. C'est dans les Vosges et dans le Jura qu'on le travaille le plus.

Le terrain propre au cerisier à grappes est celui qui est léger et chaud. Il vient mal dans les lieux trop secs ou trop marécageux. Il trace beaucoup; mais il est rare, dit Dumont Courset, que ses rejetons fleurissent. C'est donc par la voie de ses

graines qu'il faut exclusivement le multiplier. On les sème,
et on cultive le plant qui en provient, positivement comme
celui du mahaleb ; ainsi je ne répéterai pas ce que j'ai dit plus
haut à cet égard.

La variété à fruit rouge se reproduit de semences ; aussi
quelques auteurs l'ont-ils regardée comme une espèce ; mais
elle n'est pas assez différente pour mériter d'être élevée à ce
rang.

Le CERISIER DE VIRGINIE a les feuilles deux fois dentées et
glabres, avec quatre glandes à leur base ; ses fleurs sont disposées en grappes axillaires et droites. Il est originaire de
l'Amérique septentrionale, où il s'élève de 20 à 30 pieds. On
le cultive dans les jardins des curieux, et on le multiplie, soit
de graines, soit de marcottes, soit par la greffe sur merisier
ou mahaleb. Il est rare de le voir en Europe surpasser 12 ou
15 pieds. Ses fruits sont rouges et plus gros que ceux du précédent. On a long-temps regardé comme une de ses variétés
une espèce qu'on appelle actuellement le CERISIER TARDIF,
cerasus serotina, Willd. Elle a les feuilles simplement dentées ; en dessous, un peu velues sur leurs nervures ; et les
fruits noirs.

Le CERISIER RAGOUMINIER, *Cerasus canadensis*, Miller ;
Prunus pumila, Lin., a les feuilles lancéolées, très-longues et
très-étroites, glauques en dessous, sans glandes. Ses fleurs
sont blanches et disposées en petites ombelles axillaires. Il est
originaire de l'Amérique septentrionale, et étale ordinairement ses branches sur la terre : on le cultive dans quelques
jardins. Franc de pied, il est sans agrément ; mais lorsqu'il est
greffé sur mahaleb à quelques pieds de terre, la direction de
ses branches lui donne souvent un aspect pittoresque. Ses
fruits, qui ont 3 ou 4 lignes de diamètre et qui sont rouges,
peuvent se manger, quoique fortement acerbes.

On avait confondu, avec cette espèce, une autre, à laquelle
on a mal à propos conservé le nom de *prunus canadensis*, et
dont les feuilles sont plus larges, un peu velues en dessous, et
les fruits noirs. Aujourd'hui on l'appelle PRUNI CATAUBRENI.

Le CERISIER LUISANT, *Cerasus chamæcerasus*, Willd., a les
feuilles ovales, obtuses, dentées, luisantes, d'un vert noir ;
les fleurs grandes, disposées en ombelles sessiles, et les fruits
rouges. Il est originaire des Alpes de l'Autriche et de la Sibérie, ne s'élève qu'à 3 ou 4 pieds, et se cultive dans quelques
jardins d'agrément, sous le nom de *cerisier nain*, ou *cerisier
de Sibérie*. Greffé à quelques pieds de terre sur mahaleb, il
forme une grosse tête, naturellement arrondie, qui se couvre
de fleurs au printemps, de fruits en été, et qui est en tout
temps d'un aspect fort agréable. Ces fruits, aussi gros que nos

griottes communes, sont fort âpres, mais peuvent se manger.
Ils ont l'avantage de rester sur l'arbre, quoique mûrs, jusqu'au
milieu de l'automne, et de devenir chaque jour meilleurs, si on
se donne la peine de les garantir du bec des oiseaux. Ce char-
mant arbuste n'est pas encore très répandu dans les pépinières
éloignées de Paris; mais, plus connu, il le sera sans doute bientôt. Il pourrait être multiplié de semences; mais il n'est jamais
si beau franc de pied que greffé, comme je viens de le dire.

Le Cerisier amande ou Laurier cerise a les feuilles
ovales, lancéolées, grandes, dentées, épaisses, fermes, d'un
vert gai, très-luisantes, glanduleuses sur leur nervure. Ses
fleurs blanches sont disposées en grappes axillaires et terminales; ses fruits sont petits, et noirs dans la maturité.

Ce bél arbrisseau, qui s'élève à 8 à 10 pieds, et qui conserve ses feuilles toute l'année, est originaire de l'Asie mineure. On le cultive en Europe depuis 1576. Il fait l'ornement
des bosquets d'hiver, et contraste admirablement, pendant
l'été, avec le feuillage de la plupart des autres arbres; aussi
l'emploie-t-on fréquemment dans les jardins paysagers. Une
terre argileuse et l'exposition du nord lui conviennent principalement. Il est des lieux où il est impossible de le conserver. On le multiplie presque exclusivement de marcottes et
de boutures; car il donne rarement de bonnes graines dans le
climat de Paris. Les unes et les autres s'enracinent promptement lorsqu'elles sont faites en terrain et en saison convenables Cependant on doit préférer les semis lorsqu'on le peut,
parce que les pieds qui en proviennent sont plus beaux et plus
durables. On les sème à l'exposition du levant, et on couvre
le plant pendant l'hiver, car il est sensible aux gelées. Les
vieux pieds ne sont pas même toujours en état de résister aux
hivers rigoureux; mais leurs racines ne périssent jamais, et
elles repoussent au printemps des jets qui ont bientôt rétabli
l'arbre. On en connaît trois variétés: l'une panachée de jaune,
l'autre de blanc, et la troisième à feuilles très-étroites. On les
multiplie comme l'espèce, ou on les greffe sur elle.

Les feuilles et les fleurs de cet arbrisseau ont le goût et
l'odeur de l'amande amère. Communément on les emploie
pour donner au lait et aux mets dans lesquels on les fait entrer ce même goût et cette même odeur, qui sont fort agréables, mais une telle sensualité peut devenir dangereuse; car
il est de fait qu'elles renferment un violent poison. Duhamel
a fait périr un gros chien avec une seule cuillerée de leur eau
distillée qu'il lui fit avaler. Fontana en a fait périr un autre
en appliquant sur une plaie une goutte de leur huile essentielle. L'ouverture du premier n'indiqua aucune autre trace
du poison que son odeur, et le second mourut avec les symp-

tômes qui suivent l'introduction du venin de la vipère. Il suffit même de se reposer pendant la chaleur à l'ombre de cet arbre pour sentir des maux de tête et des envies de vomir. Ainsi il est prudent de ne pas employer ces feuilles ou de ne les employer qu'en très-petite quantité. On vendait en Italie, sous le nom d'*essence d'amande amère*, leur huile essentielle, soit pour l'usage de la toilette, soit pour celui de la cuisine ; mais sa fabrication et sa vente ont été défendues, à cause des dangers qui pouvaient en résulter. Aujourd'hui on sait que la qualité délétère du suc de cet arbre est dû à l'acide prussique qu'il contient.

Le CERISIER AZARÉRO, ou CERISIER DE PORTUGAL, ou LAURIER DE PORTUGAL, a les feuilles ovales, lancéolées, souvent ondulées, d'un vert foncé ; les rameaux très-rouges ; les fleurs petites, blanches, disposées en grappes axillaires droites ; les fruits noirs dans leur maturité. Il est originaire de Portugal, et se cultive dans les jardins d'agrément, parce qu'il est toujours vert et qu'il forme des buissons d'un très-bel aspect. Il s'élève à 10 ou 12 pieds. Ses jeunes pousses sont très-sensibles à la gelée dans le climat de Paris ; mais le corps de l'arbre y résiste passablement bien ; cependant il est prudent de le couvrir.

On place l'azaréro dans les jardins paysagers, et on le multiplie positivement comme le précédent. Ses marcottes doivent se faire en automne, et ses boutures au printemps. Ces dernières réussissent mieux sur couche qu'en pleine terre. (B.)

CERISIER NAIN. Quelques jardiniers appellent ainsi le CHÈVREFEUILLE DE TARTARIE.

CERNEAU. Amande de la noix avant sa complète maturité. On a étendu par suite ce nom à tous les fruits huileux qu'on mange dans le même état. Au moyen du noyer de la Saint-Jean, on peut se procurer des cerneaux pendant tout l'été. *Voyez* au mot NOYER. (B.)

CERNER. On cerne un arbre lorsqu'on fait un fossé autour de ses racines, soit pour l'arracher, soit pour substituer de la bonne terre à celle qu'on enlève. On dit aussi cerner un arbre, une branche, lorsqu'on leur fait une INCISION ANNULAIRE. *Voyez* ce mot. (B).

CERRIS ou CERRUS. Espèce de CHÊNE propre à l'Europe. *Voyez* ce mot.

CERS. Vent d'ouest qui apporte la sécheresse aux environs de Narbonne. (B.)

CERTEAU. Variété de POIRIER qu'on cultive dans la ci-devant Lorraine pour la sécher au four, pour en faire des conserves, etc. Il fleurit tard et fournit immensément de fruits.

Cette variété, que j'ai appréciée dans son pays natal, mérite d'être généralement cultivée, et je la recommande particulièrement aux amateurs. (B.)

CERVOISE. Ancien nom de la Bière. (B.)

CESERON. C'est le chiche dans quelques endroits. (B.)

CESTRAU, *Cestrum.* Genre de plantes de la pentandrie monogynie, et de la famille des solanées, qui renferme une vingtaine d'arbustes, à un près, tous propres aux parties chaudes de l'Amérique, et dont un se cultive en pleine terre dans les jardins de Paris.

Cet arbuste est le Cestrau a baies noires, *Cestrum parqui*, l'Héritier, qui a les tiges droites, rameuses; les feuilles alternes, pétiolées, lancéolées, ondulées, toujours vertes, longues de 3 pouces sur 7 à 8 lignes de large; les fleurs jaunâtres et disposées en longues grappes terminales. Il est originaire du Chili. Il s'élève à 3 à 4 pieds dans nos jardins, et forme de grosses touffes remarquables par le vert foncé de leurs feuilles et par la grande quantité de fleurs d'une odeur agréable le soir, dont elles sont quelquefois chargées, chaque rameau étant terminé par une grappe souvent d'un pied de long. Je dis le soir, parce qu'en effet elles ne sentent rien le matin, phénomène commun à plusieurs autres espèces du même genre.

On doit toujours placer le *cestrau à fruits noirs* dans une exposition abritée des vents froids, et le couvrir de fougère et de paille pendant l'hiver, car il est très-sensible à la gelée; cependant ordinairement il n'y a que les tiges qui périssent, et les racines repoussent au printemps des jets qui, la même année, acquièrent la hauteur des précédentes, et donnent même des fleurs plus grandes et plus abondantes que celles qui se développent sur un pied semblable conservé en serre.

On pourrait multiplier cet arbuste par ses graines, qui mûrissent assez souvent dans le climat de Paris; mais on préfère de le faire par ses boutures. En effet, il ne s'agit que de couper une jeune branche dans le milieu de l'été, et de la mettre dans un pot sur une couche et sous châssis, pour qu'un mois après elle ait pris racine, et que même elle fleurisse, comme elle l'eût fait si elle n'eût pas été séparée de son pied. Cette bouture est placée le premier hiver dans l'orangerie, et peut être mise en pleine terre au printemps suivant.

Malgré la facilité de multiplier le cestrau à fruits noirs, il est prudent d'en tenir toujours quelques pots dans l'orangerie pour parer aux inconvéniens des hivers rigoureux.

On peut placer le cestrau dans les jardins paysagers, au pied de quelque fabrique, de quelque rocher, ou autres endroits abrités, qu'il embellira pendant une partie de l'été et de l'automne, et même on peut dire pendant toute la belle saison, car ses touffes sont fort agréables. (B)

CÉTÉRACH. Espèce de DORADILLE. *Voyez* ce mot.

CÉTÉRÉE. Mesure de terre. On écrit plus souvent septerée. *Voyez* au mot MESURE.

CÉVENNES. Nom d'une chaîne de montagnes qui longe le groupe central de la France du côté du sud. Elle mérite l'attention des amis de l'agriculture, par les soins qu'apportent à leur culture les habitans de quelques-unes de ses parties.

On donne aussi ce nom aux LANDES dans quelques lieux. (B.)

CÉZE. Nom des POIS dans le département de Lot-et-Garonne.

FIN DU TOME TROISIÈME.

www.ingramcontent.com/pod-product-compliance
Lightning Source LLC
LaVergne TN
LVHW021921060726
842528LV00001B/50